이용사
필기

(주)에듀웨이 R&D 연구소
지음

카페 글쓰기
카페 채팅
검색
★ 즐겨찾는 게시판
전체글보기 23,952
인기글
(필기)도서-인증하기
(실기)미용도서-인증하기
에듀웨이<공지사항>
유튜브강의&핵심자료집
운전면허(동영상)
(동영상)지게차&굴삭기
지게차(동영상)
굴삭기(동영상)-굴삭기
(동영상)실기-미용사(구...
(네일)1과제~2과제
(네일)3과제~4과제
(메이크업)1과~4과제
(피부)1과제~3과제
(헤어)1과제~5과제

이용사 기출문제 및 추가모의고사 다운로드 방법

1. 아래 기입란에 카페 가입 닉네임 및 이메일 주소를 볼펜(또는 유성 네임펜)으로 기입합니다. (연필 기입 안됨)
2. 본 출판사 카페(eduway.net)에 가입합니다.
3. 스마트폰으로 이 페이지를 촬영한 후 본 출판사 카페의 '(필기)도서-인증하기'에 게시합니다.
4. 카페매니저가 확인 후 등업을 해드립니다.

올바른 예

EDUWAY

Edu way

a qualifying examination professional publishers

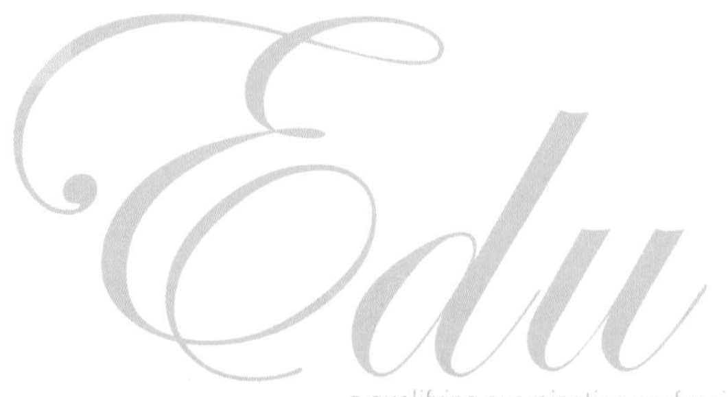

(주)에듀웨이는 자격시험 전문출판사입니다.
에듀웨이는 독자 여러분의 자격시험 취득을 위한 교재 발간을 위해 노력하고 있습니다.

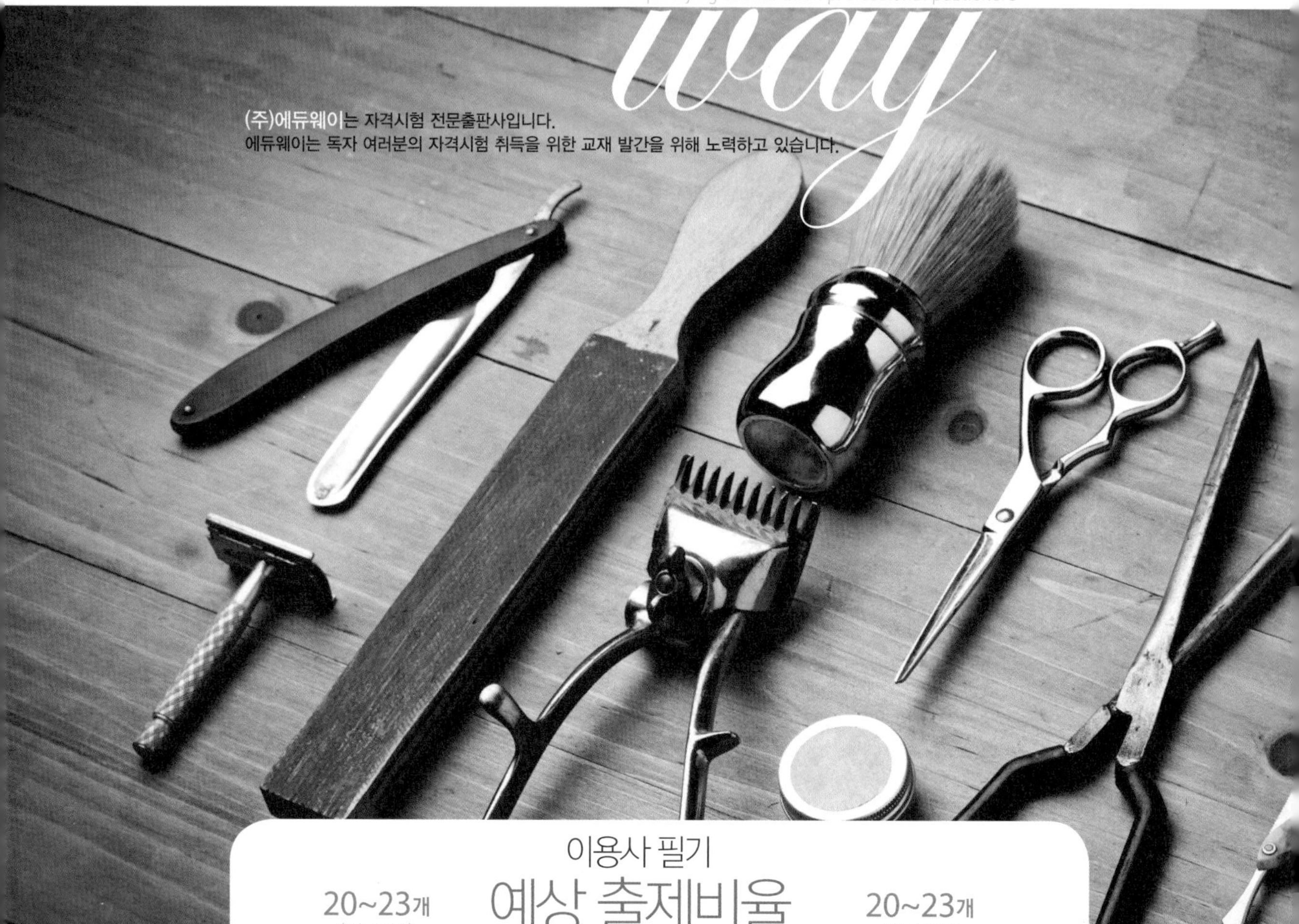

이용사 필기
예상 출제비율

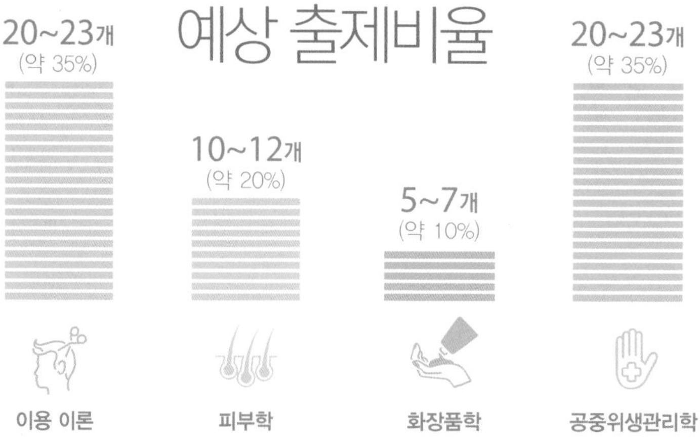

20~23개
(약 35%)
10~12개
(약 20%)
5~7개
(약 10%)
20~23개
(약 35%)
이용 이론
피부학
화장품학
공중위생관리학

※ 최근 상시시험의 출제비율입니다. 회차에 따라 약간의 변동이 있을 수 있습니다.

여성전용 헤어샵에서 이발하는 남성들도 많지만 남성미용에 최적화한 이발소, 남성전문헤어샵, 바버샵 등이 과거보다 활성화하면서 남성뿐만 아니라 여성들의 이용사 자격 지원도 많아졌습니다.

이용사 자격증은 이용 관련 직종의 운영이나 취업, 관련 학과 진학이나 이·미용교육계로의 진출 등 실무에 다양한 업스타일 연출, 전문 스타일리스트 과정에도 필수 자격증입니다.

이 교재는 '이용사' 필기시험을 대비하는 수험생을 위해 최근 출제범위와 출제유형을 분석하여 보다 쉽게 합격할 수 있도록 집필하였습니다.

【이 책의 특징】

1. 이 책은 NCS(국가직무능력표준)에 기반하여 새롭게 개편된 출제기준에 맞춰 교과의 내용을 개편하였습니다.
2. 핵심이론은 쉽고 간결한 문체로 정리하였으며, 수험생에게 꼭 필요한 내용은 충실하게 수록하였습니다.
3. 최근 시행된 시험문제를 분석하여 출제빈도가 높은 문제를 엄선하여 실전모의고사를 수록하였습니다.
4. 이론과 연계된 이미지 및 다이어그램을 활용하여 이해도를 높였습니다.
5. 최근 개정법령을 반영하였습니다.

이 책으로 공부하신 여러분 모두에게 합격의 영광이 있기를 기원하며 책을 출판하는데 도움을 주신 ㈜에듀웨이 출판사의 임직원 및 편집 담당자, 디자인 실장님에게 지면을 빌어 감사드립니다.

끝으로 NCS 학습모듈을 근거로 정리한 일부 내용에 오류가 있을 수 있으니 카페에 문의하시면 피드백을 드리겠습니다.

㈜에듀웨이 R&D연구소(이·미용부문) 드림

- 시 행 처 | 한국산업인력공단
- 자격종목 | 이용사
- 직무내용 | 이용기술을 활용하여 머리카락·수염 깎기 및 다듬기, 염·탈색, 아이론, 가발, 정발 등을 통해 고객의 용모를 단정하게 연출한다.
- 필기검정방법 | 객관식(전과목 혼합, 60문항)
- 필기과목명 | 이용이론, 공중보건학, 소독학, 피부학, 공중위생법규
- 시험시간 | 1시간
- 합격기준(필기) | 100점을 만점으로 하여 60점 이상

주요항목	세부항목	세세항목	
1 이용 위생·안전관리	1. 이용사 위생관리	1. 개인 위생 및 건강관리	2. 이용 작업 자세
	2. 영업장 위생관리	1. 영업장 환경위생 3. 영업장 환경의 청결유지 5. 위생문제 발생 시 대책	2. 영업장 시설·설비 4. 영업장 위생 점검 6. 작업장 근무수칙 준수
	3. 영업장 안전사고 예방 및 대처	1. 안전 기구 및 기기 사용법 2. 안전사고 예방 및 점검(전기, 화재, 낙상) 3. 안전사고 시 응급조치	
	4. 피부의 이해	1. 피부와 피부 부속 기관 3. 피부와 영양 5. 피부면역 7. 피부장애와 질환	2. 피부유형분석 4. 피부와 광선 6. 피부노화
	5. 화장품 분류	1. 화장품 기초 및 제조	2. 화장품의 종류와 기능
2 고객응대 서비스	1. 고객 안내 업무 2. 고객 응대 3. 고객 상담 4. 고객 관리		
3 모발관리	1. 모발진단	1. 두피 형태 및 유형 분석 3. 모발 구조 5. 모발 손상의 유무 진단기법	2. 모발 구성 성분과 작용 4. 모발 특성
	2. 모발의 물리적 손상 처치	1. 모발 흡습 메커니즘 3. 모발 변성	2. 손상처치 방법
	3. 모발의 화학적 손상 처치	1. 모발 구성 물질 3. pH 농도에 따른 모발 손상처치	2. 모발의 구조 및 손상
4 기초 이발	1. 기초 이발 준비	1. 이용 발전 과정	2. 이발 스타일 변천
	2. 기본 도구 사용	1. 이발 도구의 종류 및 변천	2. 이발 도구의 사용법
	3. 기본 이발 작업	1. 이발의 기본작업 및 자세	2. 이발 기법
5 이발 디자인의 종류	1. 장발형 이발의 종류 및 특징 – 솔리드형, 레이어드형, 그래쥬에이션형 2. 중발형 이발의 종류 및 특징 – 상중발형, 중중발형, 하중발형 3. 단발형 이발의 종류 및 특징 – 상상고형, 중상고형, 하상고형 4. 짧은 단발형 이발의 종류 및 특징 – 둥근형, 삼각형, 사각형		

주요항목	세부항목	세세항목	
6 기본 면도	1. 기본 면도 기초지식 파악	1. 수염 유형 및 특성	2. 면도 도구 종류
	2. 기본 면도 작업	1. 기본 면도 기구 선정 3. 기본 면도 방법과 순서	2. 기본 면도 위치와 자세 4. 기본 면도 제품 사용방법
	3. 기본 면도 마무리	1. 면도작업 후처리	2. 크림 매니플레이션
7 기본 염·탈색	1. 염·탈색 준비	1. 색채 이론, 모발 색소 3. 염모제	2. 염·탈색 원리 4. 모발 진단 패치 테스트
	2. 염·탈색 작업	1. 염·탈색제 사용법 3. 도포 방법	2. 색상 배합 및 컬러 체크 4. 새치 염색 및 멋내기 염색
	3. 염·탈색 마무리	1. 에멀젼 작업	
8 샴푸·트리트먼트	1. 샴푸·트리트먼트 준비	1. 계면활성제	2. 두피 유형에 따른 샴푸 및 린스
	2. 샴푸·트리트먼트 작업	1. 샴푸 방법 3. 린스	2. 샴푸 매니플레이션 4. 트리트먼트
	3. 쇼트 헤어커트 마무리	1. 쇼트 커트의 수정·보완	
9 스캘프 케어	1. 스캘프 케어 준비	1. 두피 관련기기와 도구 3. 두피 상담	2. 두피 관리의 효과
	2. 진단·분류	1. 두피 유형 및 특성 3. 탈모 유형 분류	2. 두피 영양
	3. 스캘프 케어	1. 두피 유형에 따른 샴푸 방법·제품 적용 3. 두피 스켈링	 4. 두피 매니플레이션
10 기본 아이론 펌	1. 아이론 펌 준비	1. 펌 디자인 3. 아이론 기기 선정	2. 펌 용제
	2. 아이론 펌 작업	1. 아이론 기기 조작 3. 모발손상 방지	2. 아이론 펌 순서와 방법 4. 펌 작업 후 수정·보완
11 기본 정발	1. 기초 지식 파악	1. 블로드라이 기본 원리	2. 얼굴유형에 맞는 정발 스타일
	2. 기본 정발 작업	1. 정발 기구 사용법 3. 정발 순서 및 방법	2. 정발제품 사용법 4. 가르마 유형
12 패션 가발	1. 가발 제작	1. 헤어스타일 파악 3. 패션 가발 착용방법	2. 패션 가발 커트방법 및 도구
	2. 가발 관리	1. 패션 가발관리 및 보관방법	
13 공중위생관리	1. 공중보건	1. 공중보건 기초 3. 가족 및 노인보건 5. 식품위생과 영양	2. 질병관리 4. 환경보건 6. 보건행정
	2. 소독	1. 소독의 정의 및 분류 3. 병원성 미생물 5. 분야별 위생·소독	2. 미생물 총론 4. 소독방법
	3. 공중위생관리법규 (법, 시행령, 시행규칙)	1. 목적 및 정의 3. 영업자 준수사항 5. 행정지도감독 7. 위생교육 및 벌칙	2. 영업의 신고 및 폐업 4. 영업면허 및 이·미용 업무 6. 업소 위생등급 8. 시행령 및 시행규칙 관련 사항

이책의 구성과 특징

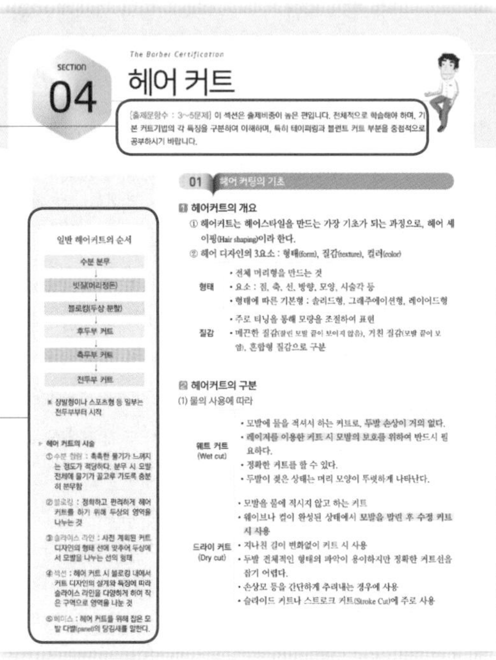

[출제문항수 : 3~5문제] 이 섹션은 출제비중이 높은 편입니다. 전체적으로 학습해야 하며, 기본 커트기법의 각 특징을 구분하여 이해하며, 특히 테이퍼링과 블런트 커트 부분을 중점적으로 공부하시기 바랍니다.

출제포인트
각 섹션별로 해당 섹션의 출제문항수를 표시하였으며, 출제예상문제를 분석·흐름을 파악하여 학습 방향을 제시하고, 중점적으로 학습해야 할 내용을 기술하였습니다.

수험준비에 유용한 부분, 시험에 언급된 관련 내용, 그리고 내용 중 어려운 전문용어에 대해 따로 박스로 표기하여 설명하였습니다.

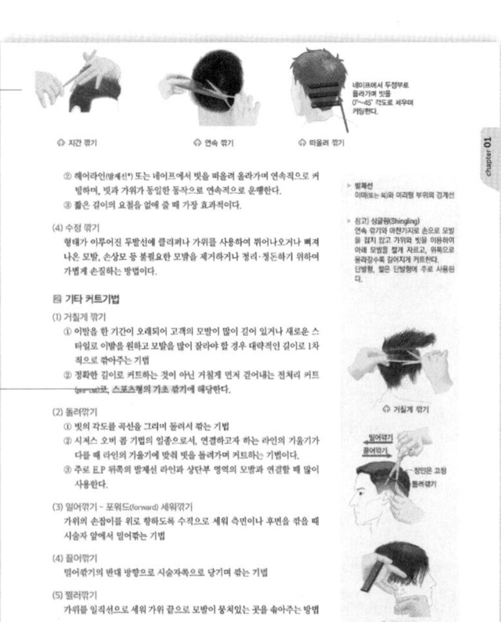

이해를 돕기 위한 삽화
이론 내용과 관련있거나 실제 시험에도 나온 필수 이미지를 삽입하여 독자의 이해를 높였습니다.

주요 내용 체크
그동안 기출문제에서 출제된 부분을 체크하고 넘어갈 수 있도록 이론 설명에 따로 밑줄로 표기하였습니다.

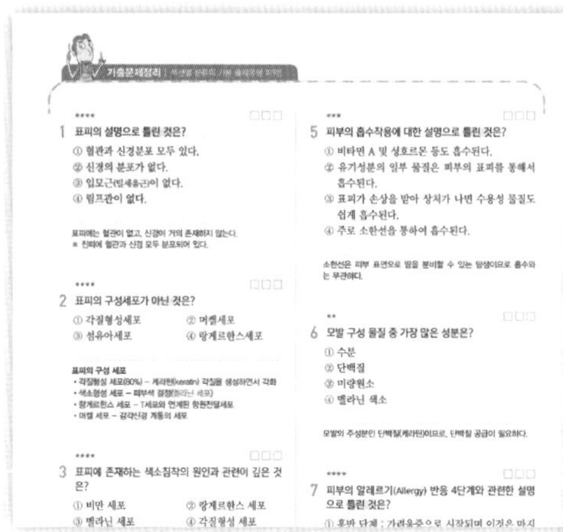

기출문제

각 섹션 바로 뒤에 연계된 기출문제를 모두 정리하여 예상가능한 출제동향을 파악할 수 있도록 하였습니다. 또한 문제 상단에 별표(★)의 갯수를 표시하여 해당 문제의 출제빈도 또는 중요성을 나타냈습니다.

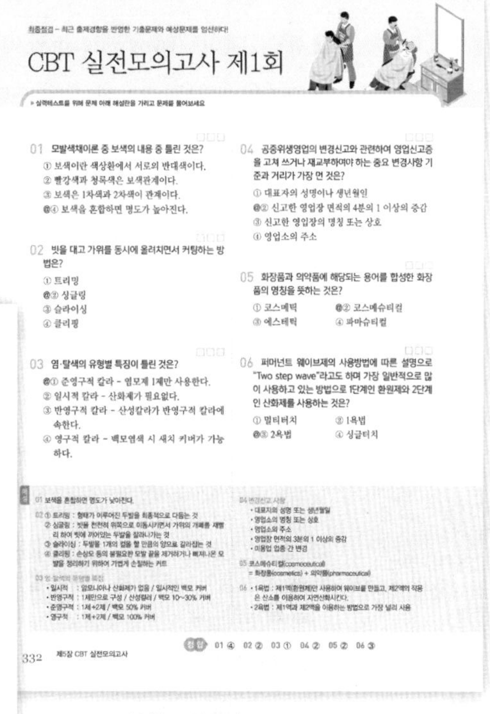

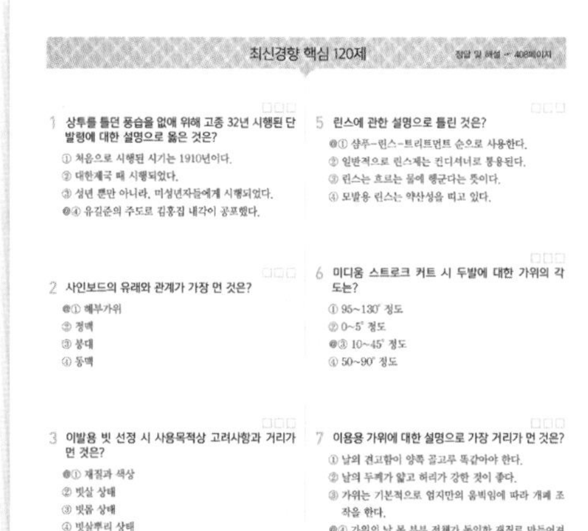

최신경향 핵심 120제

출제기준 변경 후 출제빈도가 높은 문제를 선별하였습니다.

CBT 복원 모의고사

출제비율을 바탕으로 최근 CBT 복원문제를 중점으로 시험에 출제될 높은 문제를 엄선하여 모의고사 6회분으로 수록하여 수험생 스스로 실력을 테스트할 수 있도록 구성하였습니다.

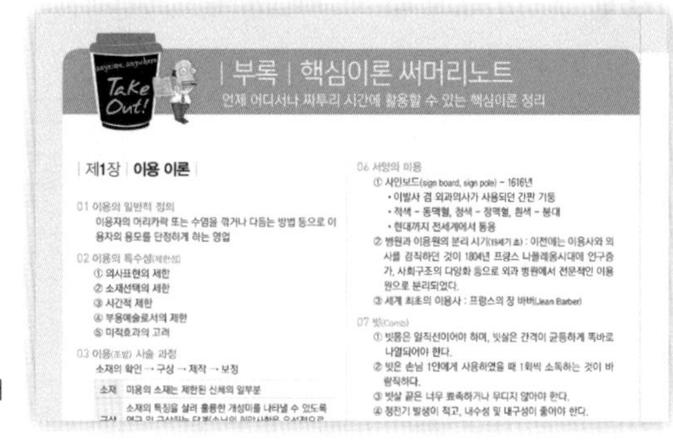

시험에 자주 나오는 핵심이론 써머리노트

시험 직전 한번 더 체크해야 할 부분을 따로 엄선하여 시험대비에 만전을 기하였습니다.

한 눈에 살펴보는

필기응시절차

Accept Application - Objective Test Process

원서접수기간,
필기시험일 등..
큐넷 홈페이지에서
해당 종목의 시험일
정을 확인합니다.

01 시험일정 확인

기능사검정 시행일정은 큐넷 홈페이지를 참조하거나 에듀웨이 카페에 공지합니다.

02 원서접수현황 살펴보기

1 큐넷 홈페이지(**www.q-net.or.kr**)에서 상단 오른쪽에 [로그인]을 클릭합니다.

2 '로그인 대화상자가 나타나면 아이디/비밀번호를 입력합니다.

※회원가입 : 만약 q-net에 가입되지 않았으면 회원가입을 합니다. (이때 반명함판 크기의 사진(200kb 미만)을 반드시 등록합니다.)

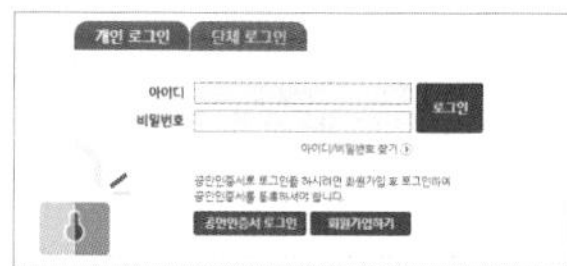

3 원서접수를 클릭하면 [자격선택] 창이 나타납니다. [접수하기]를 클릭합니다.

※ 원서접수기간이 아닌 기간에 원서접수를 하면 [현재 접수중인 시험이 없습니다.]이라고 나타납니다.

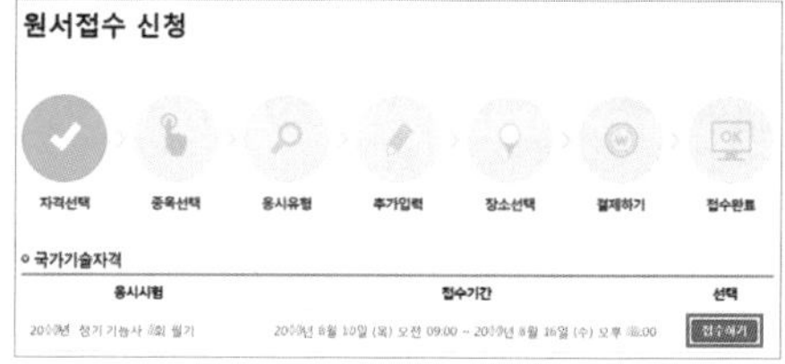

원서접수는
모바일
(큐넷 전용 앱 설치) 또는
PC에서 접수하시기
바랍니다.

4 [종목선택] 창이 나타나면 응시종목명을 [이용사]로 선택하고 [다음] 버튼을 클릭합니다. 간단한 설문 창이 나타나고 다음을 클릭하면 [응시유형] 창에서 [장애여부]를 선택하고 [다음] 버튼을 클릭합니다.

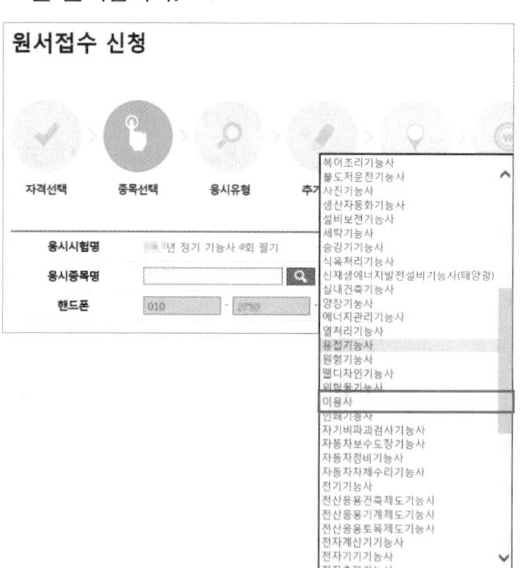

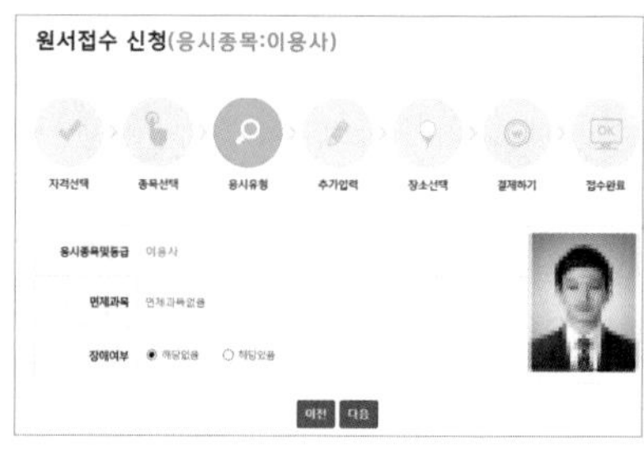

03 원서접수

5 [장소선택] 창에서 원하는 지역, 시/군구/구를 선택하고 조회 를 클릭합니다. 그리고 시험일자, 입실시간, 시험장소, 그리고 접수가능인원을 확인한 후 선택 을 클릭합니다. 결제하기 전에 마지막으로 다시 한 번 종목, 시험일자, 입실시간, 시험장소를 꼼꼼히 확인한 후 접수하기 를 클릭합니다.

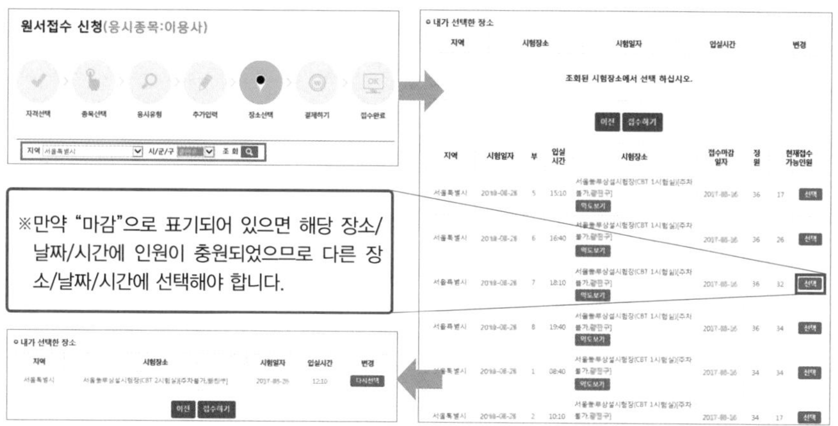

날짜, 시간, 시험장소 등 마지막 확인 필수!

6 [결제하기] 창에서 검정수수료를 확인한 후 원하는 결제수단을 선택하고 결제를 진행합니다. (필기 : 14,500원 / 실기 : 20,100원)

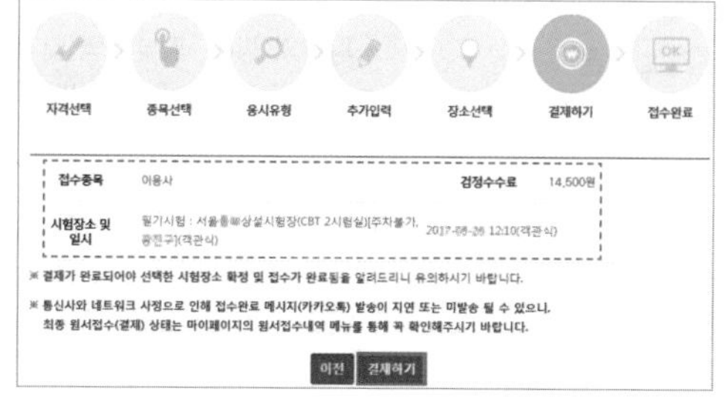

04 필기시험 응시

필기시험 당일 유의사항

1 신분증은 **반드시 지참**해야 하며, 필기구도 지참합니다(선택).

2 대부분의 시험장에 주차장 시설이 없으므로 가급적 대중교통을 이용합니다. (시험장이 초행길이면 시간을 넉넉히 가지고 출발하세요.)

3 고사장에 시험 20분 전부터 입실이 가능합니다(지각 시 시험응시 불가).

4 CBT 방식(컴퓨터 시험 – 마우스로 정답을 클릭)으로 시행합니다.

05 합격자 발표 및 실기시험 접수

- 합격자 발표 : 인터넷, ARS, 접수지사에서 게시 공고
- 실기시험 접수 : 필기시험 합격자에 한하여 실기시험 접수기간에 Q-net 홈페이지에서 접수

※ 기타 사항은 한국산업인력공단 홈페이지(q-net.or.kr)를 방문하거나 또는 전화 1644-8000에 문의하시기 바랍니다.

Contents

| 제4장 | 공중위생관리학

| 제5장 | CBT시험 대비 실전모의고사

| 제6장 | 최신경향 핵심 120제

추가모의고사 문제 2회분
에듀웨이 카페(자료실)에 확인하세요!

스마트폰을 이용하여 아래 QR코드를 확인하거나,
카페에 방문하여 '카페 메뉴 > 자료실 > 이용사'에서
다운받을 수 있습니다.

CHAPTER 01

출제문항수 20~23

이용이론

section 01 이용 총론 및 위생관리
section 02 이용의 역사
section 03 이용용구
section 04 조발술(헤어커트)
section 05 세발술(헤어샴푸)
section 06 정발술(헤어세팅)
section 07 정발술(퍼머넌트 웨이브)
section 08 염·탈색
section 09 두피 및 모발 관리
section 10 면체술(면도 및 마사지)
section 11 가발 헤어스타일

The Barber Certification

SECTION 01

이용 총론 및 위생관리

[출제문항수 : 2~3문제] 이 섹션은 크게 어려운 부분은 없으나 이용과 관련된 두부의 구분은 앞으로 공부를 하는 데 있어 꼭 알아야 하는 부분이므로 충분히 숙지하기 바랍니다.

01 이용의 정의와 목적

▶ 공중위생관리법에서의 미용업
손님의 얼굴, 머리, 피부 및 손톱 · 발톱 등을 손질하여 손님의 외모를 아름답게 꾸미는 영업

1 이용업의 정의(공중위생관리법)

이용자의 머리카락 또는 수염을 깎거나 다듬는 방법 등으로 이용자의 용모를 단정하게 하는 영업

▶ 이용사의 사명
- 공중위생적 측면 : 감염병이나 실내의 채광, 조명, 환기, 작업대의 소독 등에 만전을 기해야 함
- 미적 측면 : 고객이 만족하는 개성미를 연출
- 문화적 측면 : 유행과 시대의 풍속을 건전하게 지도

2 이용사의 기본 자세

① 고객의 기분 및 의견에 주의를 기울이며, 예의바르고 친절한 서비스를 모든 고객에게 제공하여야 한다.
② 신체적으로 청결함을 유지하고, 깨끗한 복장을 착용한다.
③ 시술자 자신 및 작업환경·시술도구에 대한 공중위생에 철저히 해야 한다.
④ 건강에 유의하면서 적당한 휴식을 취한다.
⑤ 기술적인 면에서도 끊임없이 연구·개발하여 전문적 지식을 배양한다.
⑥ 효과적인 의사소통 방법을 익히고, 종교나 정치 같은 논쟁의 대상이 되거나 개인적인 문제에 관련된 대화의 주제는 피하는 것이 좋다.

02 이·미용의 특수성(제한성)

의사표현의 제한	고객의 의사가 우선이며, 이용사의 의사표현이 제한된다.
소재선택의 제한	고객의 신체가 이용의 소재이므로, 소재의 선택이 자유롭지 않다.
시간적 제한	정해진 시간 내에 작품을 완성해야 한다.
부용예술로서의 제한	이용은 조형예술과 같은 정적예술이며, 부용예술이다.
미적효과의 고려	작업의 결과물은 미적 효과를 나타내어야 한다.

▶ 부용예술(附庸藝術) ↔ 자유예술
예술작품이 독립적이지 못하고 다른 작품에 의지하는 것을 말하며, 이용은 여러 가지 조건(고객의 의사, 이용의 소재 등)에 제한을 받는 부용예술에 속한다.

03 이용시술 과정

1 이용 시술 과정

고객을 소재로 하나의 이용작품을 완성하기까지의 과정을 말한다.

구분	내용
소재	• 이용의 소재는 제한된 신체의 일부분이다. • 소재의 확인 : 개성미를 고려하여 소재의 특징을 관찰·분석하는 이용술의 첫 단계
구상	• 소재의 특징을 살려 훌륭한 개성미를 나타낼 수 있도록 연구·구상하는 단계 • 경험과 새로운 기술을 연구하여 독창력 있는 나만의 스타일을 창작하는 단계 • 손님의 희망사항을 우선적으로 고려하여 구상
제작	• 구상을 구체적으로 표현하는 가장 중요한 단계 • 이용사의 재능이 나타나는 단계
보정	• 제작이 끝난 후 전체적인 모양을 종합적으로 관찰하여 수정·보완하여 마무리하는 단계 • 고객이 추구하는 이용의 목적과 필요성을 시각적으로 느끼게 하며, 고객의 만족 여부를 확인한다.

커트 시술 과정

소재의 확인
↓
구상
↓
제작
↓
보정

2 이용 시술 시 유의사항

① 연령 : 고객의 연령에 맞는 이용 연출
② 계절 : 계절이나 기후에 맞는 이용 연출
③ TPO* : 시간, 장소, 상황에 따라 적합한 이용 연출
④ 직업 : 고객의 직업에 적합한 이용 연출

▶ TPO
• T – Time, 시간
• P – Place, 장소
• O – Occasion, 상황

04 이용작업의 올바른 자세

1 일반적 시술 자세

① 몸의 체중을 양다리에 고루 분산될 수 있도록 다리 사이의 폭은 어깨 넓이 정도로 하고, 한 쪽 발을 앞으로 내민다.
② 작업 대상은 시술자의 심장높이와 평행하도록 한다.
③ 명시거리*가 적당해야 한다. (정상 시력의 경우 약 25~30㎝)
④ 이용사와 이발의자의 거리는 주먹 한 개 정도가 좋다.
⑤ 자세를 낮출 경우 등이나 허리를 알맞게 낮출 수 있다.

▶ **명시거리(明示距離)**
눈이 피로하지 않게 물체를 볼 수 있는 거리(※ 노안일수록 멀어짐)

2 기타 시술 자세

① 조발 시 : 어깨 높이, 눈높이로 할 수 있다.
② 정발 시 : 어깨 높이, 가슴 높이(심장)로 조절한다.
③ 면도 시 : 배꼽 높이까지 이발의자를 눕힌다.

▶ 눈높이로 할 때 스포츠형의 정두부를 마무리 시술할 때 적합하다.

05 이용사 및 이용업소의 위생 관리

1 이용사의 위생

(1) 신체 상태

① 손, 두발 등을 청결하게 유지한다.

② 이용사의 손톱은 고객의 두피에 자극을 주지 않도록 짧게 정리한다.

③ 불쾌한 냄새가 나지 않도록 이용사의 구취·채취를 관리한다.

(2) 복장 상태

① 단순한 복장을 선택하고, 노출이 심하거나 오염이 심한 의상은 피한다.

② 염·탈색, 파마제·중화제 도포 등의 시술을 할 때 앞치마를 착용한다.

③ 이용사 직함과 이름이 새겨진 명찰을 착용한다.

④ 목걸이, 반지 등의 액세서리는 가급적 착용하지 않는 것이 좋다.

(3) 건강 관리

① 충분한 휴식을 통하여 작업 시 무리가 생기지 않도록 한다.

② 이용사는 건강 관리를 위하여 연 1회 이상의 주기적인 건강 검진을 한다.

▶ 영업장의 적정 실내 환경
- 실내 온도 : 16~20℃
- 습도 : 40~70%
- 기류 : 0.2~0.3m/s
- 환기 : 1~2시간에 한 번씩

2 이용업소의 환경 위생 관리

① 청소 점검표에 의해 이용업소의 위생 상태를 관리하고, 이용 서비스 후 즉시 정리·정돈하도록 한다.

② 이용업소의 쾌적한 실내 환경을 위해 공기 청정기나 냉·온풍기의 필터를 수시로 점검하고 관리한다.

③ 수질 오염 방지를 위해 염모제와 같은 잔여 화학제품은 종이에 싸서 폐기하도록 한다.

④ 이용업소에서 매일 시술 후 배출되는 쓰레기를 분리 배출한다.

3 이용업소 기기 위생 관리

(1) 이용업소 시설 및 설비 관리

① 이용업소에는 전기, 상하수도, 조명, 온수기, 간판 및 현수막, 환풍기, 냉·난방기, 소화기 등과 같은 각종 시설과 설비들이 갖추어져 있다.

② 여러 시설과 설비는 이용업소 종업원과 고객의 위생에 직결되므로 철저히 관리해야 한다.

(2) 이용업소 도구 및 기기 관리

① 이용업소 도구 관리

- 이용 시술 중 고객의 머리카락이나 두피에 직접 닿았던 도구는 세균 감염의 우려가 있으므로 사용 후 각각 도구의 재질에 맞게 소독하여 정해 놓은 위치에 보관한다.

▶ 이용사의 손 씻기
- 흐르는 미지근한 물에 손을 적시고 비누나 세제를 사용하여 손과 손가락을 30초 이상 씻는다.
- 일반적으로 역성비누*로 소독한다.

* 역성비누 : 일반 비누가 음이온성인 것과는 달리 양이온성인 비누를 말한다. 세척력은 없으나 살균 및 단백질 침전작용이 커서 약용비누로 쓰인다.

▶ 쓰레기통 소독 : 생석회

② 이용업소 기기

- 기기는 기구와 기계를 포함하는 의미이다.
- 이용기구에는 소독기, 샴푸 볼, 이용 경대 및 의자, 정리장 등이 있다.
- 이용기계는 동력에 의해 움직이는 장치를 말하며 전동기 클리퍼, 드라이기, 아이론, 전기 세팅기, 종합 미안기 등이 있다.
- 이용기기는 재질에 맞게 위생적인 관리를 한다.

③ 이용업소에서 주로 사용되는 소독법

소독 대상	소독법
타월, 가운, 의류 등	일광소독, 자비소독, 증기소독
식기류	자비소독, 증기 멸균법
가위, 인조 가죽류, 나무류	알코올 소독 → 자외선 소독기 소독
브러시, 빗 종류 고무 제품	중성세제 세척 → 자외선 소독기 소독

06 헤어디자인

1 헤어 디자인 개념

① 헤어 디자인은 아름다운 헤어스타일을 만들기 위해 필요한 각 부분들을 유기적으로 상호 조화시키기 위한 구성 계획이다.

② 헤어 디자인은 고객의 희망(요구 사항)을 파악해 개성을 찾아내고 분석한 후 계획에 따라 아름다운 형태와 색채, 질감을 디자인 원리를 이용해 구성하고 만드는 것이다.

2 헤어 디자인의 3가지 조건

(1) 고객 만족 (내면적, 심미적 요인)

고객의 욕구, 희망 등 자신이 보여주고 싶은 디자인을 말하는데 내면적 성향 즉, 미의 감성 가치를 말한다.

(2) 고객 주위 만족 (외면적, 환경적 요인)

고객은 각기 다른 외모를 갖고 있어서 유행하고 있는 스타일이 다 어울리는 것은 아니다. 시간, 장소, 목적 및 상황에 맞아 다른 사람에게 좋은 상으로 비춰지는 헤어스타일이 좋은 것이다.(미의 보편적 가치)

(3) 디자이너 만족 (트렌드, 창의성 요인)

고객과 어울리고 고객의 희망을 충족시킨다 하더라도 시대적, 문화적, 지역적 특성에 맞는 헤어스타일이어야 하며, 유행과 트렌드를 제대로 파악하고 미래 지향적이며 창의력 있는 디자인인가 하는 것이 중요하다.

▶ 시술 시 출혈이 발생한 경우

① 먼저 손을 깨끗이 씻은 후 상처 부위를 흐르는 물로 씻어낸다.
② 출혈이 있는 경우 10분 이상 압박해서 지혈을 한다.
③ 상처 부위를 알코올로 소독한 뒤 지혈제를 바르고 일회용 밴드, 붕대나 드레싱으로 감싸준다.
④ 출혈이 멈추지 않을 경우 출혈 부위를 압박한 채 병원으로 가서 치료를 받도록 한다.

▶ 이용업소의 쓰레기 분리배출

- 샴푸, 린스, 트리트먼트 용기, 펌제 및 염모제 등의 용기는 용기 안에 남은 내용물을 깨끗하게 제거하고 분리배출한다.
- 염색 시술이 끝난 후 볼에 남은 약액은 휴지로 닦아내고 볼은 물로 깨끗하게 씻어낸다.
- 재활용이 가능한 품목과 가능하지 않은 품목으로 나눈다.
- 뚜껑이 있는 경우 뚜껑이나 펌프와 용기의 재질이 다른 경우가 많으므로 재질을 확인하여 분리한다.
- 분리수거에 해당하지 않는 품목은 폐기 방법을 확인한 후 배출한다.
- 머리카락은 일반쓰레기로 배출한다.

▶ 헤어디자인의 원칙

- 조화 : 서로 유사한 것을 배열하여 그 공통성에서 질서를 찾아 통일성을 갖게 한다. 유사조화와 대비 조화로 구분된다.
- 균형 : 시각적인 무게에 의해 평형을 이루는 것으로, 안정되고 아름다워 보이게 한다. 대칭 균형은 권위적이며 형식적인 반면, 비대칭 균형은 동적이고 융통성이 있으며, 자연스러운 느낌을 준다.
- 율동(리듬) : 연속적인 움직임이 있는 형태를 말한다. 머릿결의 웨이브도 연속적인 표현이라든지 점점 크거나 점점 작아지는 등의 반복 되어지는 표현을 의미한다.
- 비례 : 부분과 부분 또는 부분과 전체의 관계를 말한다. 적절한 비례가 이루어져야 안정감과 친근감을 느낄 수 있다. 대표적인 비례방법으로는 황금분할(1 : 1.618)이 있다.
- 강조 : 사람의 관심을 집중시키는 초점을 형성하는 것으로 흥미를 불어 일으킬 수 있으나 지나치면 피곤해지므로 주의한다.

기출문제정리 | 섹션별 분류의 기본 출제유형 파악!

★★★

1 이용의 특수성에 해당하지 않는 것은?

① 자유롭게 소재를 선택한다.
② 시간적 제한을 받는다.
③ 손님의 의사를 존중한다.
④ 여러 가지 조건에 제한을 받는다.

이용은 소재가 고객의 신체이므로 소재를 자유롭게 선택할 수 없다.

★★★

2 다음 중 이용의 특수성에 속하는 것은?

① 소재가 풍부하다.
② 시간이 제한되어 있다.
③ 시간적인 자유가 있다.
④ 자유롭게 충분히 표현할 수 있다.

이용의 특수성
① 의사표현이 제한(고객의 의사가 우선)
② 소재선택이 제한(소재가 고객의 신체)
③ 시간적 제한(정하여진 시간 내에 완성해야 함)
④ 미적효과 고려(작업한 결과물이 미적효과가 있어야 함)
⑤ 부용예술로서의 제한

★★★

3 이용의 특수성과 가장 거리가 먼 것은?

① 손님의 요구가 반영된다.
② 시간적 제한을 받는다.
③ 정적 예술로써 미적효과를 나타낸다.
④ 유행을 강조하는 자유예술이다.

이용은 의사표현과 소재가 제한된 정적예술이며 부용예술이다. 자유예술이라 보기 어렵다.

★★★★

4 이용의 특수성과 거리가 가장 먼 것은?

① 손님의 머리모양을 낼 때 이용사 자신의 독특한 구상만을 표현해야 한다.
② 손님의 머리 모양을 낼 때 시간적 제한을 받는다.
③ 이용은 부용 예술이다.
④ 이용은 조형예술과 같은 정적예술이기도 하다.

이용은 이용사의 독특한 구상의 표현보다 고객의 의사가 중요하므로 이용사의 표현이 제한된다.

★★★★★

5 헤어커트 시 작업 절차가 바르게 나열된 것은?

① 소재 → 구상 → 제작 → 보정
② 소재 → 보정 → 구상 → 제작
③ 구상 → 소재 → 제작 → 보정
④ 구상 → 제작 → 보정 → 소재

이용의 과정은 소재의 확인 → 구상 → 제작 → 보정의 순서로 행한다.

★★★

6 헤어스타일 또는 메이크업에서 개성미를 발휘하기 위한 첫 단계는?

① 구상 ② 보정
③ 소재의 확인 ④ 제작

이용 과정에서 첫 단계는 소재를 확인하는 것이다.

★★★

7 이용사가 많은 경험 속에서 지식과 지혜를 갖고 새로운 기술을 연구하여 독창력 있는 나만의 스타일을 창작하는 기본단계는?

① 보정 ② 구상
③ 소재 ④ 제작

이용사의 독창력 있는 나만의 스타일을 창작하는 단계는 구상 단계이다.

정답 1① 2② 3④ 4① 5① 6③ 7②

★★

8 이용사가 시술하기 전 구상을 할 때 가장 우선적으로 고려해야 할 것은?

① 유행의 흐름 파악
② 손님의 얼굴형 파악
③ 손님의 희망사항 파악
④ 손님의 개성 파악

이용의 특수성에 따라 이용사는 손님의 희망사항이나 요구를 가장 먼저 반영하여 구상하여야 한다.

★★★

9 전체적인 머리모양을 종합적으로 관찰하여 수정·보완시켜 완전히 마무리 하는 것은?

① 스타일링 ② 제작
③ 보정 ④ 구상

보정은 이용 과정 중 제작이 끝나면 전체적인 모양을 종합적으로 관찰하여 수정하고 보완하는 단계이다.

★

10 고객이 추구하는 이용의 목적과 필요성을 시각적으로 느끼게 하는 과정은 어디에 해당하는가?

① 소재 ② 구상
③ 제작 ④ 보정

보정 단계에서 최종적으로 고객이 원하는 것을 시각적으로 보여주어 고객의 만족 여부를 확인한다.

★★

11 이용사의 사명으로 옳지 않은 것은?

① 이용과 복식을 건전하게 지도한다.
② 자유로운 유행을 창출한다.
③ 공중위생에 만전을 기한다.
④ 손님이 만족하는 개성미를 만들어낸다.

이용사의 사명은 개성미의 연출, 유행 및 시대의 풍속을 건전하게 지도, 공중위생에 만전을 기하는 것이며, 유행을 자유롭게 창출하는 것이 이용사의 사명은 아니다.

★

12 이용사의 사명 중 잘못된 것은?

① 고객의 요구를 무엇이든 들어 주는 봉사자
② 손님이 만족하는 개성미 연출
③ 이용 기술에 관한 전문지식 습득
④ 시대 풍조를 건전하게 지도

이용사는 고객의 요구를 최대한 반영하여 아름다움을 표현하지만 고객의 모든 요구를 들어주어야 하는 것은 아니다.

★

13 전문 이용인의 기본 소양으로 바르지 않은 것은?

① 건강한 삶의 방식을 가지고 있어야 한다.
② 이용의 단순한 테크닉을 습득하여 행한다.
③ 각기 다른 고객의 개성을 최대한 살려줄 수 있도록 한다.
④ 이용인으로서 항상 정돈되고 매력있는 자신의 모습을 가꾼다.

이용사는 이용기술에 관한 전문지식, 위생지식, 미적 감각 및 인격 등의 기본 소양을 갖추어야 한다. 단순한 테크닉만을 습득한다고 해서 전문 이용사라고 할 수 없다.

★

14 올바른 이용인으로서의 인간관계와 전문가적인 태도에 관한 내용으로 가장 거리가 먼 것은?

① 예의바르고 친절한 서비스를 모든 고객에게 제공한다.
② 고객의 기분에 주의를 기울여야 한다.
③ 효과적인 의사소통 방법을 익혀두어야 한다.
④ 대화의 주제는 종교나 정치같은 논쟁의 대상이 되거나 개인적인 문제에 관련된 것이 좋다.

고객과의 효과적인 의사소통 방법을 익혀야 하며, 종교, 정치와 같은 논쟁의 대상이 되거나 개인적인 문제는 대화 주제로 적절하지 않다.

정답 8 ③ 9 ③ 10 ④ 11 ② 12 ① 13 ② 14 ④

★★★

15 이용작업의 자세 중 틀린 것은?

① 다리를 어깨 폭보다 많이 벌려 안정감을 유지한다.
② 이용사의 신체적 안정감을 위해 힘의 배분을 적절히 한다.
③ 명시 거리는 안구에서 25~30㎝를 유지한다.
④ 작업의 위치는 심장의 높이에서 행한다.

몸의 체중이 양다리에 고루 분산되어 안정된 자세가 되도록 하기 위하여 다리를 어깨 폭 정도로 벌리는 것이 좋다.

★★

16 이용기술을 행할 때 올바른 작업 자세를 설명한 것 중 잘못된 것은?

① 항상 안정된 자세를 취할 것
② 적정한 힘을 배분하여 시술할 것
③ 작업 대상의 위치는 심장의 높이보다 낮게 할 것
④ 작업 대상과 눈과의 거리는 약 30cm를 유지할 것

작업 대상의 위치를 심장과 평행한 높이에 두는 것이 올바른 자세이다.

★★★

17 이용 작업 시의 자세와 관련된 설명으로 틀린 것은?

① 작업 대상의 위치가 심장의 위치보다 높아야 좋다.
② 서서 작업을 하므로 근육의 부담이 적게 각 부분의 밸런스를 배려한다.
③ 과다한 에너지 소모를 피해 적당한 힘의 배분이 되도록 배려한다.
④ 명시거리는 정상 시력을 가진 사람의 안구에서 약 25cm 거리이다.

작업 대상의 위치는 심장과 평행이 되는 정도의 높이가 적당하다.

★★★

18 짧은 단발형 이발의 작업에 있어서 고객 후면에 섰을 때 가장 안정된 자세는?

① 30cm 뒤에 선 상태에서 한발을 앞으로 내민다.
② 30cm 뒤에 선 상태에서 한발을 우측 옆으로 10cm 벌린다.
③ 30cm 뒤 중앙에 선 상태에서 한발을 뒤로 후진한다.
④ 30cm 뒤 중앙에 선 상태에서 한발을 좌측 옆으로 10cm 벌린다.

장시간 서서 상체를 자주 숙이는 이용사는 손님과 약 30cm 뒤에서 다리를 어깨넓이로 벌리고 한 발을 앞으로 내밀며, 무릎을 약간 굽혀 무게중심이 한쪽으로 쏠리지 않도록 균형을 유지하는 것이 좋다.

★★★

19 스포츠형 조발을 할 때 뒷편에서 시술하기가 가장 좋은 자세은?

① 뒤에 선 상태에서 한발을 좌측으로 벌린다.
② 뒤에 선 상태에서 한발을 우측으로 벌린다.
③ 뒤에 선 상태에서 어깨 넓이로 발을 벌린다.
④ 뒤에 선 상태에서 앞으로 왼발을 내민다.

★★

20 조발 시술 시 양발의 적당한 거리는?

① 편리한 거리로 한다.
② 주먹만한 거리가 이상적이다.
③ 어깨넓이의 거리가 이상적이다.
④ 두발을 모두 모아 차렷 자세로 한다.

★★

21 조발 시 시술자와 손님 의자와의 거리 유지에 관한 내용으로 가장 알맞은 것은?

① 시술자의 몸을 의자에 대고 한다.
② 편리한 대로 한다.
③ 주먹 한 개 정도의 거리로 한다.
④ 약 30cm 거리를 두고 한다.

손님과는 약 30cm 거리를 두며, 의자와는 주먹 한 개 정도의 거리를 둔다.

정답 15 ① 16 ③ 17 ① 18 ① 19 ④ 20 ③ 21 ③

★★★

22 일반적으로 남성 조발 시 후두부 중앙에서부터 시작하는 이유는?

① 습관적으로 자연스럽게 하게 되어서
② 발형이 후두부에서 시작하여야 잘되기 때문에
③ 아무 뜻 없이 남이 많이 하기 때문에
④ 손님에게 불안을 주지 않기 위해서

★★★

23 조발술에서 원형 관측에 대한 설명 중 올바른 것은?

① 명시거리는 수평선상에서 25~30cm정도가 적당하다.
② 사물을 정확하게 관찰하는 것은 명시거리와 관계 없다.
③ 사물을 정확하게 관찰하는 것은 그 사물에 정대하지 않아도 가능하다.
④ 명시거리는 수직선상에서 40~45cm정도가 적당하다.

'명시거리'란 보고자 하는 대상물을 명확히 볼 수 있는 거리를 말하며, 수평선상에서 25~30cm정도가 적당하다.

★★★

24 이용사가 지켜야 할 사항으로 가장 거리가 먼 것은?

① 항상 친절하게 하고, 구강 위생을 철저히 유지한다.
② 손님의 의견과 상관없이 소신껏 시술한다.
③ 매일 샤워를 하며 깨끗한 복장을 착용한다.
④ 건강에 유의하면서 적당한 휴식을 취한다.

★

25 이용사의 이용작업 자세와 가장 거리가 먼 것은?

① 고객의 의견과 심리를 존중해 우선 고객의 의사에 맞춰 시술한다.
② 청결한 의복을 갖추고 작업한다.
③ 작업 중 반지나 팔찌 등 액세서리를 착용하여 최대한 아름답게 꾸미고 시술한다.
④ 작업장을 깨끗하게 관리한다.

★

26 이용사가 지켜야 할 주의사항으로 가장 거리가 먼 것은?

① 항상 깨끗한 복장을 착용한다.
② 항상 손톱을 짧게 깎고 부드럽게 한다.
③ 이용사의 두발이나 용모를 화려하게 치장한다.
④ 고객의 의견이나 심리 등을 잘 파악해야 한다.

★

27 이용사의 바른 업무 자세에 관한 내용 중 틀린 것은?

① 손톱은 항상 짧게 깎고, 깨끗한 손을 유지한다.
② 작업 중에 시계나 반지를 착용하지 않는다.
③ 청결한 의복을 갖추고 작업한다.
④ 손님의 의사보다 이용사의 의견에 반드시 따르도록 유도한다.

★

28 조발 시술 시 시술의 주안점을 설명한 것 중 틀린 것은?

① 소재 파악을 잘 하여야 한다.
② 손님의 의견보다 우선적으로 시술자의 의견을 반드시 반영시킨다.
③ 소재 파악 후 구상하여 시술에 임한다.
④ 마감할 때 일부 보완이 필요할 시 보정 조치한다.

★

29 이용 시술을 위한 이용사의 작업을 설명한 내용으로 가장 거리가 먼 것은?

① 고객의 용모에 대한 특성을 신속·정확하게 파악한다.
② 시술에 대한 구상을 하기 전에 고객의 요구사항을 파악한다.
③ 고객의 개성미를 우선적으로 표현한다.
④ 시술 후에는 전체적인 조화를 종합적으로 검토한다.

정답 22 ④ 23 ① 24 ② 25 ③ 26 ③ 27 ④ 28 ② 29 ③

★

30 이용사가 지켜야 할 주의사항으로 가장 거리가 먼 것은?

① 항상 깨끗한 복장을 착용한다.
② 항상 손톱을 짧게 깎고 부드럽게 한다.
③ 이용사의 두발이나 용모를 화려하게 치장한다.
④ 항상 입 냄새나 체취가 나지 않도록 한다.

★

31 이용 시술 시 이용사가 흰 가운을 입는 주된 이유로 가장 옳은 것은?

① 위생적이며 오염상태를 잘 식별할 수 있도록 하기 위하여
② 업종 구별을 위해서
③ 때가 잘 타지 않으므로
④ 깨끗하고 보기 좋으므로

★★★

32 이용사의 사명에 해당되지 않는 것은?

① 손님이 만족하는 개성미를 발휘한다.
② 공중위생을 철저히 지킨다.
③ 시대의 풍속을 건전하게 지도한다.
④ 새로운 유행을 계속해서 만들어낸다.

★

33 이용사가 지켜야 할 사항이 아닌 것은?

① 항상 친절하고, 구강 위생 등에 철저해야 한다.
② 손님의 의견과 심리를 존중한다.
③ 이용사 본인의 건강에 유의하면서 감염병 등에 주의한다.
④ 이용 도구는 특별한 경우에만 소독을 한다.

★

34 이용기술에 해당되지 않는 것은?

① 삭발
② 귀청소
③ 면도
④ 조발

★★★

35 이용업 또는 미용업의 영업장 실내조명 기준은?

① 30 룩스 이상
② 50 룩스 이상
③ 75 룩스 이상
④ 120 룩스 이상

★

36 이용 시술 시 작업 자세로서 적당하지 않은 것은?

① 무릎을 심하게 구부린 자세
② 등이나 허리를 알맞게 낮춘 자세
③ 힘의 배분이 잘된 자세
④ 명시 거리가 적당한 위치

정답 30 ③ 31 ① 32 ④ 33 ④ 34 ② 35 ③ 36 ①

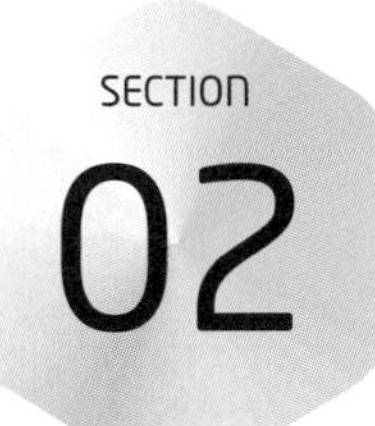

The Barber Certification

이용의 역사

[출제문항수 : 1~2문제] 이 섹션에서는 출제문항이 많지 않으므로 기출위주로 체크하기 바랍니다. 주로 단발령, 안종호, 사인보드, 장 바버에 관한 문제가 많이 출제되었습니다.

01 우리나라의 이용

1 삼한시대(三韓時代)

① 수장급은 관모를 썼다.
② 포로나 노비는 머리를 깎아 표시하였다.
③ 마한의 남자는 결혼 후 상투를 틀었다.
④ 삼한시대의 이용은 주술적인 의미와 신분과 계급을 나타내었다.

2 삼국시대 및 통일신라시대

① 미혼 남자들은 모발을 땋아 길게 늘어뜨려 검정 댕기를 사용하여 끝을 묶었으며, 기혼의 남자들은 상투를 틀었다.

고구려	좌우에 두 개의 상투를 트는 쌍상투머리와 상투머리
백제	마한의 전통을 계승하였으며 정수리가 뾰족하게 솟도록 하는 수계식 상투머리
신라	• 수계식 상투와 쌍상투머리를 하였으며 모발을 길러 두건을 착용하였다. • 두발형으로 신분과 지위를 나타내었다. • 금은주옥으로 꾸민 가체(가발)를 사용한 장발의 처리 기술이 뛰어났다. • 백분과 연지, 눈썹먹 등을 사용하여 얼굴화장을 하였다. • 남자화장이 행하여졌다. • 향수와 향료의 제조가 이루어졌다.

쌍상투머리

수계식 상투머리

② 통일신라시대 : 신라시대와 같은 머리 모양을 하였으나, 삼국의 문화가 융합되어 다양하고 화려하였다.

3 고려시대

① 미혼인 남녀는 모발을 땋아 늘어뜨려 남자는 흑승(검은 끈), 여자는 홍라로 묶음
② 기혼 남성은 상투머리를 하였다.
③ 충렬왕 4년 이후 몽고의 영향으로 일부 남자들은 개체변발을 하였으며 공민왕 원년(1399년) 이후 본래의 상투머리로 되돌아갔다.

▶ **개체변발(開剃辮髮)**
- 몽고의 풍습에서 전래되어 고려 중기에 한동안 일부 계층에서 유행했던 남성의 머리 모양이다.
- 머리 변두리의 머리카락을 삭발하고 정수리 부분만 남기어 땋아 늘어뜨린 머리형태이다.

4 조선시대

(1) 특징

① 미혼자 : 땋아 늘여뜨리는 댕기머리

② 기혼자 : 상투머리

(2) 머리모양

구분	내용
댕기머리	모다발을 세 가닥으로 길게 땋아 댕기를 드린 스타일이다. 댕기의 종류로는 제비부리댕기, 도투락댕기, 말뚝댕기, 쪽댕기, 떠구지댕기, 매개댕기, 도투락댕기, 드림댕기 등이 있으며, 남자의 경우 흑색 제비부리댕기를 착용하였으며, 상중에는 남녀를 가리지 않고 모두 백색포를 사용하였다.
상투머리 (추계 · 수계)	• 결혼을 한 성인 남자들의 헤어스타일 • 신분에 따라 하층류의 남성들은 수식 없이 상투만을 얹었으며, 상류층 남성은 망건으로 고정 후 그 위에 상투관, 탕건, 정자관 등 가공의 관(冠)을 착용하여 위엄을 더함

5 근·현대

19세기 말~1930년	우리나라에서 가장 개화를 빨리한 인물은 1881년 신사유람단으로 일본을 건너간 '서광범'으로 기록됨 • 1885년 무렵 일본 상인들이 남산 기슭에서 고관대작을 대상으로 이용업을 시작함. • 1901년 : 고종황제의 어명을 받은 우리나라 최초의 이용사는 안종호이다. (우리나라 최초로 이용원을 개설) • 단발령 시행(1895년, 고종 32년) : 김홍집 내각이 성년 남자의 상투를 자르고 서양식 머리를 하라는 내용의 고종의 칙령이다.(유길준 등에 의해 전격 단행) • 신식 남자들은 서구식 양복 차림에 하이칼라 머리를 하였고 모자 상점도 발달 • 우리나라 최초의 이발사 시험제도는 일제강점기(1923년)에 '야마모토'라는 일본인을 주축으로 강습회를 시작하여 그 해 가을에 시행됨. • '위생득본'이란 책이 출간되었으며 위생법규, 생리해부학, 소독법, 전염병학, 구술시험, 실기시험 등을 치룸. • 1924년 : 조선 이발연합회 결성 • 1930년 : 기술학교 설립
1940년대	• 1946년 한국이용사총연합회가 창립되면서 이용업이 더욱 활성 • 해방 이후 다시 하이칼라 스타일과 상고 스타일이 인기를 얻음 • 1948년 8월 16일 제1회 이·미용업의 자격 시험을 같이 시행하면서 자격 조건을 더욱 강화

▶ **하이 칼라 스타일(high collor style)**
목깃이 높은 셔츠를 입을 때 네이프의 길이가 불편하지 않도록 양옆과 뒤를 짧게 깎고 윗길이는 10~15cm 정도가 되도록 자른 스타일이다.

1950~	• 1950년 ABC 포마드가 유행하기 시작하여 60년대 활성화 • 1960년대부터 장발 유행 • 1961년 이·미용사법이 제정·공포 • 1970년대 : 장발 외에 상고머리, 스포츠머리, 바람머리 스타일도 유행 • 1980년대 : 두발 자율화(1982), 교복 자율화(1983) • 1986년 5월 공중위생법 공포 • 1990년대 : 염색 시술 및 다양한 헤어스타일이 유행 • 2013년에는 이용사 국가자격 실기 시험의 모델이 사람에서 마네킹으로 바뀜

02 서양의 이용

1 이집트

① 모발을 자르거나 숱을 치기 위해 금, 은, 동으로 날카로운 도끼 모양의 면도칼을 만들어 사용한 것으로 추정된다.
② 대부분의 모발을 밀거나 짧게 깎아 가발을 착용하였다.

2 그리스

모발을 자르기 위해 목둘레에 천을 두르고 큰 가위로 층이 나게 잘랐다.

3 로마

① 로마 시대부터 이발사의 흔적을 찾아볼 수 있다.
② 이때부터 이용원은 사람을 만나고 정보를 공유하며 사무를 처리하는 장소로 이용되었다.

4 중세

① 주로 짧은 모발 또는 삭발
② A.D 7세기 : 가는 모발과 대머리에 관심을 갖고 탈모 방지를 위한 치료법이 연구
③ 외과의사가 이용사의 직분을 겸함(간단한 수술과 상처 치료, 모발 자르기, 수염 다듬기와 자르기)
④ **사인보드**(sign board, sign pole) – 1616년
- 이발사 겸 외과의사가 사용되던 간판 기둥
- 적색 – 동맥혈, 청색 – 정맥혈, 흰색 – 붕대를 의미
- 현대까지 전세계에서 통용하고 있다.

⑤ **병원과 이용원의 분리 시기**(19세기 초) : 이전에는 이용사와 의사를 겸직하던 것이 1804년 프랑스 나폴레옹 시대에 인구증가, 사회구조의 다양화 등으로 외과 병원에서 전문적인 이용원으로 분리되었다.
⑥ 세계 최초의 이용사 : 프랑스의 '**장 바버**(Jean Barber)'

사인보드

5 현대

1900년대	• 올백 스타일, 아비뇽 스타일이 유행 • 모발에 파마자유를 발라 정리
1940년대	• 제2차 세계대전이 일어났던 시기로 크루 컷(crew cut)이 유행
1950년대	• 미국의 제임스딘과 엘비스 프레슬리의 영향으로 옆머리를 붙이고 윗머리를 올리는 스타일이 유행
1960년대	• 비틀즈와 히피 문화의 영향으로 장발이 주류를 차지 • 비달사순의 등장으로 기하학적인 커트선을 기반으로 한 스타일이 유행
1970년대	• 펑크, 글램룩, 히피, 밀리터리, 양성적인 모습들이 유행 • 머리를 부채살 모양으로 세운 폴큐핀 스타일 유행(히피 문화가 꽃 피우는 시기) • 여성들과 같이 길고 다양한 커트와 긴 구레나룻, 콧수염, 턱수염이 60년대 중반부터 70년대까지 유행
1980년대	• 향락주의 개인주의가 팽배해지고 다양한 컬러가 강세를 보였다. • 맥가이버 헤어스타일(뒷머리 길이만 길게 기른 레이어 커트 스타일), 불규칙한 커트
1990년대	• 포스트모더니즘, 내추럴리즘, 신복고풍 등 다양한 컬러의 등장과 함께 정형화된 스타일이 없이 다양화
2000년대	• 웰빙, 오리엔탈리즘이 대두되고 유행의 흐름이 빠르게 진행 • 개인의 라이프 스타일에 따른 다양한 스타일을 추구 • 매직 스트레이트나 웨이브 펌, 디스커넥션 커트와 샤기 커트, 울프 커트 • 댄디 커트(남성적이면서도 깔끔하고, 단순한 미니멀한 형태의 헤어스타일) 등 남성들의 헤어스타일이 다양화됨 • 바버숍 문화가 활성화

크루 컷

제임스딘

비달사순

샤기 커트

기출문제정리 | 섹션별 분류의 기본 출제유형 파악!

★★★★

1 외과와 이용원을 완전 분리시켜 세계 최초의 이용원을 창설한 사람은?

① 나폴레옹 ② 바리캉
③ 장 바버 ④ 마샬

1804년 프랑스 나폴레옹시대에 인구의 증가와 사회 구조의 다양화 등으로 외과병원과 이용원으로 분리되게 되었으며, 세계최초의 이용사는 외과의사였던 "프랑스의 장 바버(Jean Barber)"이다.

★★★

2 이용의 역사에서 이용업은 누가 겸하던 것인가?

① 치과의사 ② 외과의사
③ 내과의사 ④ 피부과의사

★★★

3 이용 사인보드에 대한 설명으로 옳은 것은?

① 우리나라만 사용한다.
② 우리나라와 일본만 사용한다.
③ 유럽에서만 사용한다.
④ 전 세계가 통용하여 사용한다.

★★★★

4 이용원의 사인보드 색에 대한 설명 중 틀린 것은?

① 청색- 정맥 ② 홍색- 동맥
③ 백색- 붕대 ④ 노란색- 인체

★★★

5 이용실 간판의 사인볼 색으로 세계 공통적인 것은?

① 홍색, 백색
② 황색, 청색
③ 청색, 황색, 백색
④ 청색, 적색, 백색

★★★★

6 고종황제의 어명으로 왕자의 머리를 다듬었던 우리나라 최초의 이발사는?

① 안종호
② 서재필
③ 김홍집
④ 김옥균

★★★

7 우리나라 최초로 이용원을 개설한 사람은?

① 성왕복 ② 이의상
③ 안종호 ④ 박인수

★★★

8 우리나라에서 처음 단발령으로 두발을 깎게 된 시기는?

① 철종왕 때
② 고종 황제 때
③ 순종 황제 때
④ 해방 후 미군정 때

★

9 1960년도에 미국 하와이에서 유행하였고, 둥근 형태나 각진 형태로 짧고 단면의 연속으로 이어진 헤어스타일은?

① 레이어 커트
② 바이어스 커트
③ 브로스 커트
④ 롱 커트

정답 1③ 2② 3④ 4④ 5④ 6① 7③ 8② 9②

The Barber Certification

SECTION 03

이용용구

[출제문항수 : 2~3문제] 이 섹션에서는 전반적으로 출제되며, 특히 가위·브러시의 선택조건 및 종류를 구분하여 학습합니다. 어렵지는 않으니 문제 위주로 학습하시기 바랍니다.

이용용구의 종류

이용 도구
- 이용을 위한 기초도구
- 빗, 가위, 아이론, 브러시, 레이저, 헤어클립 등

이용 기구
- 기본 용기를 말하며, 도구들을 넣어두거나 정돈하는데 사용
- 이발의자, 연마기, 소독기, 면체용 크림, 샴푸대 등

이용 기기
- 전기를 이용하는 기기
- 헤어드라이어, 전기 클리퍼 등

▶ 셰이핑(shaping) : 헤어 스타일링을 할 때 빗으로 빗으면서 스타일을 만드는 것

꼬리빗

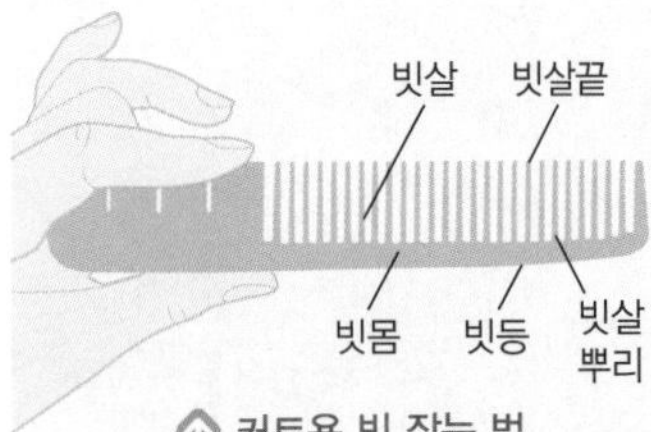

커트용 빗 잡는 법

▶ 빗의 소독
- 빗은 손님 1인에게 사용하였을 때 1회씩 소독하는 것이 바람직하다.
- 금속재질 - 열처리 소독(승홍수에 소독하지 않는다)
- 기타재질(뼈, 플라스틱, 나무, 뿔 등) - 자외선 소독

01 이용 도구

1 빗(Comb)

(1) 종류

① 커트용 : 모발의 정돈 및 커트할 때 정확한 시술을 도움

② 정발용 : 정발 시 드라이를 할 때 두피보호의 목적으로 사용하거나 디자인 연출을 위해 셰이핑*

③ 비듬제거용 : 모발 내 오염물질과 비듬제거 등에 모발관리에 사용

④ 웨이브용 : 퍼머넌트 웨이브를 할 때 사용(웨이브 콤)

⑤ 헤어 염색용

⑥ 꼬리빗 : 손잡이 끝이 뾰족한 형태로 모발을 파팅하거나 파머할 때 사용

(2) 빗의 구조와 선택조건

① 내수성, 내유성 및 내열성이 있는 것이 좋다.

② 재질 : 뼈, 플라스틱, 금속, 나무, 뿔, 에버나이트 등

명칭	설명
빗몸	• 빗 전체를 지탱하며, 손잡이 역할 및 클리퍼 사용 시 길이 각도를 가름한다. • 비뚤어지지 않은 일직선일 것
빗살	• 빗살은 빗살 끝이 가늘고 빗살 전체가 균등하게 똑바로 나열된 것이 좋으며, 빗살과 빗살의 간격이 균일하여야 한다.
빗살 끝	• 피부에 직접 닿는 부분이므로 모발을 일으키는 역할을 함. • 너무 뾰족하거나 무디지 않아야 한다.
빗살 뿌리	• 커팅 시 두발을 세워 지지해주며, 두발의 길이를 가늠하는 역할을 한다.

(3) 관리법

① 빗살 사이의 때는 솔로 제거하거나 심한 경우는 비눗물에 담근 후 브러시로 닦고 나서 소독한다.

② 소독 시 크레졸수, 역성비누액, 석탄산수, 포르말린수 등을 이용하며, 세정이 바람직하지 않은 재질은 자외선으로 소독한다.

③ 열처리소독(자비소독, 증기소독)은 피해야 한다.

④ 소독 후에는 물로 헹구고 마른수건으로 물기를 말리고, 소독장에 보관한다.

2 브러시(Brush)

▶ 브러시의 강도가 약한 것은 시술 시 어려움이 있을 수 있으며, 너무 뻣뻣한 것은 두피와 모발에 손상을 줄 수 있다.

▶ 나일론 또는 비닐계 브러시는 정전기 발생의 우려가 있다.

(1) 브러시의 조건

① 드라이어 등의 열에 견딜 수 있어야 하고, 적당한 강도와 탄력이 있어야 한다.

② 모발의 통과가 좋으며, 모발 밑 부분까지 작용이 미치는 것이 좋다.

③ 잡기 쉽고 적당한 무게가 있어 조작하기 쉬운 것이 좋다.

(2) 종류

종류	설명
정발용	적당한 강도와 탄력이 있는 것이 좋다.(합성수지제)
드라이용	털의 밀도가 작고 털끝이 고르지 않다. 내열성(열에 강함)이 좋다.
면체용	주로 굵은 붓과 같은 형태의 브러시이며, 붓끝 부분의 재료는 동물의 털을 많이 사용한다.
털이개용	조발 후의 머리카락, 먼지 등을 털어낸다.

(3) 브러시의 손질법

① 비눗물, 탄산소다수 또는 석탄산수 등을 이용한다.

② 털이 부드러운 것은 손가락 끝으로 가볍게 빤다.

③ 털이 빳빳할 경우 세정브러시로 닦아낸다.

④ 세정 후 맑은 물로 잘 헹구고, 털을 아래쪽으로 하여 그늘에서 말린다.

3 가위(Scissors)

(1) 가위의 선택법

① 날의 두께 : 가위 날은 얇고 잠금 나사 부분(회전축, 피벗)이 강한 것이 좋다.

② 협신 : 날끝으로 갈수록 자연스럽게 구부러진 것(내곡선 상)이 좋다.

③ 날의 견고성 : 양날의 견고함이 동일하고, 강도와 경도가 좋아야 한다.

④ 날이 얇고 양다리가 강한 것이 좋다.

⑤ 도금이 되지 않아야 한다.(← 강철의 질이 좋지 않다.)

⑥ 손가락 넣는 구멍이 시술자에게 적합해야 한다.

⑦ 시술 시 쥐기 쉽고, 조작이 쉬워야 한다.

▶ **가위질의 기본 원리**
선회축(피벗)을 기준으로 손가락의 힘을 이용하여 지렛대의 원리를 이용하여 절삭한다.

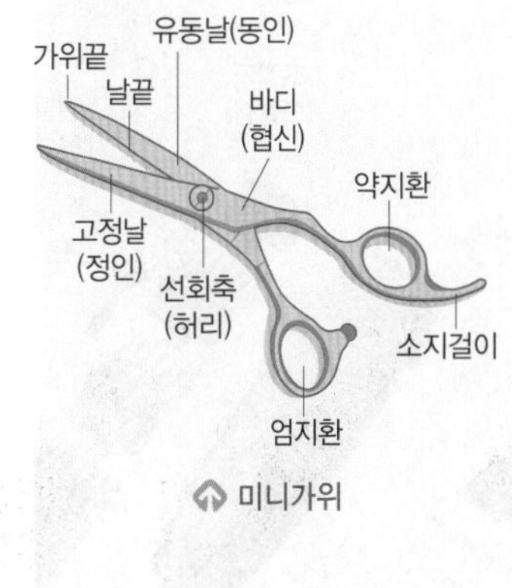

미니가위

(2) 가위의 종류

① 재질에 따른 분류

착강가위	협신부는 연강, 날은 특수강으로 연결하여 만든 가위
전강가위	전체를 특수강으로 만든 가위

② 사용 목적에 따른 분류

블런트가위 (일반 가위)	• 커팅 또는 세이핑하는 가위(조발가위, 단발가위) • 일반적으로 사용되는 모발커트용 가위(6.5인치 이상) • 정밀한 블런트 커트에는 미니가위(4.5~5.5인치) 사용
틴닝가위 (thining)	• 모발의 길이는 그대로 두고, 숱만 쳐내는(모발의 양 조절) 가위이다. • 틴닝가위의 발수와 홈 등에 따라 절삭률이 달라진다. • 발수가 많을수록 한번에 많은 모량을 절삭한다. • 일반적인 발수 : 27~33발

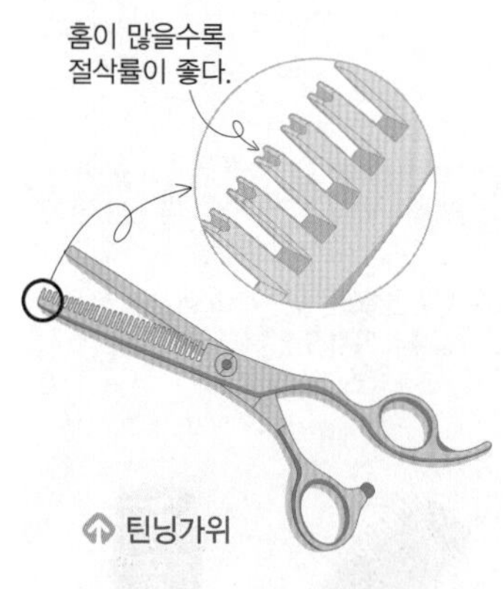

틴닝가위

▶ 틴닝가위의 홈 : V형, U형, 무홈형

U형	모량을 거칠게 감소시켜 모발을 손상시킨다
무홈형	모량을 10% 이하로서 감소시키기에 용이하다.

③ 형태에 따른 분류

곡선날가위 (R형가위)	• 날 부분이 R모양으로 구부러진 가위 • 둥글려서 커트하기, 스트로크 커트* 및 세밀한 부분 수정이나 모발끝의 커트라인을 정돈 → 스트로크 커트 : 가위를 이용하여 테이퍼링 커트 • 가위 날의 끝이 곡선으로 굽어져 있는 가위로 프론트, 네이프, 사이드 등의 세밀한 부분 수정에 효과적이다.

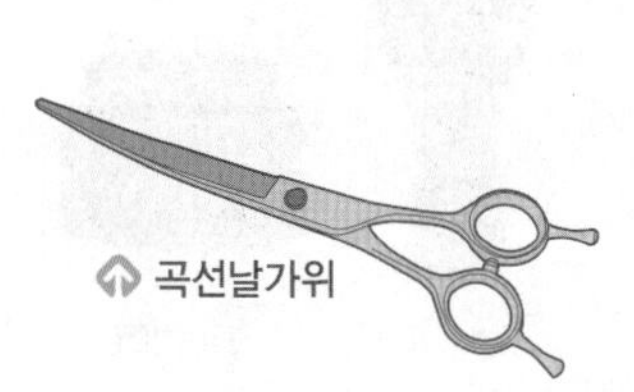
곡선날가위

(3) 가위의 손질법

① 자외선, 석탄산수, 크레졸수, 포르말린수, 알코올 등을 이용하여 소독을 한다.

② 소독 후 마른 수건으로 닦아내고, 녹이 슬지 않도록 기름칠을 한다.

4 클리퍼(clipper, 이발기, 바리캉)

(1) 개요

① 1871년 프랑스의 '바리캉 에 마르(Bariquand et Marre)'에 의해서 발명

② 밑날이 고정된 상태에서 윗날이 좌우로 이동되며 모발이 절단된다.

③ 가위보다 한 번에 많은 모발을 자를 수 있으며, 특히 짧은 길이의 모발을 용이하게 커트하기 위해 사용

④ 우리나라는 1910년경 일본에서 수입되어 사용

⑤ 기본 구조 : 윗날(이동날), 밑날(고정날), 몸체(핸들)

⑥ 클리퍼 구분(작동되는 힘의 원리에 따라) : 수동식, 모터식

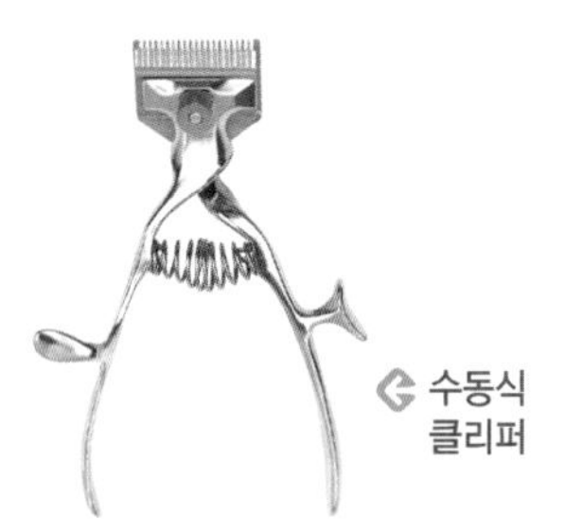
수동식 클리퍼

(2) 밑날 두께에 의한 분류

밑날판의 두께 또는 윗날과 아랫날의 간격에 의해 깎이는 모발의 길이가 달라진다. 일반 클리퍼(0.8~1mm 이상), 소형 클리퍼(0.5mm 이하)로 구분된다.

5리기	1분기	2분기	3분기
1mm	2mm	5mm	8mm

(3) 용도에 따른 종류

일반 클리퍼(프로 클리퍼), 장미 클리퍼, 토끼 클리퍼, 조각 클리퍼

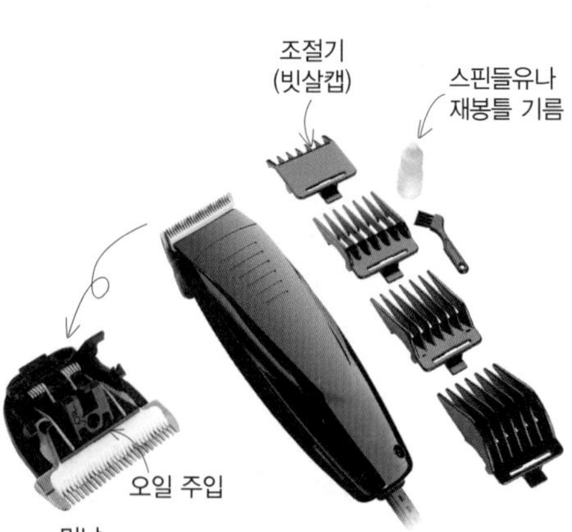

모터식 클리퍼

(4) 클리퍼의 손질법

머릿털을 제거하고 밑날을 분리하여 소독수에 잠시 담가 두었다가 수건으로 말린 후 날부분을 오일(스핀들유나 재봉틀 기름)을 주유하여 소독장에 보관한다.

5 레이저(Razor, 면도칼) – 122페이지 참조

(1) 구조 및 특징

① 칼 머리의 형태에 따라 모난형, 둥근형, 유선형, 오목형 등이 있다.
② 용도에 따라 면도용이나 조발용으로 구분한다.
③ 사용하는 날에 따라 일도와 양도로 구분한다.
④ 날등에서 날끝까지 양면의 콘케이브(concave, 오목한 선)가 균일한 곡선으로 되어 있고, 두께가 일정해야 한다.
⑤ 외곡선상의 것이 좋다.

▶ 레이저를 이용한 커트 시 테이퍼(taper)의 부드러움과 모발 끝이 연결되는 질감에서 경쾌함, 매끈함, 율동감 등의 이미지를 갖게 한다.

(2) 레이저의 종류

구분	내용
페이스용 레이저	• 일반 면도기에 해당 • 모양에 따라 접이식과 일자형으로 구분한다.
커트용 레이저	• 일면날과 양면날이 있음 • 안전 캡이 있어 날이 닿는 두발의 양이 제한된다.

6 헤어 아이론(iron)

열을 이용하여 두발의 구조에 일시적인 변화를 주어 웨이브를 만들어 주는 이용도구이다.

▶ 아이론을 하는 목적
• 모발에 변화를 주어 일시적으로 스타일링을 함
• 모발의 숱이 많아 보이게 함
• 곱슬머리(축모) 교정 등

(1) 구조

① 그루브 : 프롱을 감싸는 홈(groove)으로 파여진 부분으로, 프롱과 그루브 사이에 모발을 넣어 모발을 잡아주는 역할을 한다.
② 프롱(로드, Rod) : 쇠막대기 부분으로, 모발이 감기며 누르는 역할을 한다.

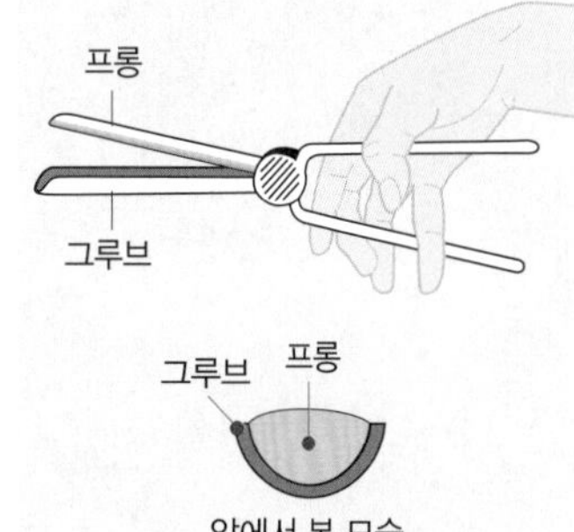

앞에서 본 모습

(2) 아이론의 조건

① 프롱(로드), 그루브, 핸들 등에 녹이 슬거나 갈라짐이 없어야 한다.
② 프롱과 그루브 접촉면에 요철(凹凸)이 없고 부드러워야 한다.
③ 프롱과 그루브는 비틀리거나 구부러지지 않고 어긋나지 않아야 한다.
④ 발열과 절연상태가 양호해야 하고, 특히 전체에 열이 균일하여야 한다.
⑤ 아이론의 적정온도는 120~140℃이며, 45° 비틀어 회전하여 사용한다.
⑥ 고온보다 저온에서 여러 번 시술하는 것이 효과적이다.

▶ 아이론을 쥐는 법
프롱을 위쪽, 그루브를 아래로 하여 위 손잡이를 오른손의 엄지와 검지 사이에 끼고 아래 손잡이는 소지와 약지로 잡는다.
주의) 현재 사용하는 아이론은 구조가 달라 그루브를 위로, 프롱이 아래에 위치하므로 혼동하지 말 것

7 헤어드라이어(Hair Dryer)

① 젖은 두발의 건조와 헤어스타일의 완성을 위하여 사용한다.
② 가열온도 : 60~80℃ 정도
③ 구성 : 팬(송풍기), 모터, 열선(300~500W의 니크롬선), 스위치 등

8 히팅캡(Heating Cap)

히팅캡

① 모발이나 두피에 바른 오일이나 크림 등이 고루 퍼지고 침투가 잘 되도록 한다.
② 퍼머와인딩 후 1액*의 흡수를 도와 퍼머 시간을 단축시킨다.
③ 스캘프 트리트먼트(두피 손질), 헤어 트리트먼트(두발 손질), 가온식 콜드액 시술 시 사용된다.

▶ 1액 : 퍼머약의 중요 성분으로 모발을 쉽게 웨이브하기 위해 1액을 투여하여 모발을 알칼리 성분으로 만들어 모발을 팽윤 및 연화시킨다.

9 기타 도구

① 헤어핀(Hair pin)과 헤어클립(Hair clip) : 모발을 고정하거나 웨이브를 갖추는 등의 시술에 사용

헤어핀	• 컬의 고정이나 웨이브를 갖추는 등의 이용시술에 사용 • 열린 핀과 닫힌 핀이 있음
헤어클립	• 헤어핀의 기능을 보조 • 컬클립 : 컬의 고정, 웨이브클립 : 웨이브의 고정

② 이발 앞장 : 이발 시 머리카락이나 이물질을 고객의 옷과 분리할 목적으로 두르는 천이다.
③ 넥 페이퍼 : 머리카락이 고객의 옷 속으로 들어가지 않도록 목 주변을 감싸는 종이다.

▶ 용어 해설
- 스캘프(scalp) : 두피
- 머니플레이션(manipulation) : 마사지

10 헤어 이용제품의 종류

사용 목적	제품의 종류
세정용	헤어 샴푸, 컨디셔너
헤어스타일용	헤어 젤, 헤어 왁스, 헤어로션, 헤어스프레이, 헤어 에센스
헤어 컬러용	영구 염모제, 반영구적 염모제, 일시적 염모제
헤어 펌용	웨이브 펌제, 스트레이트 펌제
탈모 방지용	모근 영양제, 혈행 개선제

02 가위 및 면도기의 연마

① 강질이 연한 가위의 정비 시 숫돌면과 가위날 면의 각도로 가장 이상적인 것 : 45°

② 숫돌과 덧돌

가위 숫돌	무른 편이며, 면도 숫돌에 비하여 두껍고 좁은 편이며, 중 숫돌에 속한다.
면도 숫돌	가위 숫돌에 비해 얇고 넓은 편이며, 비교적 단단하고 고운 숫돌에 속한다.
덧돌	천연석과 인조석으로 된 가장 작은 돌(숫돌의 1/4, 1/6)로 만든 것으로, 오래 사용한 숫돌의 평면을 유지하기 위해 사용한다.

▶ 숫돌의 종류
- 천연 숫돌 : 막 숫돌, 중 숫돌, 고운 숫돌
- 인조 숫돌 : 금강사 숫돌, 자도사 숫돌, 금속사 숫돌

③ 숫돌의 높이 : 가위나 면도를 연마할 때 윗배나 가슴 정도의 높이

④ 칼선 : 면도기의 칼 선 형태는 외곡선의 원선 칼이 피부에 부드러운 감촉을 주는 것이 좋다.

⑤ 연마의 종류 : 팔(8)자 연마, 습식 연마, 건식 연마 등

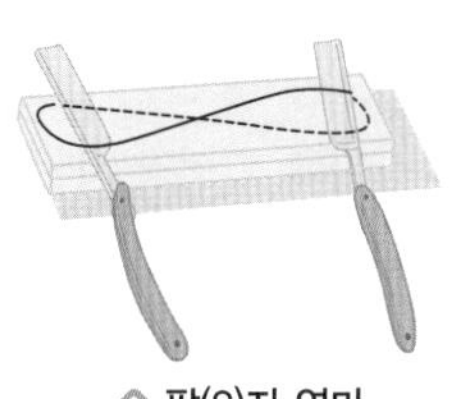

팔(8)자 연마

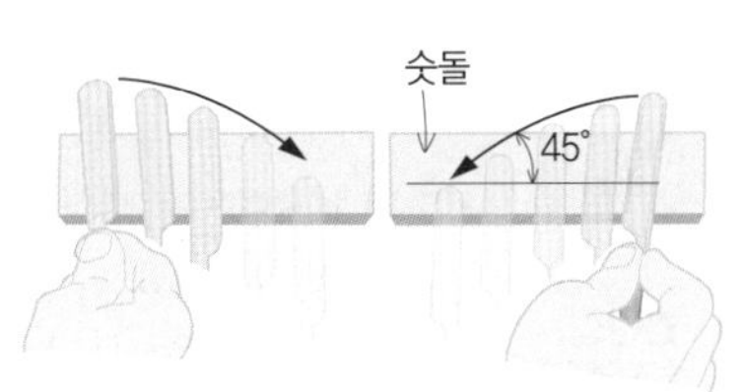

건식 연마의 운행 각도

⑥ 면도기의 소독

자외선 소독	자외선 소독기에 넣고 20분 동안 처리하며, 침투력이 약하여 표면에서만 살균이 일어난다.
알코올 소독	70% 알코올로 소독하는 것이 효과적이다
크레졸 소독	크레졸수 3% 수용액에 10분간 담가 둔다.

직접 조명

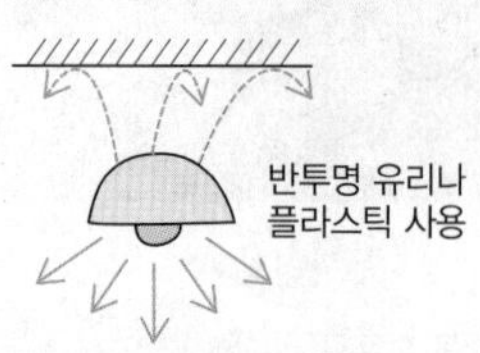

반직접 조명

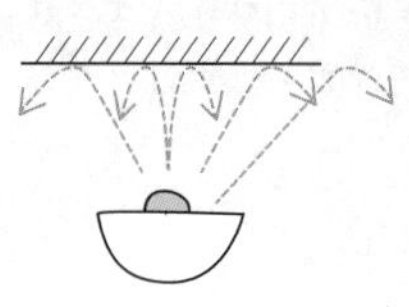

간접 조명

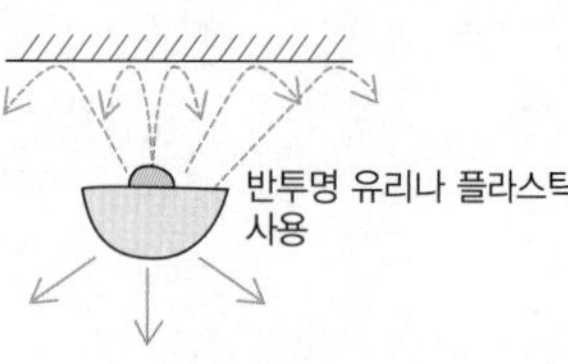

반간접 조명

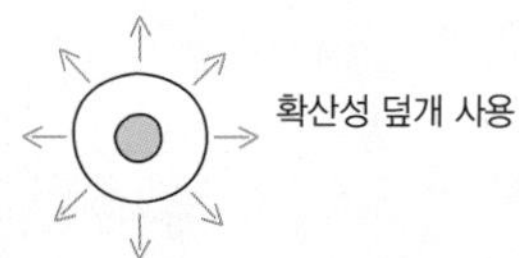

전반 확산 조명

직접 조명		간접 조명
높음	← 효율 →	낮음
많음	← 눈부심 →	적음
불균일	← 조도분포 →	균일
강함	← 그림자 →	부드러움
사실적	← 분위기 →	좋음

03 영업소의 환경

1 조명 방식에 따른 분류

직접 조명	• 광원의 90~100%를 대상물에 직접 비추어 투사시키는 방식 • 조명률이 좋고 설비비가 적게 들어 경제적 • 그림자가 많이 생기며, 조도의 분포가 균일하지 못함 • 눈부심이 큼(눈부심을 막기 위해 15~25° 정도의 차광각이 필요)
반직접 조명	• 광원의 60~90%가 직접 대상물에 조사되고 나머지 10~40%는 천장으로 향하는 방식 • 광원을 감싸는 조명기구에 의해 상하 모든 방향으로 빛이 확산 • 그림자가 생기고 눈부심 있음 • 용도 : 일반 사무실, 주택 등
간접 조명	• 광원의 90~100%를 천장이나 벽에 부딪혀 확산된 반사광으로 비추는 방식 • 눈부심이 없고, 조도 분포가 균일 • 조명 효율은 나쁘지만 차분한 분위기를 연출 • 설비비, 유지비가 많이 듦 • 용도 : 침실이나 병실 등 휴식공간
반간접 조명	• 빛의 10~40%가 대상물에 직접 조사되고, 나머지 60~90%는 천장이나 벽에 반사되어 조사되는 방식 • 바닥면의 조도가 균일 • 눈부심이 적으며, 심한 그늘이 생기지 않는다. • 용도 : 장시간 정밀 작업을 필요로 하는 장소
전반 확산 조명	• 눈부심을 조절하는 확산성 덮개를 사용하여 모든 방향으로 일정하게 빛이 확산되게 하는 방식 • 용도 : 주택, 사무실, 상점, 공장 등

기출문제정리 | 섹션별 분류의 기본 출제유형 파악!

★

1 빗의 기능으로 가장 거리가 먼 것은?

① 모발의 고정
② 아이론 시 두피 보호
③ 디자인 연출 시 셰이핑(shaping)
④ 모발 내 오염물질과 비듬제거

모발의 고정은 헤어핀이나 헤어클립 등으로 한다.

★★★

2 빗을 선택하는 방법으로 틀린 것은?

① 전체적으로 비뚤어지거나 휘지 않은 것이 좋다.
② 빗살 끝이 가늘고 빗살전체가 균등하게 똑바로 나열된 것이 좋다.
③ 빗살 끝이 너무 뾰족하지 않고 되도록 무딘 것이 좋다.
④ 빗살 사이의 간격이 균등한 것이 좋다.

빗살 끝은 모발을 가르면서 모발 속으로 들어가 직접 피부에 접촉하는 부분으로 너무 뾰족하지 않아야 하며, 탄력이 있어야 한다.

★★★

3 빗에 대한 설명으로 적합하지 않은 것은?

① 빗 전체의 두께는 균등해야 한다.
② 빗 등과 빗 몸체는 안정성이 있어야 한다.
③ 빗살은 균등하며 빗살 끝이 너무 뾰족하지 않아야 한다.
④ 빗 전체가 약간 구부러져 있어야 한다.

빗은 두께가 균일하고 삐뚤어지거나 구부러지지 않은 것이 좋다.

★★★

4 이용기구 중 빗에 대한 설명으로 바르게 된 것은?

① 머리에 빗질을 할 때 빗날이 미끄러지듯이 들어가야 한다.
② 빗을 쥐는 부분은 안정성이 있어야 하나 미끄러워도 상관없다.
③ 빗의 두께는 일정하여야 하나 날은 일정하지 않아도 된다.
④ 빗의 두께와 날은 일정하지 않아도 된다.

빗의 두께와 날(빗살)은 일정하여야 하며, 손잡이 부분은 미끄럽지 않고 안정성이 있어야 한다.

★★★

5 헤어세트용 빗의 사용과 취급방법에 대한 설명 중 틀린 것은?

① 두발의 흐름을 아름답게 매만질 때는 빗살이 고운살로 된 세트빗을 사용한다.
② 엉킨 두발을 빗을 때는 빗살이 얼레살로 된 얼레빗을 사용한다.
③ 빗은 사용 후 브러시로 털거나 비눗물에 담가 브러시로 닦은 후 소독하도록 한다.
④ 빗의 소독은 손님 약 5인에게 사용했을 때 1회씩 하는 것이 적합하다.

빗은 손님 1인에게 사용하였을 때 1회씩 소독하는 것이 바람직하다.

★★★★

6 빗의 관리 방법에 대한 내용 중 틀린 것은?

① 브러시로 털거나 비눗물로 씻는다.
② 소독은 하루에 한 번씩 정기적으로 하여야 한다.
③ 뼈, 뿔, 나일론 등으로 만들어진 제품은 자비소독을 하지 않는다.
④ 금속성 빗은 승홍수에 소독하지 않는다.

정답 1① 2③ 3④ 4① 5④ 6②

★★★

7 빗(comb)의 손질법에 대한 설명으로 틀린 것은? (단, 금속 빗은 제외)

① 빗살 사이의 때는 솔로 제거하거나 심한 경우는 비눗물에 담근 후 브러시로 닦고 나서 소독한다.
② 증기소독과 자비소독 등 열에 의한 소독과 알코올 소독을 해준다.
③ 빗을 소독할 때는 크레졸수, 역성비누액 등이 이용되며 세정이 바람직하지 않은 재질은 자외선으로 소독한다.
④ 소독용액에 오랫동안 담가두면 빗이 휘어지는 경우가 있어 주의하고 끄집어낸 후 물로 헹구고 물기를 제거한다.

증기소독이나 자비소독은 고열에 의한 소독법으로 금속재질의 빗은 가능하지만 보통의 빗은 변형이 있을 수 있어 사용하지 않는 소독법이다.

★★★

8 빗의 보관 및 관리에 관한 설명 중 옳은 것은?

① 빗은 사용 후 소독액에 계속 담가 보관한다.
② 소독액에서 빗을 꺼낸 후 물로 닦지 않고 그대로 사용해야 한다.
③ 증기소독은 자주 해주는 것이 좋다.
④ 소독액은 석탄산수, 크레졸비누액 등이 좋다.

① 빗을 소독액에 계속 담가두면 빗에 변형이 생길 수 있다.
② 소독액에서 꺼낸 빗은 물로 헹구고 마른 수건으로 물기를 닦아 사용 및 보관한다.
③ 금속재질의 빗 이외에는 증기소독이나 자비소독(끓는 물속에 넣어 소독)은 사용하지 않는다.

★★

9 다음 중 헤어브러시로서 가장 적합한 것은?

① 부드러운 나일론, 비닐계의 제품
② 탄력있고 털이 촘촘히 박힌 강모로 된 것
③ 털이 촘촘한 것보다 듬성듬성 박힌 것
④ 부드럽고 매끄러운 연모로 된 것

헤어브러시는 모발 속으로 브러시가 들어갈 수 있도록 털이 빳빳하고 탄력이 있으며, 촘촘히 박힌 양질의 자연강모로 된 것이 좋다.

★★★

10 브러시의 손질법으로 부적당한 것은?

① 보통 비눗물이나 탄산소다수에 담그고 부드러운 털은 손으로 가볍게 비벼 빤다.
② 털이 빳빳한 것은 세정 브러시로 닦아낸다.
③ 털이 위로 가도록 하여 햇볕에 말린다.
④ 소독방법으로 석탄산수를 사용해도 된다.

브러시를 세정한 후에는 털이 아래쪽으로 향하게 하여 그늘에서 말린다.

★★

11 전기면도기의 결합요령 중 가장 알맞는 것은?

① 순서보다 편리하게 한다.
② 분해 순서로 한다.
③ 분해 역순으로 한다.
④ 부품의 순서는 상관없다.

★★★

12 동물의 부드럽고 긴 털을 사용한 것이 많고 얼굴이나 턱에 붙은 털이나 비듬 또는 백분을 떨어내는 데 사용하는 브러시는?

① 포마드 브러시
② 쿠션 브러시
③ 페이스 브러시
④ 롤 브러시

페이스 브러시는 얼굴이나 턱에 붙은 털이나 비듬 또는 백분을 떨어내는 데 사용하는 브러시로 주로 부드럽고·긴 털을 사용한다.

★★

13 강철을 연결시켜 만든 것으로 협신부는 연강으로 되어 있고, 날 부분은 특수강으로 되어 있는 가위는?

① 착강가위 ② 전강가위
③ 틴닝가위 ④ 레이저

협신부는 연강으로, 날 부분은 특수강으로 되어 연결시킨 가위는 착강가위이다.

정답 7 ② 8 ④ 9 ② 10 ③ 11 ③ 12 ③ 13 ①

★★

14 다음 조발용 가위 중 부분적인 조정(정비)이 쉬운 것은?

① 전강 가위 ② 착강 가위
③ 탑 가위 ④ 집게 가위

착강 가위는 가위의 자루 부분과 날몸 부분이 서로 다른 재질의 강철로 되어있는 가위로 교정하기 쉽다.

★★★★

15 다음 중 틴닝가위와 관계되는 것은?

① 지간 자르기
② 두발 길이 고르기
③ 직선 자르기
④ 소밀 정돈

틴닝가위는 모량을 제거하는 숱치기 가위로 두발의 소밀 정돈에 사용된다.

★★★★

16 가발 제작 과정 중 가발 커트 시 커트된 부위가 뭉쳐 있거나 숱이 많은 부분을 자연스럽게 커트하는 기구로 톱니형으로 생긴 가위는?

① 일반 가위 ② 틴닝 가위
③ 레이저 ④ 헤어 클리퍼

커트 시 커트된 부위가 뭉쳐있거나 모량이 많은 부분을 자연스럽게 커트하는 톱니형 가위는 틴닝가위이다.

★★★★

17 가위 재질에 따른 분류 중 착강 가위에 대한 설명으로 옳은 것은?

① 전체가 협신부로 되어 있다.
② 협신부가 특수강으로 되어 있다.
③ 전체가 특수강으로 되어 있다.
④ 협신부와 날부분이 서로 다른 재질로 되어 있다.

착강 가위는 협신부는 연강으로 되어있고, 날 부분은 특수강으로 제작되어 두 부분을 용접하여 사용하는 가위이다.

★★

18 가위에 대한 설명 중 틀린 것은?

① 양날의 견고함이 동일해야 한다.
② 가위의 길이나 무게가 이용사의 손에 맞아야 한다.
③ 가위 날이 반듯하고 두꺼운 것이 좋다.
④ 협신에서 날 끝으로 갈수록 약간 내곡선인 것이 좋다.

가위의 날은 얇고, 협신에서 날 끝으로 갈수록 자연스럽게 구부러진 것(내곡선인 것)이 좋다.

★★★★

19 커트용 가위 선택 시의 유의사항 중 옳은 것은?

① 협신은 일반적으로 날 끝으로 갈수록 만곡도가 큰 것이 좋다.
② 양날의 견고함이 동일한 것이 좋다.
③ 일반적으로 도금된 것은 강철의 질이 좋다.
④ 잠금 나사는 느슨한 것이 좋다.

① 협신은 일반적으로 날 끝으로 갈수록 자연스럽게 약간 내곡선상으로 된 것이 좋다.
③ 도금된 가위날은 일반적으로 강철의 질이 좋지 않은 것이 많으므로 피해야 한다. 또한 충격이나 연마 시 도금이 벗겨날 경우 날에 층이 생길 수 있어 좋지 못하다.
④ 잠금 나사가 느슨하면 모발의 절삭력이 떨어진다.

★★

20 틴닝가위 선정 시에 대한 설명으로 거리가 먼 것은?

① 발수, 홈의 갯수, 날의 경사각에 따라 절삭량이 달라진다.
② 30발로 된 티닝가위의 절삭량은 30%이다.
③ 절삭률이 높을수록 커트시간이 단축된다.
④ 절삭률이 높을수록 한번에 개폐로 많은 모량을 자를 수 있다.

발수가 절삭량과 항상 비례하는 것은 아니다. 절삭량은 발수와 함께 홈 및 날의 경사각에 따라 다르다. 즉, 동일한 발수이더라도 홈의 유무 및 홈 갯수에 따라 절삭량이 달라진다.

chapter 01

정답 14 ② 15 ④ 16 ② 17 ④ 18 ③ 19 ② 20 ②

★

21 틴닝가위에 대한 설명으로 틀린 것은?

① 30발 3홈이 40발 홈 없음보다 절삭률이 적다.
② 질감 처리에 사용한다.
③ 딥 테이퍼링은 모다발의 끝 영역인 1/3 지점에서 커트하는 것이다.
④ 일반적인 티닝가위의 발수는 25~30발이다.

발수가 많더라도 홈이 없으면 절삭률이 낮다. (모량의 10% 이하)

★★★★

22 두발의 길이를 자르지 않으면서 숱을 쳐내는데 사용하는 가위는?

① 폴(fall) ② 미니가위
③ 틴닝가위 ④ R-가위

틴닝가위는 두발 길이의 변화를 주지 않고 모량을 감소시키는 데 사용한다.

★

23 스트로크 커트(stroke cut) 테크닉에 사용하기 가장 적합한 것은?

① 리버스 시저스(Reverse scissors)
② 미니 시저스(Mini scissors)
③ 직선날 시저스(Cutting scissors)
④ 곡선날 시저스(R-scissors)

곡선날 시저스(R형 가위)는 날 부분이 R모양으로 구부러져 스트로크 커트에 가장 적합한 가위이다.

★★★

24 정밀한 블런트 커트 시나 곱슬머리, 남성 퍼머넌트 머리를 커트할 때 주로 사용하는 것은?

① 미니 가위 ② 틴닝 가위
③ 조발 가위 ④ 막 가위

미니가위는 정밀한 블런트 커트, 곱슬머리나 퍼머넌트 머리를 커트할 때 사용한다.

★★★

25 가위에 대한 설명이 옳지 않은 것은?

① 틴닝 가위 : 모발의 길이를 자르고 커트 선을 정리하는데 주로 사용한다.
② 단발 가위 : 가위 중심부에서 앞쪽이 뒤쪽보다 약간 짧은 형태로, 길고 강한 모발이나 솔리드 형에 주로 사용한다.
③ 곡선날 가위 : 가위 날의 끝이 곡선으로 굽어져 있는 가위로 프론트, 네이프, 사이드 등의 세밀한 부분 수정에 효과적이다.
④ 미니 가위 : 4~5.5인치까지 속하는 것으로 정밀한 블런트 커트 시 사용한다.

모발의 길이를 자르고 커트선을 정리하는데 주로 사용하는 가위는 블런트 가위이다.
틴닝가위는 모발의 길이는 그대로 두고 숱만 쳐내는 가위이다.

★★

26 가위의 형태가 약간 휘어져 있어서 세밀한 부분의 수정이나 곡선 처리에 적합한 가위는?

① 미니 가위
② R 시저스(R Scissors)
③ 틴닝 시저스(Thinning Scissors)
④ 커팅 시저스(Cutting Scissors)

R형 가위는 가위의 날 부분이 R모양으로 구부러져 세밀한 부분의 수정이나 곡선처리에 적합한 가위이다.

★★★

27 가위 소독의 방법으로 가장 적합한 것은?

① 소독포에 싸서 자외선 소독기에 넣는다.
② 차아염소산 소다액에 30분 정도 담근다.
③ 가위 날을 벌려 고압증기멸균기에 넣는다.
④ 70% 알코올에 20분 이상 담근다.

가위를 소독할 때 자외선, 석탄산수, 크레졸수, 포르말린 수 등을 이용하지만 70% 알코올에 20분 이상 담그는 것이 가장 효과가 좋다.

정답 21 ① 22 ③ 23 ④ 24 ① 25 ① 26 ② 27 ④

★★★

28 조발용 가위의 손질법으로 옳지 않은 것은?

① 소독 시는 크레졸 또는 알코올 등으로 소독한다.
② 소독 후는 마른 수건으로 깨끗이 닦아낸다.
③ 가윗날이 무딘 것은 연마해 사용토록 한다.
④ 사용 후 보관 시는 기름을 깨끗이 닦아낸다.

조발용 가위를 사용한 후에는 가위를 소독하고 마른 수건으로 충분히 닦은 후 녹이 슬지 않도록 기름칠을 한다.

★

29 이용기구 정비의 숙련도에 관한 것 중 틀린 것은?

① 약간은 무리해도 신속하게
② 결합은 분해 역순으로
③ 정비는 정밀하게
④ 분해는 무리없이

이용기구의 정비는 무리 없이 천천히 정밀하게 해야한다.

★★

30 조발용 가위 정비술에 있어 가장 좋은 정비 확인 방법은?

① 머리카락 하나를 커트(cut)하여 본다.
② 물에 젖은 화장지를 커트(cut)하여 본다.
③ 신문용지를 커트(cut)하여 본다.
④ 스폰지를 커트(cut)하여 본다.

정비가 끝난 조발용 가위로 물에 젖은 화장지를 잘라서 잘 잘리면 정비가 잘 된 것이다.

★★★

31 다음 중 강질이 연한 가위의 정비 시 숫돌 면과 가윗날 면의 각도로 가장 이상적인 것은?

① 25° ② 45°
③ 15° ④ 35°

강질이 연한 가위의 정비 시 숫돌 면과 가윗날 면의 각도는 45°가 가장 이상적이다.

★★★

32 가위 정비 후 완성 여부를 확인하려면 어떤 방법이 가장 적합한가?

① 신문 종이를 잘라본다.
② 옷감을 잘라본다.
③ 고무줄을 잘라본다.
④ 물에 젖은 화장지를 잘라본다.

가위를 정비한 후 물에 젖은 화장지를 잘랐을 때 잘 잘리면 정비가 잘 된 것이다.

★★★

33 면도기의 종류와 특징 중 칼 몸체와 핸들이 일자형으로 생긴 것은?

① 일도 ② 양도
③ 스틱핸드 ④ 펜슬

칼 몸체와 핸들이 일자형으로 생긴 레이저를 일도라고 한다.

★★★

34 다음 중 면도기 종류에서 세이프티 레이저(Safety razor)에 해당되는 것은?

① 칼집 양도기 ② 자루 일도기
③ 안전 면도기 ④ 전기 면도기

안전 면도기(safety razor)는 오디너리 레이저와 비교하여 피부 접촉을 최소화 한다.

★★★

35 다음 중 레이저의 선택 방법이 틀린 것은?

① 칼등과 날머리가 평행하며 비틀림이 없어야 한다.
② 칼날을 닫았을 때 핸들의 중심에 똑바로 들어가야 한다.
③ 회전축이 자유롭게 휘어져야 한다.
④ 칼 어깨의 두께가 일정하고 날의 마멸이 균등해야 한다.

레이저의 회전축은 양도에서 날부분과 자루 부분이 연결되어 움직이는 부분으로 휘어지지 않아야 한다.

정답 28 ④ 29 ① 30 ② 31 ② 32 ④ 33 ① 34 ③ 35 ③

★★★

36 헤어 셰이핑 레이저의 설명 중 틀린 것은?

① 시술 시 비능률적이다.
② 레이저날에 닿는 모발이 제한된다.
③ 안전도가 높다.
④ 초보자에게 부적당하다.

★★★★

37 자루면도기(일도)의 손질법 및 사용에 관한 설명 중 틀린 것은?

① 정비는 예리한 날을 지니도록 한다.
② 한 면을 연마하여 사용한다.
③ 녹슬지 않도록 기름으로 닦는다.
④ 면체용으로 사용하지 않는다.

일도 면도기는 사용하기 전 예리한 날을 지니도록 한면을 연마하여 사용하며, 사용 후에는 불순물을 제거하고 소독한 후 녹슬지 않도록 기름으로 닦는다.

★★★

38 레이저(Razor) 사용 시 헤어살롱에서 교차감염을 예방하기 위해 주의할 점이 아닌 것은?

① 매 고객마다 새로 소독된 면도날을 사용해야 한다.
② 면도날을 매번 고객마다 갈아 끼우기 어렵지만, 하루에 한 번은 반드시 새것으로 교체해야만 한다.
③ 레이저 날이 한 몸체로 분리가 안 되는 경우 70% 알코올을 적신 솜으로 반드시 소독 후 사용한다.
④ 면도날을 재사용해서는 안 된다.

레이저는 매 고객마다 새로 소독된 면도날을 사용하여야 한다.

★★★★

39 레이저(razor)에 대한 설명 중 가장 거리가 먼 것은?

① 셰이핑 레이저를 이용하여 커팅하면 안정적이다.
② 초보자는 오디너리 레이저를 사용하는 것이 좋다.
③ 솜털 등을 깎을 때 외곡선상의 날이 좋다.
④ 녹이 슬지 않게 관리한다.

셰이핑 레이저를 이용하면 안정적이라 초보자들이 사용하기 좋으며, 오디너리 레이저를 이용하면 능률적이나 지나치게 자를 우려가 있어 초보자에게는 부적합하다.

★★★

40 일상용 레이저(razor)와 셰이핑 레이저(shaping razor)의 비교 설명으로 틀린 것은?

① 일상용 레이저는 시간상 능률적이다.
② 일상용 레이저는 지나치게 자를 우려가 있다.
③ 셰이핑 레이저는 안전율이 높다.
④ 초보자에게는 일상용 레이저가 알맞다.

초보자에게는 안정적인 셰이핑 레이저가 적합하다.

★★★

41 셰이핑 레이저로 모발 커트의 특징은?

① 세밀한 작업이 가능하다.
② 모발 끝이 붓끝처럼 가늘어진다.
③ 시간이 비효율적이다.
④ 모발이 뭉툭하게 커트가 된다.

레이저로 커트하는 것을 '테이퍼링'이라 하며, 모발 끝이 붓끝처럼 가늘어진다. 모발이 뭉툭하게 커트되는 것은 블런트 커트의 특징이다.

★

42 헤어 커트 시 사용하는 레이저(razor)에 대한 설명 중 틀린 것은?

① 레이저의 날등과 날끝이 대체로 균등해야 한다.
② 초보자에게는 오디너리(ordinary) 레이저가 적합하다.
③ 레이저의 날 선이 대체로 둥그스름한 곡선으로 나온 것이 더 정확한 커트를 할 수 있다.
④ 레이저의 어깨의 두께가 균등해야 좋다.

초보자에게 적합한 레이저는 셰이핑 레이저이다.

정답 36 ④ 37 ④ 38 ② 39 ② 40 ④ 41 ② 42 ②

★★★ □□□

43 전기면도기의 손질법에 관한 설명 중 틀린 것은?

① 날이 쉽게 분해되지 않으므로 바리캉기 자체를 소독한다.
② 윗날과 밑날을 분해한 후 이물질을 제거한다.
③ 소독 후 오일을 도포하여 보관한다.
④ 사용 후 소독하여 보관한다.

바리캉 본체 소독 시 내부 전기기기를 손상 줄 수 있다.

★★★★ □□□

44 클리퍼에 관한 내용과 관계가 가장 먼 것은?

① 클리퍼는 밑 날의 두께에 의해서 분류할 수 있다.
② 1871년 프랑스의 '바리캉 미르'에 의해서 발명되었다.
③ 우리나라는 1910년 프랑스로부터 수입에 의해 보급되었다.
④ 가위보다 단번에 많은 모발을 자를 수 있도록 고안된 기계이다.

우리나라는 1910년경 '일본'에서 수입되어 사용되었다.

★★★ □□□

45 바리캉의 밑날판을 1분기로 사용한 후, 두발의 길이는?

① 1mm 정도 남는다.
② 5mm 정도 남는다.
③ 2mm 정도 남는다.
④ 3mm 정도 남는다.

클리퍼 밑날판의 구분

5리기	1분기	2분기	3분기
1mm	2mm	5mm	8mm

★★★★ □□□

46 다음 중 바리캉에 대한 설명으로 옳은 것은?

① 바리캉의 밑날판은 5리기가 가장 얇다.
② 바리캉의 밑날판은 1분기가 가장 얇다.
③ 바리캉의 밑날판은 1분 5리기가 가장 얇다.
④ 바리캉의 밑날판은 5분기가 가장 얇다.

바리캉의 밑날판은 5리기, 1분기, 2분기, 3분기의 순으로 두꺼워진다.

★★ □□□

47 클리퍼(바리캉)에 관한 설명으로 틀린 것은?

① 클리퍼의 핸들 부위는 강철로 되어있어도 상관없다.
② 클리퍼의 날 부위는 주철로 되어있어야 좋다.
③ 날을 위에서 보았을 때 윗날과 밑날이 똑같아야 좋다.
④ 날을 위에서 보았을 때, 윗날과 밑날이 똑같이 겹쳐 있어야 좋다.

클리퍼의 날 부위는 강철을 사용한다. 핸들 부위는 주로 주철을 사용하지만 강철을 사용하여도 무방하다.

★★ □□□

48 바리캉의 밑날판 소독에 가장 적합한 소독은?

① 크레졸
② 자비소독
③ 건열멸균법
④ 증기소독

★★★ □□□

49 아이론은 어느 나라에서 몇 년도에 처음으로 사용하였는가?

① 영국, 1800년
② 미국, 1900년
③ 프랑스, 1875년
④ 독일, 1880년

아이론은 1875년, 프랑스의 마셀 그라또우가 마셀 아이론과 사용법을 발표함으로써 마셀 웨이브가 유행하였다.

정답 43 ① 44 ③ 45 ③ 46 ① 47 ② 48 ① 49 ③

★★★

50 1875년 프랑스의 마셀 그라또우에 의해 발명된 미용 기기는?

① 헤어드라이 ② 클리퍼
③ 아이론 ④ 레이저

1875년 프랑스의 마셀 그라또우는 마셀 아이론을 발명하여 마셀 웨이브를 유행시켰다.

★★★

51 아이론에 대한 설명 중 틀린 것은?

① 전기 아이론은 평균 온도를 유지할 수 있다.
② 아이론을 쥘 때에는 항상 그루브가 위쪽으로 가도록 해서 쥔다.
③ 그루브에는 홈이 있다.
④ 프롱은 두발을 위에서 누르는 작용을 한다.

아이론을 쥘 때에는 프롱을 위쪽, 그루브를 아래로 하여 위 손잡이를 오른손의 엄지와 검지 사이에 끼고 아래 손잡이는 소지와 약지로 잡는다.

★★★★

52 정발술 시 사용하는 아이론 도구 중 홈이 들어간 부분의 명칭은?

① 프롱 ② 로드
③ 그루브 ④ 핸들

아이론의 그루브는 홈이 파여져 있어 프롱을 감싸는 역할을 한다.

★★★

53 아이론의 선택법 중 맞지 않는 것은?

① 로드(프롱), 그루브, 스크루와 양쪽 핸들이 녹슬거나 갈라지지 않아야 한다.
② 로드(프롱)와 그루브의 접촉면이 부드러우며 요철(凹凸)이 있어야 한다.
③ 양쪽 핸들이 바로 되어있어야 하며 스크루가 느슨해서는 안 된다.
④ 발열상태, 절연상태가 정확해야 한다.

로드와 그루브의 접촉면은 요철이 없어야 한다.

★★★★

54 아이론 선정 시 주의해야 할 사항으로 틀린 것은?

① 프롱, 그루브, 스크루 및 양쪽 핸들에 홈이나 갈라진 것이 없어야 한다.
② 프롱과 로드 및 그루브의 접촉면이 매끄럽고 들쑥날쑥하거나 비틀어지지 않아야 한다.
③ 비틀림이 없고 프롱과 그루브가 바르게 겹쳐져야 한다.
④ 가늘고 둥근 아이론의 경우에는 그루브의 홈이 얕고 핸들을 닫아 끝이 밀착되었을 때 틈새가 전혀 없어야 한다.

가늘고 둥근 아이론의 경우에 핸들을 닫아 끝이 밀착되었을 때 틈새가 적은 것이 좋다.

★★★

55 아이론의 쇠막대 모양의 명칭은 무엇인가?

① 클립(clip)
② 그루브(groove)
③ 로드 핸들(rod handle)
④ 프롱(prong)

아이론에서 쇠막대기 부분을 '프롱 또는 로드'라고 하며, 모발을 위에서 누르는 역할을 한다.

★★★

56 두발 세트 시술을 위해 아이론을 가장 바르게 쥔 상태는?

① 그루브는 위쪽, 프롱은 아래쪽의 사선 상태
② 그루브는 아래쪽, 프롱은 위쪽의 일직선 상태
③ 그루브는 위쪽, 프롱은 아래쪽의 일직선 상태
④ 그루브는 아래쪽, 프롱은 위쪽의 사선 상태

세팅작업 시 아이론의 그루브가 아래, 프롱이 위쪽에서 일직선이 되도록 잡고 시술한다.

정답 50 ③ 51 ② 52 ③ 53 ② 54 ④ 55 ④ 56 ②

★★

57 마셀 웨이브의 시술 시 손에 쥔 아이론을 여닫을 때 어떤 손가락으로 작동 하는가?

① 엄지와 약지 ② 검지와 약지
③ 중지와 약지 ④ 소지와 약지

아이론을 쥘 때 그루브를 아래로 하고 프롱은 위쪽으로 일직선으로 하여 위 손잡이를 엄지와 검지 사이에 끼고 아래 손잡이는 소지와 약지로 잡아 아이론을 개폐시킨다.

★★

58 아이론의 프롱(쇠막대기 부분)이 담당하는 역할은?

① 위에서 누르는 작용
② 고정시키는 작용
③ 모류 정리 작업
④ 손잡이 작용

프롱이 모발을 위에서 누르는 작용을 하며, 그루브는 잡아주는 역할을 한다.

★★★

59 아이론을 선택할 때 좋은 제품으로 볼 수 없는 것은?

① 연결부분이 꼭 죄어져 있다.
② 프롱과 핸들의 길이가 대체로 균등하다.
③ 프롱과 그루브가 곡선으로 약간 어긋나 있다.
④ 최상급 재질(stainless)로 만들어져 있다.

프롱과 그루브는 비틀리거나 구부러지지 않아야 한다.

★★★

60 아이론 선정방법으로 적합하지 않은 것은?

① 프롱의 길이와 핸들의 길이가 3 : 2로 된 것
② 프롱과 그루브의 접합지점 부분이 잘 죄어져 있는 것
③ 단단한 강질의 쇠로 만들어진 것
④ 프롱과 그루브가 수평으로 된 것

프롱과 핸들의 길이는 대체로 균등한 것이 좋다.

★★★★

61 아이론 시술 시 적정온도는?

① 80~100℃ ② 100~120℃
③ 120~140℃ ④ 140~160℃

★★★

62 블로우 드라이(Blow Dry) 시술 시 유의사항으로 틀린 것은?

① 드라이의 가열온도는 130℃ 정도가 적당하다.
② 일반적인 드라이의 경우 섹션의 폭은 2~3cm 정도가 적당하다.
③ 굵기가 다른 브러시를 준비하여 볼륨과 길이에 맞게 사용한다.
④ 모발 끝 부분은 텐션이 잘 주어지지 않으므로 브러시를 회전하여 조절한다.

블로우 타입 드라이어의 가열온도는 60~80℃ 정도가 적당하다.

★★

63 다음 중 다이 케이프(Dye cape)란?

① 퍼머넌트 시 쓰는 모자를 말한다.
② 세발 시 사용하는 어깨보(앞장)를 말한다.
③ 조발 시 사용하는 어깨보를 말한다.
④ 염색 시 사용하는 어깨보를 말한다.

Dye : 염색, cape : 망토(어깨보)

★★★

64 시술자의 조정에 의해 바람을 일으켜 직접 내보내는 블로우 타입으로 주로 드라이세트에 많이 사용되는 것은?

① 핸드 드라이어
② 에어 드라이어
③ 스탠드 드라이어
④ 적외선램프 드라이어

시술자가 직접 조정하여 사용하는 블로우 타입 드라이어는 핸드 드라이어이다.

정답 57 ④ 58 ① 59 ③ 60 ① 61 ③ 62 ① 63 ④ 64 ①

★★

65 이용 연마 용구인 천연 숫돌의 종류에 속하지 않는 것은?

① 중 숫돌 ② 막 숫돌
③ 금강사 숫돌 ④ 고운 숫돌

• 천연 숫돌 : 막 숫돌, 중 숫돌, 고운 숫돌
• 인조 숫돌 : 금강사 숫돌, 자도사 숫돌, 금속사 숫돌

★★★★

66 다음 중 천연석과 인조석으로 된 가장 작은 돌로 만든 숫돌은?

① 덧돌
② 면도 숫돌
③ 클리퍼 숫돌
④ 가위 숫돌

덧돌은 천연석과 인조석으로 된 가장 작은 돌로 만든 숫돌이다.

★★

67 덧돌에 대한 설명 중 가장 옳은 것은?

① 덧돌은 숫돌이 깨졌을 때 쓰는 비상용이다.
② 덧돌은 숫돌보다 약 2배 정도 크다.
③ 덧돌은 오래 사용한 숫돌의 평면을 유지하기 위해 사용한다.
④ 덧돌은 주로 가위를 연마할 때 사용한다.

덧돌은 천연석과 인조석으로 된 가장 작은 돌로 만든 것으로 오래 사용한 숫돌의 평면을 유지하기 위해 사용한다.

★★★

68 가위숫돌은 어떤 상태의 숫돌이 가장 적합한가?

① 숫돌의 질이 무른 편이 좋다.
② 볼록하고 단단한 편이 좋다.
③ 편평하고 거친편이 좋다.
④ 오목하고 단단한 편이 좋다.

가위숫돌은 편평하고 적당히 무른 편이 좋다.

★★

69 면도를 숫돌에 연마시킬 때 숫돌의 가장 적당한 높이는?

① 무릎 높이 ② 아랫배 높이
③ 어깨 높이 ④ 가슴 높이

가위나 면도를 연마할 때 윗 배나 가슴 정도의 높이가 가장 좋다.

★★

70 이용 시 사용되는 가위의 연마에 대한 설명으로 옳은 것은?

① 가위 연마 시 겉쪽 갈기와 안쪽 갈기는 무시해도 좋다.
② 가위 연마 시 손의 각도와 발의 위치는 중요하지 않다.
③ 숫돌 선정 및 손의 각도와 발의 위치는 관계가 없다.
④ 가위 연마 시 숫돌 선정이 날의 수명을 좌우한다.

숫돌의 선정은 가위나 면도의 연마 시 날의 수명을 좌우한다.

★★★★

71 다음 중 강질이 연한 가위의 정비 시 숫돌면과 가위날면의 각도로 가장 이상적인 것은?

① 15° ② 25°
③ 35° ④ 45°

강질이 연한 가위의 정비 시 숫돌면과 가위날면의 이상적인 각도는 45°이다.

★★

72 가위 숫돌에 관한 설명 중 가장 옳은 것은?

① 가위 숫돌은 비교적 단단하다.
② 가위 숫돌은 면도 숫돌에 비하여 얇다.
③ 가위 숫돌은 면도 숫돌에 비하여 두껍고 좁다.
④ 가위 숫돌은 막 숫돌에 속한다.

가위 숫돌은 면도 숫돌에 비하여 두껍고 좁다.
① 가위 숫돌은 무른 편이다.
④ 가위 숫돌은 중 숫돌에 속한다.

정답 65 ③ 66 ① 67 ③ 68 ① 69 ④ 70 ④ 71 ④ 72 ③

★★★

73 공중위생관리법상 이·미용업소에서 유지하여야 하는 조명의 기준은?

① 50 룩스 이상
② 75 룩스 이상
③ 100 룩스 이상
④ 125 룩스 이상

이·미용업소에서의 조명 기준 : 75룩스 이상

★★★

74 인공조명을 할 때 고려사항 중 틀린 것은?

① 열의 발생이 적고, 폭발이나 발화의 위험이 없어야 한다.
② 광색은 주광색에 가깝고, 유해 가스의 발생이 없어야 한다.
③ 충분한 조도를 위해 빛이 좌상방에서 비춰줘야 한다.
④ 균등한 조도를 위해 직접조명이 되도록 해야 한다.

간접조명은 조명에서 나오는 빛의 90% 이상을 천장이나 벽에서 반사되어 나오는 빛을 이용하는 조명으로 눈부심이 적어 눈의 보호를 위해서 가장 좋다.

★★★★

75 눈의 보호를 위해서 가장 좋은 조명 방법은?

① 간접 조명
② 반간접 조명
③ 직접 조명
④ 반직접 조명

간접조명는 광원으로부터 나온 빛이 천장이나 벽에 닿은 후 반사되어 비치는 것으로 눈 보호에 가장 좋다.

★★★★

76 조도불량 현휘가 과도한 장소에서 장시간 작업하여 눈에 긴장을 강요함으로써 발생되는 불량 조명에 기인하는 직업병이 아닌 것은?

① 안정피로
② 근시
③ 원시
④ 안구진탕증

원시란 먼 곳은 잘 보이고, 가까운 곳이 잘 안보이는 것을 말하며, 직업병보다는 노화가 주 원인이다.

정답 73 ② 74 ④ 75 ① 76 ③

SECTION 04

The Barber Certification

조발술(헤어커트)

[출제문항수 : 3~5문제] 이 섹션은 출제비중이 높은 편입니다. 전체적으로 학습해야 하며, 기본 커트기법의 각 특징을 구분하여 이해합니다. 또한 블런트 커트와 테이퍼링 부분의 특징도 구분하여 정리하시기 바랍니다.

01 헤어커트의 기초

1 헤어커트의 개요

① 헤어커트는 헤어스타일을 만드는 가장 기초가 되는 과정이다.

② 헤어 디자인의 3요소 : 형태(form), 질감(texture), 컬러(color)

형태	• 전체 머리형을 만드는 것 • 요소 : 점, 축, 선, 방향, 모양, 시술각 등 • 형태에 따른 기본형 : 솔리드형, 그래주에이션형, 레이어드형
질감	• 주로 티닝을 통해 모량을 조절하여 표현 • 매끈한 질감(잘린 모발 끝이 보이지 않음), 거친 질감(모발 끝이 보임), 혼합형 질감으로 구분

2 헤어커트의 구분

(1) 물의 사용에 따라

웨트 커트 (Wet cut)	• 모발에 물을 적셔서 하는 커트로, 두발 손상이 거의 없다. • 레이저를 이용한 커트 시 모발의 보호를 위하여 반드시 필요하다. • 정확한 커트를 할 수 있다. • 두발이 젖은 상태는 머리 모양이 뚜렷하게 나타난다.
드라이 커트 (Dry cut)	• 모발을 물에 적시지 않고 하는 커트 • 웨이브나 컬이 완성된 상태에서 모발을 말린 후 수정 커트 시 사용 • 지나친 길이 변화없이 커트 시 사용 • 두발 전체적인 형태의 파악이 용이하지만 정확한 커트선을 잡기 어렵다. • 손상모 등을 간단하게 추려내는 경우에 사용 • 슬라이드 커트나 스트로크 커트(Stroke Cut)에 주로 사용

일반적인 헤어커트 순서

수분 분무
↓
빗질(머리정돈)
↓
블로킹(두상 분할)
↓
후두부 커트
↓
측두부 커트
↓
전두부 커트

※ 장발형이나 스포츠형 등 일부는 전두부부터 시작

▶ 헤어 커트의 시술

① 수분 함량 : 촉촉한 물기가 느껴지는 정도가 적당하다. 분무 시 모발 전체에 물기가 골고루 가도록 충분히 분무함

② 블로킹 : 정확하고 편리하게 헤어 커트를 하기 위해 두상의 영역을 나누는 것

③ 슬라이스 라인 : 사전 계획된 커트 디자인의 형태 선에 맞추어 두상에서 모발을 나누는 선의 형태

④ 섹션 : 헤어 커트 시 블로킹 내에서 커트 디자인의 설계와 특징에 따라 슬라이스 라인을 다양하게 하여 작은 구역으로 영역을 나눈 것

⑤ 베이스 : 헤어 커트를 위해 잡은 모발 다발(panel)의 당김새를 말한다.

(2) 사용도구에 따라

① 레이저(면도칼) 커트 : 웨트 커트로 사용하며, 두발 끝이 자연스럽다.

② 가위 커트 : 웨트 커트 및 드라이 커트에 모두 사용된다.

3 헤어커트에 필요한 도구

가위	모발을 커트하고 셰이핑(모양내기)하는데 사용
틴닝가위	모발의 숱을 적당히 골라내는 틴닝작업에 사용
레이저	모발을 커트하고 셰이핑하는데 사용
빗	모발을 분배하고 조절하며, 정돈하는데 사용
분무기	웨트커트 시 물을 공급하는데 사용
클립	모발을 고정하고 구분하는데 사용
클리퍼	전기이발기계(일명 바리깡)

▶ **도구별 커트 시술**

① 두발길이 감소 : 장가위, 미니가위, 클리퍼

② 두발 질감 처리 : 티닝가위

③ 마무리 수정깎기 : 장가위

4 일반 커팅의 전반적인 순서

① 손님의 취향이 우선으로 손님의 의향을 먼저 파악

② 클로스(조발 앞장) 착용 및 마스크 착용(시술자)

③ 클리퍼(바리깡)에 의한 기술(단발형이나 짧은 단발형에 한함)

④ 빗과 가위에 의한 커팅

⑤ 수정 깎기 및 잔털 제거

⑥ 후두부·목덜미 등 깎인 모발을 스펀지나 솔로 털어내고, 클로스를 제거

5 조발 시 유의사항

① 디자인 결정 시 확인사항 : 얼굴형, 두부의 골격구조, 두상의 형태, 모류 방향, 이마 및 목 형태

② 두발의 질과 끝이 갈라진 열모의 양을 살핀다.

③ 두발의 성장 방향과 카우릭(Cowlick)*의 성장방향을 살핀다.

④ 가이드라인*을 정확하게 잡아준다.

⑤ 조발 후 뒷면도(목선)를 하는데 귀를 고립되지 않도록 면도하려면 귀의 상부 전후에서 하부를 기준으로 함

6 시술 위치와 자세

① 커트하고자 하는 부위는 시술자로부터 25~30cm 정도의 거리가 적당하다.

③ 커트 부위가 두 눈의 중심에 오도록 자세를 취해야 한다.

④ 시술시 시술자와 의자와는 거리는 주먹 한 개의 거리이다.

⑤ 조발 시 양발의 넓이는 어깨 넓이의 거리가 이상적이다.

▶ **가이드라인**(Guide line)
헤어커트를 할 때 원하는 스타일의 기준 두발 길이를 정하는데 이 기준이 되는 두발을 말한다.

▶ **모류**(毛流, whorls)
각 신체의 털이 이루는 경사도(각도)와 방향을 말한다.

▶ **모와, 카우릭**

- 모와 : 모류가 소용돌이 모양을 하고 있는 것을 말하며, 정수리의 모와를 가마라고 부른다.
- 카우릭(cowlick) : 앞이마에 나타나는 모와를 말하며, 소가 혀로 핥은 것 같은 모양이다.

02 두부의 구분

1 섹션과 두부(頭部)의 명칭

① 헤어 컷팅, 퍼머 시 두부는 구획(섹션section, 블로킹blocking)으로 나눈다.
② 전두부(Top), 측두부(Side), 두정부(Crown), 후두부(Nape)로 구분된다.

〈두부의 명칭〉

2 두부의 구분점

번호	기호	명칭
1	C.P	센터 포인트(Center point)
2	T.P	탑 포인트(Top point)
3	G.P	골든 포인트(Golden point)
4	E.P	이어 포인트(Ear point)
5	B.P	백 포인트(Back point)
6	E.B.P	이어 백 포인트(Ear back point)
7	S.P	사이드 포인트(Side point)
8	S.C.P	사이드 코너 포인트(Side corner point)
9	N.P	네이프 포인트(Nape point)
10	F.S.P	프론트 사이드 포인트(Front side point)

3 두부의 구분선

번호	명칭	설명
1	**정중선**	코의 중심을 통한 머리전체를 수직으로 나누는 선
2	**측중선**	E.P에서 T.P를 수직으로 돌아가는 선
3	**수평선**	E.P에서 B.P를 수평으로 돌아가는 선
4	**측두선**	F.S.P에서 측중선까지 선

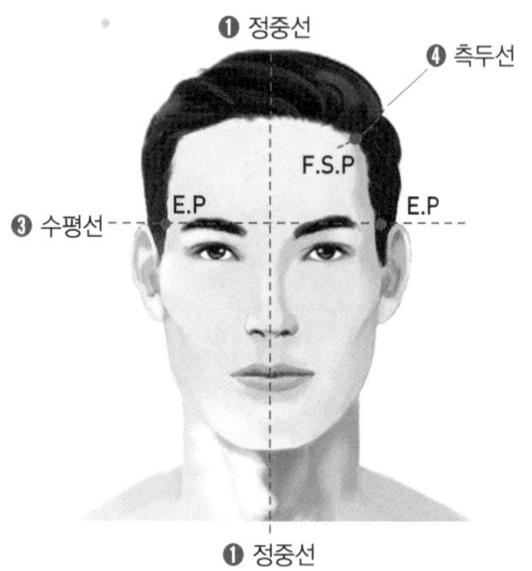

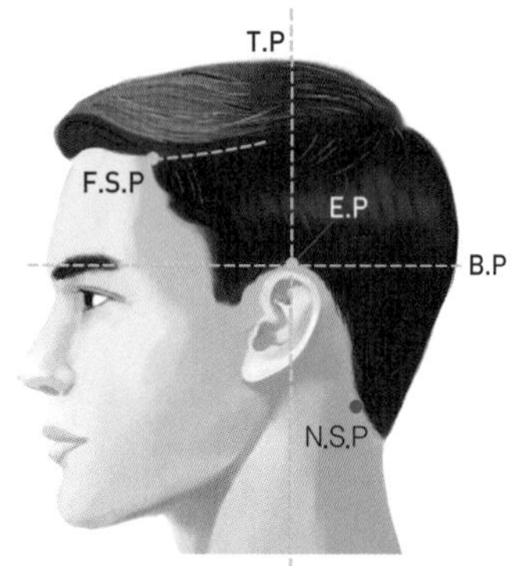

두부의 구분선

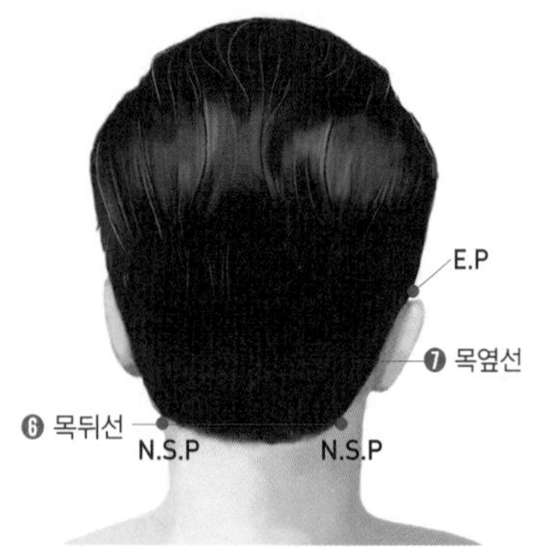

두부의 구분점

5	페이스라인 (얼굴선)	양쪽 S.C.P를 연결한 두부 전면부의 선
6	목뒤선	양쪽 N.S.P를 연결한 선(네이프 라인)
7	목옆선	E.P와 N.S.P를 연결한 선(이어 백 라인)

▶ 헤어 커트의 기본 요소
- 섹션(블로킹)
- 파트
- 분배
- 시술각
- 선(디자인 라인)
- 베이스
- 두상 위치와 손가락 위치

chapter 01

03 커트의 기초 이론

1 선과 파트

① 선은 길이 배열에 따른 패턴 또는 길이 가이드를 말한다. 선(line)의 경사도가 클수록 두발 길이의 단차가 크게 표현된다.

② 파트(part)는 섹션 안에서 더 작게 세분화한 선으로서 수평, 수직, 전대각, 후대각, 볼록, 오목으로 구분한다.

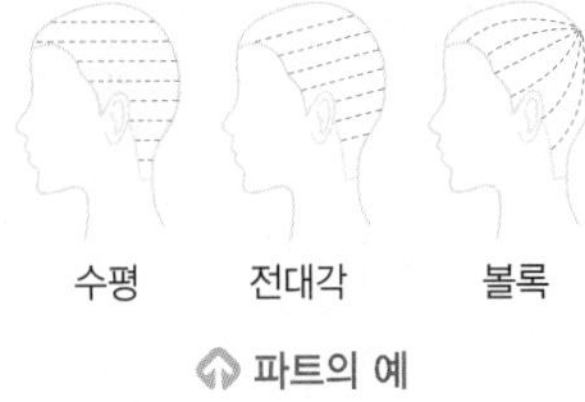

파트의 예

2 분배(distribute)

파팅에 따라 모발이 빗질되는 방향으로서 자연 분배, 직각 분배, 변이 분배, 방향 분배가 있다.

3 시술각

① 빗질을 하여 두발이 두상으로부터 떠올려 들려지는 각도를 말한다. 시술 각도에 따라 두발의 길이가 결정된다.

② 종류 : 자연시술각, 일반시술각

- 자연시술각(고정각) : 중력에 의해 모발이 떨어지는 방향을 0°로 하여 모발의 길이 또는 위치로 천체축 기준 각도를 말한다.
- 일반시술각(이동각) : 두상 곡면을 따라 모발 가닥을 펼쳤을 때의 각도를 말한다. (어느 두피의 베이스를 기준으로 수평에서 0°이다.)

▶ 천체축 : 직선과 곡선, 각도와 방향을 나타내기 위해 사용되는 기호(지구본을 연상하여 열십자로 그었을 때 변하지 않는 고정된 각)

▶ 시술각에 따른 층의 변화
- 0° : 층이 형성되지 않으며 무게감이 가장 무겁다.
- 90° 미만 : 모발이 겹침으로써 무게감이 형성
- 90° 이상 : 무게감이 없는 가벼운 층이 형성

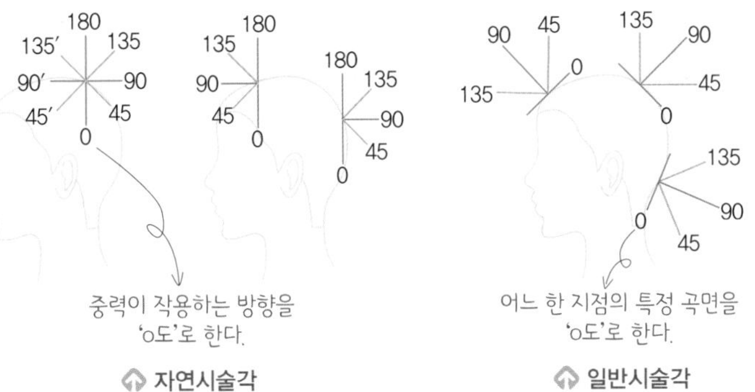

자연시술각 일반시술각

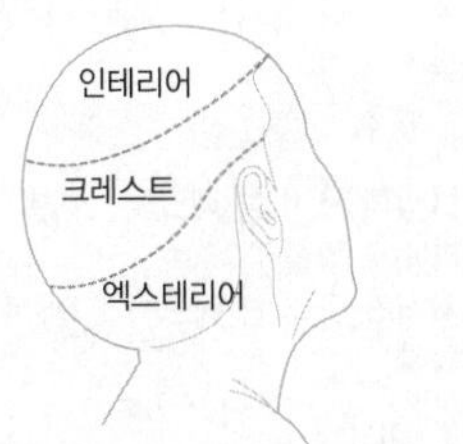

▶ 크레스트(crest)는 두상의 가장 넓은 부분으로 크레스트를 중심으로 윗부분을 인테리어(interior), 아랫부분을 엑스테리어(exterior)라고 한다.

4 베이스(base)

① 헤어 커트를 위해 잡은 모발 다발(패널)의 당김새를 말한다.

② 선택한 베이스의 종류에 따라 모발 길이와 형태 및 형태 선의 변화에 영향을 주며, 헤어 커트에서 가장 기본이면서 형태를 결정한다.

③ 베이스 섹션과 커트되는 위치에 따라 온 더 베이스, 사이드 베이스, 오프 더 베이스, 프리 베이스 등이 있다.

온 더 베이스 (On the base)	• 패널의 중심이 90°(직각)가 되도록 잡는다. • 두발을 동일한 길이로 커트하고자 하는 경우 사용
사이드 베이스 (side base)	• 한쪽 변이 90°가 되도록 모아 잡는 기법 • 베이스가 한쪽 변으로 치우치므로 모발 길이가 점점 길게 또는 짧게 된다. - 전대각, 후대각 형태로 커팅
오프 더 베이스 (off the base)	• 베이스를 벗어나 밖으로 나가는 것 • 베이스 밖으로 얼마만큼 당기느냐에 따라 모발의 길이가 달라지므로 급격한 변화가 필요할 때 사용
프리 베이스 (free base)	• 베이스의 중심과 한쪽 변의 사이에서 모아 잡는 방법 • 길이가 자연스럽게 길어지거나 짧아진다.

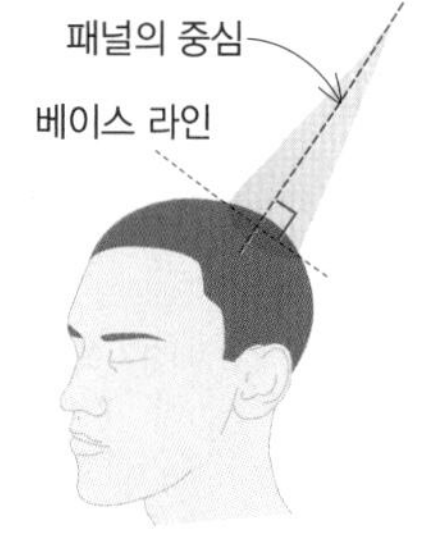

온 더 베이스

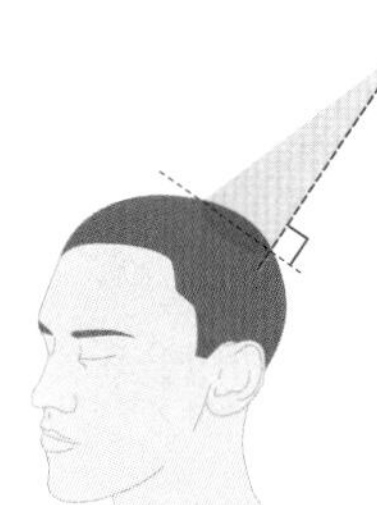

사이드 베이스

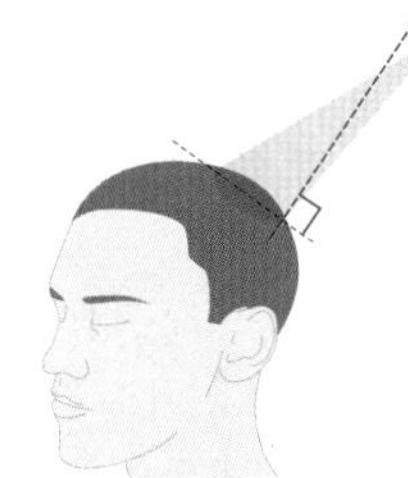

오프 더 베이스

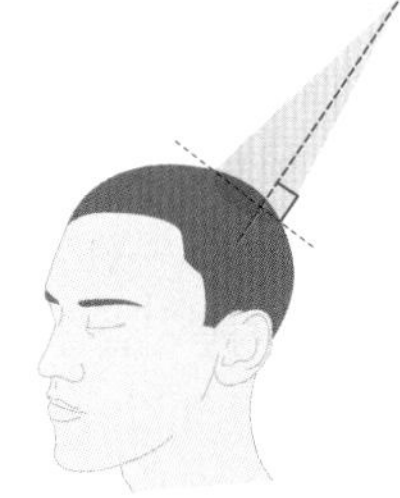

프리 베이스

04 헤어커트 기법

1 지간 깎기(指間, 손가락 사이)

① 모다발을 빗어 검지와 중지 사이로 쥔 후에 가위로 자르는 방법이다.

② 장발·중발·단발까지 전두부나 정두부의 모발의 길이를 조정할 때 주로 이용한다.

2 거칠게 깎기

① 이발을 한 기간이 오래되어 고객의 모발이 많이 길어 있거나 새로운 스타일로 이발을 원하고 모발을 많이 잘라야 할 경우 대략적인 길이로 1차적으로 깎아주는 기법

② 정확한 길이로 커트하는 것이 아닌 거칠게 먼저 걷어내는 전처리 커트(pre-cut)로, 스포츠형의 기초 깎기에 해당한다.

▶ 오버 콤 기법(over comb)
- 모다발을 손으로 쥐지 않고 빗살 또는 빗등에 걸쳐서 가위나 클리퍼로 깎는 기법이다.
- 주로 짧은 스타일로 이발할 때 사용
- 클리퍼 오버 콤 테크닉 : 이발기(클리퍼)로 깎을 때
- 시저스 오버 콤 테크닉 : 가위로 깎을 때

▶ 오버 콤 기법에 사용되는 커트
- 거칠게 깎기
- 떠올려 깎기(↔ 떠내려 깎기)
- 연속 깎기
- 돌려깎기

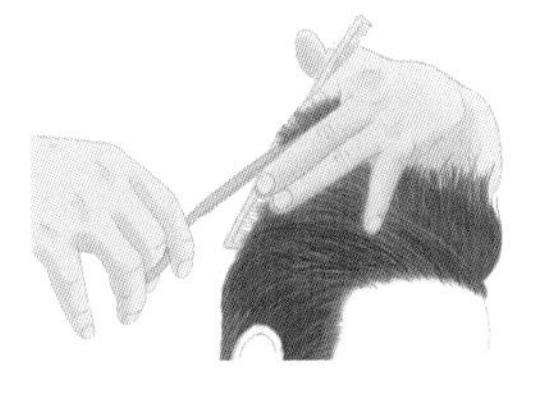

지간 깎기

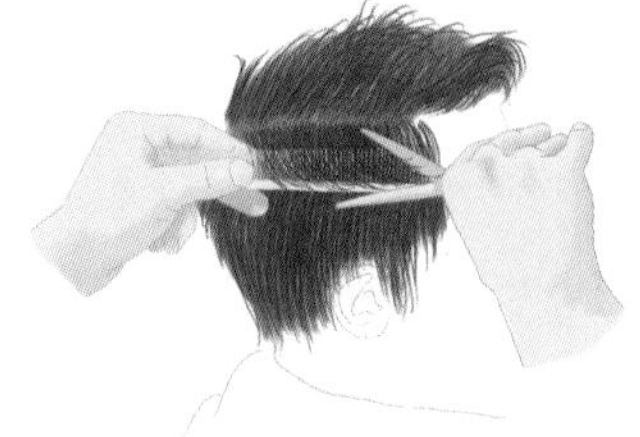
떠올려 깎기

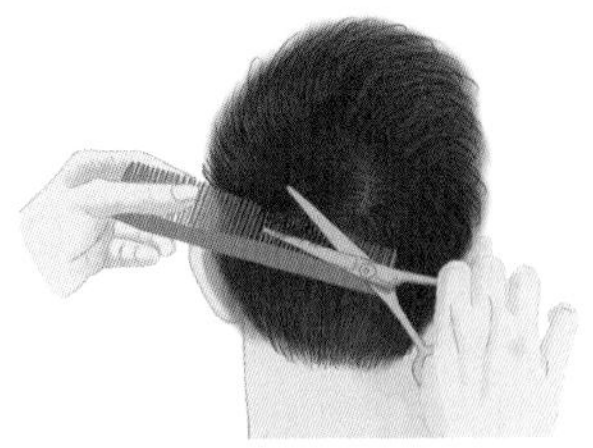
연속 깎기

3 떠올려 깎기(↔ 떠내려 깎기) - 거칠게 깎기에 해당

① 빗을 두피면에 모발을 위로 떠올린 후 빗살 위로 나온 두발을 일직선상으로 깎으며 상향(하향)하며 커트하는 기법이다.

→ 주로 모발 길이가 4cm 이상 되는 길이에 사용

② 머리가 뭉친 부분을 떠올려 커트하는 방법(틴닝 가위를 이용한 숱 감소)

4 연속 깎기

① 빗을 아래에서 상향으로 이동하며 가위나 클리퍼로 커트한다.

→ 모발 길이가 4cm 미만인 길이에 주로 사용

② 헤어라인(발제선*) 또는 네이프에서 빗을 떠올려 올라가며 연속적으로 커팅하며, 빗과 가위가 동일한 동작으로 연속적으로 운행한다.

③ 짧은 길이의 요철을 없애 줄 때 가장 효과적이다.

▶ 헤어라인(발제선)
이마(또는 목)와 머리털 부위의 경계선

5 돌려 깎기

① 빗을 시계방향 또는 반시계방향으로 곡선을 그리며 돌려서 깎는 기법

② 시저스 오버 콤 기법의 일종으로서, 연결하고자 하는 라인의 기울기가 다를 때 라인의 기울기에 맞춰 빗을 돌려가며 커트하는 기법이다.

③ 주로 귀 주변(E.P 뒤쪽의 발제선 라인과 상단부 영역)에서 많이 사용한다.

▶ 참고) 싱글링(Shingling)
- 연속 깎기와 마찬가지로 손으로 모발을 잡지 않고 가위와 빗을 이용하여 아래 모발을 짧게 자르고, 위쪽으로 올라갈수록 길어지게 커트한다.
- 중·단발형에 주로 사용된다.

6 트리밍(다듬거나 마무리 작업 시 사용)

① 길이를 자르고 난 후 튀어나온 잔머리를 다듬거나 모발이 뭉친 곳을 솎아줄 때 사용되는 기법이다.

② 일반적으로 수정 깎기, 밀어깎기, 끌어깎기, 솎음깎기 등이 이용된다.

▶ 참고) 프리핸드 기법(free hand)
- 손이나 빗으로 모발을 쥐지 않고 가위나 클리퍼로만 사용해서 커트하는 방법
- 예 발제선 부분을 짧은 길이로 커트할 때 클리퍼를 두상에 밀착해서 깎는 경우

(1) 수정 깎기

형태가 이루어진 두발선에 클리퍼나 가위를 사용하여 삐져나온 모발, 손상모 등 불필요한 모발을 제거하거나 정리·정돈하기 위하여 마무리 작업으로서 형태와 질감이 완성된 후에 최종 검토 후 수정 및 보완 작업이 필요한 곳에 작업한다.

▶ 참고) C-스트로크
- 클리퍼를 'C' 모양의 곡선으로 들어올려 모발 길이를 점차적으로 길어지게 깎는 방법
- 곡선을 그리지 않고 두상면에 밀착하여 그대로 깎으면 영역 간의 블렌딩이 잘 이뤄지지 않아 점차적으로 어두워지는 섬세한 명암 표현이 어렵다.

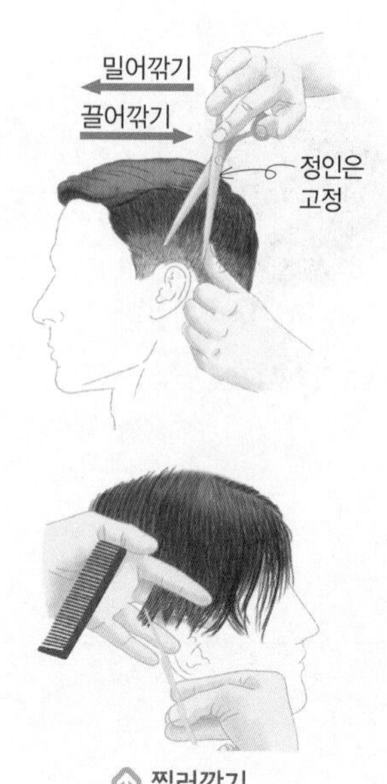

찔러깎기

(2) 밀어깎기 - 포워드(forward) 세워깎기

가위의 손잡이를 위로 향하도록 수직으로 세워 가위의 정인 끝을 왼손 엄지로 고정하고, 동인을 연속 개폐하며 앞으로 밀어 이동시키며 깎는 기법

(3) 끌어깎기

밀어깎기와 반대로 시술자쪽으로 끌며 깎는 기법

(4) 솎음깎기

보이는 두발의 사이를 떠올려서 모량을 조절하거나 모발이 뭉쳐있는 곳을 솎아내거나 불필요한 모발을 제거하는 기법

(5) 찔러깎기

가위를 일직선으로 세워 가위 끝으로 모발이 뭉쳐있는 곳을 솎아주는 기법

(6) 소밀깎기

커트시술 마지막 단계에서 네이프 부분이나 아웃라인과 같이 짧은 부분을 섬세하게 커트하는 기법

05 질감 및 형태에 따른 커트 구분

1 블런트 커트(Blunt cut) = 클럽 커트(Club cut)

① 모발을 뭉툭하고 일직선상으로 커트하는 기법

② 모발의 손상이 적다.

③ 잘린 부분이 명확하고, 입체감을 내기 쉽다.

④ 종류 : 솔리드형(원랭스 커트), 그래쥬에이션 커트, 레이어 커트

(1) 솔리드형 : 원랭스(One-length)

① 완성된 두발을 빗으로 빗어 내렸을 때 모든 두발이 하나의 선상으로 떨어지도록 자르는 커트(하나의 길이로 커트) 기법이다.

② 모발에 단차가 없으므로 층(단차)이 없어 매끈하지만, 질감이 무거우며 활동성이 없다.

③ 커트 후의 질감은 표면에 외측의 모발이 두상을 따라 자연스럽게 떨어져 종 모양의 실루엣을 갖는다.

④ 커트라인에 따른 분류 : 수평(Horisontal), 스파니엘(전대각), 이사도라(후대각), 머시룸 커트

▶ 솔리드(Solid)
'고체, 딱딱한'의 의미이며, 모발의 기장이 단차 없이 딱딱한 각진 모양으로 사각형의 형태를 갖는다.
단차가 없는 것이 가장 큰 특징이다.

수평형
앞머리와 뒷머리의 길이가 같다.

스파니엘형
앞부분의 머리가 뒷부분보다 길다.

이사도라형
앞부분의 머리가 뒷부분보다 짧다.

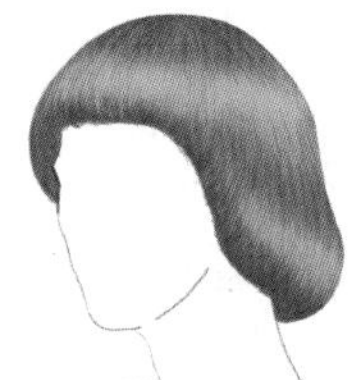

머시룸형
이마 윗부분의 머리가 이사도라보다 더 많은 버섯 모양이다.

(2) 레이어 커트(Layer cut) → Layer : '쌓다, 겹치다, 층지다'의 의미

① 헤어커트 각도에 따라 길이가 조절되면서 상부의 모발이 짧고 하부로 갈수록 길어져 모발에 단차를 표현하는 기법으로, 전체적으로 고른 층이 나타난다.

→ 네이프 라인에서 탑 부분으로 올라가면서 모발의 길이가 점점 짧아진다.

② 머리형이 가볍고 부드럽게 보인다.

레이어 커트의 예

(3) 그래쥬에이션(graduation haircut) = 그라데이션 커트(Gradation cut)

① 레이어 커트와 반대로, 상부의 모발이 길고 하부(네이프)로 갈수록 짧아져 모발에 단차를 표현하는 기법으로 '테이퍼링'이라고도 한다. ← NCS 학습모듈에 표기

② 낮은 단차로 모발이 겹쳐지며 무게감을 만들어 입체감이 필요한 커트 디자인에 활용한다.

→ 45° 사선에서 슬라이스*로 커트하여 후두부에 모발 무게를 더해주며, 스타일을 입체적으로 만든다.

③ 네이프 부분에서는 슬라이스 각도 0°에서 기준 길이로 커트한 후, 올라갈수록 각도를 주어 최종적으로 90°로 커트한다.

→ 1~90°의 시술각에 따라 무게선이 달라진다.

④ 비활동적인 질감과 활동적인 질감이 혼합되어 무게선을 나타내며 삼각형의 형태를 갖는다.

▶ 그래쥬에이션형은 장발형에만 국한되지 않고 길이에 따라 중발형이나 단발형에도 적용될 수 있다.

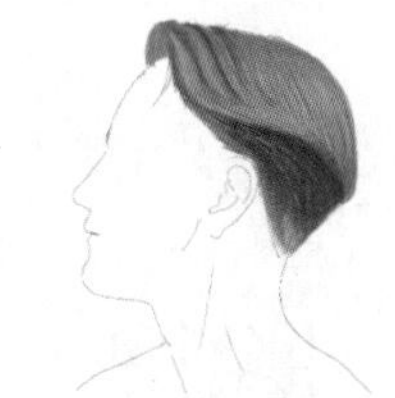

짧은 그래쥬에이션의 예

▶ 슬라이스(Slice) : 모발을 1개의 컬을 할 만큼의 양으로 갈라잡는 것

0°
90°

하부로 갈수록 길게

레이어 커트

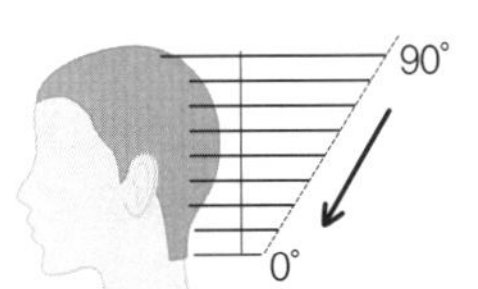

하부로 갈수록 짧게

그래쥬에이션

2 테이퍼링 = 페더링(Taper cut, Feathering) = 레이저 커트(Razor cut)

① 물로 두발을 적신 후, 레이저를 사용하여 두발 끝을 점차 가늘게 커트하여 붓끝처럼 가늘게 한다.

② 커트한 모발선이 자연스러운 커트 방법이다.(자연미 부여)

③ 두발의 부피감을 제거하고 두발 끝에 움직임을 주고 싶을 때 사용한다.

④ 테이퍼링의 종류 : 모발 숱을 쳐내는 위치에 따라 구분된다.

엔드 테이퍼 (End taper)	• 두발 끝의 1/3 이내의 테이퍼링 • 두발량이 적을 때나 모발 끝을 테이퍼해서 표면을 정돈하는 때에 행한다.
노멀 테이퍼 (Normal taper)	• 모발량이 보통일 때, 두발 끝의 1/2 지점을 폭넓게 테이퍼링한다. • 아주 자연스럽게 모발 끝이 붓끝처럼 가는 상태로 되며 두발의 움직임이 가벼워진다.

레이저 테이퍼링의 예

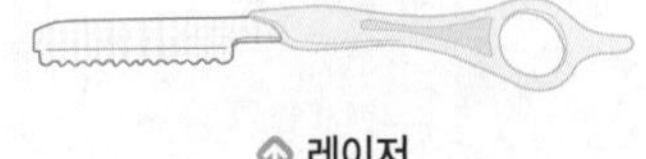

레이저

▶ 참고) 레이저 테이퍼링의 다른 기법
- 아킹(Arching) : 레이저로 두발 안쪽으로 호를 그리는 테이퍼링을 말하며, 인 컬(안마름 형태)에 사용한다.
- 에칭(Etching) : 표면을 짧게 긁는 커트로, 아웃 컬에 사용한다.

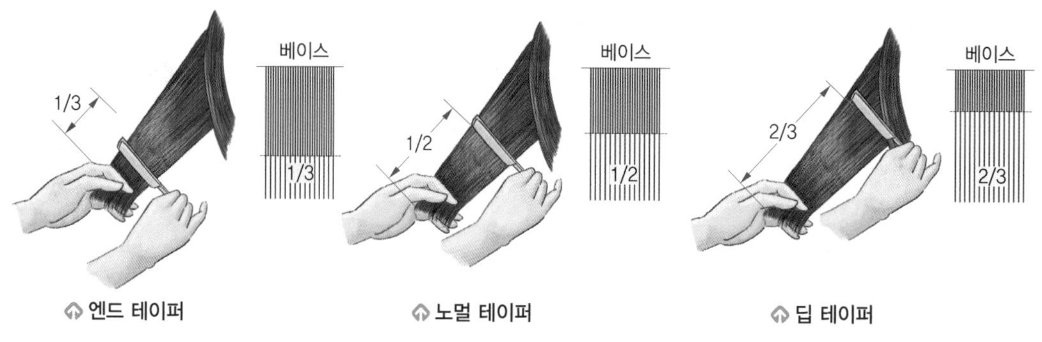

엔드 테이퍼 노멀 테이퍼 딥 테이퍼

딥 테이퍼 (Deep taper)	• 두발 끝의 2/3 지점에서 두발을 많이 쳐내는 테이퍼링 • 두발의 탄력을 적절하게 하고, 변형을 줄 때 사용한다. • 두발의 적당한 움직임을 줄 때 이용

3 스트로크 커트(Stroke cut) - R형 곡선가위

→'왕복으로 운동'한다는 의미

① 가위를 이용한 테이퍼링으로, 모발 길이와 양을 동시에 정돈하는 기법이다.

② 자르는 것이 아니라 가위를 벌린 후 모발을 잡고 옆으로 이동하며 비스듬이 빠르게 이동하며 커트한다.

③ 모발이 불규칙한 흐름을 연출하며, 모발을 가볍게 하며 모발에 율동감, 볼륨감, 방향감, 질감 등을 부여한다.

스트로크 커트

자르는 것이 아니라 가위를 벌린 채 가위날을 이동하며 커팅한다.

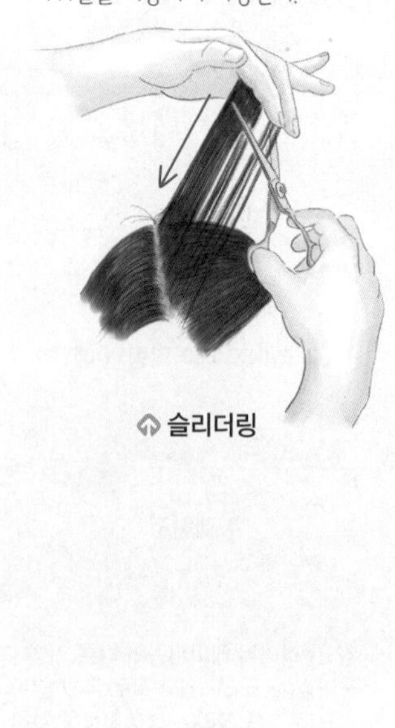
슬리더링

4 슬리더링(Slithering) - 가위

스트로크 커트와 마찬가지로 가위를 개폐하지 않고 자르는 방법이지만, 가위를 벌린 후 가위날을 이용하여 모발 끝에서 두피 쪽으로 이동하며 모발에 미끄러지듯 커트하며 틴닝(숱을 감소)하는 방법이다.

5 틴닝 커트(Thinning) - 틴닝가위

① 모발 길이를 짧게 하지 않으면서 전체적으로 모발 숱을 감소시키는 방법

② 커트나 테이퍼링하기 전에 지나치게 많은 모발의 양을 적당하게 조절하는 경우에 이용한다.

③ 모류를 교정할 때 사용된다. 시술하기 전에 어느 부분에 시술할 것인지 미리 정하고 사용해야 한다.

06 길이에 따른 커트 구분

▶ 길이에 따른 헤어커트는 크게 귀부분의 모양에 따라 구분된다.

1 장발형 이발 (長髮形)

① 이어 라인, 네이프 사이드라인, 네이프 라인을 덮는 긴 기장을 말하며, 전반적으로 귀의 2/3 이상 내려오는 특징이 있다.

② 긴 얼굴형을 보완하며, 턱이 뾰족하고 갸름한 경우 부드러운 이미지를 줄 때 적합하다.

③ 하단부와 상단부의 단차를 자유롭게 주어 커팅한다.

④ 종류 : 솔리드형, 레이어드형, 그래쥬에이션형

2 중발형 이발 (中髮形)

▶ 중발 · 단발형으로 깎을 경우 지간깎기로 전두부의 길이를 가장 먼저 조정한 후 측두부, 후두부 순으로 조발한다.

① 귀를 2/3 미만을 덮는 길이로, 시술각에 따라 경사 면적과 무게선이 차이가 있다.

② 종류 : 상 중발형, 중 중발형, 하 중발형

3 단발형 이발 (短髮形, 상고머리)

① 높게 치켜 깎는다고 하여 상고(上高) 머리라고 하며, 무게선의 위치에 따라 상·중·하로 분류한다.

② 이어(ear) 라인, 네이프 사이드 라인, 네이프 라인의 모발 길이를 1cm 미만으로 설정하여 상단부의 4cm 영역과 연결되게 자르는 스타일이다.

③ 종류 : 상 상고형, 중 상고형, 하 상고형

4 짧은 단발형 이발 (스포츠형, 브로스형)

① 천정부의 모발을 두피로부터 세워질 정도로 짧은 스타일로 깎으며, 두정부 및 후두부 영역은 하이 그라데이션(high gradation) 커트로서 무게선이 상단부에 위치한다.

② 모발 길이가 짧아 모발의 길이 자체가 형태선을 이룬다.

③ 모량을 감소거나 볼륨감을 조절하는 질감 처리는 잘 사용하지 않는다.

④ 스포츠형 시술 시 1차적으로 거칠게 깎기를 하여 형태를 갖추기 위해 전체 모량을 대략 감소시킨다.

⑤ 일반적인 조발 순서 : 거칠게 깎기 → 전두부 → 측두부 → 후두부

⑥ 모발 길이에 따라 연속 깎기, 떠올려 깎기, 떠내려 깎기 기법을 사용

⑦ 첨가분(添加粉) : 수정 깎기 시 머리 형태를 다듬을 때 검은 모발의 경우 측두부 및 후두부에서 요철 부분(튀어나온 부분)을 찾기가 어렵기 때문에 입자가 고운 하얀 분을 요철 식별을 위해 바른다.

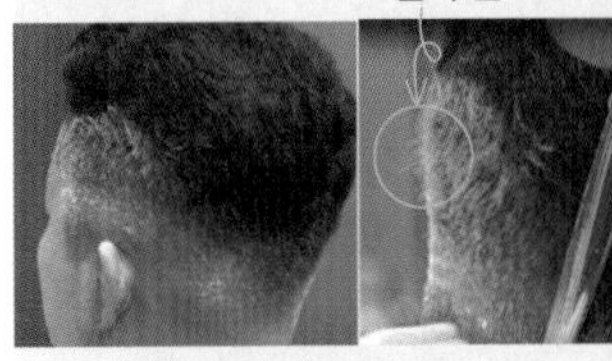

첨가분을 바른 모습

▶ 스퀘어(Square)는 '정사각형 모양'을 말하며, 직각으로 커트하는 것을 의미한다.

⑧ 종류(천정부의 형태에 따라) : 둥근형 이발, 삼각형 이발, 사각형 이발

둥근형 이발	-
삼각형 이발	• 다른 용어 : 모히칸(mohican) 커트 • 천정부의 모발을 세우고, 옆부분을 짧게 커트한다.
사각형 이발	• 다른 용어 : 스퀘어(Square) 커트, 각진 스포츠형 • 플랫 톱 : 사각형태를 위해 윗(톱)부분을 평편하게 깎는 것을 말한다. • 사각형 이발은 테이퍼링을 거의 하지 않는다. → 둥근형태가 될 수 있기 때문

⑨ 발제선(outline) 모양에 따른 구분

- 테이퍼드 아웃라인(tapered outline) : 주변의 모발과 자연스럽게 연결된 아웃라인이다. 이는 모발이 자라도 경계가 두드러지지 않아 일정 기간 단정해 보인다.
- 블런트 아웃라인(blunt outline) : 인위적으로 명확한 선을 만들어낸 아웃라인이다. 이발 당시에는 깔끔해 보이더라도 모발이 자라면서 경계가 두드러져 단정하지 못한 특징이 있다.

5 응용 스타일

⇑ 샤기 커트

⇑ 댄디 커트

① 샤기 커트(shaggy) : 모발 끝을 불규칙하게 커트함으로써 보다 움직임이 살아나는 커트로 모발 끝을 가볍게 질감 처리해 주는 커트

② 댄디 커트(dandy) : 앞머리는 눈썹 정도의 위치로 내리고 옆머리는 귀를 덮지 않으면서 뒷머리는 짧게 하는 스타일의 컷으로, 모발의 끝 부분 위주로 질감 처리하여 가벼우면서 차분하고 깔끔한 스타일

③ 울프 커트(wolf) : 뒷머리를 길게 두고 층을 내 야성적이고 터프한 이미지를 풍기는 스타일

④ 인디 커트(indie) : 앞머리와 옆머리가 짧은 인디풍의 언밸런스 스타일

⑤ 어쉬메트릭 커트(asymmetric) : 좌우가 비대칭적인 스타일

⑥ 스크래치 커트 : 헤어스타일에서 반삭이나 삭발된 모발에 긁어내듯 선이나 기호, 문자, 숫자 등의 모양을 새겨 넣는 것

⑦ 스파이키 커트(spiky, 뾰족뾰족한) : 머리에 날카로움을 주어 못 같은 이미지를 주는 커트로 고슴도치를 연상

기출문제정리 | 섹션별 분류의 기본 출제유형 파악!

★★★

1 이용 기술에서 가장 기본이고, 기초가 되는 기술은?

① 조발 ② 면체
③ 정발 ④ 세발

조발은 이용의 가장 기초가 된다.

★★

2 조발술 시 일반적으로 사용하지 않는 기구는?

① 가위 ② 빗
③ 바리캉 ④ 아이론

아이론은 정발 기구에 해당한다.

★★

3 조발에 사용되는 기구에 해당되지 않는 것은?

① 레이저((Razor)
② 가위(Scissors)
③ 페이스 브러시(Face brush)
④ 빗(Comb)

페이스 브러시는 메이크업에 사용된다.

★

4 커트 시술 시 두부(頭部)를 5등분으로 나누었을 때 관계없는 명칭은?

① 탑(top)
② 사이드(side)
③ 헤드(head)
④ 네이프(nape)

두부의 명칭은 헤어 컷팅이나 퍼머 시 두발을 구획(블로킹)하는 부분으로 전두부(Top), 측두부(Side, 좌우), 두정부(Crown), 후두부(Nape)로 구분되며, 헤드는 머리 전체를 말한다.

★★

5 두발 커팅 시 기본적인 자세가 아닌 것은?

① 상향자세 ② 수직자세
③ 좌경자세 ④ 우경자세

이발 시 위로 보는 자세는 필요하지 않으며, 수직자세는 옆머리나 뒷머리를 커팅할 때 시술자의 시선을 90° 기울이는 자세이다.

★★★

6 두부의 기준점 중 윗쪽에 위치하고 있으며, 전후좌우를 구분짓는 중심이 되는 기준점의 명칭은?

① S.P : 사이드 포인트(Side point)
② T.P : 탑 포인트(Top point)
③ N.P : 네이프 포인트(Nape point)
④ E.P : 이어 포인트(Ear point)

탑 포인트(Top point)는 머리 위쪽의 중앙부분을 말하며, 전후와 좌우를 구분짓는 중심이 되는 기준점이다.

★★★

7 두상(두부)의 그림 중 (3)의 명칭은?

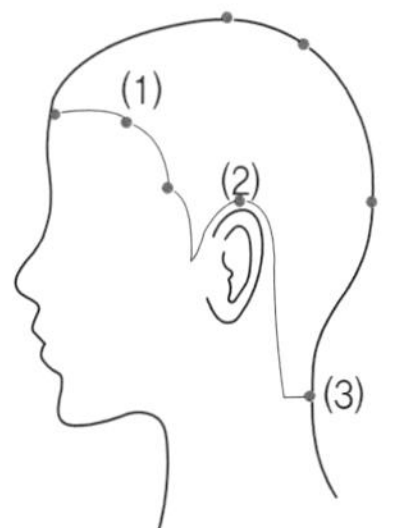

① 사이드 포인트 (S.P)
② 프론트 포인트 (F.P)
③ 네이프 포인트 (N.P)
④ 네이프 사이드 포인트 (N.S.P)

네이프 포인트는 두상의 뒷머리 아랫부분을 말하며, 좌·우의 끝이 네이프 사이드 포인트이다. 좌·우 네이프 사이드 포인트 선을 연결한 선이 목뒤선이다.

정답 1① 2④ 3③ 4③ 5① 6② 7③

★★ ☐☐☐

8 두부 라인의 명칭 중에서 코의 중심을 통해 두부 전체를 수직으로 나누는 선은?

① 정중선 ② 측중선
③ 수평선 ④ 측두선

② 측중선 : 귀의 뒷뿌리를 수직으로 나누는 선
③ 수평선 : E.P의 높이를 수평으로 나누는 선
④ 측두선 : 눈의 끝에서 수직으로 올라간 머리 앞에서 측중선까지 나누는 선

★★★ ☐☐☐

9 두부의 명칭 중 크라운은 어느 부위를 말하는가?

① 전두부 ② 후두부
③ 측두부 ④ 두정부

크라운 부위는 왕관이 얹히는 부분이라고 하여 명명된 것으로 두정부 정수리 부분에 해당한다.

★★★ ☐☐☐

10 두부(頭部) 부위 중 천정부의 가장 높은 곳은?

① 골든 포인트(G.P)
② 백 포인트(B.P)
③ 사이드 포인트(S.P)
④ 탑 포인트(T.P)

★★ ☐☐☐

11 다음 중 명칭이 잘못 연결된 것은?

① 후두부 - 네이프 ② 측두부 - 톱
③ 전두부 - 프론트 ④ 두정부 - 크라운

★★★ ☐☐☐

12 이용기술의 기본이 되는 두부를 구분한 명칭 중 옳은 것은?

① 크라운 - 측두부 ② 톱 - 전두부
③ 네이프 - 두정부 ④ 사이드 - 후두부

크라운 – 두정부, 네이프 – 후두부, 사이드 – 측두부

★★★ ☐☐☐

13 두부의 명칭 중 네이프(nape)는 어느 부위인가?

① 앞머리 부분 ② 정수리 부분
③ 후두부 부분 ④ 양옆 부분

★ ☐☐☐

14 두부(Head) 내 각 부 명칭의 연결이 잘못된 것은?

① 전두부 – 프론트(Front)
② 두정부 – 크라운(Crown)
③ 후두부 – 톱(top)
④ 측두부 – 사이드(Side)

★ ☐☐☐

15 E.E.P를 올바르게 설명한 것은?

① 귀의 명칭이다.
② 귀, 볼의 명칭이다.
③ 귀와 귓불의 명칭이다.
④ 양쪽 귀를 연결하는 점이다.

★★ ☐☐☐

16 커트 작업 시 두발에 물을 축이는 이유로 가장 거리가 먼 것은?

① 기구의 손상을 방지하기 위해서
② 두발의 손상을 방지하기 위해서
③ 모발을 가지런히 정발하기 위해서
④ 두발이 날리는 것을 막기 위해서

★★★ ☐☐☐

17 웨트 커트(Wet cut)를 하는 이유로 가장 적합한 것은?

① 시간을 단축하기 위해서이다.
② 깎기 편하기 때문이다.
③ 가위의 손상이 적기 때문이다.
④ 두피에 당김을 덜 주며 정확한 길이로 자를 수 있기 때문이다.

두발이 건조할 경우 두피 당김을 유발할 수 있으며, 정전기나 모발이 뭉쳐 떠 있을 때 커팅 시 층이 생기거나 길이가 맞지 않을 수 있다.

정답 8 ① 9 ④ 10 ④ 11 ② 12 ② 13 ③ 14 ③ 15 ④ 16 ① 17 ④

★★ □□□

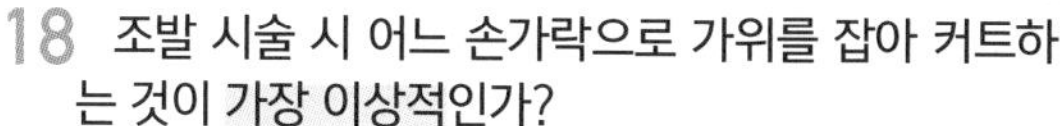

18 조발 시술 시 어느 손가락으로 가위를 잡아 커트하는 것이 가장 이상적인가?

① 엄지와 인지
② 엄지와 중지
③ 엄지와 약지
④ 엄지와 소지

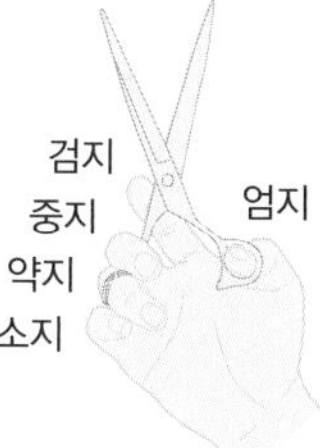

미용 가위의 고정날은 약지의 둘째마디~셋째마디 사이에 끼우고 가동날은 엄지는 살짝 끼우며, 커팅 시 약지는 고정시키고 엄지만 이용하여 개폐하여 커팅한다.

★★★★ □□□

19 다음 중 조발에 대한 설명으로 가장 적합한 것은?

① 바리캉의 작동은 엄지로 한다.
② 조발은 얼레빗 사용만이 원칙이다.
③ 레이저의 날은 내곡선의 것을 사용한다.
④ 가위의 개폐 조작은 엄지를 사용한다.

얼레빗은 빗살 간격이 넓은 것으로 조발 시에는 적합하지 않는다. 가위의 협신은 날 끝으로 갈수록 약간 내곡선 상이 좋으며, 레이저의 날은 외곡선이 좋다.

★★ □□□

20 조발 시 가위질을 할 때 가위를 쥔 손가락 중 어느 것을 움직여 가위를 작동하게 하는가 ?

① 인지만 움직인다.
② 모지만 움직인다.
③ 모지와 약지만 움직인다.
④ 다섯 손가락이 모두 다 움직인다.

모지는 엄지를 말한다.

★★★ □□□

21 조발 시술 시 머리 모양의 기준이 되는 부위로 가장 적합한 것은?

① 귀쪽 부분 ② 이마 부분
③ 후두부 부분 ④ 정수리 부분

귀쪽의 모량에 따라 장발, 중발, 단발(짧은 단발)형으로 크게 구분할 수 있으며, 나머지 부분의 모량에 따라 세부적으로 구분된다.

★★★ □□□

22 일반적인 장발형의 시술 순서에 대한 설명이 틀린 것은?

① 가장 먼저 두발에 물을 고루 칠한다.
② 5 : 5 가르마는 긴머리를 자른 후 빗으로 가르마를 가른다.
③ 가르마를 탄 후 빗과 가위로 조발한다.
④ 윗 긴머리를 자르기 전 후두부 조발을 먼저한다.

장발형의 경우 전두부부터 시작하여 머리 길이를 조정한 후 측두부–후두부 순으로 커트한다.
저자의 변) 기출문제와 NCS 학습모듈에서의 조발 순서 및 실무의 조발순서는 다를 수 있으므로 조발 순서에 관한 문제가 나오면 기출의 정답을 근거로 하시기 바랍니다.

★★★ □□□

23 장발형 남성 고객이 장교스타일을 원할 때 일반적으로 먼저 시작하는 커트 부위와 방법으로 가장 적합한 것은?

① 후두부에서부터 바리캉으로 끌어올린다.
② 후두부에서부터 끌어 깎기로 자른다.
③ 전두부에서부터 지간 깎기로 자른다.
④ 측두부에서부터 밀어 깎기로 자른다.

장교스타일은 단발형에 해당하므로 먼저 전두부의 머리 길이를 조정한다.

★★★ □□□

24 단발형 조발 시 일반적으로 조발 순서로 가장 많이 행하는 순서는?

① 후두부 – 좌측 – 우측
② 후두부 – 우측 – 좌측
③ 좌측 – 후두부 – 우측
④ 우측 – 후두부 – 좌측

단발형 조발 순서 : 후두부 – 좌측 – 우측

정답 18 ③ 19 ④ 20 ② 21 ① 22 ④ 23 ③ 24 ①

★★★

25 단발형 조발은 어느 부분부터 커트하는 것이 가장 이상적인가?

① 정수리 부분(두정부)
② 앞머리 부분(전두부)
③ 옆머리 부분(측두부)
④ 뒷머리 부분(후두부)

단발형의 경우 후두부부터 시작하여 무게선을 정하여 상상고형, 중상고형, 하상고형으로 구분한다.

★★

26 스포츠형 조발술에 있어서 일반적인 조발 순서 체계가 가장 보편적인 것은?

① 전두부 - 정수리 - 좌측두부 - 후두부 - 우측두부
② 정수리 - 전두부 - 우측두부 - 좌측두부 - 후두부
③ 전두부 - 정수리 - 후두부 - 좌측두부 - 우측두부
④ 후두부 - 좌측두부 - 우측두부 - 전두부 - 정수리

스포츠형(짧은 단발형)은 헤어라인을 제외한 대부분의 모발 길이가 일정하므로 전두부부터 시작한다.

★★★

27 클리퍼(바리캉)를 사용하는 조발 시 일반적으로 클리퍼를 가장 먼저 사용하는 부위는?

① 좌·우측 두부 ② 전두부
③ 후두부 ④ 두정부

클리퍼의 기능 중 하나는 헤어라인을 강조하므로 후두부를 먼저 시술한다.

★

28 어린아이나 몸을 가누지 못하는 환자의 조발 순서로 맞는 것은?

① 뒷면 목선에서 시작하여 우측 사이드로 커트한다.
② 뒷면 목선에서 시작하여 좌측 사이드로 커트한다.
③ 의사나 부모의 지시에 따라 커트한다.
④ 순서 없이 상황에 맞게 커트한다.

움직임이 많은 유아나 몸을 가누지 못하는 환자는 정해진 순서없이 상황에 따라 시술하는 것이 좋다.

★★★★

29 모발의 양이 적고 강한 모발을 틴닝하려고 할 때 다음 중 가장 적합한 시술지점은?

① 두피에서 1/3 지점
② 두피에서 2/3 지점
③ 두피에서 1/2 지점
④ 두피에서 4/5 지점

모발의 양이 적을 경우 테이퍼링이나 틴닝 모두 모발 끝(스트랜드)에서 1/3 지점, 즉 두피(모발뿌리)에서 2/3 지점까지 시술한다.

★★★

30 두발이 있는 후두부 하부 중앙에 직경 1cm의 둥근 흉터가 있으면 어떻게 조발을 하여야 하는가? (단, 목의 둘레가 13인치, 목은 긴 형)

① 흉터가 있는 곳까지 바리캉으로 조발하고 흉터 하단은 면도로 처리한다.
② 흉터가 보이지 않도록 길게 조발하여 흉부를 가려준다.
③ 흉부 양옆의 머리를 3mm로 조발하여 흉터는 염색약으로 처리한다.
④ 흉터의 유무에 상관하지 않는다.

흉터가 있을 경우 먼저 흉터 부위를 가리도록 조발한 후, 나머지 부위를 조화있게 조발한다.

★★

31 보통 성인 조발 시 전두부의 전발 길이 설정 방법으로 가장 적합한 것은?

① 눈으로 가늠하여 자른다.
② 적당한 빗으로 가늠하여 오버 콤(over comb) 기법으로 자른다.
③ 편리한 대로 가늠하여 자른다.
④ 모다발을 검지와 중지 사이에 끼워 길이를 정한 후 자른다.

전두부의 모발 끝부분의 길이를 고를 때 모다발을 지간깎기(검지와 중지 사이에 끼워)로 길이를 정한 후 자른다.

정답 25 ④ 26 ③ 27 ③ 28 ④ 29 ② 30 ② 31 ④

★★★

32 중발형 커트 시 우측 귀 윗부분을 2~3mm 두께로 조발하고 귀 윗부분을 커트하는 요령으로서 가장 옳게 설명한 것은?

① 빗을 피부에 대고 원형으로 커트한다.
② 왼손 엄지와 검지로 귀를 잡고, 가위 끝을 중지에 대고 원형으로 커트한다.
③ 왼손 엄지와 약지, 중지로 귀를 잡고 원형으로 커트한다.
④ 면도를 이용 원형으로 커트한다.

귀 윗부분의 머리가 2~3mm 두께로 커트하려면 귀 윗 헤어라인에 일정하게 정리하기 위해 엄지와 중지(또는 검지)로 귀를 잡고 가위 끝을 중지에 대고 원형으로 커트한다.

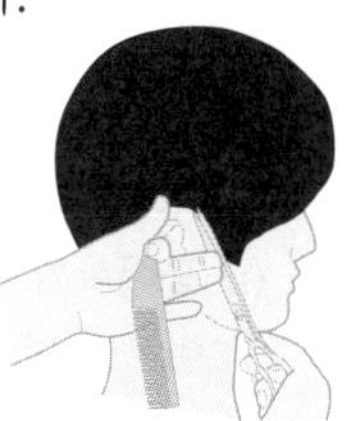

★★

33 레이저 커트(Razor cut)란?

① 미니가위로 커트하는 것을 말한다.
② 시닝가위로 커트하는 것을 말한다.
③ 바리캉으로 커트하는 것을 말한다.
④ 면도날로 커트하는 것을 말한다.

레이저 커트는 면도날을 사용하여 모발을 자르는 기법으로, 시술 시에는 반드시 모발을 적셔야 하므로 웨트 커팅에 해당한다.

★★★

34 조발 시술 전 두발에 물을 충분히 뿌리는 근본적인 이유는?

① 조발을 편하게 하기 위하여
② 두발 손상을 방지하기 위하여
③ 두발을 부드럽게 하기 위하여
④ 기구의 손상을 방지하기 위하여

★★★

35 다음 커트 중 젖은 두발 상태 즉, 웨트 커트(Wet cut)가 아닌 것은?

① 수정 커트 ② 레이저 이용 커트
③ 스포츠형 커트 ④ 퍼머넌트 모발 커트

수정 커트 시에는 모발이 건조한 상태에서 시술한다.

★★★

36 레이저 커트(Razor cut)의 장점이 아닌 것은?

① 스포츠형 머리로 자연스럽다.
② 각도에 따라 두터운 느낌을 줄 수도 있다.
③ 머리카락의 끝을 가늘게 할 수 있다.
④ 전체에 엷은 느낌을 줄 수 있다.

레이저 커트는 중발형·장발형 머리에 적합하다.

★★★★

37 레이저 커트 시 적합한 두발 상태는?

① 젖은 상태의 두발
② 건조한 두발
③ 헤어크림을 바른 두발
④ 기름진 두발

레이저 커트 시 두발의 손상을 방지하기 위해 물에 적셔야 한다. 두발이 미끄럽거나 헤어크림을 바르면 커팅이 잘 되지 않는다.

★★★★

38 다음 중 레이저(Razor) 커트 시술 후 테이퍼링하고자 하는 경우와 가장 거리가 먼 것은?

① 두발 끝 부분의 단면을 1/3 상태로 만든다.
② 두발 끝 부분의 단면을 1/2 상태로 만든다.
③ 두발 끝 부분의 단면을 요철 상태로 만든다.
④ 두발 끝 부분의 단면을 붓 끝처럼 만든다.

테이퍼링의 구분 : 두발 끝에서 1/3, 1/2, 2/3

★★★

39 레이저(razor) 커팅 후 머리카락 절단면을 확대경으로 확인한다면 어떤 모양으로 보이는가?

① 연필을 수평으로 절단한 모양
② 대나무를 직각으로 절단한 모양
③ 대나무를 대각선으로 절단한 모양
④ 연필을 깎아 놓은 듯한 모양

레이저 커팅의 모발 절단면은 대각선일 것 같지만, 직각으로 절단되며, 가위 커팅의 경우 대각선으로 절단된 모습이다.

정답 32 ② 33 ④ 34 ② 35 ① 36 ① 37 ① 38 ③ 39 ②

★★★ □□□

40 레이저(razor) 커트시 1/2 이내로 모발 끝을 테이퍼할 때 사용되는 기법이 아닌 것은?

① 스크럽쳐 커팅 ② 딥 테이퍼
③ 노멀 테이퍼 ④ 레이저(razor) 커팅

딥 테이퍼는 스트랜드의 2/3 지점에서 두발을 많이 쳐내는 테이퍼링이다.

★★ □□□

41 레이저를 이용하여 천정부 커팅 시 두발 길이를 일정하게 만들기 위한 날(Blade)의 사용기법으로 가장 적합한 것은?

① 모발 끝을 하나씩 잡고 절단하듯 커트한다.
② 빗날 위로 나온 부분을 면체하듯 커트한다.
③ 모발 끝을 정렬시키고 날은 오른손 엄지 면에 대고 절단하듯 커트한다.
④ 빗날 위에 나온 부분을 날과 몸체를 이용하여 커트한다.

레이저 커트는 가위나 클리퍼와 달리 빗날 위에서 커팅이 불가능하며, 빗질 후 한 손으로 검지와 중지로 모발을 잡고, 다른 손의 엄지로 모발을 지지한 후 커트한다.

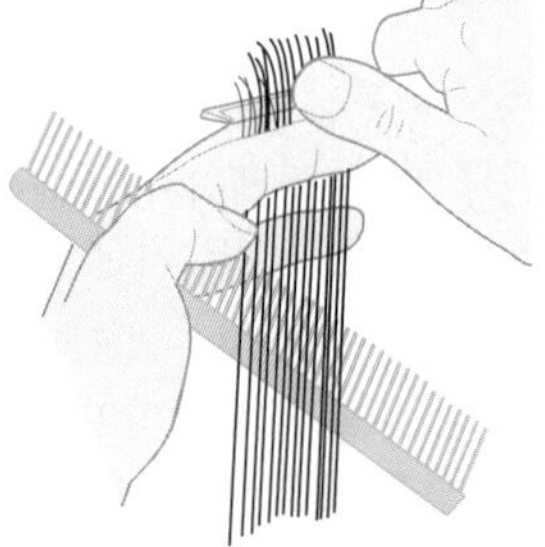

★★★★★ □□□

42 직사각형 얼굴에 가장 조화를 잘 이룰 수 있는 조발 시술은?

① 좌·우측 부위의 두발 양을 많아 보이도록 양감(量感)을 준다.
② 좌·우측 부위의 두발 양을 적게 한다.
③ 두정부 부위의 두발 양을 많은 듯하게 양감을 준다.
④ 후두부 부위의 두발 양을 많은 듯하게 양감을 준다.

직사각형 얼굴(긴 얼굴형)은 측두부에 볼륨감을 주어 얼굴이 동그스름하게 표현하는 것이 좋다.

★★★ □□□

43 둥근 얼굴에 가장 잘 어울리는 두발형의 조발은?

① 좌우 양측면의 두발량을 살리면서 조발한다.
② 전체의 양감을 돋보이게 조발한다.
③ 형태대로 적당히 조발한다.
④ 양측면의 두발량감을 줄이며 윗 머리카락을 살려 갸름하게 한다.

둥근 얼굴형은 양측면의 모발량을 줄이고 윗면의 볼륨을 살린다.

★★★ □□□

44 커팅 과정에서 커트 방법으로 적합하지 않은 것은?

① 끌어깎기 - 가위 날 끝을 왼쪽 손가락에 고정하여 당기면서 커팅한다.
② 밀어깎기 - 빗살 끝을 두피 면에 대고 깎아 나가는 기법이다.
③ 찔러깎기 - 주로 스포츠형에서 기초 깎기에 해당한다.
④ 수정깎기 - 모든 커트의 마지막 마무리 기법이다.

찔러깎기 기법은 모류방향으로 가위를 수직으로 세우고 뭉쳐 있는 두발을 솎아내는 기법이다. 스포츠형의 기초 깎기에 해당하는 것은 거칠게 깎기이다.

★★★ □□□

45 수정 커트 중 찔러깎기 기법을 사용하는 가장 적합한 때는?

① 면체 라인 수정 시
② 뭉쳐 있는 두발 숱 부분의 색채 수정 시
③ 전두부 수정 시
④ 천정부 수정 시

찔러깎기 기법은 뭉쳐 있는 부분을 솎아내듯 커트한다.
※ 색채를 수정한다는 의미는 모발량을 조정하여 두피색이 더 들어나도록 한다.

정답 40 ② 41 ③ 42 ① 43 ④ 44 ③ 45 ②

★★★★★★

46 두발 커트 시 이미 형태가 이루어진 두발선을 최종적으로 정돈하기 위하여 가볍게 커트하는 방법은?

① 슬라이싱 ② 페더링
③ 테이퍼링 ④ 트리밍

- 트리밍(Trimming) : 완성된 형태의 두발선을 최종적으로 정돈하기 위하여 가볍게 다듬어 커트하는 방법이다.
- 슬라이싱 : 가위의 개폐를 모발에서 미끄러지듯이 시술하며, 모발 끝에서 두피 쪽으로 밀어 올리듯이 모발을 자른다.
- 테이퍼링(페더링) : 전용 레이저를 이용하여 모발을 쓸어내리며 두발끝을 점차 가늘게 하는 방법이다.

★★★

47 가위나 레이저로 두발을 자연스러운 장단을 만들어서 두발 끝부분에 갈수록 붓끝처럼 점점 가늘어지게 커트 방법은?

① 클립핑 커트 ② 틴닝 커트
③ 싱글링 커트 ④ 테이퍼링

★★★★

48 두발의 길이는 변화를 주지 않으면서 전체적으로 두발 숱을 감소시키는 커트기법은?

① 트리밍 ② 클립핑
③ 블런팅 ④ 틴닝

틴닝(thining)은 틴닝 가위를 이용하여 길이 변화 없이 두발 숱을 감소시키는 방법이다.

- 클립핑(clipping) : 클리퍼나 가위를 이용하여 튀어나온 부분을 정리해주는 것
- 블런팅(Blunting) : '무디게, 둔하게 한다'는 뜻으로 모발의 끝을 뭉툭하게 직선으로 커트하는 것

★★

49 틴닝 가위를 사용하여 커트할 경우, 모발 겉모습이 주는 가장 두드러지는 미적 표현은?

① 고전미 ② 자연미
③ 고정미 ④ 조각미

틴닝 가위(집게 가위)를 사용하면 길이 변화가 없이 모발의 양과 질감(무게감)을 처리하므로 두발형태가 자연스럽다.

★★★

50 장발을 자연미가 있게 조발할 때 가장 많이 사용하는 가위는?

① 집게가위 ② 단발가위
③ 보통가위 ④ 정발가위

★★

51 장발형 이발 중 솔리드형에 해당되지 않는 스타일은?

① 그레쥬에이션 ② 이사도라
③ 스파니엘 ④ 수평보브

솔리드형은 단차없이 모든 두발이 하나의 선상으로 떨어지도록 자르는 커트(하나의 길이로 커트)로 원랭스 커트(One-length cut)라고 한다. 솔리드형에는 수평 보브, 스파니엘, 이사도라, 머시룸 커트가 있다.

★★★

52 수정 커트 때 긴머리의 끝을 일정하게 일렬로 커팅할 때 가장 적당하지 않은 기구는?

① 단발 가위
② 미니 가위
③ 클리퍼(바리캉)
④ 레이저(면도기)

레이저를 이용한 시술은 모발 끝을 일렬로 커팅하기 어렵다.

★★★

53 일반적인 조발술의 순서로 가장 적합한 것은?

① 연속 깎기 → 밀어 깎기 → 지간 깎기 → 수정 깎기
② 거칠게 깎기 → 수정 깎기→ 떠내 깎기 → 지간 깎기
③ 지간 깎기 → 솎음 깎기→ 연속 깎기 → 수정 깎기
④ 수정 깎기 → 지간 깎기→ 거칠게 깎기 → 연속 깎기

모발 길이 조정(지간 깎기) → 모발량 조정(솎음 깎기) → 후두부나 측두부의 헤어라인 만들기(연속 깎기) → 수정 깎기
(※ 이 문제는 실무와 다소 차이가 있으므로 기출 답을 위주로 암기합니다)

정답 46 ④ 47 ④ 48 ④ 49 ② 50 ① 51 ① 52 ④ 53 ③

★★

54 스포츠형 커트 시술 중 자세가 백(back) 위치에서 천장부 수정 커팅 시 조작하기 가장 어려운 방법은?

① 연속깎기 자세
② 끌기깎기 자세
③ 돌려깎기 자세
④ 떠내깎기 자세

돌려깎기는 뒷부분이나 사이드에서 빗의 각도를 변경하여 곡선을 그리며 깎는 기법으로, 천정부 커팅에는 적합하지 않다.

★★★

55 조발(調髮) 기법 중 빗은 사용하지 않으면서 돌출된 모발만 조발 가위로 자르는 기법은?

① 떠올려깎기 ② 솎음 깎기
③ 고정 깎기 ④ 지간 깎기

① 떠올려 깎기(떠내깎기) : 빗으로 두피면부터 모발을 떠올려 세운 후 빗살에 일직선상으로 하여 자르는 것
② 솎음 깎기(숱치기) : 보이는 두발 사이를 떠올려서 모발이 뭉쳐있는 곳을 솎아내거나 불필요한 모발을 제거
③ 고정 깎기 : 빗은 사용하지 않고 정지한 상태에서 커팅 가위로 튀어 나온 머리카락 부분을 자르는 것
④ 지간 깎기 : 두발을 빗으로 치켜 올린 후, 왼손으로 검지와 중지 사이에 끼고 모발 길이를 맞추는 것

★★★

56 브로스(Brosse) 커트의 형태를 표현한 것은?

① 장발형 조발 ② 상고형 조발
③ 스포츠형 조발 ④ 레이어형 조발

brosse는 '솔, 브러시'의 의미로, 스포츠형 조발을 말한다.

★★

57 브로스(brosse) 커트를 할 때 가위를 세운 자세에서 뭉쳐있는 두발 숱을 솎아내는 수정 커트 기법은?

① 끌기 가위와 돌려깎기 기법
② 찔러깎기 기법
③ 밀기와 끌기깎기 기법
④ 연속깎기 기법

찔러깎기 기법은 뭉쳐 있는 부분을 솎아내듯 커트한다.

★

58 브로스 커트 조발 시에 반드시 필요하지 않은 기구는?

① 드라이어 ② 수건, 앞장
③ 가위 ④ 빗

드라이어는 정발에 사용된다.

★★★

59 스포츠형을 시술할 때 천가분을 사용하는 주목적은?

① 빗의 사용이 잘 되게 하기 위하여
② 요철을 확인하기 위하여
③ 가위 사용이 용이하게 하기 위하여
④ 젖은 머리결을 빨리 말리기 위하여

스포츠형은 머리가 짧기 때문에 측두부나 후두부의 튀어나온 부분이 구분하기 어려우므로 분을 발라 요철을 확인한다.

★★★

60 스퀘어 스포츠형의 조발술에 대한 내용이 아닌 것은?

① 천정부를 커트할 때에는 샴푸 후 젖은 상태에서 머리카락을 일으켜서 자른다.
② 먼저 거칠게 깎기를 한 후 모델의 좌측 전방에서 45°로 서서 자른다.
③ 스퀘어 스포츠는 천정부의 평평한 커트 면이 약간 넓은 느낌이 들도록 자른다.
④ 천정부를 커트할 때 가능하면 머리카락 끝에 약간 포마드를 묻히면 매끄럽게 된다.

두발이 지나치게 젖어 있으면 모발이 뭉쳐있기 때문에 커팅 시 절단면이 불규칙해질 수 있다.

정답 54 ③ 55 ③ 56 ③ 57 ② 58 ① 59 ② 60 ①

★★

61 긴머리 조발의 일반적인 시술 순서에 대한 설명이 틀린 것은?

① 윗 긴머리를 자르기 전·후두부 조발을 먼저한다.
② 5:5가르마는 긴머리를 자른 후 빗으로 가르마를 가른다.
③ 가르마를 탄 후 빗과 가위로 조발한다.
④ 가장 먼저 두발에 물을 고루 칠한다.

윗 긴머리를 가장 먼저 조발한다.

★★★

62 좌측 가르마를 시술함에 있어서 모델 앞면을 수직 또는 수평으로 볼 때 시술자의 위치로 가장 적당한 곳은?

① 좌후방 45°　② 좌측 90°
③ 좌전방 45°　④ 후방 0°

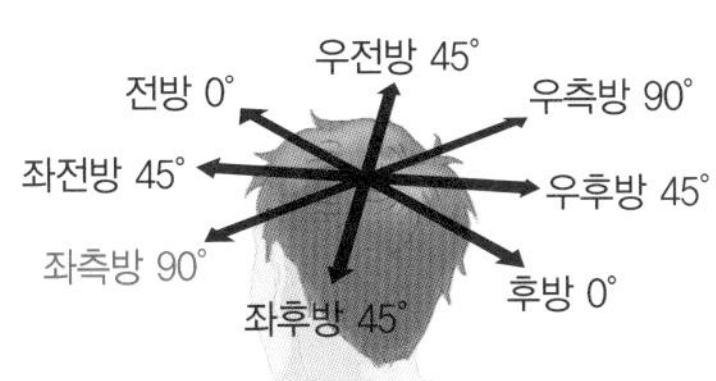

★★★

63 모발의 양이 적고 강한 모발을 틴닝하려고 할 때 다음 중 가장 적합한 시술지점은?

① 두피에서 4/5 지점
② 두피에서 1/2 지점
③ 두피에서 1/3 지점
④ 두피에서 2/3 지점

모발량이 적으므로 두피에서 2/3 지점으로 절삭량을 줄인다.

★★★

64 테이퍼링 커트(tapering cut)에 대한 설명으로 틀린 것은?

① 레이저를 사용하여 커트하는 방법
② 붓끝처럼 가늘게 커트하는 방법
③ 깃털처럼 가볍게 커트하는 방법
④ 모발 끝부분을 뭉툭하게 틴닝으로 처리하는 방법

테이퍼링은 레이저나 가위(스트로크 커트)를 이용하여 모발을 가늘고 얇게 커트하여 붓끝처럼 커트하는 기법으로, 깃털처럼 가벼우며, 경쾌함과 율동감이 있다.
※ 뭉툭하게 커트하는 것은 블런트 커트에 해당한다.

★★★

65 스컬프처 커트(Sculpture cut)에 관한 설명 중 틀린 것은?

① 가위와 레이저로 커팅하고 브러시로 세팅한다.
② 시닝가위로 커팅하고 브러시로 세팅한다.
③ 클리퍼로 커팅하고 빗으로 세팅한다.
④ 레이저로 커트하고 브러시로 세팅한다.

스컬프처 커트는 두발을 세분화하여 빗과 전용 레이저(면도기)를 빠르게 빗어 커트하며 마치 조각(sculpture)을 하듯 커트하는 방법이다. 레이저 시술 후 헤어의 아웃라인 정리(가위 사용) 및 전체 모양 조절(티닝가위 사용)을 하고 빗이나 브러시로 마무리한다.

스컬프처 커트의 예

★★★★★

66 고객의 머리숱이 유난히 많은 두발을 커트할 때 가장 적합하지 않은 커트 방법은?

① 딥테이퍼
② 스컬프처 커트
③ 레이저 커트
④ 블런트 커트

블런트 커트(Blunt cut)는 '모발을 뭉툭하고 똑바로 가로질러서 커트'하는 기법으로 '길이는 제거되지만 부피를 그대로 유지하므로 모발 끝에 무게감이 그대로 남아있는 것이 특징이다.
- 딥 테이퍼(deep taper) : 레이저를 이용하여 패널의 끝에서 2/3 지점까지 커팅하는 테이퍼링(모량을 많이 감소시킬 수 있으므로 숱이 많은 모발에 사용)
- 스컬프처 커트 : 레이저를 이용하여 조각하듯 모양을 내는 것

정답 61 ① 62 ② 63 ④ 64 ④ 65 ③ 66 ④

★★★

67 스컬프처 커트 스타일(Sculpture cut style)에 대한 설명으로 틀린 것은?

① 스컬프처 전용 레이저(Razor) 커트를 한다.
② 두발을 각각 세분하여 커트한다.
③ 두발을 각각 조각하듯 커트한다.
④ 두발 전체를 굴곡 있게 커트한다.

모발에 굴곡을 주는 것은 퍼머이며, 커트로 굴곡을 줄 수 없다.

★★★

68 조발 시 빗으로 가늠하여 깎는 작업 중 빗의 어느 부분을 중심으로 해서 잘라야 하는가?

① 빗살 끝
② 빗살 중심
③ 빗살 뿌리
④ 빗등, 빗 몸체

빗질을 하면 빗살 뿌리는 모발을 세워 지지해주며, 두발의 길이를 가늠하므로 이 부분을 중심으로 커트한다.

★

69 외국인 금발 두발의 커트 시 가장 알맞은 것은 ?

① 집게가위로만 한다.
② 레이저 커트를 한다.
③ 집게가위와 미니가위를 같이 사용한다.
④ 미니가위로 디자인 커트를 한다.

외국인의 두발은 멜라닌 색소의 함량이 적어 밝으나 동양인보다 모발 수가 많고, 가늘고 볼륨이 없는 특징이 있다.
그러므로 집게가위(틴닝)이나 레이저를 사용하는 것보다 미니가위를 이용하여 두상에 적합한 두 가지 이상의 기법을 이용한 디자인 커트를 이용한다.

★★★

70 샤기(Shaggy) 커트에 대한 설명으로 옳은 것은?

① 모발의 끝을 새의 깃털처럼 커트하는 것이다.
② 블런트 커트와 샤기는 같다.
③ 미니가위를 이용한 포인트 커트이다.
④ 모발의 숱을 대량으로 감소시키는 커트이다.

① 샤기(shaggy)는 '깃털처럼 가볍다'라는 의미로, 머리끝을 쳐서 모발을 얇게 만들기 때문에 전체적으로 머리카락이 가벼운 인상을 준다.
② 머리끝을 뾰족하게 깎으므로 균일하지 못하고 볼륨이 없으므로 블런트 커트는 아니다.
③ 샤기 커트는 주로 스트로크 기법을 사용한다.
④ 숱을 대량으로 감소하는 커트는 틴닝 커트이다.

정 답 67 ④ 68 ③ 69 ④ 70 ①

The Barber Certification

SECTION 05

세발술(헤어샴푸)

[출제문항수 : 1~2문제] 웨트 샴푸·드라이 샴푸의 종류 및 특징을 구별하며, 트리트먼트와 린스의 특징도 학습합니다.

01 세발(헤어 샴푸)

1 개요

(1) 샴푸의 목적

① 다른 종류의 이용 시술을 용이하게 한다.
② 정발 전 스타일을 만들기 위한 기초적인 작업이다.
③ 두발의 건강한 발육을 촉진시킨다.
④ 혈액순환 촉진으로 모근 강화 및 모발의 성장을 촉진시킨다.

(2) 샴푸의 순서(누워서 세발할 경우)

전두부(Top) → 측두부(Side) → 두정부(Crown) → 후두부(Nape)

(3) 샴푸 시술 시 주의사항

① 세정작용이 우수하고 거품이 잘 일어나는 샴푸제를 사용할 것
② 퍼머넌트나 염색 전에 샴푸를 할 경우에는 자극하는 성분이 없는 것을 사용할 것
③ 샴푸 시술 전에는 브러싱을 먼저 시행한다. (단, 퍼머 전이나 염색 전에는 사용치 않음)
④ 샴푸에 적당한 물의 온도 : 36~38℃의 연수
⑤ 수분흡수로 팽윤된 두발은 심한 마찰을 피할 것
⑥ 손가락 끝으로 마사지하며, 손톱으로 두피를 긁지 않도록 할 것

샴푸 순서

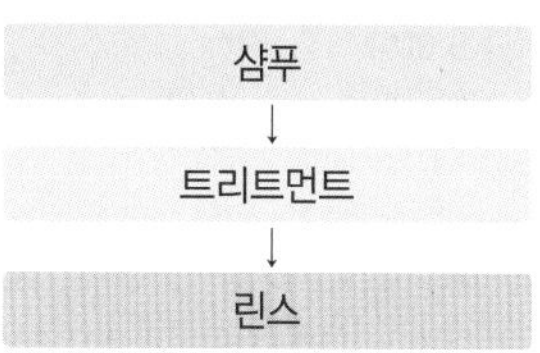

▶ 린스 후 트리트먼트를 사용하면
린스에 의해 모발 표면이 코팅되므로 트리트먼트의 영양분이 제대로 흡수되지 않는다.

▶ 샴푸는 두피나 모발에 영양을 공급하거나 두피질환을 치료하기 위해서 하는 것이 아니다.

▶ 손상모의 샴푸 방법
- 샴푸 전 거친 브러싱은 피한다.
- 미온수로 모발을 세척한 후 적당량의 샴푸로 세척하고 다시 적은 양의 샴푸로 매뉴얼 테크닉 하듯 충분히 샴푸한다.
- 노폐물이 모공에 남아 있지 않도록 깨끗이 세척한다.
- 마찰로 인하여 모발이 상할 수 있으므로 충분히 거품을 내고 매뉴얼테크닉을 실시한다.

2 물의 사용에 따른 헤어샴푸

(1) 웨트(Wet) 샴푸 - 물을 사용하는 샴푸

① 플레인 샴푸(일반 샴푸) : 합성세제나 비누를 주재료로 샴푸제와 물을 사용하여 세정
② 기능성 샴푸

에그 샴푸	• 지나치게 건조한 경우 사용(영양 부족) • 표백된 머리나 염색에 실패했을 때 • 피부염이 생기기 쉬운 두피, 노화된 머리에 적합
핫오일 샴푸	• 건성 모발에 사용 • 플레인 샴푸를 하기 전에 실시 • 염색, 탈색, 퍼머 등의 시술로 두피나 두발이 건조되었을 때 지방분을 공급, 두피건강과 손상모의 치유 등

(2) 드라이(Dry) 샴푸

① 물을 사용하지 않는 방법으로, 환자·임산부 등에 적합하다.
② 종류 : 파우더 드라이 샴푸, 에그 파우더 드라이 샴푸, 리퀴드 드라이 샴푸

파우더 드라이 샴푸	• 산성 백토에 카올린, 탄산 마그네슘, 붕사 등을 섞은 분말을 두발에 뿌리고 약 20~30분 후 브러싱하여 분말을 제거
에그 파우더 드라이 샴푸	• 계란 흰자를 거품을 내어 팩과 같이 두발에 발라 건조시킨 후 제거
리퀴드 드라이 샴푸	• 벤젠이나 알코올 등의 휘발성 용제를 사용하는 방법으로, 주로 가발(위그) 세정에 많이 이용 • 토닉 샴푸 : 비듬 예방 및 두피 및 두발의 생리기능을 높여주며, 살균작용도 있다.

▶ 달걀의 부위별 이용
- 흰자 : 비듬이나 먼지, 노폐물 제거 및 세정 시
- 노른자 : 영양 공급 및 광택 효과

▶ 용어 이해
- 파우더(powder) : 분말
- 리퀴드(liquid) : 액체

3 모발상태에 따른 헤어샴푸

(1) 정상상태

알칼리성	• 알칼리성 샴푸제의 pH는 약 7.5~8.5 • 두피나 모표피의 산성도를 일시적으로 알칼리로 변화시키므로 산성린스로 중화시킨다.
산성	• 두피의 pH와 거의 같은 산성도 - pH 4.5 • 퍼머넌트 웨이브나 염색 후에 사용하여 알칼리성 약제를 중화시킨다.

▶ 건강한 두피의 pH : 약산성(pH 4.5~6.5)
※ 건강한 피부의 피지막 pH : 5~6

(2) 상태에 따른 분류

비듬성 상태	• 댄드러프* 샴푸 : 항비듬성 샴푸제(약용 샴푸제) • 유성두발용, 건성두발용
지방성 상태	• 중성세제 또는 합성세제 샴푸제 • 세정력과 탈지효과가 크다.
염색한 두발	• 논스트리핑* 샴푸제 - 염색한 두발에 가장 적합한 샴푸제 - pH가 낮은 산성으로 두발을 자극하지 않는다.
다공성모	• 프로테인 샴푸제

▶ 댄드러프(dandruff) : 비듬

▶ 논스트리핑(Non-stripping) : 벗겨지지 않는

▶ 참고) 프로테인 샴푸의 역할
- 케라틴(단백질)을 원료로 만든 샴푸로 모공 속에 침투하여 모발의 탄력을 회복시키고 강도를 높여준다.
- 누에고치에서 추출한 성분과 난황 성분을 함유한 샴푸제로서 모발에 영양을 공급해 준다.

4 샴푸의 첨가제

(1) 계면활성제

① 물과 기름의 경계면인 계면(표면)에 흡착하여 그 표면의 장력을 감소시키는 물질로, 두발이나 두피의 때가 잘 빠지도록 돕는 역할을 한다.

② 계면활성제의 종류(➡ 자세히 설명은 '3장 화장품학' 참조)

양이온성	• 피부자극이 강함, 살균, 소독, 정전기발생 억제 • 헤어트리트먼트제, 헤어린스
음이온성	• 세정력 좋음, 탈지력이 강해 피부가 거칠어짐 • 비누, 샴푸, 클렌징 폼
양쪽 이온성	• 피부자극과 독성이 적음 • 베이비 샴푸, 저자극 샴푸
비이온성	• 피부자극이 적어 기초화장품에 많이 사용

▶ 계면활성제 자극의 순서
양이온성 > 음이온성 > 양쪽 이온성 > 비이온성

(2) 기타 첨가제

① 기포증진제 : 기포증진과 안정을 목적으로 첨가

② 점증제* : 샴푸에 적정한 점착성을 주기 위해 첨가

▶ 용어 이해
점증 : 점도(끈끈한 정도)를 증가시킴

02 헤어 트리트먼트(헤어컨디셔닝)

헤어 트리트먼트란 손상된 모발을 정상으로 회복시키거나, 건강한 모발을 유지하기 위하여 필요한 손질을 하는 것이다.

1 헤어 트리트먼트의 목적

① 유·수분을 공급하여 시술과정에서 발생할 수 있는 모발의 손상이나 잦은 염색과 퍼머, 외부 환경적 요인에 의한 모발 손상을 예방하고, 손상된 모발의 회복을 돕는다.

② 퍼머넌트 웨이브, 염색, 블리치 후 pH 농도를 중화시켜 모발이 적당한 산성을 유지하도록 한다.(모발의 알칼리화, 산성화 방지)

2 트리트먼트제

① 대부분의 트리트먼트제는 'LPP(Low Poly Peptide)'나 'PPT(Poly Peptide)' 성분으로 분자량이 작은 단백질로, 염색이나 펌, 드라이로 인해 큐티클이 손실된 모발의 빈 부분을 메워준다.

② 주요 성분 : 유분, 양이온성 계면활성제, 단백질과 그 가수 분해물인 폴리펩티드나 아미노산, 그 외 보습제 등

3 모발 관리 방법

(1) 헤어 리컨디셔닝(Hair Reconditioning)

이상이 생긴 두발이나 손상된 두발의 상태를 손질하여 손상되기 이전의 정상적인 상태로 모발을 회복시키는 것이 목적이다.

(2) 클리핑(Clipping)

① 모표피가 벗겨졌거나 모발 끝이 갈라진 부분을 제거하는 것이다.
② 두발 숱을 적게 잡아 비틀어꼬은 후 갈라진 모발의 삐져나온 것을 가위로 모발 끝에서 모근 쪽을 향해 잘라내면 된다.

(3) 헤어 팩(Hair pack)

① 모발에 영양분을 공급하여 주는 방법으로, 윤기가 없는 부스러진 듯한 건성모나 모표피가 많이 일어난 두발 및 다공성모에 가장 효과적이다.
② 샴푸 후 트리트먼트 크림을 충분히 발라 헤어마사지를 하고, 45~50℃의 온도로 10분간 스티밍한 후 플레인 린스를 행한다.

(4) 신징(Singeing)

① 신징 왁스나 전기 신징기를 사용해서 모발을 적당히 그슬리거나 지지는 시술법이다.
② 불필요한 두발을 제거하고 건강한 두발의 순조로운 발육을 조장한다.
③ 잘라지거나 갈라진 두발로부터 영양물질이 흘러나오는 것을 막는다.
④ 온열자극에 의해 두부의 혈액순환을 촉진시킨다.

03 헤어 린스(rinse)

1 린스의 목적

① 샴푸 후 모발에 남아 있는 금속성피막과 비누의 불용성 알칼리성분을 제거한다.
② 일종의 '코팅제' 역할을 하여 수분 증발을 방지하고 모발이 엉키는 것을 방지하고 빗질을 용이하게 한다.
③ 외부 자극으로부터 모발을 보호하여 정전기 발생을 방지한다.
④ 모발에 탄력을 주고, 샴푸로 건조된 모발에 지방을 공급하여 모발에 윤기를 더한다.
⑤ 두발을 유연하게 하며, 두발에 윤기와 광택을 준다.
⑥ 머리카락의 수분과 영양분이 쉽게 날아가지 않도록 돕고, 머리카락 마찰을 줄이기도 한다.

2 린스의 종류

(1) 플레인 린스(Plain)

① 린스제를 사용하지 않고 미지근한 물로 헹구는 가장 일반적인 방법
② 38~40℃ 정도의 연수를 사용

③ 콜드 퍼머넌트웨이브 시 제1액을 씻어내기 위한 중간린스로 사용
④ 퍼머넌트 직후의 처리로 플레인 린스를 한다.(샴푸를 바로 하면 웨이브가 약하게 된다.)

(2) 유성 린스(지방성 린스)

① 모발이 건성일 때 사용하는 린스

오일린스	• 올리브유 등을 따뜻한 물에 타서 두발을 헹구는 방법 • 합성세제를 사용한 샴푸 시 두발에 유지분을 공급한다.
크림린스	• 유화제 화장료를 물에 타거나 유액상 린스제를 사용, 두발을 헹군다. • 중성세제 사용 후 유지분 공급 위해 행함

(3) 산성 린스(Acid rinse)

① 미지근한 물에 산성의 린스제를 녹여서 사용하는 방법
② 남아있는 비누의 불용성 알칼리 성분을 중화시키고 금속성 피막을 제거한다.
③ 퍼머넌트 웨이브와 염색 시술 후 모발에 남아있는 알칼리 성분을 중화하여 모발의 pH 균형을 회복시킨다.
④ 표백작용이 있으므로 장시간의 사용은 피해야 한다.
⑤ 경수나 알칼리성 비누로 샴푸한 모발에 적합하다.
⑥ 퍼머넌트 웨이빙 시술 전의 샴푸 뒤에는 산성 린스를 사용하지 않는다.
⑦ 산성 린스의 종류 : 레몬 린스, 구연산 린스, 비니거(식초) 린스

트리트먼트와 린스 구분

	트리트먼트	린스
주 목적	손상된 모발에 영양 공급	모발의 엉킴 및 수분 손실 방지 부드러운 머릿결 유지
사용법	도포 후 약 15분간 유지, 일주일에 2~3회 사용	도포 후 1분간 유지, 샴푸 시 매번 사용
사용순서	샴푸 → 트리트먼트 → 린스	

기출문제정리 | 섹션별 분류의 기본 출제유형 파악!

★★★★

1 일반적인 샴푸제의 조건으로 거리가 가장 먼 것은?

① 모발의 유분을 완전히 씻어내야 한다.
② 세발 시 잘 헹구어져야 한다.
③ 풍부하고 지속성 있는 크림상의 기포력이 있어야 한다.
④ 두피를 자극하지 않고 오염물질을 제거해야 한다.

모발의 유분(피지)는 모발을 보호하고, 수분을 보유하는 역할을 하므로 모발에는 적당한 유분기가 있어야 한다.

★★

2 건강한 성인의 정상적인 두발을 세발할 때 일반적으로 사용하는 비누의 성분은?

① 강산성
② 강알칼리성
③ 약산성
④ 중성 및 약알칼리성

pH 범위는 0~14이며, pH 7이 중성이다. 7보다 작을 경우 산성, 7보다 큰 경우 알카리성이다. 모발은 약 pH 5정도로 약산성을 띠고 있으므로 단백질 성분이 약알카리성(pH 8~9)과 만나면 분해된다.

★★★

3 다음 중 샴푸 시술 시 가장 적합한 물의 온도는?

① 28℃ ② 32℃
③ 45℃ ④ 38℃

세발 시 체온(36.5℃)에서 약간 높은 38℃ 전후가 적당하다.

★★★

4 세발과 세안에 가장 알맞은 물은?

① 연수 ② 경수
③ 철분이 많은 물 ④ 지하수

연수는 세정제가 잘 용해되고 때가 잘 빠지며, 지하수와 같이 철분 함량이 많은 경수는 세정 효과가 나쁘다.

★

5 건성 두피의 샴푸관리에 대한 내용으로 적합하지 않은 것은?

① 효과적인 수분 공급 및 유분을 유지할 수 있도록 해야 한다.
② 두피에 트러블이 발생하기 쉬우므로 손톱 등으로 자극을 주지 않도록 한다.
③ 샴푸나 케어 제품 등으로 과도한 피지를 깨끗이 제거한다.
④ 우유나 베이비오일 등을 샴푸 시 적절히 사용하는 것도 좋다.

★

6 다음 중 세발용 앞장(어깨보)으로 가장 좋은 것은?

① 물이 스며들지 않는 고무제품
② 물이 스며들지 않는 비닐제품
③ 물기를 흡수하는 대형 면타올
④ 아무 제품이나 깨끗한 것

★★

7 일반적인 와식 세발 시 두부 내 문지르기의 순서로 가장 적합한 것은?

① 두정부 → 전두부 → 측두부 → 후두부
② 전두부 → 두정부 → 측두부 → 후두부
③ 후두부 → 전두부 → 두정부 → 측두부
④ 두정부 → 측두부 → 후두부 → 전두부

★★

8 세발을 하려고 할 때 가장 먼저 사용해야 하는 것은?

① 헤어 린스 ② 헤어 컨디셔너 크림
③ 헤어 샴푸 ④ 헤어 블리치

세발 순서 : 샴푸 – 컨디셔너 – 린스

정답 1① 2④ 3④ 4① 5③ 6② 7② 8③

★★★ □□□

9 세발에 관한 설명으로 옳지 않은 것은?

① 액상샴푸를 사용하는 것이 편리하다.
② 물은 연수를 사용한다.
③ 손톱으로 힘 있게 감는다.
④ 방수성 앞장을 사용한다.

★★★ □□□

10 이용업소에서 일반적으로 하는 샴푸법은?

① 핫오일 샴푸 (hot oil shampoo)
② 에그 샴푸(egg shampoo)
③ 플레인 샴푸(plain shampoo)
④ 드라이 샴푸(dry shampoo)

플레인 샴푸 : 합성세제, 비누, 물을 이용한 보통 샴푸

★★ □□□

11 샴푸(shampoo)를 할 때 주의사항으로 거리가 가장 먼 것은?

① 비듬이 심한 고객의 샴푸 시 손톱을 이용하여 샴푸한다.
② 두발을 쥐고 비벼서 샴푸를 하면 모표피(毛表皮)를 상하게 할 수 있다.
③ 샴푸용 물의 온도는 약 38℃ 전후가 적당하다.
④ 손님의 눈과 귀에 샴푸제가 들어가지 않도록 주의한다.

플레인 샴푸를 할 경우 손톱을 이용하면 두피의 손상을 초래할 수 있으므로 손가락 끝을 이용하여 마사지하듯 샴푸한다.

★★ □□□

12 헤어 샴푸의 목적으로 가장 거리가 먼 것은?

① 두피, 두발의 세정
② 두발 시술의 용이
③ 두발의 건전한 발육촉진
④ 두피질환 치료

헤어 샴푸잉은 두피질환을 치료하는 의료행위가 아니다.

★★★ □□□

13 샴푸 시 물로 깨끗이 헹구어 낸 다음 마른 건포로 제일 먼저 닦아야 하는 곳은?

① 머리 부위 ② 눈 부위
③ 귀 부위 ④ 목 부위

★ □□□

14 두피가 상하여 비듬이 1mm 두께로 두꺼우면 어떤 방법으로 세발하는 것이 가장 적합한가?

① 샴푸 후 올리브유를 발라 마사지한다.
② 섭씨 45°의 물로 20분간 불려서 샴푸한다.
③ 두피가 상처나지 않도록 빗으로 비듬을 제거한 다음 샴푸한다.
④ 두피에 올리브유를 발라 마사지하고 스팀 타올로 찜질을 한 다음 샴푸한다.

★★★★ □□□

15 탈모를 방지하기 위해 올바른 세발 방법은?

① 손톱 끝을 이용하여 두피에 자극을 주며 샴푸를 헹군다.
② 먼지 제거 정도로만 머리를 헹군다.
③ 손끝을 사용하여 두피를 부드럽게 문지르며 헹군다.
④ 샴푸를 할 때 브러시로 빗질을 하며 헹군다.

★★★ □□□

16 탈모를 방지하기 위하여 다음 중 가장 옳은 세발 방법은?

① 두발의 먼지와 지방을 제거할 정도로 손바닥으로 마사지하여 샴푸한다.
② 모근을 튼튼하게 해주기 위해 손톱으로 적당히 자극을 주면서 샴푸한다.
③ 두피와 모근을 마사지하듯 손끝으로 샴푸한다.
④ 모근에 자극을 주어 혈액순환에 도움이 되도록 브러시로 샴푸한다.

두피 세정 시 손톱이나 브러시로 두피에 자극을 주지 않도록 손가락 안쪽을 두피에 대고 부드럽게 마사지한다.

정답 9 ③ 10 ③ 11 ① 12 ④ 13 ② 14 ④ 15 ③ 16 ③

★★★

17 세발 시술 시 드라이 샴푸의 종류로 틀린 것은?

① 파우더 드라이 샴푸
② 에그 파우더 샴푸
③ 플레인 샴푸
④ 리퀴드 드라이 샴푸

드라이 샴푸의 종류 : 분말(파우더), 에그 파우더, 리퀴드 드라이
※ 웨트 샴푸(플레인 샴푸) : 합성세제, 비누, 토닉 샴푸, 핫오일 샴푸, 에그

★★

18 드라이 샴푸 방법이 아닌 것은?

① 리퀴드 드라이 샴푸
② 파우더 드라이 샴푸
③ 핫 오일 샴푸
④ 에그 파우더 샴푸

★★★★

19 두피 및 두발의 생리기능을 높여주며, 아울러 비듬을 제거해주는 샴푸는?

① 드라이 샴푸
② 토닉 샴푸
③ 리퀴드 드라이 샴푸
④ 오일 샴푸

★★★

20 드라이 샴푸(Dry shampoo)에 관한 설명으로 가장 거리가 먼 것은?

① 주로 거동이 어려운 환자에게 사용된다.
② 가발에도 사용할 수 있는 샴푸 방법이다.
③ 건조한 타월과 브러시를 이용하여 닦아낸다.
④ 일반적으로 이용업소에서 가장 많이 사용하고 있는 샴푸 방법이다.

드라이 샴푸는 모발을 물에 적시지 않고 머릿기름이나 냄새를 제거하는 시간 단축과 편의성이 있어 거동이 불편한 환자에 적합하나, 업소에서는 주로 플레인 샴푸(웨트샴푸)를 사용한다.

★★★★

21 다음 샴푸법 중 거동이 불편한 환자나 임산부에 가장 적당한 것은?

① 플레인 샴푸(Plain shampoo)
② 핫 오일 샴푸(Hot oil shampoo)
③ 에그 샴푸(Egg shampoo)
④ 드라이 샴푸(Dry shampoo)

드라이 샴푸는 세발이 불편한 환자나 바쁜 직장인, 가발 세정에 적합하다.

★★

22 두발이 지나치게 표백되어 있거나 또는 염색에 실패하였을 때 가장 알맞은 샴푸는 ?

① 헤어토닉 샴푸
② 약용 샴푸
③ 드라이 샴푸
④ 에그 샴푸

헤어토닉은 비듬 제거, 살균, 청결 유지에 사용한다.

★★★

23 에그 샴푸잉에 대한 설명 중 잘못된 것은?

① 두피의 비듬 제거용으로 가장 알맞다.
② 두발이 지나치게 건조해져 있을 때 효과적이다.
③ 두발의 염색에 실패했을 때 효과적이다.
④ 노화된 두발에 적당하다.

에그 샴푸는 모발이 노화되거나 지나치게 건조된 경우, 염색에 실패했을 때 사용한다.
※ 비듬 제거에는 토닉 샴푸가 적합하다.

★★★

24 린스의 목적으로 옳지 않은 것은?

① 정전기를 방지한다.
② 머리카락의 엉킴을 방지하고 건조를 예방한다.
③ 윤기가 있게 한다.
④ 찌든 때를 제거한다.

정답 17 ③ 18 ③ 19 ② 20 ④ 21 ④ 22 ④ 23 ① 24 ④

★★★★ □□□

25 린스에 관한 사항 중 틀린 것은?

① 린스는 '흐르는 물에 헹군다'는 의미이다.
② 일상적으로 린스제는 컨디셔너로 통용된다.
③ 린스, 컨디셔너, 트리트먼트 등은 성분에서의 명확한 구분을 갖는다.
④ 주성분의 배합량에 따라 린스, 컨디셔너, 트리트먼트라고 부르고 있다.

린스, 컨디셔너, 트리트먼트는 용어만 다를 뿐 같은 개념이다. 정제수, 알코올, 보습제, 영양제 등의 성분은 같으나, 배합량에 따라 사용 목적이나 방법에 따라 다르다.

★★★★ □□□

26 모발 화장품 중 양이온성 계면활성제를 주로 사용하는 것은?

① 헤어 샴푸
② 헤어 린스
③ 반영구 염모제
④ 퍼머넌트 웨이브제

양이온 계면활성제는 살균, 소독 작용이 우수하고 정전기 발생을 억제하는 특성이 있어 린스나 헤어 트리트먼트제, 컨디셔너와 같은 두발용 화장품에 많이 사용한다.

★★ □□□

27 표백된 두발이나 잘 엉키는 두발에 가장 효과적인 린스는?

① 플레인 린스 ② 크림 린스
③ 구연산 린스 ④ 레몬 린스

크림 린스는 건조한 모발에 효과적이며 보습과 매끄러움에 좋다.

★★ □□□

28 산성 린스의 종류에 해당되지 않는 것은?

① 레몬 ② 식초
③ 구연산 ④ 수산화나트륨

산성 린스제(acid rinse)
퍼머넌트웨이브 시술 후 모발 잔류 알카리 성분을 중화시켜주며 레몬린스, 구연산린스, 비니거린스 등이 있다. 단, 표백 작용이 있어 장시간 사용을 피한다.

★★★★ □□□

29 두피 탈모를 방지하기 위한 세발 방법으로 가장 적합한 것은?

① 두피에 손가락 완충면를 이용하여 마사지하듯 문지른 후 세발한다.
② 모근에 자극을 주어 혈액순환에 도움이 되도록 브러시를 이용하여 세발한다.
③ 모발을 잡고 비벼 주어 큐티클 사이에 있는 때를 씻어낸다.
④ 두피 청결을 위해 자주 세발한다.

탈모예방으로 두피를 세발하거나 마사지할 때는 절대로 손톱을 세워 문지르면 안 된다. 손가락 안쪽을 두피에 대고 부드럽게 마사지한다.
비비거나, 손톱·브러시·빗을 사용하는 경우에는 오히려 두피에 염증을 초래할 수가 있다.

★★ □□□

30 샴푸에 대한 설명 중 틀린 것은?

① 샴푸는 두피 및 모발의 더러움을 씻어 청결하게 한다.
② 다른 종류의 시술을 용이하게 하며, 스타일을 만들기 위한 기초적인 작업이다.
③ 두피를 자극하여 혈액순환을 좋게 하며, 모근을 강화시키는 동시에 상쾌감을 준다.
④ 모발을 잡고 비벼 주어 큐티클 사이사이에 있는 때를 씻어내고 모표피를 강하게 해준다.

모발을 잡고 비비면 모발이 손상되기 쉽다.

정답 25 ③ 26 ② 27 ② 28 ④ 29 ① 30 ④

SECTION 06

정발술(헤어세팅)

[출제문항수 : 2~3문제] 이 섹션에서는 얼굴형에 따른 헤어스타일과 가르마 구분을 정리한다. 정발료에서는 포마드의 구분에 따른 특징 위주로 학습합니다. 특히 이론에서 다루지 못한 부분은 기출 위주로 정리하기 바랍니다.

01 정발의 기초

1 정발술의 정의

① 정발이란 '머리형을 만들어 마무리한다'의 의미이다.

② 드라이어 또는 아이론의 물리작용(열)과 약품(포마드)의 화학작용에 따라서 두발을 변화시켜 통일성 있는 머리형을 만들기 위한 기술이다.

2 정발술의 원리

① 두발을 얼굴형에 맞게 브러시와 빗을 사용하여 두발의 형태를 만든다.

② 굽은 두발, 곱슬머리 등을 곧게 펴고, 두발의 볼륨감으로 높낮이의 효과를 준다.

구분	특징
다운 스템 (Down Stem)	두발을 두피에 납작하게 붙이고자 할 때에는 빗의 회전을 최소화하여 두발의 뿌리 부분을 붙여준다.
업 스템 (Up Stem)	텐션을 강하게 주고 밑뿌리에 브러시의 회전을 많이 시켜 열풍을 준다.
컬과 볼륨	두발 끝 흐름의 변화와 볼륨을 주고자 할 때에는 머리가 난 반대방향으로 두발의 밑뿌리에 열풍을 준다.

③ 정발에 사용 빗의 선정 : 열에 강하고, 강도와 탄력이 있어야 한다.

④ 브러시 : 두발의 볼륨을 줄 때 사용한다.(뿌리를 세우는데 사용)

3 정발술 시술

① 가르마 분할선 양쪽 두발이 반대로 구분되게 드라이로 방향감을 준다.

② 순서 : 가르마(주로 좌측) → 좌측 옆머리 → 네이프 → 우측 옆머리 → 두정부 → 앞머리

4 헤어 파팅(Hair parting)

헤어 파팅은 두발을 나누는 것(가르마)을 말하며, 얼굴형이나 헤어 디자인에 따라 다양한 파팅(Parting)이 있다.

02 얼굴형 및 가르마에 따른 헤어디자인

1 달걀형

① 세로가 가로의 1.5배 정도의 갸름한 형으로 가장 이상적인 얼굴형이다.
② 어떤 헤어스타일이든 잘 어울리므로 얼굴 윤곽을 살려서 헤어디자인을 한다.

2 둥근형(원형)

① 전두부의 헤어라인과 턱선이 짧은 둥근모양의 얼굴형이다.
② 얼굴을 실제보다 길어보이도록 톱(top) 부분에 볼륨감을 준다.
③ 가르마 : 가운데 가르마는 얼굴이 더 둥글게 보이므로 7 : 3 가르마로 한다.

3 사각형

① 직선 이마 라인과 턱선이 각이 져 있는 넓은 얼굴형이다.
② 이마의 직선적 느낌을 감출 수 있는 비대칭 스타일이 어울린다.
③ 전체적으로 곡선적인 느낌으로 옆 폭을 좁게 보이도록 한다.

4 직사각형(장방형)

① 길이가 길고 폭이 좁은 얼굴형이다.
② 좌·우 양 사이드에 양감(볼륨)을 주고, 톱 부분(전두부)을 낮게 한다.
③ 헤어파트는 크라운부분이 넓어 보이도록 사이드 파트를 한다.

5 삼각형(표주박형)

① 이마부분이 좁고 턱이 넓은 삼각형의 얼굴형이다.
② 상부의 폭을 넓히고 옆선을 강조한다.
③ 톱 부분은 낮추고 이마가 넓어 보일 수 있도록 연출한다.

6 마름모형(다이아몬드형)

① 양볼의 광대뼈가 많이 튀어나온 얼굴형이다.
② 상하의 폭이 좁아 상부와 하부의 폭을 넓게 보이도록 하는 것이 좋다.
③ 이마가 넓게 보이도록 하고 부드러운 컬이나 롤을 턱선 아래쪽으로 내린다.
④ 헤어파트는 사이드 파트를 한다.

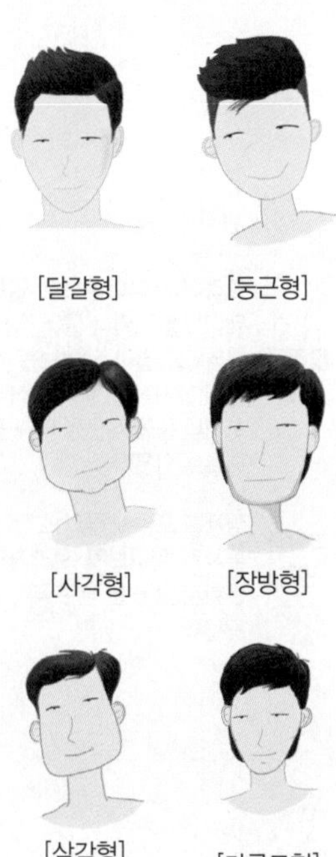

03 가르마와 빗질

1 가르마(헤어 파팅, hair parting) ★★★

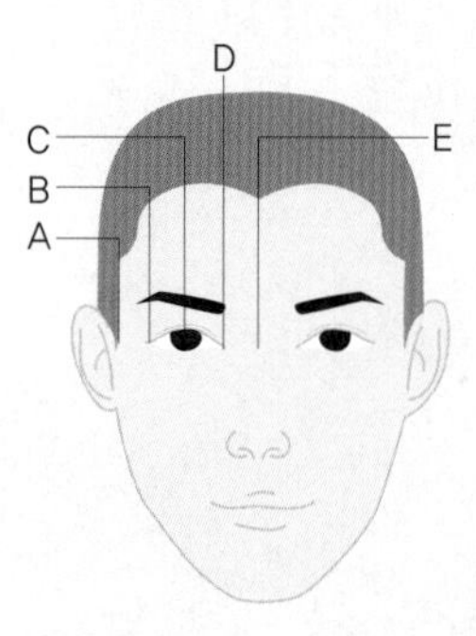

가르마	기준	적합한 얼굴형
1:9 (9:1)	이마와 관자놀이 사이의 움푹 들어간 곳	
2:8 (8:2)	눈꼬리	긴 얼굴형
3:7 (7:3)	안구 중심(눈 중앙)	둥근 얼굴형
4:6 (6:4)	눈 안쪽	모난 얼굴형
5:5	코 중앙	

▶ 모발의 변화

물리적 변화	드라이나 아이론으로 열로써 웨이브를 주거나 물에 적신 후 롤(roll)을 말아 웨이브를 주는 등의 일시적인 웨이브 샴푸를 하거나 물에 젖으면 다시 원상태로 돌아온다.
화학적 변화	펌제를 모발 내부의 조직에 침투시켜 웨이브가 오래가도록 변화시킨다. 반 영구적이다.

2 빗질(헤어 셰이핑, Hair shaping)

① 흐트러진 머리를 브러시로 빗어서 모양을 정리하는 것

② 헤어스타일을 구성하는 기초기술로 모발을 정돈하고 컬 및 웨이브를 형성하여 모양을 만든다.

③ 빗질의 방향은 웨이브의 흐름을 결정한다.

④ 빗질의 방향에 따른 종류 : 스트레이트 셰이핑(수직 빗기), 인커브 셰이핑(안쪽 돌려빗기), 아웃커브 셰이핑(바깥쪽 돌려빗기)

⑤ 헤어 셰이핑의 각도는 모발의 볼륨과 방향을 정한다.

셰이핑 각도	특징
업 셰이핑	모발을 위로 올려 빗는 올려빗기
다운 셰이핑	모발을 아래로 내려빗는 내려빗기 • 수직 내려빗기, 라이트 다운 셰이핑(오른쪽 내려빗기), 레프트 다운 셰이핑(왼쪽 내려빗기) • 귓바퀴 방향에 따라 – 포워드 셰이핑(귓바퀴 방향), 리버스 셰이핑(귓바퀴 반대 방향)

⑥ 굵은 빗살과 가는 빗살이 함께 있는 커트용 빗을 사용하며, 굵은 빗살을 사용하는 것이 웨이브의 흐름을 빨리 만들 수 있다.

04 블로우 드라이 스타일링 (Blow Dry Styling)

(1) 블로우 드라이 개요

① 헤어커트, 퍼머넌트, 스타일링의 3요소 중 헤어 스타일링을 위한 가장 기본적이고 중요한 기술로, 드라이어의 온풍을 이용하여 모발 내부에 변화를 주는 동시에 빗 또는 브러시에 따라서 손님이 원하는 머리형으로 만들고 변화있는 조화미를 표현한다.

② 커트에 의해 형성된 헤어스타일에 스트레이트, C컬, S컬 등을 형성하여 스타일을 완성하는 기술이다.

③ 볼륨이 필요한 부분은 빗으로 두발을 당겨올려 드라이어의 온풍을 주고, 두발이 세워지기 쉬운 부분, 눌러야 할 부분에 대해서는 빗으로 누르며 온풍을 주어 정발한다.

(2) 드라이의 주의사항

① 드라이어의 송풍구와 브러시는 약 1cm 정도 거리를 두고 온풍으로만 스타일링한다.

② 송풍구로 브러시(brush) 위에 놓인 모발을 직접 누르며 시술할 경우 불필요한 텐션 및 직접적인 가열에 의해 큐티클층의 손상을 초래할 위험이 높다.

③ 슬라이스 폭은 2~3cm를 뜨고 가로 폭은 브러쉬 폭보다 약간 좁게 뜬다.

④ 드라이어의 열에 의해 모발이 연화되어 있는 상태이므로 불필요한 브러시 회전은 삼가고 정확하고 큰 원운동을 유지한다.

⑤ 모발의 끝쪽은 특성상 텐션이 잘 주어지지 않는 곳이므로 수 회 반복하여 드라이해야 하며 이때 모표피의 손상도를 체크해야 한다.

(3) 드라이 각도

모근쪽의 드라이 시 스타일 구성에 필요한 볼륨을 감안하여 브러시의 접근 각도를 설정한다.

45도	• 뿌리쪽의 볼륨이 불필요한 부분이나 머리숱이 많아 지나치게 많은 불륨을 다운시킬 때 이용 • 네이프 라인(Nape Line) 아랫선에서 주로 이용
90도	• 가장 기본적이고 편안한 볼륨을 줄 때 주로 이용 • 골든 포인트(Golden Point)와 백 포인트(Back Point) 사이에서 이용
130도	• 뿌리쪽의 볼륨을 가장 많이 줄 때 이용 • 두상이 다운되거나 머리숱이 적은 부분에 볼륨을 줄 때 용이 • 탑 포인트(Top Point)와 골든 포인트 사이에서 이용

05 정발료(정발제)

1 포마드(pomade, 헤어 왁스)

▶ **포마드의 기능**
- 모발에 유지(지방) 보충
- 모발 건조 방지, 습윤 유지
- 모발 갈라짐 방지
- 광택 및 부드러움 부여
- 영양 공급(식물성에 해당)

▶ **포마드 사용 시 주의사항**
두피에는 닿지 않는 것이 좋으며, 세척에 유의할 것

▶ **포마드 도포 부위**
두부 주위, 천정부(두정부)

① 모발에 유분을 흡수시켜 광택과 정발력을 뛰어나게 하는 반고체의 젤 타입 정발제이다.

② 모발을 매끄럽고 윤기나게 스타일링해 주는 왁스 타입을 사용한다.
→ 체온에 쉽게 녹으며, 녹았을 때 끈끈하고 미끌미끌한 상태로 변한다.

③ 한국에서는 1950~1960년대부터 주로 사용되었다. (ABC 포마드)

④ 포마드를 바를 때는 손가락 끝으로 두발 속까지 바르고, 손바닥으로 모발 표면까지 전체적으로 바른다.

⑤ 주 원료에 따라 광물성 포마드와 식물성 포마드(주로 사용)로 나뉜다.

광물성	• 주성분 : 바셀린에 유동 파라핀 등을 첨가 • 식물성보다 끈적임 적고 산뜻한 느낌 • 가는 모발에 주로 사용(서양인에 적합) • 오래 사용하면 두발이 붉게 탈색된다. • 식물성에 비해 접착성이 약하며 정발력이 떨어진다. • 식물성에 비해 머리를 감을 때 쉽게 빠지지 않는다.
식물성	• 주성분 : 피마자유, 올리브유 등에 고형 파라핀(밀랍) 등을 첨가 • 반투명하고 광택, 접착성과 퍼짐성이 좋아 굵고 딱딱한 모발의 정발에 사용 • 냄새가 강하고, 끈적임이 강해 굵고 거센 머리에 적합

2 헤어 토닉

① 모발과 두피를 청결, 건강하게 하여 비듬과 가려움을 덜어주는 정발용 화장품이다.

② 세발 후 머리를 말리는 단계에 사용하며, 모근을 강하게 하고 두피의 혈액순환을 도와준다.

3 기타

① 헤어 크림(로션) : 두발에 윤기를 주고, 부드럽게 하며 정발의 효과를 높이기 위해서 크림 모양으로 만들어진 정발료이다. 헤어 오일이나 포마드와 같이 기름기가 없으므로 경모에는 적당하지 않다.

② 헤어 오일 : 식물성유가 많고 포마드와 똑같은 작용을 하나 점성이 없어 부드럽다.

③ 헤어 스프레이 : 포마드가 스타일을 목적으로 한다면, 헤어 스프레이는 주로 스타일을 고정시키는 역할을 한다.

★★★★

1 가르마에 대한 설명으로 틀린 것은?

① 두부의 원형은 좌·우 불균형하고 많은 사람의 경우 우측이 낮아서 대부분 좌측 가르마를 한다.
② 대부분 코를 중심으로 하여 5:5의 두발 가르마가 많다.
③ 좌측 가르마 시 우측의 낮은 부분을 두발로서 두텁게 하여 얼굴형과 조화를 만든다.
④ 두부의 원형이 낮은 부분은 높아 보이게 두발을 가름한다.

대부분 사람의 가마는 오른쪽(시계방향)으로 돌기 때문에 가르마는 좌측에 위치해 있으므로 좌우가 불균형하고, 우측의 낮은 부분은 볼륨을 주어 얼굴형과 조화를 준다.

★★★

2 다음 중 3 : 7 가르마는?

① A
② B
③ C
④ D

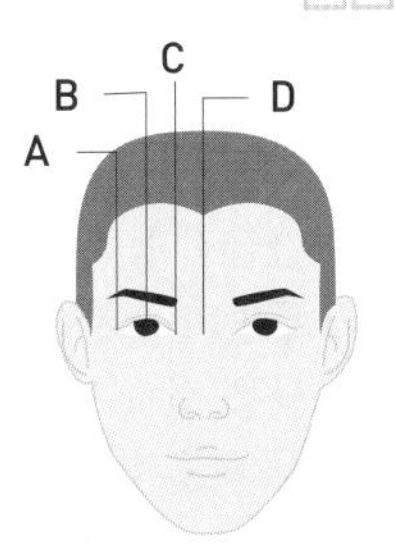

가르마의 기준
- 1:9 – 이마와 관자놀이 사이의 움푹 들어간 곳
- 2:8 – 눈꼬리
- 3:7 – 안구 중심(눈 중앙)
- 4:6 – 눈 안쪽

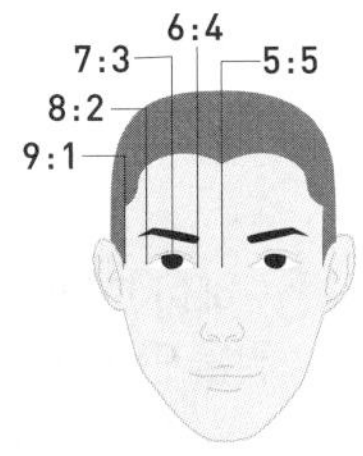

★★

3 가르마의 기준에 대한 설명 중 옳지 않은 것은?

① 2 : 8 가르마는 눈썹 중앙을 기준으로 한다.
② 5 : 5 가르마는 코 중앙을 기준으로 한다.
③ 4 : 6 가르마는 안쪽 눈을 기준이다.
④ 3 : 7 가르마는 안구의 중심을 기준으로 한다.

★★★

4 모난 얼굴형의 정발술을 시술할 때 가장 적당한 가르마는?

① 4 : 6 ② 8 : 2
③ 5 : 6 ④ 7 : 3

얼굴형에 따른 적합한 가르마
- 모난 얼굴형(각진, 사각형) – 6:4 가르마
- 둥근 얼굴형 – 7:3 가르마
- 긴 얼굴형 – 8:2 가르마

★★★

5 일반적으로 얼굴형이 둥근 경우 가장 잘 어울리는 가르마의 비율은?

① 7 : 3 ② 5 : 5
③ 4 : 6 ④ 8 : 2

★★★

6 다음 [보기]가 설명하는 가르마 형은?

> 보기
> 얼굴이 긴 형으로 타원형에 가깝게 짧아 보이게 해야 하며 앞머리를 올리는 것보다는 앞머리를 내려 긴 얼굴을 짧아 보이게 할 필요가 있을 때 적당하다.

① 5 : 5 ② 4 : 6
③ 7 : 3 ④ 8 : 2

가르마의 기준에서 4 : 6은 각진 얼굴형, 7 : 3은 둥근 얼굴형, 8 : 2는 긴 얼굴형에 적당하다.

★★★★

7 7:3 가르마를 할 때 가르마의 기준선으로 옳은 것은?

① 눈꼬리를 기준으로 한 기준선
② 눈 가운데를 기준으로 한 기준선
③ 안쪽 눈매를 기준으로 한 기준선
④ 얼굴 정 가운데를 기준으로 한 기준선

정답 1② 2② 3① 4① 5① 6④ 7②

★★★ □□□

8 분할선의 한 종류인 7:3 가르마 방법에 대한 설명으로 가장 적합한 것은?

① 눈 안쪽을 기준으로 나눈 가르마(Parting)를 일컫는다.
② 안구의 중심을 기준으로 나눈 가르마를 일컫는다.
③ 눈꼬리를 기준으로 나눈 가르마를 일컫는다.
④ 안면의 정중선을 기준으로 나눈 가르마를 일컫는다.

① 눈 안쪽을 기준으로 나눈 가르마 – 6:4
③ 눈꼬리를 기준으로 나눈 가르마 – 8:2
④ 안면의 정중선을 기준으로 나눈 가르마 – 5:5

★★★★★ □□□

9 정발 시 둥근 얼굴형에 가장 적합한 가르마는?

① 8:2 ② 7:3
③ 9:1 ④ 5:5

• 모난 얼굴형의 정발술 – 6:4
• 둥근 얼굴형의 정발술 – 7:3
• 긴 얼굴형의 정발술 – 8:2

★★★★ □□□

10 각진(사각형) 얼굴형의 고객에게 알맞은 가르마 비율은?

① 5:5 ② 7:3
③ 6:4 ④ 8:2

★★★ □□□

11 손님의 얼굴형이 긴 얼굴형(장방형)이라면 가르마는 어떤 형이 가장 평범하고 적절한가?

① 2:8 ② 3:7
③ 4:6 ④ 5:5

★★ □□□

12 정발술에서 헤어 드라이를 하는 주 목적은?

① 머리의 외형, 형태, 모양을 만들기 위해서
② 머리에 윤기를 내며 머리질을 좋게 하기 위해서
③ 고객의 취향에 맞추기 위하여
④ 블로 드라이 하면 모발이 상하지 않기 때문에

★ □□□

13 다음 중 가장 일반적으로 널리 사용되는 응용 정발술에 해당하는 것은?

① 아이롱 정발
② 드라이 정발
③ 웨이브 정발
④ 스팀 정발

★ □□□

14 드라이어의 사용법 및 사용 시 주의사항 중 잘못된 것은?

① 가급적 높은 열로 빠른 시간에 한다.
② 두발의 수분은 적당한지 확인 후 한다.
③ 사용 전 코드에 이상이 있는지 여부를 알아본다.
④ 사용 후 플러그를 뽑아둔다.

강한 열로 짧은 시간에 말리는 것보다는 미지근한 열로 풍량을 강하게 말려주는 편이 모발 손상을 줄일 수 있다.

★★ □□□

15 헤어 드라잉을 시술하는 과정에서 단단한 헤어 스타일을 만들려 할 때 가장 좋은 방법은?

① 모근부터 열을 가하여 상부로 향하면서 구부린다.
② 머리끝 부분부터 구부려 내려간다.
③ 빗으로 자꾸만 반복하면 된다.
④ 드라이어기의 열을 높여주면 된다.

정답 8 ② 9 ② 10 ③ 11 ① 12 ① 13 ② 14 ① 15 ①

★★★ □□□

16 일반적으로 블로 드라이어를 이용한 정발순서로 가장 적합한 것은?

① 가르마 부분 → 측두부 → 후두부
② 측두부 → 가르마 부분 → 후두부
③ 후두부 → 측두부 → 가르마 부분
④ 측두부 → 후두부 → 가르마 부분

블로 드라이어는 가르마부터 시작한다.

★★★ □□□

17 헤어드라이어 사용 시 건조한 두발을 과도하게 드라잉을 하였을 경우 어떠한 현상이 일어날 수 있는가?

① 비듬이 없어진다.
② 두발에 수분이 부족되어 백발화가 촉진된다.
③ 윤기가 없어지며 두발이 갈라진다.
④ 피부의 각질층을 자극하여 피부의 분비 기능을 왕성하게 한다.

과도한 열로 인해 손상으로 윤기가 없어지며 두발이 갈라진다.

★★★ □□□

18 다음 중 정발술에 사용되는 브러시로 가장 적합한 것은?

① 나일론 재질이어야 한다.
② 모발을 정발하기 위해 어느 정도 딱딱하고 탄력이 있어야 한다.
③ 브러시는 동물의 털로만 만들어져야 한다.
④ 털이 부드러워야 한다.

정발은 모발을 원하는 형태로 만드는 스타일링이므로 브러시가 어느 정도 딱딱하고 탄력이 있어야 한다.

★★★ □□□

19 정발 시 시술을 위한 자세로 가장 적당한 것은?

① 가슴 높이　② 어깨 높이
③ 눈 높이　④ 배꼽 높이

★★ □□□

20 이용 기술 용어 중에서 약 57°를 나타내는 기호는?

① A　② C
③ D　④ R

★★★★ □□□

21 이용기술 용어 중에서 알(R)의 두발상태를 가장 잘 설명한 것은?

① 두발이 웨이브 모양으로 된 상태
② 두발이 원형으로 구부러진 상태
③ 두발이 반달모양으로 구부러진 상태
④ 두발이 직선으로 펴진 상태

★★★ □□□

22 드라이어를 사용한 정발에서 올백 스타일을 하고자 할 때 시술 체계상 가장 먼저 시술할 곳은?

① 전두부에서 후두부 상단
② 우측두부에서 후두부 상단
③ 후두부에서 후두부 하단
④ 좌측두부에서 후두부 상단

올백 스타일은 먼저 전두부에서 후두부로 넘기며 정발한다.

★★ □□□

23 정발술에서 고전(올백)형을 브러시로 시술하려고 한다. 가장 적합한 브러시는?

① 도포용 브러시
② 롤(회전) 브러시
③ 평면 강모 브러시
④ 쿠션 브러시

올백형으로 스타일링을 위해 비교적 뻣뻣하고 탄력있는 평면 강모 브러시가 적합하다.

chapter 01

정답 16 ① 17 ③ 18 ② 19 ③ 20 ④ 21 ③ 22 ① 23 ③

★★ □□□

24 정발 시 머리 모양을 만드는 데 필요한 이용기구로서 가장 적합한 것은?

① 핸드 푸셔 ② 핸드 드라이어
③ 스탠드 드라이어 ④ 헤어 스티머

★★ □□□

25 시술 시 드라이어, 빗, 브러시(brush)를 모두 함께 사용하는 때는?

① 정발 시 ② 세발 시
③ 조발 시 ④ 면체술 시

★★★★ □□□

26 정발을 위한 블로 드라이 스타일링(Blow Dry Styling)에 대한 내용 중 틀린 것은?

① 가르마 부분에서 시작하여 측두부, 천정부 순으로 시술한다.
② 이용의 마무리 작업으로써 정발이라 하며 스타일링 기술에 속한다.
③ 빗과 블로 드라이어 열의 조작기술에 의해 모근의 높낮이를 조절할 수 있다.
④ 블로 드라이어를 이용한 정발술은 모발 내 주쇄결합을 일시적으로 절단시키는 기술이다.

주쇄결합을 일시적으로 절단하는 것은 아이롱을 이용한 퍼머넌트에 해당한다.
참고) 콜드 퍼머는 모발 측쇄결합인 시스틴 결합의 절단을 유도하는 화학 방식이다.

★★★★ □□□

27 블로 드라이 스타일링으로 정발 시술을 할 때 도구의 사용에 대한 설명 중 적합하지 않은 것은?

① 블로 드라이어와 빗이 항상 같이 움직여야 한다.
② 블로 드라이어는 열이 필요한 곳에 댄다.
③ 블로 드라이어는 작품을 만든 다음 보정작업으로도 널리 사용된다.
④ 블로 드라이어는 빗으로 세울 만큼 세워서 그 부위에 드라이어를 댄다.

드라이로 열을 주고 난 뒤 모발을 식히는 과정에서 빗으로 고정을 해야 하는데 빗이 움직이게 되면 고정할 수 없다.

★★★ □□□

28 정발 시술 시 일반적인 작업 순서로 가장 적합한 것은?

① 가르마의 반대쪽부터 시작한다.
② 가르마와 관계없이 좌측부터 시작한다.
③ 가르마가 좌측이면 좌측부터 우측이면 우측부터 시작한다.
④ 가르마와 관계없이 우측부터 시작한다.

★★★ □□□

29 정발술의 시술 순서로 가장 적합한 것은?

① 좌측가르마선(7 : 3) → 좌측두부 → 후두부 → 우측두부 → 두정부 → 전두부
② 좌측가르마선(7 : 3) → 우측두부 → 후두부 → 좌측두부 → 전두부 → 두정부
③ 우측두부 → 좌측가르마선(7 : 3) → 좌측두부 → 후두부 → 두정부 → 전두부
④ 좌측두부 → 좌측가르마선(7 : 3) → 후두부 → 우측두부 → 전두부 → 두정부

정발 시 가르마선부터 시작하며, 좌측두부 순으로 전두부에서 마무리한다.

★★★ □□□

30 조발 또는 정발 시 크기는 알맞으나 입체적, 조형적 입장에서 너무 무겁게 또는 너무 가볍게 보일 때 가장 영향이 큰 것은?

① 부자연스러운 스타일링
② 헤어 파트의 균형
③ 방향과 흐름
④ 양감(volume)

모발의 무겁거나 가벼움은 양감을 나타낸다.

정답 24 ② 25 ① 26 ④ 27 ① 28 ③ 29 ① 30 ④

★★★

31 드라이어 정발 시 체계적인 드라이어 정발 순서로서 가장 먼저 시술해야 할 두부 부위는?

① 가르마 부분　② 측두부
③ 두정부　④ 뒷머리 부분

★★★

32 다음 설명 중 틀린 것은?

① 정발 작품에 브러시를 이용하여 블로 드라이를 하면 자연스러운 스타일을 연출할 수 있다.
② 아이론을 이용 시 두발이 상하지 않도록 주의하여야 한다.
③ 조발을 할 때는 조발 순서에 따라 체계적으로 한다.
④ 정발 시에 블로 드라이의 열이 없어도 정발이 가능하다.

정발이란 드라이어와 빗 등을 이용하여 헤어를 정리하는 작업이다.

★★

33 정발술을 시술하는 과정에서 헤어스타일을 단단하게 만들기 위한 올바른 방법은?

① 모근부터 열을 가하여 상부로 향하면서 구부린다.
② 머리끝 부분부터 구부려 내려간다.
③ 빗으로 계속적으로 반복한다.
④ 드라이어의 열을 매우 높여준다.

헤어스타일을 단단하게 한다는 것은 여러 영향에도 오랫동안 유지시킨다는 의미이며 주로 모공, 모근, 큐티클의 열림과 관계가 있으며, 정발에서는 모근쪽을 단단하게 해준다.

★★

34 1955년 프랑스 이용기술 고등 연맹에서 발표한 장티용 라인(Gentilhome line) 작품 설명으로 가장 적합한 것은?

① 전체 스타일을 스퀘어로 각을 강조하였다.
② 귀족을 의미하는 뜻으로 작품명을 정하였다.
③ 가르마를 기준으로 각각 원형을 이루도록 하였다.
④ 전체가 수평을 이루어 중년에 맞는 스타일이다.

프랑스 이용고등기술연맹
- 안티브라인(antibes line) : 1954년 발표
- 장티욤라인(gentihome line) : 1955년 발표(전체 스타일을 스퀘어로 각을 강조)
- 댄디라인 : 1965년 발표
- 엠파이어 라인 : 1966년도(황제를 상징하는 단어로 남성적인 스타일)

★★★★

35 남성 헤어스타일 중 커머셜 스타일에 관한 설명으로 옳은 것은?

① 커머셜은 "일정한 패턴을 가진 웨이브"라는 뜻이다.
② 커머셜은 "상업적인"이라는 뜻이다.
③ 커머셜은 "퍼머"의 다른 말이다.
④ 커머셜은 "소비자"라는 뜻이다.

★★

36 두발 드라이한 후 스프레이 살포의 주된 이유는?

① 두발의 질을 부드럽게 하기 위하여
② 두발형의 유지시간을 연장시키기 위하여
③ 두발의 질을 강화시키기 위하여
④ 향수의 효과를 오래 지속시키기 위하여

스프레이는 헤어 스타일을 고정시켜 유지시간을 연장시킨다.

★★★

37 정발 시 두발에 포마드를 바르는 방법에 대한 설명으로 가장 적합한 것은?

① 손가락 끝으로만 발라야 한다.
② 두발의 표면만을 바르도록 한다.
③ 시술 순서는 우측두부, 좌측두부, 후두부 순으로 한다.
④ 머리(두부)가 흔들리지 않도록 한다.

- 포마드를 바를 때 두발 표면만이 아니고 두발의 속부터 바르고 포마드를 손가락 끝으로 손 바닥에 늘여서 골고루 발라야 한다.
- 대부분의 정발제 도포는 전두부와 두정부를 시작으로 좌·우두부 순서로 한다.

정답 31 ① 32 ④ 33 ① 34 ① 35 ② 36 ② 37 ④

★★★ □□□

38 다음 중 모발 디자인용 화장품이 아닌 것은?

① 헤어 로션
② 포마드
③ 헤어 린스
④ 헤어 스프레이

모발 디자인용 화장품은 정발제를 말하며, 헤어 린스는 모발을 매끄럽게 코팅하여 수분 증발을 방지하는 컨디셔너에 해당한다.

★★★★ □□□

39 정발 시술 시 포마드를 바르는 방법으로 가장 적합한 것은?

① 두발 표면에만 포마드를 바른다.
② 두발의 속부터 표면까지 포마드를 고루 바른다.
③ 손님의 두부를 반드시 동요시키면서 포마드를 바른다.
④ 포마드를 바를 때 특별히 지켜야 할 순서는 없으므로 자유롭게 바르면 된다.

★★ □□□

40 광물성 포마드와 관계가 없는 것은?

① 두발의 때를 잘 제거하며, 두발에 영양을 준다.
② 유동 파라핀이 함유되어 있다.
③ 바세린이 함유되어 있다.
④ 오래 사용하면 두발이 붉게 탈색된다.

포마드는 정발제이다.

★★★ □□□

41 포마드의 사용 효과에 해당되지 않는 것은?

① 모발의 영양을 보충하여 아름답게 한다.
② 가려움증을 방지한다.
③ 모발에 지방을 공급한다.
④ 머리칼을 다듬고 광택을 낸다.

포마드는 습윤, 영양 공급, 두발의 갈라짐 방지 효과가 있다. 가려움증 방지는 헤어토닉의 효과에 해당한다.

★★★ □□□

42 헤어 포마드에 대한 설명 중 틀린 것은?

① 우리나라에서는 광물성 포마드가 많이 쓰였다.
② 포마드의 작용은 두발에 윤기를 주기 위한 방법이다.
③ 포마드는 두발에 유지를 보충하고 정발을 손쉽게 하기 위함이다.
④ 포마드는 두발을 건조시킨 다음 골고루 바른다.

우리나라에서는 해방직후 1950~1960년대부터 포마드를 사용하였으며, 주로 식물성 포마드가 유행하였다.

★★★ □□□

43 염색이나 블리치를 한 후 손상된 모발을 보호하기 위한 가장 올바른 방법은?

① 드라이 후 스프레이를 뿌려 손상된 모발을 고정시킨다.
② 샴푸 후 수분을 약 50%만 제거한 후 자연 건조시킨다.
③ 모발을 적당히 건조한 후 헤어로션을 두피에 묻지 않도록 주의하여 모발에 도포한다.
④ 모발을 적당히 건조한 후 젤을 두피에 묻지 않도록 주의하여 모발에 도포한다.

헤어토닉은 모발 및 모근에 도포하지만, 헤어로션은 모발에만 도포하는 제품이다. 헤어로션이 두피에 닿을 경우 가려움증을 유발하거나 비듬의 원인이 될 수 있으므로 두피에 닿지 않도록 모발 끝에서부터 바르고 1분 후 헹구는 것이 좋다.

★★★ □□□

44 정발술의 마무리 과정의 설명으로 부적합한 것은?

① 전체적인 조화를 살핀다.
② 조화 통일에 불충분한 곳을 일부 수정, 보완한다.
③ 마무리가 끝날 때까지 집중해야 한다.
④ 필요 시 구상을 일부 변경시켜 마무리한다.

정발은 마무리하는 과정이므로 구상을 변경하면 전체 조화가 흩트러질 수 있다.

정답 38 ③ 39 ② 40 ① 41 ② 42 ① 43 ③ 44 ④

★★★

45 헤어토닉에 대한 설명으로 틀린 것은?

① 비듬, 가려움증 완화에 효과적이다.
② 두피에 영양을 주어 건강하고 윤택한 모발결을 만들어 준다.
③ 발모제로서 두피 치료에 많이 사용된다.
④ 알코올을 주성분으로 한 양모제이다.

헤어토닉은 양모제로, 치료와는 무관하다.
※ 양모제 : 두피 및 모발에 영양을 공급하고, 모발을 굵고 건강하게 하여 탈모를 방지

★★★

46 헤어토닉의 작용에 대한 설명 중 틀린 것은?

① 두피를 청결하게 한다.
② 두피의 혈액순환이 좋아진다.
③ 비듬의 발생을 예방한다.
④ 모근이 약해진다.

헤어토닉은 두피에 영양을 주어 건강하고 윤택한 머릿결을 만들어 주고, 모근을 튼튼하게 하여 탈모를 예방하여 비듬, 가려움증을 없애준다.

★★★★★

47 두부처리 시 사용하는 헤어토닉의 작용에 대한 설명 중 틀린 것은 ?

① 두부를 청결하게 한다.
② 가려움이 없어진다.
③ 비듬의 발생을 막는다.
④ 두피의 혈액순환은 양호해지나 모근은 약해진다.

★★★

48 두피관리 중 헤어토닉을 두피에 바르면 시원한 감을 느끼는 데 이것은 주로 어느 성분 때문인가?

① 붕산 ② 알코올
③ 캄파 ④ 글라이세린

헤어토닉은 알코올을 주성분으로 한 양모제로, 알코올의 휘발성으로 인해 시원함을 느낀다.

★★

49 헤어토닉 사용에 대한 다음 설명 중 틀린 것은?

① 두피의 가려움이 없어진다.
② 비듬의 발생을 막는다.
③ 두피의 혈액순환을 양호하게 한다.
④ 두피용은 유성(油性)의 것만 있다.

헤어토닉(hair tonic)의 종류
- 무유성 헤어토닉 : 30~70%의 알코올 수용액에 살균제와 자극제 등을 용해시키고 향료를 넣어서 만든다.
- 유성 헤어토닉 : 물을 쓰지 않고 순알코올에 살균제와 자극제·향료를 용해한 유지류 등을 넣어서 만든다.

★★★

50 헤어토닉에 대한 설명으로 잘못된 것은?

① 유성과 무유성이 있다.
② 비듬의 발생을 막는다.
③ 사용 직후 가려움이 나타나는 단점이 있다.
④ 적당한 자극에 의해서 심신을 상쾌하게 한다.

★★★

51 다음의 제품 중에서 양모제는?

① 헤어 리퀴드
② 포마드
③ 헤어크림
④ 헤어토닉

①~③은 헤어 정발제(스타일링)이다.

★★

52 두피에 영양을 주는 트리트먼트제로서 모발에 좋은 효과를 주는 것은?

① 정발제
② 양모제
③ 염모제
④ 세정제

양모제는 가늘어져 있는 연모를 탄력있고, 건강한 경모로 발전하도록 도와준다.

정답 45 ③ 46 ④ 47 ④ 48 ② 49 ④ 50 ③ 51 ④ 52 ②

The Barber Certification

SECTION 07

정발술(퍼머넌트 웨이브)

[출제문항수 : 1~2문제] 이 섹션에서는 모발의 전반적인 이해에 대해 숙지하기 바랍니다. 또한 남성은 퍼머제를 이용한 퍼머 시술빈도가 낮으므로 아이론 정발 위주로 학습합니다.

01 퍼머넌트 개요

▶ 퍼머넌트 웨이브는 '헤어펌, 펌, 파마, 퍼머'라고도 한다.

1 개요

퍼머넌트에는 아이론(iron)을 이용한 열 퍼머넌트, 퍼머제(약품)를 이용한 콜드 퍼머넌트가 있다.

스파이럴식

크로키놀식

▶ 콜드 웨이브 : 40℃의 반응열을 이용한 퍼머넌트 웨이브가 가능

2 퍼머넌트 웨이브의 역사

고대 이집트	모발을 막대기로 말아서 점토를 바르고 햇빛에 건조시킨 후 일시적인 웨이브를 만듦
마셀 그라또우	1875년 아이론의 열을 이용하는 마셀 웨이브를 고안
찰스 네슬러	1905년 영국 화학적 처리(붕사와 같은 알칼리성 수용액)와 전기적 가열을 이용하여 영구적인 웨이브 펌 고안 (스파이럴 웨이브)
죠셉 메이어	1925년 독일 짧은 모발에도 가능한 크로키놀식 고안
스피크만	1936년 영국 상온에서 아유산 수소나트륨의 화학 반응으로 40℃의 반응열을 이용한 콜드(cold) 펌을 고안
맥도너	1941년 치오글리콜산을 환원제로 하는 현재 사용하고 있는 콜드 펌제를 최초로 제조

3 펌 디자인의 구성 요소 - 형태, 질감, 컬러

형태 (Form)	커트에 의해 펌 디자인을 할 수 있는 기초가 결정된다. 펌 스타일을 결정하기 위해 얼굴형이나 신체 특징을 고려해야 한다. (크기, 볼륨, 방향, 위치 등의 모양)
질감 (Texture)	펌에서 질감이란 곱슬한 머리 형태를 보고 '거칠다, 부드럽다, 매끄럽다, 무겁다, 가볍다'와 같은 성질을 묘사할 수 있다.
컬러	전체적인 머리 형태 또는 그 형태 내의 어느 한 부분에 시선을 집중시키므로 고객의 모발 색상이 펌 디자인에 끼치는 영향을 고려해야 한다.

4 모발의 이해

① 모발은 케라틴(Keratin)이라는 탄력성이 있는 단백질로 구성되어 있다.
② 케라틴은 18가지 아미노산으로 이루어져 있으며, 이 중에서 가장 함유량이 많은 시스틴(Cystine)은 황(S)을 함유하고 있다.
③ 케라틴은 각종 아미노산들이 펩타이드 결합(쇠사슬 구조)을 하고 있다.
④ 케라틴의 폴리펩타이드 구조는 두발을 잡아당기면 늘어나고, 힘을 제거하면 원상태로 돌아가는 탄성을 가지고 있다.

폴리펩티드 결합
염결합
수소결합
시스틴결합
모발

모발의 구조

5 모발의 물리적 특성

① 탄력성 : 모발을 잡아 당겼다가 놓았을 때 다시 원래의 상태로 되돌아가는 성질
② 흡수성 : 모발이 수증기나 수분, 냄새를 흡수하는 성질
→ 건강모는 10~15%의 수분이 결정수(결합수)로 결합되어 있으며, 10% 이하일 경우 손상모 즉, 다공성모가 된다.
③ 다공성 : 모표피의 손상 정도를 말하며 수분과 제품의 흡수를 결정
④ 대전성 : 모발을 빗질할 때 빗에 의한 마찰로 인한 정전기 현상
⑤ 열변성 : 모발의 케라틴 단백질은 비교적 열에 강하지만 고온에서 단백질 변성이 일어난다.

(1) 모발의 물 흡수 여부에 따른 구분

구분	내용
다공성모	• 두발의 간충물질이 소실되어 두발 조직에 공동이 많고 보습작용이 적어 두발이 건조해지기 쉬운 손상모를 말한다. • 두발이 다공성 정도가 클수록 프로세싱타임을 짧게 하고 부드러운 웨이브 용액을 사용한다.(다공성이 클수록 약액의 흡수가 빠르다.)
발수성모 (저항성모)	• 모발의 모표피(큐티클층)가 밀착되어 공동(빈구멍)이 거의 없는 상태의 모발이다. • 물을 밀어내는 성질이 있어 물이 매끄럽게 떨어진다. • 지방과다 모발(모표피에 지방분이 많음) • 콜드웨이브 용액의 흡수력이 적어 퍼머넌트 웨이브가 잘 나오지 않는다.

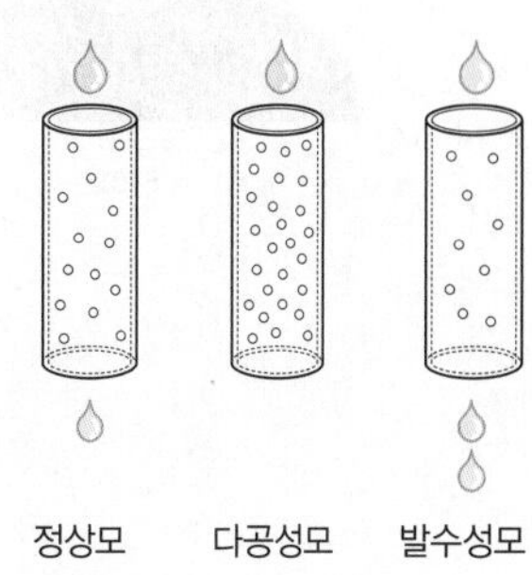

모발 상태

(2) 모발 형태에 따른 종류

구분	내용
직모	• 모낭의 구조가 곧은 모양으로 모발이 피부 표면에서 직선으로 자라난 형태 • 단면 : 원형
파상모	직모와 축모의 중간 정도의 웨이브 형태
축모	• 모낭이 굽어 있어 강한 곱슬 모발로 자라난 형태 • 단면 : 타원형

▶ 용어 이해
• 파상모(波狀毛) – 물결 모양의 모발
• 축모(縮毛) – 縮 : 오그라들다

▶ 용어 이해
- 취모의 '취' – 솜털
- 연모의 '연' – 부드럽다(軟)
- 경모의 '경' – 단단하다(硬)

(3) 모발의 굵기에 따른 분류

취모	0.02mm (태아 시기에 형성된 매우 가는 굵기)
연모	0.05mm 이하 (탈모 진행형에서 나타나며, 30대 이후 점차 연모화)
경모	0.15~0.20mm (굵은 모발, 성인의 정상 모발)

6 헤어 컬링(Hair Curling)

▶ 플랩(Flap), 플러프(Fluff)
모양을 갖추지 않는 너풀너풀한 느낌의 모발 끝을 말한다.

(1) 헤어 컬링의 목적

① 웨이브와 볼륨(Volume) 부여
② 플러프(Fluff), 플랩(Flap) 만들기 – 머리 끝에 변화를 줌
③ 머리 정돈 및 스타일링(모류를 조정)

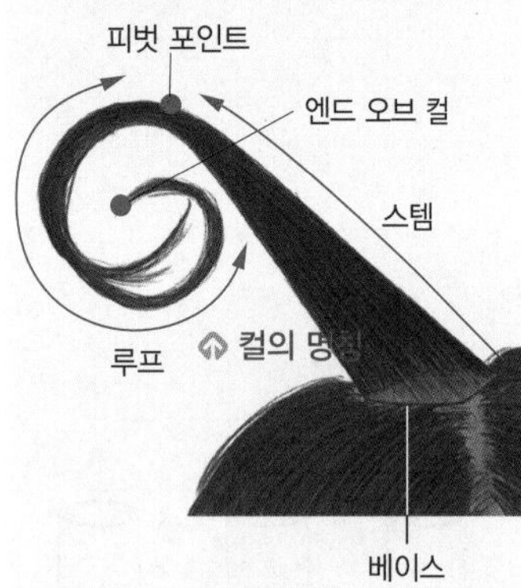

컬의 명칭

(2) 컬(Curl)의 명칭

루프 (loop, 서클)	원형(고리모양)으로 컬이 형성된 부분이나 모양
스템 (stem, 줄기)	베이스에서 피벗 포인트까지의 줄기부분으로, 컬의 방향이나 웨이브의 흐름을 좌우
베이스 (base, 뿌리)	모근 부위로 컬 스트랜드의 근원
피벗 포인트 (Pivot point)	컬이 말리기 시작한 지점(회전점)
엔드 오브 컬 (end)	두발의 끝

(3) 스템(Stem)

① 컬의 줄기 부분으로서 베이스에서 피벗포인트까지의 부분을 말한다.
② 스템은 컬의 방향이나 웨이브의 흐름을 좌우한다.
③ 일정한 스타일을 만들기 위해서는 컬의 일정한 흐름이 필요하다.
④ 스템의 종류

논 스템 (Non stem)	• 루프가 베이스에 들어가 있음 • 움직임이 가장 적고, 컬이 오래 지속됨
하프 스템 (Half stem)	• 루프가 베이스에 중간정도 들어가 있는 것 • 서클이 베이스로부터 어느 정도 움직임을 느낌
풀 스템 (Full stem)	• 루프가 베이스에서 벗어나 있음 • 컬의 형태와 방향만을 부여하며, 컬의 움직임이 가장 큼

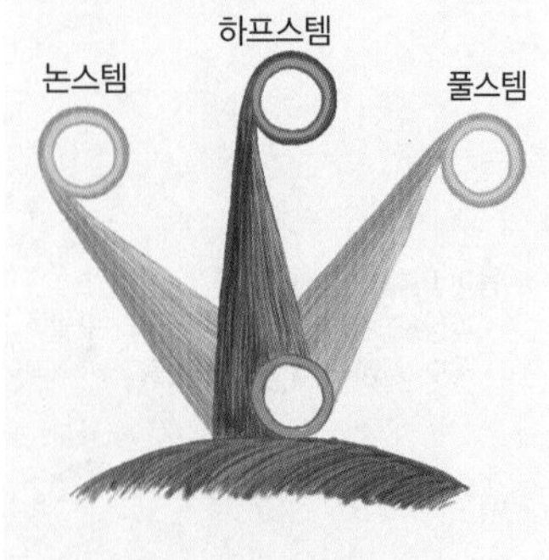

⑤ 스템의 방향에 따라 위로 향한 업 스템(Up stem), 아래로 향한 다운 스템(Down stem)이 있다.

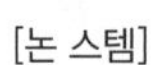
[논 스템]

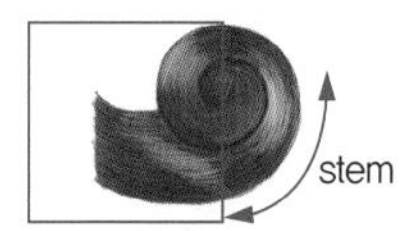

[하프 스템]

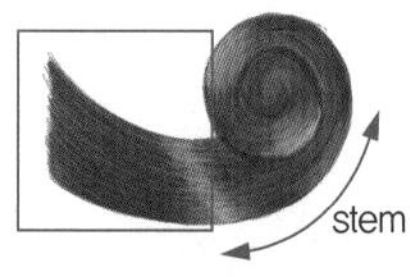

[풀 스템]

(4) 헤어 웨이브의 명칭(웨이브의 3대 요소)

크레스트(Crest, 정상)	웨이브에서 가장 높은 곳
리지(Ridge, 융기점)	정상과 골이 교차하면서 꺾어지는 점
트로프(Trough, 골)	웨이브가 가장 낮은 곳

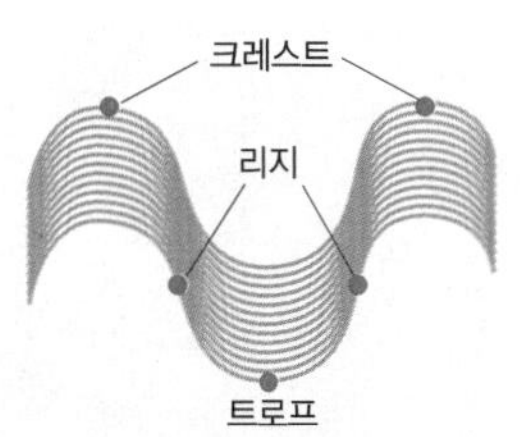

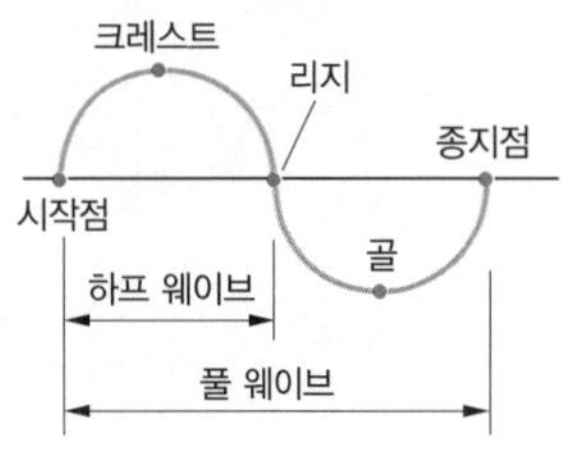

웨이브의 구조

02 아이론 정발 (마셀 웨이브)

1 개요

① 아이론의 열을 이용하여 두발에 웨이브를 형성하는 방법으로, 1875년 마셀 그라또우(Marcel Gurateau)가 최초로 발표했다.

② 수분이 있는 두발에 아이론이 갖고 있는 열작용을 더해서 변화시키는 동시에 아이론과 빗의 물리적 작용에 의해서 두발을 외부적으로 변형

③ 아이론 정발은 모발에 수분을 따로 부여하지 않는 건식 드라이로서 수분이 많은 경우 아이론 열에 의해 수증기가 발생할 수 있다.

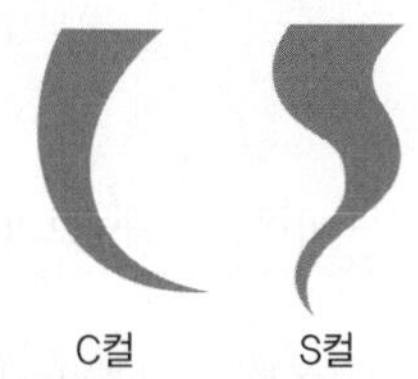

▶ 마셀 웨이브는 빗과 아이론을 이용한 웨이브이다.

2 특징

① 자연스러운 웨이브와 볼륨감을 만들어 스타일을 연출할 수 있다.

→ 모발의 모근 쪽 볼륨을 줄 수 있다.

② 축모(곱슬머리)를 교정할 수 있다.

③ 모발의 모류 방향 수정, 보완이 가능하다.

④ 영구적인 형태 변화가 아니므로 효과는 일시적이다.

⑤ 부드러운 S자 모양의 자연스러운 웨이브를 형성한다.

3 아이론 시술 기초

① 마셀 웨이브에 적당한 아이론의 온도는 120~140℃이다.

→ 모발이 가늘고 부드러운 경우 시술온도를 낮춘다.

→ 아이론의 온도가 균일할 때 웨이브가 균일하다.

② 아이론의 그루브는 아래쪽, 프롱(로드)은 위쪽의 일직선 상태로 잡는 것이 기본자세이다.

③ 아이론을 회전시키기 위해서는 먼저 아이론을 정확하게 쥐고 반대쪽에 45° 각도로 위치시킨다.

④ 강한 볼륨을 만들려면 아이론과 모발뿌리와의 각도를 크게 한다(130°).

⑤ 주의사항 : 젖은 모발에는 사용하지 말아야 한다.

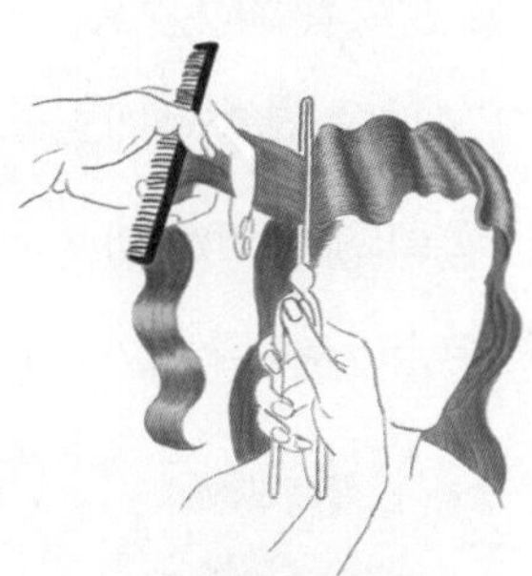

마셀 웨이브

남성 마셀 웨이브

▶ 아이론의 온도는 두발의 성질, 상태에 따라서 조절이 필요

4 아이론의 방향과 와인딩법

⑥ 아이론의 방향

안말음(In-curl)	그루브는 위쪽, 로드(프롱)는 아래방향
바깥말음(Out-curl)	로드(프롱)는 위쪽, 그루브는 아래방향

⑦ 와인딩법

스파이럴식 (나선형)	• 두피에서 두발 끝으로 진행 • 두발 끝쪽으로 가면서 컬이 커짐
크로키놀식 (Croquignole)	• 두발 끝에서 두피 쪽으로 진행 • 두피 쪽으로 가면서 컬이 커짐

03 콜드 퍼머넌트 웨이브(일반 펌)

1 개요

① 모발에 열을 가하지 않고 알칼리성 환원제의 환원작용에 의해서 시스틴 결합을 절단시킨다.

② 환원제를 사용한 상태에서 컬링로드에 모발을 감아 웨이브를 만든다.

③ 만들어진 웨이브에 산화제를 사용하여 절단된 시스틴 결합을 재결합시키면 웨이브 상태 그대로 자연모발일 때와 같은 시스틴 결합이 형성되어 웨이브가 오래 지속된다.

콜드 퍼머넌트 웨이브의 시술 과정

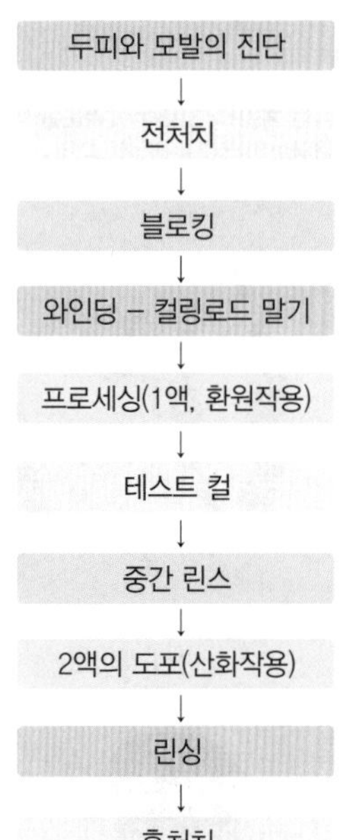

2 모발의 진단

두피와 모발의 정확한 진단은 프로세싱 타임의 설정, 로드 및 약액의 결정, 사전처리의 필요성 등을 결정하는 중요한 조건이다.

① 모발의 상태 : 다공성, 발수성 등

② 모발의 굵기 : 경모, 중간모, 연모(솜털), 취모(배냇머리)

③ 모발의 형태 : 직모, 파상모, 축모

④ 모발의 신축성(탄력성) 및 모발의 밀집도 등

3 전처치

두발 및 두피진단에 따라 콜드 웨이브 용액을 사용하기 전에 시술하는 특수처리를 말한다. 모발의 손상을 방지하고, 웨이브가 균일하게 이루어지도록 하며 모질의 개선을 도와준다.

① 중성 샴푸로 헤어 샴푸잉한 후, 수건으로 두발을 건조시킨다.

→ 샴푸 시 많은 양의 수분이 흡수되므로 제1액의 흡수를 돕기 위해서 수분을 제거한다.

② 불필요한 머리카락이나 손상된 모발을 제거한다.

③ 모발 손상이 심하면 트리트먼트를 하는 것이 좋다.

▶ **프로세싱 타임**
펌 시술시 어느 한 과정을 처리하는 데 걸리는 시간이라는 뜻으로, 제1액을 도포한 후 화학 반응을 위해 방치해두는 시간을 말한다.

4 블로킹(Blocking) 및 섹션(section) : 두발의 구분

① 블로킹 : 컬링로드를 말기 쉽도록 모발을 크게 5~10등분으로 구분하여 구획을 나누는 것을 말한다.
② 섹션 : 블로킹 후 다시 각 부분을 4~5개 정도의 스트랜드로 세분한다.
③ 건강모, 발수성모, 저항모 등일 경우 전처리로 1제를 도포한 후에 연화처리를 한다.
④ 모발에 수분량을 적절히 조절한다.

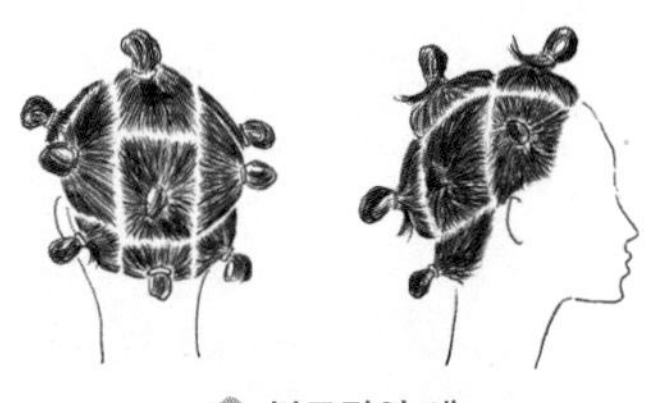
블로킹의 예

5 콜드 퍼머넌트 웨이브의 종류

1욕법	제 1액(환원제)만 사용하여 웨이브를 만들고, 제 2액의 작용은 공기 중의 산소를 이용하여 자연산화시킨다.
2욕법	제1액과 제2액을 사용하는 방법으로 가장 널리 사용

6 콜드 퍼머넌트의 약품(2욕법 기준)

제1액 (환원제)	• 두발의 시스틴 결합을 환원(절단)시키는 작용을 가진 환원제로서 알칼리성이다. • 환원작용을 하는 용액이라는 의미로, 프로세싱 솔루션(Processing solution)이라고도 한다. • 환원제로는 독성이 적고 모발에 대한 환원작용이 좋은 **티오글리콜산**이 가장 많이 사용된다.
제2액 (산화제)	• 환원된 모발에 작용하여 시스틴을 변형된 상태대로 재결합시켜 자연모 상태로 웨이브를 고정시킨다. • 산화제, 정착제(고착제), 중화제(Neutralizer)라고도 한다. • 취소산나트륨(브롬산나트륨), 취소산칼륨(브롬산칼륨) 등이 주로 사용된다.(적정농도 3~5%) • 과산화수소는 모발을 표백시키기 때문에 잘 사용하지 않는다.

▶ 콜드 퍼머넌트의 약품
- 1제(환원제) : 티오글리콜산, L-시스테인, 시스테아민
- 2제(산화제) : 브롬산나트륨, 브롬산칼륨, 과산화수소

7 와인딩(Winding) : 컬링 로드에 두발을 마는 기술

① 컬링 로드(Curling rod) : 퍼머 시술 시 두발을 감는 이용도구다. 웨이브의 크기는 로드의 굵기에 비례한다.
② 와인딩의 각도
- 일반적으로 두피에 대해 120~130° 정도 와인딩
- 볼륨을 살리고자 할 때 : 90° 정도로 일으켜서 와인딩
- 볼륨을 줄이고자 할 때 : 60° 정도로 눕혀서 와인딩

③ 와인딩 후 비닐 캡이나 랩을 씌운다.

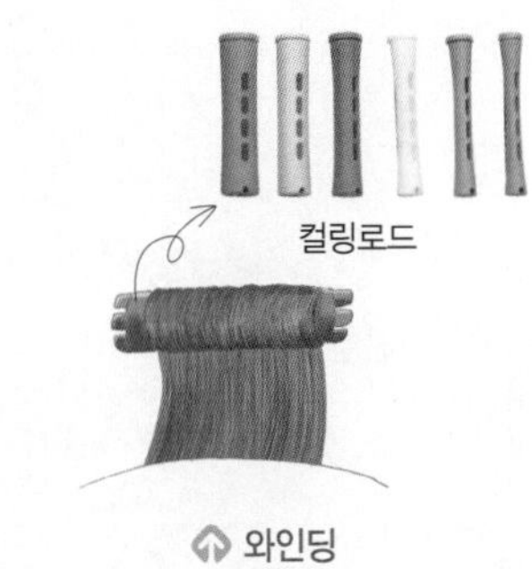

와인딩

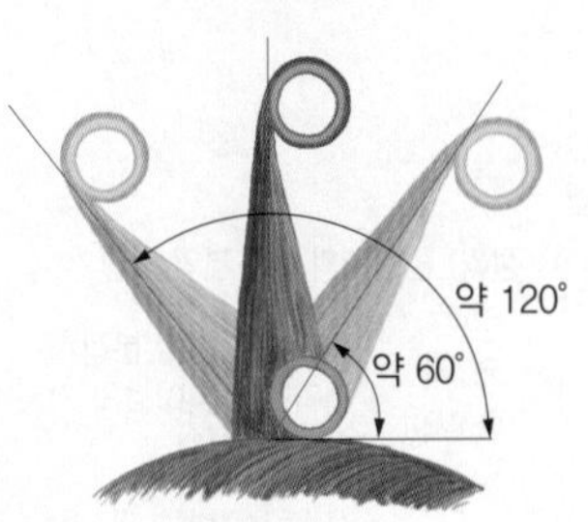

와인딩의 각도

8 프로세싱(Processing) = 1제 바르기

(1) 프로세싱 방법

① 네이프 부분에서부터 전두부 쪽으로 도포한다.

② 맨 처음에 와인딩한 컬에서부터 마지막 와인딩한 컬쪽으로 도포한다.

③ 컬과 컬 사이에 충분히 도포하여 두부전체를 적시도록 한다.

▶ 비닐캡의 주요 역할
① 산화방지
② 온도유지
③ 제1액의 작용 활성화

(2) 비닐캡 덮기

① 체온으로 솔루션의 작용이 촉진되고, 두발 전체에 골고루 작용하기 위하여 사용한다.

② 휘발성 알칼리(암모니아 가스)의 증발 작용을 방지한다.

▶ 프로세싱 솔루션(Processing Solution)
- 퍼머넌트에 사용하는 제1액
- pH 9.0~9.6의 알칼리성 환원제
- 티오글리콜산이 가장 많이 사용
- 공기 중에서 산화되므로 밀폐된 냉암소에서 보관하고, 금속용기 사용은 삼간다.
- 사용하고 남은 액은 작용력이 떨어지므로 재사용하지 않는다.

(3) 프로세싱 타임(Processing time, 방치 시간)

① 펌 시술 시 어느 한 과정을 처리하는데 걸리는 시간이라는 뜻으로, 제1액을 도포한 후 화학 반응을 위해 방치해두는 시간을 말한다. (약 10~15분 정도)

② 두발의 성질과 상태, 사용한 용액의 강도, 로드의 수, 온도 등에 따라 소요시간을 달리한다.

9 플레인 린스 및 2액의 도포

① 중간 세척(플레인 린스) : 프로세싱이 끝난 후 미지근한 물로 제1액을 씻어내는 과정이다.

② 1액의 알칼리 성분이 2액의 산성 성분과 만나면 모발을 손상시키는 황화물질이 생성되므로 손상을 최소화하기 위함이다.

③ 제2액의 도포 및 린스 : 1액의 작용으로 끊어진 케라틴을 재결합시키는 과정으로, 2액의 산화작용으로 웨이브의 형태를 고정시키고 두발을 원래의 자연상태로 회복시킨다.

10 후처치

퍼머넌트 웨이브의 과정이 끝나면 필요 시 드라이 커트로 다듬어 주고, 건조 시 자연 바람을 이용한다.

▶ 정리) 환원제와 산화제의 역할

제1액 (환원제)	• 시스틴 결합을 분리 • 퍼머넌트 웨이브의 작용을 계속 진행
제2액 (산화제)	• 시스틴 결합을 재결합 • 1액의 작용을 멈추게 하고 1액이 작용한 형태의 컬로 고정

펌 용제와 펌 원리

제1제 (환원작용) = 프로세싱

- 두발의 시스틴 결합을 **환원**(절단)시키는 작용을 가진 환원제로서 알칼리성이다.
- 환원작용을 하는 용액이라는 의미로, '프로세싱 솔루션'이라고도 한다.
- 환원제로는 독성이 적고 모발에 대한 환원작용이 좋은 티오글리콜산이 가장 많이 사용된다.
- 베이스 밖으로 얼마만큼 당기느냐에 따라 모발의 길이가 달라지므로 급격한 변화가 필요할 때 사용한다.

제2제 (산화작용)

- 웨이브(환원)된 모발을 상태 그대로 다시 시스틴 결합으로 **산화**시켜 웨이브를 반영구적으로 안정시킨다.
- 환원된 모발에 작용하여 시스틴을 변형된 상태대로 재결합시켜 자연모 상태로 웨이브를 고정시킨다.
- 산화제, 정착제(고착제), 뉴트럴라이저(Neutralizer, 중화제)라고도 한다.
- 취소산나트륨(브롬산나트륨), 취소산칼륨(브롬산칼륨) 등이 주로 사용된다.(적정농도 3~5%)
- 과산화수소는 모발을 표백시키기 때문에 잘 사용하지 않는다.

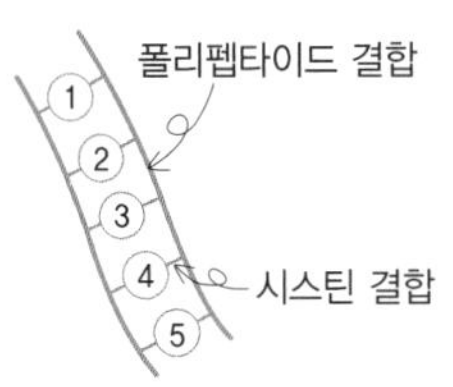

❶ 자연 모발

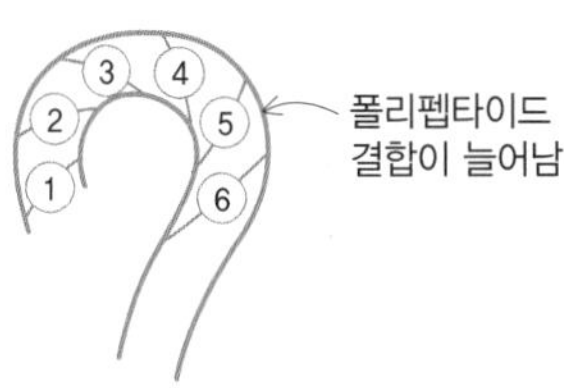

❷ **물리적 작용** : 컬링로드로 모발을 와인딩하면 모발 안쪽 폴리펩타이드 결합은 축소되고, 바깥쪽 폴리펩타이드 결합은 늘어난다.

❸ **환원 작용** : 제1제의 환원작용으로 시스틴 결합이 끊어짐

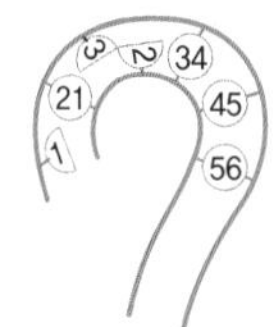

❹ **산화 작용** : 새로운 모양의 시스틴으로 재결합

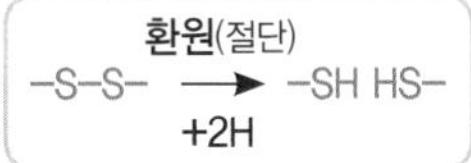

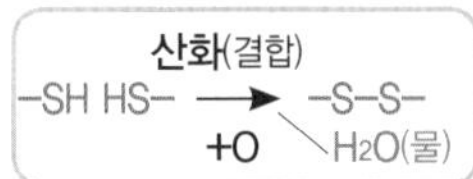

▶ 환원과 산화

환원작용	수소(H)를 첨가하고, 산소(O)를 차단시킴
산화작용	수소(H)를 차단시키고, 산소(O)를 첨가시킴

기출문제정리 | 섹션별 분류의 기본 출제유형 파악!

★★

1 알칼리제로 붕사와 열을 이용하여 열펌 시술을 개발한 사람은?

① 마샬 그라또
② 찰스 네슬러
③ 아스트 버리
④ 스피크 만

- 마샬 그라또 : 아이론의 열을 이용
- 찰스 네슬러 : 알칼리제와 가열로 열펌 고안
- 스피크 만 : 콜드 펌 고안(아유산 수소나트륨)

★★

2 퍼머넌트 웨이브 방법 중 아이론 웨이브와 같은 모선에서 모근 방향으로 모발을 감아서 웨이브를 만드는 방법은?

① 크로키놀식 와인딩
② 스파이럴 와인딩
③ 핀컬 와인딩
④ 핑거 와인딩

- 스파이럴식 : 두피에서 모발 끝으로 말아가는 방법
- 크로키놀식 : 모발 끝에서 두피 쪽으로 말아가는 방법
- 핀컬 와인딩 : 모근에서 모발 끝으로 와인딩을 하여 모근이 원의 중심이 되고, 모발 끝이 원의 바깥에 놓이는 컬
- 핑거 와인딩 : 물이나 세팅로션을 이용하여 적신 두발을 손가락으로 눌러 빗으로 빗으면서 방향잡기를 하여 만드는 웨이브

★★★

3 아이론 퍼머넌트 웨이브와 관련한 내용으로 가장 거리가 먼 것은?

① 콜드 퍼머넌트의 방법과 동일한 방법을 사용한다.
② 열을 가하여 고온으로 시술한다.
③ 아이론 퍼머넌트제는 1제와 2제로 구분된다.
④ 아이론의 직경에 따라 다양한 크기의 컬을 만들 수 있다.

아이론 퍼머넌트 웨이브는 물리적 방법이므로 화학적 웨이브인 콜드 퍼머넌트와 다르다.

★★★★

4 아이론 퍼머넌트 웨이브(Permanent wave)에 관한 설명으로 틀린 것은?

① 두발에 물리적, 화학적 방법으로 파도(물결)상의 웨이브를 지니도록 한다.
② 두발에 인위적으로 변화를 주어 임의의 형태를 만들 수 있다.
③ 모발의 양이 많아 보이게 할 수 있다.
④ 콜드 웨이브(Cold wave)는 열을 가하여 컬을 만드는 것이다.

콜드 웨이브는 모발에 열을 가하지 않고 환원제와 산화제를 이용한다.

★★

5 다음 중 아이론을 사용하기에 가장 적합한 과정은?

① 헤어커트
② 샴푸
③ 세트(정발)
④ 헤어트리트먼트

★★★★★

6 아이론 정발의 목적과 거리가 가장 먼 것은?

① 모발에 변화를 주어 원하는 형을 만들 수 있다.
② 모발의 양이 많아 보이게 할 수 있다.
③ 퍼머제를 이용하는 것보다 오랜 시간 세팅이 유지될 수 있다.
④ 곱슬머리를 교정할 수 있다.

- 물리적 변화 : 드라이나 아이론으로 열로써 곱슬머리를 펴거나, 웨이브를 주거나 물에 적신 후 롤(roll)을 말아 웨이브를 준다. 퍼머제를 이용한 시술보다 효과가 일시적이다.
- 화학적 변화 : 퍼머제를 모발 내부의 조직에 침투시켜 웨이브가 오래가도록 변화시킨다.

정답 1② 2① 3① 4④ 5③ 6③

★★ □□□

7 웨이브용 아이론 사용 효과로 가장 적당하지 않은 것은?

① 머리결 형태를 오래도록 지속시키는 효과가 있다.
② 두발량이 적은 사람도 많아 보이게 하는 효과가 있다.
③ 특별 시술로서 고객에 호감을 주며 고객 유치에 효과가 있다.
④ 웨이브가 있으므로 자연미를 오래도록 유지하는 효과가 있다.

참고) ①의 경우 출제 의도에 따라 의미가 다르다. 아이론 웨이브는 퍼머제를 이용하는 것보다 지속기간이 짧기 때문에 틀린 답이 될 수 있으나 ③이 가장 적당하지 않는다.

★★★ □□□

8 정발 시 두발에 아이론을 사용하는 근본 목적은?

① 두발질의 개선을 위하여
② 손님의 기분을 충족시키기 위하여
③ 두발의 양을 많아 보이게 함과 동시에 두발형의 정돈을 위하여
④ 유행성에 접근시키기 위하여

컬(Curl)은 두발에 웨이브, 볼륨, 플랩(플러프)을 주기 위해서이다.
※ 플러프(Fluff), 플랩(Flap) 만들기 – 머리끝의 변화를 줌

★★★★ □□□

9 아이롱 펌에 대한 설명으로 옳지 않은 것은?

① 축모 교정이 가능하다.
② 모발의 모근 쪽 볼륨을 주기 위해 많이 한다.
③ 웨이브를 연출할 수 있다.
④ 모발의 모류 방향 수정, 보완은 불가능하다.

모발의 모류 방향의 수정·보완이 가능하다.
※ 축모 교정 : 곱슬머리를 직모로 만드는 것

★★★ □□□

10 컬리 아이론(Curly Iron) 시술의 근본 목적은?

① 고객의 기분을 충족시키기 위해서
② 모질의 개선을 위해서
③ 컬 형성을 통한 모류 조정과 볼륨감 형성을 위해서
④ 유행에 접근시키기 위해서

★★★ □□□

11 아이론(iron)을 이용한 펌 시술 과정에 필요한 도구로 가장 적합하게 나열된 것은?

① 아이론, 빗, 모자, 블로우 드라이어, 린스
② 펌 용제, 아이론, 빗, 비닐 캡, 어깨 보, 망
③ 바리캉, 레이저, 빗, 망
④ 분무기, 어깨 보, 비닐 캡, 망

★★★ □□□

12 아이론 웨이브 시술에 대한 설명 중 틀린 것은?

① 머리카락이 부드러운 사람에게는 정상적인 두발보다 시술 온도를 높게 해야 한다.
② 아이론으로 종이를 집어서 타지 않을 정도의 온도가 되어야 한다.
③ 프랑스의 마셀이 창안했다.
④ 아이론의 온도가 110~130℃이다.

마리카락이 부드러운 연모는 정상 두발보다 시술온도를 낮춘다.

★★★ □□□

13 아이론 시술에 관한 내용으로 옳지 않은 것은?

① 열을 이용한 시술로 모발의 손상에 주의하여야 한다.
② 뚜렷한 C컬과 S컬을 표현할 수 있다.
③ 모발이 가늘고 부드러운 경우 평균시술온도보다 높게 시술해야 한다.
④ 부분적으로 뻣뻣한 모발의 방향성을 잡는데 용이하다.

가늘고 부드러운 모발이 온도를 낮게 해야 하고, 굵고 거친 모발은 온도를 높인다.

정답 7 ③ 8 ③ 9 ④ 10 ③ 11 ① 12 ① 13 ③

★★★

14 이용 시술 중에서 웨이브 아이론을 하는 목적을 가장 잘 설명한 것은?

① 경모를 웨이브가 나오게 해 흘러내림을 방지한다.
② 간편하게 샴푸할 수 있으며 손질하기가 쉽지 않다.
③ 숱이 적은 두발을 숱을 2/3가 많게 보이는 효과가 있다.
④ 유행의 스타일로 특수층만을 위한 것이다.

경모(↔연모)란 굵은 모발을 말하며, 아이론은 모발에 웨이브를 줌으로써 흘러내림을 방지한다.
③ : 숱이 적은 두발은 아이론을 해도 볼륨감이 적다.

★★★

15 아이론을 가열하여 그 열에 의해서 만든 웨이브는?

① 퍼머넌트 웨이브
② 마셀 웨이브
③ 콜드 웨이브
④ 핑거 웨이브

- 퍼머넌트 웨이브 : 반영구적으로 형태가 유지되는 웨이브
- 마셀 웨이브 : 아이론의 열에 의해서 일시적으로 모발의 분자 구조에 변화를 주고 웨이브를 형성
- 콜드 웨이브 : 가열하지 않고 화학 약품만을 사용하는 방법
- 핑거 웨이브 : 세팅 로션과 물을 사용하여 빗과 손가락으로 웨이브 형성

★★★

16 아이론 시술 시 주의사항으로 가장 적합한 것은?

① 아이론의 핸들이 무겁고 녹슨 것을 사용한다.
② 아이론의 온도는 120~140 ℃를 일정하게 유지하도록 한다.
③ 모발에 수분이 충분히 젖은 상태에서 시술해야 손상이 적다.
④ 1905년 영국 찰스 네슬러가 창안하여 발표하였다.

③ 젖은 상태에서 시술하면 수증기로 인한 두피 및 머리결 손상의 원인이 되므로 시술 전에 모발을 충분히 말려준다.
④ 1875년 프랑스 마셀에 의해 고안

★★★

17 헤어 아이론에 대한 일반적인 설명으로 틀린 것은?

① 일시적으로 두발에 열과 물리적인 힘을 가하여 웨이브를 형성한다.
② 모발이 가늘고 부드러운 경우나 백발인 경우 평균 시술 온도보다 낮게 시술해야 두발의 황변을 막을 수 있다.
③ 그루브가 위로, 프롱이 아래로 가도록 잡는다.
④ 아이론 선택 시 프롱과 핸들의 길이가 균등한 것을 선택한다.

아이론의 그루브가 아래, 프롱이 위쪽에서 일직선이 되도록 잡고 시술한다.

★★★

18 아이론 선정방법으로 적합하지 않은 것은?

① 프롱의 길이와 핸들의 길이가 3:2로 된 것
② 프롱과 그루브의 접합지점 부분이 잘 죄어져 있는 것
③ 단단한 강질의 쇠로 만들어진 것
④ 프롱과 그루브가 수평으로 된 것

프롱과 핸들의 길이는 대체로 균등한 것이 좋다.

★★★

19 컬리 아이론 펌(Curly iron perm)을 이용한 컬의 효과와 관련된 내용으로 가장 거리가 먼 것은?

① 형성된 컬에 의해 머리 형태를 보완시키는 효과가 있다.
② 컬 형성 시 모발에 손상을 주지 않으므로 두발에 광택과 윤기를 부여하는 효과가 있다.
③ 전문지식과 기술이 요구되는 이용사 직무로서 고부가가치의 효과가 있다.
④ 모량과 기술에 따라서 모발 양이 많아 보이게 하거나 적어 보이게 하는 효과가 있다.

아이론을 사용하므로 모발 손상이 있으며, 광택과 윤기 부여는 헤어 트리트먼트에 관한 것이다.

정답 14 ① 15 ② 16 ② 17 ③ 18 ① 19 ②

★★★★★

20 두발의 아이론 정발 시 일반적으로 가장 적합한 아이론의 온도는?

① 70~90 ℃
② 110~130 ℃
③ 140~160 ℃
④ 160~180 ℃

아이론의 온도는 100~140℃ 정도로 한다.(이용사 필기 기출 근거)

★★★

21 아이론 시술 시 톱이나 크라운 부분에 강한 볼륨을 만들 때 모발의 각도는?

① 45°
② 90°
③ 100°
④ 130°

아이론 시술 시 볼륨을 강하게 하려면 모발 각도를 크게 한다.

★

22 퍼머넌트 웨이브 1제의 주성분이 아닌 것은?

① 티오글리콜산
② L-시스테인
③ 시스테아민
④ 브로민산염

• 1제(환원제) : 티오글리콜산, L-시스테인, 시스테아민
• 2제(산화제) : 브롬산나트륨, 브롬산칼륨, 과산화수소

★★★

23 정발술에서 드라이어보다 아이론을 사용하는 것이 더 적당한 두발은?

① 흰 머리카락
② 곱슬 머리카락
③ 부드러운 머리카락
④ 짧고 뻣뻣한 머리카락

짧고 뻣뻣한 머리카락에는 드라이어보다 모발에 열을 가해 정발하는 것이 적합하다.

★★

24 퍼머넌트를 한 직후에 아이론을 하면 일반적으로 일어나는 주된 현상은?

① 두발이 변색한다.
② 머리결이 부스러지는 등 모발이 손상한다.
③ 탈모현상이 생긴다.
④ 머리결이 억세진다.

퍼머넌트 웨이브를 한 직후에 아이론 등의 뜨거운 열을 가하면 머릿결이 부스러지고 두발에 화상을 입기 쉽다.

정답 20 ② 21 ④ 22 ④ 23 ④ 24 ②

The Barber Certification

SECTION 08

염·탈색(Hair Coloring)

[출제문항수 : 2~3문제] 이 섹션에서는 염모제의 종류에 따라 구분하며, 염·탈색 시 주의사항 위주로 학습합니다. 염모제 및 탈색제, 유의사항 등을 중심으로 학습하시기 바랍니다.

헤어컬러링은 모발에 착색이나 탈색을 하여 명도와 채도를 변화시키는 기술로 염색(Hair dye, Hair tint)과 탈색(Hair bleach)으로 구분한다.

01 염색의 기초

1 염색의 역사

① 기원전 1500년경에 이집트에서 헤나(Henna)를 이용하여 최초로 염색을 하였다.

② 1883년 프랑스에서 파라페니랭자밍이 유기합성염모제를 최초로 사용하여 두발 염색의 신기원을 이루었다.

③ 1907년 : 근대모발 염색제 발전

• 헤나(Henna)
식물의 추출물로 염색하는 것

▶ 용어 해설
- 염색 : 모발에 인위적으로 색소를 착색시키는 것
- 탈색 : 모발에 자연적인 색소를 인위적으로 제거시키는 것
- 퇴색 : 자연적으로 서서히 색소가 빠지는 것
- 탈염 : 인공적인 색을 제거시키고 동시에 새로운 색소를 착색시키는 것

2 염색의 구분

('염색'이라는 의미)

헤어 다이(Hair dye)	머리에 착색을 하는 것
헤어 틴트(Hair tint)	머리에 색조(명도와 채도)를 만드는 것
다이 터치 업 (Dye touch up)	염색한 후 새로 자라난 두발에만 염색하는 것으로 '리터치'(Retouch)라고도 함

3 염색작업의 기본조건

① 바람이 없는 22~30 ℃ 정도

② 염색 시간

손상모	15~25분(가장 빨리 됨)
정상모	20~30분
발수성모	35~40분

▶ 실내온도가 20℃ 이하라면 일반 소요시간보다 연장한다. (염색의 프로세싱 온도는 온도에 영향을 받는다.)

02 염모제의 종류

1 일시적 염모제(Temporary colorant)

① 염색제 입자가 커서 모피질까지 침투하지 못하고 표피의 비늘층(큐티클) 표면에 착색된다.

② 결과를 즉각적으로 볼 수 있으나, 한 번의 샴푸로 모발에 염색된 색이 쉽게 제거된다.(색의 지속력이 짧음)

③ 모발의 손상이 없고, 도포가 쉽다.

④ 주 용도

- 일시적 백모(새치) 커버
- 색상 교정(색상 변화가 다양) 및 반사빛을 부여
- 퇴색으로 인한 모발을 일시적으로 커버하고자 할 때

⑤ 종류 : 컬러 스프레이, 컬러 무스, 컬러 왁스, 컬러 린스, 컬러 젤 등

▶ 참고) 긴머리의 버진 헤어 염색순서
머리카락 중간부분 → 두피부분 → 머리카락 끝부분

※ 버진 헤어(virgin hair, 처녀모) : 화학 시술을 받아보지 않고, 바람이나 햇빛에 의해 손상되지 않은 모발

▶ 컬러린스(color rinse)
일시적 염모제는 멜라닌 색소를 제거할 수 없고 모발 표피에만 염색하기 때문에 명도 조절이 어렵다. (주로 기존 모발색보다 어두운 색을 사용함)

2 반영구적 염모제(half-permanent colorant, 코팅)

① 직접 염모제, 산성 컬러 또는 헤어 매니큐어라고 하며, 색소제(1제)만으로 구성된다.

② 산성염료가 모발의 큐티클층과 작은 입자가 피질부 일부까지 침투하여 착색한다.

③ 지속시간이 4~6주 정도 색상이 유지되며, 여러 번의 샴푸 시 착색력이 떨어진다.

④ 자연모에 대한 염색 시 색상을 자연스럽게 더해주며, 염색된 모발에 재염색 시 반사빛을 더하여 선명한 색상을 만들어 준다.

⑤ 색조를 더해 줄 뿐 명도 변화를 주지 못한다.

⑥ 탈색된 모발에 다양한 색상을 표현할 수 있다.

⑦ 영구적 염모제에 비해 모발 손상도가 적다.

⑧ 피부에 묻으면 잘 지워지지 않는다.

⑨ 주 용도

- 모발의 반사색이나 윤기를 부여하고자 할 때
- 모발 색을 어둡게 바꾸고자 할 때와 30% 이하의 백모 커버를 하고자 할 때
- 블리치 작용이 없는 검은 모발에는 확실한 효과가 없으나 백모나 블리치된 모발에는 효과가 뛰어나다. (탈색)
- 컬러 체인지를 할 때 보정색으로 사용 가능하다.

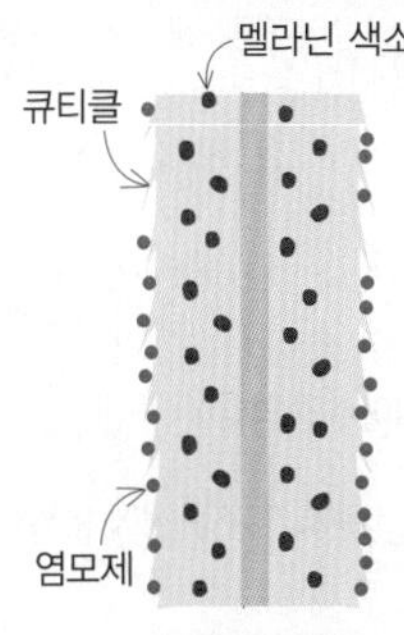

일시적 염모제

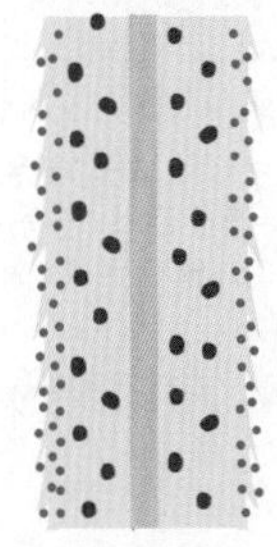
반영구적 염모제

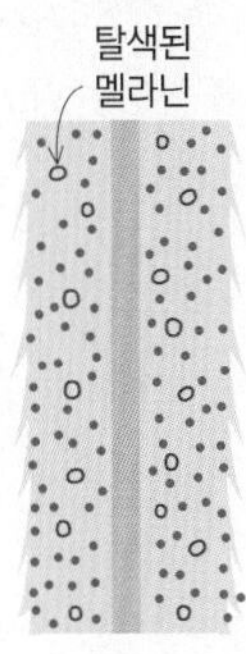

영구적 염모제

3 영구적 염모제(Permanent colorant) - 산화 염모제

지속성 염모제라고도 하며 모발이 커트되어 잘려나갈 때까지 색상이 유지되는 염모제이다.

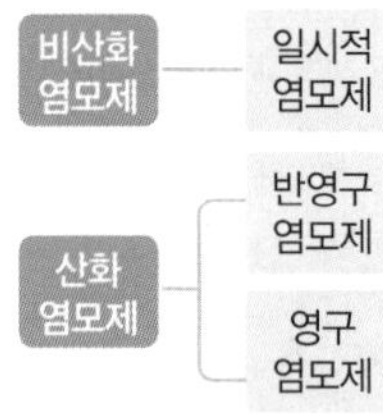

종류	특징
식물성 염모제	• 고대 이집트와 페르시아에서 사용 • 종류 : 헤나, 인디고, 살비아 등 • 독성이나 자극성이 없으나, 시간이 오래 걸리고 색상이 한정되어 있음 ※ 헤나로 염색할 때 pH 5.5 정도가 좋음
금속성 (광물성) 염모제	• 케라틴의 유황과 납, 구리, 니켈 등의 금속이 반응하여 모발에 금속피막을 형성하여 염색 ※ 독성이 강해 현재는 사용하지 않음
유기합성 염모제	• 현재 가장 많이 사용되는 염모제 • 산화제가 함유되어 있으며, 액상형, 크림형, 분말형의 제품이 있다.

4 유기합성 염모제

① 1제(알칼리제)와 2제(산화제)로 구분되며, 이 둘을 혼합해 30분 이내에 모발에 도포해야 발색이 된다.

1제 (알칼리제, 환원제)	• 산화염료가 암모니아수에 녹아 있는 구조 • 모표피를 연화·팽윤시켜 모피질 내 입자가 큰 염료 색소(1제)와 과산화수소(2제)의 침투를 용이하게 하고 • 2제의 과산화수소의 분해를 촉진하여 산소의 발생을 도움 • 모피질 내의 염료색소는 산소와 반응하여 큰 입자의 유색 염료를 형성하여 영구적으로 착색된다.
2제 (산화제)	• 과산화수소는 두발에 침투하여 모발의 멜라닌 색소를 분해하여 탈색시키고, 산화염료를 산화해서 발색시킨다. • 탈색 작용 : 멜라닌 색소를 분해하여 모발 색을 밝게 함 • 모발(케라틴)을 약화시킴 • 암모니아가 산소를 보다 빨리 발생하도록 도움을 줌

② 제1액과 제2액을 혼합할 때 발생하는 주 화학반응은 산화작용이다.

③ 백모의 양에 상관없이 100% 커버가 가능하다.

④ 산화염료의 종류
- 파라페닐렌디아민 : 백발을 흑색으로 착색
- 파라트릴렌디아민 : 다갈색이나 흑갈색
- 모노니트로페닐렌디아민 : 적색

▶ 제1제(알칼리제)만 모발에 도포하면 발색이 되지 않는다.

▶ 암모니아(NH_3)는 휘발성이 있어 모발 손상이 적다.

▶ 알칼리 산화 염모제의 pH는 9~10 정도이다.

▶ **암모니아수의 역할**
- 산소 발생 촉진
- 과산화수소가 사용 전에 분해되는 것을 방지

▶ 과산화수소는 농도에 따라 3%(10vol), 6%(20vol), 9%(30vol), 12%(40vol)로 구분하며, 6%를 주로 사용한다.

▶ 과산화수소의 보관 : 냉암소에 저장, 산소 분리에 주의, 금속용기에 담지 말 것, 마개를 닫을 것

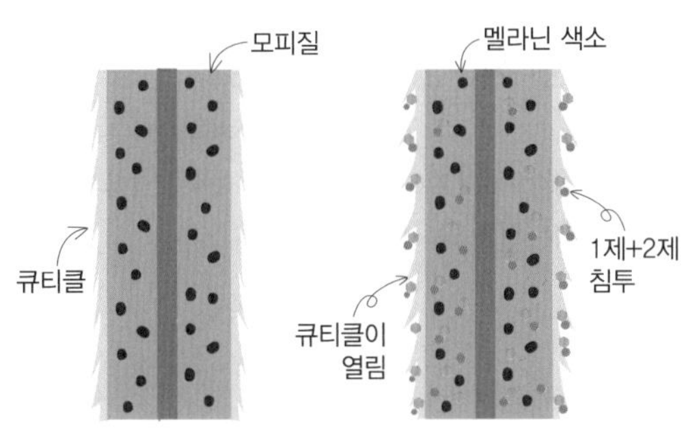

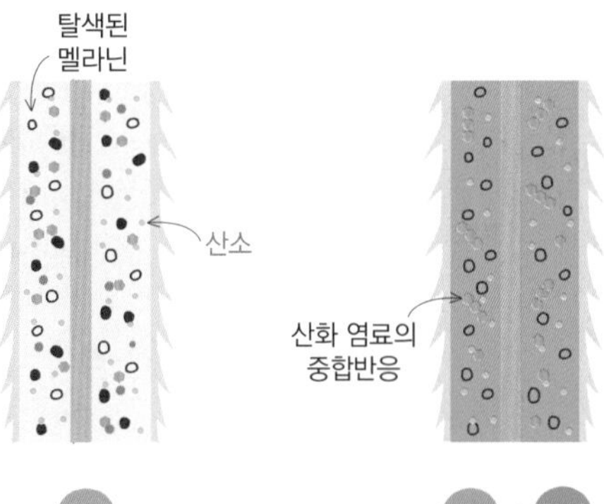

1제의 알칼리가 모표피를 팽윤시켜 1제의 색소입자와 2제(과산화수소)의 모피질 침투를 용이하게 함
암모니아는 염료가 침투하기 쉽게 하기 위해 머리카락의 큐티클층을 느슨하게 부풀려 비늘과 같은 여러 겹의 껍질을 들뜨게 한다. 껍질이 최대한 많이 들떠야 과산화수소와 염료가 머리카락 속에 좀더 깊숙이 침투할 수 있다.

모피질에 침투한 1제의 알칼리제와 2제의 과산화수소가 반응하여 산소를 발생 → 생성된 산소가 멜라닌 색소를 파괴하여 모발을 탈색시킨다.

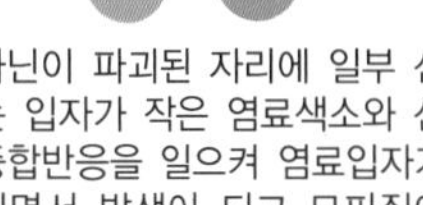

멜라닌이 파괴된 자리에 일부 산소는 입자가 작은 염료색소와 산화중합반응을 일으켜 염료입자가 커지면서 발색이 되고 모피질에 착색된다.

▶ 탈색과 염색의 차이
제1제에 알칼리제만 있느냐, 알칼리제와 색소가 함께 있느냐의 차이

03 염색 시술의 방법

1 패치 테스트(Patch test, 첩포 시험) – 사전 테스트

① 시술 전에 알레르기 및 피부특이반응을 확인하는 방법이다.
② 사용할 염모제와 동일한 염모제로 시술 24~48시간 전에 실시한다.
③ 팔꿈치 안쪽이나 귀 뒤에 실시한다.
④ 테스트 양성반응(발진, 발적, 가려움, 수포, 자극 등)이면, 바로 씻어내고 염색하지 말아야 한다.

▶ 참고) 스트랜드 테스트(Strand test)
- 두발에 염모제를 바르고 염모제의 사용설명서에 명시된 프로세싱 타임 후 씻고 말리어 색상과 소요시간을 결정하는 테스트
- 올바른 색상이 선택되어졌는지 확인
- 정확한 염모제의 작용시간을 추정
- 모발이 손상되거나 변색될 우려가 있는지를 확인
- 다공성모나 지성모를 확인하여 리컨디셔닝 여부를 결정

2 염모제(염색제) 시술 순서

① 염색 전 샴푸를 하면 두피가 손상을 입을 수 있으므로 필요시에만 중성 샴푸제를 이용하여 샴푸를 한다.
② 두발을 잘 말린다.(물이 있으면 얼룩이 질 수 있음)
③ 헤어라인과 두피에 콜드크림 등을 발라 염모제가 직접 피부에 묻는 것을 방지한다.
④ 염모제를 바른다.
→ 온도가 높을수록 염색이 빨리 되므로 목덜미에서 정수리까지 아래에서 위로 올라가면서 바른다.
→ 두피 부분은 온도가 높기 때문에 두피에서 1~2cm 정도를 띄워 놓고 모발 끝 쪽을 향하여 염모제를 바르고 마지막에 두피부분을 바른다.
⑤ 연화제를 사용한 경우 : 연화제는 발수성모나 저항성모인 경우 염모제의 침투가 어렵기 때문에 사전에 모발을 연화시켜 염모제의 침투를 돕기 위하여 사용한다.

▶ 참고) 헤어매니큐어와 영구 염모제의 차이
- 영구염모제 : 모발의 색소를 빼내고 염색약을 침투시키는 것으로, 모피질의 멜라닌 색소에 영향을 주는 원리
- 헤어매니큐어 : 모피질이 아닌 모표피에만 작용

⑥ 비닐캡을 씌우고 모발의 상태에 따라 적당한 시간동안 방치한다.
⑦ 원하는 색조가 이루어지면 미지근한 물에 산성균형 린스*를 하고 자연 방치한다.
⑧ 염색 프로세싱 타임(방치시간) : 발색(색상이 만들어지는)이 필요한 시간을 말하며, 색에 따라 15~30분 정도의 시간이다.

▶ **산성균형 린스**
염색시술 시 모표피의 안정과 염색의 퇴색을 방지하고, 모발의 알칼리화를 방지하여 적당한 산성을 유지하기 위해 가장 적합한 린스이다.

3 염색 시 주의사항

① 반드시 고무 장갑을 끼고 시술한다.
② 두피에 상처나 피부질환이 있으면 염색을 금하고, 발진, 가려움 등의 피부이상반응이 발생했다면 사용하지 않아야 한다.
③ 염모제를 도포하기 전에 페이스라인에 콜드크림을 발라준다.
→ 도포 시 얼굴이나 귀 등에 묻은 염모제를 쉽게 지울 수 있기 때문이다.
④ 염모제와 발색제로 구분된 염발제(샴푸식) : 혼합 후 30분 이내에 모발에 도포할 것 → 혼합 한 후 30분이 지나면 염색효과가 떨어지므로 폐기해야 한다. → 밀봉·보관×
⑤ 퍼머와 염색을 모두 하고 싶을 때 퍼머를 하고, 약 7일 후 염색을 한다. 또한 드라잉은 염색을 하고 2시간 이후 하는 것이 좋다. (콜드퍼머는 3일)
⑥ 시술 순서 : 염발한 모발의 새로 자라난 밑부분에 얼룩이 지지 않게 염모하려면 밑부분부터 도포 후 일정시간이 지난 후에 전체적으로 도포를 실시
⑦ 염모제와 물로만 혼합한 염발제의 경우 물의 적정 온도 : 25~30℃
⑧ 염모제는 냉암소에 보관하여야 한다.
→ 차고 어두운 곳(0~15℃를 유지하며, 빛이 차단된 곳)

▶ 참고) 혼합 후 30분이 경과하여 바르면 모발에 얼룩이 짐

▶ 참고) **퍼머를 한 후 염색을 해야 하는 이유**
염색은 산화제를 사용하지만, 파마는 환원제를 이용한다.
염색 후 파머를 하면 안정되지 못한 색소가 빠져나가 염색된 부분이 빨리 퇴색된다.
또한, **파머 직후 바로 염색을 하면** 염증을 일으킬 위험이 높다. 파머약으로 인해 두피가 예민해진 상태에서 강한 성질의 염색제가 작용하기 때문이다.

▶ 과산화수소의 보관 : 냉암소에 저장, 산소 분리에 주의, 금속용기에 담지 말 것, 마개를 닫을 것

04 탈색 (헤어 블리치, Hair Bleach)

1 탈색의 의미

① 탈색은 모발의 멜라닌 색소를 부분적 또는 전체적으로 제거하여 자연모의 색깔을 점점 밝게 해 주는 것이다.
② 흑발은 탈색만 해도 갈색이나 황갈색이 되어 염색 효과를 주므로, 염색의 일종으로 보기도 한다.

2 탈색의 목적

① 밝은 색상의 모발로 염색하기 위하여 전체적으로 탈색한다.
② 전체 두발을 특정한 색조로 탈색할 수 있다.
③ 모발에 부분적인 탈색효과를 주어 디자인 효과를 높인다.
④ 이미 시술된 색조가 마음에 들지 않을 경우 제거할 때 사용한다.
⑤ 블리치나 틴트시술 후 부분적으로 진한 얼룩을 교정할 때 사용한다.

3 탈색의 원리

① 모발색은 멜라노사이트(색소세포)에서 생산되는 멜라닌의 농도에 의해 결정된다.

② 모피질 내에 있는 멜라닌은 과산화수소에서 분해된 산소와 산화반응하여 무색의 옥시멜라닌으로 변화된다.

③ 제1제인 알칼리제(암모니아)와 제2제인 산화제(과산화수소)를 혼합하여 사용한다.

4 탈색제의 성분 및 작용

기본 성분은 유기합성 염모제의 1제와 2제와 동일하다. 단, 1제에는 염료가 없다.

5 과산화수소 농도와 산소형성량

① 두발의 염색과 탈색에 가장 적당한 농도 : 과산화수소 6% + 암모니아수 28%

② 6%의 과산화수소는 약 20볼륨(Volume)의 산소를 생성하며, 20~30분의 시간이 걸린다.

▶ 멜라닌 색소가 탈색되어 옥시멜라닌의 형태로 화학반응(산화)되는 시간이 20~30분이 걸린다는 의미이다.

과산화수소수 농도 및 산소형성량	용도
3% (10 Vol)	• 착색만을 원할 때 사용
6% (20 Vol)	• 탈색과 착색이 동시에 이루어짐 • 과산화수소의 일반적인 사용농도
9% (30 Vol)	• 탈색이 더 많이 일어나 작품머리 등에 사용

▶ 과산화수소수 농도가 높으면 탈색이 잘 되어 밝아진다.

6 탈색제의 종류

종류	특징
분말 타입	• 탈색 효과가 가장 빠르며, 탈색력이 강하다. • 높은 명도의 단계까지 탈색할 수 있다. • 모발의 손상이 크다. • 시술 시간차에 의한 색상의 차가 크다. • 탈색제가 빨리 건조되어 탈색진행에 방해가 될 수 있다.
크림 타입	• 일반 염모제의 하이라이트에 해당한다. • 컨디셔닝제를 포함하므로 모발 손상이 적다. • 시술 시간차에 의한 색상의 차이가 적다. • 탈색제가 잘 건조되지 않는다. • 약제가 흘러내리지 않아 시술하기 쉽다. • 매우 높은 명도 단계까지 탈색하기 어렵다. • 탈색이 진행되는 정도를 파악하기 어렵다.

종류	특징
오일 타입	• 모발의 손상이 가장 적다. • 시술시간차에 의한 색상 차이가 거의 없다. • 탈색제가 잘 건조되지 않는다. • 샴푸하기에 편리하다. • 탈색 시 두피의 자극이 아주 적다. • 탈색의 속도가 느리다. • 높은 명도의 단계까지 탈색하기 어렵다. • 모발에 도포된 양을 쉽게 구분할 수 없으므로 반복해서 도포할 우려가 있다.

05 모발색채이론

1 색채의 기초

① 색의 3원색 : 빨강, 파랑, 노랑

② 색의 3속성(3요소)

명도	색의 밝고 어두움을 나타내는 것
채도	색의 맑고, 탁한 정도를 나타내는 것(색의 순수한 정도)
색상	색을 구별하는 색 자체의 고유 특성으로, 유채색에만 존재

▶ 무채색과 유채색

무채색	• 색상, 채도가 없고 명도만으로 구별되는 색 • 백색, 회색, 흑색
유채색	무채색을 제외한 모든 색

2 색상환과 보색

(1) 색상환

색의 변화를 계통적으로 표시하기 위하여 적색, 녹색, 황색 등의 색을 원형으로 배열한 것

(2) 보색

① 색상환에서 서로 반대쪽에 마주보고 있는 색을 보색이라 한다.

② 보색관계에 있는 두 가지 색을 섞으면 무채색이 된다.

(예) 녹색과 빨강, 오렌지색과 청색 등)

③ 보색은 1차색(기본색)과 2차색을 합하여 만든다.

④ 보색관계를 헤어컬러링에 적용하여 원하는 색상으로 보정할 수 있다.

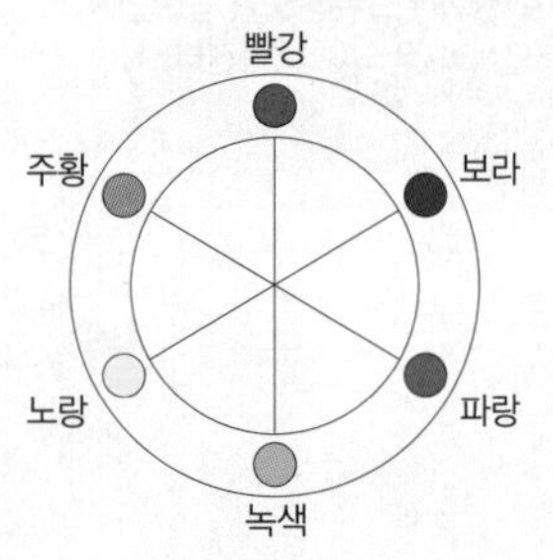

[색상환과 보색관계]

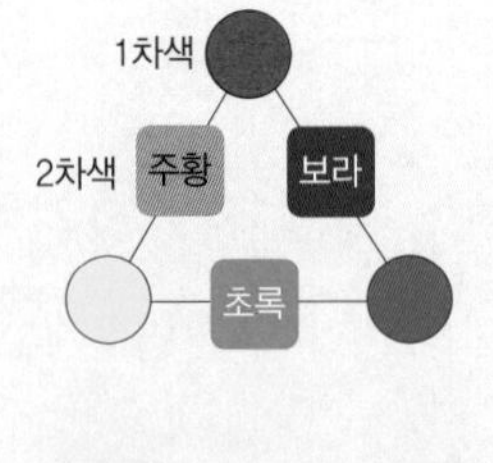

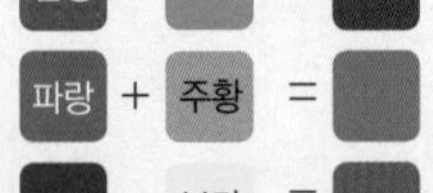

[1차색과 2차색의 혼합]

기출문제정리 | 섹션별 분류의 기본 출제유형 파악!

★★

1 모발 염모에 사용되는 영구적 염모제의 성분으로 거리가 가장 먼 것은?

① 동물성 염모제 ② 금속성 염모제
③ 합성 염모제 ④ 식물성 염모제

영구적 염모제의 종류 : 식물성 염모제, 금속성 염모제, 합성 염모제

★★★★

2 헤어컬러링에서 탈색에 관련된 내용으로 옳지 않은 것은?

① 모발 손상이 적다.
② 다공성모가 되기 쉽다.
③ 명도가 높아진다.
④ 탈색은 멜라닌 색소를 파괴시킨다.

다공성 모발은 모발의 간층물질이 손실되어 구멍이 많으므로 보습작용이 적고, 건조한 특징이 있다. 탈색이 진행되면서 모발 및 두피의 유·수분 균형이 파괴되기 쉽다.

★★

3 일시적 염모제의 설명으로 틀린 것은?

① 산화제가 필요 없다.
② 여러 가지 컬러로 하이라이트를 줄 수 있다.
③ 헤어의 명도를 높일 수 있다.
④ 흰머리 커버를 일시적으로 할 수 없다.

일시적 염모제는 흰머리(새치)를 일시적으로 커버할 수 있다.

★★★

4 염모제를 바른 후 적정시간이 되어 색상을 확인하였더니 표시된 색상이 아니었다. 1차적으로 어떤 조치를 취하여야 하는가?

① 염모제를 재 도포한다.
② 발색제만 더 도포한다.
③ 염모제의 재확인이 필요하다.
④ 시간을 더 연장한다.

★★

5 샴푸식 염모제를 혼합 즉시 사용하는 주된 이유는?

① 두발의 얼룩 방지를 위해서
② 색상을 확인하기 위해서
③ 시간의 절약을 위해
④ 고객의 지루함을 피하기 위해서

1제와 2제가 혼합하는 즉시 산화반응에 의해 탈색하는 동시에 발색이 되므로 시간이 경과하면 두발에 얼룩이 질 수 있다.

★★★

6 샴푸식 염발제의 혼합 시 염모제와 산화제와의 적당한 비율은?

① 염모제 1과 산화제 2의 비율
② 염모제 1과 산화제 1의 비율
③ 염모제 2와 산화제 1의 비율
④ 염모제 2와 산화제 3의 비율

일반적으로 염모제 : 산화제 = 1 : 1 이다.

★★★★

7 모발색을 결정하는 멜라닌 중 검정과 갈색 색조와 같은 모발의 어두운 색을 결정하는 것은?

① 유멜라닌 ② 페오멜라닌
③ 헤나 ④ 도파크로뮴

★

8 콜드 퍼머넌트를 하고 난 다음 최소 얼마 후에 염색을 하면 가장 적합한가?

① 퍼머넌트 시술 후 즉시
② 약 6시간 후
③ 약 12시간 후
④ 약 1주일 후

염색 전후에 퍼머넌트를 할 경우 1주일 전후에 시술한다.

정답 1① 2① 3④ 4④ 5① 6② 7① 8④

★★

9 염발 시 실내온도가 적정할 때 염모제 도포 직후 드라이 방법으로 가장 알맞은 것은?

① 자연 건조 시킨다.
② 선풍기를 이용한다.
③ 자외선 염모실에서 건발한다.
④ 드라이 온풍을 이용한다.

실내온도(20~25℃)에서 염발 후 드라이는 자연 건조시키며, 드라이 온풍을 이용할 경우 약 2시간 후에 건발해야 한다. 모발이 젖어 있을 때 큐티클이 열려있어 마찰에 약해진다. 그러므로 선풍기 바람에 의한 마찰 손상 우려가 있다.

★★

10 염발 시 실내온도가 적정 미달일 때 취하는 조치로 가장 적당한 것은?

① 드라이 온풍으로 쐬여 준다.
② 드라이 냉풍으로 쐬여 준다.
③ 염발제를 조금만 도포한다.
④ 비닐캡 등으로 머리를 보온하여 준다.

만약 실내온도가 20℃ 이하일 때는 드라이 온풍으로 쐬여준다.

★★★★

11 다음 중 일정 기간 염모를 피해야 할 때는?

① 면체 직후 ② 세발 직후
③ 조발 직후 ④ 펌 직후

퍼머넌트 후 약 7일 후 염색을 하는 것이 좋다.
(염색으로 웨이브가 풀리지 않게 하기 위해 시간이 필요함)

★★

12 다음 중 염색(염발)의 적용이 가능한 자는?

① 머리숱이 적은 사람
② 두피에 타박 및 자상이 있는 사람
③ 두피나 안면에 종양이 있는 사람
④ 두피에 피부병이 있는 사람

두피가 손상되거나 질병이 있을 경우 염색약에 의해 자극·피부염 및 두피 깊숙이 침투하여 악영향을 줄 수 있다.

★★

13 다음 중 염발 시 얼룩이 질 수 있는 가능성이 가장 높은 것은?

① 두발에 습기가 있을 때
② 두발에 때가 있을 때
③ 두발에 헤어스프레이를 하였을 때
④ 두발에 헤어토닉을 사용하였을 때

헤어스프레이의 용제인 에탄올 성분은 탈색작용을 하므로 얼룩이 질 우려가 크다.

★★

14 염발제를 도포 후 드라이어를 쐬이거나 목욕탕에 들어가서 더운 증기에 노출시키면 어떤 현상이 일어나는가?

① 염발에 아무런 영향이 없다.
② 염발에 얼룩이 질 염려가 있다.
③ 염발이 전혀 안 된다.
④ 염발 이후 피부에 이상이 온다.

염색 후 드라이어의 열기나 더운 증기에 노출시키면 열에 의해 큐티클이 열려 색소가 빠져나오며 얼룩이 질 염려가 있다. 그러므로 염색 후 2~3일 정도의 안정된 색소 침착을 위한 기간이 필요하다.

★★

15 염색제의 연화제는 어떤 두발에 주로 사용되는가?

① 염색모 ② 다공질모
③ 손상모 ④ 저항성모

헤어 염색을 할 때 모발이 저항모나 발수성모인 경우에 염모제가 침투가 잘 되지 않으므로 연화제를 사용한다.

★★★

16 가급적이면 염색을 피하는 것이 좋은 시기는?

① 세발 직전 ② 세안 직후
③ 조발 직후 ④ 면도 직후

면도 직후에는 모공이 아직 열려있기 때문에 염색을 피하는 것이 좋다.

정답 9 ① 10 ① 11 ④ 12 ① 13 ③ 14 ② 15 ④ 16 ④

★★

17 염색 이전에 반드시 세발을 하여야 할 경우로 가장 적합한 것은?

① 두발에 습기가 많을 때
② 조발을 한 다음 날일 때
③ 두발에 유성제품을 발랐을 때
④ 세발 후 때가 모두 제거가 안 되었을 때

린스와 같은 유성제품을 발랐을 경우 머리카락을 코팅해 보호막 역할을 하므로 과산화수소가 머리카락으로 침투하는 것을 방해하여 염색의 효과가 떨어지기 때문에 머리를 감고 염색해야 한다.

★★

18 샴푸식 염발제를 혼합 후 30분 이상이 경과되면 어떻게 하여야 하는가?

① 혼합액에 염모제만 더 첨가하여 사용한다.
② 혼합액에 발색제만 더 첨가하여 사용한다.
③ 그대로 사용해도 관계없다.
④ 사용 불가함으로 폐기 조치한다.

이미 혼합해 놓은 염색약은 일정 시간이 지나면 효과가 없어지므로 폐기해야 한다.

★★★★★

19 다음 중 영구적 염모제에 속하는 것은?

① 합성 염모제
② 컬러 린스
③ 컬러 파우더
④ 컬러 스프레이

②~④는 일시적 염모제이다.

★★★

20 모발 염색제 중 일시적 염모제가 아닌 것은?

① 산성 컬러
② 컬러 젤
③ 컬러 파우더
④ 컬러 스프레이

★★★

21 영구적인 염모제(Permanent color)의 설명으로 틀린 것은?

① 염모 제1제와 산화 제2제를 혼합하여 사용한다.
② 지속력은 다른 종류의 염모제보다 영구적이다.
③ 백모커버율은 100% 된다.
④ 로우라이트(Low light)만 가능하다.

로우라이트(Low light)는 명도가 어둡다는 것을 말하며, 이는 일시적 염모제의 특징이다.

★

22 다음 중 다이 케이프(Dye cape)란?

① 퍼머넌트 시 쓰는 모자를 말한다.
② 세발 시 사용하는 어깨보(앞장)를 말한다.
③ 조발 시 사용하는 어깨보를 말한다.
④ 염색 시 사용하는 어깨보를 말한다.

★★

23 염 · 탈색의 원리에 대한 내용으로 틀린 것은?

① 염모제 1제의 알칼리 성분은 모발의 모표피를 팽윤·연화시킨다.
② 모표피를 통해 염모제 1제와 2제의 혼합액이 침투한다.
③ 산화제 2제는 과산화수소의 멜라닌을 파괴하고 이산화탄소를 발생한다.
④ 염모제 1제의 염료는 중합반응을 일으켜 고분자의 염색분자가 된다.

영구 염모제의 성분 및 역할

염료제 1제	암모니아	알칼리 성분으로, 모표피의 큐티클을 느슨하게 팽창·연화시킴
	염료	염료가 고분자이어야 모발에서 밖에서 빠져나기기 어렵다. (즉, 여러번 감아도 염료가 잘 씻겨지지 않음)
염료제 2제	과산화수소	암모니아가 모발 내부에서 과산화수소를 분해하고 산소를 발생시킴. 이 산소가 멜라닌 색소를 파괴하여 탈색시키며, 염료의 발색 작용을 한다.

정답 17 ③ 18 ④ 19 ① 20 ① 21 ④ 22 ④ 23 ③

★

24 염모제에 대한 설명 중 틀린 것은?

① 과산화수소는 산화염료를 발색시킨다.
② 과산화수소는 모발의 색소를 분해하여 탈색한다.
③ 염모제 제1액은 모발을 팽창시켜 산화염료가 잘 침투하도록 한다.
④ 염모제 제1액은 제2액 산화제(과산화수소)를 분해하여 수소를 발생시킨다.

염모제의 제1액(암모니아수)은 모표피(큐티클)를 팽창시켜 제2액(과산화수소)와 제1액의 산화염료 침투를 용이하게 하며, 과산화수소의 산소는 모발의 탈색작용과 산화염료의 발색작용을 한다.

★★★

25 염 · 탈색의 유형별 특징으로 가장 거리가 먼 것은?

① 일시적 컬러 - 산화제가 필요 없다.
② 반영구적 컬러 - 산성 컬러가 여기에 속한다.
③ 준영구적 컬러 - 염모제 1제만 사용한다.
④ 영구적 컬러 - 백모염색으로 새치 커버율이 100% 가능하다.

준영구적 염색은 영구적 염색과 반영구적 컬러의 중간 성격으로 주로 밝게 탈색한 모발을 톤 다운할 때 사용한다.
영구적 컬러가 약 6%의 산화제(과산화수소)를 사용한다면 준영구적 염색은 3% 미만을 사용한다. 백모의 경우 50~100% 커버되며, 4~6주 후에 씻겨나가기 때문에 준영구적 염색이라고 한다.

★

26 염모제 도포 전에 가볍게 두발을 샴푸하는 이유로 가장 적합한 것은?

① 두발에 습기가 많아서
② 조발을 한 후 잘린 모발을 털어내기 위해서
③ 생리작용으로 분비된 왁스화된 지질을 가볍게 제거하기 위해서
④ 모발의 이물질을 깨끗이 제거하면 염색이 잘되지 않기 때문에

적당한 지질은 염료 착색을 돕는 역할을 하지만, 지성두피와 같이 모발의 지질이 많을 경우 오히려 염모제 침투를 방해하므로 가볍게 제거하는 것이 좋다. 그러므로 염색 하루 전에 가볍게 샴푸하는 것이 좋다.

★★

27 두발 염색 시 과산화수소의 작용에 해당되지 않는 것은?

① 산화염료를 발색시킨다.
② 암모니아를 분해한다.
③ 두발에 침투작용을 한다.
④ 멜라닌 색소를 파괴한다.

제2제로 사용되는 과산화수소는 모피질 내로 침투하여 멜라닌 색소를 파괴하여 탈색시키고, 염료를 산화시켜 발색시키는 작용을 한다.

★★

28 두발염색 시 염색약(1액)과 과산화수소(2액)를 섞을 때 발생하는 주 화학적 반응은?

① 중화작용 ② 산화작용
③ 환원작용 ④ 탈수작용

산화염료는 제1액인 암모니아수에 섞여 있으며, 과산화수소와 섞이면 염료에 산화작용이 일어나 발색된다.

★★★

29 염색할 때 주의사항 중 가장 거리가 먼 것은?

① 염모제 1제와 2제를 혼합 후 바로 사용한다.
② 두발은 젖은 상태에서 염색하여야 효과적이다.
③ 금속용기나 금속 빗을 사용해서는 안 된다.
④ 두피질환이나 상처가 있으면 염색을 금한다.

모피질 내에 수분이 차 있으면 염색약이 침투하기 어려워 염모제가 흘러내리거나 색상이 균일하게 염색되지 않을 수 있다.
③ : 산화제에 의해 금속이 부식될 우려가 있다.

★★★

30 염색 시술 시 주의사항에 해당되지 않는 것은?

① 시술자는 반드시 장갑을 껴야 한다.
② 유기합성 염모제를 사용할 때는 패치 테스트가 필요 없다.
③ 퍼머넌트 웨이브와 두발 염색을 할 경우에는 퍼머넌트 웨이브를 먼저 한다.
④ 패치 테스트 하는 인체 부위는 팔꿈치의 안쪽이나 귀 뒤쪽 부분이다.

정답 24 ④ 25 ③ 26 ③ 27 ② 28 ② 29 ② 30 ②

★★★

31 두발 염색 시의 주의사항에 대한 설명 중 틀린 것은?

① 두피에 상처나 질환이 있을 때는 염색을 해서는 안 된다.
② 퍼머넌트 웨이브와 두발 염색을 하여야 할 경우 두발 염색부터 반드시 먼저 해야 한다.
③ 유기합성 염모제를 사용할 때에는 패치 테스트를 해야 한다.
④ 시술 시 이용사는 반드시 고무장갑을 껴야 한다.

염색은 산화제를 사용하지만, 파마는 환원제를 이용하기 때문에 염색 후 파마를 하면 안정되지 못한 색소가 빠져나가 얼룩지거나 빨리 퇴색된다.

★★★

32 염색 작업 시 유기합성 염모제 사용에 따른 인체부작용 여부를 사전에 알아보는 시험(테스트)은?

① 컬러 테스트 ② 컬 테스트
③ 패치 테스트 ④ 스트랜드 테스트

패치 테스트란 처음 염색할 경우 귀 뒤나 팔 안쪽 부위에 동전 크기만큼 염색약을 도포하여 염색약에 대한 부작용를 확인하는 것이다.

★★★

33 다음 중 염모제의 부작용 유무를 알기 위한 피부반응검사 방법으로 가장 적합한 것은?

① 세발 실시 후 두피에 시험을 실시한다.
② 팔의 안쪽과 귀 뒤 피부에 소량 바른다.
③ 세면 후에 얼굴에 시험을 실시한다.
④ 목욕을 한 후 몸 전체에 시험을 실시한다.

★★★

34 다음 중 염발제의 피부 시험을 실시하는 데 도포 크기로서 가장 적합한 것은?

① 머리카락 일부와 두피에 적당히 한다.
② 시험실시 부위에 작은 콩알 크기만큼 한다.
③ 최소한 어느 부위든 반지름 5cm 이상이어야 한다.
④ 시험할 부위에 동전 크기만큼 하면 된다.

★★★

35 다음 중 염모제 색상에 대한 결과를 보기 위한 시험방법(strand test)으로 가장 적합한 것은?

① 염모 대상인 손님의 두발 일부분에 직접 시험한다.
② 섬유질이 많은 천에 시험한다.
③ 염발할 손님의 피부 일부 면에 시험한다.
④ 종이에 도포해서 색상을 확인한다.

★

36 두발의 탈염(color remove, dye remove)이란?

① 두발 부분만 염색하는 것
② 두발에 염모제를 사용하여 물을 들이는 것
③ 두발의 색을 빼어내거나 제거시키는 것
④ 염모제로 염색된 두발의 색을 제거시키는 것

• 탈색 : 모발의 멜라닌 색소를 제거해 주는 것
• 탈염 : 염색한 색상을 다시 제거하는 것을 말하며, 다른 색조로 염색할 때 목적으로 함

★

37 염모시술에서 모발 염색과 관계되지 않는 것은?

① 헤어 다이(dye) ② 헤어 틴트(Tint)
③ 헤어 블리치(bleach) ④ 틴닝(Tinning)

• 헤어 다이(Hair dye) = 헤어 틴트(Hair Tint) = 헤어컬러링
• 헤어 블리치 : 탈색

★★

38 헤어 블리치에 대한 설명 중 틀린 것은?

① 두발의 진한 색상을 원하는 색으로 바꿀 때 한다.
② 두발을 검정색으로 염색하는 것이다.
③ 멜라닌 색소를 분해해서 색을 엷게 한다.
④ 헤어 블리치를 한 후 퍼머를 할 경우에는 1주일 정도 경과한 후 시술하는 것이 좋다.

블리치(bleach, 표백)는 멜라닌 색소를 제거하여 원래 검은 모발을 탈색시키는 것을 말한다.

정답 31 ② 32 ③ 33 ② 34 ④ 35 ① 36 ④ 37 ④ 38 ②

★★★ □□□

39 헤어 블리치 시술에 관한 사항 중 틀린 것은?

① 블리치 시술 후 일주일 이상 경과된 뒤에 퍼머하는 것이 좋다.
② 블리치 시술 후 케라틴 등의 유출로 다공성 모발이 되므로 사후관리가 필요하다.
③ 블리치제 조합은 사전에 정확히 배합해 두고 사용 후 남은 블리치제는 공기가 들어가지 않도록 밀폐시켜 사용한다.
④ 블리치제는 직사광선이 들지 않는 서늘하고 건조한 곳에 보관한다.

블리치제는 사용하는 시점에 배합하여 사용하여야 하며, 사용 후 남은 블리치제는 효력이 상실되므로 재사용이 불가능하다.

★★ □□□

40 염색 시술 시 일반적으로 원하는 색깔보다 짙은 색으로 염색을 해야 좋은 계절은?

① 봄
② 여름
③ 가을
④ 겨울

자외선은 침투력이 좋기 때문에 모발에 장시간 노출되면 색조에 영향을 주어 탈색되기 쉽다. 그러므로 햇빛 노출이 많은 여름에는 원하는 색깔보다 짙은 색이 좋다.

★★ □□□

41 염색된 두발의 수정(dye retouch)에 주로 사용되는 염모제품은?

① 컬러 린스(color rinse)
② 컬러 샴푸(color shampoo)
③ 컬러 크레용(color crayon)
④ 컬러 스프레이(color spray)

- 컬러 린스 : 물을 섞은 염모제
- 칼라 크레용 : 왁스나 유지(油脂)로써 수정·부분 염색이나 헤어 다이 리터치 중간에 사용
- 칼라 스프레이 : 분무식 착색제로 부분 염색 용도
- 칼라 파우더 : 포인트를 줄 때 부분 염색 용도

★★ □□□

42 컬러 크레용에 관한 설명으로 맞는 것은?

① 염모제의 성분이 모피질에 착색되어 색상이 지속적으로 유지된다.
② 알레르기 반응을 일으킬 수 있으므로 패치 테스트 후 사용해야 한다.
③ 제1제의 발색제와 제2제의 산화제로 나누어져 있다.
④ 부분적으로 염색하거나 염색된 모발을 수정하는 데 주로 사용된다.

①~③은 영구적 염모제에 관한 설명이다.

★★★ □□□

43 영구적인 염모제(permanent color)의 설명으로 틀린 것은?

① 백모커버율은 100%정도 된다.
② 로우라이트(Low light)만 가능하다.
③ 염모 제1제와 산화 제2제를 혼합하여 사용한다.
④ 지속력은 다른 종류의 염모제보다 영구적이다.

로우라이트는 부분적으로 선택한 모발을 어둡게 염색해주는 것을 말한다. 백모염색이나 머리가 너무 밝을 때 또는 부분적으로 어두운 컬러를 입혀 음영을 줄 때 이용한다.
영구적 염모제에는 로우라이트, 하이라이트 모두 가능하다.

★★★ □□□

44 두발의 탈색(Hair bleach)에 사용되는 과산화수소(H_2O_2)의 일반적인 농도는?

① 2% 용액
② 6% 용액
③ 10% 용액
④ 15% 용액

탈색에 쓰이는 과산화수소의 농도는 3~9%이며, 일반적인 농도로 6%를 사용한다. 과산화수소 농도가 높을수록 탈색(멜라닌 색소 파괴)과 염료의 발색이 잘 된다. 하지만 그만큼 모발의 손상도 심하다.

정답 39 ③ 40 ② 41 ③ 42 ④ 43 ② 44 ②

★

45 표시된 염발제의 색상보다 색을 옅게 하는 방법으로 다음 중 어느 사용법이 가장 이상적인가?

① 염모제와 발색제의 혼합비율을 조정한다.
② 염발시 시간을 단축한다.
③ 염발시 시간을 연장한다.
④ 염모제 혼합시 물을 탄다.

색이 옅다는 것은 색의 농도가 진하지 않다는 뜻이다. 시간이 부족하여 탈색만 진행되고, 발색과 착색이 이루어지지 않을 경우 명도는 높아지지만 색상표현이 부족하고 퇴색이 빨리 진행된다.

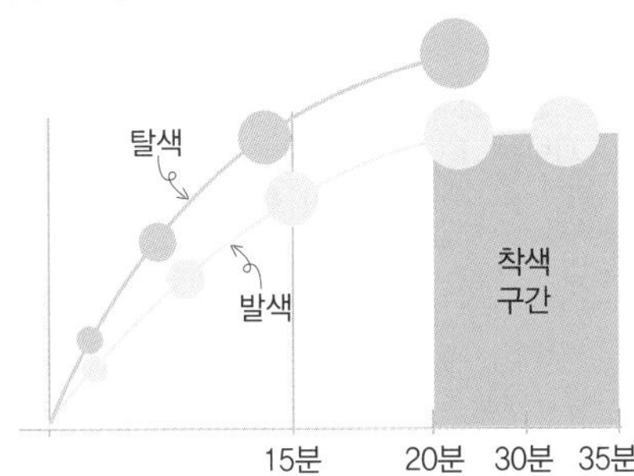

★★★★

46 살균 및 탈취뿐만 아니라 특히 표백의 효과가 있어 두발 탈색제와도 관계가 있는 소독제는?

① 알코올
② 과산화수소
③ 크레졸
④ 석탄산

과산화수소의 기능 : 살균, 탈취, 표백

★★★

47 탈색제의 종류가 아닌 것은?

① 액체 탈색제(liquid lighteners)
② 크림 탈색제(cream lighteners)
③ 분말 탈색제(powder lighteners)
④ 금속성 탈색제(metal lighteners)

탈색제는 액체, 크림, 분말의 형태로 분류한다.

★★

48 염모제의 보관 장소로 가장 적합한 곳은?

① 습기가 높고 어두운 곳
② 온도가 낮고 어두운 곳
③ 온도가 높고 어두운 곳
④ 건조하고 일광이 잘 드는 밝은 곳

염모제는 온도가 낮고 어두운 곳에 보관한다.

★

49 염모제가 눈에 들어갔을 때 가장 먼저 해야 할 조치사항은?

① 붕산수로 씻어낸다.
② 묽게 희석한 알코올로 씻어낸다.
③ 묽게 희석한 소독액으로 씻어낸다.
④ 흐르는 깨끗한 물에 신속하게 씻어낸다.

★★★

50 염모제를 바른 후 적정 시간이 지난 후 색상을 확인하였더니 표시된 색상이 아니다. 1차적으로 어떤 조치를 취하여야 하는가?

① 염모제를 재 도포한다.
② 발색제만 더 도포한다.
③ 염모제의 재확인이 필요하다.
④ 시간을 더 연장한다.

★★

51 염발 후 드라이를 하고자 할 때 최소한 몇 시간 이후에 시술하여야 하는 것이 가장 적당한가?

① 0.5시간
② 2시간
③ 3시간
④ 4시간

정답 45 ② 46 ② 47 ④ 48 ② 49 ④ 50 ④ 51 ②

★★★★ □□□

52 헤어컬러링 중 헤어 매니큐어(Hair manicure)에 대한 설명으로 옳은 것은?

① 모발의 멜라닌 색소를 탈색시키고 원하는 색상을 침투시켜 착색시킨다.
② 모발의 멜라닌 색소를 탈색시키고 원하는 색상을 표면에 착색시킨다.
③ 모발의 멜라닌 색소를 표백해서 모발을 밝게 하는 효과가 있다.
④ 블리치 작용이 없는 검은 모발에는 확실한 효과가 없으나 백모나 블리치된 모발에는 효과가 뛰어나다.

- 헤어 염색 : 모피질의 멜라닌 색소를 탈색시킨 후 원하는 색상을 침투시켜 착색시킨다.
- 헤어 매니큐어 : 모발 겉면인 모표피에만 색상을 침투하므로 검은 모발의 경우 명도 변화를 어려우나, 백모나 블리치(탈색)된 모발에는 효과가 있다.

★★ □□□

53 두발염색 시 헤어컬러링에 있어서 색채의 기본적인 원리를 이해하고 응용할 수 있어야 하는데, 색의 3원색에 해당하지 않은 것은?

① 청색
② 황색
③ 적색
④ 백색

색의 3원색은 빨강, 파랑, 노랑이다.

★★★★ □□□

54 모발 색채이론 중 보색에 대한 내용으로 틀린 것은?

① 보색이란 색상환에서 서로의 반대색이다.
② 빨간색과 청록색은 보색 관계이다.
③ 보색을 혼합하면 명도가 높아진다.
④ 보색은 1차색과 2차색의 관계이다.

보색을 혼합하면 무채색(회색 또는 검정)이 되므로, 명도가 낮아진다.

★★★ □□□

55 두발을 탈색한 후 초록색으로 염색하고 얼마동안의 기간이 지난 후 다시 다른 색으로 바꾸고 싶을 때 보색 관계를 이용하여 초록색의 흔적을 없애려면 어떤 색을 사용하면 좋은가?

① 노란색
② 오렌지색
③ 적색
④ 청색

보색을 혼합하면 무채색이 되므로, 염색한 색의 흔적을 없애려면 보색을 이용하면 된다. 초록색의 보색은 적색이다.

정답 52 ④ 53 ④ 54 ③ 55 ③

SECTION 09 두피 및 모발 관리

[출제문항수 : 1~2문제] 두피 및 모발상태의 종류에 따른 특징 및 두발관리에 관한 전반적인 사항을 중점적으로 공부하시기 바랍니다.

01 두피의 분류 및 특징

1 정상 두피

① 두피 톤 : 청백색, 투명
② 모공 : 열려 있으며, 모공라인이 선명
③ 모발 굵기 : 0.15~0.2mm로 비교적 일정한 편
④ 특징 : 모공당 모발 2~3개, 수분은 10~15%, 노화 각질·피지산화물 등이 없는 깨끗함
⑤ 관리법 : 현재 상태를 유지하기 위해 수분과 영양공급, 두피항산화 샴푸, 두피 팩 등으로 꾸준히 유지관리

▶ 건강두피란 적당한 지방막으로 싸여 있으며 정상적인 작용을 하는 두피
▶ 스캘프 트리트먼트는 탈모와 같은 질병 치료와 무관하다.

2 건성 두피

① 두피 톤 : 청백색, 불투명
② 모공 : 막혀 있으며, 모공선 불분명
③ 원인 : 표피 각질 각화주기 변화, 수분변화로 인한 발생, 곰팡이균, 세균에 의한 두피 이상
④ 특징 : 각질이 얇은 층으로 들떠있으며 갈라짐 외부자극에 약하며, 수분은 10% 미만
⑤ 관리법
- 각질 제거에 집중하면서 막힌 모공 세척(두피 스케일링 주 1~2회)
- 혈행 촉진에 중점을 두고, 두피에 유·수분 영양 공급
- 머리 감을 때는 건성샴푸 사용, 계절에 맞는 샴푸 선택도 중요
- 주1회 두피팩으로 두피 진정, 영양관리

▶ 두피의 건조 원인
샴푸제의 과잉 사용, 자극성 있는 헤어 로션 등의 사용

3 지성 두피

① 황백색, 피지 과다로 얼룩 현상 보임
② 모공 : 막힌 모공이 많은 편
③ 특징 : 피지과다로 인한 산화피지, 땀구멍 확인이 어려움
④ 관리법
- 두피 세정과 피지 조절을 중점적으로 관리
- 산화된 피지 응고물을 제거하여 닫힌 모공 열어주기 (두피 스케일링)
- 피지조절용 지성샴푸, 각질제거용 샴푸, 저녁 샴푸
- 두피토닉을 사용하여 유·수분 조절

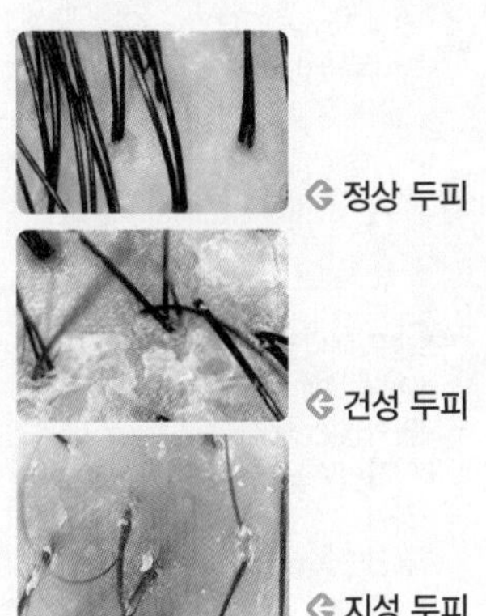
정상 두피
건성 두피
지성 두피

4 민감성 두피

① 두피 톤 : 얼룩진 붉은 톤
② 모공 : 피지 분비량이 다양함(건조증 또는 지루성 유발)
③ 특징 : 예민도가 높아 홍반, 가려움증, 염증 유발 관리법
④ 관리법
- 관리 전 두피를 민감하게 하는 내외부 요인 파악 (호르몬, 열감 등)
- 원활한 두피 혈액순환을 위해 헤드마사지
- 저자극성 천연샴푸, 항산화 샴푸, 두피엠플(DS), 주1회 두피팩 등으로 두피진정, 보습유지 사용

▶ 비듬(Dandruff)의 원인 및 관리
- 두피 표피세포의 과도한 각질화가 직접적인 원인
- 두피에 혈액순환이 잘 안되거나 부신피질 기능저하, 신경자극 결여, 감염, 상처, 영양부족(비타민 B_1 결핍) 등
- 알칼리성 샴푸의 사용이나 샴푸 후 불충분한 세척
- 전염성이 있으므로 샵에서 사용하는 이용도구는 잘 소독하여야 함

▶ 지루성 두피
- 머리(두피), 이마, 겨드랑이 등 피지의 분비가 많은 부위에 발생하는 만성 염증성 피부 질환이다.
- 피지선의 활동이 증가되어 피지 분비가 왕성한 두피에 주로 발생한다.

5 비듬이 많은 두피

① 유형 : 건성, 지성, 혼합형 비듬 두피
② 특징 : 가려움증, 부분염증, 홍반, 모발의 탄력 떨어짐, 비듬 효모균이 증식하여 나타남
③ 각질이 뜨거나 피지에 젖어 산화
④ 관리법
- 비듬 전용 약용샴푸 사용(징크피리치온, 니조랄 등)
- 주 1회 스케일링제 사용
- 유·수분 공급을 위한 토닉제 사용
- 두피팩으로 두피진정, 보습유지
- 불규칙한 생활습관 및 식습관 개선

02 두피 관리 (스캘프 트리트먼트)

스캘프 트리트먼트(scalp manipulation)란 두피손질 또는 두피처치를 뜻하는 것으로 두피의 생리기능을 정상적으로 유지하고, 청결하게 하는 것이다.

1 두피 관리의 목적

① 두피 및 두발에 영양분을 공급하여 두발에 윤기를 줌
② 두피 마사지(스캘프 매니플레이션)를 통해 혈액순환·생리기능을 높임
③ 두피 청결(피지, 땀, 먼지 등을 제거) 및 두피의 성육 조장
④ 모근을 자극하여 탈모 방지와 두발의 성장을 촉진

▶ 용어 이해
- 스캘프(scalp) : 두피
- 매니플레이션(manipulation) : 손가락을 이용하는 마사지 기술

2 스캘프 트리트먼트의 방법

(1) 물리적 방법

① 두피에 약품을 사용하지 않고 물리적인 자극을 주어 두피 및 모발의 생리기능을 건강하게 유지
② 브러시나 빗을 응용하는 방법
③ 두피 마사지(스캘프 매니플레이션)에 의한 방법

▶ 스캘프 매니플레이션의 기본동작
- 경찰법(Stroking) : 쓰다듬기
- 압박법(Compression) : 누르기
- 마찰법(Friction) : 문지르기, 마찰하기
- 유연법(Kneading) : 주무르기

④ 스팀타월 또는 헤어스티머 등의 습열을 이용하는 방법
⑤ 전류, 자외선, 적외선 등을 이용하는 방법 등

(2) 화학적 방법
① 양모제를 사용하여 두피나 모발의 생리기능을 유지
② 헤어토닉(Hair tonic), 헤어로션, 베이럼(Bayrum), 오드키니네, 헤어크림 등을 사용 (헤어 오일은 아님)

▶ **양모제** : 모발에 영양을 공급하는 제품

▶ **헤어토닉**
알코올을 주성분으로 한 양모제이다. 두피에 영양을 주어 건강하고 윤택한 머릿결을 만들어 주고, 모근을 튼튼하게 하여 탈모를 예방하여 비듬, 가려움증을 없애준다.
모발과 두피의 건조함을 방지하고 모발에 힘과 윤기를 공급한다.

3 두피상태에 따른 스캘프 트리트먼트의 종류

플레인(Plain) 스캘프 트리트먼트	정상 두피를 위한 손질(정상적 피지분비와 각화작용을 하는 두피), 두피를 부드럽게 하고 혈액순환을 좋게 한다.
드라이(Dry) 스캘프 트리트먼트	건성 두피를 위한 손질
오일리(Oily) 스캘프 트리트먼트	지방성 두피를 위한 손질
댄드러프(Dandruff) 스캘프 트리트먼트	비듬성 두피를 위한 손질

▶ **스캘프 트리트먼트 암기법**
드건 오지 댄비

▶ **건강한 두피란**
피지분비와 각화작용이 정상적으로 이루어지는 두피

03 모발 관리 (헤어 트리트먼트)

1 헤어 트리트먼트(Hair treatment) 개요

(1) 헤어 트리트먼트의 목적
① 두피가 아닌 두발 자체를 손질을 하는 것으로, 손상된 모발을 정상으로 회복시키거나, 건강한 모발을 유지하기 위해 손질을 하는 것이다.
② 적당한 두발의 수분 함량(약 10%)을 원상태로 회복시킨다.
③ 조모, 다공성모, 손상모, 퍼머나 염색 후 블리치 후에 필요하다.

(2) 두발의 손상 원인
① 생리적 요인 : 스트레스, 영양부족, 호르몬의 불균형, 개인마다 다른 성향의 모질 등
② 화학적 요인 : 펌제, 염·탈색제, 샴푸제 등의 오남용
③ 물리적 요인 : 열과 마찰에 의한 손상 (아이론, 블로우 드라이, 브러싱 등)
④ 환경적 요인 : 일광(자외선), 대기오염, 해수, 건조 등

▶ 헤어 트리트먼트의 필요성
• 헤어 컬러와 탈색으로 손실된 단백질을 보충해 준다.
• 건조해진 모발에 윤기와 부드러움을 준다.
• 모표피를 수렴제로 수축시킨다.
• 모표피에 윤기를 준다.
• 모발의 정전기를 예방한다.

▶ **두발의 강도**(텐션, tension)
두발을 당기거나 팽창시켰을 때 끊어지지 않고 견디는 힘

2 헤어 트리트먼트의 종류

(1) 헤어 리컨디셔닝(Hair Reconditioning)

이상이 생긴 두발이나 손상된 두발 상태를 손상되기 이전 상태로 회복시킨다.

(2) 클리핑(Clipping)

① 모표피가 벗겨졌거나 모발 끝이 갈라진 부분을 제거하는 것이다.
② 두발 숱을 적게 잡아 비틀어 꼬고 갈라진 모발의 삐져나온 것을 가위로 모발 끝에서 모근 쪽을 향해 잘라내면 된다.

(3) 헤어 팩(Hair pack)

① 모발에 영양분을 공급하여 주는 방법으로, 건성모나 모표피가 많이 일어난 두발, 다공성모에 가장 효과적이다.
② 샴푸 후 트리트먼트크림을 충분히 발라 헤어마사지를 하고, 45~50℃의 온도로 10분간 스티밍한 후 플레인 린스를 행한다.

(4) 신징(Singeing)

① 신징 왁스나 전기 신징기로 두발을 적당히 그슬리거나 지지는 방법이다.
② 불필요한 두발을 제거하고 건강한 두발이 순조로운 발육을 조장하며, 두발의 영양물이 흘러나가는 것을 막고 두발의 혈액순환을 촉진시킨다.

(5) 컨디셔너제

① 시술과정에서 모발의 손상 및 악화를 방지한다.
② 손상된 모발이 정상으로 회복할 수 있도록 돕는다.
③ 두발의 엉킴 방지 및 상한 모발의 표피층을 부드럽게 하여 빗질을 용이하게 한다.
④ 퍼머넌트 웨이브, 염색, 블리치 후 pH 농도를 중화시켜 모발이 적당한 산성을 유지하도록 한다.(모발의 알칼리화, 산성화 방지)
⑤ 보습작용으로 두발에 윤기와 광택을 준다.
⑥ 두발을 유연하게 해 준다.

기출문제정리 | 섹션별 분류의 기본 출제유형 파악!

★★★ □□□

1 두피 관리의 근원적 목적으로 가장 적합한 것은?

① 두피의 세균 감염을 예방하기 위하여
② 두피의 생리기능을 정상적으로 유지하기 위하여
③ 아름다워 보이기 위하여
④ 먼지와 때를 완전히 제거하기 위하여

두피를 건강하고 청결하게 유지하도록 만드는 것이다.

★★★ □□□

2 두피손질 중 화학적인 방법이 아닌 것은?

① 양모제를 바르고 손질한다.
② 헤어크림을 바르고 손질한다.
③ 헤어로션을 바르고 손질한다.
④ 빗과 브러시로 손질한다.

빗과 브러시로 손질하는 것은 물리적인 방법이다.

★★ □□□

3 두피처리(스캘프 트리트먼트)의 효과와 가장 거리가 먼 것은?

① 두피의 생리기능을 높인다.
② 두피의 혈액순환을 높인다.
③ 정발 시 스타일링 하기가 좋다.
④ 먼지나 비듬을 제거한다.

두피 관리와 정발은 무관하다.

★★★ □□□

4 다음 중 건강한 두피에 대한 설명으로 옳은 것은?

① 피지분비가 과잉되어 각화작용이 원활한 두피
② 피지분비가 항상 부족되는 두피
③ 각화작용이 원활하지 않은 두피
④ 정상적인 피지분비와 각화작용이 순조로운 두피

★★★ □□□

5 정상 두피의 특징으로 맞는 것은?

① 두피의 톤 - 청백색의 투명 톤으로 연한 살색을 띤다.
② 모공 상태 - 선명한 모공라인이 보이며 닫혀 있다.
③ 모단위 수 - 모든 모공 내에 모발이 3~4개 존재한다.
④ 수분 함량 - 15% 이상이다.

정상 두피의 특징
- 모공 상태 - 모공이 열려 있다.
- 모단위 수 - 모든 모공 내에 모발이 2~3개 존재
- 수분 함량 - 15~20%

★★ □□□

6 다음 중 두피 비듬의 발생 원인에 속하지 않은 것은?

① 변비와 위장 장애
② 심한 피지분비와 땀, 먼지
③ 영양의 과잉 섭취
④ 피부각질의 이상적인 변화

비듬의 발생 원인에는 피지선의 과다 분비, 두피 세포의 과다 증식, 호르몬 불균형, 영양 불균형, 스트레스 등이 있다.

★ □□□

7 두발 영양관리에 있어서 두발에 영양분이 부족하면 나타나는 현상과 가장 거리가 먼 것은?

① 두발 끝이 갈라진다.
② 두발이 부스러진다.
③ 두발이 굵고 강해진다.
④ 두발에 탈지현상이 나타난다.

★★ □□□

8 다음 중 두피의 기능이 아닌 것은?

① 보호 기능　② 흡수 기능
③ 저장 기능　④ 체온 조절 기능

두피의 기능 : 보호, 흡수, 체온 조절, 감각, 배설 기능

정답 1② 2④ 3③ 4④ 5① 6③ 7③ 8③

★★★★

9 비듬 질환이 있는 두피에 가장 적합한 스캘프 트리트먼트는?

① 플레인 스캘프 트리트먼트
② 드라이 스캘프 트리트먼트
③ 댄드러프 스캘프 트리트먼트
④ 오일리 스캘프 트리트먼트

댄드러프 스캘프 트리트먼트는 비듬을 제거하는 목적으로 한다.

★★★

10 다음 중 비듬 제거를 위한 두피 손질법은?

① 플레인 스캘프 트리트먼트(Plain scalp treatment)
② 댄드러프 스캘프 트리트먼트(dandruff scalp treatment)
③ 드라이 스캘프 트리트먼트(dry scalp treatment)
④ 핫 오일 스캘프 트리트먼트(Hot oil scalp treatment)

★★★

11 두피 상태에 따른 트리트먼트(Treatment) 종류의 연결이 틀린 것은?

① 플레인 스캘프 트리트먼트 – 두피에 상처가 있을 때
② 오일리 스캘프 트리트먼트 – 두피에 피지 분비량이 많을 때
③ 드리아 스캘프 트리트먼트 – 두피에 피지가 부족하여 건조할 때
④ 댄드러프 스캘프 트리트먼트 – 비듬 제거를 목적으로 할 때

두피에 상처가 있을 때 스캘프 트리트먼트를 삼가해야 한다.

★★★

12 두개피(두피 및 모발) 상태에 따른 피지가 부족하여 건조할 때 쓰이는 트리트먼트는?

① 오일리 스캘프 트리트먼트
② 플레인 스캘프 트리트먼트
③ 댄드러프 스캘프 트리트먼트
④ 드라이 스캘프 트리트먼트

★★★

13 두발이 건조해지고 부스러지는 것을 방지해주는 효과가 가장 큰 비타민은?

① 비타민 A
② 비타민 B_1
③ 비타민 C
④ 비타민 D

비타민 A는 모든 세포의 성장을 돕는 영양분으로, 특히 두발에 있어 피지 관리에 필수적이다.
비타민 A 결핍은 모낭, 땀샘, 탈모 등의 손상을 초래할 수 있어 모발의 건강에도 영향을 미친다.

★

14 두피 유형에 따른 특징이 잘못 연결된 것은?

① 지성 – 막힌 모공이 많으며, 두피가 청백색의 투명하게 보인다.
② 건성 – 유분과 수분이 부족하고 각질 재생주기의 이상으로 각질 박리가 원활하지 못하다
③ 탈모성 – 모세혈관 확장이 많이 발생하며, 두피가 붉고 약한 자극에도 통증을 호소한다.
④ 지루성 – 피지선의 활동이 증가되어 피지 분비가 왕성한 두피에 주로 발생하는 만성 염증 현상이다.

지성 두피는 과다한 피지분비로 표면이 번들거리고 끈적이며, 두피색이 불투명하다.

정답 9 ③ 10 ② 11 ① 12 ④ 13 ① 14 ①

The Barber Certification

SECTION 10

면체술(면도 및 마사지)

[출제문항수 : 2문제] 이 섹션에서는 면도에 대한 전반적인 이해와 면도 기법, 마사지에 관한 전반적인 사항을 체크합니다. 특히, 면도 기법은 문제 위주로 학습하기 바랍니다.

01 면체술(면도) 일반

면체술은 구레나룻, 콧수염, 턱수염을 정리 정돈하는 과정을 말한다.

1 래더링(Lathering) – 비누거품 도포하기

① 비누거품 만들기
- 면도 볼(Bowl, 그릇)을 사용하는 방법
- 얼굴에서 바로 거품을 내는 방법 – 가장 빠르게 거품을 냄
- 손바닥에서 거품을 내는 방법

② 브러시를 이용한 래더링 : 오른쪽부터 시계방향으로 나선형으로 도포 (인중은 가장 나중)

→ 비누 거품 목적 : 상처 예방, 피부 및 털의 유연성 부여, 면도 운행의 용이, 깎인 털의 날림 방지

2 습포 적용하기

(1) 습포의 목적

① 피부 및 털의 유연성을 주어 면도날에 의한 자극을 감소시킨다.
② 피부에 온열 효과를 주어 모공을 확장시킨다.
③ 피부의 상처를 예방하며, 손님의 긴장감을 풀어준다.
④ 피부의 노폐물, 먼지 등의 제거에 도움을 준다.
⑤ 차가운 면도기를 피부에 닿기 전에 따뜻한 감을 준다.

(2) 습포의 종류

구분	내용
온습포	피부 표면의 노폐물과 노화된 각질을 제거하는 데 용이하며, 모공을 열어주어 혈액 순환을 촉진시키는 효과가 있다.
냉습포	피부를 진정시켜 주는 효과가 있어 주로 피부 관리 마무리 단계에 사용된다.

(3) 피부에 따른 습포

① 지성 피부나 정상 피부 : 온습포를 적용하여 크림과 비눗물 등을 제거
② 예민한 피부 : 미지근한 습포나 냉습포를 적용하는 것이 피부에 대한 자극을 줄일 수 있다.

▶ **면도기 기원**
면도기는 기원전 600년전 로마에서 사용

▶ **크림 대신 비누액 제조 시**
5%의 비누액(1L)을 만들려면 비누액 5mL, 물(연수) 995mL을 혼합

면체 과정

앞수건, 목수건, 세팅보 두르기
↓
1차 비누거품 도포하기
↓
온습포(스팀 타월)
↓
2차 비누거품 도포하기
↓
면도
↓
콜드크림 도포 및 두피 마사지 (생략 가능)
↓
스킨로션, 크림 도포

02 면도기(레이저, Razor)

1 면도기의 종류와 특성

자루 면도	날끝, 몸체, 꼬리, 소지걸이와 칼날을 보호하는 칼집이 함께 붙어 있는 것으로, 사용 및 보관이 편리하여 이용업이 생긴 이래 가장 오래 사용되었다.
양도 면도	모양은 자루 면도와 동일하지만 자루를 겸한 칼집이 없어 사용하기에 편리하나 보관하기에 불편하다.
일도 면도	칼 몸체와 핸들이 일체로 된 구조로, 칼날은 좁고 가볍고 단단하여 사용하기에 편리하나 쉽게 무뎌 1회 사용 후 정비가 필요하다.
페더 면도	양도 면도와 같은 모양으로써 안전면도기와 같이 칼날을 끼워서 사용한다.
안전 면도	살에 상처 낼 위험이 없는 면도 기구이다. 직사각형의 면도날을 쇠로 된 작은 틀에 끼워서 쓰거나 면도날만 갈아 끼워 사용한다.

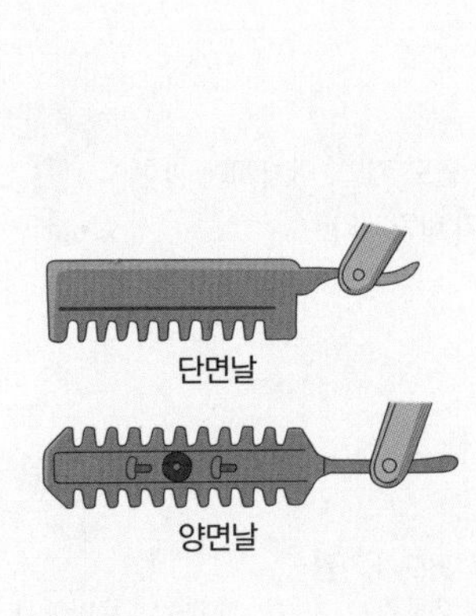

▶ 면도기의 선택 기준
칼등과 날끝이 평행하고, 비틀리지 않아야 하며, 균일한 곡선으로 되어 있고, 날 어깨로의 두께가 일정한 것이 좋다.

2 면도기의 종류 및 구조

(1) 분류

① 칼 머리의 형태에 따라 모난형, 둥근형, 유선형, 오목형 등이 있다.

② 용도에 따라 면도용이나 조발용으로 구분한다.

③ 사용하는 날에 따라 일도와 양도로 구분한다.

(2) 면도기의 종류

일반식 레이저	레이저는 칼몸 전체가 같은 강재로 만들어져 있다. 칼몸 양면이 좌우 대칭이며 요면(凹面)과 경사부가 있다.
교환식 레이저	• 교환식 레이저는 칼날을 전용의 홀더(holder)에 끼워서 사용한다. • 연마할 필요가 없고 간단히 칼날을 갈아 끼울 수 있는 등의 장점이 있으나, 반면에 때가 생기기 쉽고, 분해하여 소독해야 되는 단점이 있다.

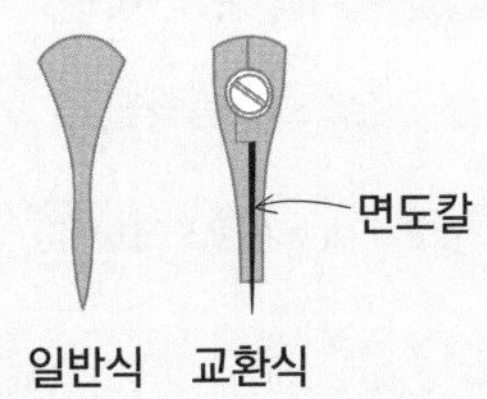

(3) 면도기의 구조

날등과 날끝	• 평행하며 비틀림이 없어야 한다.
날어깨	• 두께가 일정하고 사용 시 날의 마멸이 균등하게 적용되어야 한다.
선회축 (Pivot point)	• 적당하게 견고해야 한다.

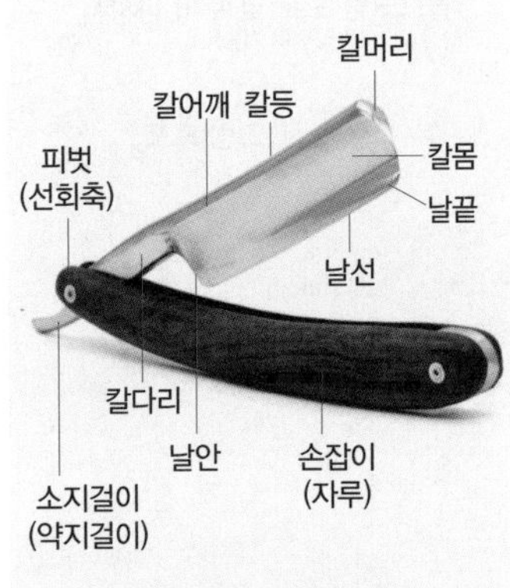

자루 면도의 각 부 명칭

홀더(Hold)	• 몸체에 날이 홀더의 중심으로 바르게 들어가야 한다.
날의 몸체/날선 (Blade)	• 칼날선에 따라 일직선상, 내곡선상, 외곡선상 레이저가 있다. • 날의 몸체를 접었을 때 핸들의 중심으로 똑바로 들어가야 한다.

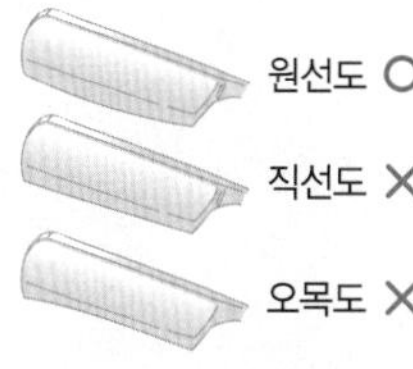

날끝 상태의 적합 여부

03 면체(면도)법

1 면체의 개요

① 면도칼은 30~45°로 눕혀서 사용한다.

② 면도칼의 1회 운용 속도 : 1초 ← NCS 학습모듈에 표기

③ 면도칼은 레이저와 비교해서 표면에 거의 평면에 가깝게 되어 있어 롤러 역할을 하고 예리한 감각을 둔한 감각으로 바꾼다.

④ 얼굴 표면은 곡선 형태이므로 면도칼도 곡선 형태로 사용해야 한다.

⑤ 면도기를 약간 경사지게 사용함에 따라 면도칼의 깎는 묘미가 높아지고, 피부에 저항을 주지 않고 털을 깎을 수 있다.

⑥ 칼끝보다는 면도기 중심부터 몸통 부분을 사용하는 편이 안전하다.

▶ ⑥의 이유
면도기를 둥근 활 모양으로 사용하는 경우 깎는 칼의 몸통보다 칼 끝으로 갈수록 진행 속도가 빨라진다. 즉, 칼 끝으로 사용하면 속도가 빠르기 때문에 저항이 강해져 위험하다.
깎는 면도날 전체에 걸쳐 균등한 면도를 할 수 있다.

2 기본 면도법(면도기 잡는 법)

프리핸드 (free hand)	• 일반적으로 잡는 방법으로 풀 핸드(Pull hand)라고 한다. • 면도기를 시술자 몸쪽으로 당기며 면도하는 방법으로 가장 많이 사용된다.
펜슬핸드 (pencil hand)	• 연필 잡듯이 칼머리 부분을 밑으로 잡는 방법 • 인중과 같은 섬세한 부분에 주로 사용
스틱핸드 (stick hand)	• 프리핸드 잡는 방법과 유사하며, 면도기 날과 손잡이를 일직선으로 잡는 방법 • 이마 부분이나 볼 부분을 작업할 때 용이
백핸드 (back hand)	• 프리핸드와 잡는 법은 동일하지만, 손등방향이 아래로, 손바닥이 위로 향하게 하며 주로 시술자 몸 바깥으로 밀어내듯 면도한다. • 좌측 구렛나루나 귀 뒤에서 네이프의 잔털 제거에 사용 • 프리핸드와 반대 개념
푸시핸드 (push hand)	• 면도날을 바깥방향으로 돌려 엄지손으로 밀어주는 방법 • 프리핸드와 반대 개념

▶ 프리 핸드
면도기의 손잡이 앞부분에 엄지손가락 끝을 대고 둘째, 셋째, 넷째 손가락의 제 3관절의 안쪽 부분을 레이저날의 아래쪽에 구부려 돌리고, 새끼손까락은 제 2·3관절을 자연스럽게 구부려 잡는다.

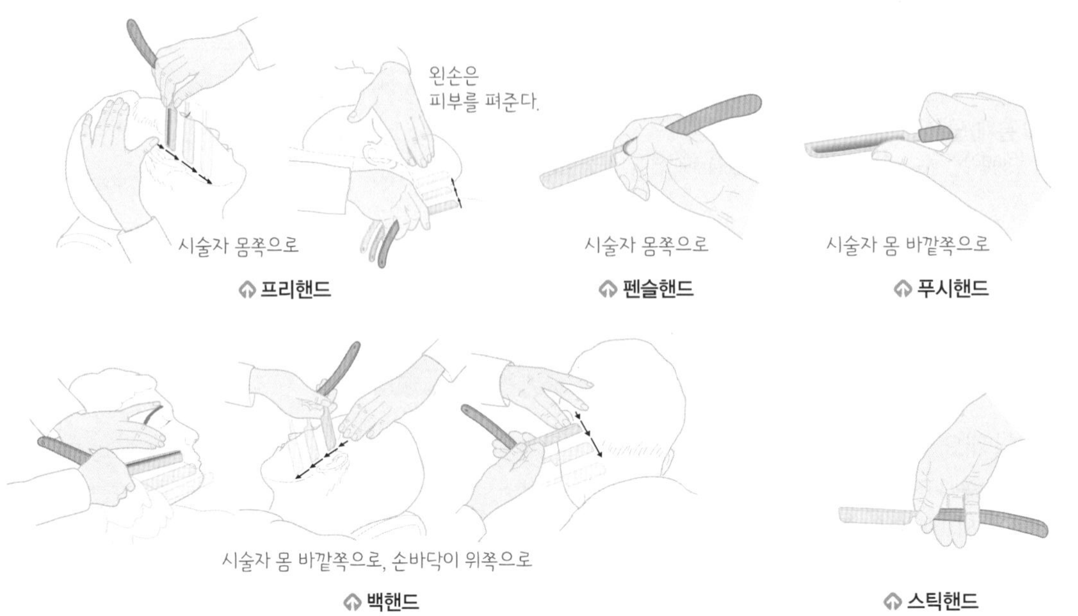

프리핸드 **펜슬핸드** **푸시핸드**

백핸드 **스틱핸드**

3 부위별 면도법 (NCS 학습모듈에 따름)

▶ 주의) 부위별 면도기법은 'NCS 학습모듈'을 근거하였으나 시술자 위치·방향에 따라 면도법이 달라질 수 있으니, 문제 위주로만 정리하기 바랍니다.

우측	• 백핸드(우측 볼, 위턱, 구각, 아래턱 부위) • 프리핸드(구레나룻, 턱에서 볼쪽)
좌측	• 푸시핸드(좌측 볼, 위턱, 구각, 아래턱 부위) • 프리핸드(턱에서 볼쪽) • 백핸드(구레나룻)
인중과 턱수염	• 프리핸드, 펜슬핸드
턱밑	• 프리핸드
귀 주변	• 백핸드, 프리핸드

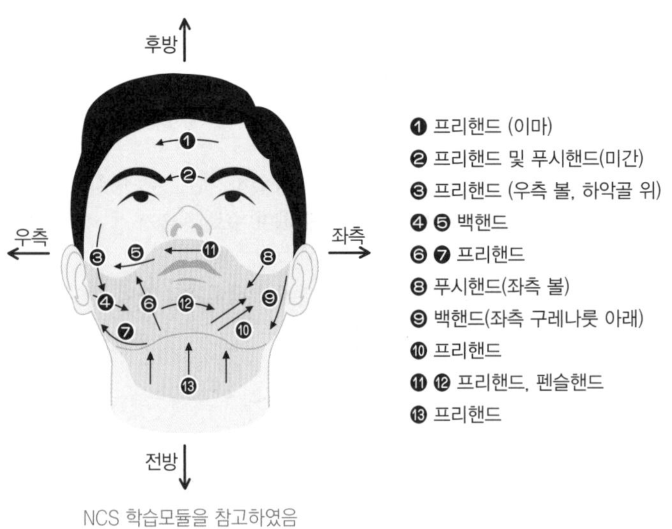

NCS 학습모듈을 참고하였음

수염의 종류

- **힙스터**(hipster) : 콧수염과 턱수염이 이어지지 않고 분리하여 관리하는 스타일로, 특히 동양인이 수염을 기를 때 많이 하는 스타일
- **고티**(goatee) : 염소(goat)에서 유래된 이름으로, 콧수염과 턱수염이 연결되어 입주변을 따라 동그랗게 난 스타일
- **친 커튼**(chin curtain) : 다름 이름으로 '에이브러햄 링컨 수염'이라 한다. 구레나룻에서부터 턱라인까지 수염이 이어지는 스타일이다. 짧으면서도 덥수룩하게 기른 형태이다.
- **노리스 스키퍼**(norris skipper) : 입술 아래와 턱을 연결시키는 스타일. 힙스터 스타일에서 콧수염만 뺀 형태이다. 동그란 얼굴형인 사람에게는 얼굴형을 좀 더 각지게 해주며, 주걱턱인 사람에게는 주걱턱을 좀 덜 드러나게 해준다.

4 면도 각도

사행 각도	• 면도기로 모류(毛類)에 따라 깎는 것보다 경사지게 운행하는 것이 잘 깎인다. → 사행하는 칼이 털에 대해 어긋나는 것으로 깎는 힘이 커지기 때문이다. • 피부에 부상을 주지 않는 면도칼의 경사 운행은 모류의 방향에 대해 45° 이내가 원칙이다. 45° 이상으로 사행하면 위험하다.
대피 각도	• 피부면에 대해 면도기의 세우거나 눕힌 정도를 말하며, 대피각도에 따라 깎는 느낌이 달라진다. (한계 : 45°) • 털이 뻣뻣하고 양도 많고 저항이 큰 경우 : 피부에도 힘이 크게 작용하여 상처를 입기 쉬우므로 각도는 작게 해서 사용한다. • 부드러운 털처럼 털의 저항이 작은 경우 : 각도를 크게 해서 가볍게 피부 표면을 미끄러지듯이 사용한다.

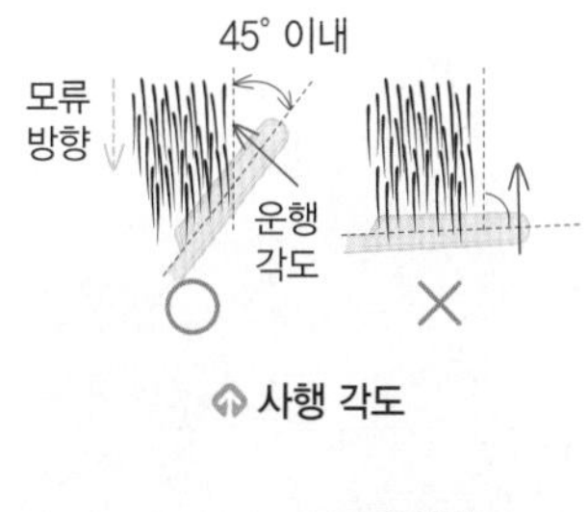

사행 각도

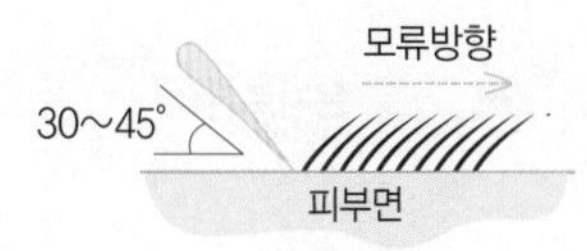

대피 각도

04 마사지 (매니플레이션)

1 마사지 전 준비

얼굴 면도 후 습포를 적용하여 털, 셰이빙 크림, 비눗물 등을 제거하고 콜드크림을 바른다.

2 매니플레이션(manipulation, 매뉴얼 테크닉, 손 마사지)

손을 이용하여 5가지 기본 동작으로 리듬, 강·약, 속도, 시간, 밀착력 등을 조절하여 적용하는 방법으로 다음의 효과가 있다.

▶ mani pulation
'진동, 마사지'를 의미
'손'을 의미

▶ 스캘프 머니플레이션 : 두피에 대한 손가락 마사지

① 지각 신경을 자극하여 이완시키며 모세혈관을 확장시켜 혈액 순환을 촉진
② 신진대사, 림프 순환 촉진
③ 영양 공급을 원활
④ 결체 조직 강화, 피부 탄력의 증진
⑤ 피부를 진정시켜 균형을 맞추고, 긴장된 근육을 이완
⑥ 혈액과 림프의 순환을 자극하여 조직의 독소 제거
⑦ 매니플레이션은 경찰법으로 시작해서 진동법으로 끝남.
⑧ 마사지는 치료 효과는 없고 예방효과만 있다.

쓰다듬기

(1) 쓰다듬기 (경찰법, 무찰법, effleurage, stroking)

① 손가락이나 손바닥 전체를 피부와 밀착시켜 가볍고 부드럽게 쓰다듬는 동작
→ 손바닥을 편평하게 하고 손가락을 약간 구부려 근육이나 피부 표면을 쓰다듬고 어루만지는 동작이다.
② 매뉴얼테크닉의 동작 중 가장 많이 이용된다.
③ 매뉴얼테크닉의 처음과 마무리 단계에 사용하는 동작
④ 민감한 부분인 눈 주위에 가장 적합
⑤ 효과 : 혈액순환 및 림프순환 촉진, 피부 진정과 긴장완화, 신경안정 등

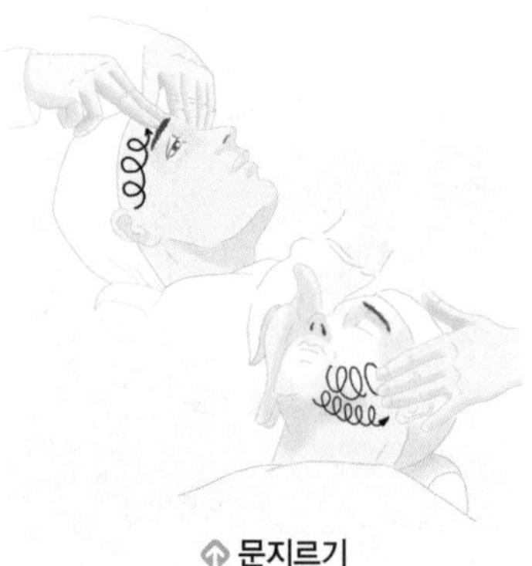
문지르기

(2) 문지르기 (강찰법, 마찰법, friction, rubbing)

① 손바닥과 손가락으로 피부를 강하게 압착하여 나선을 그리며 문지르는 동작으로, 주름이 생기기 쉬운 부위에 중점적으로 실시
② 피부 탄력의 증진, 근육의 긴장 이완, 피지선 자극으로 인한 노폐물 제거 촉진 등의 효과를 가진다.

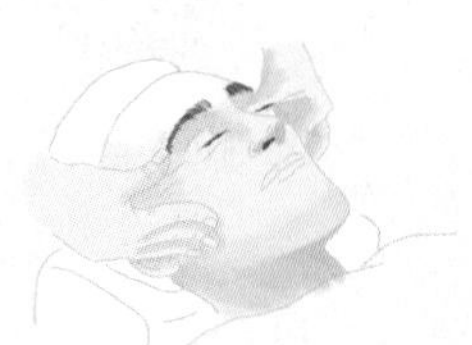
주무르기

(3) 주무르기 (유연법, 유찰법, kneading, petirssage)

① 엄지나 검지를 사용하거나 손가락 전체를 사용하여 반죽하듯 쥐었다가 푸는 동작을 반복하는 것으로 대개 어깨나 팔, 다리 부위에 사용
② 근육의 탄력성 증진, 혈액순환 및 신진대사 촉진, 노폐물 제거 및 정맥과 림프관 기능을 높이는 등

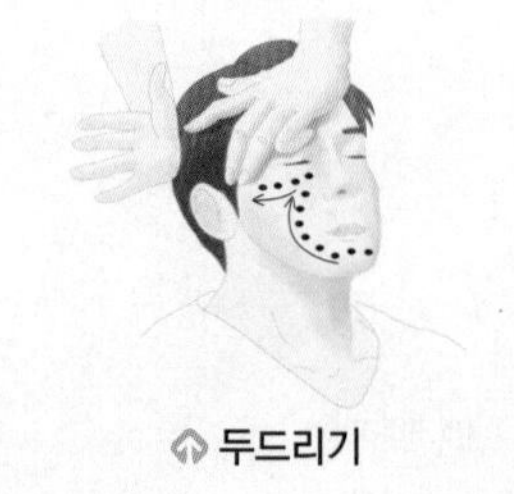
두드리기

(4) 두드리기 (고타법, tapotement, percussion)

① 손 전체나 손가락으로 가볍고 리듬감 있게 두드리는 방법
② 피부 상태에 따라 두드림의 세기를 정한다.
③ 가장 자극적인 매니플레이션 기법으로, 손의 바깥 측면과 손등 및 손가락 끝 쿠션 부분을 사용하여 규칙적으로 두드린다.
④ 두드리기 방법의 종류

태핑(Tapping)	손가락 바닥면을 이용하여 빠르고 가볍게 두드리는 동작
슬래핑(Slapping)	손목의 관절을 이용해서 손바닥으로 두드리는 동작
해킹(Hacking)	손등으로 두드리는 동작

▶ 용어 해설
• Tap : 가볍게 톡톡 두드리다[치다]
• Slapping : 손바닥으로 철썩 때리기

컵핑(Cupping)	손바닥을 우묵하게 하여 두드리는 동작
비팅(beating)	주먹을 살짝 쥐어 두드리는 동작

(5) 떨기 (진동법, vibration)

① 손 전체를 밀착시켜 빠르고 고르게 떨어주는 방법

② 고른 진동으로 섬세한 자극을 줌

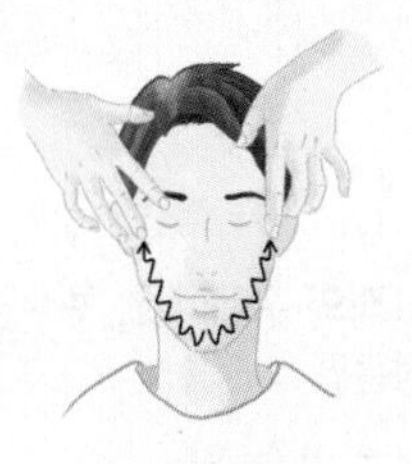

떨기

3 마사지 시술 시 주의사항

① 손톱은 짧게 자르고 끝을 둥글게 다듬어서 긁히지 않도록 한다.

② 손을 부드럽게 한다(손가락이 굳은 경우 따뜻한 물이나 유성 크림을 바른다)

③ 크림이나 팩을 떠낼 때에는 반드시 주걱을 사용한다.

④ 미용사는 마스크를 하고 손님의 마음과 몸에 편안함을 주고 안정된 분위기를 조성한다.

⑤ 마사지는 재빠르고 리드미컬하게 한다.

⑥ 생리적 작용에 따라서 순서에 맞게 효과적으로 실시한다.

⑦ 같은 부위에 반복해서 행하거나 한도가 지나치면 역효과가 난다.

⑧ 건성 피부에 대해서는 알코올 성분이 많은 화장료의 사용을 피한다.

⑨ 손님 시술 전에는 반드시 손님의 피부 상태를 분석한 뒤 시술에 들어간다.

4 면도 후 사용하는 화장품

① 콜드 크림(cold cream) : 피부에 발랐을 때 수분이 증발하면서 차가운 느낌이 있으며, 매니플레이션을 할 때 사용한다.

→ 보통 콜드크림을 도포하기 전에 유연화장수를 바르면 마사지 효과가 높다.

② 스킨 로션(수렴성 화장수, 토너) : 면도 후 피부 정돈용으로 알코올 성분으로 모공 수축, 소독·진정작용 및 청량감을 준다.

③ 밀크 로션 : 면도로 인한 손상된 피부 재생 및 영양 공급을 목적으로 한다.

▶ 면도 후 화장품 도포 순서
콜드 크림 → 스킨 로션 → 밀크 로션

기출문제정리 | 섹션별 분류의 기본 출제유형 파악!

★

1 고객의 구레나룻, 콧수염, 턱수염을 정리 정돈하는 과정은?

① 정발술
② 매뉴얼테크닉
③ 면체술
④ 조발술

★★★

2 면도 작업 시 위생 마스크를 사용하는 주 목적은?

① 상대방의 악취를 예방하기 위하여
② 손님의 입김을 방지하기 위하여
③ 불필요한 대화의 방지를 위하여
④ 호흡기 질병 및 감염병 예방을 위하여

★★★★

3 면도 시 스팀타월(안면습포, 물수건)에 관련한 내용으로 옳지 않은 것은?

① 피부에 온열을 주어 쾌감을 주는 동시에 모공을 수축시킨다.
② 피부 및 털의 유연성을 주어 면도날에 의한 자극을 감소시킨다.
③ 피부의 노폐물, 먼지 등의 제거에 도움을 준다.
④ 스팀타월의 효과를 높이기 위해 피부와 잘 밀착시켜야 한다.

따뜻하게 데워진 스팀타월(습포)을 얼굴 부위를 감싸고 2~3분 정도 경과하면 수염과 피부를 부드럽게 하고, 모공이 열리면서 노폐물이 배출된다.

★★★

4 안면 면도 시 따뜻한 습포(물수건)를 사용하는 주 목적은?

① 손님의 긴장감을 풀어주기 위하여
② 피부의 탄력성을 높이기 위하여
③ 수염과 피부를 유연하게 만들기 위하여
④ 피부의 노폐물을 제거하기 위하여

★★★

5 면도 전 스팀타월을 사용하는 이유로 틀린 것은?

① 피부의 상처를 예방한다.
② 수염과 피부를 유연하게 한다.
③ 피부에 온열 효과를 주어 모공을 수축시킨다.
④ 지각 신경의 감수성을 조절함으로써 면도날에 의한 자극을 줄이는 효과가 있다.

스팀타월을 사용하면 피부에 온열 효과를 주어 모공이 열리고 피부를 부드럽게 한다.

★★★

6 면도 시 스티밍(찜 타올)의 방법 및 효과에 대한 설명 중 틀린 것은?

① 찜타올과 안면과의 사이에 밀착이 되지 않도록 한다.
② 수염을 유연하게 한다.
③ 면도날에 의한 자극성이 줄어든다.
④ 피부의 먼지와 때 등을 비눗물과 함께 닦아낸다.

스팀타월을 피부에 밀착해야 수분 공급 및 온도 전달이 효과적이다.

★★★★

7 자루면도기(일도)의 손질법 및 사용에 관한 설명 중 틀린 것은?

① 면체용으로 사용하지 않는다.
② 위생을 위해 소독기에 보관한다.
③ 면도칼을 눕혀서 사용해야 한다.
④ 면도날은 1회용으로 사용한다.

자루면도기는 1회용이 아니므로 사용 후 소독기에 보관해야 한다.

정답 1③ 2④ 3① 4③ 5③ 6① 7④

★★

8 면체시술 방법 중 틀린 것은?

① 부드럽게 수염이 난 방향으로 한다.
② 스팀 타월을 자주 사용하여 수염을 부드럽게 한다.
③ 피부를 깨끗이 하기 위하여 깊이 파도록 한다.
④ 피부 자극을 주지 않기 위해 칼을 가볍게 사용한다.

★★★

9 면도를 할 때 찜(습부) 수건을 사용하는 주 목적은?

① 수염과 피부가 유연해져 면도의 시술효과를 높이기 위하여
② 표피를 수축시켜 탄력성을 주기 위하여
③ 차가운 면도기를 피부에 접착하기 전에 따뜻한 감을 주기 위하여
④ 손님의 긴장감을 풀어주기 위하여

★★★

10 얼굴의 면도 부위가 지성 피부인 고객의 면도 관리법과 거리가 가장 먼 것은?

① 화장이 잘 받지 않으므로 세안을 청결히 한다.
② 모공을 닫기 위해 수렴화장수인 아스트린젠트를 사용한다.
③ 모공이 닫혀 있으며 유연화장수를 사용한다.
④ 무유성(無油性) 크림을 사용한다.

지성 피부에는 수렴화장수(아스트린젠트)를, 민감·건성 피부에는 유연화장수가 사용한다.

★★★

11 남성의 안면에서 일반적으로 모단위의 수염밀도 단위가 가장 높은 곳은?

① 하악골 부위
② 안골 부위
③ 이골 부위
④ 비골 부위

상악골·하악골에 수염이 많이 난다.

★★★

12 다음 중 일반적으로 남성의 경우 수염이 가장 많이 나는 부위는?

① 상악골 부위
② 관골 부위
③ 정골 부위
④ 두정골 부위

상악골·하악골에 수염이 많이 난다.

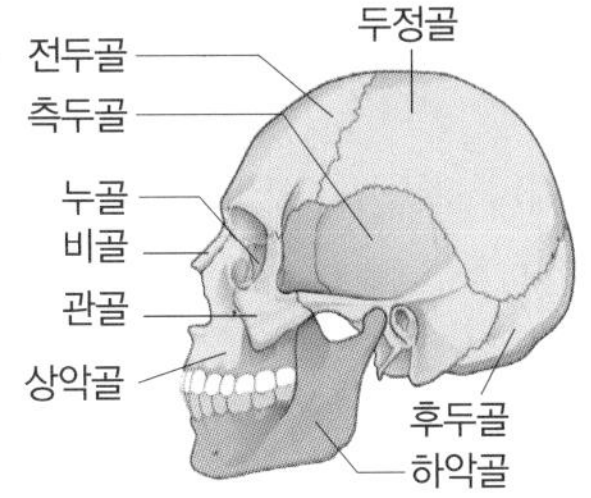

★★★

13 면체 시술 후 안면에 스킨로션을 사용하는 주 목적은?

① 안면부를 소독하기 위하여
② 안면부에 일부 남아있을 비누액 중화를 위하여
③ 안면부에 화장을 하기 위하여
④ 안면부를 이완시키기 위하여

스킨로션은 면도 과정에서 발생하는 표피 손상이나 피부 자극, 트러블 등을 소독·진정시키는 효과가 있다.

★★

14 면체술에 관한 설명으로 틀린 것은?

① 면도칼을 잡는 방법을 안면 부위에 따라 바꾸어 가면서 시술한다.
② 면체술 시 시술자가 정확한 위치에 서야 안정감이 있다.
③ 면체술 시 상처가 나지 않게 하며 솜털까지 깎는다.
④ 면체술은 턱부위만을 대상으로 한다.

정답 8 ③ 9 ① 10 ③ 11 ① 12 ① 13 ① 14 ③

★★

15 얼굴 인중 부분을 면체할 때 면도 사용 방법으로 가장 이상적인 것은?

① 면도날 안쪽으로 조심스럽게 한다.
② 면도날 끝으로 조심스럽게 한다.
③ 편리한대로 하여도 관계없다.
④ 면도날 중앙으로 조심스럽게 한다.

★

16 면체 시 면도기를 잡는 기본적인 방법에 해당되지 않는 것은?

① 프리 핸드(기본 잡기)
② 백 핸드(뒤돌려 잡기)
③ 노멀 핸드(보통 잡기)
④ 스틱 핸드(지팡이 잡기)

★★★★★

17 면도기를 잡는 방법 중 칼 몸체와 핸들이 일직선이 되게 똑바로 펴서 마치 막대기를 쥐는 듯한 방법은?

① 프리 핸드(Free hand)
② 백 핸드(Back hand)
③ 스틱 핸드(Stick hand)
④ 펜슬 핸드(Pencil hand)

★★★

18 면체 시 면도기를 연필 잡듯이 쥐고 행하는 기법은?

① 백 핸드 기법
② 스틱 핸드 기법
③ 프리 핸드 기법
④ 펜슬 핸드 기법

★★

19 면체 시술 시 면도기 잡는 방법으로 붓이나 펜을 잡듯이 하는 것은?

① 프리 핸드
② 백 핸드
③ 푸시 핸드
④ 펜슬 핸드

★★★

20 얼굴 면도 작업과정에서 레이저(razor)를 쥐는 방법이 틀린 것은?

① 아래 턱 부위 - 백 핸드(back hand)
② 좌측 볼 부위 - 푸시 핸드(push hand)
③ 우측 귀밑 부위 - 프리 핸드(free hand)
④ 우측 볼 부위 - 백 핸드(back hand)

아래 턱 부위는 프리핸드, 펜슬핸드로 면도한다.(NCS 학습모듈 근거)

★★★

21 면체술에 대한 설명 중 가장 적당한 것은?

① 면도는 우수(오른손)로 사용하며 턱으로부터 우측, 좌측, 이마로 연결한다.
② 면도는 우수로 사용하며 수염이 많은 곳부터 시작하여 없는 곳으로 연결한다.
③ 면도는 우수로 사용하며 이마로부터 우측, 좌측, 턱으로 연결한다.
④ 면도는 우수로 사용하며 좌측, 우측, 턱으로 연결한다.

오른손으로 피시술자의 이마–우측–좌측–턱–목 순서로 한다.

★★★

22 안면의 면체술 시술 시 각 부위별 레이저(Face razor) 사용 방법으로 틀린 것은?

① 우측의 볼, 위턱, 구각, 아래턱 부위 - 백 핸드(Back hand)
② 좌측 볼의 인중, 위턱, 구각, 아래턱 부위 - 펜슬 핸드(Pencil hand)
③ 우측의 귀밑 턱 부분에서 볼 아래턱의 각 부위 - 프리 핸드(Free hand)
④ 좌측의 볼부터 귀부분의 늘어진 선 부위 - 푸시 핸드(Push hand)

좌측 볼의 위턱, 구각, 아래턱 부위는 프리핸드로 잡는다.

정답 15 ② 16 ③ 17 ③ 18 ④ 19 ④ 20 ① 21 ③ 22 ②

★★★★ □□□

23 얼굴면도 작업 시 왼쪽 구레나룻이 귀 중간까지 내려와 있고, 그 아래쪽에 잔털이 남아 있다. 잔털을 제거하고자 할 때, 일반적으로 쓰는 면도 기법은? (단, 시술자는 면도기를 오른손으로 잡고 시술한다.)

① 푸시 핸드(Push hand)
② 백 핸드(Back hand)
③ 펜슬 핸드(Pencil hand)
④ 프리 핸드(Free hand)

시술자가 오른손잡이일 때 구레나룻의 면도법
왼쪽 – 백핸드, 오른쪽 – 프리핸드

★★ □□□

24 일반적으로 우측 볼 면도 시의 면도자세로 가장 적합한 것은?

① 펜슬 핸드(pencil hand)
② 스틱 핸드(stick hand)
③ 프리 핸드(free hand)
④ 백 핸드(back hand)

우측 볼은 백 핸드로 면도한다. (NCS 학습모듈을 참고했음)

★★★ □□□

25 일반적으로 면체 시술 시 고객의 머리로부터 시술자와의 적당한 수평 거리는?

① 10cm ② 20cm
③ 30cm ④ 40cm

★★★★ □□□

26 안면부 면체 시술 시 일반적으로 면도날과 피부면과의 각도로 가장 많이 적용되는 것은?

① 80~90° ② 60~70°
③ 30~45° ④ 10~15°

면도날과 피부면의 대피 각도 : 30~45°

★★★ □□□

27 일반적으로 면도 시술 시 피부와 면도날의 최대 허용 한도 사행 각도로 알맞은 것은?

① 60도 ② 45도
③ 25도 ④ 10도

★★ □□□

28 면체술에서 얼굴 면체 시 면도칼의 1회 운용 속도가 가장 알맞은 것은?

① 1초 ② 3~4초
③ 6~7초 ④ 8~10초

저자의 변) 기출 정답은 3~4초이나, [NCS 학습모듈]에서는 1회 운행 시 1초를 표준으로 한다.

★★★ □□□

29 면체 시 잘려나가는 수염은 다음 중 어느 부분에 해당하는가?

① 모간
② 모근
③ 모구
④ 모피

모간
모근
모낭
모구

★★★★ □□□

30 면도 후 화장술 시술순서로 가장 적합한 것은?

① 콜드크림 → 영양크림 → 밀크로션
② 콜드크림 → 스킨로션 → 밀크로션
③ 영양크림 → 스킨로션 → 밀크로션
④ 스킨로션 → 콜드크림 → 밀크로션

• 콜드크림(cold cream) : 마사지를 할 때 사용하는 유분기가 많은 크림으로 피부에 발랐을 때 수분이 증발하면서 차가운 느낌이 있으며, 면도 후 매니플레이션을 할 때 사용한다.
• 스킨로션 : 면도 후 피부 정돈용으로 알코올 성분으로 소독작용 및 청량감을 준다.
• 밀크로션 : 면도로 인한 손상된 피부 재생 및 영양 공급을 목적으로 한다.
※ 화장품은 피부 흡수가 잘 되는 순서로 바르는 것이 좋다.

정답 23 ② 24 ④ 25 ① 26 ③ 27 ② 28 ② 29 ① 30 ②

★★★★ □□□

31 면체 후 또는 세발 후 안면화장 시 사용하는 스킨로션은 안면 피부에 주로 어떤 작용을 하는가?

① 안면부를 부드럽게 하기 위하여
② 안면부의 소독과 피부 수렴을 위하여
③ 안면부를 건강하게 하기 위하여
④ 안면부에 화장을 하기 위하여

수렴이란 '모으다, 수축하다'는 의미로, 알코올의 특징으로 수렴 화장품에서는 스킨로션(토너), 아스트린젠트가 대표적이다.

★★★ □□□

32 면체 후 안면에 수렴성 스킨(수렴화장수)을 사용하는 주목적은?

① 피부에 쌓인 노폐물, 먼지, 화장품 찌꺼기의 제거를 위해
② 수분의 공급과 모공의 수축을 위해
③ 소실된 천연보호막을 일시적으로 보충해주기 위해
④ 피부의 노화방지를 위해

★★★ □□□

33 면도 후 아스트린젠트 로숀을 바르는 주 목적은?

① 면도날에 난 작은 상처의 소독을 위하여
② 크림 등 화장품이 잘 발라지게 하기 위하여
③ 표피에 시원한 감을 주기 위하여
④ 표피를 수렴시키고 모공을 수축시키기 위하여

아스트린젠트(astringent)이란 '수렴성이 있는 화장수'를 말하며, 피부 정돈, 모공 수축을 목적으로 사용한다.

★★ □□□

34 흔히 말하는 면도 독에 대한 설명이 가장 적절한 것은?

① 면도하다가 상처를 내는 일
② 수염의 모낭에 화농균이 감염되어 만성염증 증상이 나타나는 것
③ 마른 피부의 상태에서 칼을 운행할 때 일어나는 것
④ 칼날의 소독을 충분히 한 경우 체질적으로 일어나는 것

면도 중 피부에 상처를 입을 때 화농균에 감염되어 고름이 생길 수 있다. (여드름이나 눈다래끼도 해당됨)

★★★ □□□

35 매뉴얼테크닉의 효능으로 가장 거리가 먼 것은?

① 혈액순환 증진 ② 미백효과
③ 신진대사 촉진 ④ 근육이완

★★★ □□□

36 두피 매뉴얼테크닉(마사지)의 방법이 아닌 것은?

① 경찰법(문지르기) ② 유연법(주무르기)
③ 진동법(떨기) ④ 회전법(돌리기)

- 경찰법(Stroking) : 쓰다듬기
- 압박법(Compression) : 누르기
- 마찰법(Friction, 강철법) : 문지르기
- 유연법(Kneading) : 주무르기

★ □□□

37 두피처리 시 양 손바닥과 손가락을 이용해서 두피를 쓰다듬어 주면서 가볍게 왕복운동, 원운동을 하여 혈액순환을 촉진시키는 마사지법은?

① 진동법 ② 경찰법
③ 유연법 ④ 강찰법

경찰법 : 쓰다듬기

★★★ □□□

38 매뉴얼테크닉 기법 중 피부를 강하게 문지르면서 가볍게 원운동을 하는 동작은?

① 에플라지(Effleurage)
② 프릭션(Friction)
③ 페트리사지(Petrissage)
④ 타포트먼트(Tapotement)

쓰다듬기보다 손가락 끝으로 강하게 문지르는 것은 강철법이다.

정답 31 ② 32 ② 33 ④ 34 ② 35 ② 36 ④ 37 ② 38 ②

★★

39 손가락이나 손바닥으로 피부를 비비거나 문지르는 마사지 방법은?

① 진동법
② 압박법
③ 고타법
④ 경찰법

이 문제에서 '문지른다'고 하여 마찰법이 아니며, 비비는 동작이 있으므로 경찰법에 해당한다.

★★★

40 매뉴얼테크닉의 기본 동작 중 두드리며 때리는 동작으로 근육수축력 증가, 신경기능의 조절 등에 효과가 있는 동작은?

① 타포트먼트(고타법)
② 페트리사지(유연법)
③ 프릭션(강찰법)
④ 에필라지(경찰법)

두드리며 때리는 동작은 고타법이다.

★

41 마사지기법 중 고타법의 손목의 관절을 이용해서 손바닥으로 행하는 기법은?

① 롤링(rolling)
② 슬래핑(slapping)
③ 린징(wringing)
④ 처킹(chucking)

★★

42 지각신경에 쾌감을 주는 동시에 혈액순환을 촉진시키고 마비와 경련에 가장 효과적인 마사지는?

① 강찰법
② 경찰법
③ 유연법
④ 진동법

★★

43 얼굴 및 두부 마사지 기법의 설명이 잘못된 것은?

① 유연법 : 영양공급 작용
② 고타법 : 신경작용 촉진
③ 경찰법 : 노폐물을 배출
④ 진동법 : 혈액순환 촉진

유연법 : 피부의 노폐물을 밖으로 배출

★

44 등, 어깨, 팔을 주물러서 푸는 마사지의 시술 시 사용하는 방법으로 피부의 노폐물을 밖으로 배출하고 정맥과 림프관의 작용을 높이는 마사지법은?

① 경찰법
② 유연법
③ 진동법
④ 압박법

★★★

45 두피의 마사지에 관한 주의사항으로 틀린 것은?

① 경찰법으로 시작해서 강찰법으로 끝나야 한다.
② 두피염증이 일어나지 않게 양모료를 충분히 바른다.
③ 손님의 머리를 과격하게 움직이지 않아야 한다.
④ 빠르게 또는 느리게 속도 조절을 해야 한다.

마사지는 경찰법으로 시작해서 경찰법으로 끝나야 한다.

정답 39 ④ 40 ① 41 ② 42 ④ 43 ① 44 ② 45 ①

SECTION 11

가발 헤어스타일

[출제문항수 : 1문제] 이 섹션에서는 가발의 종류, 인모·인조모의 특징, 가발 제작, 가발관리로 나누어지며 1문제 정도 출제됩니다.

가발은 고대 이집트인들이 B.C 4000년경 직사광선으로부터 두부를 보호하기 위해 처음 사용하였다. 가발은 크게 위그와 헤어피스가 있다.

01 가발의 유형과 소재

1 가발의 종류

남성용의 경우 모발 길이가 짧기 때문에 가발의 구분이 어려우나 이론적으로 위그, 헤어피스, 투페 정도로 구분한다.

위그

헤어피스

투페

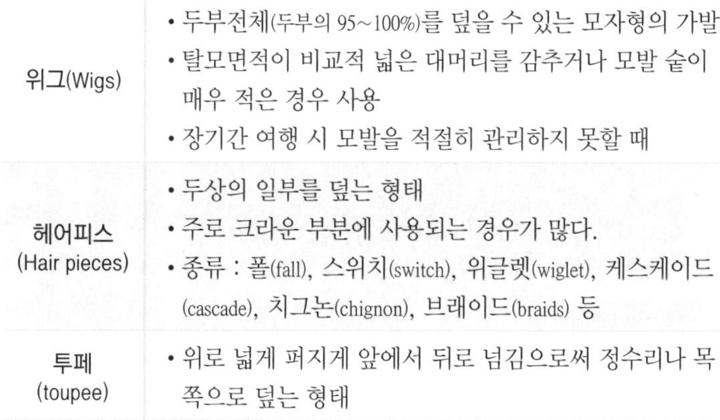

구분	내용
위그(Wigs)	• 두부전체(두부의 95~100%)를 덮을 수 있는 모자형의 가발 • 탈모면적이 비교적 넓은 대머리를 감추거나 모발 숱이 매우 적은 경우 사용 • 장기간 여행 시 모발을 적절히 관리하지 못할 때
헤어피스(Hair pieces)	• 두상의 일부를 덮는 형태 • 주로 크라운 부분에 사용되는 경우가 많다. • 종류 : 폴(fall), 스위치(switch), 위글렛(wiglet), 케스케이드(cascade), 치그논(chignon), 브래이드(braids) 등
투페(toupee)	• 위로 넓게 퍼지게 앞에서 뒤로 넘김으로써 정수리나 목 쪽으로 덮는 형태

2 가발의 소재

(1) 인모(人毛)

① 실제 사람의 모발을 이용하여 만든 것
② 자연적인 모발의 질감과 고급스러운 느낌을 가짐
③ 퍼머넌트 웨이브나 염색이 가능하다.
④ 샴푸하면 세트(Set)가 풀어져 다른 헤어스타일을 만들 수 있어 헤어스타일을 다양하게 변화시킬 수 있다.
⑤ 인조모(합성섬유)에 비하여 가격이 비쌈

(2) 합성섬유(인조모, 人造毛)

① 나일론, 아크릴 섬유 등의 합성섬유로 하여 만든 것으로 가격이 저렴하다.

② 색의 종류가 많고 모발이 엉키거나 빠지지 않으며, 샴푸 후에도 원래의 스타일을 유지함

③ 인모에 비해 변색(퇴색)이 적고, 관리가 용이하다.

④ 약액처리가 되지 않으며 자연스러움이 없음

⑤ 섬세한 스타일을 만들거나 헤어스타일을 바꾸기가 어려움

▶ 인조모는 퍼머넌트나 염색이 되지 못하므로 자연 모발과 색상이나 컬이 맞지 않아 자연스럽지 못하다.

02 가발의 제작과정

가발 제작 과정

상담 및 분석·진단
↓
패턴 제작
↓
가발 제작
↓
피팅(착용 및 스타일링)

1 상담 및 분석·진단

① 고객 두발 상태를 확인하며 생활습관, 건강 상태, 유전적 요인, 직업, 주변 환경 등을 체크하여 탈모에 대한 해결 방안을 제시하며, 가발 착용 여부를 고객과 상담한다.

② 가발 착용 여부가 결정되면 고객에게 적합한 스타일, 나이, 직업, 가르마, 모량, 모굵기, 모류, 색상, 재질, 형태, 컬 등을 고려하여 적합한 가발을 제시한다.

2 패턴 제작

가발을 제작하기 전에 개인별로 두상, 머리 모양과 굴곡 부위가 다르므로 비닐 랩 등을 이용하여 임의로 두상 형태에 맞게 모형을 만드는 과정이다.

→ 고객의 두상 형태, 얼굴 구조, 탈모 형태, 모발의 굵기와 모발 양 등을 측정하여 가발을 제작하기 전 임시로 가발을 뜨는 방법을 말한다.

종류	특징
비닐랩 패턴 (테이핑)	• 두상을 비닐랩으로 감싼 후 투명 테이프를 가로와 세로 방향으로 붙여 형틀을 만든 후 탈모 부위를 측정
시트 패턴	• 형틀에 시트지를 넣고 공업용 드라이(히팅건)로 고르게 열을 가한 후 시트를 두상에 눌러주어 형틀을 만드는 패턴 제작법이다. • 비닐랩 패턴보다 정확하며 빠르게 작업할 수 있지만 도구들이 고가이며, 화상의 우려가 있을 수 있다.
석고 붕대 패턴	• 두상에 비닐랩을 감싼 후 매직으로 탈모 부위를 측정하고 신속하게 석고 붕대를 덧씌워 패턴을 제작
투명 플라스틱 패턴	• 두상에 투명 플라스틱 캡을 씌운 후 탈모 부위를 측정하는 패턴 제작법이다. • 재료가 저렴하고 시술이 간단하지만 정밀성이 떨어짐
3D 영상 패턴	영상 측정 장치가 두상의 크기, 탈모 정도, 모발 밀도 등을 360° 촬영하여 패턴 제작을 하는 방법

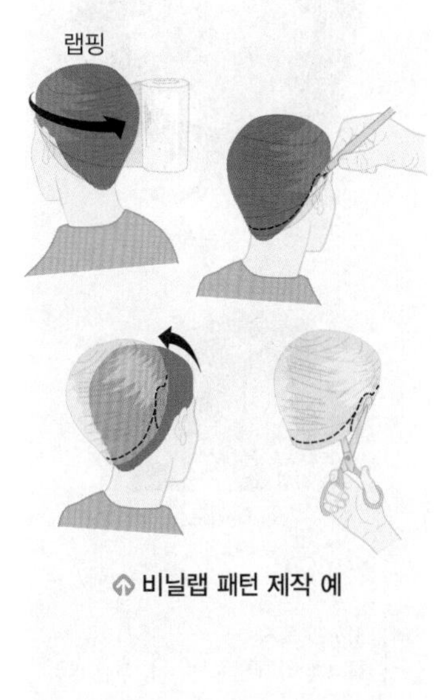

비닐랩 패턴 제작 예

3 가발 제작

패턴을 기초로 가발의 모 굵기, 모발 양, 가발 재질, 착용법 등으로 고려하여 가발을 제작한다.(전문업체에 의뢰)

4 피팅(fitting, 착용)

① 제작된 가발을 고객에게 어울리게 착용할 수 있도록 커트하여 스타일링 하는 것을 말한다.

② 가발의 커트는 모발의 커트와 동일하며, 사용할 사람의 얼굴과 잘 어울리도록 커트하여야 한다.

③ 가발의 숱은 보통사람의 숱보다 많다.

④ 드라이어를 이용할 때 열에 의해 모발결이 변형되거나 윤기가 없어질 수 있으므로 주의한다.

5 맞춤 가발 부착

(1) 착탈식

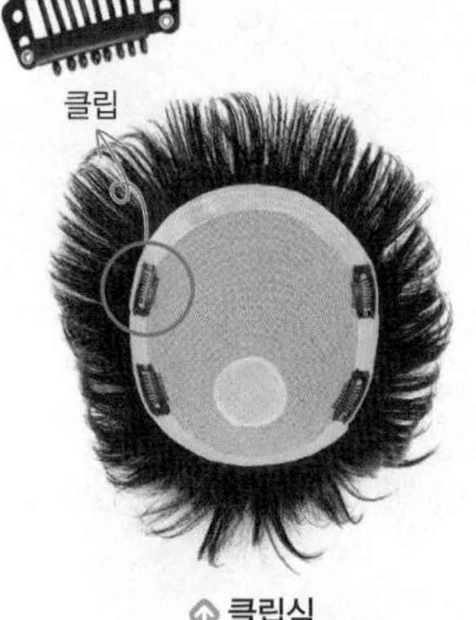

클립식

테이프식

종류	특징
클립식	• 탈모된 주변의 튼튼한 머리카락을 3~5개의 클립으로 고정 • 많은 모량에 적합하며, 본발을 밀지 않아도 됨 • 모량이 적은 사람에게는 고정력이 현저히 떨어짐 • 바람이 많이 불거나 운동량이 많은 경우에는 불안하다.
테이프식	• 탈모된 부위의 두개피부에 테이프로 붙여 고정시킴 • 가발 제작 시 두상에 맞게 착용 시 본발을 최대한 살릴 수 있다. • 2~7일 간격으로 테이프를 바꾸어 주어야 함 • 땀이 많을 경우 접착력이 약해짐
밴드식	• 두상 주위에 고무 밴드를 이용하여 고정 • 전체 가발에서 주로 사용 • 밴드를 사용하므로 모자처럼 손쉽게 착용이 가능 • 기존 두발 상태에 제한받지 않는다. • 장기간 사용 시 밴드가 늘어날 수 있으며, 밴드가 두상을 조일 수 있다.(두통 유발 가능)

(2) 고정식

종류	특징
특수 접착식	• 탈모된 부위의 본발을 밀고 가장자리 주변에 테이프와 접착제를 이용해 고정 • 고정식 중에서 제품 사이즈를 제일 작게 만들 수 있음 • 본발을 최대한 살릴 수 있음 • 민감한 피부와 땀과 피지분비가 많으면 고정력이 오래 가지 못하며, 노폐물이 쌓일 수 있음

▶ 고정식의 특징
탈착식에 비해 안정적이나, 청결 관리가 필요하다.

종류	특징
결속식	• 튼튼한 머리카락 부분에 실을 이용하여 결속하고 접착제를 한방울 떨어뜨려 고정시킨다. • 본발을 밀지 않고 착용할 수 있다. 특수 접착식보다 노폐물 배출이 잘 된다. • 접착제를 잘못 떨어뜨려 두피에 묻게 되면 피부에 트러블을 발생시킬 수 있다.

chapter 01

03 가발의 관리

1 가발의 세정(샴푸)

(1) 인모의 경우

① 헤어피스를 물에 담가두면 파운데이션이 약해져 심어진 두발의 지지력이 감소한다.

② 벤젠, 알콜 등의 휘발성 용제를 사용하여 세발한다.

③ 샴푸를 이용할 경우 플레인 샴푸보다 리퀴드 드라이 샴푸를 하는 것이 좋다.

④ 세정 후에는 오일성분이 함유된 린스제로 린싱을 하여 그늘에 말린다.

→ 위그는 가볍게 빗질을 한 후 가발걸이에 모양을 잡아 걸고 바람이 잘 통하는 그늘에서 자연건조한다.

▶ 플레인 샴푸의 경우에는 저알칼리의 샴푸제를 미지근한 물(38℃)에 브러싱 하면서 세정하면 엉키지 않는다.

(2) 합성섬유(인조모)의 경우

① 플레인 샴푸잉도 가능하지만 제조업체에서 지정하는 세정제를 사용하는 것이 좋다.

② 인모에 비해 열에 취약하고 강한 햇빛에 수축될 수 있으므로 주의해야 한다.

2 가발의 컨디셔닝

① 건조가 되면 두발이 빠지지 않도록 차분하게 두발 끝에서 모근 쪽을 향해 서서히 빗질을 한다.

→ 뜨거운 바람의 드라이기 사용은 가발의 모양을 변형시킬 수 있으니 금지한다.

② 컨디셔너제(가발 전용 에센스)를 뿌려준다. 이때 파운데이션은 바르지 않는다.

기출문제정리 | 섹션별 분류의 기본 출제유형 파악!

★★★

1 가발의 종류가 아닌 것은?

① 인모(numan hair)　② 위그(wid)
③ 투페(toupet)　④ 헤어피스(hair pieces)

가발의 종류 : 위그(wid), 투페(toupet), 헤어피스(hair pieces)
※ 인모는 가발 재질의 종류이다.

★

2 다음 중 가발의 종류가 아닌 것은?

① 전체 가발　② 부분 가발
③ 인조 가발　④ 뿌리는 가발

- 전체 가발 : 위그
- 부분 가발 : 투페, 헤어피스
- 재질에 따라 : 인조 가발, 인조모 가발

★★★★

3 인모 가발에 대한 설명으로 틀린 것은?

① 헤어스타일을 다양하게 변화시킬 수 있다.
② 퍼머넌트 웨이브나 염색이 가능하다.
③ 실제 사람의 두발을 사용한다.
④ 인조가발에 비해 가격이 저렴하다.

인모가발이 비싸다.

★★★

4 가발 착용 방법과 관련한 내용으로 옳지 않은 것은?

① 가발의 스타일을 정리·정돈한다.
② 착탈식 가발은 탈모가 심한 사람들이 주로 착용한다.
③ 가발을 착용할 위치와 가발의 용도에 따라 착용한다.
④ 가발과 기존 모발의 스타일을 연결한다.

착탈식 가발은 클립을 이용하여 수시로 탈부착하므로, 클립이 물리는 부분에서 모발이 빠지기 쉽다.

★

5 가모의 조건으로 틀린 것은?

① 통풍이 잘 되어 땀 등에서 자유로워야 한다.
② 착용감이 가벼워 산뜻해야 한다.
③ 색상의 퇴색이 잘 되어야 한다.
④ 장기간 착용에도 두피에 피부염 등 이상이 없어야 한다.

★★★

6 가발의 사용 및 착용 방법으로 가장 거리가 먼 것은?

① 가발의 스타일이 나타나도록 잘 빗는다.
② 투페(Toupee) 가발 중 클립형은 탈모된 주변의 가는 머리카락 쪽으로 탈착한다.
③ 가발을 착용할 위치와 가발의 용도에 맞추어 착용한다.
④ 가발과 기존 모발의 스타일을 연결한다.

클립형은 탈모된 주변의 튼튼한 머리카락을 3~5개의 클립으로 고정시킨다.

★★★

7 가발의 샴푸에 관한 설명으로 가장 적합한 것은?

① 가발은 매일 샴푸하는 것이 가발 수명에 좋다.
② 가발은 미지근한 물로 샴푸해야 한다.
③ 가발은 물로 샴푸해서는 안 된다.
④ 가발은 락스로 샴푸하는 것이 좋다.

★

8 가발 사용 시 주의사항으로 틀린 것은?

① 샴푸 시 강하게 빗질하거나 거칠게 비비지 않는다.
② 정전기를 발생시키거나 손으로 자주 만지지 않는다.
③ 자연스럽게 힘을 적게 주고 빗질한다.
④ 가발은 습기와 온도에 상관없이 보관한다.

정답 1① 2④ 3④ 4② 5③ 6② 7② 8④

★★

9 가발을 세발하는 방법으로 가장 적합한 것은?

① 일반 샴푸로 세척한다.
② 비누로만 세척한다.
③ 뜨거운 바람으로 단시간 내에 드라이 한다.
④ 벤젠 등의 휘발성 용제로 드라이 샴푸 한다.

가발은 드라이 샴푸를 이용하여 세발하는 것이 좋으며, 열에 의해 손상되기 쉬우므로 드라이어 사용을 금한다. 인모가발이 경우 자연 모발과 동일하게 샴푸-트리트먼트-린스를 사용한다.

★★★

10 인모 가발의 세발 방법으로 가장 옳은 것은?

① 보통 샴푸제를 사용하여 선풍기 바람으로 말린다.
② 물에 한참 담가두었다가 세발하는 것이 좋다.
③ 벤젠, 알코올 등의 휘발성 용제를 사용하여 세발하고, 그늘에서 말린다.
④ 세척력이 강한 비누를 사용하고 뜨거운 열로 말린다.

인모 가발은 주로 드라이 샴푸를 이용하여 세발하며, 보통 샴푸제를 사용할 경우 미지근한 물에 가볍게 문질러 세발한 후 그늘에서 말린다. 뜨거운 물을 사용하거나 주물러 세발하지 말 것
※ 선풍기 바람으로 말릴 경우 마찰에 의한 손상을 줄 수 있다.

★★★

11 가발의 제작과정 중 "고객의 두상 즉, 개인별 형태에 따라 머리 모양을 만드는 작업으로 개인별로 머리 모양과 굴곡, 부위가 다르기 때문에 필수적인 항목"인 과정은?

① 제작과정 상담
② 가발 착용 결정
③ 패턴 제작
④ 가발 제작

- 제작과정 상담 : 고객의 직업, 나이 및 모발상태 등을 분석하여 고객에게 적합한 가발을 제시하는 단계
- 패턴 제작 : 고객의 모발을 샘플링 채취하고, 개인별 두상 형태에 따라 머리 모양을 만드는 작업
- 가발 제작 : 가발 종류, 패턴 및 재질 등을 고려하여 제작하는 단계
- 피팅 : 두상에 가발을 착용하고 헤어스타일을 연출하는 단계

★★★

12 가모 패턴제작에서 "고객에게 적합하도록 고객의 모발과 매치, 인모색상, 재질, 컬 등을 고려"하는 과정은?

① 가모 피팅
② 가모 린싱
③ 테이핑
④ 가모 커트

가모 패턴 제작의 가모 피팅은 제작된 가발을 고객에게 어울리게 착용시킨 후 커트하여 스타일링하는 과정을 말한다.
저자의 변) 지문의 과정은 고객 상담에 해당하지만 공단측 정답은 '가모 피팅'으로 되어 있으므로 동일 문제 출제 시 '가모 피팅'을 선택하기 바랍니다.

정답 9 ④ 10 ③ 11 ③ 12 ①

BARBER
Certification

CHAPTER

02

출제문항수
10~12

피부학

The Barber Certification

SECTION 01

피부, 모발, 탈모

[출제문항수 : 2~3문제] 이번 섹션은 피부학에서는 가장 중요한 부분이라고 볼 수 있습니다. 피부의 구조 부분과 부속기관 중 한선과 모발 부분에 관한 문제가 많이 출제되고 있으니 이 부분에 중점을 두고 학습하시기 바랍니다.

01 피부 일반

1 피부의 특징

① 구성물질 : 수분, 지방, 단백질 및 무기질 등

② 표피, 진피, 피하조직으로 구성된다.

③ 손톱, 발톱, 모발은 피부의 변성물이다.

④ 피부의 pH는 신체 부위, 주위의 조건 등에 따라 달라지지만, 땀의 분비가 가장 크게 영향을 미친다.

▶ **피부의 pH**
땀과 피지가 혼합되어 피부표면을 덮고 있는 산성막(피지막)의 pH를 말함

▶ 피부의 가장 이상적 pH
4.5~6.5의 약산성 (5.5를 기준)

02 피부의 구조

1 표피

피부의 가장 표면에 있는 층으로 세균, 유해물질 등의 외부자극으로부터 피부를 보호하고 신진대사작용을 한다.

(1) 표피의 구조 및 기능

구조	기능
각질층	• 표피의 가장 바깥층으로 10~20%의 수분을 함유 • 각화가 완전히 된 세포들로 구성 • 비듬이나 때처럼 박리현상을 일으키는 층 • 외부자극으로부터 피부보호, 이물질 침투방어 • 세라마이드*, 천연보습인자(NMF)* 존재
투명층	• 비교적 피부층이 두터운 부위(손·발바닥)에 주로 분포 • 생명력이 없는 상태의 무색, 무핵층 • 엘라이딘*을 함유하고 있음
과립층	• 각화유리질(케라토히알린, Keratohyalin) 과립이 존재하는 층 • 본격적인 각질화가 일어나는 무핵층 • 투명층과 과립층 사이에 레인방어막*이 존재 (→ 피부의 수분 증발 방지 및 외부 이물질 침투 방지) • 지방세포 생성

▶ **세라마이드**
- 피부 각질층을 구성하는 각질 세포 간지질 중 약 40% 이상 차지
- 기능 : 수분억제, 각질층의 구조 유지

▶ 천연보습인자
(NMF, Natural Moisturizing Factor)
- 피부 각질층에 존재하는 수용성 성분을 총칭
- 피부에 수분을 공급하여 각질층의 건조를 방지
- 구성 : 아미노산(40%), 젖산염(12%), 피롤리돈 카르본산(12%), 요소(7%), 염소, 암모니아, 칼륨, 나트륨 등

▶ **엘라이딘**(Elaidin)
투명층에 존재하는 반유동성물질로, 수분침투를 방지하고 피부를 윤기있게 해주는 역할을 하는 단백질

▶ **레인방어막**(Rein membrane)
- 외부로부터 이물질이 침입하는 것을 방어
- 체액 및 체내의 필요물질이 체외로 빠져나가는 것을 방지
- 피부가 건조해지는 것을 방지
- 피부염 유발을 억제

구조	기능
유극층	• 표피 중 가장 두꺼운 층 • 세포 표면에 가시 모양의 돌기가 세포 사이를 연결 • 케라틴의 성장과 분열에 관여
기저층	• 표피의 가장 아래층으로 진피의 유두층으로부터 영양분을 공급받으며, 새로운 세포가 형성되는 층 • 원주형의 세포가 단층으로 이어져 있으며 각질형성세포와 색소형성세포(멜라닌 색소 생성)가 존재 • 털의 기질부(모기질)가 존재 • 피부손상을 입었을 때 흉터가 생기는 층

(2) 표피의 구성 세포

① **각질형성 세포**(Keratinocyte)
- 표피의 각질(케라틴) 생성
- 표피의 기저층에 존재
- 표피의 주요 구성성분(표피세포의 80% 정도)

② **색소형성 세포**(멜라닌 세포, Melanocyte)
- 멜라닌 색소(피부색을 결정) 생성
- 표피의 기저층에 존재하며, 표피세포의 5~10%를 차지
- 멜라닌 세포 수는 인종과 피부색에 상관없이 일정 (→피부색은 멜라닌세포가 생성하는 멜라닌소체(색소과립)의 수와 크기, 분비능력에 의하여 결정)
- 멜라닌 색소의 주 기능 : 자외선을 받으면 왕성하게 활동하여 자외선을 흡수·산란시켜 피부 손상을 방지한다.

③ **랑게르한스 세포**(Langerhans Cell) - 면역세포
- 피부의 면역기능 담당
- 표피의 유극층에 존재
- 외부로부터 침입한 이물질(항원)을 림프구로 전달
- 내인성 노화가 진행되면 세포수 감소

④ **머켈 세포**(Merkel Cell) - 촉각세포
- 신경세포와 연결되어 촉각(감각)을 감지
- 기저층에 존재

2 진피 (Dermis, Corium)

① 피부의 주체를 이루는 층으로 피부의 90%를 차지한다.
② 콜라겐(교원섬유), 엘라스틴(탄력섬유)의 섬유성 단백질과 무정형의 기질(뮤코다당체)로 구성되어 있다.
③ 피부조직 외의 부속기관인 혈관, 신경관, 림프관, 땀샘, 기름샘, 모발과 입모근을 포함하고 있다.
④ 유두층과 망상층으로 구별되나 경계가 뚜렷하지는 않다.
⑤ 진피에 위치한 모세혈관은 주변 조직에 영양분을 공급한다.

피부의 구조

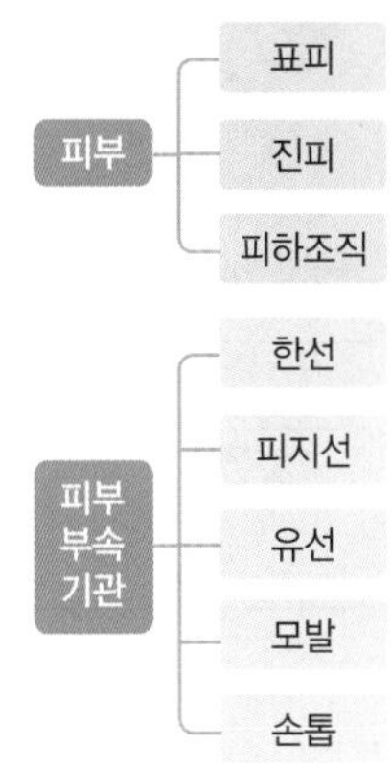

▶ **표피의 발생**
외배엽에서부터 시작

▶ 표피에는 혈관이 없고, 신경이 거의 존재하지 않는다.

▶ **감각점의 분포**
통각점>압각점>촉각점>냉각점>온각점

▶ 소양감은 가려움과 간지러움을 통칭하는 감각이다.

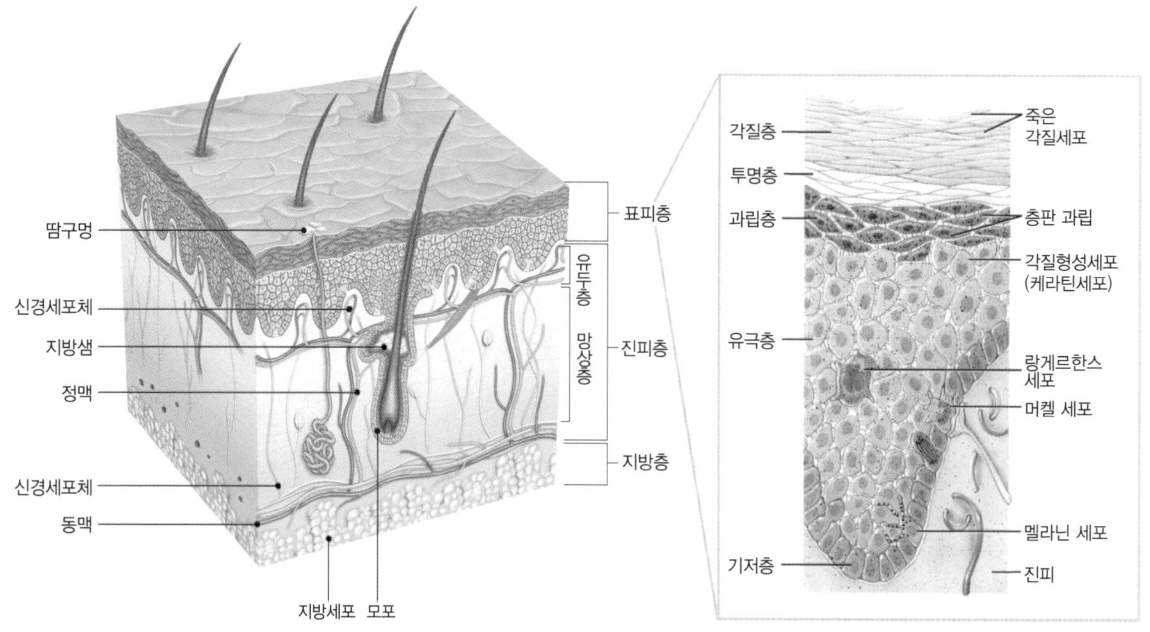

▶ 표피에는 혈관이 없고, 중추신경계와 관련되어 미약하게나마 있지만, 신경이 거의 존재하지 않는다.

▶ 피부색을 결정하는 색소
- 종류 : 멜라닌(흑색), 카로틴(황색), 헤모글로빈(붉은색, 혈색소)
- 색소의 양과 분포, 혈관 분포, 각질층의 두께에 따라 피부색에 영향을 준다.

(1) 진피의 구성 물질

구성물질	특징
콜라겐 (교원섬유)	• 진피의 70~80%를 차지하는 단백질이며, 결합섬유로 피부의 기둥역할을 한다. • 탄력섬유(엘라스틴)와 그물모양으로 서로 짜여있어 피부에 탄력성과 신축성을 주며, 상처를 치유한다. • 노화와 자외선의 영향으로 콜라겐의 양이 감소하면 피부 탄력감소 및 주름형성의 원인이 된다. • 보습능력이 우수하여 피부관리 제품에 많이 사용된다.
탄력섬유 (엘라스틴)	• 교원섬유보다 짧고 가는 단백질이다. • 신축성과 탄력성 좋고, 피부이완과 주름에 관여한다.
기질	• 진피의 결합섬유(콜라겐, 엘라스틴)와 세포 사이를 채우고 있는 젤 상태의 물질이다.

(2) 진피의 구조

구조	특징
유두층	• 표피의 경계 부위에 유두 모양의 돌기를 형성하고 있는 진피의 상단 부분 • 다량의 수분을 함유하고 있으며, 혈관을 통해 기저층에 영양분 공급 • 혈관과 신경이 존재
망상층	• 진피의 4/5를 차지하며 유두층의 아래에 위치 • 피하조직과 연결되는 층 • 옆으로 길고 섬세한 섬유가 그물모양으로 구성 • 혈관, 신경관, 림프관, 한선, 유선, 모발, 입모근 등의 부속기관이 분포

3 피하조직 (Subcutaneous Tissue)

① 진피와 근육(또는 뼈) 사이에 위치하며, 피부의 가장 아래층에 해당된다.

② 지방세포가 피하조직을 형성하며, 지방의 두께에 따라 비만의 정도가 결정된다.

② 여성호르몬과 관련되어 남성보다 여성이 더 발달

③ 기능 : 체온조절(열 차단), 탄력유지, 외부충격 흡수, 영양분 저장 등

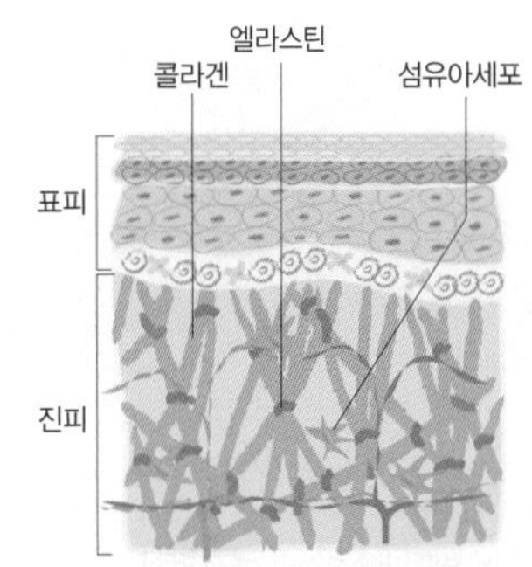

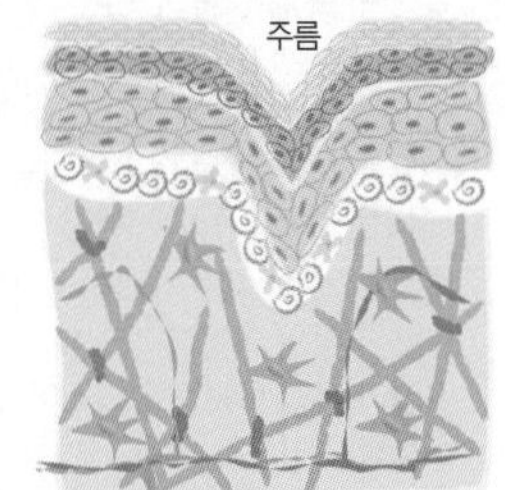

콜라겐과 엘라스틴이 감소할 때의 모습

03 한선(땀샘)과 피지선

1 한선(땀샘)

▶ 한선 : 汗腺
땀샘

① 진피와 피하지방 조직의 경계부위에 위치

② 기능 : 체온 조절, 분비물 배출, 피부 습도 유지 및 피지막과 산성막 형성

③ 종류

에크린선 (소한선)	• 입술과 생식기를 제외한 전신에 분포 (특히 손·발바닥, 이마, 겨드랑이에 많이 분포) • 진피 내에 존재(실밥을 둥글게 한 모양) • 무색, 무취, 99% 수분의 맑은 액체를 분비 (냄새의 원인이 아님)
아포크린선 (대한선)	• 모공을 통해 분비되며, 에크린선보다 크다. • 겨드랑이, 유두, 배꼽, 생식기, 항문 주변에 분포 • 사춘기 이후에 주로 발달하며, 갱년기 이후는 퇴화되어 분비가 감소(성호르몬의 영향) • 분비되는 땀의 양은 소량이나 악취의 원인으로 '체취선(암내)'이라고도 함 • 성과 인종에 따라 분비량이 달라진다. (여성>남성, 흑인>백인>동양인)

④ 땀은 하루에 700~900cc 정도 배출하며 열, 운동, 정신적 흥분 등은 한선의 활동을 증가시킨다.

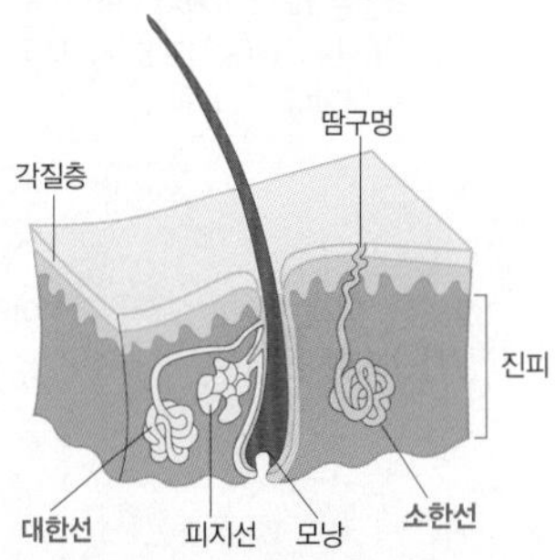

▶ 아포크린한선에서 나오는 땀 자체는 무색, 무취, 무균성이나 단백질이 많이 함유되어 표피에 배출된 후 세균의 작용을 받아 부패하여 냄새가 나는 것이다.

2 피지선

① 피지를 분비하는 선으로, 진피층(망상층)에 위치

② 손·발바닥을 제외한 전신에 분포(코 주변, 얼굴, 이마, 목, 가슴 등에 분포)

③ 피지 생성 : 사춘기 남성에게 많이 생성됨
- 촉진 : 안드로겐(남성 호르몬)
- 억제 : 에스트로겐(여성 호르몬)

④ 피지의 1일 분비량 : 약 1~2g

⑤ 피지의 기능 : 피부건조 방지 및 피부보호, 피부와 털의 보호 및 광택, 수분증발억제, 노폐물 배출, 땀과 함께 피지막(약 pH 5.5의 약산성)을 형성하여 피부표면의 세균 성장을 억제

⑥ 피지 속에는 유화작용을 하는 물질이 포함되어 있다.

▶ 피지의 기능
- 피부의 항상성 유지
- 피부 보호
- 유독물질 배출작용
- 살균작용

⑦ 피지가 외부로 분출이 안 되면 여드름 요소인 면포로 발전

⑧ 피지선의 노화현상 : 피지 분비 감소, 피부의 중화능력 하락, 피부의 산성도 약해짐

04 모발

▶ **케라틴**

- **시스틴**(주성분), 글루탐산, 알기닌 등의 18가지 종류의 아미노산으로 구성되어 있다.
  → 시스틴 : 함황아미노산(10~14%의 유황을 함유)으로 태우면 노린내가 나는 원인이 된다.
- 두발의 주성분이 케라틴(단백질)이므로 두발의 영양공급을 위하여 단백질이 가장 중요한 영양소이다.
- 물리적인 강도가 강하고 탄력이 있을 뿐 아니라 화학약품에 대한 저항력도 강한 편이다.
- 케라틴은 pH 4~5에서 가장 낮은 팽윤성을 나타내며, pH 8~9에서 급격히 증대한다.

▶ **모발의 손상 원인**

자외선, 염색, 탈색, 헤어드라이어의 장기간 사용 등

1 모발의 특징

① 모발의 구성 : 단백질인 케라틴(80~90%), 멜라닌, 지질, 수분 등

② 모발은 피부 속에 있는 모근(hair root)과 우리 눈으로 볼 수 있고 만질 수 있는 피부 밖의 모간(Hair shaft)으로 이루어져 있다.

2 모발의 성장

① 성장 속도 : 하루에 0.2~0.5mm 성장(한 달에 1.2~1.5cm)

② 남성 모발의 수명 : 2~5년

③ 건강한 모발 : 단백질 70~80%, 수분 10~15%, pH 4.5~5.5

④ 가을·겨울보다 봄·여름(5~6월경)에 잘 자란다.

⑤ 낮보다 밤에 더 잘 자란다.

⑥ 10대까지 성장속도가 빠르다.

⑦ 여성이 더 빨리 자란다.

⑧ 두발은 어느 정도 자라면 그 이상 잘 자라지 않는다.

⑨ 영양상태가 좋을수록 모발이 굵을수록 잘 자란다.

3 모발의 화학적 특성 – 모발의 결합구조

① 주쇄결합(폴리펩티드 결합) : 세로 방향의 결합

- 수많은 아미노산이 펩티드 결합을 반복적으로 하는 결합
- 측쇄 결합에 비해 결합력이 강해서 모발이 가로보다 세로로 쉽게 끊어진다.

② 측쇄결합 : 가로 방향의 결합

시스틴 결합	• 환원제에 의해 절단되며, 산화제에 의해 재결합 • 퍼머넌트 웨이브나 곱슬머리 교정 시
수소 결합	• 물·텐션에 의해 절단되며, 드라이나 아이론 등 건조에 의해 다시 재결합
염(이온) 결합	• 산성의 아미노산과 알칼리성 아미노산이 서로 붙어서 구성되는 결합

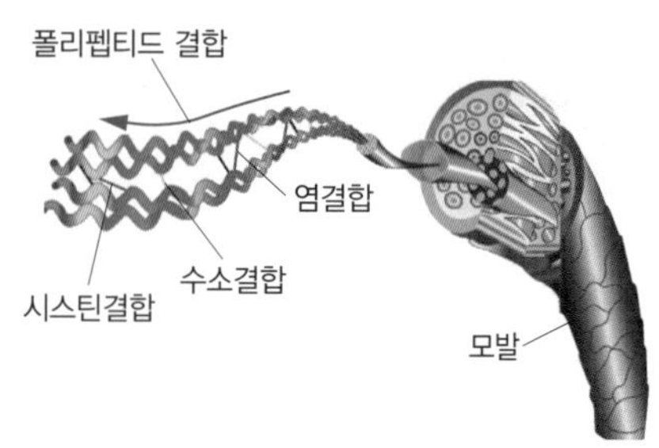

4 모발의 물리적 특성

탄력성	모발을 잡아 당겼다가 놓았을 때 다시 원래의 상태로 되돌아가는 성질
흡수성	모발이 수증기나 수분, 냄새를 흡수하는 성질
다공성	모표피의 손상 정도를 말하며 수분과 제품의 흡수를 결정
대전성	모발을 빗질할 때 빗에 의한 마찰로 인한 정전기 현상
열변성	모발의 케라틴 단백질은 비교적 열에 강하지만 고온에서 단백질 변성이 일어난다.

5 멜라닌 - 모발색의 결정 색소

유멜라닌 (Eumelanin)	• 갈색-검정색 중합체 • 동양인, 입자형 색소(입자가 크다) • 모발색 : 흑색에서 적갈색까지의 어두운 색 • 모피질이 얇고, 모표피는 두꺼운 형태
페오멜라닌 (Pheomelanin)	• 적색-갈색 중합체 • 서양인, 분사형 색소(입자가 작다) • 모발색 : 적색에서 밝은 노란색까지의 밝은 색 • 모피질은 두껍고, 모표피는 얇은 형태

▶ 모발색은 멜라닌 색소에 의해 결정되며, 멜라닌은 머리카락을 둘러싸고 있는 모표피층 바로 안쪽의 피질 세포인 모피질에 들어 있다.

6 모발의 구조

모간부, 모근부, 입모근으로 이루어져 있다.

(1) 모간부

모표피 (cuticle)	• 피부 밖으로 나온 부분이다. • 멜라닌 색소가 없고 투명하며, 모발의 약 15%를 차지한다. • 발수성이고 친유성이다. • 물리적인 마찰에 약하다. • 모발을 보호하는 기능을 가진다.
모피질 (cortex)	• 모발의 80~90%를 차지 • 모표피와 모수질 사이에 존재 • 멜라닌 색소와 섬유질 및 피질세포 사이를 채우는 간충물질(결합물질)로 구성 • 퍼머넌트웨이브나 염모제 등의 화학약품의 작용을 받는다. • 간충물질이 유실되면 건조한 모발이나 다공성 모발이 되기 쉽다
모수질 (medulla)	• 모발의 중심부로 소량의 멜라닌 색소 함유 • 속이 빈 벌집모양의 세포들이 모발의 길이 방향으로 쌓여 있다 • 모수질은 모발직경이 90㎛이상 되는 굵은 모발에 있다.

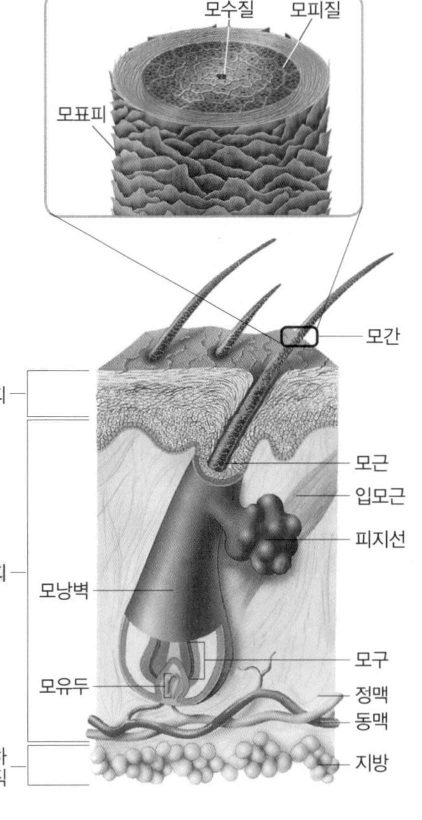

(2) 모근부(두피 아래 위치)

모근	두부의 표피 밑에 모낭 안에 들어있는 모발
모낭	모근을 싸고 있는 부분
모구	모낭의 아랫부분
모유두	• 모발의 성장을 담당하는 핵심 세포 • 모낭 끝에 있는 작은 돌기 조직으로 혈관과 림프관이 분포되어 있어 모발에 영양을 공급
모모 세포	모유두에 접한 모모(毛母) 세포는 분열과 증식작용을 통해 새로운 머리카락을 만든다.

※ 팽윤성 : 모발이 수분을 흡수하면 부피가 증가하여 모발의 길이 방향 또는 직경 방향으로 크기가 늘어나는 현상을 말한다.

(3) 입모근

모근에 붙어있는 근육으로 피부가 추위를 감지하면 근육을 수축시켜 털을 세워 체온 조절을 한다.

(4) 모발의 생장주기(Hair cycle)

성장기 → 퇴행기 → 휴지기(탈모 시작) **→ 발생기**의 단계를 반복한다.

성장기 (3~5년)	모근세포의 세포분열 및 증식작용으로 모발의 성장이 왕성한 단계
퇴행기 (2~4주)	모발의 성장이 느려지는 단계
휴지기 (2~3개월)	모발의 성장이 멈추고, 가벼운 자극에 의해 쉽게 탈모됨
발생기	휴지기에 들어간 모발이 새로 생장하는 모발에 의해서 자연 탈모됨

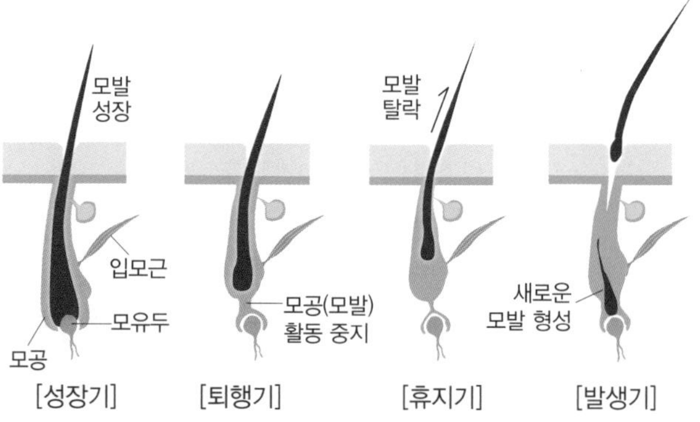

05 탈모

1 탈모의 종류

① 정상 탈모 : 두발의 수명(3~6년 정도)이 다해서 빠지는 것

② 이상 탈모의 원인

- 과도한 스트레스, 남성 호르몬(안드로겐)의 분비가 많은 경우
- 땀, 피지 등의 노폐물이 모공을 막고 있는 경우
- 모유두 세포의 파괴, 영양결핍, 신경성, 유전성, 내분비의 장애 등

2 이상 탈모의 종류

(1) 반흔성 탈모

상처(외상, 화상), 방사선, 화학약품, 세균감염 등으로 인해 모낭세포가 파괴돼 모발 재생이 불가한 탈모이다.

(2) 비반흔성 탈모

치료하면 털이 날 수 있는 탈모이다.

구분		특징
국소성 탈모	남성형 탈모	• 안드로겐 탈모증이라 함 • 이마 양쪽의 모발이 없는 M자형, O형, 이마가 넓어지는 U자형으로 구분 • 해밀턴의 남성형 탈모 단계 : 탈모의 7단계로 구분 • 주원인 : 유전(가장 큰 요인), 남성호르몬(안드로겐)
	여성형 탈모	• 두피 전체적으로 모발이 가늘어지며, 가르마 부위가 넓어지면서 정수리부분이 탈모로 진행된다. • 헤어라인은 유지되며 완전한 탈모는 되지 않는다. • 수 년에 걸쳐 진행됨 • 주원인 : 남성호르몬, 스트레스, 유전
미만성 탈모	원형 탈모	• 자각증상 없이 동전만한 크기로 원형(또는 타원형)으로 털이 빠지는 증상으로 완치가 가능함 • 연령대가 정해지지 않고, 유전적인 자가면역 반응, 정신적인 스트레스, 아토피 등 다양한 요인에 의해 발생 • 전두 탈모증, 단발성, 다발성으로 구분
	휴지기 탈모 (생리적 탈모)	• 모발 사이클에 맞춰 빠지는 현상이 아니라 호르몬 변화에 의해 일시적으로 한꺼번에 많은 양이 빠지는 현상 • 과도한 스트레스, 산후 탈모, 심한 다이어트, 심한 발열, 영양 결핍, 중병 등에 의한 일시적인 탈모 • 시간이 지나면 회복이 가능함

▶ 용어 이해
반흔(瘢痕) : 흉터 반, 흔적 흔
즉, 외상이 치유된 후 그 자리의 피부 위에 남는 흔적으로 두발의 경우 다시 털이 나지 못하는 것을 말한다.

▶ 생리적 탈모증 : 모낭은 일반적으로 4년 정도의 성장기를 지나 4개월 정도의 휴지기를 갖는다. 그러나 휴지기 상태에서 탈모 현상이 발생한다.

▶ 병적 원인에 의한 탈모
- 약물중독 탈모증
- 산후 탈모증
- 열병 후 탈모증

▶ 미만성 탈모 : 탈모 형태가 불규칙적이다.

▶ 기타 탈모 증상

구분	특징
지루성 탈모	피지 분비가 많은 두피에서 발생하기 쉬움
결절성 열모 탈모	모발의 건조, 영양부족으로 모발이 가늘게 갈라지듯 부서지는 증상
결발성 탈모	주로 머리를 끈으로 묶는 등 자극의 반복으로 일어나는 증상

기출문제정리 | 섹션별 분류의 기본 출제유형 파악!

★★★★

1 표피의 설명으로 **틀린** 것은?

① 혈관과 신경분포 모두 있다.
② 신경의 분포가 없다.
③ 입모근(털세움근)이 없다.
④ 림프관이 없다.

표피에는 혈관이 없고, 신경이 거의 존재하지 않는다.
※ 진피에 혈관과 신경 모두 분포되어 있다.

★★★★

2 표피의 구성세포가 **아닌** 것은?

① 각질형성세포 ② 머켈세포
③ 섬유아세포 ④ 랑게르한스세포

표피의 구성 세포
- 각질형성 세포(80%) – 케라틴(keratin) 각질을 생성하면서 각화
- 색소형성 세포 – 피부색 결정(멜라닌 세포)
- 랑게르한스 세포 – T세포와 연계된 항원전달세포
- 머켈 세포 – 감각신경 계통의 세포

★★★★

3 표피에 존재하는 색소침착의 원인과 관련이 깊은 것은?

① 비만 세포 ② 랑게르한스 세포
③ 멜라닌 세포 ④ 각질형성 세포

★★★

4 피지선에서 분비되는 피지의 작용과 가장 거리가 **먼** 것은?

① 털과 피부에 광택을 준다.
② 피지 속에는 유화작용을 하는 물질이 포함되어 있다.
③ 땀의 분리기능을 도와준다.
④ 수분이 증발되는 것을 막아준다.

피지의 작용 : 유화작용, 수분증발 억제, 살균작용, 보호막 형성, 피부나 털에 광택을 부여

★★★

5 피부의 흡수작용에 대한 설명으로 **틀린** 것은?

① 비타민 A 및 성호르몬 등도 흡수된다.
② 유기성분의 일부 물질은 피부의 표피를 통해서 흡수된다.
③ 표피가 손상을 받아 상처가 나면 수용성 물질도 쉽게 흡수된다.
④ 주로 소한선을 통하여 흡수된다.

소한선은 피부 표면으로 땀을 분비할 수 있는 땀샘이므로 흡수와는 무관하다.

★★

6 모발 구성 물질 중 가장 많은 성분은?

① 수분
② 단백질
③ 미량 원소
④ 멜라닌 색소

모발의 주성분은 단백질(케라틴)이므로, 단백질 공급이 필요하다.

★★★★

7 피부의 알레르기(Allergy) 반응 4단계와 관련한 설명으로 **틀린** 것은?

① 홍반 단계 : 가려움증으로 시작되며 이것은 마지막 단계에까지 계속될 수 있다.
② 유출 단계 : 박테리아에 의한 추가 감염의 위험이 있으며 유출액이 흐려질 수 있다.
③ 박리 단계 : 돌출 부위가 사라지며, 가려움은 없어지고 정상적인 상태로 돌아간다.
④ 수포성 단계 : 이 단계에서는 엉켜 붙어 있던 맑은 장액이 흘러나온다.

수포성 단계에는 물집이 생겨 피부가 부풀어 오른다.

정답 1① 2③ 3③ 4③ 5④ 6② 7④

★

8 모근부에 속하지 않는 것은 무엇인가?

① 피지선 ② 모낭
③ 모유두 ④ 모수질

모근부 : 피지선, 모낭, 모유두, 땀샘
※ 모수질은 모발의 구조에 해당한다.

★★★★★

9 피부표면 피지막의 정상적인 pH 정도는?

① 산성
② 약알칼리성
③ 약산성
④ 강알칼리성

피부 pH의 이상적인 범위는 약 pH 4.5~5.5의 약산성이다.

★★

10 모발에 대한 설명으로 옳지 않은 것은?

① 모발은 모근과 모간으로 이루어져 있다.
② 모근부는 두피 아래에 위치한다.
③ 모발의 주성분인 케라틴 단백질은 15가지의 아미노산으로 구성되어 있다.
④ 모간부는 모표피, 모피질, 모수질의 구조로 되어있다.

모발의 주성분인 케라틴 단백질은 18가지의 아미노산으로 구성되어 있다.

★★★★

11 모발의 생장을 관장하는 곳은?

① 모간 ② 모유두
③ 모구 ④ 모낭

- 모간 : 표피 위에 들어난 모발 부분
- 모근(모유두) : 털 모발의 발육성장을 관장하고 있는 모유두는 혈관이 풍부하여 모발에 영양을 공급하고 있다. 모근은 모유두세포와 모모세포로 구성되는데, 모유두세포는 모세혈관으로부터 산소와 영양을 공급받아 모모세포로 전달하여 모발의 성장을 관장하는 '모발의 씨앗' 역할을 한다.
- 모낭 : 모근을 감싸고 있는 주머니 모양으로 모근을 보호하고 영양을 공급한다.

★★★

12 두발의 주성분인 케라틴(Keratin)은 어느 것에 속하는가?

① 단백질 ② 석회질
③ 지방질 ④ 당질

케라틴은 동물의 여러 조직에서 주요 구성을 이루는 단백질이다.

★★★★★

13 모피질(Cortex)에 대한 설명이 틀린 것은?

① 실질적으로 퍼머넌트웨이브나 염색 등의 화학적 시술이 이루어지는 부분이다.
② 피질세포와 세포 간 결합물질(간층물질)로 구성되어 있다.
③ 멜라닌 색소를 함유하고 있어 모발의 색상을 결정한다.
④ 전체 모발 면적의 50~60%를 차지하고 있다.

모피질은 피질세포와 간충물질로 구성된다. 전체 모발 면적의 85~90%를 차지하므로 퍼머넌트웨이브나 염색 등 화학적 시술이 이뤄지는 부분이며, 모질의 탄력, 강도, 질감, 색상을 결정한다.

★★★★★

14 모발색을 결정하는 멜라닌 중 검정과 갈색 색조와 같은 모발의 어두운 색을 결정하는 것은?

① 도파크롬 ② 유멜라닌
③ 헤나 ④ 페오멜라닌

- 유멜라닌(흑인, 동양인) : 흑갈색과 같이 모발의 어두운 색을 결정
- 페오멜라닌(서양인) : 적황색과 같이 모발의 밝은 색을 결정

★★★★

15 모발 구조에서 색소(Melanin) 함량이 가장 높은 부분은?

① 모상피 ② 모피질
③ 모수질 ④ 모표피

모피질은 모발의 85~90%를 차지하며, 모발의 색을 결정하는 멜라닌 색소가 있다.

정답 8 ④ 9 ③ 10 ③ 11 ② 12 ① 13 ④ 14 ② 15 ②

chapter 02

★★★★★

16 페오멜라닌(pheomelanin)의 설명으로 틀린 것은?

① 색소 생성은 도파퀴논이 케라틴 단백질에 존재하는 시스테인 결합 후 생성된다.
② 색입자가 작아서 입자형 색소라고도 한다.
③ 서양인의 모발에 많다.
④ 붉은색과 노란색이 나타난다.

멜라닌 색소의 구분

유멜라닌	흑색, 갈색 (어두움)	• 색입자가 큰 입자형 색소 • 아시아인에게 많음 • 도파크롬(DOPA chrome)을 거쳐 흑갈색의 유멜라닌을 생성
페오멜라닌	적색, 황색 (밝음)	• 색입자가 작은 분사형 색소 • 서양인에게 많음 • 도파퀴논이 케라틴 단백질에 존재하는 시스테인(cysteine)과 결합 후 생성

★★★★★

17 모발에 대한 설명 중 맞는 것은?

① 밤보다 낮에 잘 자란다.
② 봄과 여름보다 가을과 겨울에 더 잘 자란다.
③ 모발의 주기(모주기)는 성장기, 퇴행기, 휴지기, 발생기로 나누어진다.
④ 개인차가 있을 수 있지만, 평균 1달에 5cm 정도 자란다.

① 낮보다 밤에 잘 자란다.
② 가을·겨울보다 봄·여름에 더 잘 자란다.
④ 한달 평균 1~1.5cm 정도 자란다.

★★★★★

18 모발의 성장 속도에 대한 설명 중 틀린 것은?

① 남성보다 여성의 모발이 더 빨리 자란다.
② 하루 중 밤보다 낮에 빨리 자란다.
③ 연령별로는 대개 10대가 가장 빨리 자란다.
④ 1년 중 일반적으로 5~6월경에 빨리 자란다.

• 머리카락은 낮보다 밤에 빨리 자란다.
• 연령별로 10대까지는 성장 속도가 빨라지고 20대 이후에는 점점 느려진다.
• 1년 중 봄에서 초여름 사이에 모발 성장이 최고조가 된다.
• 모발이 자라는 속도는 남성보다 여성이 더 빠르다.

★★★★

19 두발의 성장에 대한 일반적인 설명 중 틀린 것은?

① 겨울보다는 여름에 더 빨리 자란다.
② 정상적으로 하루를 기준으로 20~100개 정도의 모발이 빠진다.
③ 탈모증이 아닌 이상 모발은 모낭으로 빠져나가기 전에 새로운 모발이 그 모발을 대체할 준비가 되어있다.
④ 성장기-휴지기-변화기 순의 단계를 거친다.

두발의 주기 : 성장기 → 퇴행기 → 휴지기

★★★

20 두발의 성장에 대한 설명 중 틀린 것은?

① 일반적으로 두발의 성장은 가을에 빠르다.
② 필요한 영양은 모유두에서 공급된다.
③ 영양이 부족하면 두발이 길이로 갈라지는 증세를 나타낸다.
④ 두발은 어느 정도 자라면 그 이상 잘 자라지 않는다.

두발의 성장은 1년 중 봄·여름(5~6월경)에 빠르다.

★★★

21 건강한 중년 성인의 경우 수염은 하루에 일반적으로 얼마나 자라는가?

① 0.01mm 이하　　② 0.06~0.08mm
③ 0.2~0.4mm　　④ 0.6~0.8mm

머리카락, 수염 모두 하루에 약 0.2~0.4mm 정도 자란다.

★

22 모발의 중심부에 존재하고, 약간의 멜라닌 색소입자를 갖고 있는 유재형 세포로 되어있는 것은?

① 모표피　　② 모수질
③ 모피질　　④ 외모근초

모수질은 모발 중심부에 위치하며, 약간의 멜라닌 색소 입자를 갖는 유재형 세포(죽은 세포)로 되어 있다.

정답 16 ② 17 ③ 18 ② 19 ④ 20 ① 21 ③ 22 ②

★★★ □□□

23 남성 두발의 일반적인 수명으로 가장 적합한 것은?

① 1~2년 ② 2~5년
③ 5~7년 ④ 7~9년

남성은 약 2~5년, 여성은 4~6년 정도이다.

★★★★ □□□

24 탈모증 종류에서 유전성 탈모증인 것은?

① 원형 탈모
② 남성형 탈모
③ 반흔성 탈모
④ 휴지기성 탈모

★★★ □□□

25 탈모된 부위의 경계가 정확하고 동전 크기 정도의 둥근 모양으로 털이 빠지는 질환은?

① 결절성 탈모증
② 건성 탈모증
③ 원형 탈모증
④ 지루성 탈모증

★★ □□□

26 원형 탈모증으로 설명이 맞는 것은?

① 탈모 부분이 둥글다.
② 외부 자극에 의해 발생한다.
③ 모발이 길이 방향으로 갈라진다.
④ 모발이 전체적으로 고루 빠진다.

② 반흔성 탈모
④ 휴지기 탈모

★★★ □□□

27 원형 탈모증을 가장 바르게 설명한 것은?

① 이마 위쪽 부분의 두발이 빠지는 증세
② 동전처럼 집중적으로 두발이 빠지는 증세
③ 뒷머리 부분의 두발이 빠지는 증세
④ 머리 부분 전체의 두발이 빠지는 증세

★ □□□

28 원형 탈모증의 원인에 해당하는 것은?

① 유전적인 자가면역 반응과 더불어 정신적인 스트레스, 아토피의 상태 등 다양한 요인에 의해 발생한다.
② 가족력이 있거나 남성호르몬에 의해 발생한다.
③ 노폐물 및 과다한 피지와 각질로 인해 세균 번식으로 발생된다.
④ 과도한 스트레스, 산후 탈모, 심한 다이어트, 심한 발열, 영양 결핍, 중병 등에 의해 일시적으로 발생한다.

② 남성형 탈모증에 해당
③ 지루성 탈모증에 해당
④ 생리적 탈모증(휴지기 탈모)

★★★ □□□

29 두발의 결절 열모증에 대한 설명으로 맞는 것은?

① 머리카락의 끝부분이 많은 가닥으로 갈라지는 증세이다.
② 두발에 영양이 과다할 때 발생한다.
③ 수분과 피지의 분비가 많을 때 발생한다.
④ 두피에 있는 기생충에 의해 발생한다.

열모(裂毛)의 '열'은 '찢어지다'는 의미로, 머리카락 끝이 여러 가닥으로 갈라지는 현상을 말한다.

★★★★ □□□

30 탈모 증세 중 지루성 탈모증에 관한 설명으로 가장 적합한 것은?

① 동전처럼 무더기로 머리카락이 빠지는 증세
② 상처 또는 자극으로 머리카락이 빠지는 증세
③ 나이가 들어 이마 부분의 머리카락이 빠지는 증세
④ 두피 피지선의 분비물이 병적으로 많아 머리카락이 빠지는 증세

피지분비가 많은 두피에 발생하는 만성 염증성 피부질환으로 비듬, 뾰루지, 가려움증 등이 대표적인 증상이다.

chapter 02

정답 23 ② 24 ② 25 ③ 26 ① 27 ② 28 ① 29 ① 30 ④

★★★★

31 두발이 빠진 곳에 새로운 두발이 나올 수 있는 사람은?

① 장티푸스 질병으로 탈모된 사람
② 병적으로 모근이 죽어 있는 사람
③ 화상으로 탈모된 사람
④ 깊은 찰과상으로 모낭이 손상된 사람

모발 세포에 영양을 공급하는 모근이나 모발을 만드는 모낭이 손상되거나, 두피에 화상을 입으면 진피조직이 손상되면 새로운 머리카락이 나오지 않는다.

★★★

32 일시적으로 복용한 약물의 영향으로 젊은 사람도 백발이 되는 경우가 있는데, 이 경우 다음 중 가장 관계가 깊은 것은?

① 모유두의 병발
② 모낭의 퇴화
③ 모간의 영양 부족
④ 모피질 내의 색소 결핍

약물에 의한 백발은 주로 멜라닌 색소에 영향이다.(색소 결핍)

★★

33 모발에 영양분이 없어 나타나는 일반적인 현상에 해당되지 않는 것은?

① 모발에 탈지현상이 나타난다.
② 모발색이 엷은 황색을 띠게 된다.
③ 모발이 부스러진다.
④ 모발 끝이 갈라진다.

① 탈지 현상 : 유분이 빠지는 현상 (탈지의 증상에는 머리카락이 윤기와 탄력을 잃는다)
② 백인들은 유전적으로 모발이 금색을 띠고 머리숱은 많지만 모발은 가늘고 탈모인구의 비율이 높다. 영양분이 부족한 현상이 아니다.

★★★

34 두발 영양관리에 있어서 두발에 영양분이 부족하면 나타나는 현상 중 잘못된 것은?

① 두발이 굵고 억세진다.
② 두발이 부스러진다.
③ 두발 끝이 갈라진다.
④ 두발에 탈지현상이 나타난다.

모발이 굵고 억세다는 것은 건강하다는 뜻이며, ②~④는 모발에 영양이 부족할 때 발생한다.

정답 31 ① 32 ④ 33 ② 34 ①

The Barber Certification

SECTION 02

피부유형과 피부관리

[출제문항수 : 1~2문제] 이번 섹션은 약 1문제 정도가 출제됩니다. 다양한 피부 유형에 따른 특징을 구분하여 학습하시기 바랍니다.

01 주요 피부 유형

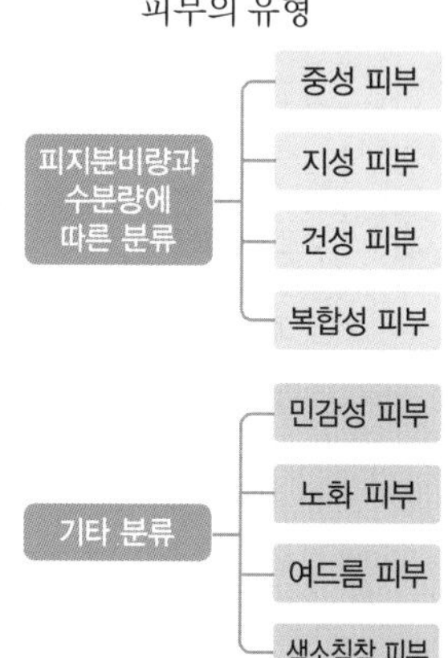

chapter 02

1 중성 피부

한선과 피지선의 기능이 정상이며, 충분한 수분과 피지를 가진 이상적인 피부이다.

(1) 중성 피부의 특징

① 피부표면이 촉촉하고 매끄럽고, 부드러우며 탄력성이 좋고 주름이 없다.
② 피지분비 및 수분공급이 적절하여 세안 후 당기거나 번들거리지 않는다.
③ 피부결이 섬세하고 모공이 미세하다.
④ 여드름, 색소, 잡티 현상이 없다.
⑤ 계절이나 연령에 따라 민감하게 반응하여 건성이나 지성피부가 되기 쉬우므로 꾸준한 관리가 필요하다.

(2) 관리방법

① 세안을 깨끗하게 하고 균형 있는 영양섭취를 골고루 하며 피로가 쌓이지 않도록 한다.
② 피부의 유·수분 균형을 위해 주기적으로 마사지와 팩을 시행한다.

2 건성피부

피부의 유분과 수분의 분비량이 적어 건조함을 느끼는 유형이다.

(1) 건성피부의 특징

① 모공이 작고, 피부가 얇으며 피부결이 섬세해 보인다.
② 피지와 땀의 분비 저하로 유·수분의 균형이 정상적이지 못하다. (각질층의 수분이 10% 이하)
③ 유·수분이 부족으로 인해 세안 후 피부 당김이 심하다.
④ 피부표면이 항상 건조하고 윤기가 없으며, 겨울철에 각질이 많이 생긴다.
⑤ 탄력 저하와 잔주름이 생기기 쉬움
⑥ 화장이 피부에 잘 밀착되지 않고 들뜬다.
⑦ 피부가 손상되기 쉬워 색소침착에 의한 기미, 주근깨가 생기기 쉽고 노화현상이 빨리 온다.
⑧ 피지선 및 한선의 기능저하, 영양이 부족할 때 건성피부가 된다.

▶ 알코올 성분이 많은 화장품은 수분을 증발시키므로 건성피부에는 적합하지 않다.

▶ 지성 피부의 원인
- 유전적으로 피지선을 자극하는 남성 호르몬(안드로겐)의 과다 분비
- 여성 황체호르몬(프로게스테론)의 기능 증가
- 갑상선 호르몬의 불균형
- 후천적인 스트레스, 위장장애, 변비
- 공기오염, 고온다습한 기후 등

(2) 관리방법

① 건성 피부는 보습작용 강화가 관리 목적이다.

② 적절한 수분과 유분 공급 및 충분한 수면을 취한다.

③ 피부에 수분을 보충하기 위하여 팩과 마사지를 자주 한다.

④ 지나친 사우나를 피하고, 알코올 성분이 많은 화장품은 피한다.

⑤ 과도한 세정 및 약알칼리성 비누의 사용을 피하고, 약산성 또는 중성 비누를 사용한다.

⑥ 외부의 유해환경으로부터 피부를 보호하며, 세정 후 적절한 보습제를 사용한다.

3 지성 피부

피지선의 기능이 발달하여 피지가 과다하게 분비되는 피부이다.

(1) 지성 피부의 특징

① 피지 분비량이 많아 모공이 크고, 잘 막힌다.

② 주요 증상 : 여드름, 피부표면의 번들거림, 뾰루지, 블랙헤드 등

③ 피부결이 거칠고 두꺼운 편으로 젊은 층이나 남성피부에 많다.

④ 화장이 쉽게 지워지고 오래 지속되지 못한다.

(2) 관리방법

① 일반적으로 외부의 자극에 영향이 적으며, 비교적 피부관리가 용이한 편이므로 피부 위생에 중점을 두어서 관리를 한다.

② 원칙은 피부의 표피 지질성분에는 영향 없이 과도한 피지를 제거하는 것이다.(세정력이 우수한 클렌징 제품을 사용)

③ 세정력이 우수한 클렌징 제품이나 스팀타월을 사용한다.

④ 오일이 없는 제품을 사용하여 피부관리를 한다.

4 복합성 피부

얼굴 부위에 따라 2가지 이상의 피부 유형이 공존하는 타입으로, 환경적 요인, 피부관리 습관, 호르몬 불균형 등이 원인이다.

(1) 복합성 피부의 특징

① 피부결이 매끄럽지 않고 전체적으로 피부조직이 일정하지 않다.

② 보통 여드름이나 지루피부염 등이 동반되어 있는 경우가 많다.

③ 단순 지성 피부와 달리 피부에 쉽게 염증이 생기고 외부 자극에도 민감한 편이다.

(2) 관리방법

① 세정 제품 사용 시 자극이 없는 제품들을 선택하는 것이 좋으며 세안 시에도 심하게 문지르거나 너무 자주 세안하는 습관은 피하는 것이 좋다.

② 유·수분 관리를 꼼꼼하게 해주며, 특히 눈가, 입가, 볼 등은 건조해지기 쉽고 외부 기후변화에 따라 균형을 잃기 쉬우므로 세안 및 보습에 신경을 써야 한다.

02 기타 피부 유형

1 민감성 피부

① 피부 특정부위가 붉어지거나 민감한 반응을 보이는 피부로 정상 피부와 달리 조절기능과 면역기능이 저하된 피부이다.
② 피부유형과 상관없이 체질, 환경, 내·외적 요인에 의해서 발생한다.

(1) 민감성 피부의 특징

① 작은 자극에도 예민하게 반응한다.
② 외부의 자극에 영향이 많아 관리가 어려운 편이다.
③ 피부표면의 방어막이 손상되어 피부 내 수분 손실량이 증가한다.
④ 피부의 각질층이 얇아 피부 결이 섬세하다.
⑤ 건조, 가려움, 홍반, 모세혈관 확장, 알레르기, 색소침착 등이 발생한다.

▶ 민감성 피부의 원인
- 외적 요인 : 화장품, 자외선, 금속 등
- 내적 요인 : 스트레스, 수면부족 등
- 체질적 요인
- 환경적 요인

(2) 관리방법

① 수분을 많이 섭취하고 수분크림을 많이 바른다.
② 외출 시 자외선 차단제를 사용하여 피부의 색소침착을 방지한다.
③ 피부에 자극을 주는 강한 마사지나 스크럽 등은 피한다.
④ 알코올 성분이 들어간 화장품의 사용을 피한다.

2 여드름 피부

피지분비 과다, 여드름균 증식, 모공 폐쇄로 인한 모공 내의 염증이 있는 피부 유형이다.

(1) 여드름 피부의 특징

① 피지분비가 많아 번들거리며 피부가 두껍고 거칠다.
② 화장이 잘 지워지고 시간이 갈수록 칙칙해진다.

▶ 여드름의 요인

내적 요인	유전, 스트레스, 월경주기, 피임약, 임신, 다이어트 등
외적 요인	자외선, 계절, 기후, 물리적 자극, 마찰, 화학약품의 부작용 등

(2) 관리방법

① 유분이 많은 화장품의 사용을 피하고 보습기능을 가진 화장품을 사용한다.
② 클렌징을 철저히 하여 피부의 청결을 유지한다.
③ 가급적 메이크업을 하지 않는 것이 좋다.
④ 과도하게 단 음식, 지방성 음식, 알코올의 섭취를 피한다.

3 색소침착 피부

① 색소침착은 멜라닌 색소의 과다 생성으로 인하여 발생하는 색소 이상 현상을 말한다.
② 원인 : 자외선, 스트레스, 개인의 건강상태, 생리, 임신, 여성호르몬, 멜라닌 자극 호르몬의 증가 및 잘못된 생활습관 등
③ 기미, 주근깨, 노인성반점(검버섯), 색소성 모반, 안면 흑피증 등이 있다.

4 노화 피부

노화란 나이가 들면서 신체의 구조와 기능이 점진적으로 저하되어 외부환경에 대한 반응능력이 감소하는 것을 말한다.

(1) 노화의 구분

구분	내용
내인성 노화	• 나이에 따라 피부 구조와 생리기능 감퇴 • 피부가 얇고 건조해지며, 피부의 긴장, 탄력 등의 감퇴로 주름이 생김
광노화	• 자외선(햇빛)에 의한 피부 노화 • 각질층의 피부가 두꺼워지고, 피부는 탄력성이 소실되어 늘어짐

5 모세혈관 확장 피부

① 표피의 모세혈관이 약화되거나 파열, 확장되어 붉은 실핏줄이 보이는 피부

② 원인 : 약한 혈관, 급격한 온도변화, 갑상선이나 성 호르몬 장애, 자율신경의 영향, 자극적인 음식, 스트레스, 만성변비, 강한 마사지, 필링, 위장장애, 스테로이드제, 임신이나 경구피임약 등

03 피부관리

1 팩 마사지(미안술)

(1) 팩 마사지의 효과 및 개요

① 피부에 피막을 형성하여 수분 증발 억제

→ 피부표면으로부터 증발하는 수분을 팩제가 피막층 밑에 머물게 한다.

② 피부 온도 상승에 따른 혈액순환 촉진

→ 팩제를 두껍게 바르면 피부와 공기와의 접촉이 차단되어 피부 온도가 상승되므로 혈액 순환을 활성화시킨다.

③ 유효성분의 침투를 용이하게 함

④ 노폐물 제거 및 청결 작용

→ 표피를 부드럽게 팽윤시키고, 모공이나 표피세포를 열어 노폐물을 배설한다.

⑤ 얼굴에 팩제를 바르고 일정 시간 경과시켜서 효과를 얻도록 한다.

⑥ 미안술의 순서 : 세안 → 맛사지 → 팩 → 피부정돈

⑦ 적정 시간 : 15~20분

▶ 세안
38도 전후의 연수가 좋으며 하루에 조석으로 2번 정도 행하며 맨마지막 세안수는 냉수가 좋다.

(2) 천연팩의 종류 및 효과

① 에그팩

- 흰자 : 세정작용, 잔주름 예방
- 노른자 : 건성피부나 노화피부(잔주름 제거)에 효과적, 영양공급, 보습 작용(콜레스테롤, 레시딘 함유)

② 우유팩 : 보습작용과 표백작용(레시틴, 콜레스테롤, 비타민 등)

③ 벌꿀팩 : 수렴과 표백작용(당분과 단백질, 유기산 등)

④ 수렴성 팩

- 머드팩 : 지나친 지방성 피부에 좋음
- 사과팩 : 모공 수축 작용

⑤ 오일팩 : 과도한 건조성피부나 건성지루증의 경우에 효과

⑥ 왁스마스크법(파라핀 팩) : 잔주름을 없애는 효과

▶ 피부표백을 위한 팩
- 산성팩(과산화수소-옥시풀)
- 감자팩
- 오이팩

2 계절 상태에 따른 피부 손질

(1) 봄

① 급격한 온도 변화로 피지나 땀의 분비가 일정하지 않아 매우 불안정한 상태로 먼지, 오염물, 꽃가루 등으로 피부 트러블이 일어나기 쉽다.

② 기미나 주근깨의 짙어짐을 방지하기 위해서는 레몬팩을 실시하면 효과적이다.

(2) 여름

① 신진대사가 활발해 피지와 땀의 분비가 많다.

② 땀의 영향으로 피부의 저항력이 약해지고 고온다습 하여 피부에 활력이 없고 모공이 벌어져 있다.

③ 해초팩(그을린 피부 회복)이나 감자팩(소염 진정 효과)이 효과적이다.

(3) 가을

① 투명감과 생동감이 없고 각질층이 두꺼워져 피부 표면이 거칠어진다.

② 여름철의 자외선으로 인해 기미,주근깨가 진해졌거나 그을린 경우에는 오이팩이 효과적이다.

(4) 겨울

① 피부에 산소와 영양을 공급하는 혈관이 수축되어, 피부의 신진대사 및 혈액순환이 원만하지 못하다.

② 달걀 노른자 팩은 주 1~2회 피부에 영양공급 및 피부에 윤기를 준다.

3 갈바닉(galvanic) 기기

갈바닉 전류를 이용하여 화장품을 이온화시켜 피부에 침투시키는 기기

(1) 특징

① 갈바닉 전류의 같은 극끼리 밀어내고, 다른 극끼리 끌어당기는 성질을 이용한 기기이다.

② 갈바닉 전류는 피부를 통과할 때 음극과 양극에 의해 화학적인 작용을 한다.

▶ 갈바닉 전류
항상 양극에서 음극으로 흐르는 직류 전류를 말한다. 극성을 가져 같은 극끼리 밀어내고, 다른 극끼리는 당기는 성질이 있다.

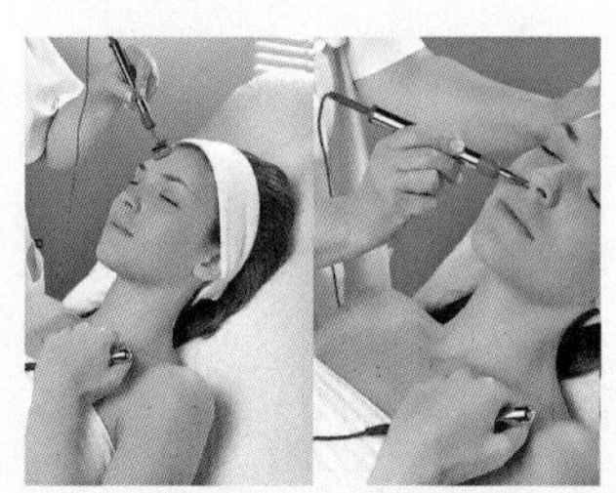

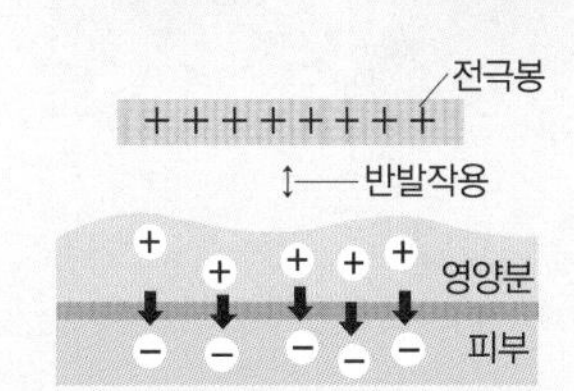

(+) 전극봉을 피부에 접촉하면 극성 반발작용에 의해 이온화된 (+) 영양분이 피부에 침투한다.

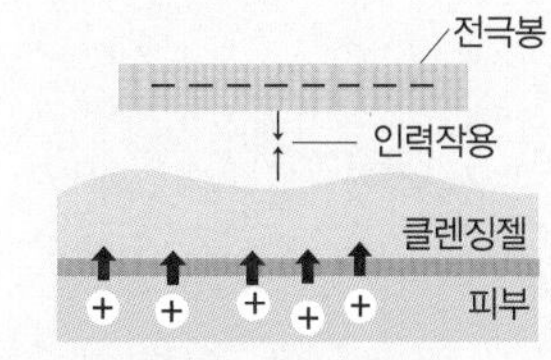

(−) 전극봉을 피부에 접촉하면 클렌징젤은 용해되고, 피부의 노폐물이 (+)가 되어 피부에서 배출된다.

갈바닉 기기의 작동원리

▶ 양극간(兩極間)에서는 살균과 염증예방, 혈액 · 림프순환, 체온상승, 신진대사 증진의 효과를 가진다.

(2) 극의 효과

양극(+)	음극(-)
• 산성 반응 • 산성물질 침투(살균 작용) • 신경 및 피부 진정 • 혈관·모공 수축 • 혈액공급 감소 • 피부조직 강화 • 이온영동법	• 알칼리성 반응 • 알칼리성물질 침투 • 신경 자극 및 피부 활성화 • 혈관·모공 확장 • 혈액공급 증가 • 피부조직의 연화 • 전기세정법

4 적외선등 - 650~1,400nm 정도의 가장 긴 파장

① 건성피부, 주름진 피부, 비듬성 피부에 효과
② 피부조직 2mm 정도 침투한다.
③ 온열 자극으로 팩제를 빨리 건조시킬 때도 사용
④ 효과 : 혈관 확장, 혈액 순환 촉진, 영양성분 침투 촉진, 노폐물 배설 등

5 자외선램프(살균기) - 220~320nm 정도의 짧은 파장

① 살균작용
② 여드름 치료나 병적으로 이상적인 피부에 좋으며 비듬성 두피에도 좋음
③ 에르고테린을 비타민 D로 환원시키고, 곱사병을 예방
④ 혈액 순환과 림프의 흐름을 촉진
⑤ 일반적으로 30분 이내 조사(과도하게 쏘이면 노화 촉진)

6 고주파 전류기

① 온열작용으로 심부 열 투여 효과
② 살균작용, 통증완화, 혈액순환, 신진대사 촉진

7 패러딕 전류

① 피부의 노폐물을 제거하고 혈액 순환과 물질대사 촉진
② 잔주름 감소 효과
③ 피지선과 한선의 활동을 증가시켜 두발성장도 촉진
④ 얼굴이 붉거나, 고혈압에 사용 금지

8 바이브레이터(진동 마사지기)

① 혈액순환촉진, 신진대사 증진 효과
② 온열효과로 지방선 자극하여 건성피부와 노화피부에 효과적
③ 근육이완 및 근육통 해소
④ 영양과 산소공급 증가, 기초대사량 증가
⑤ 노폐물의 제거, 조직상태 증진

기출문제정리 | 섹션별 분류의 기본 출제유형 파악!

★★

1 건성 피부의 특징과 가장 거리가 먼 것은?

① 각질층의 수분이 50% 이하로 부족하다.
② 피부가 손상되기 쉬우며 주름 발생이 쉽다.
③ 피부가 얇고 외관으로 피부결이 섬세해 보인다.
④ 모공이 작다.

건성 피부는 각질층의 수분이 10% 이하인 상태로 모공이 작고 피부결이 섬세해 보이며 피부손상과 주름 발생이 쉽다.

★★

2 세안 후 이마, 볼 부위가 당기며, 잔주름이 많고 화장이 잘 들뜨는 피부유형은?

① 복합성 피부 ② 건성 피부
③ 노화 피부 ④ 민감 피부

건성 피부는 피부에 유분과 수분이 부족하여 세안 후 피부당김이 심하고, 잔주름이 잘 생기며 화장이 피부에 밀착되지 않고 들뜬다.

★★

3 피지와 땀의 분비 저하로 유·수분의 균형이 정상적이지 못하고, 피부 결이 얇으며 탄력저하와 주름이 쉽게 형성되는 피부는?

① 건성 피부 ② 지성 피부
③ 이상 피부 ④ 민감 피부

건성 피부는 피지와 땀의 분비가 원활하지 못해 피부 결이 얇고 주름이 쉽게 형성되며, 피부손상과 노화가 쉽다.

★★

4 건성 피부의 치료법이 아닌 것은?

① 충분한 일광욕을 한다.
② 영양크림을 사용한다.
③ 버터나 치즈 등을 섭취한다.
④ 피부 관리를 정기적으로 한다.

건성 피부는 피부에 수분이 부족한 피부로 일광욕, 사우나, 열탕 등 피부의 수분이 증발되는 활동은 피하는 것이 좋다.

★★

5 지성 피부의 특징으로 맞는 것은?

① 모세혈관이 약화되거나 확장되어 피부 표면으로 보인다.
② 피지분비가 왕성하여 피부 번들거림이 심하며 피부 결이 곱지 못하다.
③ 표피가 얇고 피부표면이 항상 건조하고 잔주름이 쉽게 생긴다.
④ 표피가 얇고 투명해 보이며 외부자극에 쉽게 붉어진다.

① 모세혈관확장 피부, ③ 건성 피부, ④ 민감성 피부

★★

6 다음의 중성피부에 대한 설명으로 옳은 것은?

① 중성 피부는 화장이 오래가지 않고 쉬 지워진다.
② 중성 피부는 계절이나 연령에 따른 변화가 전혀 없이 항상 중성상태를 유지한다.
③ 중성 피부는 외적인 요인에 의해 건성이나 지성 쪽으로 되기 쉽기 때문에 항상 꾸준한 손질을 해야 한다.
④ 중성 피부는 자연적으로 유분과 수분의 분비가 적당 하므로 다른 손질은 하지 않아도 된다.

중성 피부는 계절이나 연령 등의 외적 요인에 의해 건성이나 지성으로 변하기 쉽기 때문에 항상 꾸준한 관리가 필요하다.

★★★★

7 피부유형과 관리 목적과의 연결이 틀린 것은?

① 민감 피부 : 진정, 긴장 완화
② 건성 피부 : 보습작용 억제
③ 지성 피부 : 피지 분비 조절
④ 복합 피부 : 피지, 유·수분 균형 유지

건성 피부는 보습작용 강화가 관리 목적이다.

정답 1① 2② 3① 4① 5② 6③ 7②

★★

8 피지분비가 많아 모공이 잘 막히고 노화된 각질이 두껍게 쌓여 있어 여드름이나 뾰루지가 잘 생기는 피부는?

① 건성 피부 ② 민감성 피부
③ 복합성 피부 ④ 지성 피부

지성 피부는 피지분비가 많아 모공이 잘 막혀 여드름이나 뾰루지 등이 잘 생기며, 피부가 거칠고 두꺼우며, 피부표면이 항상 번들거린다.

★★

9 피부가 두터워 보이고 모공이 크며 화장이 쉽게 지워지는 피부타입은?

① 건성 ② 중성
③ 지성 ④ 민감성

지성 피부는 피부 결이 거칠고 두터워 보이며, 모공이 크고, 유분으로 인해 화장이 쉽게 지워지고 오래 지속되지 못한다.

★★★

10 지성피부의 특징이 아닌 것은?

① 여드름이 잘 발생한다.
② 남성피부에 많다.
③ 모공이 매우 크며 반들거린다.
④ 피부 결이 섬세하고 곱다.

지성피부는 피부 결이 거칠고 두꺼운 특징을 가진다.

★★★★

11 다음 중 지성피부의 주된 특징을 나타낸 것은?

① 모공이 크고 여드름이 잘 생긴다.
② 유분이 적어 각질이 잘 일어난다.
③ 조그만 자극에도 피부가 예민하게 반응한다.
④ 세안 후 피부가 쉽게 붉어지고 당김이 심하다.

지성 피부는 피지가 과다하게 분비되므로 모공이 크고 여드름, 블랙헤드, 뾰루지가 잘 생긴다.
- 유분이 적어 각질이 잘 일어남 : 건성 피부
- 조그만 자극에도 피부가 예민하게 반응 : 민감성 피부
- 피부가 쉽게 붉어짐 : 민감성 피부
- 세안 후 피부당김이 심함 : 건성 피부

★★

12 다음 설명과 가장 가까운 피부타입은?

【보기】
- 모공이 넓다.
- 뾰루지가 잘 난다.
- 정상 피부보다 두껍다.
- 블랙헤드가 생성되기 쉽다.

① 지성 피부 ② 민감성 피부
③ 건성 피부 ④ 정상 피부

★★

13 지성 피부에 대한 설명 중 틀린 것은?

① 지성 피부는 정상 피부보다 피지분비량이 많다.
② 피부결이 섬세하지만 피부가 얇고 붉은 색이 많다.
③ 지성 피부가 생기는 원인은 남성호르몬인 안드로겐이나 여성호르몬인 프로게스테론의 기능이 활발해져서 생긴다.
④ 지성 피부의 관리는 피지제거 및 세정을 주목적으로 한다.

지성피부는 피부 결이 거칠고 두텁다. 피부 결이 섬세하며 얇고 늘 붉어져 있는 피부는 민감성 피부이다.

★★

14 피부 유형별 관리방법으로 적합하지 않은 것은?

① 복합성 피부 - 유분이 많은 부위는 손을 이용한 관리를 행하여 모공을 막고 있는 피지 등의 노폐물이 쉽게 나올 수 있도록 한다.
② 모세혈관확장 피부 - 세안 시 세안제를 손에서 충분히 거품을 낸 후 미온수로 완전히 헹구어 내고 손을 이용한 관리를 부드럽게 진행한다.
③ 노화 피부 - 피부가 건조해지지 않도록 수분과 영양을 공급하고 자외선 차단제를 바른다.
④ 색소침착 피부 - 자외선 차단제를 색소가 침착된 부위에 집중적으로 발라준다.

자외선 차단제는 색소의 침착을 방지하기 위한 것이며, 침착된 색소를 제거하는 기능은 없다.

정답 8 ④ 9 ③ 10 ④ 11 ① 12 ① 13 ② 14 ④

★★

15 지성피부의 손질로 가장 적합한 것은?

① 유분이 많이 함유된 화장품을 사용한다.
② 스팀타월을 사용하여 불순물 제거와 수분을 공급한다.
③ 피부를 항상 건조한 상태로 만든다.
④ 마사지와 팩은 하지 않는다.

지성피부는 피지분비가 많은 피부이므로 세안에 신경을 써야 하며, 스팀타월을 이용하여 불순물 제거와 수분을 공급하고, 오일이 없는 제품을 이용하여 피부관리를 한다.

★★★★

16 단순 지성피부와 관련한 내용으로 틀린 것은?

① 지성 피부에서는 여드름이 쉽게 발생할 수 있다.
② 세안 후에는 충분하게 헹구어 주는 것이 좋다.
③ 일반적으로 외부의 자극에 영향이 많아 관리가 어려운 편이다.
④ 다른 지방 성분에는 영향을 주지 않으면서 과도한 피지를 제거하는 것이 원칙이다.

외부의 자극에 영향이 많아 관리가 어려운 피부는 민감성피부이다.

★★

17 자외선에 과도하게 노출되거나 칼슘이 부족할 경우 뒤따를 수 있는 피부 유형은?

① 여드름성 피부 ② 민감성 피부
③ 복합성 피부 ④ 지성 피부

민감성 피부는 자외선 등의 외부자극에 민감하게 반응하는 피부유형으로 칼슘이 부족한 경우에도 나타날 수 있다.

★★★

18 노화의 현상으로 가장 거리가 먼 것은?

① 콜라겐의 증가 ② 피지선의 감소
③ 갈색반점의 증가 ④ 순환기능의 저하

피부 노화의 원인은 자외선에 의해 콜라겐이 분해되거나 나이가 들면서 콜라겐 크기가 줄어들면서 피부가 탄력을 잃어 얇아지고 주름이 생기게 되는 것이다.

★★

19 민감성 피부의 화장품 사용에 대한 설명으로 틀린 것은?

① 석고팩이나 피부에 자극이 되는 제품의 사용을 피한다.
② 피부의 진정·보습효과에 뛰어난 제품을 사용한다.
③ 스크럽이 들어간 세안제를 사용하고 알코올 성분이 들어간 화장품을 사용한다.
④ 화장품 도포 시 첩포실험을 하여 적합성 여부를 확인 후 사용하는 것이 좋다.

민감성 피부의 경우 피부자극을 주는 스크럽식 세안제는 피하고 무알코올 화장수를 사용하여 피부 자극을 줄인다.

★

20 다음에서 설명하는 내용(계절, 팩)에 가장 적합한 것은?

보기

얼굴 매뉴얼테크닉을 위한 천연 팩으로서 이 계절에 쉽게 건조해지는 피부의 잔주름 예방과 영양공급 효과가 있는 팩이다.

① 겨울 - 계란노른자팩
② 여름 - 오이팩
③ 봄 - 핫팩
④ 가을 - 해초팩

★

21 지성피부의 손질로 가장 적합한 것은?

① 유분이 많이 함유된 화장품을 사용한다.
② 스팀타월을 사용하여 불순물 제거와 수분을 공급한다.
③ 피부를 항상 건조한 상태로 만든다.
④ 마사지와 팩은 하지 않는다.

지성피부의 관리 : 피지분비가 많으므로 세안에 주의하며, 스팀타월을 이용하여 불순물 제거와 수분을 공급하고, 유분함량이 적은 제품을 이용한다.

정답 15 ② 16 ③ 17 ② 18 ① 19 ③ 20 ① 21 ②

★★

22 다음 중 마사지에 주로 사용되는 크림은?

① 콜드크림
② 영양크림
③ 밀크크림
④ 바니싱 크림

콜드크림을 마사지 크림이라고 한다. 피부에 닿으면 크림 속에 있는 수분이 마사지를 할 때 날라가면서 차가운 느낌을 준다.

※ 바니싱 크림 : 수분 크림으로 피부에 도포하면 사라져 가듯이 보이기 때문에 Vanishing(사라진다)이라 불린다. 주 성분이 고형의 지방산므로 유분은 피부 속으로 침투하지 않는다. 수분만이 침투하여 피부 표면에는 지방산의 엷은 박이 생긴다.

★★★★

23 안면 마사지 시술 시 주의사항으로 부적당한 것은?

① 손과 손가락을 항상 청결하게 유지하고 손톱 끝을 부드럽게 해둔다.
② 시술자의 반지나 손목시계 등은 풀어놓는 것이 좋다.
③ 용기에 들어 있는 크림이나 팩제는 반드시 손가락으로 떠서 사용한다.
④ 마사지를 하는 부위가 붉어지거나 더워지면 중지해야 한다.

★★★

24 손놀림에 의한 얼굴 마사지 작업 시 주의사항으로 틀린 것은?

① 시술자는 반드시 마스크를 착용하도록 한다.
② 여러 가지 방법을 연속적으로 시행한다.
③ 느린 동작으로 천천히 매끄럽게 시행한다.
④ 피부에 상처을 입지 않도록 주의를 기울인다.

★★★

25 미안용 적외선 등의 효과에 대한 설명 중 잘못된 것은?

① 피부에 온열자극을 준다.
② 팩 재료의 건조를 촉진시킨다.
③ 피부에 살균 작용을 한다.
④ 혈액순환이 촉진된다.

★★★

26 팩의 효과에 대한 설명 중 옳지 않은 것은?

① 팩의 재료에 따라 진정작용, 수렴작용 등의 효과가 있다.
② 혈액과 림프의 순환이 왕성해진다.
③ 피부와 외부를 일시적으로 차단하므로 피부의 온도가 낮아진다.
④ 팩의 흡착작용으로 피부가 청결해진다.

팩을 사용하면 일시적으로 피부 온도를 높여 혈액순환을 촉진한다.

★★★

27 팩의 목적 및 효과와 가장 거리가 먼 것은?

① 피부의 혈행 촉진 및 청정 작용
② 진정 및 수렴 작용
③ 피부 보습
④ 피하지방의 흡수 및 분해

팩은 피부의 노폐물을 제거하지만 피하지방을 분해하지는 않는다.

★★★

28 팩제의 사용 목적이 아닌 것은?

① 팩제가 건조하는 과정에서 피부에 심한 긴장을 준다.
② 일시적으로 피부의 온도를 높여 혈액순환을 촉진한다.
③ 노화한 각질층 등을 팩제와 함께 제거시키므로 피부 표면을 청결하게 할 수 있다.
④ 피부의 생리 기능에 적극적으로 작용하여 피부에 활력을 준다.

팩제가 건조하는 과정에서 피부에 적당한 긴장감을 주며 건조 후 일시적으로 피부의 온도를 높여 혈액순환을 좋게 한다.

★★

29 세안과 관련된 내용 중 가장 거리가 먼 것은?

① 물의 온도는 미지근하게 한다.
② 비누는 중성비누를 사용한다.
③ 세안수는 연수가 좋다.
④ 비누를 얼굴에 문질러 거품을 낸다.

정답 22 ① 23 ③ 24 ③ 25 ③ 26 ③ 27 ④ 28 ① 29 ④

★★

30 팩 사용 시 주의사항이 아닌 것은?

① 피부 타입에 맞는 팩제를 사용한다.
② 잔주름 예방을 위해 눈 위에 직접 덧바른다.
③ 한방팩, 천연팩 등 은 즉석에서 만들어 사용한다.
④ 안에서 바깥방향으로 바른다.

팩은 피부 타입에 맞는 팩제를 사용하고 눈 위에 직접 덧바르지 않도록 한다.

★★

31 팩(pack)재료를 얼굴에 도포하였을 때의 효과를 설명한 것 중 틀린 것은?

① 피부중의 혈액과 임파액의 순환이 왕성해진다.
② 피부표면의 오래된 각질이 제거된다.
③ 피부 중의 노폐물이 제거된다.
④ 피부를 휴식시키는 역할을 한다.

★★

32 팩의 제거 방법에 따른 분류가 아닌 것은?

① 티슈오프 타입 (Tissue off type)
② 석고 마스크 타입(Gypsum mask type)
③ 필오프 타입(Peel off type)
④ 워시오프 타입(Wash off type)

팩의 제거 방법에 따른 분류

필오프 타입	팩이 건조된 후에 형성된 투명한 피막을 떼어내는 형태
워시오프 타입	팩 도포 후 일정 시간이 지나 미온수로 닦아내는 형태
티슈오프 타입	티슈로 닦아내는 형태
시트 타입	시트를 얼굴에 올려놓았다가 제거하는 형태

★★

33 팩의 분류에 속하지 않는 것은?

① 필오프 타입
② 워시오프 타입
③ 패치 타입
④ 워터 타입

★★★★

34 수렴작용과 표백작용에 가장 적합한 팩은?

① 오일팩
② 호르몬팩
③ 벌꿀팩
④ 머드팩

- 오일팩 : 과도한 건조성피부나 건성지루증의 경우에 효과
- 흰자팩 : 세정작용, 잔주름제거
- 노른자팩 : 건조성 피부, 화장이 잘 안받는 피부, 쇠퇴한 피부
- 우유팩 : 보습작용과 표백작용
- 벌꿀팩 : 수렴과 표백작용
- 수렴성 팩 : 머드팩, 사과팩

★★

35 피부에 강한 긴장력을 주며 잔주름을 없애는 데 쓰이는 팩 재료는?

① 파라핀
② 오일
③ 달걀
④ 오이

왁스 마스크법(파라핀 팩) : 수축력이 강하고, 잔주름을 없애는 효과

★★★

36 야채 및 과일팩은 다음 중 어느 성분이 주로 팩(pack)의 효과를 나타내는가?

① 섬유소
② 단백질
③ 엽록소
④ 비타민 C

★★★

37 에그(흰자)팩의 효과로 가장 적합한 것은?

① 수렴 및 표백작용
② 영양 공급작용
③ 지방 공급 및 보습작용
④ 세정작용 및 잔주름 예방

chapter 02

정답 30 ② 31 ④ 32 ② 33 ④ 34 ③ 35 ① 36 ④ 37 ④

★★★

38 미안용 적외선등의 효과에 대한 설명 중 틀린 것은?

① 피부에 온열 자극을 준다.
② 혈액순환이 촉진된다.
③ 피부가 확장되어 땀구멍을 닫게 한다.
④ 팩재료의 건조를 촉진한다.

적외선등은 모공을 열어주고, 살균, 비타민 D 생성, 병적인 여드름 치료의 효과가 있다.

★★

39 빛의 파장 중 열선을 이용하여 주로 안면피부의 온열 자극용으로 사용하는 미안용 기기는?

① 자외선등
② 적외선등
③ 패러딕 전류 미안기
④ 고주파 전류 미안기

적외선램프는 생물학적 효과가 큰 램프로써 유기체 내에 미치는 열효과 뿐 아니라 피하침투 효과가 우수하며, 방사열에 노출된 세포와 기관은 활성화되면 혈관이 확장되어 혈액순환이 촉진된다. 이를 통해 노폐물이 신속하게 제거되고 인체 내 항체작용이 가능해진다.

★★

40 미안용 적외선 램프의 사용 효과에 대한 설명으로 잘못된 것은?

① 피부에 온열자극을 준다.
② 팩 재료의 건조를 촉진한다.
③ 피부에 살균작용을 한다.
④ 혈액순환이 촉진된다.

살균작용은 자외선을 이용한다.(자외선 램프)

★★

41 미안용 기기 사용 시 비타민 D 형성과 가장 관계있는 것은?

① 갈바닉 전류 미안기 ② 자외선등
③ 적외선등 ④ 패러딕 전류 미안기

비타민 D는 자외선에 의해 생성된다.

★★★

42 갈바닉 전류를 이용한 기기 시술의 특성과 효과에 관한 내용 중 틀린 것은?

① 갈바닉은 지속적이고 규칙적인 흐름을 가진 전류이다.
② 영양 성분의 침투를 효율적으로 돕는다.
③ 피부 내부에 있는 물질이나 노폐물을 배출한다.
④ 양극에서는 알칼리성 피부층을 단단하게 해준다.

양극에서는 산성 반응으로 혈액·모공을 수축시켜 피부조직은 강화시킨다.

★★★

43 다음에서 설명하는 미안기는?

【보기】
- 양극에서의 반응은 산성으로 살균 효과가 있으며 신경을 완화시키고 혈액의 공급을 감소시키며 피부조직을 단단하게 한다.
- 음극에서의 반응은 알칼리성으로 신경을 자극하고 혈액의 공급을 증가시키며 피부조직을 부드럽게 한다.

① 오존기
② 우드램프
③ 패러딕 전류기
④ 갈바닉 전류기

정답 38 ③ 39 ② 40 ③ 41 ② 42 ④ 43 ④

The Barber Certification

SECTION 03

피부와 영양

[출제문항수 : 1~2문제] 이 섹션은 출제문항수에 비해 학습량이 많지만 그리 어려운 문제는 출제되지 않으니 이론과 기출문제 위주로 공부하면 어렵지 않게 점수를 확보할 수 있습니다.

01 3대 영양소와 피부

1 영양소의 역할에 따른 분류

구성 영양소	몸의 조직을 구성하는 성분을 공급 예 단백질, 칼슘
열량 영양소	인체 활동에 필요한 열량을 공급 예 탄수화물, 지방, 단백질
조절 영양소	인체의 생리작용을 조절 예 무기질, 비타민

영양소의 구분

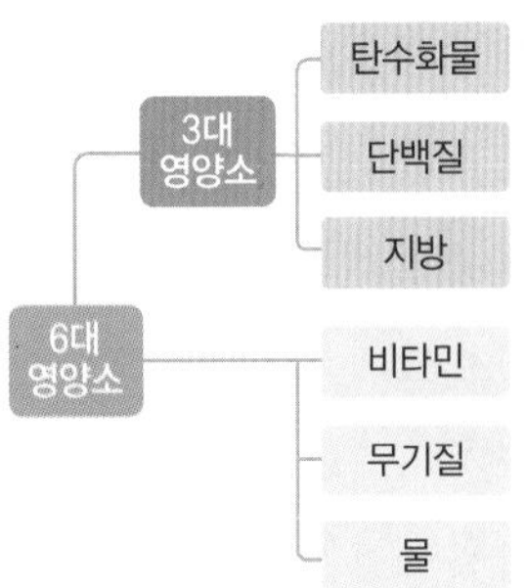

2 탄수화물

(1) 기능 및 특징

① 에너지 공급원 : 1g당 4kcal
② 혈당유지, 중추신경계를 움직이는 에너지원
③ 75%가 에너지원으로 사용되고 남은 것은 지방으로 전환되어 근육과 간에 글리코겐 형태로 저장
④ 탄수화물의 소화 흡수율은 99%에 가까우며, 장에서 포도당, 과당 및 갈락토오스로 흡수된다.

▶ 3대 영양소의 구성물질

탄수화물	탄소(C), 수소(H), 산소(O)
지방	
단백질	탄소(C), 수소(H), 산소(O), 질소(N) 등

(2) 섭취량에 따른 영향

과다 섭취	• 비만증, 당뇨병이 되기 쉽다. • 혈액의 산도를 높이고 피부의 저항력을 약화시켜 세균감염을 초래하여 산성체질을 만든다.
섭취 부족	발육부진, 기력부족, 체중감소, 신진대사 기능 저하 등

▶ **기초 칼로리**(남성 성인 기준)
1,600~1,800kcal

3 단백질

(1) 기능

① 에너지 공급원 : 1g 당 4kcal
② 피부, 근육, 모발 등의 신체조직 구성과 성장을 촉진
③ 기능 : pH 평형유지, 효소와 호르몬 합성, 면역세포와 항체 형성 등
④ 필수아미노산인 트립토판으로부터 나이아신(비타민 B_3 합성)

▶ 단백질의 최종 가수분해물질 : 아미노산

▶ 필수 아미노산과 비필수 아미노산

필수 아미노산	체내에서 합성할 수 없어 반드시 음식으로부터 공급해야 하는 아미노산
비필수 아미노산	체내에서 합성되는 아미노산

▶ 지방산의 종류

포화 지방산	상온에서 고체인 지방산 예 육류, 버터
불포화 지방산	상온에서 액체인 지방산 예 생선, 면실유
필수 지방산	동물의 성장과 발육에 필수적이나 체내에서 합성할 수 없고 음식물을 통해 섭취해야 하는 지방산(종류 : 리놀산, 리놀렌산, 아라키돈산)

참고)
① 필수지방산은 불포화지방산으로, 동물성유보다는 식물성유에 더 많이 들어있다.
② 필수지방산은 모두 불포화지방산이지만, 불포화지방산이 모두 필수 지방산은 아니다.

(2) 피부에 미치는 영향

① 진피의 망상층에 있는 결합조직(콜라겐)과 탄력섬유(엘라스틴) 등은 단백질이므로 단백질 섭취는 피부미용에 필수적이다.
② 표피의 각질세포, 털, 손톱, 발톱의 주성분이다.(케라틴)
③ 단백질은 피부조직의 재생 작용에 관여한다.

(3) 필수 아미노산

① 체내에서 합성되지 않아 반드시 음식으로 섭취해야 하는 아미노산을 말한다.
② 필수아미노산의 종류

성인	이소루신, 루신, 라이신, 발린, 메티오닌, 페닐알라닌, 트레오닌, 트립토판(8종)
성장기 어린이	성인의 필수아미노산 + 알기닌, 히스티딘(10종)

(4) 섭취량에 따른 영향

과다 섭취	색소침착의 원인이 되기도 함
섭취 부족	진피세포의 노화로 잔주름과 탄력성 상실, 박테리아의 번식으로 여드름 유발, 빈혈 유발 등

4 지방

(1) 기능

① 에너지 공급원 : 1g당 9kcal
② 지용성 비타민의 흡수 촉진
③ 혈액 내 콜레스테롤의 축적을 방해
④ 체온조절 및 장기보호

(2) 피부에 미치는 영향

① 피부 건조를 방지하고 윤기와 탄력 부여
② 필수 지방산의 효과 : 피부 유연, 산소공급, 세포활성화(화장품 원료로 사용)
③ 피하지방이 과다하면 비만이 되고, 부족하면 피부노화를 초래한다.
④ 지방의 섭취는 피지 분비량을 늘려 건성피부에 좋다.
⑤ 피지 분비량은 당분에 의해서도 늘어나기 때문에 여드름에는 설탕의 섭취를 억제한다.

02 비타민

1 비타민 일반

(1) 주요 기능

① 생리대사의 보조역할 ② 세포의 성장촉진

③ 면역기능 강화 ④ 신경 안정

(2) 특징

① 인체에서 합성되지 않고, 대부분 외부 섭취를 통해 영양을 공급 (비타민 D는 인체에서 합성)

② 피부이용 및 피부의 기능에 중요한 역할을 하며, 결핍증에 걸리기 쉽다.

③ 어떤 용매에 녹는지에 따라 수용성과 지용성 비타민으로 나눈다.

2 비타민의 종류 및 특징

(1) 비타민 A(레티놀)

① 각화의 정상화·연화(피지 분비 억제)

② 상피조직의 신진대사에 관여하고 노화방지, 면역기능강화, 주름·각질 예방, 피부재생을 도움

③ 눈의 망막세포 구성인자로 시력에 중요

④ 카로틴*은 비타민 A의 전구물질이다.

⑤ 급원 : 간유, 버터, 달걀, 우유, 풋고추, 당근, 시금치

⑥ 결핍증 : 피부 건조 및 각질이 두꺼워짐, 야맹증, 안구건조, 각막연화증 등

⑦ 과잉증 : 탈모

▶ 참고) 비타민의 종류
- 수용성 : 비타민 B, C, P
- 지용성 : 비타민 A, E, D, K

▶ 카로틴(carotene)
- 비타민 A의 전구체이며, 특히 베타-카로틴은 비타민 A로 가장 많은 활성을 하는 항산화제이다.
- 황색, 주황색, 적색의 지용성 색소
- 귤, 당근, 수박, 토마토 등에 많이 함유

▶ 레티노이드(Retinoid) : 비타민 A와 관련된 화합물을 통칭하는 용어

(2) 비타민 B

종류	특징 및 급원	결핍 증상
비타민 B_1 (티아민)	• 당질 대사의 보조효소로 작용 • 급원 : 쌀의 배아, 두류, 돼지고기 등	피부가 붓고, 피부의 윤기가 없어짐 각기병, 식욕부진, 피로감 유발
비타민 B_2 (리보플라빈)	• 피부의 신진대사를 활발, 세포의 재생을 도움 • 보습력과 피부탄력 증가와 습진, 비듬, 구강질병에 효과 • 급원 : 우유, 치즈, 달걀흰자 등	피부병, 구순염(입술염), 설염(혀염), 구각염(입꼬리염), 백내장
비타민 B_3 (나이아신)	• 체내에서 필수아미노산인 트립토판으로부터 합성된다. • 급원 : 우유, 생선, 땅콩 등	펠라그라
비타민 B_6 (피리독신)	• 피부염을 방지하는 비타민 • 여드름, 모세혈관 확장 피부에 효과적 • 급원 : 효모, 밀, 옥수수 등	입술염증, 비듬, 피부염
비타민 B_{12} (시아노코발라민)	• 항악성빈혈 작용 • 신경조직 기능의 정상적 활동에 기여 • 급원 : 육류, 어패류, 달걀 등	악성 빈혈

▶ **항산화 비타민**
비타민 A·C·E이며, 비타민 A의 전구체인 베타-카로틴은 항산화 기능을 한다.

(3) 비타민 C (= 아스코르브산)

① 멜라닌 색소 생성억제 및 침착방지
② 기미, 주근깨의 완화 및 미백효과
③ 자외선에 대한 저항력 강화
④ 항산화제(산화방지제)
⑤ 모세혈관 강화 및 피부상처 재생에 효과
⑥ 교원질(콜라겐) 형성
⑦ 피부의 과민증 억제 및 해독작용
⑧ 스트레스 및 쇼크 예방에 효과
⑨ 급원 : 과일류, 야채류(레몬, 붉은 피망, 파프리카, 브로콜리)
⑩ 결핍 증상 : 괴혈병, 빈혈, 잇몸출혈 등

(4) 비타민 D (칼시페롤)

- 칼슘(Ca)과 인(P)의 흡수를 도와 뼈의 발육을 촉진
- 햇볕(자외선)에 의해 만들어져서 체내에 공급
- 골연화증(골다공증), 피부병, 구순염, 구각염, 백내장

(5) 비타민 E (토코페롤)

① 항산화 기능으로 노화방지 및 혈액순환 촉진
② 호르몬 생성 및 생식기능의 유지
③ 급원 : 두부, 유색 채소
④ 결핍 증상 : 호르몬 생성, 임신(불임) 등 생식기능과 관계가 깊다.

(6) 비타민 K

① 혈액의 응고에 관여(지혈작용)
② 비타민 P와 함께 모세혈관 벽을 강화
③ 출혈, 혈액응고 지연

(7) 비타민 P

모세혈관을 강화해 혈관의 투과성을 적당하게 유지

03 무기질과 물

1 무기질

▶ 무기질은 에너지원(급원)이 아니다.

생물체나 식품에 존재하는 탄소(C), 수소(H), 산소(O), 질소(N)를 제외한 나머지 모든 원소를 통틀어 무기질 (또는 미네랄)이라고 한다.

(1) 무기질의 기능

① 체내 대사의 촉매제의 역할을 하는 중요한 구성성분이다.
② 뼈나 치아 등의 경조직 구성
③ 체액의 삼투압 및 pH 조절
④ 피부 및 체내의 수분량 유지
⑤ 효소 작용의 촉진, 산소운반, 에너지 대사 등

(2) 무기질의 종류와 특징

종류	특징	결핍 증상
칼슘(Ca)	• 골격과 치아의 구성성분 • 혈액 응고, 근육 수축 및 이완, 신경전달	구루병, 골다공증
인(P)	• 칼슘과 함께 골격과 치아를 구성 • 신체를 구성하는 무기질의 1/4을 차지 • 산과 알칼리의 균형유지, 에너지 대사	골격손상
나트륨(Na)	• 소금에 많이 함유되어 근육의 탄력유지, 삼투압 유지, 산·알칼리 평형유지에 기여	근육경련, 식욕감퇴, 구토, 설사 등
칼륨(K)	• 삼투압 조절, 항알레르기 작용, 노폐물 배설 촉진	
마그네슘(Mg)	• 삼투압 조절, 근육 활성 조절	
철분(Fe)	• 혈액 속 헤모글로빈의 구성성분으로 산소와 결합하여 산소를 운반한다. • 시금치, 조개류, 소나 닭의 간 등에 많음	빈혈, 손발톱 약화, 면역기능 저하
아연(Zn)	• 성장, 면역, 생식, 식욕 촉진, 상처 회복	손톱성장 장애, 면역기능 저하, 탈모
요오드(I)	• 갑상선 호르몬의 성분, 모세혈관 기능 정상화, 탈모 예방(모발의 발모를 활발), 과잉지방 연소를 촉진 • 해조류에 많이 함유	갑상선종, 크레틴병

2 물

① 물은 세포원형질의 주성분으로, 생명을 유지하기 위하여 필수 요소이다.
② 인체는 60~70%가 수분으로 이루어져 있다.
③ 생체 내 모든 반응은 물을 용매로 삼투압 작용을 한다.
④ 신체내의 산, 알칼리의 평형을 갖게 한다.
⑤ 체액을 통하여 신진대사를 한다.
⑥ 정상피부 표면의 수분량은 10~20% 로 유지되어야 한다.

▶ **식염**(NaCl)
- 체액의 삼투압조절, 근육 및 신경의 자극전도, 식욕과 깊은 관계를 가진다.
- 결핍증 : 피로감, 식욕부진, 노동력 저하
- 과잉증 : 부종, 고혈압유발

▶ **흡연이 피부에 미치는 영향**
- 흡연은 피부노화를 촉진하여 주름살을 생기게 한다.
- 담배 속의 니코틴, 담배연기의 알데하이드가 노화를 촉진시킨다.
- 흡연은 혈관을 수축시켜 혈액순환을 방해하고, 체온을 떨어뜨리며, 폐질환과 심장질환 등을 일으킬 수 있다.

▶ **커피가 피부에 미치는 영향**
- 지나친 커피의 음용은 피부를 거칠게 하여 피부노화를 촉진한다.
- 커피의 카페인은 일종의 흥분제로 심장을 빨리 뛰게 하고, 혈압을 올리며, 위장을 자극한다.
- 커피는 피로감을 풀어주고 혈액순환을 돕기도 한다.

기출문제정리 | 섹션별 분류의 기본 출제유형 파악!

01 3대 영양소

★★ □□□

1 3가지 기초식품군이 아닌 것은?

① 비타민
② 탄수화물
③ 지방
④ 단백질

- 3대 영양소(열량 영양소) : 탄수화물, 단백질, 지방
- 6대 영양소 : 3대영양소 + 비타민, 무기질, 물

★★★ □□□

2 생리기능의 조절작용을 하는 영양소는?

① 탄수화물, 지방질
② 탄수화물, 단백질
③ 지방질, 단백질
④ 무기질, 비타민

인체에서 생리작용을 조절하는 영양소를 조절영양소라 하며 무기질과 비타민이 있다.

★★★ □□□

3 75%가 에너지원으로 쓰이고 남은 것은 지방으로 저장되는데 주로 글리코겐 형태로 간에 저장된다. 과잉 섭취 시 혈액 산도를 높이고 피부의 저항력을 약화시켜 세균감염을 초래하여 산성체질을 만들고, 결핍 시 체중감소, 기력부족 현상이 나타나는 영양소는?

① 탄수화물 ② 단백질
③ 비타민 ④ 무기질

탄수화물(당질)은 에너지원으로 과잉섭취 시 산성 체질로 만들고 비만증과 당뇨의 원인이 되며, 결핍 시에는 발육부진, 기력부족, 체중감소 등이 나타난다.

★★★ □□□

4 탄수화물에 대한 설명으로 옳지 않은 것은?

① 당질이라고도 하며 신체의 중요한 에너지원이다.
② 장에서 포도당, 과당 및 갈락토오스로 흡수된다.
③ 지나친 탄수화물의 섭취는 신체를 알칼리성 체질로 만든다.
④ 탄수화물의 소화 흡수율은 99%에 가깝다.

★★★ □□□

5 체조직 구성 영양소에 대한 설명으로 틀린 것은?

① 지질은 체지방의 형태로 에너지를 저장하며, 생체막 성분으로 체구성 역할과 피부의 보호 역할을 한다.
② 지방이 분해되면 지방산이 되는데 이중 불포화 지방산은 인체 구성성분으로 중요한 위치를 차지하므로 필수 지방산이라고도 한다.
③ 필수 지방산은 식물성 지방보다 동물성 지방을 먹는 것이 좋다.
④ 불포화 지방산은 상온에서 액체상태를 유지한다.

필수 지방산은 동물성유보다 식물성유에 많이 들어있다.

★★★★ □□□

6 단백질의 최종 가수분해물질은?

① 지방산 ② 콜레스테롤
③ 아미노산 ④ 카로틴

아미노산은 단백질을 구성하는 기본 단위로 단백질의 최종 가수분해물질이다.

★★ □□□

7 체조직의 구성과 성장을 촉진하는 영양소는?

① 탄수화물 ② 비타민
③ 단백질 ④ 지방

단백질은 근육의 주성분으로 체조직의 구성과 성장을 촉진하고 면역력을 증진시키는 항체를 합성한다.

정답 1 1① 2④ 3① 4③ 5③ 6③ 7③

★★★★

8 두발의 영양 공급에서 가장 중요한 영양소이며, 가장 많이 공급되어야 할 것은?

① 비타민 A ② 지방
③ 단백질 ④ 칼슘

두발이나 각질, 손·발톱의 구성 성분인 케라틴은 동물성 단백질을 함유하고 있다.

02 비타민과 무기질

★★★

1 성장촉진, 생리대사의 보조역할, 신경안정과 면역기능 강화 등의 역할을 하는 영양소로 가장 적합한 것은?

① 단백질 ② 비타민
③ 무기질 ④ 지방

비타민 D를 제외한 대부분의 비타민은 인체에서 합성되지 않고, 외부 섭취를 통해서만 공급되는 영양소이다. 성장촉진, 생리대사의 보조, 신경안정과 면역기능 강화 등의 역할을 한다.

★★★★

2 항산화 비타민으로 아스코르빈산(ascorbic acid)으로 불리는 것은?

① 비타민 A ② 비타민 B
③ 비타민 C ④ 비타민 D

대표적인 항산화제(활성산소를 제거)에는 비타민 A·비타민 C·비타민 E가 있으며, 아스코르빈산는 비타민 C의 성분이며, 항산화·항염증 역할을 한다.

★★

3 상피조직의 신진대사에 관여하며 각화정상화 및 피부재생을 돕고 노화방지에 효과가 있는 비타민은?

① 비타민 C ② 비타민 E
③ 비타민 A ④ 비타민 K

비타민 A는 상피조직의 신진대사에 관여, 각화정상화, 피부재생, 노화방지, 눈의 망막세포 구성, 면역기능강화 등의 기능을 가진다.

★★★★

4 비타민 중 거칠어지는 피부, 피부각화 이상에 의한 피부질환 치료에 사용되며 과용하면 탈모가 생기는 비타민은?

① 비타민 A ② 비타민 B_1
③ 비타민 C ④ 비타민 D

비타민 A가 부족하게 되면 피부가 건조해지고 각질이 두꺼워지며, 과용하게 되면 탈모가 생긴다.

★★

5 산과 합쳐지면 레티놀산이 되고, 피부의 각화작용을 정상화시키며, 피지 분비를 억제하므로 각질연화제로 많이 사용되는 비타민은?

① 비타민 A ② 비타민 B 복합체
③ 비타민 C ④ 비타민 D

비타민 A는 레티놀(Retinol)이라고도 하며, 산과 합쳐져서 레티놀산이 된다.

★★

6 유용성 비타민으로서 간유, 버터, 달걀, 우유 등에 많이 함유되어 있으며 결핍하게 되면 건성피부가 되고 각질층이 두터워지며 피부가 세균감염을 일으키기 쉬운 비타민은?

① 비타민 A ② 비타민 B_1
③ 비타민 B_2 ④ 비타민 C

유용성(지용성) 비타민은 비타민 A, D, E, K가 있으며, 부족 시 건성피부 및 각질층이 두꺼워지는 비타민은 비타민 A이다.

★★★★

7 다음 중 비타민 A와 깊은 관련이 있는 카로틴을 가장 많이 함유한 식품은?

① 사과, 배 ② 감자, 고구마
③ 귤, 당근 ④ 쇠고기, 돼지고기

카로틴은 비타민 A로 활성하는 전구체로 황색, 적색, 주황색의 지용성 색소로 귤, 당근, 토마토, 수박 등에 많이 함유되어 있다.

정답 8③ 2 1② 2③ 3③ 4① 5① 6① 7③

★★★

8 풋고추, 당근, 시금치, 달걀노른자에 많이 들어 있는 비타민으로 피부각화 작용을 정상적으로 유지시켜 주는 것은?

① 비타민 C ② 비타민 A
③ 비타민 K ④ 비타민 D

피부각화 작용을 정상적으로 유지시키는 기능을 가지며, 풋고추, 당근, 시금치, 달걀노른자 등에 많이 들어있는 비타민은 비타민 A이다.

★★★★

9 항산화 비타민으로 아스코르빈산(ascorbic acid)으로 불리는 것은?

① 비타민 A
② 비타민 B
③ 비타민 C
④ 비타민 D

아스코르빈산(아스코르브산)은 비타민 C를 말하며, 강력한 항산화 기능을 가져 항산화 비타민이라고 불린다.

★★★★

10 다음 중 멜라닌 생성저하 물질인 것은?

① 비타민 C
② 콜라겐
③ 티로시나제
④ 엘라스틴

비타민 C는 멜라닌 색소의 생성억제 및 침착방지작용이 있어 기미나 주근깨 치료에 사용된다.

★★★

11 비타민 C 부족 시 어떤 증상이 일어날 수 있는가?

① 피부가 촉촉해진다.
② 색소, 기미가 생긴다.
③ 여드름의 발생 원인이 된다.
④ 지방이 많이 낀다.

비타민 C의 부족 시 괴혈병, 빈혈 등의 증상 및 색소침착, 기미, 주근깨 등이 생긴다.

★★★

12 백발화의 촉진 원인이 되는 쇼크와 스트레스를 예방해주는데 가장 효과가 있는 비타민은?

① 비타민 C
② 비타민 B_1
③ 비타민 D
④ 비타민 F

비타민 C는 쇼크와 스트레스를 예방해 주는 효과가 있다.

★★★

13 과일, 야채에 많이 들어있으면서 모세혈관을 강화시켜 피부 손상과 멜라닌 색소 형성을 억제하는 비타민은?

① 비타민 K
② 비타민 C
③ 비타민 E
④ 비타민 B

비타민 C는 모세혈관을 강화시키고, 멜라닌 색소 형성을 억제하여 기미, 주근깨를 완화시키며, 피부상처 재생에 효과가 있는 등의 중요한 역할을 하는 비타민으로 과일류와 야채류에 많이 들어있다.

★★

14 다음 중 비타민 C를 가장 많이 함유한 식품은?

① 레몬 ② 당근
③ 고추 ④ 쇠고기

비타민 C는 특히 붉은 피망, 파프리카, 레몬, 브로콜리 등에 많이 들어있다.

★★

15 비타민 C가 인체에 미치는 효과가 아닌 것은?

① 피부의 멜라닌 색소의 생성을 억제시킨다.
② 혈색을 좋게 하여 피부에 광택을 준다.
③ 호르몬의 분비를 억제시킨다.
④ 피부 과민증을 억제하는 힘과 해독작용이 있다.

비타민 C는 호르몬의 분비를 억제시키지는 않는다.

정답 8 ② 9 ③ 10 ① 11 ② 12 ① 13 ② 14 ① 15 ③

★★

16 비타민 C가 피부에 미치는 영향으로 틀린 것은?

① 멜라닌 색소 생성억제
② 광선에 대한 저항력 약화
③ 모세혈관의 강화
④ 진피의 결체조직 강화

비타민 C는 광선(자외선)에 대한 저항력을 강화시켜 자외선 차단제를 바르는 것 못지않게 피부 건강에 도움이 된다.

★★★★

17 체내에 부족하면 괴혈병을 유발시키며, 피부와 잇몸에서 피가 나오게 하고 빈혈을 일으켜 피부를 창백하게 하는 것은?

① 비타민 A ② 비타민 B_2
③ 비타민 C ④ 비타민 K

비타민 C가 부족하면 괴혈병, 잇몸출혈, 빈혈 등과 피부를 창백하게 만드는 증상이 나타난다.

★★★

18 기미, 주근깨 피부관리에 가장 적합한 비타민은?

① 비타민 A ② 비타민 B_1
③ 비타민 B_2 ④ 비타민 C

비타민 C는 기미, 주근깨 등 색소침착 방지, 피부손상방지, 빈혈 예방, 항괴혈작용 등을 한다.

★★★★

19 태양의 자외선에 의해 피부에서 만들어지며 칼슘과 인의 흡수를 촉진하는 기능이 있어 골다공증의 예방에 효과적인 것은?

① 비타민 D ② 비타민 E
③ 비타민 K ④ 비타민 P

비타민 D는 자외선에 의해 피부에서 만들어지므로 태양광선 비타민이라고도 하며, 칼슘과 인의 흡수를 도와 골다공증 예방에 효과적이다.

★★★★

20 미안용 기기 사용시 비타민 D 형성과 가장 관계있는 것은?

① 갈바닉 전류 미안기
② 자외선등
③ 적외선등
④ 패러딕 전류 미안기

★★★

21 비타민이 결핍되었을 때 발생하는 질병의 연결이 틀린 것은?

① 비타민 B_1- 각기병
② 비타민 D - 괴혈증
③ 비타민 A - 야맹증
④ 비타민 E - 불임증

비타민 D의 결핍(구루병), 비타민 C의 결핍(괴혈병)

★★

22 비타민 D에 관한 설명 중 틀린 것은?

① 지용성 비타민이다.
② 부족하면 구루병, 골연화증, 골다공증이 생긴다.
③ 자외선 조사에 의해 만들어져서 체내에 공급되며 뼈의 발육을 촉진한다.
④ 멜라닌 색소 형성을 억제한다.

멜라닌색소 형성을 억제하는 것은 비타민 C의 기능이다.

★★★★

23 부족 시 구순염(Cheilitis), 설염(glossitis)의 발생 원인이 되는 것은?

① 비타민 B_1
② 비타민 C
③ 비타민 B_2
④ 비타민 A

비타민 B_2 부족 시 구내염, 구순염, 설염 등 구강 염증의 원인이 된다.

chapter 02

정답 16 ② 17 ③ 18 ④ 19 ① 20 ② 21 ② 22 ④ 23 ③

★★ □□□

24 다음 중 비타민에 대한 설명으로 틀린 것은?

① 비타민 A가 결핍되면 피부가 건조해지고 거칠어진다.
② 비타민 C는 교원질 형성에 중요한 역할을 한다.
③ 레티노이드는 비타민 A를 통칭하는 용어이다.
④ 비타민 A는 많은 양이 피부에서 합성된다.

피부에서 합성되는 비타민은 비타민 D이며, 비타민 A는 인체에서 합성되지 않고 섭취를 통해 영양이 이루어진다.

★★★★ □□□

25 비타민 E에 대한 설명 중 옳은 것은?

① 부족하면 야맹증이 된다.
② 자외선을 받으면 피부표면에서 만들어져 흡수된다.
③ 부족하면 피부나 점막에 출혈이 된다.
④ 호르몬 생성, 임신 등 생식기능과 관계가 깊다.

① 야맹증은 비타민 A의 결핍이다.
② 비타민 E는 자외선에 의해 피부에서 만들어진다.
③ 피부나 점막에서 출혈은 비타민 C의 결핍이다.

★★ □□□

26 다음 영양소 중 생체내의 항산화 작용을 하여 피부 노화를 조절해 주는 것은?

① 비타민 K　② 비타민 E
③ 인지질　④ 칼슘

비타민 E는 체내에서 항산화 기능을 하여 피부노화를 방지하고, 혈액순환 촉진, 호르몬 생성과 생식기능 유지 등에 도움을 준다.

★★★★★ □□□

27 혈액응고와 관여하고 비타민 P와 함께 모세혈관 벽을 튼튼하게 하는 것은?

① 비타민 C　② 비타민 B
③ 비타민 E　④ 비타민 K

비타민 K는 체내 칼슘을 운반하여 혈액 응고 조절 작용을 하며, 혈액순환을 촉진시켜 혈관 벽을 튼튼하게 만드는 역할을 한다.

★★ □□□

28 헤모글로빈을 구성하는 매우 중요한 물질로 피부의 혈색과도 밀접한 관계에 있으며 결핍되면 빈혈이 일어나는 영양소는?

① 철분(Fe)　② 칼슘(Ca)
③ 요오드(I)　④ 마그네슘(Mg)

헤모글로빈을 구성하는 중요한 물질은 철분(Fe)이다.

★★★★ □□□

29 해조류에 많이 함유되어 있는 성분으로서 모발의 발모를 활발하게 하는 성분은?

① 요오드(I)　② 철(Fe)
③ 칼슘(ca)　④ 인(p)

미역, 다시마와 같은 해조류에는 모발 영양성분인 요오드, 철, 칼슘 등이 있어 모발의 성장을 돕고 탈모를 예방한다. 특히 요오드는 모발 발육을 촉진하는 데 필수 영양소로, 요오드가 부족하면 모발의 성장이 지체되어 탈모에 영향을 줄 수 있다.

★ □□□

30 인체 내 물의 역할로 가장 거리가 먼 것은?

① 생체 내 모든 반응은 물을 용매로 삼투압 작용을 한다.
② 신체내의 산, 알칼리의 평형을 갖게 한다.
③ 피부표면의 수분량은 5~10%로 유지되어야 한다.
④ 체액을 통하여 신진대사를 한다.

정상적인 피부표면의 수분은 10~20% 정도의 수분을 함유하고 있으며, 10% 미만인 경우 건성피부이다.

★★★ □□□

31 근육과 신경에도 영향을 미치며 혈액응고를 돕는 것은?

① 철분　② 칼슘
③ 인　④ 요오드

칼슘 : 혈액 응고, 근육 수축 및 이완, 신경전달

정답 24 ④ 25 ④ 26 ② 27 ④ 28 ① 29 ① 30 ③ 31 ②

The Barber Certification

SECTION 04

피부장애와 질환

[출제문항수 : 1문제] 출제문항수에 비해 다루는 내용이 많지만 원발진과 속발진의 종류는 구분하며, 일부 병변에 대해 숙지합니다.

01 원발진과 속발진

1 원발진 (Primary Lesions)

① 1차적 피부장애 증상인 피부질환의 초기병변으로, 2차 발병이 없는 상태를 말한다.

② 종류 : 반점, 홍반, 구진, 팽진, 농포, 소수포, 대수포, 면포, 결절, 종양, 낭종

▶ **병변(病變)**
병으로 인해 일어나는 생체의 변화

반점	피부 표면에 융기나 함몰 없이 피부 색깔 변화만 있는 형태로 크기나 형태가 다양하다. (주근깨, 기미, 자반, 노인성 반점, 오타모반, 백반, 몽고반점 등)
홍반	모세혈관의 충혈에 의한 피부발적 상태로 시간이 경과함에 따라 크기가 변한다.
팽진 (두드러기)	피부 상층부의 부분적인 부종으로 인해 국소적으로 부풀어 오르는 일시적인 증상을 말하며 가려움증을 동반한다. (두드러기, 알레르기 피부증상, 기계적 자극의 전형적 병변)
구진	반점과 다르게 직경 0.5~1cm 정도로 피부가 솟아있으며, 주위 피부보다 붉다. 표피나 진피 상부층에 존재하고, 피지샘 주위, 땀샘 또는 모공의 입구에 생기기도 한다.
결절	• 구진과 같은 형태이나 구진보다 크거나 깊게 존재 • 구진과 종양의 중간 염증으로 여드름 피부의 4단계에 나타난다. • 진피나 피하지방층에 존재한다.
수포	• 소수포 : 표피 안에 혈청이나 림프액이 고이는 것으로 직경 1cm 미만의 피부 융기물이다. 화상, 포진, 접촉성 피부염 등에서 볼 수 있다. • 대수포 : 소수포보다 큰 직경 1cm이상의 피부 융기물
농포	표피 부위에 고름(농)이 차있는 작은 융기를 말하며, 여드름 등 염증을 동반한 형태이다. 주변조직이 파괴되지 않도록 빨리 짜주어야 함
낭종	액체나 반고형 물질이 표피, 진피, 피하지방층까지 침범하여 피부의 표면이 융기되어 있는 상태이다. 여드름의 4단계에서 생성되며 치료 후 흉터가 남으며, 심한 통증을 동반한다.
면포	얼굴, 이마, 콧등에 나타나는 나사 모양의 굳어진 피지 덩어리이다. 흰색 면포는 공기와 접촉하여 산화되면 검은 면포가 된다.
종양	직경 2cm 이상의 결절로 양성과 악성이 있다. 여러 가지 모양과 크기가 있다.

반점 팽진

구진 결절

수포 농포

낭종 면포

종양

2 속발진

① 원발진의 진행, 회복, 외상 및 외적 요인에 의해 2차적인 증상이 더해져 나타나는 병변이다.

② 종류 : 인설, 찰상, 가피, 미란, 균열, 궤양, 반흔, 위축, 태선화 등

인설	죽은 표피세포가 비듬이나 가루모양의 덩어리로 떨어져 나가는 것
찰상	기계적 외상, 지속적 마찰, 손톱으로 긁힘 등에 의한 표피의 손상으로 흉터 없이 치유됨
가피	상처나 염증부위에서 흘러나온 혈청과 농, 혈액의 축적물 등의 조직액이 딱딱하게 말라 굳은 것
미란	표피가 벗겨진 피부결손상태로 짓무름이라 한다. 출혈이 없고 치유 후 반흔을 남기지 않음
균열	심한 건조나 장기간 염증으로 피부 탄력성이 소실되어 갈라지는 상태
궤양	표피, 진피, 피하지방층까지 피부 깊숙이 생긴 조직결손으로 치유 후 반흔을 남김
반흔	• 손상된 피부의 결손을 새로운 결합조직으로 메우는 정상치유과정으로 생성되는 흉터를 말함 • 흉터는 세포 재생이 더 이상 되지 않으며 기름샘과 땀샘이 없다. → 켈로이드 : 피부 손상 후 상처 치유과정에서 결합조직이 비정상적으로 밀집되게 성장하는 질환
위축	피부의 기능저하로 피부가 얇게 되고, 탄력을 잃어 주름이 생기고 혈관이 투시되기도 함
태선화	장기간 반복적으로 긁거나 비벼서 표피 전체와 진피의 일부가 가죽처럼 두꺼워지며 딱딱해지는 현상으로, 만성 소양성 질환에서 흔하다. → 소양성 질환 : 자각적 증상으로서 피부를 긁거나 문지르고 싶은 충동에 의한 가려움증을 동반한 질환

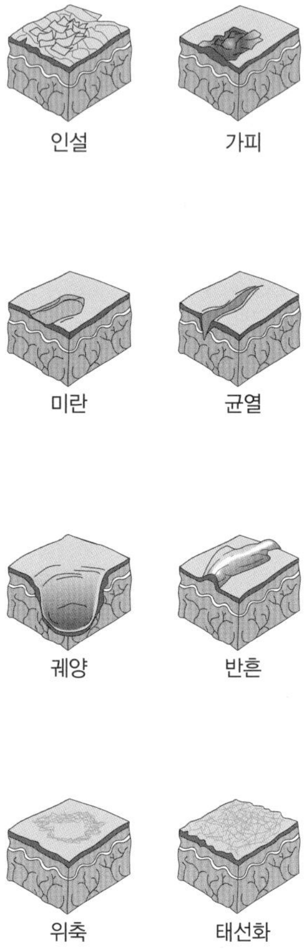

인설 가피

미란 균열

궤양 반흔

위축 태선화

02 피부질환

1 여드름(심상성 좌창, Acne Vulgaris)

(1) 개요

① 피지 분비 과다, 여드름균 증식, 모공 폐쇄에 의해 형성되는 모공 내의 염증 상태

② 얼굴, 목, 가슴 등의 피지 분비가 많은 곳에서 나타남

③ 사춘기의 지성피부는 피지가 많이 분비되어 모낭구가 막혀 여드름이 많이 나타남

④ 여드름의 발생 과정 : **면포 → 구진 → 농포 → 결절 → 낭종**

(2) 여드름의 원인

① 남성호르몬인 테스토스테론과 여성호르몬인 황체호르몬(프로게스테론)의 분비증가로 발생 - 10대 사춘기 여드름의 근본 원인

② 내적 요인 : 호르몬의 불균형, 유전, 스트레스, 잘못된 식습관, 변비, 다이어트, 월경, 임신 등

③ 외적요인 : 자외선, 계절, 기후, 압력 등의 환경적 요인과 물리적·기계적 자극, 화장품 및 의약품의 부작용 등

(3) 여드름의 관리방법

① 유분이 많은 화장품의 사용은 피하고 보습라인의 화장품을 사용한다.

② 피부의 청결을 유지하기 위하여 클렌징을 철저히 한다.

③ 악화 요인 : 지방이 많은 음식, 과도하게 단 음식, 다시마의 요오드 성분, 피임약, 알코올 등

④ 적당한 운동과 비타민을 섭취한다.

⑤ 과로를 피하고 적당한 일광(자외선)을 쪼인다. - 여드름 치료에 가장 많이 사용되는 광선은 자외선이다.

⑥ 여드름을 손으로 짜내지 않는다 - 여드름 악화(피부자극 및 세균감염)

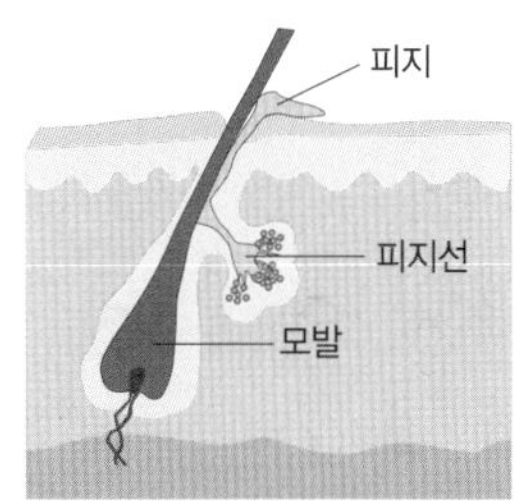

❶ 초기단계(정상피부)

❷ 블랙헤드 진행

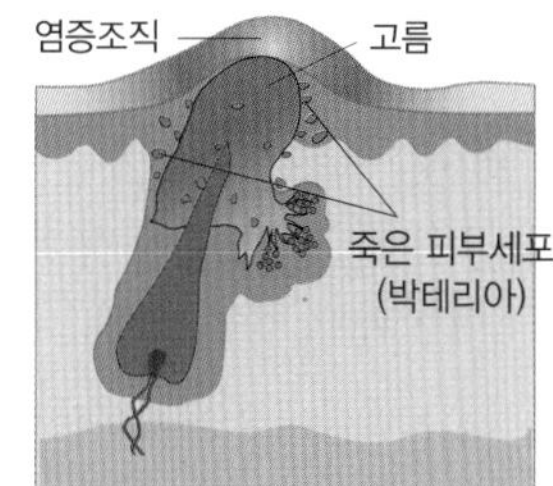

❸ 심각한 여드름으로 발전

【여드름의 발생 과정】

2 감염성 피부질환

(1) 세균성 피부질환 - 농가진, 절종, 봉소염

농가진	• 화농성 연쇄상구균이 주 원인균으로 감염력이 높고, 유·소아에게 주로 나타남 • 두피, 안면, 팔, 다리 등에 수포, 진물 또는 노란색의 가피를 보임
절종 (종기)	• 황색 포도상구균이 모낭에 침입하여 발생 • 모낭과 그 주변조직에 괴사를 일으킴 • 두 개 이상의 절종이 합해져 더 크고 깊은 염증이 생기며 용종으로 발전함
봉소염	• 포도상구균이나 연쇄상구균이 원인균 • 작은 부위에 홍반, 소수포로 시작되어 점차 큰 판을 형성하며 통증과 전신발열이 동반된다.

(2) 바이러스성 피부질환 - 헤르페스(단순포진, 대상포진), 사마귀, 수두, 홍역, 풍진

종류		특징
헤르페스 (Herpes)	단순포진	• 입술 주위에 주로 생기는 수포성 질환 • 흉터 없이 치유되나 재발이 잘 됨
	대상포진	• 잠복해 있던 수두 바이러스의 재활성화에 의해 발생 • 지각신경 분포를 따라 군집 수포성 발진이 생기며 심한 통증 동반 • 높은 연령층의 발생 빈도가 높음

종류	특징
사마귀	• 파필로마 바이러스 감염에 의해 구진 발생 • 어느 부위에나 쉽게 발생할 수 있음 • 전염성이 강하여 타인 및 자신의 신체부위에 다발적으로 감염시킴 • 종류 - 심상성 사마귀 : 가장 흔한 보통 사마귀 - 편평 사마귀 : 얼굴, 턱, 입 주위와 손등에 잘 발생한다. - 족저 사마귀 : 손·발바닥에 생기는 사마귀로 티눈이나 굳은살과 구별이 쉽지 않다. - 첨규 사마귀 : 성기나 항문 주위에 발생
수두	• 주로 소아에게 발병되며, 전염력이 매우 강함 • 가려움을 동반한 발진성 수포 발생
홍역	• 파라믹소 바이러스에 의해 발생하는 발열과 발진을 주 증상으로 하는 급성발진성 질환 • 주로 소아에게 발병하며 전염력이 매우 강함
풍진	• 귀 뒤나 목 뒤의 림프절 비대 증상으로 통증을 동반하며, 얼굴과 몸에 발진이 나타남

(3) 곰팡이(진균성) 피부질환 - 칸디다증, 백선

칸디다증	• 진균의 일종인 칸디다균이 원인 • 피부, 점막, 입안, 식도, 손·발톱 등에 발생하며, 부위에 따라 다양한 증상을 나타냄
백선(무좀)	• 곰팡이균인 피부사상균이 원인균(주로 손발에 번식) • 증상 : 피부 껍질이 벗겨지고 가려움증 동반 ▶ 족부백선 : 피부진균에 의하여 발생하며 습한 발에서 발생빈도가 높다.

▶ 기타 - 비듬
- 표피로부터 가볍게 흩어지고 지속적이며 무의식적으로 생기는 죽은 각질세포
- 두피에서 죽은 각질세포가 떨어져 나가는 증상으로 피지선 과다분비, 호르몬의 불균형, 두피세포의 과다증식 등이 원인이다.

3 색소이상 증상

(1) 과색소침착 : 멜라닌 색소 증가로 인해 발생

종류	특징
기미	• 경계가 명백한 갈색의 점 • 원인 : 자외선 과다 노출, 경구피임약 복용, 임신, 내분비장애, 선탠기 사용 • 30~40대 중년 여성에게 주로 발생 • 종류 : 표피형, 진피형, 혼합형 ▶ 기미, 주근깨 손질 방법 • 자외선 차단제 • 비타민 C가 함유된 식품을 다량 섭취 • 미백효과가 있는 팩 사용
주근깨	유전적 요인에 의해 주로 발생
검버섯	얼굴, 목, 팔, 다리 등에 경계가 뚜렷한 구진 형태로 발생
노인성 반점	흑갈색의 사마귀 모양으로 40대 이후에 손등이나 얼굴에 발생
릴 흑피증	화장품이나 연고 등으로 인해 발생하는 색소침착
벌록 피부염	향료에 함유된 요소가 자외선을 받아 피부의 색이 변하는 피부질환

(2) 저색소침착 : 멜라닌 색소 감소로 인해 발생

종류	특징
백반증	후천적 탈색소 질환으로, 원형, 타원형 또는 부정형의 흰색 반점이 나타남
백피증	• 멜라닌 색소 부족으로 피부나 털이 하얗게 변하는 증상 • 눈의 경우 홍채의 색소 감소

4 기계적 손상에 의한 피부질환

종류	특징
굳은살	외부의 압력으로 인해 각질층이 두꺼워지는 현상
티눈	• 피부에 계속적인 압박으로 각질층의 한 부위가 두꺼워지는 각질층의 이상현상으로 통증 동반 • 원추형의 국한성 비후증으로 경성(발바닥)과 연성(발가락 사이)이 있음
외반모지	엄지발가락이 둘째발가락쪽으로 관절이 구부러지는 증상으로, 앞볼이 좁은 신을 신었을 때 생기는 족부변형증상
욕창	반복적인 압박으로 인해 혈액순환이 안 되어 조직이 죽어서 발생한 궤양
마찰성 수포	압력이나 마찰로 인해 자극된 부위에 생기는 수포

▶ 물리적 요인에 의한 피부질환
- 열에 의한 질환
- 한랭에 의한 질환
- 기계적 자극에 의한 질환

5 열 및 한랭에 의한 피부질환

(1) 화상

화상 단계	특징
제1도 화상	피부가 붉게 변하면서 국소 열감과 동통 수반
제2도 화상	진피층까지 손상되어 수포가 발생하며, 증상으로는 홍반, 부종, 통증을 동반함
제3도 화상	피부 전층 및 신경이 손상된 상태로 피부색이 흰색 또는 검은색으로 변함
제4도 화상	피부 전층, 근육, 신경 및 뼈 조직이 손상된 상태

(2) 땀띠(한진)

땀관이 막혀 땀이 원활하게 표피로 배출되지 못하고 축적되어 발진과 물집이 생기는 질환

(3) 열성 홍반

강한 열에 지속적으로 노출되면서 피부에 홍반과 과색소침착을 일으키는 질환

(4) 한랭에 의한 피부질환

종류	특징
동창	한랭 상태에 지속적으로 노출되어 피부의 혈관이 마비되어 생기는 국소적 염증반응
동상	영하 2~10℃의 추위에 노출되어 피부의 조직이 얼어 혈액 공급이 되지 않는 상태
한랭 두드러기	추위 또는 찬 공기에 노출되는 경우 생기는 두드러기

6 기타 피부질환

종류	특징
알레르기	• 외부물질 접촉으로 어떤 성분에 대한 특정반응을 일으키는 접촉성 피부염 • 히스타민 : 외부자극에 대응하기 위하여 몸에서 분비하는 유기물질로 알레르기의 원인이 되며, 비만세포에 저장 및 분비된다. • 알레르기 대처 : 가려운 부위를 긁지 말고 냉찜질 또는 방안 공기 냉각으로 피부 진정
두드러기	• 알레르기 또는 다양한 원인에 의해 피부 발적 및 소양감을 동반하는 피부질환 • 급성과 만성이 있으며 크기가 다양함 • 국부적 혹은 전신적으로 나타남
아토피 피부염	• 만성습진의 일종으로 주로 어린아이에게 많이 발생하여 소아습진이라고도 함 • 유전적 요인, 알레르기, 면역력, 환경요인 등을 원인으로 봄 • 팔꿈치 안쪽이나 목 등의 피부가 거칠어지고 심한 가려움증을 동반하여 태선화로 발전되기도 함 • 가을과 겨울에 심해지며 천식, 알레르기성 비염과 동반하기도 함
주사	• 혈액의 흐름이 나빠져 모세혈관이 파손되어 코를 중심으로 양 뺨에 나비 형태로 붉어진 증상 • 주로 40~50대에 발생하며, 피지선의 염증과 관련이 있음
한관종	• 눈 주위와 뺨, 이마에 1~3mm 크기의 피부색 구진을 가지는 피부양성종양 • 물사마귀알이라고도 하며, 성인 여성에게 흔히 발생 • 땀샘관의 개출구 이상으로 피지 분비가 막혀 생성
비립종	• 모래알 크기의 각질 세포로, 직경 1~2mm의 둥근 백색 구진 형태 • 눈 아래 모공과 땀구멍에 주로 발생
지루 피부염	• 피지의 분비가 많은 신체부위에 국한하여 홍반과 인설(비듬)을 특징으로 하는 피부염 • 호전과 악화를 되풀이 하고 약간의 가려움증을 동반함
하지 정맥류	다리의 혈액순환 이상으로 피부 밑에 형성되는 검푸른 상태

기출문제정리 | 섹션별 분류의 기본 출제유형 파악!

★★★

1 피부질환의 초기 병변으로 건강한 피부에서 발생하지만 질병으로 간주되지 않는 피부의 변화는?

① 알레르기 ② 속발진
③ 원발진 ④ 발진열

건강한 피부에 처음으로 나타나는 병적인 변화를 원발진이라 하며, 원발진에 이어서 나타나는 병적인 변화를 속발진이라 한다.

★★★

2 피부질환의 초기 병변으로 건강한 피부에서 발생한 변화는?

① 원발진 ② 발진열
③ 알레르기 ④ 속발진

건강한 피부에서 발생하는 피부질환의 초기 병변으로 질병으로 간주하지 않는 피부장애를 원발진이라 한다.

★★★

3 다음 중 원발진에 해당하는 병소는?

① 흉터 ② 비듬
③ 면포 ④ 티눈

원발진의 종류 : 반점, 홍반, 구진, 농포, 팽진, 소수포, 대수포, 결절, 면포, 종양, 낭종 (원발진 암기법 : 반포진결종)

★★★★

4 피부질환의 상태를 나타낸 용어 중 원발진(primary lesions)에 해당하는 것은?

① 면포 ② 미란
③ 가피 ④ 반흔

미란, 가피, 반흔은 속발진에 속한다.

★★★

5 원발진에 속하는 피부의 병변이 아닌 것은?

① 반점 ② 결절
③ 홍반 ④ 가피

원발진 암기법 : 반포진결종

★★★

6 다음 중 원발진에 속하는 것은?

① 수포, 반점, 인설
② 수포, 균열, 반점
③ 반점, 구진, 결절
④ 반점, 가피, 구진

원발진에는 반점, 구진, 결절, 수포, 농포, 면포 등이 있다.

★

7 모세혈관의 울혈에 의해 피부가 발적된 상태를 무엇이라 하는가?

① 소수포 ② 종양
③ 홍반 ④ 자반

홍반은 모세혈관의 울혈(충혈)에 의해 피부가 발적되어 피부가 붉은 색을 나타내는 것을 말한다.
※ 발적(發赤) : 피부나 점막에 염증이 생겼을 때 모세혈관이 확장되어 이상 부위가 빨갛게 부어오르는 현상

★★★

8 피부발진 중 일시적인 증상으로 가려움증을 동반하여 불규칙적인 모양을 한 피부현상은?

① 농포 ② 팽진
③ 구진 ④ 결절

팽진은 피부 상층부의 부분적인 부종으로 인해 국소적으로 부풀어 오르는 증상을 말하며, 가려움증을 동반한다.

정답 1③ 2① 3③ 4① 5④ 6③ 7③ 8②

★★★ □□□

9 다음 중 공기의 접촉 및 산화와 관계있는 것은?

① 흰 면포
② 검은 면포
③ 구진
④ 팽진

흰색 면포가 시간이 지나면서 커지면 구멍이 개방되어 내용물의 일부가 모공을 통해 피부 밖으로 나오게 되고 공기와 접촉하면서 지방이 산화되어 검은색이 된다.

★★ □□□

10 피부의 변화 중 결절(nodule)에 대한 설명으로 **틀린** 것은?

① 표피 내부에 직경 1cm 미만의 묽은 액체를 포함한 융기이다.
② 여드름 피부의 4단계에 나타난다.
③ 구진이 서로 엉켜서 큰 형태를 이룬 것이다.
④ 구진과 종양의 중간 염증이다.

결절은 구진(0.5~1cm)보다 크고 단단한 발진을 말한다.

★★★ □□□

11 진피에 자리하고 있으며 통증이 동반되고, 여드름 피부의 4단계에서 생성되는 것으로 치료 후 흉터가 남는 것은?

① 가피 ② 농포
③ 면포 ④ 낭종

여드름 피부의 4단계에는 결절과 낭종이 생기며, 낭종은 염증이 심하고 피부 깊숙이 자리하고 있으며 흉터가 남는다.

★★★ □□□

12 다음 중 속발진에 해당하지 **않는** 것은?

① 가피 ② 균열
③ 변지 ④ 면포

면포는 원발진에 속한다.

★★★ □□□

13 표피로부터 가볍게 흩어지고 지속적이며 무의식적으로 생기는 죽은 각질세포는?

① 비듬
② 농포
③ 두드러기
④ 종양

비듬은 두피에서 죽은 각질세포가 떨어져 나가는 증상으로 피지선 과다분비, 호르몬의 불균형, 두피세포의 과다증식 등이 원인이다.

★★ □□□

14 켈로이드는 어떤 조직이 비정상으로 성장한 것인가?

① 피하지방조직
② 정상 상피조직
③ 정상 분비선 조직
④ 결합조직

켈로이드는 피부손상 후 상처를 치유하는 과정에서 결합조직이 비정상적으로 성장한 것이다.

★ □□□

15 장기간에 걸쳐 반복하여 긁거나 비벼서 표피가 건조하고 가죽처럼 두꺼워진 상태는?

① 가피 ② 낭종
③ 태선화 ④ 반흔

코끼리 피부처럼 피부가 거칠고 두꺼워지는 현상을 태선화라 한다.

★★★★ □□□

16 자각증상으로서 피부를 긁거나 문지르고 싶은 충동에 의한 가려움증은?

① 소양감 ② 작열감
③ 촉감 ④ 의주감

소양감은 가려움증을 의미한다.

정답 9 ② 10 ① 11 ④ 12 ④ 13 ① 14 ④ 15 ③ 16 ①

★★★

17 피부질환 중 지성 피부에 여드름이 많이 나타나는 이유의 설명 중 가장 옳은 것은?

① 한선의 기능이 왕성할 때
② 림프의 역할이 왕성할 때
③ 피지가 계속 많이 분비되어 모낭구가 막혔을 때
④ 피지선의 기능이 왕성할 때

여드름은 피지분비가 과다해져 모낭구가 막혔을 때 형성되는 모공 내의 염증상태로, 피지분비가 많은 사춘기의 지성피부에서 많이 나타난다.

★★★

18 피부에 여드름이 생기는 것은 다음 중 어느 것과 직접 관계되는가?

① 한선이 막혀서
② 피지에 의해 모공이 막혀서
③ 땀의 발산이 순조롭지 않아서
④ 혈액 순환이 나빠서

여드름은 피지에 의해 모공이 막혀 모공 내에 염증이 생겨서 생기는 피부질환이다.

★★★

19 여드름 발생의 주요 원인과 가장 거리가 먼 것은?

① 아포크린 한선의 분비 증가
② 모낭 내 이상 각화
③ 여드름 균의 군락 형성
④ 염증 반응

아포크린 한선은 겨드랑이, 유두 주위에 많이 분포하는 것으로 여드름 발생과는 상관이 없다.

★★★★

20 여드름 관리를 위한 주의사항이 아닌 것은?

① 과로를 피한다.
② 적당하게 일광을 쪼인다.
③ 배변이 잘 이루어지도록 한다.
④ 가급적 유성 화장품을 사용한다.

여드름 관리를 위해서는 유분이 많은 화장품의 사용은 피해야 한다.

★★★★

21 여드름이 많이 났을 때의 관리방법으로 가장 거리가 먼 것은?

① 유분이 많은 화장품을 사용하지 않는다.
② 클렌징을 철저히 한다.
③ 요오드가 많이 든 음식을 섭취한다.
④ 적당한 운동과 비타민류를 섭취한다.

다시마 등에 많이 들어있는 요오드는 호르몬 생성에 중요한 역할을 하는 무기질로, 여드름 피부에는 피하는 것이 좋다.

★★★

22 마사지에서 여드름 치료를 위하여 가장 많이 이용되는 광선은?

① 적외선 ② 자외선
③ 붉은 가시광선 ④ 밝은 광선

여드름 치료를 위하여 적외선도 사용하지만, 가장 많이 사용되는 광선은 자외선이다.

★★★★

23 다음 중 바이러스성 피부 질환은?

① 식중독 ② 족부백선
③ 농가진 ④ 단순포진

바이러스성 피부질환에는 단순포진, 대상포진, 사마귀 등
(암기법 : 바사포홍수풍)

★★★★

24 다음 중 바이러스에 의한 피부질환은?

① 대상포진
② 식중독
③ 발무좀
④ 농가진

바이러스성 피부질환에는 단순포진, 대상포진, 사마귀, 수두, 홍역, 풍진 등이 있다.

chapter 02

정답 17 ③ 18 ② 19 ① 20 ④ 21 ③ 22 ② 23 ④ 24 ①

★★★

25 다음 중 바이러스성 피부질환이 아닌 것은?

① 수두 ② 대상포진
③ 사마귀 ④ 켈로이드

바이러스성 피부질환 : 단순포진, 대상포진, 사마귀 등
(암기법 : 바사포홍수풍)

★★★

26 대상포진(헤르페스)의 특징에 대한 설명으로 맞는 것은?

① 지각신경 분포를 따라 군집 수포성 발진이 생기며 통증이 동반된다.
② 바이러스를 갖고 있지 않다.
③ 전염되지는 않는다.
④ 목과 눈꺼풀에 나타나는 전염성 비대 증식현상이다.

대상포진은 바이러스성, 감염성에 의해 피부에 염증이 생기는 병이다.

★★★

27 다음 중 바이러스성 질환으로 연령이 높은 층에 발생 빈도가 높고 심한 통증을 유발하는 것은?

① 대상포진 ② 단순포진
③ 습진 ④ 태선

대상포진은 바이러스성 피부질환으로 지각신경 분포를 따라 군집 수포성 발진이 생기며 통증을 동반하는데, 높은 연령층에서 발생 빈도가 높다.

★★★

28 피부진균에 의하여 발생하며 습한 곳에서 발생빈도가 가장 높은 것은?

① 모낭염 ② 족부백선
③ 봉소염 ④ 티눈

백선은 진균성 피부질환으로 발에 나타나는 백선을 족부백선이라 한다.

★★★

29 진균에 의한 피부질환이 아닌 것은?

① 두부백선 ② 족부백선
③ 무좀 ④ 대상포진

대상포진은 바이러스성 피부질환이다.

★★★★

30 다음 내용과 가장 관계있는 것은?

【보기】
- 곰팡이균에 의하여 발생한다.
- 피부껍질이 벗겨진다.
- 가려움증이 동반된다.
- 주로 손과 발에서 번식한다.

① 농가진 ② 무좀
③ 홍반 ④ 사마귀

무좀은 특히 발가락 사이에서 곰팡이균에 의해 발생하며 가려움증이 동반되는 질병이다.

★★★★★

31 피부 색소침착에서 과색소 침착 증상이 아닌 것은?

① 기미 ② 백반증
③ 주근깨 ④ 검버섯

백반증은 저색소침착으로 인해 발생한다.

★★★

32 자연손톱의 큐티클에서 발생하여 퍼져 나오는 손톱 질환으로 일종의 피부진균증은?

① 손톱무좀
② 네일몰드(Nail Mold)
③ 티눈
④ 네일그루브(Nail Groove)

곰팡이균인 피부진균이 손톱에 발생한 것을 손톱무좀이라 한다.

정답 25 ④ 26 ① 27 ① 28 ② 29 ④ 30 ② 31 ② 32 ①

★★★★

33 기미를 악화시키는 주요한 원인이 아닌 것은?

① 경구피임약의 복용 ② 임신
③ 자외선 차단 ④ 내분비 이상

기미는 자외선에 과다하게 노출될 경우에 발생한다.

★★★

34 기미에 대한 설명으로 틀린 것은?

① 피부 내에 멜라닌이 합성되지 않아 야기되는 것이다.
② 30~40대의 중년 여성에게 잘 나타나고 재발이 잘된다.
③ 선탠기에 의해서도 기미가 생길 수 있다.
④ 경계가 명확한 갈색의 점으로 나타난다.

기미는 멜라닌 색소가 피부에 과다하게 침착되어 나타나는 증상이다.

★★★

35 기미, 주근깨의 손질에 대한 설명 중 잘못된 것은?

① 외출 시에는 화장을 하지 않고 기초손질만 한다.
② 자외선차단제가 함유되어 있는 일소방지용 화장품을 사용한다.
③ 비타민 C가 함유된 식품을 다량 섭취한다.
④ 미백효과가 있는 팩을 자주한다.

기미, 주근깨를 예방하기 위해서는 자외선에 많이 노출되지 않아야 하고, 외출 시 자외선차단제가 함유된 화장품을 바르도록 한다.

★★★

36 기미피부의 손질방법으로 틀린 것은?

① 정신적 스트레스를 최소화한다.
② 자외선을 자주 이용하여 멜라닌을 관리한다.
③ 화학적 필링과 AHA 성분을 이용한다.
④ 비타민 C가 함유된 음식물을 섭취한다.

기미를 예방하기 위해서는 자외선에 노출되지 않도록 해야 한다.

★★★

37 백반증에 관한 내용 중 틀린 것은?

① 멜라닌 세포의 과다한 증식으로 일어난다.
② 백색반점이 피부에 나타난다.
③ 후천적 탈색소 질환이다.
④ 원형, 타원형 또는 부정형의 흰색반점이 나타난다.

백반증은 멜라닌 세포의 파괴로 인해 백색반점이 나타나는 증상이다.

★★

38 기계적 손상에 의한 피부질환이 아닌 것은?

① 굳은살 ② 티눈
③ 종양 ④ 욕창

기계적 손상에 의한 피부질환은 외부의 마찰이나 압력에 의해 생기는 피부질환을 말하며, 굳은살, 티눈, 욕창, 마찰성 수포가 여기에 해당한다.

★

39 티눈의 설명으로 옳은 것은?

① 각질층의 한 부위가 두꺼워져 생기는 각질층의 증식현상이다.
② 주로 발바닥에 생기며 아프지 않다.
③ 각질핵은 각질 윗부분에 있어 자연스럽게 제거가 된다.
④ 발뒤꿈치에만 생긴다.

② 티눈은 통증을 동반한다.
③ 각질층을 깎아내면 병변의 중심에서 각질핵을 확인할 수 있다.
④ 티눈은 발바닥과 발가락에 주로 발생한다.

★★★

40 각질층의 병변현상과 관계가 먼 것은?

① 여드름 ② 티눈
③ 건선 ④ 비듬

여드름은 피지의 과다분비로 인하여 모낭구가 막혀 모공 내에 염증이 생기는 피부질환이며, 티눈, 건선, 비듬은 각질층의 병변현상이다.

정답 33 ③ 34 ① 35 ① 36 ② 37 ① 38 ③ 39 ① 40 ①

★★★★★

41 화상의 구분 중 홍반, 부종, 통증뿐만 아니라 수포를 형성하는 것은?

① 제1도 화상
② 제2도 화상
③ 제3도 화상
④ 중급 화상

화상의 단계별 특징

단계	특징
제1도 화상	피부가 붉게 변하면서 국소 열감과 동통 수반
제2도 화상	진피층까지 손상되어 수포가 발생한 피부로 홍반, 부종, 통증 동반
제3도 화상	피부 전층 및 신경이 손상된 상태로 피부색이 흰색 또는 검은색으로 변함
제4도 화상	피부 전층, 근육, 신경 및 뼈 조직이 손상된 상태

★★★★

42 다음 중 2도 화상에 속하는 것은?

① 햇볕에 탄 피부
② 진피층까지 손상되어 수포가 발생한 피부
③ 피하 지방층까지 손상된 피부
④ 피하 지방층 아래의 근육까지 손상된 피부

★★★

43 피부에 계속적인 압박으로 생기는 각질층의 증식현상이며, 원추형의 국한성 비후증으로 경성과 연성이 있는 것은?

① 사마귀
② 무좀
③ 굳은살
④ 티눈

경성 티눈은 발가락의 등 쪽이나 발바닥에 주로 발생하며, 연성 티눈은 발가락 사이에 주로 발생한다.

★★★

44 땀띠가 생기는 원인으로 가장 옳은 것은?

① 땀띠는 피부표면에 있는 땀구멍이 일시적으로 막히기 때문에 생기는 발한기능의 장애 때문에 발생한다.
② 땀띠는 여름철 너무 잦은 세안 때문에 발생한다.
③ 땀띠는 여름철 과다한 자외선 때문에 발생하므로 햇볕을 받지 않으면 생기지 않는다.
④ 땀띠는 피부에 미생물이 감염되어 생긴 피부질환이다.

땀띠는 땀구멍이 막혀서 땀이 원활하게 표피로 배출되지 못해서 생긴다.

★★★

45 알레르기 반응이 일어났을 시에 처리방법 중 틀린 것은?

① 차가운 얼음찜질을 한다.
② 가려운 부위를 가볍게 긁는다.
③ 방안의 공기를 차게 한다.
④ 가렵더라도 참고 견딘다.

알레르기 반응에 가려운 부위를 긁으면 피부가 자극되어 상태가 악화될 수 있으므로 참고 견디거나 차가운 냉찜질로 피부를 진정시켜야 한다. 방안의 공기를 차게하는 것도 도움이 된다.

★

46 알레르기의 원인이 되는 히스타민이 분비되는 곳은?

① 랑게르한스 세포
② 비만세포
③ 말피기 세포
④ 유극세포

히스타민은 외부자극에 대응하기 위하여 분비되는 면역기능에 중요한 기능을 하는 유기물질이나 과도하게 분비되어 알레르기 반응을 일으키기도 한다. 비만세포에 저장 및 분비된다.

정답 41 ② 42 ② 43 ④ 44 ① 45 ② 46 ②

★★★

47 두드러기의 특징이 아닌 것은?

① 급성과 만성이 있다.
② 주로 여자보다는 남자에게 많이 나타난다.
③ 크기가 다양하며 소양증을 동반하기도 한다.
④ 국부적 혹은 전신적으로 나타난다.

두드러기는 혈관의 투과성이 증가되어 일시적으로 혈장성분이 조직 내에 축적되어 붉거나 흰색으로 부풀고 가려움을 동반하는 피부질환으로 남녀의 구분은 없다.

★★★

48 아토피성 피부에 관계되는 설명으로 옳지 않은 것은?

① 유전적 소인이 있다.
② 가을이나 겨울에 더 심해진다.
③ 면직물의 의복을 착용하는 것이 좋다.
④ 소아습진과는 관계가 없다.

아토피 피부염은 만성습진성 피부염으로 소아습진, 유아습진이라고도 한다.

★★

49 모래알 크기의 각질 세포로서 눈 아래 모공과 땀구멍에 주로 생기는 백색 구진 형태의 질환은?

① 비립종
② 칸디다증
③ 매상혈관증
④ 화염성모반

비립종은 직경 1~2mm의 둥근 백색 구진으로 눈 아래 모공과 땀구멍에 주로 생기는 질환이다.

★★★★

50 두피에서 비듬이 생기는 것에 해당되는 것은?

① 지루성 피부염 ② 알레르기
③ 습진 ④ 태열

두피의 비듬을 특징으로 하는 피부염은 지루성 피부염이다.

★★

51 피부질환 증상에 대해 옳은 것은?

① 1도 화상은 수포가 생긴다.
② 아토피는 유전적 소인이 있다.
③ 여드름은 건성피부에 주로 나타나는 질환이다.
④ 물리적 요인에 의한 피부질환은 열에 의한 질환, 한랭에 의한 질환, 감염에 의한 질환이 있다.

① 수포가 생기는 화상은 2도 화상이다.
③ 여드름은 지성피부에 주로 나타난다.
④ 물리적 요인에 의한 피부질환은 열에 의한 질환, 한랭에 의한 질환, 기계적 자극에 의한 질환이다.

★★★

52 피부질환의 증상에 대한 설명 중 맞는 것은?

① 수족구염 : 홍반성 결절이 하지부 부분에 여러 개 나타나며 손으로 누르면 통증을 느낀다.
② 지루피부염 : 기름기가 있는 인설(비듬)이 특징이며 호전과 악화를 되풀이 하고 약간의 가려움증이 동반한다.
③ 무좀 : 홍반에서부터 시작되며 수 시간 후에는 구진이 발생된다.
④ 여드름 : 구강 내 병변으로 동그란 홍반에 둘러싸여 작은 수포가 나타난다.

지루피부염은 피지의 분비가 많은 신체부위에 국한하여 홍반과 인설(비듬)을 특징으로 하는 피부염을 말한다.

정답 47 ② 48 ④ 49 ① 50 ① 51 ② 52 ②

The Barber Certification

SECTION 05

피부와 광선, 피부면역 및 피부노화

[출제문항수 : 2문제] 이번 섹션에서는 전체에서 고루 출제되고 있으나 자외선 부분과 노화 부분이 좀 더 비중이 있습니다. 내인성노화와 광노화의 구분에 대한 것은 꼼꼼하게 학습하시기 바랍니다.

01 피부와 광선

태양광선은 파장에 따라 자외선, 적외선, 가시광선으로 나누어진다.

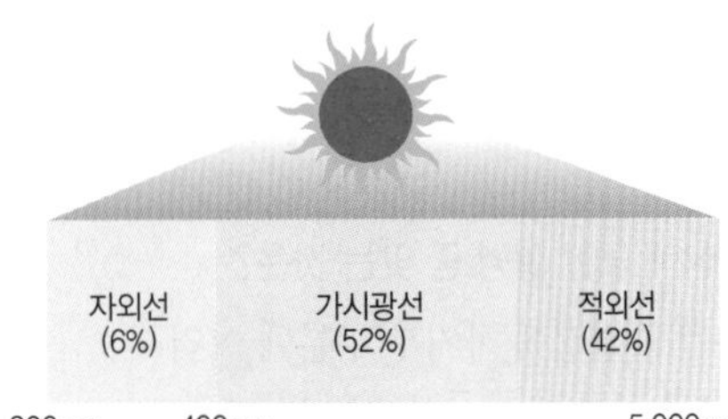

1 자외선(Ultraviolet Rays)

(1) 자외선이 미치는 영향

구분	특징		
긍정적 영향	• 비타민 D 합성(구루병 예방, 면역력 강화) • 살균 및 소독 효과 • 혈액순환촉진 및 강장효과		
부정적 영향	• 일광 화상 • 광노화	• 홍반 반응 • 피부암	• 색소 침착 • 노화 촉진

(2) 자외선의 구분

구분	파장 범위	특징
UV-A	장파장 (320~400nm)	• 진피층까지 침투, 만성적 광노화 유발 • 피부탄력 감소, 잔주름 유발, 광독성, 광알레르기 반응, 즉시 색소침착 등 • 색소침착 작용은 인공선탠에 이용
UV-B	중파장 (290~320nm)	• 기저층, 진피상부까지 도달 • 기미, 주근깨, 홍반, 수포, 일광화상의 원인 • 홍반 발생 능력이 자외선 A의 1,000배 • 각질세포 변형(각질층을 두껍게 함)
UV-C	단파장 (200~290nm)	• 단파장으로 가장 강한 자외선 • 대기의 오존층에 대부분 흡수되나 오존층의 파괴로 인체와 생태계에 많은 영향을 미침 • 살균작용 및 피부암 발생 요인

▶ UV-A는 피부 가장 깊숙히 침투한다.

▶ 태양광선 중 자외선이 가장 강한 살균 작용을 한다.

▶ **자외선에 대한 민감도**
- 자외선에 대한 민감도는 흑인종이 가장 낮다.
- 인종의 구분은 멜라닌의 양에 따라 결정되며, 흑인>황인>백인의 순이다.(※멜라닌세포의 수는 인종별로 차이가 없다.)
- 멜라닌은 자외선을 흡수하여 유해한 자외선의 침투를 차단하여 인체를 보호하므로 멜라닌의 양이 가장 많은 흑인종이 자외선에 대한 민감도가 가장 낮다.

(3) 자외선에 대한 피부의 반응

급성반응	홍반, 일광화상, 비타민 D 합성, 멜라닌 세포의 반응, 피부두께 변화 등
만성반응	광노화, 자외선으로 인한 피부암 등

2 적외선(Infrared ray)

650~1,400nm의 장파장으로 보이지 않는 광선이다. 적외선은 피부 표면에 별다른 자극 없이 피부 깊숙이 침투하여 온열효과를 가져온다. 열을 운반하여 열선이라고도 한다.

▶ 적외선의 종류

근적외선	진피 침투, 자극 효과
원적외선	표피 전층 침투, 진정 효과

(1) 적외선이 미치는 영향

① 혈관확장, 혈액순환 촉진 및 신진대사 촉진
② 근육 및 피부의 이완
③ 통증완화, 진정 및 체온상승효과
④ 식균작용에 도움
⑤ 피부에 영양분 흡수 촉진

(2) 적외선등의 이용

① 온열작용을 통해 화장품의 흡수를 돕는다.
② 건성피부, 주름진 피부, 비듬성 피부에 효과적이다.
③ 조사시간은 5~7분이며, 과량조사 시 두통, 현기증, 일사병 등을 일으킬 수 있다.

02 피부면역

1 특이성 면역

체내에 침입하거나 체내에서 생성되는 항원에 대해 항체가 작용하여 제거하는 면역

B림프구	• 체액성 면역 • 특정 면역체에 대해 면역글로불린이라는 항체 생성
T림프구	• 세포성 면역 • 혈액 내 림프구의 70~80% 차지 • 세포 대 세포의 접촉을 통해 직접 항원을 공격

2 비특이성 면역

태어나면서부터 가지고 있는 자연면역체계

제1 방어계	• 기계적 방어벽 : 피부 각질층, 점막, 코털 • 화학적 방어벽 : 위산, 소화효소 • 반사작용 : 재채기, 섬모운동
제2 방어계	• 식세포 작용 : 대식세포, 단핵구 • 염증 및 발열 : 히스타민 • 방어 단백질 : 보체, 인터페론 • 자연살해세포 : 작은 림프구 모양의 세포로 종양 세포나 바이러스에 감염된 세포를 자발적으로 죽이는 세포

03 피부노화

1 피부노화의 원인

① 유전자 ② 활성산소
③ 신경세포의 피로 ④ 신진대사 과정에서 발생하는 독소
⑤ 텔로미어* 단축 ⑥ 아미노산 라세미화*

▶ **슈퍼옥사이드**
산소에 전자가 추가된 형태로, 대표적인 활성산소이다.

▶ **텔로미어**(Telomere)
- 염색체의 끝부분을 지칭
- 세포분열이 진행될수록 길이가 점점 짧아져 나중에는 매듭만 남게 되고 세포복제가 멈추어 죽게 되면서 노화가 일어남

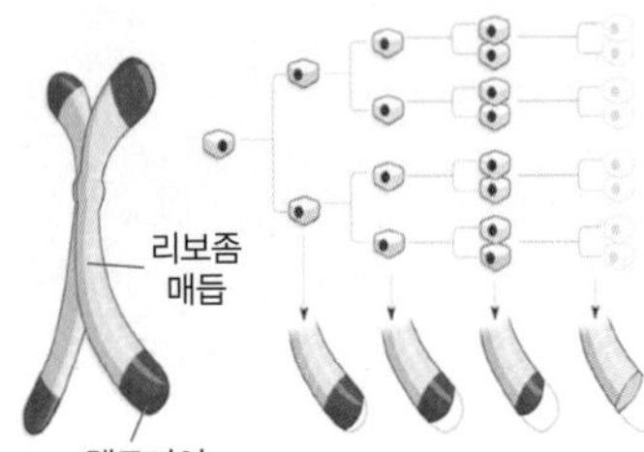

▶ **라세미화**(Racemization)
- 광학활성물질(생명체를 구성하는 기본물질) 자체의 선광도(순도 또는 농도)가 감소하거나 완전히 상실되는 현상
- 생체에서 생합성이나 대사의 과정에서 아미노산이나 당 등이 라세미화 됨으로써 노화의 원인이 된다.

2 피부노화 현상

(1) 내인성 노화(자연노화, 생물학적 노화)

① 나이가 들면서 피부가 노화되는 자연스러운 현상
② 표피와 진피의 두께가 얇아지고, 각질층의 두께는 두꺼워짐
③ 피하지방세포 감소 -유분 부족
④ 랑게르한스 세포 수 감소 -피부 면역(저항력) 기능 감소
⑤ 멜라닌 세포 감소(자외선 방어기능 저하) - 색소 침착
⑥ 세포와 조직의 탈수현상(건조, 잔주름 발생)
⑦ 기저세포의 생성기능 저하 - 상처회복이 느림
⑧ 분비세포의 재생이 줄어 피지선의 분비 감소
⑨ 탄력섬유와 교원섬유의 감소와 변성 -탄력성 저하, 피부처짐(이완) 및 주름이 생김
⑩ 표피와 진피의 영양교환 불균형으로 윤기가 감소
⑪ 피부온도, 저항력, 감각 기능, 혈류량, 손발톱 성장속도 저하

(2) 외인성 노화(광노화)

① 햇빛, 바람, 추위, 공해 등의 외부인자에 의해 피부가 노화되는 현상
② 표피(각질층)와 진피의 두께 모두 두꺼워짐
③ 탄력성 감소로 인한 늘어짐, 피부건조, 거칠어짐
④ 주름이 비교적 굵고 깊음
⑤ 멜라닌 세포의 수 증가
⑥ 색소 불균형 - 과색소 침착 및 불규칙한 색소손실
⑦ 피부면역세포 및 섬유아 세포의 감소
⑧ 진피 내의 모세혈관 확장
⑨ 콜라겐의 변성과 파괴가 일어남
⑩ 점다당질이 증가

▶ 내인성 노화보다는 광노화에서 표피 두께가 두꺼워진다.

▶ 콜라겐과 엘라스틴을 생성하는 섬유아세포의 기능이 저하되고 그로 인해 피부가 점차 얇아지면서 손상되기 쉬워지며 피부 구성이 변화되어 주름과 피부 처짐, 늘어짐의 현상이 나타나게 된다. 이것이 바로 피부 노화이다.

▶ 내인성 노화와 광노화의 비교

구분	내인성 노화	광노화
표피와 진피 두께	얇아짐	두꺼워짐
각질층	두꺼워짐	두꺼워짐
피부면역세포	감소	감소
멜라닌세포	감소	증가
주름	증가	깊은 주름

기출문제정리 | 섹션별 분류의 기본 출제유형 파악!

★★★★

1 강한 자외선에 노출될 때 생길 수 있는 현상과 가장 거리가 먼 것은?

① 아토피 피부염 ② 비타민 D 합성
③ 홍반반응 ④ 색소침착

자외선에 노출될 때 홍반반응, 색소침착, 광노화 등의 부정적 효과와 살균, 비타민 D 합성 등의 긍정적 효과가 발생한다.

★★★

2 자외선의 영향으로 인한 부정적인 효과는?

① 홍반 반응 ② 비타민 D 형성
③ 살균효과 ④ 강장효과

자외선의 부정적 효과 : 주름, 기미, 주근깨 생성, 홍반, 수포, 일광화상, 피부암의 원인

★★★

3 피부에 대한 자외선의 영향으로 피부의 급성반응과 가장 거리가 먼 것은?

① 홍반반응 ② 화상
③ 비타민 D 합성 ④ 광노화

광노화는 햇빛, 바람, 추위, 공해 등의 요인으로 피부가 노화되는 현상으로 급성반응에 해당되지 않는다.

★★

4 자외선에 대한 설명으로 틀린 것은?

① 자외선 C는 오존층에 의해 차단될 수 있다.
② 자외선 A의 파장은 320~400nm이다.
③ 자외선 B는 유리에 의하여 차단될 수 있다.
④ 피부에 제일 깊게 침투하는 것은 자외선 B이다.

피부에 제일 깊게 침투하는 자외선은 자외선 A로 피부 진피층까지 침투하여 주름을 생성하게 된다.

★★

5 다음 중 UV-A(장파장 자외선)의 파장 범위는?

① 320~400nm
② 290~320nm
③ 200~290nm
④ 100~200nm

자외선의 파장 범위
- UV-A(장파장) : 320~400nm
- UV-B(중파장) : 290~320nm
- UV-C(단파장) : 200~290nm

★★★

6 단파장으로 가장 강한 자외선이며, 원래는 오존층에 완전 흡수되어 지표면에 도달되지 않았으나 오존층의 파괴로 인해 인체와 생태계에 많은 영향을 미치는 자외선은?

① UV A ② UV B
③ UV C ④ UV D

자외선 C는 파장 범위가 200~290nm의 단파장으로 가장 강한 자외선이며, 오존층에서 거의 흡수되어 피부에는 영향을 미치지 않았으나, 최근 오존층의 파괴로 인해 인체에 많은 영향을 미치고 있다.

★★★★

7 UV A와 관련한 내용으로 가장 거리가 먼 것은?

① 320~400nm의 장파장
② 지연 색소 침착
③ 생활 자외선
④ 즉시 색소 침착

UV-A(생활 자외선)는 '즉시 색소침착'을 일으키는 반면, UV-B는 '지연 색소침착'을 유발한다.

구분	자외선	특징
즉시 색소침착	UV-A와 가시광선 (320~400nm)	자외선에 노출된 후 즉시 나타나며 6~8시간 후 서서히 사라진다.
지연 색소침착	UV-B (295~320nm)	노출 72시간 내에 나타남

정답 1① 2① 3④ 4④ 5① 6③ 7②

chapter 02

★★★★

8 파장이 가장 길고 인공 썬탠 시 활용하는 광선은?

① UV-A ② UV-B
③ γ선 ④ UV-C

UV-A 광선 : 파장이 320~400(nm)으로 파장 중 가장 길다.

★★★

9 자외선 중 홍반을 주로 유발시키는 것은?

① UV A ② UV B
③ UV C ④ UC D

UV B는 290~320nm의 중파장으로 피부의 홍반을 유발한다.

★★

10 오존(O_3)층에서 거의 흡수를 하며 살균작용과 피부암을 발생시킬 수 있는 파장의 선은?

① 적외선(infra rad ray) ② 가시광선(visible ray)
③ UV-A ④ UV-C

UV-C는 자외선 중 가장 짧은 파장으로 살균작용이 강하고, 피부암의 발생원인이 된다.

★★★

11 다음 중 가장 강한 살균작용을 하는 광선은?

① 자외선 ② 적외선
③ 가시광선 ④ 원적외선

태양광선 중 자외선이 가장 강한 살균작용을 한다.

★★★

12 다음 중 자외선이 피부에 미치는 영향이 아닌 것은?

① 색소침착 ② 살균효과
③ 홍반형성 ④ 비타민 A 합성

자외선이 피부에서 합성하는 것은 비타민 D이다.

★★★

13 적외선을 피부에 조사시킬 때 나타나는 생리적 영향의 설명으로 틀린 것은?

① 신진대사에 영향을 미친다.
② 혈관을 확장시켜 순환에 영향을 미친다.
③ 전신의 체온저하에 영향을 미친다.
④ 식균작용에 영향을 미친다.

적외선은 열을 운반하는 열선으로 피부를 투과하여 온열효과를 가져와 체온을 상승시킨다.

★★★

14 다음 중 적외선에 관한 설명으로 옳지 않은 것은?

① 혈류의 증가를 촉진시킨다.
② 피부에 생성물을 흡수되도록 돕는 역할을 한다.
③ 노화를 촉진시킨다.
④ 피부에 열을 가하여 피부를 이완시키는 역할을 한다.

피부 노화를 촉진하는 것은 자외선이다.

★★★

15 지성 피부, 주름진 피부, 비듬성 피부에 가장 좋은 광선은?

① 가시광선 ② 적외선
③ 자외선 ④ 감마선

적외선은 온열작용을 통해 피부에 영양분의 침투력을 높여주어 지성피부, 주름진 피부, 비듬성 피부에 좋은 광선이다.

★★★

16 특정 면역체에 대해 면역글로불린이라는 항체를 생성 하는 것은?

① B 림프구 ② T 림프구
③ 자연살해 세포 ④ 각질형성 세포

B 림프구는 체액성 면역 반응을 담당하는 림프구의 일종으로 면역글로불린이라는 항체를 생성한다.

정답 8 ① 9 ② 10 ④ 11 ① 12 ④ 13 ③ 14 ③ 15 ② 16 ①

★★★

17 피부의 면역에 관한 설명으로 맞는 것은?

① 세포성 면역에는 보체, 항체 등이 있다.
② T림프구는 항원전달세포에 해당한다.
③ B림프구는 '면역글로불린'이라고 불리는 항체를 생성한다.
④ 표피에 존재하는 각질형성세포는 면역조절에 작용하지 않는다.

① 세포성 면역은 세포 대 세포의 접촉을 통해 직접 항원을 공격 하며, 체액성 면역이 항체를 생성한다.
② T림프구는 항원전달세포에 해당하지 않는다.
④ 각질형성세포는 면역조절 작용을 한다.

★★★

18 피부의 노화 원인과 가장 관련이 없는 것은?

① 노화 유전자와 세포 노화
② 항산화제
③ 아미노산 라세미화
④ 텔로미어(telomere) 단축

항산화제는 피부노화를 억제하는 물질이다.
※①, ③, ④는 노화를 촉진시키는 원인이다.

★★★

19 피부가 건조해지고 주름살이 잡히며 윤기가 없어지게 되는 현상은?

① 피부의 노화현상
② 피부의 각화현상
③ 알레르기 현상
④ 피부질환 발생현상

★★★

20 노화피부의 특징이 아닌 것은?

① 노화피부는 탄력이 없고 수분이 많다.
② 피지분비가 원활하지 못하다.
③ 주름이 형성되어 있다.
④ 색소침착 불균형이 나타난다.

노화피부는 피지의 분비가 줄고, 탈수현상이 일어나 유분과 수분이 부족하다.

★★★

21 내인성 노화가 진행될 때 감소 현상을 나타내는 것은?

① 각질층 두께
② 주름
③ 피부처짐 현상
④ 랑게르한스 세포

내인성 노화가 진행될수록 멜라닌 세포와 랑게르한스 세포의 수가 감소한다.

★★★

22 피부노화 현상으로 옳은 것은?

① 피부노화가 진행되어도 진피의 두께는 그대로 유지된다.
② 광노화에서는 내인성 노화와 달리 표피가 얇아지는 것이 특징이다.
③ 피부 노화에는 나이에 따른 과정으로 일어나는 광노화와 누적된 햇빛 노출에 의하여 야기되기도 한다.
④ 내인성 노화보다는 광노화에서 표피 두께가 두꺼워진다.

① 피부노화가 진행될수록 진피의 두께는 감소한다.
② 광노화에서는 표피의 두께가 두꺼워진다.
③ 나이에 따른 과정으로 일어나는 노화를 내인성 노화 또는 자연노화라고 한다.

★★★

23 자연노화(생리적 노화)에 의한 피부 증상이 아닌 것은?

① 망상층이 얇아진다.
② 피하지방세포가 감소한다.
③ 각질층의 두께가 감소한다.
④ 멜라닌 세포의 수가 감소한다.

노화가 진행될수록 각질층의 두께는 증가한다.

정답 17 ③ 18 ② 19 ① 20 ① 21 ④ 22 ④ 23 ③

★★★★

24 피부의 생물학적 노화현상과 거리가 먼 것은?

① 표피 두께가 줄어든다.
② 엘라스틴의 양이 늘어난다.
③ 피부의 색소침착이 증가된다.
④ 피부의 저항력이 떨어진다.

피부 노화는 콜라겐과 엘라스틴을 생성하는 섬유아 세포의 기능이 저하되고 그로 인해 피부가 점차 얇아지면서 손상되기 쉬워지며, 주름과 피부처짐, 늘어짐의 현상이 나타나게 된다.

★★★

25 피부 노화인자 중 외부인자가 아닌 것은?

① 나이 ② 자외선
③ 산화 ④ 건조

나이가 증가함에 따라 피부가 노화되는 것은 내인성 노화에 속한다.

★★★

26 광노화의 반응과 가장 거리가 먼 것은?

① 거칠어짐 ② 건조
③ 과색소침착증 ④ 모세혈관 수축

광노화의 경우 모세혈관이 확장한다.

★★★★★

27 피부에 손상을 미치는 활성산소는?

① 글리세린 ② 히알루론산
③ 수퍼옥사이드 ④ 비타민

슈퍼옥사이드는 산소에 전자가 추가된 대표적인 활성산소이다.
※ 히알루론산은 화장품의 주성분으로 콜라겐과 엘라스틴과 같은 피부 진피층에 분포하며, 수분을 담을 수 있어 주름 방지 및 피부 탄력을 유지시킨다. 활성산소는 히알루론산의 사슬을 끊는 역할한다.

★★★

28 광노화 현상이 아닌 것은?

① 표피 두께 증가
② 멜라닌 세포 이상 항진
③ 체내 수분 증가
④ 진피 내의 모세혈관 확장

광노화 현상이 나타나는 피부는 건조해지고 거칠어진다.

★★★

29 광노화와 거리가 먼 것은?

① 피부두께가 두꺼워진다.
② 섬유아세포수의 양이 감소한다.
③ 콜라겐이 비정상적으로 늘어난다.
④ 점다당질이 증가한다.

광노화를 포함한 피부노화에서는 콜라겐과 탄력섬유가 감소하여 피부탄력감소, 피부처짐, 주름 등이 생긴다.

정답 24 ② 25 ① 26 ④ 27 ③ 28 ③ 29 ③

CHAPTER 03

출제문항수 6

화장품학

The Barber Certification

SECTION 01

화장품 기초 및 원료

[출제문항수 : 2~3문제] 이 섹션은 출제비중은 높지 않지만 화장품과 의약품의 비교, 화장품의 분류 등은 가끔 출제되고 있습니다.

01 화장품의 정의

1 화장품

① 인체를 청결 · 미화하여 매력을 더하고 용모를 밝게 변화시키기 위해 사용하는 물품
② 피부 혹은 모발을 건강하게 유지 또는 증진하기 위한 물품
③ 인체에 바르고 문지르거나 뿌리는 등의 방법으로 사용되는 물품
④ 인체에 사용되는 물품으로 인체에 대한 작용이 경미한 것
⑤ 의약품이 아닐 것

▶ **의약품의 정의**
- 사람이나 동물의 질병을 진단·치료·경감·처치 또는 예방할 목적으로 사용하는 물품
- 사람이나 동물의 구조와 기능에 약리학적 영향을 줄 목적으로 사용하는 물품

▶ 화장품과 의약품의 비교

구분	화장품	의약품
대상	정상인	환자
목적	청결·미화	질병의 진단 및 치료
기간	장기	단기
범위	전신	특정 부위
부작용 여부	없어야 함	있을 수 있음

2 기능성 화장품

화장품 중에서 다음에 해당되는 것으로서 총리령으로 정하는 화장품

① 피부의 미백에 도움을 주는 제품
② 피부의 주름개선에 도움을 주는 제품
③ 피부를 곱게 태워주거나 자외선으로부터 피부를 보호하는 데에 도움을 주는 제품
④ 모발의 색상 변화·제거 또는 영양공급에 도움을 주는 제품
⑤ 피부나 모발의 기능 약화로 인한 건조함, 갈라짐, 빠짐, 각질화 등을 방지하거나 개선하는 데에 도움을 주는 제품

3 화장품에서 요구되는 4대 품질 특성

안전성	피부에 대한 자극, 알레르기, 독성 등 인체에 대한 부작용이 없을 것
안정성	변색·변취·변질되거나 분리되는 일이 없어야 하며, 미생물의 오염이 없을 것
사용성	피부에 사용감·퍼짐성이 좋고, 흡수가 좋고 잘 스며들 것
유효성	미백, 주름개선, 자외선 차단 등의 효과가 있을 것

▶ **화장품의 4대 조건**
안전성, 안정성, 사용성, 유효성

02 용도에 따른 화장품 분류

분류		종류
기초 화장품	세안	클렌징 폼, 페이셜 스크럽, 클렌징 크림, 클렌징 로션, 클렌징 워터, 클렌징 젤
	피부정돈	화장수, 팩, 마사지 크림
	피부보호	로션, 크림, 에센스, 화장유
메이크업 화장품	베이스 메이크업	메이크업 베이스, 파운데이션, 파우더
	포인트 메이크업	립스틱, 블러셔, 아이라이너, 마스카라, 아이섀도, 네일에나멜
모발 화장품	세발용	샴푸, 린스
	정발용	헤어오일, 헤어로션, 헤어크림, 헤어스프레이, 헤어무스, 헤어젤, 헤어 리퀴드
	트리트먼트용	헤어트리트먼트, 헤어팩, 헤어블로우, 헤어코트
	양모용	헤어토닉
인체 세정용	세정	폼 클렌저, 바디 클렌저, 액체 비누, 외음부 세정제
네일 화장품	네일보호, 색채	베이스코트, 언더코트, 네일폴리시, 네일에나멜, 탑코트, 네일 크림·로션·에센스, 네일폴리시·네일에나멜 리무버
방향 화장품	향취	퍼퓸, 오데퍼퓸, 오데토일렛, 오데코롱, 샤워코롱

▶ **상태(제형)에 따라 가용화 제품, 유화** 제품, 분산제품으로 구분된다. 자세한 내용은 다음 섹션의 화장품의 제조기술을 참고한다.

▶ 용어 이해
- 세발 : 헤어 세정
- 정발 : 헤어 세팅
- 양모 : 탈모방지 및 두피건강

화장품의 종류

- 피부용
  - 기초 화장품: 세정, 정돈, 보호
  - 메이크업 화장품: • 베이스 메이크업 • 포인트 메이크업
  - 바디 화장품
  - 기능성 화장품: • 주름개선 • 미백 • 자외선 차단 • 모발 색상 변화 • 피부, 모발 개선
- 에센셜(아로마) 오일 및 캐리어 오일
- 방향용(향수)

▶ 계면(Interface, 界面)
기체, 액체, 고체의 물질 상호간에 생기는 경계면

03 화장품의 원료

1 정제수

① 화장수, 크림, 로션 등의 기초 물질로 사용

② 물에 포함된 불순물이 피부 트러블을 일으킬 수 있으므로 깨끗한 정제수 사용

2 에탄올

① 특징 : 휘발성

② 용도 : 화장수, 헤어토닉, 향수 등에 많이 사용

③ 효과 : 청량감(상쾌함), 수렴효과, 소독작용

3 오일

구분	종류	특징
천연 오일	식물성 (올리브유, 피마자유, 야자유, 맥아유 등)	• 피부에 대한 친화성이 우수 • 불포화 결합이 많아 공기 접촉 시 쉽게 변질 • 식물성 오일은 피부 흡수가 느린 반면 동물성 오일은 빠름
	동물성 (밍크오일, 난황유 등)	
	광물성 (유동파라핀, 바셀린 등)	• 포화 결합으로 변질의 우려는 없음 • 유성감이 강해 피부 호흡을 방해할 수 있음
합성 오일	실리콘 오일	• 사용성 및 화학적 안정성이 우수

4 계면활성제

두 물질 사이의 경계면이 잘 섞이도록 도와주는 물질

▶ 피부 자극
양이온성 > 음이온성 > 양쪽성 > 비이온성

(1) 친수성기 : 물과의 친화성이 강한 둥근 머리 모양

양이온성	• 살균 및 소독작용이 우수 • 용도 : 헤어린스, 헤어트리트먼트 등
음이온성	• 세정 작용 및 기포 형성 작용이 우수 • 용도 : 비누, 샴푸, 클렌징 폼 등
비이온성	• 피부에 대한 자극이 적음 • 용도 : 화장수의 가용화제, 크림의 유화제, 클렌징 크림의 세정제 등
양쪽성	• 친수기에 양이온과 음이온을 동시에 가짐 • 세정 작용이 우수하고 피부 자극이 적음 • 용도 : 베이비 샴푸 등

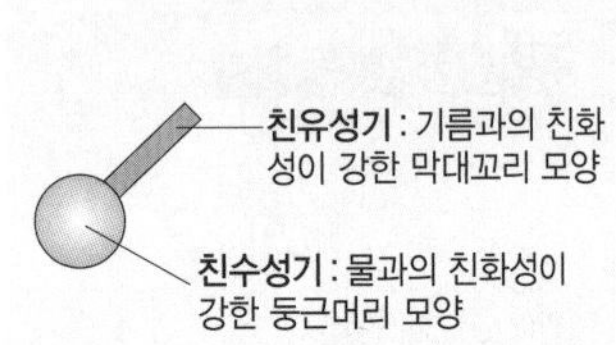

(2) 친유성기(소수성기) : 기름과의 친화성이 강한 막대꼬리 모양

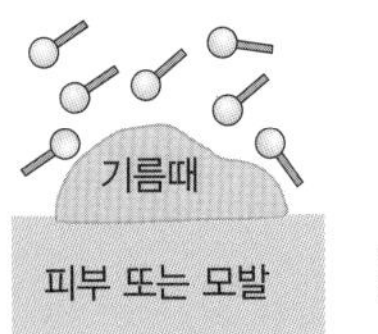

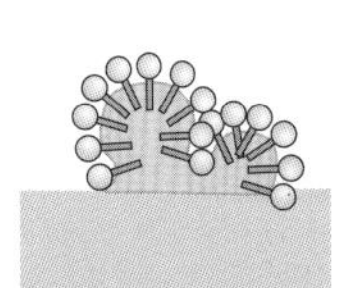

침투·흡착 : 계면활성제의 친유성기가 기름때에 달라붙는다.)

세안 · 마시지

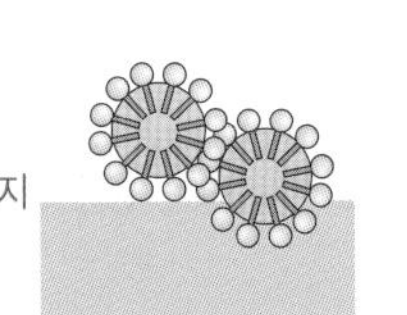

유화·분산 : 친유성기 부분이 기름때와 피부 사이를 파고 들어가 기름때를 감싼다.

제거 : 피부 또는 헤어로부터 기름때를 분리

세정 과정

5 보습제 성분

(1) 종류

① 천연보습인자(NMF) : 피부 표면 각질층 중 각질 세포에 있는 천연보습인자는 피부 수분을 일정 수준으로 유지한다. 흡습효과가 우수하고 피부의 유연성을 준다.

→ 성분 : 아미노산(40%), 젖산(12%), 요소(7%), 지방산 등

② 고분자 보습제 : 가수분해 콜라겐, 히아루론산염, 콘트로이친 황산염 등

③ 폴리올(다가 알코올) : 글리세린*, 프로필렌글리콜, 부틸렌글리콜, 솔비톨, 트레할로스 등

▶ 글리세린
공기 중의 습기를 흡수해서 피부표면 수분을 유지시켜 피부나 털의 건조방지를 한다.

(2) 보습제가 갖추어야 할 조건

① 적절한 보습능력이 있을 것

② 보습력이 환경의 변화(온도, 습도 등)에 쉽게 영향을 받지 않을 것

③ 피부 친화성이 좋을 것

④ 다른 성분과의 혼용성이 좋을 것

⑤ 응고점이 낮을 것

⑥ 휘발성이 없을 것

04 화장품의 색소(Coloring Material)

1 유기합성색소

(1) 염료(Dyes)

① 물이나 기름·알코올 등에 용해되고, 화장품 기제 중에 용해 상태로 존재하며 색을 부여할 수 있는 물질을 의미

② 염료는 물이나 오일에 녹기 때문에 메이크업 화장품에 거의 사용하지 않고 기초용 및 방향용 화장품(예: 화장수, 로션, 샴푸, 향수)에서 제형에 색상을 내고자 할 때 사용한다.

(2) 안료(Pigment)

① 물이나 오일 등에 잘 녹지 않는다.

② 색상이 화려하지 않으나 빛을 반사 및 차단하는 능력이 우수하다.

③ 무기안료, 유기안료

무기안료	• 커버력이 우수하고 내광성, 내열성이 우수 • 빛, 산, 알칼리에 강함 • 유기용제에 녹지 않음 • 가격이 저렴하고 많이 사용
유기안료	• 선명도 및 착색력이 우수하며, 색의 종류가 다양 • 빛, 산, 알칼리에 약함 • 유기용제에 녹아 색의 변질 우려가 있음

(3) 무기안료(광물성 안료)

색상의 화려함이나 선명도는 유기 안료에 비해 떨어지지만, 빛이나 열에 강하고 유기 용매에 녹지 않으므로 화장품용 색소로 널리 사용된다.

구분	특징
체질안료	• 은폐력, 착색력은 없음 • 착색 안료의 농도를 묽게 하기 위해 배합(제품의 제형을 목적)
착색안료	• 유기안료에 비해 색이 선명하지는 않지만 빛과 열에 강하여 색이 잘 변하지 않아 메이크업 화장품에 많이 사용 • 대표적으로 산화철이 있으며 적색, 황색, 흑색의 3가지 기본 색조가 있으며 이를 혼합하여 사용
백색안료	• 커버력(피복력) 조절이 주 목적 • 굴절률이 높고, 입자경이 작기 때문에 백색도, 은폐력, 착색력 등이 우수함
펄안료	진주와 비슷한 광택이나 금속성의 광택을 부여함

05 화장품의 제조기술 (제형에 따른 분류)

▶ 화장품 제조기술의 종류
가용성, 유화, 분산

1 가용화(Solubilization)

① 물에 소량의 오일 성분이 계면활성제에 의해 투명하게 용해된 상태
② 종류 : 화장수, 에센스, 향수, 헤어토닉, 헤어리퀴드 등

2 유화(에멀전)

① 물에 오일 성분이 계면활성제에 의해 우윳빛으로 섞여있는 상태
② 유화의 종류

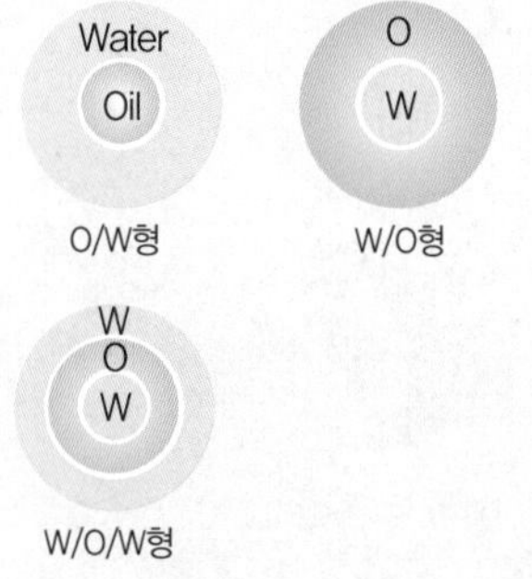

O/W형	• 물 속에 오일 입자가 분산된 수중유형(Oil in Water) → 친수형이므로 사용감이 산뜻하고 퍼짐성이 좋음 • 로션, 크림, 에센스 등
W/O형	• 오일 속에 물 입자가 분산된 유중수형(Water in Oil) → O/W형에 비해 퍼짐성이 낮으나 수분 손실이 적어 지속성이 좋다. • 클렌징 크림, 마사지크림, 영양크림, 선크림 등
W/O/W형	• W/O형 에멀젼을 다시 물에 유화시킨 형태로, O/W형에 비해 보습 효과가 좋다.

3 분산

① 물 또는 오일에 미세한 고체입자가 계면활성제에 의해 균일하게 혼합되어 있는 상태
② 종류 : 파운데이션, 립스틱, 마스카라, 아이섀도, 아이라이너 등

기출문제정리 | 섹션별 분류의 기본 출제유형 파악!

★★★

1 화장품법상 화장품 정의와 관련한 내용이 아닌 것은?

① 신체의 구조, 기능에 영향을 미치는 것과 같은 사용 목적을 겸하지 않는 물품
② 인체를 청결히 하고, 미화하고, 매력을 더하고 용모를 밝게 변화시키기 위해 사용하는 물품
③ 피부 혹은 모발을 건강하게 유지 또는 증진하기 위한 물품
④ 인체에 사용되는 물품으로 인체에 대한 작용이 경미한 것

화장품의 정의
인체를 청결·미화하여 매력을 더하고 용모를 밝게 변화시키거나 피부·모발의 건강을 유지 또는 증진하기 위하여 인체에 바르고 문지르거나 뿌리는 등 이와 유사한 방법으로 사용되는 물품으로서 인체에 대한 작용이 경미한 것

★★

2 화장품에서 요구되는 4대 품질 특성이 아닌 것은?

① 안전성 ② 안정성
③ 보습성 ④ 사용성

화장품의 4대 조건 : 안전성, 안정성, 사용성, 유효성

★★★

3 화장품에서 요구되는 4대 품질 특성의 설명으로 옳은 것은?

① 안전성 : 미생물 오염이 없을 것
② 안정성 : 독성이 없을 것
③ 보습성 : 피부표면의 건조함을 막아줄 것
④ 사용성 : 사용이 편리해야 할 것

화장품의 4대 요건
- 안전성 : 피부자극 알러지 독성 등 인체에 대한 부작용이 없어야 한다.
- 안정성 : 변색 변취 변질되거나 분리되는 일이 없어야 하고 또한 미생물의 오염도 없어야 한다.
- 사용성 : 사용감이 우수하고 편리해야 하며 퍼짐성이 좋고 피부에 쉽게 흡수되어야 한다.
- 유효성 : 목적에 적합한 기능을 충분히 나타낼 수 있는 원료 및 제형을 사용하여 목적하는 효과를 나타내야 한다.(피부보습, 노화지연, 자외선차단, 미백, 청결, 색채효과)

★★

4 "피부에 대한 자극, 알레르기, 독성이 없어야 한다"는 내용은 화장품의 4대 요건 중 어느 것에 해당하는가?

① 안전성 ② 안정성
③ 사용성 ④ 유효성

★★★

5 화장품의 사용 목적과 가장 거리가 먼 것은?

① 인체를 청결, 미화하기 위하여 사용한다.
② 용모를 변화시키기 위하여 사용한다.
③ 피부, 모발의 건강을 유지하기 위하여 사용한다.
④ 인체에 대한 약리적인 효과를 주기 위해 사용한다.

인체에 대한 약리적인 효과를 주기 위해 사용하는 것은 의약품이다.

★★★

6 화장품을 선택할 때에 검토해야 하는 조건이 아닌 것은?

① 보존성이 좋아서 잘 변질되지 않는 것
② 사용 중이나 사용 후에 불쾌감이 없고, 사용감이 산뜻한 것
③ 피부나 점막, 모발 등에 손상을 주거나 알레르기 등을 일으킬 염려가 없는것
④ 구성 성분이 균일한 성상으로 혼합되어 있지 않는 것

구성 성분의 성상(성질과 상태)이 균일하게 혼합되어 있어야 한다.

★★★★★

7 화장품과 의약품의 차이를 바르게 정의한 것은?

① 화장품의 사용 목적은 질병의 치료 및 진단이다.
② 화장품은 특정부위만 사용 가능하다.
③ 의약품의 부작용은 어느 정도까지는 인정된다.
④ 의약품의 사용대상은 정상적인 상태인 자로 한정되어 있다.

화장품은 부작용이 없어야 하며, 의약품은 부작용이 있을 수 있다.

정답 1① 2③ 3④ 4① 5④ 6④ 7③

★★★★ □□□

8 사용대상과 목적을 짝지은 것 중 틀린 것은?

① 기능성 화장품 – 정상인, 청결과 미화
② 의약외품 – 환자, 위생과 미화
③ 의약품 – 환자, 질병의 치료
④ 화장품 – 정상인, 청결과 미화

의약외품은 질병의 치료·경감·예방을 목적으로 생리대, 마스크, 안대, 붕대, 반창고, 거즈, 살균·살충제 등이 해당된다.(의사 처방이 필요없는 약품이 해당)
※ 기능성 화장품은 화장품에 해당하므로 청결과 미화의 목적에 해당한다.

★★★★ □□□

9 세정작용과 기포형성 작용이 우수하여 비누, 샴푸, 클렌징폼 등에 주로 사용되는 계면활성제는?

① 양이온성 계면활성제
② 음이온성 계면활성제
③ 비이온성 계면활성제
④ 양쪽성 계면활성제

세정작용 및 기포형성 작용이 우수한 계면활성제는 음이온성 계면활성제이며 비누, 샴푸, 클렌징폼 등에 주로 사용된다.

★ □□□

10 다음 중 기초 화장품의 주된 사용 목적에 속하지 않는 것은?

① 세안 ② 피부정돈
③ 피부보호 ④ 피부채색

★★★★ □□□

11 천연보습인자(NMF)에 속하지 않는 것은?

① 아미노산 ② 암모니아
③ 젖산염 ④ 글리세린

보습제의 종류

구분	구성 성분
천연보습인자 (NMF)	아미노산(40%), 젖산(12%), 요소(7%), 지방산 등
고분자 보습제	가수분해 콜라겐, 히아루론산염 등
폴리올 (다가 알코올)	글리세린, 프로필렌글리콜, 부틸렌글리콜 등

★ □□□

12 화장품의 분류에 관한 설명 중 틀린 것은?

① 마사지 크림은 기초 화장품에 속한다.
② 샴푸, 헤어린스는 모발용 화장품에 속한다.
③ 퍼퓸, 오데코롱은 방향 화장품에 속한다.
④ 페이스파우더는 기초 화장품에 속한다.

페이스파우더는 색조화장품에 속한다.

★★★ □□□

13 화장품에 배합되는 에탄올의 역할이 아닌 것은?

① 청량감
② 수렴 효과
③ 소독 작용
④ 보습 작용

에탄올은 휘발성이 있어 청량감을 주며, 소독, 수렴효과가 있다.

★★★★ □□□

14 물에 오일성분이 혼합되어 있는 유화 상태는?

① O/W 에멀전
② W/O 에멀전
③ W/S 에멀전
④ W/O/W 에멀전

유화의 종류

구분	의미
O/W 에멀전	• 물에 오일이 분산되어 있는 형태 • 친수형이므로 사용감이 산뜻하고 퍼짐성이 좋음
W/O 에멀전	• 오일에 물이 분산되어 있는 형태 • 퍼짐성이 낮으나 수분 손실이 적어 지속성이 좋다.
W/O/W 에멀전	• 분산되어 있는 입자 자체가 에멀전을 형성하고 있는 상태

정답 8 ② 9 ② 10 ④ 11 ④ 12 ④ 13 ④ 14 ①

★★★★

15 크림의 유화형태 설명으로 틀린 것은?

① O/W형 : 물 중에 기름이 분산된 형태이다.
② O/W형 : 사용감이 산뜻하고 퍼짐성이 좋다.
③ W/O형 : 수분 손실이 많아 지속성이 낮다.
④ W/O형 : 기름 중에 물이 분산된 형태이다.

W/O형은 수분 손실이 적고 지속성이 좋다.

★★

16 화장품 제조의 3가지 주요 기술이 아닌 것은?

① 가용화 기술
② 유화 기술
③ 분산 기술
④ 용융 기술

화장품 3가지 제조기술 : 가용화, 유화, 분산

★★

17 다음 중 가용화 기술로 만든 화장품이 아닌 것은?

① 향수
② 헤어 토닉
③ 헤어 리퀴드
④ 파운데이션

파운데이션은 분산 기술에 의한 제품이다.

★★★

18 화장품의 제형에 따른 특징의 설명이 틀린 것은?

① 유화제품 – 물에 오일성분이 계면활성제에 의해 우윳빛으로 백탁화된 상태의 제품
② 유용화제품 – 물에 다량의 오일성분이 계면활성제에 의해 현탁하게 혼합된 상태의 제품
③ 분산제품 – 물 또는 오일 성분에 미세한 고체입자가 계면활성제에 의해 균일하게 혼합된 상태의 제품
④ 가용화제품 – 물에 소량의 오일성분이 계면활성제에 의해 투명하게 용해되어 있는 상태의 제품

화장품을 제형에 따라 분류하면 가용화제품, 유화제품, 분산제품으로 나뉘어진다.

★★★★

19 기능성 화장품의 표시 및 기재사항이 아닌 것은?

① 제품의 명칭
② 내용물의 용량 및 중량
③ 제조자의 이름
④ 제조번호

제조자의 이름은 화장품의 표시 및 기재사항이 아니다.

chapter 03

 15 ③ 16 ④ 17 ④ 18 ② 19 ③

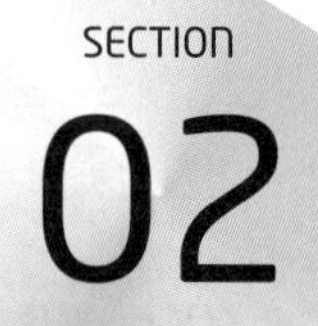

The Barber Certification

화장품의 종류와 기능

[출제문항수 : 2~3문제] 이 섹션에서는 화장품의 종류가 나뉘어져 있으나, 각 화장품의 특징을 구분하여 정리할 필요가 있으며, 깊이있는 문제는 출제되지 않는 경향이니 문제 위주로 학습하기 바랍니다.

01 기초 화장품

1 기능에 따른 종류

세안, 피부 정돈, 피부 보호

세안	클렌징 크림, 클렌징 폼, 클렌징 로션, 클렌징 워터 등
피부 정돈	화장수, 팩, 마사지 크림
피부 보호	로션, 크림, 에센스, 화장유

2 세안용 화장품 : 피부의 노폐물 및 화장품의 잔여물 제거

① 클렌징 크림
② 클렌징 로션
③ 클렌징 워터 : 포인트 메이크업의 클렌징 시 많이 사용
④ 클렌징 오일 : 건성피부에 적합
⑤ 클렌징 폼 : 클렌징 크림이나 클렌징 로션으로 1차 클렌징한 후에 사용하면 좋다.

3 피부 정돈용 화장품

(1) 화장수

① 주요 기능
- 피부의 각질층에 수분 공급
- 피부에 청량감 부여 (알코올 성분에 의해)
- 피부에 남은 클렌징 잔여물 제거
- 피부의 pH* 밸런스 조절
- 피부 진정 또는 쿨링

② 종류

유연 화장수	• 피부에 수분 공급 및 피부를 유연하게 함
수렴 화장수	• 피부에 수분 공급, 모공 수축 및 피지 과잉 분비 억제 • 지방성 피부에 적합 • 원료 : 알코올, 습윤제, 물, 알루미늄, 아연염, 멘톨

▶ **pH** (Potential of Hyfrogen)
수소이온농도
- 피부와 모발이 가장 건강한 상태의 pH는 약 4.5~6.5 정도
- 산성, 알칼리성의 강도를 숫자로 나타내는 표시법(7 이하는 산성, 7 이상은 염기성으로 구분)

4 피부 보호용 화장품

로션	• 피부에 수분과 영양분 공급 • 구성 : 60~80%의 수분과 30% 이하의 유분
크림	• 세안 시 소실된 천연 보호막을 보충하여 피부를 촉촉하게 하고 보호함 • 피부의 생리기능을 돕고, 유효성분들로 피부의 문제점을 개선
에센스	• 피부 보습 및 노화억제 성분들을 농축해 만든 것 • 피부에 수분과 영양분 공급

02 메이크업 화장품

1 베이스 메이크업

메이크업 베이스	• 인공 피지막을 형성하여 피부 보호 • 파운데이션의 밀착성을 높여줌 • 색소 침착 방지
파운데이션	• 화장의 지속성 고조 • 주근깨, 기미 등 피부의 결점 커버 • 피부에 광택, 탄력, 투명감 부여 • 건조, 자외선으로부터 피부 보호 • 피부색 및 피부 질감 수정 • 부분화장을 돋보이게 하고 강조
파우더	• 피부색 정돈 • 피부의 번들거림 방지 • 화사한 피부 표현 • 땀, 피지의 분비 억제

2 포인트 메이크업

립스틱	입술의 건조를 방지하고, 입술에 색채감 및 입체감 부여
아이라이너	눈을 크고 뚜렷하게 보이게 하는 효과
아이섀도	눈꺼풀에 색감을 주어 입체감을 살려 눈의 표정을 강조
마스카라	속눈썹이 짙고 길어 보이게 함
블러셔	얼굴에 입체감을 주고 건강하게 보이게 함

03 바디 관리 화장품

구분	특징
세정용	• 이물질 제거 및 청결 • 종류 : 비누, 바디 샴푸 등
트리트먼트용	• 샤워 후 피부가 건조해지는 것을 막고 촉촉하게 함 • 종류 : 바디 로션, 바디 크림, 바디 오일 등
일소용 (一燒, 선텐)	• 피부를 곱게 태워주고 피부가 거칠어지는 것을 방지 • 종류 : 선텐용 젤·크림·리퀴드 등
일소 방지용	• 햇볕에 타는 것을 방지하고 자외선으로부터 피부를 보호 • 종류 : 선스크린 젤, 선스크린 크림, 선스크린 리퀴드 등
액취 방지용	• 체취 방지 및 항균 기능 • 종류 : 데오도란트

04 방향용 화장품 (향수)

▶ **芳香 (날 방, 향기 향)** – 향기가 나다

▶ 향수란 : 방향효과를 주기 위하여 사용되는 알코올성 액체이다. 향료와 에틸알코올을 혼합시켜 숙성한 것으로, 제품에 따라 부향률이 달라진다.

▶ **부향률** (용량 **부**, 향료 **향**)
향수에 향수 원액이 포함된 비율

▶ **향수의 부향률 순서**
퍼퓸 > 오데퍼퓸 > 오데토일렛 > 오데코롱

▶ **향수의 종류**
• 탑 노트 : 스트르스, 그린
• 미틀 노트 : 플로럴, 프루티
• 베이스 노트 : 무스크, 우디

1 향수의 구비요건

① 향의 특징이 있을 것
② 향의 지속성이 강할 것
③ 시대성에 부합하는 향일 것
④ 향의 조화가 잘 이루어질 것

2 향수의 분류

(1) 희석 정도에 따른 분류

구분	부향률	지속시간	특징
퍼퓸	15~30%	6~7시간	향이 오래 지속되며, 가격이 비쌈
오데퍼퓸	9~12%	5~6시간	퍼퓸보다는 지속성이나 부향률이 떨어지지만 경제적
오데토일렛	6~8%	3~5시간	일반적으로 가장 많이 사용
오데코롱	3~5%	1~2시간	향수를 처음 사용하는 사람에게 적합
샤워코롱	1~3%	약 1시간	샤워 후 가볍게 뿌려주는 향수

(2) 향수의 발산 속도에 따른 분류

분류	특징
탑 노트	• 휘발성이 강해 바로 향을 맡을 수 있음
미들 노트	• 부드럽고 따뜻한 느낌의 향으로, 대부분의 오일에 해당됨
베이스 노트	• 휘발성이 낮아 시간이 지난 뒤에 향을 맡을 수 있음

3 천연향의 추출 방법

(1) 수증기 증류법

식물의 향기 부분을 물에 담가 가온하여 증발된 기체를 냉각하여 추출

(2) 압착법

주로 열대성 과실에서 향을 추출할 때 사용하는 방법

(3) 용매 추출법

휘발성	• 에테르, 헥산 등의 휘발성 유기용매를 이용해서 낮은 온도에서 추출 • 장미, 자스민 등의 에센셜 오일을 추출할 때 사용
비휘발성	동식물의 지방유를 이용한 추출법

05 에센셜(아로마) 오일 및 캐리어 오일

1 에센셜 오일

(1) 에센셜 오일의 효능

① 면역강화
② 피부진정 작용
③ 항염·항균작용
④ 혈액순환 촉진
⑤ 화상, 여드름, 염증 치유 등

(2) 취급 시 주의사항

① 100% 순수한 것을 사용할 것
② 원액을 그대로 사용하지 말고 희석하여 사용할 것
③ 사용하기 전에 안전성 테스트(패치 테스트)를 실시할 것
④ 고열이 있는 경우 사용하지 말 것
⑤ 사용 후 반드시 마개를 닫을 것
⑥ 갈색병에 넣어 냉암소에 보관할 것

(3) 아로마 오일의 사용법

입욕법, 흡입법, 확산법, 습포법

2 캐리어 오일(베이스 오일)

① 아로마 오일을 피부에 효과적으로 침투시키기 위해 사용하는 식물성 오일로, 에센셜 오일의 향을 방해하지 않게 향이 없어야 하고 피부 흡수력이 좋아야 한다.

▶ 에센셜 오일의 종류

라벤더	여드름성 피부·습진·화상 등에 효과 피부재생 및 이완작용
자스민	건조하고 민감한 피부에 효과
제라늄	피지분비 정상화, 셀룰라이트 분해
티트리	피부 정화, 여드름 피부, 습진, 무좀에 효과
팔마로사	건조한 피부와 감염 피부에 효과
네롤리	건조하고 민감한 피부에 효과, 피부노화 방지
패출리	주름살 예방, 노화피부, 여드름, 습진에 효과
레몬그라스	여드름, 무좀에 효과 모공 수축
오렌지	여드름, 노화피부에 효과
로즈마리	피부 청결, 주름 완화, 노화피부, 두피 개선
그레이프프루트	살균·소독작용, 셀룰라이트 분해작용

▶ 아로마 오일의 사용법

입욕법	전신욕, 반신욕, 좌욕, 수욕, 족욕 등 몸을 담그는 방법
흡입법	손수건, 티슈 등에 1~2방울 떨어뜨리고 심호흡을 하는 방법
확산법	아로마 램프, 스프레이 등을 이용하는 방법
습포법	온수 또는 냉수 1리터 정도에 5~10 방울을 넣고, 수건을 담궈 적신 후 피부에 붙이는 방법

▶ 용어 이해
캐리어 : carrier(운반), 아로마 오일을 피부에 운반한다는 의미

chapter 03

② 주요 캐리어 오일

호호바 오일 (Jojoba oil)	• 모든 피부 타입에 적합 • 인체의 피지와 화학구조가 유사하여 피부 친화성이 우수 • 쉽게 산화되지 않아 안정성이 우수 • 침투력 및 보습력이 우수 • 여드름, 습진, 건선피부에 사용
아보카도 오일	• 모든 피부 타입에 적합 • 비타민 E 풍부 • 비만 관리용으로 많이 사용
아몬드 오일	• 모든 피부 타입에 적합 • 비타민 A와 E 풍부 • 피부 보습력을 높여주고 건조 방지 효과
윗점 오일 (Wheatgerm Oil)	• 비타민 E와 미네랄 풍부 • 피부노화 방지 효과 • 혈액순환 촉진 및 항산화 작용 • 습진, 건성피부, 가려움증에 효과
포도씨 오일	• 비타민 E 풍부 • 여드름 피부 및 피부 재생에 효과적이며 항산화 작용
살구씨 오일	• 건조 피부와 민감성 피부에 적합 • 습진, 가려움증에 효과 • 끈적임이 적고 흡수가 빠르며, 유연성이 좋음

06 기능성 화장품

1 피부 미백제

① 피부에 멜라닌 색소 침착 방지

② 기미·주근깨 등의 생성 억제

⑥ 피부에 침착된 멜라닌 색소의 색을 엷게 하는 기능

⑦ 성분 : 알부틴*, 코직산, 비타민 C 유도체, 닥나무 추출물, 뽕나무 추출물, 감초 추출물

▶ 피부 미백제의 메커니즘
- 자외선 차단
- 도파(DOPA) 산화 억제
- 멜라닌 합성 저해
- 티로시나아제 효소의 활성 억제

▶ 알부틴은 멜라닌 색소의 형성을 방해하게 해서 피부 미백으로 사용

2 피부 주름 개선제

(1) 기능

① 피부에 탄력을 주어 피부의 주름을 완화 또는 개선

② 콜라겐 합성·표피 신진대사·섬유아세포 생성 촉진

③ 성분 : 레티놀, 아데노신, 레티닐팔미테이트, 폴리에톡실레이티드레틴아마이드

3 자외선 차단제(선크린)

(1) 개요

① 강한 햇볕을 방지하여 피부를 곱게 태워주는 기능

② 자외선(UV)을 차단·산란시켜 피부를 보호(과색소 침착방지, 일광화상 방지, 노화방지)

③ 일광의 노출 전에 바르는 것이 효과적이며, 도포 후 시간이 경과되면 자주 바르는 것이 좋다.

④ 차단지수(SPF)가 높을수록 자외선 차단 시간이 길어지지만, 피부에 자극을 줄 수 있으므로 피하는 것이 좋다.

(2) 자외선 차단제의 종류에 따른 특징

구분	자외선 산란제	자외선 흡수제
성분	티타늄디옥사이드(이산화티타늄), 징크옥사이드(산화아연)	벤조페논, 에칠헥실디메칠파바(옥틸디메틸파바), 에칠헥실메톡시신나메이트(옥티메톡시신나메이트), 옥시벤존 등
특징	• 물리적인 산란작용 이용 • 발랐을 때 불투명	• 화학적인 흡수작용 이용 • 발랐을 때 투명
장점	자외선 차단율이 높음	촉촉하고 산뜻하며, 화장이 밀리지 않음
단점	화장이 밀림	피부 트러블의 가능성이 높음

(3) 자외선 차단지수 (SPF, Sun Protection Factor)

$$SPF = \frac{\text{자외선 차단제품을 바른 피부의 최소홍반량(MED)}}{\text{자외선 차단제품을 바르지 않은 외부의 최소홍반량(MED)}}$$

▶ 최소홍반량(minimal Hauterythemdosis)
피부에 홍반을 발생하게 하는데 최소한의 자외선량

① UV-B 방어효과를 나타내는 지수

② 수치가 높을수록 자외선 차단지수가 높음

③ 피부의 멜라닌 양과 자외선에 대한 민감도에 따라 효과가 달라질 수 있음

④ 평상시에는 SPF 15가 적당하며, 여름철 야외활동이나 겨울철 스키장에서는 SPF 30 이상의 제품 사용

⑤ SPF지수가 1씩 증가할 때마다 차단시간이 20분씩 증가한다.

기출문제정리 | 섹션별 분류의 기본 출제유형 파악!

★★

1 다음 중 기초화장품의 필요성에 해당되지 않는 것은?

① 세안 ② 미백
③ 피부정돈 ④ 피부보호

기초화장품의 기능은 세안, 피부 정돈, 피부 보호이다.

★

2 세안용 화장품의 구비조건으로 부적당한 것은?

① 안정성 : 물이 묻거나 건조해지면 형과 질이 잘 변해야 한다.
② 용해성 : 냉수나 온탕에 잘 풀려야 한다.
③ 기포성 : 거품이 잘나고 세정력이 있어야 한다.
④ 자극성 : 피부를 자극시키지 않고 쾌적한 방향이 있어야 한다.

안정성 : 변색, 변취 및 미생물의 오염이 없어야 한다.

★★★

3 면체 후 또는 세발 후 사용되는 화장수(skin lotion)는 안면에 어떤 작용을 하는가?

① 탈수 작용
② 세정 작용
③ 침윤 작용
④ 수렴(수축) 작용

화장수는 피부에 남아있는 잔여물을 닦아주는 기능을 하지만 각질을 제거하지는 않는다.

★

4 화장수의 작용이 아닌 것은?

① 피부에 남은 클렌징 잔여물 제거 작용
② 피부의 pH 밸런스 조절 작용
③ 피부에 집중적인 영양 공급 작용
④ 피부 진정 또는 쿨링 작용

화장수는 피부에 수분을 공급하며 영양 공급과는 거리가 멀다.

★★

5 피지분비의 과잉을 억제하고 피부를 수축시켜 주는 것은?

① 영양 화장수
② 수렴 화장수
③ 소염 화장수
④ 유연 화장수

수렴 화장수는 피부에 수분을 공급하고, 모공 수축 및 피지 과잉 분비를 억제한다.

★★★

6 에탄올이 화장품 원료로 사용되는 이유가 아닌 것은?

① 소독작용이 있어 수렴화장수, 스킨로션, 남성용 애프터쉐이브 등으로 쓰인다.
② 공기 중의 습기를 흡수해서 피부표면 수분을 유지시켜 피부나 털의 건조방지를 한다.
③ 에탄올은 유기용매로서 물에 녹지 않는 비극성 물질을 녹이는 성질이 있다.
④ 탈수 성질이 있어 건조 목적이 있다.

②는 글리세린에 대한 설명이다.
※ 비극성이란 물에 녹지 않는 성질이다.

★★

7 화장수의 도포 목적 및 효과로 옳은 것은?

① 피부 본래의 정상적인 pH 밸런스를 맞추어 주며 다음 단계에 사용할 화장품의 흡수를 용이하게 한다.
② 죽은 각질 세포를 쉽게 박리시키고 새로운 세포 형성 촉진을 유도한다.
③ 혈액 순환을 촉진시키고 수분 증발을 방지하여 보습효과가 있다.
④ 항상 피부를 pH 5.5의 약산성으로 유지시켜 준다.

화장수는 피부의 각질층에 수분을 공급하고 pH 밸런스를 맞추어 주는 기능을 한다.

정답 1② 2① 3④ 4③ 5② 6② 7①

★★★

8 수렴 화장수의 원료에 포함되지 않는 것은?

① 습윤제 ② 알코올
③ 물 ④ 표백제

수렴 화장수의 원료 : 알코올, 습윤제, 물, 알루미늄, 아연염, 멘톨

★★★

9 화장수(스킨로션)를 사용하는 목적과 가장 거리가 먼 것은?

① 세안을 하고나서도 지워지지 않는 피부의 잔여물을 제거하기 위해서
② 세안 후 남아있는 세안제의 알칼리성 성분 등을 닦아내어 피부표면의 산도를 약산성으로 회복시켜 피부를 부드럽게 하기 위해서
③ 보습제, 유연제의 함유로 각질층을 촉촉하고 부드럽게 하면서 다음 단계에 사용할 제품의 흡수를 용이하게 하기 위해서
④ 각종 영양 물질을 함유하고 있어 피부의 탄력을 증진시키기 위해서

화장수의 기능
- 피부의 각질층에 수분 공급
- 피부에 청량감 부여
- 클렌징 잔여물 제거 작용
- 피부의 pH 밸런스 조절 작용
- 피부 진정 또는 쿨링 작용

★★★★

10 파운데이션의 기능과 가장 거리가 먼 것은?

① 피부색을 기호에 맞게 바꾼다.
② 피부의 기미, 주근깨 등 결점을 커버한다.
③ 자외선으로부터 피부를 보호한다.
④ 피지 억제와 화장을 지속시켜준다.

땀과 피지의 분비를 억제하는 것은 파우더의 기능이다.

★★★

11 메이크업 화장품에서 색상의 커버력을 조절하기 위해 주로 배합하는 것은?

① 펄 안료 ② 체질 안료
③ 백색 안료 ④ 착색 안료

★★★

12 파운데이션의 일반적인 기능으로 옳은 것은?

① 피부에 광택과 투명감을 부여한다.
② 피부색을 정돈해준다.
③ 화사한 피부를 표현한다.
④ 땀, 피지의 분비를 억제한다.

②, ③, ④는 모두 파우더의 기능에 해당한다.

★★

13 세발 후 안면 화장술에 필요한 기초 화장품이 아닌 것은?

① 화장수 ② 미스트
③ 영양 크림 ④ 파운데이션

★★

14 세안과 관련된 내용 중 가장 거리가 먼 것은?

① 물의 온도는 미지근하게 한다.
② 비누는 중성비누를 사용한다.
③ 세안수는 연수가 좋다.
④ 비누를 얼굴에 문질러 거품을 낸다.

★★

15 세안 시 세정력이 강한 세안제를 사용하는 것이 가장 좋은 피부는?

① 건성 피부 ② 지성 피부
③ 민감성 피부 ④ 중성 피부

지성피부는 유분가 많기 때문에 세정력이 강한 세안제가 적합하다.

★★★

16 클렌징 크림의 필수조건과 거리가 먼 것은?

① 체온에 의하여 액화되어야 한다.
② 완만한 표백작용을 가져야 한다.
③ 피부에서 즉시 흡수되는 약제가 함유되어야 한다.
④ 소량의 물을 함유한 유화성 크림이어야 한다.

클렌징 크림은 세정을 위한 제품이므로 피부에 잘 흡수되지 않아야 한다.

정답 8 ④ 9 ④ 10 ④ 11 ③ 12 ① 13 ④ 14 ④ 15 ② 16 ③

chapter 03

★★

17 클렌징 제품에 대한 설명 중 틀린 것은?

① 클렌징 워터는 포인트 메이크업의 클렌징 시 많이 사용되고 있다.
② 클렌징 오일은 건성피부에 적합하다.
③ 클렌징 크림은 지성피부에 적합하다.
④ 클렌징 폼은 클렌징 크림이나 클렌징 로션으로 1차 클렌징한 후에 사용하면 좋다.

클렌징 크림, 클렌징 오일은 유분기가 많기 때문에 지성 피부에는 적합하지 않는다.(중성피부, 건성피부에 적합)

★

18 메이크업 화장품 중에서 안료가 균일하게 분산되어 있는 형태로 대부분 O/W형 유화 타입이며, 투명감 있게 마무리되므로 피부에 결점이 별로 없는 경우에 사용하는 것은?

① 트윈 케이크 ② 스킨커버
③ 리퀴드 파운데이션 ④ 크림 파운데이션

유화형 • O/W형 : 리퀴드 파운데이션
• W/O형 : 크림 파운데이션

★★★

19 파운데이션의 기능으로 가장 거리가 먼 것은?

① 피부의 결점을 커버한다.
② 부분화장을 돋보이게 하고 강조해 준다.
③ 땀이나 피지를 억제한다.
④ 피부색을 기호에 맞게 바꾸어준다.

땀이나 피지 억제는 수렴화장품의 기능이다.

★★★

20 파우더의 일반적인 기능에 대한 설명으로 옳지 않은 것은?

① 피부색 정돈
② 피부의 번들거림 방지
③ 주근깨, 기미 등 피부의 결점 커버
④ 화사한 피부 표현

주근깨, 기미 등 피부의 결점을 커버해 주는 것은 파운데이션의 기능이다.

★★

21 향수의 부향률이 높은 것부터 순서대로 나열된 것은?

① 퍼퓸 > 오데퍼퓸 > 오데코롱 > 오데토일렛
② 퍼퓸 > 오데토일렛 > 오데코롱 > 오데퍼퓸
③ 퍼퓸 > 오데퍼퓸 > 오데토일렛 > 오데코롱
④ 퍼퓸 > 오데코롱 > 오데퍼퓸 > 오데토일렛

향수의 부향률 비교

구분	부향률	구분	부향률
퍼퓸	15~30%	오데코롱	3~5%
오데퍼퓸	9~12%	샤워코롱	1~3%
오데토일렛	6~8%		

★★★

22 다음 중 향료의 함유량이 가장 적은 것은?

① 퍼퓸
② 오데토일렛
③ 샤워코롱
④ 오데코롱

샤워코롱은 부향률이 1~3%로 가장 적다.

★★★

23 내가 좋아하는 향수를 구입하여 샤워 후 바디에 나만의 향으로 산뜻하고 상쾌함을 유지시키고자 한다면, 부향률은 어느 정도로 하는 것이 좋은가?

① 1~3%
② 3~5%
③ 6~8%
④ 9~12%

샤워 후에 가볍게 뿌리는 향수는 샤워코롱으로 부향률은 1~3%, 지속시간은 약 1시간이다.

정답 17 ③ 18 ③ 19 ③ 20 ③ 21 ③ 22 ③ 23 ①

★★

24 향수의 구비요건이 아닌 것은?

① 향에 특징이 있어야 한다.
② 향이 강하므로 지속성이 약해야 한다.
③ 시대성에 부합하는 향이어야 한다.
④ 향의 조화가 잘 이루어져야 한다.

향수는 향의 지속성이 길어야 한다.

★★★

25 다음 설명 중 기능성 화장품에 해당하지 않는 것은?

① 피부에 멜라닌 색소가 침착하는 것을 방지하여 기미·주근깨 등의 생성을 억제함으로써 피부의 미백에 도움을 주는 기능을 가진 화장품
② 미백과 더불어 신체적으로 약리학적 영향을 줄 목적으로 사용하는 제품
③ 피부에 탄력을 주어 피부의 주름을 완화 또는 개선하는 기능을 가진 화장품
④ 피부를 곱게 태워주거나 자외선으로부터 피부를 보호하는 데에 도움을 주는 제품

인체에 대한 약리적인 효과를 주기 위한 것은 의약품에 속한다.

★★★

26 기능성 화장품의 범위와 종류에 대한 설명으로 틀린 것은?

① 자외선차단 제품 : 자외선을 차단 및 산란시켜 피부를 보호한다.
② 미백 제품 : 피부 색소 침착을 방지하고 멜라닌 생성 및 산화를 방지한다.
③ 보습 제품 : 피부에 유·수분을 공급하여 피부의 탄력을 강화한다.
④ 주름개선 제품 : 피부탄력 강화와 표피의 신진대사를 촉진한다.

보습 제품은 기능성 화장품의 범위에 해당하지 않는다.

★★

27 화장품의 분류와 사용 목적, 제품이 일치하지 않는 것은?

① 모발 화장품 - 정발 - 헤어스프레이
② 방향 화장품 - 향취 부여 - 오데코롱
③ 메이크업 화장품 - 색채 부여 - 네일 에나멜
④ 기초화장품 - 피부정돈 - 클렌징 폼

클렌징 폼은 세안용으로 사용되며, 피부정돈용 화장품은 화장수, 팩, 마사지 크림 등이 있다.

★

28 다음 중 기초화장품에 해당하지 않는 것은?

① 에센스
② 클렌징 크림
③ 파운데이션
④ 스킨로션

파운데이션은 메이크업 화장품에 해당한다.

★★★

29 향장품을 선택할 때에 검토해야 하는 조건이 아닌 것은?

① 피부나 점막, 두발 등에 손상을 주거나 알레르기 등을 일으킬 염려가 없는 것
② 구성 성분이 균일한 성상으로 혼합되어 있지 않는 것
③ 사용 중이나 사용 후에 불쾌감이 없고 사용감이 산뜻한 것
④ 보존성이 좋아서 잘 변질되지 않는 것

향장품을 선택할 때는 구성 성분이 균일한 성상으로 혼합되어 있는 것을 선택한다.

★

30 화장의 순서가 가장 적절한 것은?

① 스킨 로션, 크린싱 크림, 로션, 세안
② 로션, 세안, 크린싱 크림, 스킨 로션
③ 크린싱 크림, 스킨 로션, 세안, 로션
④ 크린싱 크림, 세안, 스킨 로션, 로션

정답 24 ② 25 ② 26 ③ 27 ④ 28 ③ 29 ② 30 ④

★★★

31 다음 중 기능성 화장품의 영역이 아닌 것은?

① 피부의 미백에 도움을 주는 제품
② 피부의 주름 개선에 도움을 주는 제품
③ 피부의 여드름 개선에 도움을 주는 제품
④ 자외선으로부터 피부를 보호하는 데 도움을 주는 제품

기능성 화장품의 영역(범위)
• 피부의 미백 개선
• 피부의 주름 개선
• 선탠 및 자외선 차단
• 영양 공급 등

★★★

32 기능성 화장품류의 주요 효과가 아닌 것은?

① 피부 주름 개선에 도움을 준다.
② 자외선으로부터 보호한다.
③ 피부를 청결히 하여 피부 건강을 유지한다.
④ 피부 미백에 도움을 준다.

★★★★

33 다음 중 기능성 화장품의 범위에 해당하지 않는 것은?

① 미백 크림 ② 바디 오일
③ 자외선 차단 크림 ④ 주름 개선 크림

바디 오일은 바디 화장품으로 트리트먼트용에 해당한다.

★★★

34 기능성 화장품에 대한 설명으로 옳은 것은?

① 자외선에 의해 피부가 심하게 그을리거나 일광화상이 생기는 것을 지연해 준다.
② 피부 표면에 더러움이나 노폐물을 제거하여 피부를 청결하게 해 준다.
③ 피부 표면의 건조를 방지해주고 피부를 매끄럽게 한다.
④ 비누 세안에 의해 손상된 피부의 pH를 정상적인 상태로 빨리 되돌아오게 한다.

피부 미백, 주름 개선, 선텐 및 자외선 차단, 모발 색상 변화, 피부·모발 개선 기능을 하는 화장품을 말한다.

★★★

35 자외선 차단 성분의 기능이 아닌 것은?

① 미백작용 활성화
② 과색소 침착방지
③ 노화방지
④ 일광화상 방지

자외선 차단제가 미백작용과는 무관하다.

★

36 자외선 차단제에 대한 설명 중 틀린 것은?

① 자외선 차단제의 구성성분은 크게 자외선 산란제와 자외선 흡수제로 구분된다.
② 자외선 차단제 중 자외선 산란제는 투명하고, 자외선 흡수제는 불투명한 것이 특징이다.
③ 자외선 산란제는 물리적인 산란작용을 이용한 제품이다.
④ 자외선 흡수제는 화학적인 흡수작용을 이용한 제품이다.

자외선 산란제는 발랐을 때 불투명하고, 자외선 흡수제는 투명한 것이 특징이다.

★★★

37 주름 개선 기능성 화장품의 효과와 가장 거리가 먼 것은?

① 피부탄력 강화
② 콜라겐 합성 촉진
③ 표피 신진대사 촉진
④ 섬유아세포 분해 촉진

주름개선 기능성 화장품은 섬유아세포의 생성을 촉진한다.

정답 31 ③ 32 ③ 33 ② 34 ① 35 ① 36 ④ 37 ③

★★ □□□

38 다음 중 자외선 흡수제에 대한 설명이 아닌 것은?

① 발랐을 때 투명하다.
② 촉촉하고 산뜻하며, 화장이 잘 밀리지 않는다.
③ 자외선 차단율이 높다.
④ 피부 트러블의 가능성이 높다.

자외선 차단제의 종류

구분	자외선 산란제	자외선 흡수제
특징	• 물리적인 산란작용 이용 • 발랐을 때 불투명	• 화학적인 흡수작용 이용 • 발랐을 때 투명
장점	• 자외선 차단율이 높음	• 촉촉하고 산뜻하며, 화장이 밀리지 않음
단점	• 화장이 밀림	• 피부 트러블의 가능성이 높음

★★★ □□□

39 SPF란 무엇을 뜻하는가?

① 자외선의 썬텐지수
② 자외선이 우리 몸에 들어오는 지수
③ 자외선이 우리 몸에 머무는 지수
④ 자외선 차단지수

★★★ □□□

40 자외선 차단제에 대한 설명으로 옳은 것은?

① 일광의 노출 전에 바르는 것이 효과적이다.
② 피부 병변에 있는 부위에 사용하여도 무관하다.
③ 사용 후 시간이 경과하여도 다시 덧바르지 않는다.
④ SPF지수가 높을수록 민감한 피부에 적합하다.

② 피부 병변에 있는 부위에는 사용하면 안 된다.
③ 자외선 차단제는 지속적으로 덧발라야 자외선 차단 시간을 연장시킬 수 있다.
④ 민감한 피부에는 SPF지수가 낮은 것이 좋으며 수시로 발라주는 것이 좋다.

★★★ □□□

41 자외선 차단제에 관한 설명이 틀린 것은?

① 자외선 차단제는 SPF의 지수가 매겨져 있다.
② SPF는 수치가 낮을수록 자외선 차단지수가 높다.
③ 자외선 차단제의 효과는 피부의 멜라닌 양과 자외선에 대한 민감도에 따라 달라질 수 있다.
④ 자외선 차단지수는 제품을 사용했을 때 홍반을 일으키는 자외선의 양을, 제품을 사용하지 않았을 때 홍반을 일으키는 자외선의 양으로 나눈 값이다.

SPF는 수치가 높을수록 자외선 차단지수가 높다.

★★★ □□□

42 SPF에 대한 설명으로 틀린 것은?

① 'Sun Protection Factor'의 약자로서 자외선 차단지수라 불리어진다.
② 엄밀히 말하면 UV-B 방어효과를 나타내는 지수라고 볼 수 있다.
③ 오존층으로부터 자외선이 차단되는 정도를 알아보기 위한 목적으로 이용된다.
④ 자외선 차단제를 바른 피부가 최소의 홍반을 일어나게 하는 데 필요한 자외선 양을, 바르지 않은 피부가 최소의 홍반을 일어나게 하는 데 필요한 자외선 양으로 나눈 값이다.

자외선 차단지수는 피부로부터 자외선이 차단되는 정도를 알아보기 위한 목적으로 이용된다.

정답 38 ③ 39 ④ 40 ① 41 ② 42 ③

BARBER
Certification

Barber

Men Hairdresser Certification

04

출제문항수
20~23

공중위생관리학

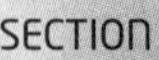

The Barber Certification

SECTION 01 공중보건학 총론

[출제문항수 : 1~2문제] 이 섹션에서는 공중보건학의 개념, 인구구성 형태, 보건지표를 중심으로 학습하도록 합니다. 내용은 많지 않지만 다양하게 출제될 수 있습니다.

01 공중보건학의 개념

(1) 윈슬로우의 정의

공중보건학이란 조직화된 지역사회의 노력으로 **질병을 예방**하고 **수명을 연장**하며 **신체적·정신적 효율을 증진**시키는 기술이며 과학이다.

> ▶ **공중보건학의 목적**
> ① 질병 예방
> ② 수명 연장
> ③ 신체적·정신적 건강 증진
> ▶ 질병 치료는 공중보건학의 목적이 아니다.

(2) 대상 : 지역사회 전체 주민(개인, 국가 포함)

(3) 공중보건사업의 최소 단위 : 지역사회

(4) 공중보건의 3대 요소 : 수명연장, 감염병 예방, 건강과 능률의 향상

(5) 공중보건학 = 지역사회의학

(6) 접근 방법

목적을 달성하기 위한 접근 방법은 개인이나 일부 전문가의 노력에 의해 되는 것이 아니라 조직화된 **지역사회 전체의 노력**으로 달성될 수 있다.

(7) 공중보건학의 범위

분야	내용
환경보건 분야	환경위생, 식품위생, 환경오염, 산업보건
역학 및 질병관리 분야	역학, 감염병 관리, 기생충질환 관리, 비감염성질환 관리
보건관리 분야	보건행정, 보건교육, 보건영양, 인구보건, 모자보건, 가족보건, 노인보건, 의료정보, 응급의료, 사회보장제도

(8) 공중보건학의 방법

① 환경위생, ② 감염병 관리, ③ 개인위생

02 건강과 질병

1 세계보건기구(WHO)의 건강의 정의

건강이란 단순히 질병이 없고 허약하지 않은 상태만을 의미하는 것이 아니라 육체적, 정신적 건강과 사회적 안녕이 완전한 상태를 의미한다.

> ▶ **사회적 안녕** : 국민의 기본적 욕구가 만족되는 상태

2 질병 발생의 3가지 요인

(1) 숙주적 요인

구분	요인	내용
생물학적 요인	선천적 요인	성별, 연령, 유전 등
	후천적 요인	영양상태
사회적 요인	경제적 요인	직업, 거주환경, 작업환경
	생활양식	흡연, 음주, 운동

(2) 병인적 요인

병인	내용
생물학적 병인	세균, 곰팡이, 기생충, 바이러스 등
물리적 병인	열, 햇빛, 온도 등
화학적 병인	농약, 화학약품 등
정신적 병인	스트레스, 노이로제 등

(3) 환경적 요인

기상, 계절, 매개물, 사회환경, 경제적 수준 등

03 인구보건 및 보건지표

1 인구의 구성 형태

구분	특징
피라미드형	• 후진국형(인구증가형) • 출생률은 높고, 사망률은 낮은 형 (14세 이하가 65세 이상 인구의 2배를 초과)
종형	• 이상형(인구정지형) • 출생률도 낮고, 사망률이 낮은 형 (14세 이하가 65세 이상 인구의 2배 정도)
항아리형	• 선진국형(인구감소형) • 평균수명이 높고 인구가 감퇴하는 형 (14세 이하 인구가 65세 이상 인구의 2배 이하)
별형	• 도시형(인구유입형) • 생산층 인구가 증가되는 형 (15~49세 인구가 전체 인구의 50% 초과)
기타형	• 농촌형(인구유출형) • 생산층 인구가 감소하는 형 (15~49세 인구가 전체 인구의 50% 미만)

※토마스 R. 말더스 : 인구는 기하급수적으로 늘고 생산은 산술급수적으로 늘기 때문에 체계적인 인구조절이 필요하다고 주장

2 인구증가

인구증가 = **자연증가** + **사회증가**

※자연증가 = 출생인구 - 사망인구
사회증가 = 전입인구 - 전출인구

3 보건지표

(1) 인구통계

① 조출생률
- 1년간의 총 출생아수를 당해연도의 총인구로 나눈 수치를 1,000분비로 나타낸 것
- 한 국가의 출생수준을 표시하는 지표

② 일반출생률
- 15~49세의 가임여성 1,000명당 출생률

(2) 사망통계

① 조사망률
- 인구 1,000명당 1년 동안의 사망자 수

② 영아사망률
- 한 국가의 보건수준을 나타내는 지표
- 생후 1년 안에 사망한 영아의 사망률

③ 신생아사망률
- 생후 28일 미만의 유아의 사망률

④ 비례사망지수
- 한 국가의 건강수준을 나타내는 지표
- 총 사망자 수에 대한 50세 이상의 사망자 수를 백분율로 표시한 지수

▶ **한 국가나 지역사회 간의 보건수준을 비교하는 데 사용되는 3대 지표**
영아사망률, 비례사망지수, 평균수명

▶ **한 나라의 건강수준을 다른 국가들과 비교할 수 있는 지표로 세계보건기구가 제시한 내용**
비례사망지수, 조사망률, 평균수명

▶ α-index
이 값이 1에 가까울수록 그 지역의 건강수준이 높다는 것을 의미 (즉, 1에 가깝다는 것은 신생아 사망률이 영어 사망률과 비슷하다는 의미이므로, 태어난 아이가 영아 때 사망비율이 매우 낮다는 것이다.)

※ $\alpha\text{-index} = \dfrac{\text{영아 사망률}}{\text{신생아 사망률}}$

기출문제정리 | 섹션별 분류의 기본 출제유형 파악!

01 공중보건학의 개념

★★★

1 공중보건학에 대한 설명으로 **틀린** 것은?

① 지역사회 전체 주민을 대상으로 한다.
② 목적은 질병예방, 수명연장, 신체적·정신적 건강증진이다.
③ 목적 달성의 접근방법은 개인이나 일부 전문가의 노력에 의해 달성될 수 있다.
④ 방법에는 환경위생, 감염병관리, 개인위생 등이 있다.

목적을 달성하기 위한 접근 방법은 개인이나 일부 전문가의 노력에 의해 되는 것이 아니라 조직화된 지역사회 전체의 노력으로 달성될 수 있다.

★★★

2 공중보건학의 정의로 가장 적합한 것은?

① 질병예방, 생명연장, 질병치료에 주력하는 기술이며 과학이다.
② 질병예방, 생명유지, 조기치료에 주력하는 기술이며 과학이다.
③ 질병의 조기발견, 조기예방, 생명연장에 주력하는 기술이며 과학이다.
④ 질병예방, 생명연장, 건강증진에 주력하는 기술이며 과학이다.

공중보건학이란 조직화된 지역사회의 노력으로 질병을 예방하고 수명을 연장하며 신체적·정신적 효율을 증진시키는 기술이며 과학이다.

★★★★

3 공중보건의 3대 요소에 속하지 **않는** 것은?

① 감염병 치료
② 수명 연장
③ 건강과 능률의 향상
④ 감염병 예방

★★★

4 공중보건학의 목적과 거리가 가장 **먼 것**은?

① 질병예방
② 수명연장
③ 육체적·정신적 건강 및 효율의 증진
④ 질병치료

공중보건학이란 조직화된 지역사회의 노력으로 질병 예방, 수명 연장, 신체적 · 정신적 효율을 증진시키는 기술이며 과학이다.
※ 공중보건학의 목적은 질병치료가 아니다.

★★★

5 공중보건학의 개념과 가장 관계가 **적은** 것은?

① 지역주민의 수명 연장에 관한 연구
② 감염병 예방에 관한 연구
③ 성인병 치료기술에 관한 연구
④ 육체적 정신적 효율 증진에 관한 연구

공중보건학이란 조직화된 지역사회의 노력으로 질병을 예방하고 수명을 연장하며 신체적 · 정신적 효율을 증진시키는 기술이며 과학이다.

★★

6 다음 중 공중보건학의 개념과 가장 유사한 의미를 갖는 표현은?

① 치료의학
② 예방의학
③ 지역사회의학
④ 건설의학

공중보건학은 지역사회의 노력으로 질병을 예방하고 수명을 연장하며 신체적·정신적 효율을 증진시키는 데 목적이 있으므로 지역사회의학의 개념과 유사한 의미를 가진다.

정답 1 1③ 2④ 3① 4④ 5③ 6③

★★★

7 공중보건학 개념상 공중보건사업의 최소 단위는?

① 직장 단위의 건강
② 가족단위의 건강
③ 지역사회 전체 주민의 건강
④ 노약자 및 빈민 계층의 건강

공중보건학은 특정 집단이나 계층에 제한되지 않고 지역사회 전체 주민의 건강을 최소 단위로 한다.

★★

8 우리나라의 공중 보건에 관한 과제 해결에 필요한 사항은?

> ㉠ 제도적 조치
> ㉡ 직업병 문제 해결
> ㉢ 보건교육 활동
> ㉣ 질병문제 해결을 위한 사회적 투자

① ㉠, ㉡, ㉢ ② ㉠, ㉢
③ ㉡, ㉣ ④ ㉠, ㉡, ㉢, ㉣

★★★

9 다음 중 공중보건사업에 속하지 **않는** 것은?

① 환자 치료 ② 예방접종
③ 보건교육 ④ 감염병관리

공중보건사업의 목적은 질병의 치료에 있지 않고 질병의 예방에 있다.

★★★

10 다음 중 공중보건사업의 대상으로 가장 적절한 것은?

① 성인병 환자 ② 입원 환자
③ 암투병 환자 ④ 지역사회 주민

공중보건사업은 환자에 국한되지 않고 지역사회 주민 전체를 대상으로 한다.

02 건강과 질병

★★★

1 세계보건기구(WHO)에서 규정된 건강의 정의를 가장 적절하게 표현한 것은?

① 육체적으로 완전히 양호한 상태
② 정신적으로 완전히 양호한 상태
③ 질병이 없고 허약하지 않은 상태
④ 육체적, 정신적, 사회적 안녕이 완전한 상태

건강이란 단순히 질병이 없고 허약하지 않은 상태만을 의미하는 것이 아니라 육체적·정신적 건강과 사회적 안녕이 완전한 상태를 의미한다.

★★★★

2 질병 발생의 세 가지 요인으로 연결된 것은?

① 숙주 - 병인 - 환경
② 숙주 - 병인 - 유전
③ 숙주 - 병인 - 병소
④ 숙주 - 병인 - 저항력

★★★★

3 질병 발생의 요인 중 숙주적 요인에 해당되지 **않는** 것은?

① 선천적 요인 ② 연령
③ 생리적 방어기전 ④ 경제적 수준

경제적 수준은 환경적 요인에 해당한다.

★★

4 질병 발생의 요인 중 병인적 요인에 해당되지 **않는** 것은?

① 세균 ② 유전
③ 기생충 ④ 스트레스

병인적 요인

생물학적 병인	세균, 곰팡이, 기생충, 바이러스 등
물리적 병인	열, 햇빛, 온도 등
화학적 병인	농약, 화학약품 등
정신적 병인	스트레스, 노이로제 등

정답 7③ 8④ 9① 10④ 2 1④ 2① 3④ 4②

03 인구보건 및 보건지표

★★★

1 "인구는 기하급수적으로 늘고 생산은 산술급수적으로 늘기 때문에 체계적인 인구조절이 필요하다"라고 주장한 사람은?

① 토마스 R. 말더스
② 프랜시스 플레이스
③ 포베르토 코흐
④ 에드워드 윈슬로우

영국의 토마스 R. 말더스가 그의 저서 〈인구론〉에서 주장한 내용이다.

★★

2 다음 중 인구증가에 대한 사항으로 맞는 것은?

① 자연증가 = 전입인구 - 전출인구
② 사회증가 = 출생인구 - 사망인구
③ 인구증가 = 자연증가 + 사회증가
④ 초자연증가 = 전입인구 - 전출인구

- 자연증가 = 출생인구 - 사망인구
- 사회증가 = 전입인구 - 전출인구

★★★★

3 출생률보다 사망률이 낮으며 14세 이하 인구가 65세 이상 인구의 2배를 초과하는 인구 구성형은?

① 피라미드형 ② 종형
③ 항아리형 ④ 별형

② 종형 : 출생률과 사망률이 낮은 형
③ 항아리형 : 평균수명이 높고 인구가 감퇴하는 형
④ 별형 : 생산층 인구가 증가되는 형

★★★

4 일명 도시형, 유입형이라고도 하며 생산층 인구가 전체인구의 50% 이상이 되는 인구 구성의 유형은?

① 별형 ② 항아리형
③ 농촌형 ④ 종형

★★★★

5 한 국가나 지역사회 간의 보건수준을 비교하는 데 사용되는 대표적인 3대 지표는?

① 영아사망률, 비례사망지수, 평균수명
② 영아사망률, 사인별 사망률, 평균수명
③ 유아사망률, 모성사망률, 비례사망지수
④ 유아사망률, 사인별 사망률, 영아사망률

★★★

6 한 나라의 건강수준을 나타내며 다른 나라들과의 보건수준을 비교할 수 있는 세계보건기구가 제시한 지표는?

① 비례사망지수
② 국민소득
③ 질병이환율
④ 인구증가율

★★★

7 전체 사망자 수에 대한 50세 이상의 사망자 수를 나타낸 구성 비율은?

① 평균수명
② 조사망율
③ 영아사망률
④ 비례사망지수

비례사망지수
- 한 국가의 건강수준을 나타내는 지표
- 총 사망자 수에 대한 50세 이상의 사망자 수를 백분율로 표시한 지수

★★★★★

8 한 나라의 보건수준을 측정하는 지표로서 가장 적절한 것은?

① 의과대학 설치수
② 국민소득
③ 감염병 발생률
④ 영아사망률

정답 3 1 ① 2 ③ 3 ① 4 ① 5 ① 6 ① 7 ④ 8 ④

★★★★ □□□

9 한 지역이나 국가의 공중보건을 평가하는 기초자료로 가장 신뢰성 있게 인정되고 있는 것은?

① 질병이환율 ② 영아사망률
③ 신생아사망률 ④ 조사망률

★★★ □□□

10 가족계획 사업의 효과 판정상 가장 유력한 지표는?

① 인구증가율 ② 조출생률
③ 남녀출생비 ④ 평균여명년수

조출생률
- 1년간의 총 출생아수를 당해연도의 총인구로 나눈 수치를 1,000분비로 나타낸 것
- 한 국가의 출생수준을 표시하는 지표

★★★★ □□□

11 한 나라의 건강수준을 다른 국가들과 비교할 수 있는 지표로 세계보건기구가 제시한 내용은?

① 인구증가율, 평균수명, 비례사망지수
② 비례사망지수, 조사망률, 평균수명
③ 평균수명, 조사망율, 국민소득
④ 의료시설, 평균수명, 주거상태

★★★ □□□

12 아래 보기 중 생명표의 표현에 사용되는 인자들을 모두 나열한 것은?

㉠ 생존수	㉡ 사망수
㉢ 생존률	㉣ 평균여명

① ㉠, ㉡, ㉢ ② ㉠, ㉢
③ ㉡, ㉣ ④ ㉠, ㉡, ㉢, ㉣

생명표란 인구집단에 있어서 출생과 사망에 의한 생명현상을 이용하여 각 연령에서 앞으로 살게 될 것으로 기대되는 평균여명을 말하는데, 생존수, 사망수, 생존률, 사망률, 사력(死力), 평균여명 등 여섯 종의 생명함수로 나타낸다.

★★★ □□□

13 다음의 영아사망률 계산식에서 (A)에 알맞은 것은?

$$\frac{(A)}{\text{연간 출생아 수}} \times 1{,}000$$

① 연간 생후 28일까지의 사망자 수
② 연간 생후 1년 미만 사망자 수
③ 연간 1~4세 사망자 수
④ 연간 임신 28주 이후 사산 + 출생 1주 이내 사망자 수

★★★ □□□

14 보건지표와 그 설명의 연결이 잘못된 것은?

① 비례사망지수(PMI)는 총 사망자수에 대한 50세 이상의 사망자수의 백분율을 나타내는 것이다.
② 총 재생산율은 15~49세까지 1명의 여자 당 낳은 여아의 수이다.
③ 조사망률은 보통 사망률이라고도 하며 인구 1000명당 1년간의 발생 사망수로 표시하는 것이다.
④ α-index가 1에 가까울수록 건강수준이 낮다는 것을 나타낸다.

α–index는 영아 사망률 / 신생아 사망률로 계산하는데, 1에 가까우면 영아 사망의 대부분이 신생아 사망이고, 신생아 이후의 영아 사망률은 낮다는 것을 의미하므로 그 지역의 건강수준이 높다는 것을 나타낸다.

※ $\alpha\text{–index} = \frac{\text{영아 사망률}}{\text{신생아 사망률}}$

α–index 값이 1에 가까울수록 그 지역의 건강수준이 높다는 것을 의미

정답 9 ② 10 ② 11 ② 12 ④ 13 ② 14 ④

The Barber Certification

질병 관리

[출제문항수 : 1~2문제] 이 섹션에서는 법정감염병의 분류가 가장 중요합니다. 모든 질병의 암기는 어려우므로 출제예상문제 중심으로 학습하도록 합니다. 또한, 병원체, 병원소, 감염병의 특징도 학습하시기 바랍니다.

01 역학(疫學) 및 감염병 발생의 단계

1 역학의 역할

① 질병의 원인 규명
② 질병의 발생과 유행 감시
③ 지역사회의 질병 규모 파악
④ 질병의 예후 파악
⑤ 질병관리방법의 효과에 대한 평가
⑥ 보건정책 수립의 기초 마련

▶ **역학** : 인간 집단 내에서 일어나는 유행병의 원인을 규명하는 학문

2 감염병 발생의 단계

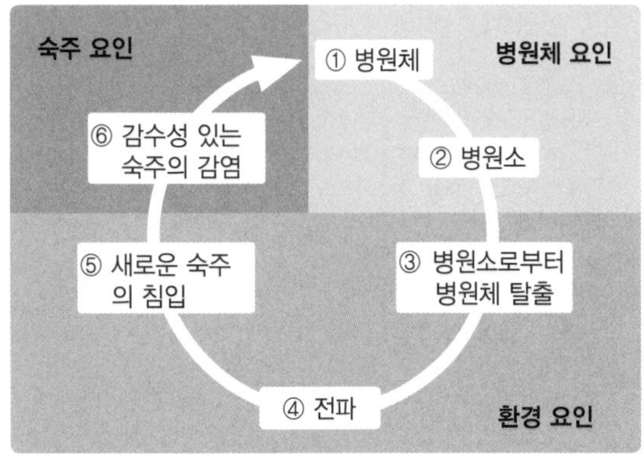

- **질병발생의 3대 요소** : 병인, 환경, 숙주
- **병원체** : 숙주에 침입하여 질병을 일으키는 미생물
- **병원소** : 병원체가 생활, 증식할 수 있는 장소(환자, 보균자, 병원체보유동물)
- **전파** : 탈출한 병원체가 새로운 숙주로 옮겨가는 과정
- **숙주의 감수성** : 숙주에 침입한 병원체의 감염이나 발병을 막을 수 없는 상태(↔ 저항력)
  - 분류 : 선천성 면역, 후천성 면역

▶ 병원체의 탈출경로 : 호흡기계, 소화기계, 비뇨기계, 개방병소, 기계적 탈출

02 병원체 및 병원소

1 병원체

(1) 정의 : 숙주에 기생하면서 병을 일으키는 미생물
(2) 종류

세균 및 바이러스에 따른 병원체를 구분하여 암기할 것

① 세균

구분	질병
호흡기계	결핵, 디프테리아, 백일해, 나병, 폐렴, 성홍열, 수막구균성수막염
소화기계	콜레라, 장티푸스, 파라티푸스, 세균성 이질, 파상열
피부점막계	파상풍, 페스트, 매독, 임질

② 바이러스

구분	질병
호흡기계	홍역, 유행성 이하선염, 인플루엔자, 두창
소화기계	폴리오, 유행성 간염, 소아마비, 브루셀라증
피부점막계	AIDS, 일본뇌염, 공수병, 트라코마, 황열

③ 리케차 : 발진티푸스, 발진열, 쯔쯔가무시병, 록키산 홍반열 등
④ 그람음성균 박테리아 : 샴푸대나 배수구 등 따뜻하고 습기 찬 장소에 서식하기 유리한 병원균
⑤ 수인성(물) 감염병 : 콜레라, 장티푸스, 파라티푸스, 이질, 소아마비, A형간염 등
⑥ 기생충 : 말라리아, 사상충, 아메바성 이질, 회충증, 간흡충증, 폐흡충증, 유구조충증, 무구조충증 등
⑦ 진균 : 백선, 칸디다증 등
⑧ 클라미디아 : 앵무새병, 트라코마 등
⑨ 곰팡이 : 캔디디아시스, 스포로티코시스 등

2 병원소

(1) **정의** : 병원체가 증식하면서 생존을 계속하여 다른 숙주에 전파시킬 수 있는 상태로 저장되는 일종의 전염원
(2) 종류

① 인간 병원소 : 환자, 보균자 등
② 동물 병원소 : 개, 소, 말, 돼지 등
③ 토양 병원소 : 파상풍, 오염된 토양 등

(3) 보균자

건강 보균자	• 병원체를 보유하고 있으나 증상이 없으며 체외로 이를 배출하고 있는 자 • 감염병 관리상 어려운 이유 - 색출이 어려우므로 - 활동영역이 넓으므로 - 격리가 어려우므로
잠복기 보균자	• 전염성 질환의 잠복기간 중에 병원체를 배출하는 자 • 호흡기계 감염병
병후 보균자	• 전염성 질환에 이환된 후 그 임상 증상이 소실된 후에도 병원체를 배출하는 자 • 소화기계 감염병

03 면역

1 선천적 면역

종속면역, 인종면역, 개인면역

2 후천적 면역

구분		의미
능동면역	자연능동면역	감염병에 감염된 후 형성되는 면역
	인공능동면역	예방접종을 통해 형성되는 면역
수동면역	자연수동면역	모체로부터 태반이나 수유를 통해 형성되는 면역
	인공수동면역	항독소 등 인공제제를 접종하여 형성되는 면역

3 자연능동면역

① 영구면역 : 홍역, 백일해, 장티푸스, 발진티푸스, 콜레라, 페스트
② 일시면역 : 디프테리아, 폐렴, 인플루엔자, 세균성 이질

4 인공능동면역

① 생균백신 : 결핵, 홍역, 폴리오
② 사균백신 : 장티푸스, 콜레라, 백일해, 폴리오
③ 순화독소 : 파상풍, 디프테리아

▶ DPT 접종
디프테리아(Diphtheria), 백일해(Pertussis), 파상풍(Tetanus)의 첫 글자를 뜻함

04 검역

(1) **대상** : 감염병 유행지역에서 입국하는 사람이나 동물 또는 식품 등
(2) **목적** : 외국 질병의 국내 침입을 방지하여 국민의 건강을 유지·보호
(3) 검역 감염병 및 감시기간

종류	감시 기간
콜레라	120시간(5일)
페스트	144시간(6일)
황열	144시간(6일)
중증급성호흡기증후군(SARS)	240시간(10일)
조류인플루엔자인체감염증	240시간(10일)
신종인플루엔자	최대 잠복기

05 법정감염병의 분류

1 제1급 감염병

생물테러감염병 또는 치명률이 높거나 집단 발생의 우려가 커서 발생 또는 유행 즉시 신고하여야 하고, 음압격리와 같은 높은 수준의 격리가 필요한 감염병

▶ 종류
에볼라바이러스병, 마버그열, 라싸열, 크리미안콩고출혈열, 남아메리카출혈열, 리프트밸리열, 두창, 페스트, 탄저, 보툴리눔독소증, 야토병, 신종감염병증후군, 중증급성호흡기증후군(SARS), 중동호흡기증후군(MERS), 동물인플루엔자인체감염증, 신종인플루엔자, 디프테리아

2 제2급 감염병

전파가능성을 고려하여 발생 또는 유행 시 24시간 이내에 신고하여야 하고, 격리가 필요한 감염병

> ▶ 종류
> 결핵, 수두, 홍역, 콜레라, 장티푸스, 파라티푸스, 세균성이질, 장출혈성대장균감염증, A형간염, 백일해, 유행성이하선염, 풍진, 폴리오, 수막구균 감염증, b형헤모필루스인플루엔자, 폐렴구균 감염증, 한센병, 성홍열, 반코마이신내성황색포도알균(VRSA)감염증, 카바페넴내성장내세균속균종(CRE) 감염증, E형간염, 코로나바이러스감염증-19

3 제3급 감염병

발생을 계속 감시할 필요가 있어 발생 또는 유행 시 24시간 이내에 신고하여야 하는 감염병

> ▶ 종류
> 파상풍, B형간염, 일본뇌염, C형간염, 말라리아, 레지오넬라증, 비브리오패혈증, 발진티푸스, 발진열, 쯔쯔가무시증, 렙토스피라증, 브루셀라증, 공수병, 신증후군출혈열, 후천성면역결핍증(AIDS), 크로이츠펠트-야콥병(CJD) 및 변종크로이츠펠트-야콥병(vCJD), 황열, 뎅기열, 큐열, 웨스트나일열, 라임병, 진드기매개뇌염, 유비저, 치쿤쿠니야열, 중증열성혈소판감소증후군(SFTS), 지카바이러스감염증, 매독, 엠폭스(MPOX)

4 제4급 감염병

제1급~제3급 감염병까지의 감염병 외에 유행 여부를 조사하기 위하여 표본감시 활동이 필요한 감염병

> ▶ 종류
> 인플루엔자, 회충증, 편충증, 요충증, 간흡충증, 폐흡충증, 장흡충증, 수족구병, 임질, 클라미디아감염증, 연성하감, 성기단순포진, 첨규콘딜롬, 반코마이신내성장알균(VRE) 감염증, 메티실린내성황색포도알균(MRSA) 감염증, 다제내성녹농균(MRPA) 감염증, 다제내성아시네토박터바우마니균(MRAB) 감염증, 장관감염증, 급성호흡기감염증, 해외유입기생충감염증, 엔테로바이러스감염증, 사람유두종바이러스 감염증

▶ 제1 · 2급 감염병 암기법

5 기타 보건복지부장관 고시 감염병

(1) 세계보건기구 감시대상 감염병(보건복지부장관 고시)

세계보건기구가 국제공중보건의 비상사태에 대비하기 위하여 감시대상으로 정한 질환

> ▶ 종류
> 두창, 폴리오, 신종인플루엔자, 콜레라, 폐렴형 페스트, 중증급성호흡기증후군(SARS), 황열, 바이러스성 출혈열, 웨스트나일열

(2) 인수공통감염병

동물과 사람 간에 서로 전파되는 병원체에 의하여 발생되는 감염병

> ▶ 종류
> 장출혈성대장균감염증, 일본뇌염, 브루셀라증, 탄저, 공수병, 동물인플루엔자 인체감염증, 중증급성호흡기증후군(SARS), 변종크로이츠펠트-야콥병(vCJD), 큐열, 결핵, 중증열성혈소판감소증후군(SFTS)

(3) 성매개감염병(보건복지부장관 고시)

성 접촉을 통하여 전파되는 감염병

> ▶ 종류
> 매독, 임질, 클라미디아, 연성하감, 성기단순포진, 첨규콘딜롬, 사람유두종바이러스 감염증

06 주요 감염병의 특징

1 소화기계 감염병

콜레라	• 제2급 급성 법정감염병 • 수인성 감염병으로 경구 전염 • [증상] 발병이 빠르고 구토, 설사, 탈수 등
장티푸스	• 경구 침입 감염병 • [전파] 주로 파리에 의해 전파 • [증상] 고열, 식욕감퇴, 서맥, 림프절 종창, 피부발진, 변비, 불쾌감 등 • [예방접종] 인공 능동면역
폴리오	• 중추신경계 손상에 의한 영구 마비 • [전파] 호흡기계 분비물, 분변 및 음식물을 매개로 감염

2 호흡기계 감염병

디프테리아	• [증상] 심한 인후염을 일으키고 독소를 분비하여 신경염을 일으킬 수 있음 • [전파] 환자나 보균자의 콧물, 인후 분비물, 피부 상처
백일해	• [증상] 심한 기침 • [전파] 호흡기 분비물, 비말을 통한 호흡기 전파
조류독감	• [증상] 기침, 호흡곤란, 발열, 오한, 설사, 근육통, 의식저하 • [전파] 조류인플루엔자 바이러스에 감염된 조류와의 접촉
중증급성 호흡기 증후군 (SARS)	• [증상] 발열, 두통, 근육통, 무력감, 기침, 호흡곤란 • [전파] 대기 중에 떠다니는 미세한 입자에 의해 호흡기를 통해 감염
신종 인플루엔자	• [증상] 발열, 오한, 두통, 근육통, 관절통, 구토, 피로감 • [전파] 호흡기를 통해 감염
결핵	• [증상] 기침, 객혈, 흉통 • [전파] 신체의 모든 부분에 침범 • [예방] 출생 후 4주 이내에 BCG 접종 실시 • [검사] 투베르쿨린 반응 검사

3 동물 매개 감염병

공수병 (광견병)	개에게 물리면서 개의 타액에 있는 병원체에 의해 감염
탄저	양모·모피공장에서 주로 감염(소, 말, 양)
렙토스피라증	들쥐의 배설물을 통해 주로 감염

4 절지동물 매개 감염병

페스트	• 패혈증 페스트 : 림프선에 병변을 일으켜 림프절 페스트와 패혈증을 일으킴 • 폐 페스트 : 폐렴을 일으킴 • [전파] 림프절 페스트는 쥐벼룩에 의해, 폐 페스트는 비말감염으로 사람에게 전파
발진티푸스	• [증상] 발열, 근육통, 전신신경증상, 발진 등 • [전파] 이가 흡혈해 상처를 통해 침입 또는 먼지를 통해 호흡기계로 감염
말라리아	• 세계적으로 가장 많이 이환되는 질병 • [전파] 모기를 매개로 전파
쯔쯔가 무시증	• [증상] 오한, 발열, 두통, 복통 등 • [전파] 감염된 들쥐의 털진드기에 의해 전파
유행성 일본뇌염	• 우리나라에서 8~10월에 주로 발생 • [전파] 작은빨간집모기에 의해 전파
기타	사상충증, 양충병, 황열, 신증후군출혈열

5 매개체별 감염병의 종류

구분	매개체	종류
곤충	모기	말라리아, 뇌염, 사상충, 황열, 뎅기열
	파리	콜레라, 장티푸스, 이질, 파라티푸스
	바퀴벌레	콜레라, 장티푸스, 이질
	진드기	신증후군출혈열, 쯔쯔가무시병, 록키산 홍반열
	벼룩	페스트, 발진열, 재귀열
	이	발진티푸스, 재귀열, 참호열
	체체파리	수면병
동물	쥐	페스트, 살모넬라증, 발진열, 신증후군출혈열, 쯔쯔가무시병, 재귀열, 렙토스피라증
	소	결핵, 탄저, 파상열, 살모넬라증
	돼지	일본뇌염, 탄저, 렙토스피라증, 살모넬라증
	양	큐열, 탄저
	말	탄저, 살모넬라증
	개	공수병, 톡소프라스마증
	고양이	살모넬라증, 톡소프라스마증
	토끼	야토병

▶ **감수성 지수(접촉감염지수) : 감염자와 접촉했을 때 질병에 걸리는 확률**
두창·홍역(95%), 백일해(60~80%), 성홍열(40%), 디프테리아(10%), 폴리오(0.1%)

chapter 04

07 감염병의 신고 및 보고

1 감염병의 신고

① 의사, 치과의사 또는 한의사는 다음의 경우 소속 의료기관의 장에게 보고하여야 하고, 해당 환자와 그 동거인에게 보건복지부장관이 정하는 감염 방지 방법 등을 지도하여야 한다.

② 다만, 의료기관에 소속되지 않은 의사, 치과의사 또는 한의사는 그 사실을 관할 보건소장에게 신고해야 한다.

- 감염병 환자 등을 진단하거나 그 사체를 검안한 경우
- 예방접종 후 이상반응자를 진단하거나 그 사체를 검안한 경우
- 감염병환자가 제1급~제3급 감염병으로 사망한 경우
- 감염병환자로 의심되는 사람이 감염병병원체 검사를 거부하는 경우

2 신고 시기

① 제1급 감염병 : 즉시

② 제2, 3급 감염병 : 24시간 이내

③ 제4급 감염병 : 7일 이내

3 보건소장의 보고

보건소장 → 관할 특별자치도지사 또는 시장·군수·구청장 → 보건복지부장관 및 시·도지사

기출문제정리 | 섹션별 분류의 기본 출제유형 파악!

01 병원체 및 병원소

★★ □□□

1 다음 질병 중 병원체가 바이러스(virus)인 것은?

① 장티푸스 ② 쯔쯔가무시병
③ 폴리오 ④ 발진열

바이러스 : 홍역, 폴리오, 유행성 이하선염, 일본뇌염, 광견병, 후천성면역결핍증, 유행성 간염 등

★★ □□□

2 인체에 질병을 일으키는 병원체 중 살아있는 세포에서만 증식하고 크기가 가장 작아 전자현미경으로만 관찰할 수 있는 것은?

① 구균 ② 간균
③ 원생동물 ④ 바이러스

★★★ □□□

3 바이러스에 대한 일반적인 설명으로 옳은 것은?

① 콜레라는 바이러스에 속하지 않는다.
② 열에 의해 쉽게 죽지 않는다.
③ 살아있는 세포 내에서만 증식한다.
④ 보통 현미경으로 볼 수 없다.

① 콜레라는 비브리오 세균에 감염되어 발생한다.
② 바이러스는 열에 약하다.
④ 바이러스는 전자현미경으로 볼 수 있다.

★★ □□□

4 토양(흙)이 병원소가 될 수 있는 질환은?

① 디프테리아 ② 콜레라
③ 간염 ④ 파상풍

병원소의 종류
- 인간 병원소 : 환자, 보균자 등
- 동물 병원소 : 개, 소, 말, 돼지 등
- 토양 병원소 : 파상풍, 오염된 토양 등

정답 1 1③ 2④ 3③ 4④

★★★

5 건강보균자를 설명한 것으로 가장 적절한 것은?

① 감염병에 이환되어 앓고 있는 자
② 병원체를 보유하고 있으나 증상이 없으며 체외로 이를 배출하고 있는 자
③ 감염병에 걸렸다가 완전히 치유된 자
④ 감염병에 걸렸지만 자각증상이 없는 자

보균자의 종류
• 건강보균자 : 병원체를 보유하고 있으나 증상이 없으며 체외로 이를 배출하고 있는 자
• 잠복기보균자 : 전염성 질환의 잠복기간 중에 병원체를 배출하는 자
• 병후보균자 : 전염성 질환에 이환된 후 그 임상 증상이 소실된 후에도 병원체를 배출하는 자

★★

6 보균자(Carrier)는 감염병 관리상 어려운 대상이다. 그 이유와 관계가 가장 먼 것은?

① 색출이 어려우므로
② 활동영역이 넓기 때문에
③ 격리가 어려우므로
④ 치료가 되지 않으므로

★★★

7 다음 중 감염병 관리상 가장 중요하게 취급해야 할 대상자는?

① 건강보균자 ② 잠복기환자
③ 현성환자 ④ 회복기보균자

건강보균자가 병원체를 보유하고 있으나 증상이 없으며 관리가 어렵다.

02 면역 및 주요 감염병의 접종 시기

★★★

1 예방접종(vaccine)으로 획득되는 면역의 종류는?

① 인공능동면역 ② 인공수동면역
③ 자연능동면역 ④ 자연수동면역

★★★

2 인공능동면역의 특성을 가장 잘 설명한 것은?

① 항독소 등 인공제제를 접종하여 형성되는 면역
② 생균백신, 사균백신 및 순화독소(toxoid)의 접종으로 형성되는 면역
③ 모체로부터 태반이나 수유를 통해 형성되는 면역
④ 각종 감염병 감염 후 형성되는 면역

① : 인공수동면역, ③ : 자연수동면역, ④ : 자연능동면역

★★★

3 각종 감염병에 감염된 후 형성되는 면역을 뜻하는 것은?

① 자연수동면역 ② 인공능동면역
③ 인공수동면역 ④ 자동능동면역

감염병에 감염된 후 형성되는 면역은 자연능동면역이다.

★★★★

4 콜레라 예방접종은 어떤 면역방법인가?

① 인공수동면역 ② 인공능동면역
③ 자연수동면역 ④ 자연능동면역

콜레라는 사균백신 접종으로 예방되는 인공능동면역이다.

★★★

5 다음 중 예방법으로 생균백신을 사용하는 것은?

① 홍역 ② 콜레라
③ 디프테리아 ④ 파상풍

• 생균 백신 : 결핵, 홍역, 폴리오(경구)
• 사균 백신 : 장티푸스, 콜레라, 백일해, 폴리오(경피)
• 순화 독소 : 파상풍, 디프테리아

★★★★

6 예방접종에 있어 생균 백신을 사용하는 것은?

① 파상풍 ② 결핵
③ 디프테리아 ④ 백일해

생균 백신 : 결핵, 홍역, 폴리오

정답 5② 6④ 7① 2 1① 2② 3④ 4② 5① 6②

chapter 04

★★

7 세균의 독소를 약독화(순화)하여 사용하는 것은?

① 폴리오 ② 콜레라
③ 장티푸스 ④ 파상풍

순화독소 : 파상풍, 디프테리아

★★

8 예방접종에 있어서 디피티(DPT)와 무관한 질병은?

① 디프테리아 ② 파상풍
③ 결핵 ④ 백일해

DPT : 디프테리아(Diphtheria), 백일해(Pertussis), 파상풍(Tetanus)에서 영어의 첫 글자를 뜻함

★★

9 세균성 이질을 앓고 난 아이가 얻는 면역에 대한 설명으로 옳은 것은?

① 인공면역을 획득한다.
② 수동면역을 획득한다.
③ 영구면역을 획득한다.
④ 면역이 거의 획득되지 않는다.

세균성 이질은 면역이 거의 생기지 않으므로 몇 번이라도 감염될 수 있다.

03 검역

★

1 외래 감염병의 예방대책으로 가장 효과적인 방법은?

① 예방접종 ② 환경개선
③ 검역 ④ 격리

★★

2 감염병 유행지역에서 입국하는 사람이나 동물 또는 식품 등을 대상으로 실시하며 외국 질병의 국내 침입 방지를 위한 수단으로 쓰이는 것은?

① 격리 ② 검역
③ 박멸 ④ 병원소 제거

04 법정감염병의 분류

★★★★★

1 감염병 예방법 중 제1급 감염병인 것은?

① 세균성이질 ② 말라리아
③ B형간염 ④ 신종인플루엔자

① : 제2급 ②, ③ : 제3급 감염병

★★★★★

2 다음 법정 감염병 중 제2급 감염병이 아닌 것은?

① 장티푸스 ② 콜레라
③ 세균성이질 ④ 파상풍

파상풍은 제3급 감염병에 속한다.

★★★★★

3 다음 중 제1급 감염병에 대해 잘못 설명된 것은?

① 치명률이 높거나 집단 발생 우려가 크다.
② 페스트, 탄저, 중동호흡기증후군이 속한다.
③ 발생 또는 유행 시 24시간 이내에 신고하고 격리가 필요하다.
④ 감염병 발생 신고를 받은 즉시 보건소장을 거쳐 보고한다.

1급 감염병은 발생 또는 유행 시 즉시 신고·격리해야 한다.

★★★

4 감염병 예방법 중 제1급 감염병에 속하는 것은?

① 한센병 ② 폴리오
③ 일본뇌염 ④ 페스트

①, ② : 제2급 ③ : 제3급 감염병

★★★

5 발생 즉시 환자의 격리가 필요한 법정 감염병은?

① 인플루엔자 ② 신종감염병증후군
③ 폴리오 ④ B형 간염

① : 제4급 ③ : 제2급 ④ : 제3급 감염병

정답 7④ 8③ 9④ **3** 1③ 2② **4** 1④ 2④ 3③ 4④ 5②

★★★★★

6 감염병 예방법 중 제2급 감염병이 **아닌** 것은?

① 말라리아 ② 홍역
③ 콜레라 ④ 장티푸스

말라리아는 제3급 감염병에 속한다.

★★★★★

7 감염병 예방법상 제2급에 해당되는 법정감염병은?

① 급성호흡기감염증
② A형간염
③ 신종감염병증후군
④ 중증급성호흡기증후군(SARS)

① : 제4급 감염병 ③, ④ : 제1급 감염병

★★★

8 법정감염병 중 제3급 감염병에 속하지 **않는** 것은

① 성홍열 ② 공수병
③ 렙토스피라증 ④ 쯔쯔가무시증

성홍열은 제2급 감염병에 속한다.

★★★

9 법정감염병 중 제3급 감염병에 해당하는 것은?

① 장티푸스 ② 풍진
③ 수족구병 ④ 황열

①, ② : 제2급, ③ : 제4급

★★★

10 감염병 예방법 중 제3급 감염병에 해당되는 것은?

① A형 간염 ② 수막구균 감염증
③ 후천성면역결핍증 ④ 수두

①, ②, ④ : 제2급 감염병

★★★★★

11 감염병 예방법 중 제3급 감염병에 속하는 것은?

① 폴리오 ② 풍진
③ 공수병 ④ 페스트

①, ② : 제2급 감염병 ④ : 제1급 감염병

★★

12 법정 감염병 중 제3급 감염병에 속하는 것은?

① 비브리오패혈증
② 장티푸스
③ 장출혈성대장균감염증
④ 백일해

②, ③, ④ : 제2급 감염병

★★★

13 감염병 예방법상 제4급 감염병에 속하는 것은?

① 콜레라 ② 디프테리아
③ 급성호흡기감염증 ④ 말라리아

① : 2급, ② : 1급, ④ : 3급 감염병

★

14 우리나라 법정 감염병 중 가장 많이 발생하는 감염병으로 대개 1~5년을 간격으로 많은 유행을 하는 것은?

① 백일해 ② 홍역
③ 유행성 이하선염 ④ 폴리오

우리나라에서 가장 많이 발생하는 감염병은 홍역이다.

★★★

15 발생 또는 유행 시 24시간 이내에 신고하고 발생을 계속 감시할 필요가 있는 감염병은?

① 말라리아 ② 콜레라
③ 디프테리아 ④ 유행성이하선염

문제는 제3급 감염병을 설명한 것으로, 말라리아가 이에 속한다.

정답 6 ① 7 ② 8 ① 9 ④ 10 ③ 11 ③ 12 ① 13 ③ 14 ② 15 ①

★★★

16 수인성(水因性) 감염병이 아닌 것은?

① 일본뇌염 ② 이질
③ 콜레라 ④ 장티푸스

수인성(물) 감염병
이질, 콜레라, 장티푸스, 파라티푸스, 소아마비, A형간염 등

★★★

17 수인성으로 전염되는 질병으로 엮어진 것은?

ㄱ. 장티푸스 ㄴ. 콜레라
ㄷ. 파라티푸스 ㄹ. 세균성 이질

① ㄱ, ㄴ ② ㄱ, ㄴ, ㄷ, ㄹ
③ ㄱ, ㄴ, ㄷ ④ ㄴ, ㄹ

★★★

18 다음 감염병 중 호흡기계 감염병에 속하는 것은?

① 콜레라 ② 장티푸스
③ 유행성 간염 ④ 백일해

호흡기계 감염병 : 백일해, 디프테리아, 조류독감, 결핵 등

★★★

19 다음 감염병 중 세균성인 것은?

① 말라리아 ② 결핵
③ 일본뇌염 ④ 유행성간염

세균성 감염병 : 결핵, 콜레라, 장티푸스, 파라티푸스, 백일해, 페스트 등

★★★★

20 다음 중 파리가 전파할 수 있는 소화기계 감염병은?

① 페스트 ② 일본뇌염
③ 장티푸스 ④ 황열

★★★★★

21 인수공통감염병이 아닌 것은?

① 조류인플루엔자 ② 결핵
③ 나병 ④ 공수병

인수공통감염병의 종류
장출혈성대장균감염증, 일본뇌염, 브루셀라증, 탄저, 공수병, 조류인플루엔자 인체감염증, 중증급성호흡기증후군(SARS), 변종크로이츠펠트-야콥병(vCJD), 큐열, 결핵

★★★

22 호흡기계 감염병에 해당되지 않는 것은?

① 인플루엔자
② 유행성 이하선염
③ 파라티푸스
④ 홍역

파라티푸스는 소화기계 감염병에 속한다.

★★★

23 인수공통감염병에 해당되는 것은?

① 홍역 ② 한센병
③ 풍진 ④ 공수병

인수공통감염병의 종류
장출혈성대장균감염증, 일본뇌염, 브루셀라증, 탄저, 공수병, 조류인플루엔자 인체감염증, 중증급성호흡기증후군(SARS), 변종크로이츠펠트-야콥병(vCJD), 큐열, 결핵

5 주요 감염병의 특징

★★★★★

1 위생 해충인 파리에 의해서 전염될 수 있는 감염병이 아닌 것은?

① 장티푸스
② 발진열
③ 콜레라
④ 세균성이질

발진열은 벼룩에 의해 감염된다.

정답 16 ① 17 ② 18 ④ 19 ② 20 ③ 21 ③ 22 ③ 23 ④ 5 1 ②

★★★★

2 위생 해충인 바퀴벌레가 주로 전파할 수 있는 병원균의 질병이 **아닌** 것은?

① 재귀열 ② 이질
③ 콜레라 ④ 장티푸스

재귀열은 벼룩에 의해 전파되는 감염병이다.

★★★★★

3 모기가 매개하는 감염병이 **아닌** 것은?

① 말라리아 ② 뇌염
③ 사상충 ④ 발진열

발진열은 벼룩에 의해 감염된다.

★★★★★

4 감염병을 옮기는 매개곤충과 질병의 관계가 올바른 것은?

① 재귀열 - 이
② 말라리아 - 진드기
③ 일본뇌염 - 체체파리
④ 발진티푸스 - 모기

② 말라리아 : 모기
③ 일본뇌염 : 모기
④ 발진티푸스 : 이

★★★★★

5 모기를 매개곤충으로 하여 일으키는 질병이 **아닌** 것은?

① 말라리아 ② 사상충
③ 일본뇌염 ④ 발진티푸스

발진티푸스는 이를 매개를 하는 감염병이다.

★★★

6 다음 중 감염병 질환이 **아닌** 것은?

① 폴리오 ② 풍진
③ 성병 ④ 당뇨병

★★

7 바퀴벌레에 의해 전파될 수 있는 감염병에 속하지 **않는** 것은?

① 이질 ② 말라리아
③ 콜레라 ④ 장티푸스

말라리아는 모기를 매개로 전파된다.

★★★

8 들쥐의 똥, 오줌 등에 의해 논이나 들에서 상처를 통해 경피 전염될 수 있는 감염병은?

① 신증후군출혈열 ② 이질
③ 렙토스피라증 ④ 파상풍

렙토스피라증은 들쥐의 똥, 오줌 등에 의해 경피 감염되는 감염병으로 감염 시 발열, 오한, 두통 등의 증상이 나타난다.

★★★

9 오염된 주사기, 면도날 등으로 인해 감염이 잘되는 만성 감염병은?

① 렙토스피라증 ② 트라코마
③ B형 간염 ④ 파라티푸스

B형 간염은 수혈, 성적인 접촉, 오염된 주사기, 면도날 등을 통해 주로 감염된다.

★★★

10 매개곤충과 전파하는 감염병의 연결이 **틀린** 것은?

① 진드기 - 신증후군출혈열
② 모기 - 일본뇌염
③ 파리 - 사상충
④ 벼룩 - 페스트

사상충은 모기를 매개로 전파된다.

정답 2 ① 3 ④ 4 ① 5 ④ 6 ④ 7 ② 8 ③ 9 ③ 10 ③

★★★

11 쥐와 관계가 가장 적은 감염병은?

① 페스트 ② 신증후군출혈열
③ 발진티푸스 ④ 렙토스피라증

발진티푸스는 발열, 근육통, 전신신경증상, 발진 등의 증상을 보이며, 이가 환자를 흡혈해 상처나 먼지에 의한 호흡기계로 감염된다.

★★★

12 페스트, 살모넬라증 등을 전염시킬 가능성이 가장 큰 동물은?

① 쥐 ② 말 ③ 소 ④ 개

쥐에 의해 감염되는 감염병 : 페스트, 살모넬라증, 발진열, 신증후군출혈열, 쯔쯔가무시병, 발진열, 재귀열, 렙토스피라증 등

★★

13 위생해충의 구제방법으로 가장 효과적이고 근본적인 방법은?

① 성충 구제 ② 살충제 사용
③ 유충 구제 ④ 발생원 제거

위생해충을 구제하는 가장 효과적인 방법 : 발생원을 제거

★★★

14 출생 후 4주 이내에 기본접종을 실시하는 것이 효과적인 감염병은?

① 볼거리 ② 홍역
③ 결핵 ④ 일본뇌염

• 홍역 : 생후 12~15개월 • 일본뇌염 : 생후 12~23개월

★★★

15 감염병 중 음용수를 통하여 전염될 수 있는 가능성이 가장 큰 것은?

① 이질 ② 백일해
③ 풍진 ④ 한센병

음용수나 식품을 매개로 발생하는 감염병에는 콜레라, 장티푸스, 파라티푸스, 세균성이질, 장출혈성대장균감염증, A형간염 등이 있다.

★★★

16 다음 중 소독되지 아니한 면도기를 사용했을 때 가장 전염 위험성이 높은 것은?

① 간염 ② 결핵
③ 이질 ④ 콜레라

간염은 혈액·체액으로 바이러스에 의한 전염성이 가장 높다.

★★

17 음식물로 매개될 수 있는 감염병이 아닌 것은?

① 유행성간염 ② 폴리오
③ 일본뇌염 ④ 콜레라

일본뇌염은 모기를 매개로 감염된다.

★★★

18 다음 질병의 잠복기에 대한 설명으로 옳은 것은?

콜레라, 장티푸스, 천연두, 나병, 이질, 디프테리아

① 잠복기가 가장 짧은 것은 세균성 이질 - 콜레라 순이다.
② 잠복기가 가장 긴 것은 콜레라 - 천연두 순이다.
③ 잠복기가 가장 긴 것은 나병 - 장티푸스 순이다.
④ 잠복기가 가장 짧은 것은 장티푸스 - 나병 - 디프테리아 순이다.

나병(5~20년), 장티푸스(3~60일), 천연두(7~17일), 콜레라(수 시간~5일), 이질(1~3일), 디프테리아(12~24시간)
※ 세균성(콜레라, 이질, 장티푸스)은 잠복기간이 짧다.

★★

19 비말감염과 가장 관계있는 사항은?

① 영양 ② 상처
③ 피로 ④ 밀집

비말감염이란 환자의 기침을 통해 퍼지는 병균으로 감염되는 것을 말하며, 예방을 위해서는 밀집된 장소를 피해야 한다.

정답 11 ③ 12 ① 13 ④ 14 ③ 15 ① 16 ① 17 ③ 18 ③ 19 ④

★★★

20 감염병 유행의 요인 중 전파경로와 가장 관계가 깊은 것은?

① 개인의 감수성
② 영양상태
③ 환경 요인
④ 인종

환경 요인 : 기상, 계절, 전파경로, 사회환경, 경제적 수준 등

★★★

21 감염경로와 질병과의 연결이 **틀린** 것은?

① 공기 감염 - 공수병
② 비말 감염 - 인플루엔자
③ 우유 감염 - 결핵
④ 음식물 감염 - 폴리오

공수병은 개에게 물리면서 개의 타액에 있는 병원체에 의해 감염되는 병을 말한다.

★★★

22 다음 중 콜레라에 관한 설명으로 **잘못된** 것은?

① 검역질병으로 검역기간은 120시간을 초과할 수 없다.
② 수인성 감염병으로 경구 전염된다.
③ 제2급 법정감염병이다.
④ 예방접종은 생균백신(vaccine)을 사용한다.

콜레라의 예방접종은 사균백신을 사용한다.

★★★

23 다음 감염병 중 기본 예방접종의 시기가 **가장 늦은** 것은?

① 디프테리아
② 백일해
③ 폴리오
④ 일본뇌염

★★★

24 장티푸스에 대한 설명으로 옳은 것은?

① 식물매개 감염병이다.
② 우리나라에서는 제1급 법정감염병이다.
③ 대장점막에 궤양성 병변을 일으킨다.
④ 일종의 열병으로 경구침입 감염병이다.

장티푸스는 살모넬라균에 오염된 음식이나 물을 섭취했을 때 감염되고 고열 증세를 보이는데, 우리나라에서는 제2급 법정감염병으로 지정되어 있다.

★★★

25 다음 감염병 중 접촉감염지수가 가장 낮은 것은?

① 풍진
② 소아마비
③ 홍역
④ 백일해

감수성 지수(접촉감염지수) 순서
두창·홍역(95%), 백일해(60~80%), 성홍열(40%), 디프테리아(10%), 폴리오(0.1%)
※ 소아마비는 주로 소아의 뇌, 척수와 같은 중추신경계 중 특히 운동을 담당하는 부분에 폴리오라는 장 바이러스에 의한 급성 감염이 발생

★

26 감염병 발생 시 일반인이 취하여야 할 사항으로 **적절하지 않은** 것은?

① 환자를 문병하고 위로한다.
② 예방접종을 받도록 한다.
③ 주위환경을 청결히 하고 개인위생에 힘쓴다.
④ 필요한 경우 환자를 격리한다.

감염병 발생 시에는 환자와의 접촉을 피해야 한다.

★★

27 결핵 관리상 효율적인 방법으로 가장 거리가 **먼** 것은?

① 환자의 조기발견
② 집회장소의 철저한 소독
③ 환자의 등록치료
④ 예방접종의 철저

결핵은 결핵 환자의 기침 등을 통해 감염되므로 집회장소를 소독한다고 해서 예방할 수 있는 것은 아니다.

정답 20 ③ 21 ① 22 ④ 23 ④ 24 ④ 25 ② 26 ① 27 ②

chapter 04

기생충 질환 관리

[출제문항수 : 0~1문제] 기생충 질환과 관련된 문제의 출제 빈도는 높지 않지만 간간이 출제될 가능성이 있으니 선충류, 흡충류, 조충류별로 출제예상문제 위주로 학습하도록 합니다. 특히, 중간숙주는 확실하게 숙지하기 바랍니다.

1 선충류 : 소화기 · 근육 · 혈액 등에 기생

회충	• [기생 부위] 소장 • 감염형으로 발육하는 데 1~2개월 소요 • 감염 후 성충이 되기까지는 60~75일 소요 • [전파] 오염된 음식물로 경구 침입 → 위에서 부화하여 심장, 폐포, 기관지, 식도를 거쳐 소장에 정착 • [증상] 발열, 구토, 복통, 권태감, 미열 등 • [검사] : 집란법 또는 도말법 • [예방] 철저한 분변관리, 파리의 구제, 정기검사 및 구충
구충 (십이지장충)	• 기생 부위 : 공장(소장의 상부) • [전파] 경구감염 또는 경피감염 • [증상] 경구감염일 경우 체독증, 폐로 이행된 경우 기침, 가래 등 • [예방] 인분의 위생적 관리, 채소밭 작업 시 보호장비 착용
요충	• [전파] 자충포장란의 형태로 경구감염, 항문 주위에 산란 • 산란과 동시에 감염능력이 있으며 집단감염이 가장 잘되는 기생충 • 어린 연령층이 집단으로 생활하는 공간에서 쉽게 감염 • [증상] 항문 주위에 심한 소양감, 구토, 설사, 복통, 야뇨증 등 • [예방] 화장실 사용 후 손을 잘 씻고 가족이 같은 시기에 구충 실시
편충	• [기생 부위] 대장 • [전파] 경구감염

• **경구감염** : 병원체가 입을 통해 소화기로 침입하여 감염
• **경피감염** : 병원체가 피부를 통해 침입하여 감염

2 흡충류 : 숙주의 간, 폐 등 기관 등에 흡착하여 기생

간흡충 (간디스토마)	• [기생 부위] 간의 담도 • 제1중간숙주 : 왜우렁이 • 제2중간숙주 : 참붕어, 잉어, 중고기, 황어, 뱅어 등 • [증상] 간비대, 간종대, 황달, 빈혈, 소화장애 등 • [예방] 담수어의 생식 자제
폐흡충 (폐디스토마)	• 사람 등 포유류의 폐에 충낭을 만들어 기생 • 제1중간숙주 : 다슬기 • 제2중간숙주 : 가재, 게 • [증상] 기침, 객혈, 흉통, 국소마비, 시력장애 등 • [예방] 가재 및 게의 생식 자제
요꼬가와흡충	• 제1중간숙주 : 다슬기 • 제2중간숙주 : 은어, 숭어 등

3 조충류 : 주로 숙주의 소화기관에 기생

무구조충	• 중간숙주 : 소 • 무구조충의 유충이 포함된 쇠고기를 생식하면서 감염 • [증상] 복통, 설사, 구토, 소화장애, 장폐쇄 등 • [예방] 쇠고기 생식 자제
유구조충	• 중간숙주 : 돼지 • 인간의 작은창자에 기생 • [증상] 설사, 구토, 식욕감퇴, 호산구 증가증 등 • [예방] 돼지고기 생식 자제
광절열두조충(긴촌충)	• 기생 부위 : 사람, 개, 고양이 등의 돌창자 • 제1중간숙주 : 물벼룩 • 제2중간숙주 : 송어, 연어, 대구 등 • [증상] 복통, 설사, 구토, 열두조충성 빈혈 등 • [예방] 담수어 및 바다생선 생식 자제

기출문제정리 | 섹션별 분류의 기본 출제유형 파악!

★★★ □□□

1 집단감염이 가장 잘되는 것은?

① 요충 ② 십이지장충
③ 회충 ④ 간흡충

요충은 항문 주위에서 알을 낳아 소양증(간지럼증)을 일으키는 물질을 분비시켜 손에 감염되기 쉬우며, 음식을 손으로 집어먹는 행위로 입으로 유입된다. 이로 인해 어린 연령층이 집단으로 생활하는 공간에서 감염되기 쉽다.

★★★ □□□

2 다음 중 산란과 동시에 감염능력이 있으며 건조에 저항성이 커서 집단감염이 가장 잘되는 기생충은?

① 회충 ② 십이지장충
③ 광절열두조충 ④ 요충

★★★ □□□

3 어린 연령층이 집단으로 생활하는 공간에서 가장 쉽게 감염될 수 있는 기생충은?

① 회충 ② 구충
③ 유구노충 ④ 요충

★★ □□□

4 중간숙주와 관계없이 감염이 가능한 기생충은?

① 아니사키스충 ② 회충
③ 폐흡충 ④ 간흡충

아니사키스충은 오징어·대구 등을 매개로 감염되며, 폐흡충은 가재, 간흡충은 붕어·잉어 등을 매개로 감염된다.

★★ □□□

5 회충은 인체의 어느 부위에 기생하는가?

① 간 ② 큰 창자
③ 허파 ④ 작은 창자

★★★ □□□

6 간흡충증(디스토마)의 제1중간숙주는?

① 다슬기 ② 왜우렁이
③ 피라미 ④ 게

★★★ □□□

7 간흡충(간디스토마)에 관한 설명으로 **틀린** 것은?

① 인체 감염형은 피낭유충이다.
② 제1중간숙주는 왜우렁이이다.
③ 인체 주요 기생부위는 간의 담도이다.
④ 경피감염한다.

간디스토마는 민물고기 생식 또는 물 섭취를 통해 경구감염된다.

★★ □□□

8 우리나라에서 제2중간 숙주인 가재, 게를 통해 감염되는 기생충 질병은?

① 편충 ② 폐흡충증
③ 구충 ④ 회충

★★ □□□

9 폐흡충증의 제2중간숙주에 해당되는 것은?

① 잉어 ② 다슬기
③ 모래무지 ④ 가재

• 제1중간숙주－다슬기 • 제2중간숙주－가재, 게

★★★ □□□

10 기생충과 전파 매개체의 연결이 옳은 것은?

① 무구조충 - 돼지고기
② 간디스토마 - 바다회
③ 폐디스토마 - 가재
④ 광절열두조충 - 쇠고기

① 무구조충－쇠고기
② 간디스토마－담수어
④ 광절열두조충－물벼룩

정답 1① 2④ 3④ 4② 5④ 6② 7④ 8② 9④ 10③

chapter 04

★★★

11 민물 가재를 날것으로 먹었을 때 감염되기 쉬운 기생충 질환은?

① 회충 ② 간디스토마
③ 폐디스토마 ④ 편충

★★★★

12 생활습관과 관계되는 질병과의 연결이 **틀린** 것은?

① 담수어 생식 - 간디스토마
② 여름철 야숙 - 일본뇌염
③ 경조사 등 행사 음식 - 식중독
④ 가재 생식 - 무구조충

가재 생식–폐디스토마

★★★★

13 기생충과 중간 숙주와의 연결이 잘못된 것은?

① 무구조충 - 소 ② 폐흡충 - 가재, 게
③ 간흡충 - 민물고기 ④ 유구조충 - 물벼룩

유구조충 : 돼지

★★★

14 돼지고기를 생식하는 지역주민에게 많이 나타나며 성충 감염보다는 충란 섭취로 뇌, 안구, 근육, 장벽, 심장, 폐 등에 낭충증 감염을 많이 유발시키는 것은?

① 유구조충증 ② 무구조충증
③ 광절열두조충증 ④ 폐흡충증

★★★

15 돼지고기 생식에 의해 감염될 수 **없는** 것은?

① 유구조충 ② 무구조충
③ 선모충 ④ 살모넬라

무구조충은 쇠고기를 생식하였을 때 감염될 수 있다.

★★★

16 일본뇌염의 중간숙주가 되는 것은?

① 돼지 ② 쥐 ③ 소 ④ 벼룩

★★

17 돼지와 관련이 있는 질환으로 거리가 **먼** 것은?

① 유구조충
② 살모넬라증
③ 일본뇌염
④ 발진티푸스

발진티푸스는 이가 환자를 흡혈해 환자의 상처를 통해 침입 또는 먼지를 통해 호흡기계로 감염된다.

★★★

18 무구조충은 다음 중 어느 것을 날것으로 먹었을 때 감염될 수 있는가?

① 돼지고기
② 잉어
③ 게
④ 쇠고기

유구조충의 중간숙주는 돼지이며, 무구조충의 중간숙주는 소이다.

★★★

19 민물고기와 기생충 질병의 관계가 **틀린** 것은?

① 송어, 연어 - 광절열두조충증
② 참붕어, 왜우렁이 - 간디스토마증
③ 잉어, 피라미 - 폐디스토마증
④ 은어, 숭어 - 요꼬가와흡충증

- 폐디스토마는 가재 또는 게를 생식했을 때 감염된다.
- 잉어, 피라미–간디스토마증

★★★★

20 기생충과 중간숙주와의 연결이 **틀린** 것은?

① 회충 - 채소
② 흡충류 - 돼지
③ 무구조충 - 소
④ 사상충 - 모기

돼지를 중간숙주로 하는 기생충은 유구조충이다.

정답 11 ③ 12 ④ 13 ④ 14 ① 15 ② 16 ① 17 ④ 18 ④ 19 ③ 20 ②

The Barber Certification

SECTION 04 보건 일반

[출제문항수 : 1~2문제] 이 섹션에서는 환경보건과 산업보건 위주로 공부하도록 합니다. 대기오염물질, 대기오염현상, 인체에 미치는 영향에 대해서는 반드시 학습하도록 하고 산업보건에서는 직업병에 관한 문제의 출제 가능성이 높으므로 반드시 구분할 수 있도록 합니다.

01 정신보건 및 가족 · 노인보건

1 정신보건

(1) 기본이념

① 모든 정신질환자는 인간으로서의 존엄·가치 및 최적의 치료와 보호를 받을 권리를 보장받는다.

② 모든 정신질환자는 부당한 차별대우를 받지 않는다.

③ 미성년자인 정신질환자에 대해서는 특별히 치료, 보호 및 필요한 교육을 받을 권리가 보장되어야 한다.

④ 입원치료가 필요한 정신질환자에 대하여는 항상 자발적 입원이 권장되어야 한다.

⑤ 입원 중인 정신질환자에게 가능한 한 자유로운 환경과 타인과의 자유로운 의견교환이 보장되어야 한다.

(2) 정신질환자

정신병(기질적 정신병 포함)·인격장애·알코올 및 약물중독 기타 비정신병적 정신장애를 가진 자

(3) 정신분열증

① 양성 증상 : 망각, 환각, 행동장애 등

② 음성 증상 : 무언어증, 무욕증 등

(4) 신경증

공황장애, 강박장애, 고소공포증, 폐쇄공포증 등

2 가족 및 노인보건

(1) 가족계획

① 의미 : 우생학적으로 우수하고 건강한 자녀 출산을 위한 출산계획

② 내용

- 초산연령 조절
- 출산횟수 조절
- 출산간격 조절
- 출산기간 조절

(2) 노인보건

① 노령화의 4대 문제

- 빈곤문제
- 건강문제
- 무위문제(역할 상실)
- 고독 및 소외문제

② 보건교육 방법 : 개별접촉을 통한 교육

02 환경보건

1 환경보건의 개념

(1) 환경위생

구충, 구서, 방제, 음용수 수질관리, 미생물 등의 오염 방지

(2) 기후

① 기후의 3대 요소 : 기온, 기습, 기류

② 4대 온열인자 : 기온, 기습, 기류, 복사열

③ 인간이 활동하기 좋은 온도와 습도

- 온도 : 18±2℃
- 습도 : 40~70%

④ 불쾌지수

- 기온과 기습에 의해 느끼는 불쾌감의 정도를 수치로 나타낸 것
- 불쾌지수가 70~75인 경우 약 10%, 75~80인 경우 약 50%, 80 이상인 경우 대부분의 사람이 불쾌감을 느낌

⑤ 쾌적한 기류 - 실내 : 0.2~0.3m/sec

⑥ 실내공기는 실내외의 온도차, 기체의 확산력, 외기의 풍력에 의해 이루어져 중성대가 천장 가까이에 형성되도록 하는 것이 환기효과가 크다.

(3) 공기와 건강

이산화탄소	• 실내공기 오염의 지표로 사용 • 지구온난화 현상의 주된 원인 • 공기 중 약 0.03% 차지
산소	• 저산소증 : 산소량이 10%이면 호흡곤란, 7% 이하이면 질식사
일산화탄소	• 불완전 연소 시 많이 발생하며 혈중 헤모글로빈의 친화성이 산소에 비해 약 300배 정도로 높아 중독 시 신경이상증세를 나타냄 • 신경기능 장애 • 세포 내에서 산소와 헤모글로빈의 결합을 방해(산소부족 현상 유발) • 중독 증상 : 정신 · 신경장애, 의식소실
질소	감압병, 잠수병(잠함병) : 혈액 속의 질소가 기포를 발생하게 하여 모세혈관에 혈전현상을 일으킴
군집독	일정한 공간의 실내에 수용범위를 초과한 많은 사람이 있는 경우 이산화탄소 농도 증가, 기온상승, 습도증가, 연소가스 등으로 인해 두통, 현기증, 구토, 불쾌감 등의 생리적 현상을 일으키는 것

※공기의 자정 작용 : 산화작용, 희석작용, 세정작용, 살균작용, CO_2와 O_2의 교환 작용

2 대기오염

(1) 오염물질

① 1차 오염 물질

황산화물	• 석탄이나 석유 속에 포함되어 있어 연소할 때 산화되어 발생 • 만성기관지염과 산성비 등 유발
질소산화물	광화학반응에 의해 2차오염물질 발생
일산화탄소	불완전 연소 시 주로 발생
기타	이산화탄소, 탄화수소, 불화수소, 알데히드

② 2차 오염 물질

스모그	런던 스모그, 로스엔젤레스 스모그로 구분
오존(O_3)	무색의 강한 산화제로 눈과 목을 자극
질산과산화아세틸	강한 산화력과 눈에 대한 자극성이 있음

(2) 대기오염현상

기온역전	• 고도가 높은 곳의 기온이 하층부보다 높은 경우 • 바람이 없는 맑은 날, 춥고 긴 겨울밤, 눈이나 얼음으로 덮인 경우 주로 발생 • 태양이 없는 밤에 지표면의 열이 대기 중으로 복사되면서 발생
열섬현상	도심 속의 온도가 대기오염 또는 인공열 등으로 인해 주변지역보다 높게 나타나는 현상
온실효과	복사열이 지구로부터 빠져나가지 못하게 막아 지구가 더워지는 현상
산성비	• 원인 물질 : 아황산가스, 질소산화물, 염화수소 등 • pH 5.6 이하의 비

(3) 인체에 미치는 영향

황산화물	만성기관지염 등의 호흡기계 질환, 세균감염에 의한 저항력 약화
질소산화물	기관지염, 폐색성 폐질환 등의 호흡기계 질환
일산화탄소	헤모글로빈과 산소의 결합 및 운반 저해, 생리기능 장애
탄화수소	폐기능 저하
납	신경위축, 사지경련 등 신경계통 손상
수은	단백뇨, 구내염, 피부염, 중추신경장애

(4) 대기환경기준

항목	기준	측정방법
아황산가스(SO_2)	• 연간 평균치 0.02ppm 이하 • 24시간 평균치 0.05ppm 이하 • 1시간 평균치 0.15ppm 이하	자외선 형광법
일산화탄소(CO)	• 8시간 평균치 9ppm 이하 • 1시간 평균치 25ppm 이하	비분산적외선 분석법
이산화질소(NO_2)	• 연간 평균치 0.03ppm 이하 • 24시간 평균치 0.06ppm 이하 • 1시간 평균치 0.10ppm 이하	화학 발광법

아황산가스(이산화황)
식물이 이산화황에 오래 노출되면 엽맥 또는 잎의 가장자리의 색이 변하게 되며, 해면조직과 표피조직의 세포가 얇아지게 된다.

항목	기준	측정방법
미세먼지 (PM-10)	• 연간 평균치 50㎍/m^3 이하 • 24시간 평균치 100㎍/m^3 이하	베타선 흡수법
미세먼지 (PM-2.5)	• 연간 평균치 25㎍/m^3 이하 • 24시간 평균치 50㎍/m^3 이하	중량농도법 또는 이에 준하는 자동 측정법
오존(O_3)	• 8시간 평균치 0.06ppm 이하 • 1시간 평균치 0.1ppm 이하	자외선 광도법
납 (Pb)	• 연간 평균치 0.5㎍/m^3 이하	원자흡광 광도법
벤젠	• 연간 평균치 5㎍/m^3 이하	가스크로마토그래피

염화불화탄소(CFC) : 오존층을 파괴시키는 대표적인 가스

3 수질오염 및 상하수 처리

(1) 수질오염지표

① 용존산소(Dissolved Oxygen, DO)
- 물속에 녹아있는 유리산소량
- DO가 낮을수록 물의 오염도가 높음
- 물의 온도가 낮을수록, 압력이 높을수록 많이 존재

② 생물화학적 산소요구량(Biochemical Oxygen Demand, BOD)
- 하수 중의 유기물이 호기성 세균에 의해 산화·분해될 때 소비되는 산소량
- 하수 및 공공수역 수질오염의 지표로 사용
- 유기성 오염이 심할수록 BOD 값이 높음

③ 화학적 산소요구량(Chemical Oxygen Demand, COD)
- 물속의 유기물을 화학적으로 산화시킬 때 화학적으로 소모되는 산소의 양을 측정하는 방법
- 공장폐수의 오염도를 측정하는 지표로 사용
- 산화제로 과망간산칼륨법(국내), 중크롬산칼륨법 사용
- COD가 높을수록 오염도가 높음

음용수의 일반적인 오염지표 : 대장균 수

(2) 수질오염에 따른 건강장애

병명	중독물질	증상
미나마타병	수은	언어장애, 청력장애, 시야협착, 사지마비
이타이이타이병	카드뮴	골연화증, 신장기능장애, 보행장애 등

(3) 하수처리 과정

예비 처리 → 본 처리 → 오니 처리

① 하수 처리법(본 처리)

호기성 처리법	산소를 공급하여 호기성균이 유기물을 분해 예 활성오니법, 산화지법, 관개법
혐기성 처리법	무산소 상태에서 혐기성균이 유기물을 분해 예 부패조법, 임호프조법

(4) 상수처리과정

수원지 -도수로→ 정수장 -송수로→ 배수지 -급수로→ 가정

취수→도수→정수(침사 → 침전→여과→소독)→송수→배수→급수

- 취수 : 수원지에서 물을 끌어옴
- 도수 : 취수한 물을 정수장까지 끌어옴
- 침사 : 모래를 가라앉히는 것

(5) 상수 및 수도전에서의 적정 유리 잔류 염소량

① 평상시 : 0.2ppm 이상

② 비상시 : 0.4ppm 이상

▶ 먹는물 수질기준

구분	기준
유리잔류염소	4mg/L 이하
경도	300㎎/L 이하
색도	5도 이하
수소이온 농도	pH 5.8~8.5
탁도	1NTU(수돗물 : 0.5NTU 이하)

(6) 경수

① **일시경수** : 물을 끓일 때 경도가 저하되어 연화되는 물(탄산염, 중탄산염 등)

② **영구경수** : 물을 끓일 때 경도의 변화가 없는 물(황산염, 질산염, 염화염 등)

4 주거환경

(1) 천정의 높이 : 일반적으로 바닥에서부터 210cm 정도

(2) 실내 CO_2량 : 약 20~22L

(3) 자연조명

① 창의 방향 : 남향

② 창의 넓이 : 방바닥 면적의 1/7~1/5

③ 거실의 안쪽길이 : 바닥에서 창틀 윗부분의 1.5배 이하

(4) 인공조명

① 직접조명 : 조명 효율이 크고 경제적이지만 불쾌감을 줌

② 간접조명 : 눈의 보호를 위해 가장 좋은 조명 방법으로 실내조명에서 조명효율이 천정의 색깔에 가장 크게 좌우

③ 반간접조명 : 광선의 1/2 이상을 간접광에, 나머지 광선을 직접광에 의하는 방법

▶ **적정조명**

초정밀작업	정밀작업	보통작업	기타 작업
750Lux 이상	300Lux 이상	150Lux 이상	75Lux 이상

(5) 실내온도

① 적정 실내온도 : 18℃

② 적정 침실온도 : 15℃

③ 적정 실내습도 : 40~70%

④ 적정 실내외 온도차 : 5~7℃

⑤ 10℃ 이하 : 난방, 26℃ 이상 : 냉방 필요

03 산업보건

1 산업피로

(1) 개념 : 정신적·육체적·신경적 노동의 부하로 인해 충분한 휴식을 가졌는데도 회복되지 않는 피로

(2) 산업피로의 본질

① 생체의 생리적 변화, ② 피로감각, ③ 작업량 변화

(3) 산업피로의 종류

① 정신적 피로 : 중추신경계의 피로

② 육체적 피로 : 근육의 피로

(4) 산업피로의 대표적 증상

체온 변화, 호흡기 변화, 순환기계 변화

(5) 산업피로의 대책

① 작업방법의 합리화

② 개인차를 고려한 작업량 할당

③ 적절한 휴식

④ 효율적인 에너지 소모

2 산업재해

(1) 발생 원인

종류	원인
인적 요인	• 관리상 원인 • 생리적 원인 • 심리적 원인
환경적 요인	• 시설 및 공구 불량 • 재료 및 취급품의 부족 • 작업장 환경 불량 • 휴식시간 부족

(2) 산업재해지표

구분	내용
건수율 (발생률)	• 산업체 근로자 1,000명당 재해 발생 건수 • $\frac{\text{재해건수}}{\text{평균 실제 근로자 수}} \times 1,000$
도수율 (빈도율)	• 연근로시간 100만 시간당 재해 발생 건수 • 국제노동기구(ILO)에서 사용하는 국제지표 • $\frac{\text{재해건수}}{\text{연간 근로 시간수}} \times 1,000,000$
강도율	• 근로시간 1,000시간당 발생한 근로손실일수 • $\frac{\text{근로손실일수}}{\text{연간 근로 시간수}} \times 1,000$

(3) 하인리히의 재해비율

현성재해 : 불현성재해 : 잠재성재해의 비율 = 1 : 29 : 300

(4) 산업재해방지의 4대원칙

① 손실우연의 원칙 : 조건과 상황에 따라 손실이 달라진다.
② 예방가능의 원칙 : 재해는 예방이 가능하다.
③ 원인인연의 원칙 : 재해는 여러 요인에 의해 복합적으로 발생한다.
④ 대책선정의 원칙 : 재해의 원인은 다르기 때문에 정확히 규명하여 대책을 세워야 한다.

3 직업병

(1) 발생 요인에 의한 직업병의 종류

발생 요인	종류
고열고온	열경련증, 열허탈증, 열사병, 열쇠약증, 열중증 등
이상저온	전신 저체온, 동상, 참호족, 침수족 등
이상기압	감압병(잠함병), 이상저압
방사선	조혈지능장애, 백혈병, 생식기능장애, 정신장애, 탈모, 피부건조, 수명단축, 백내장 등
진동	레이노드병
분진	허파먼지증(진폐증), 규폐증, 석면폐증
불량조명	안정피로, 근시, 안구진탕증

(2) 잠함병의 4대 증상

① 피부소양감 및 사지관절통
② 척주전색증 및 마비
③ 내이장애
④ 뇌내혈액순환 및 호흡기장애

(3) 소음

① 인체에 미치는 영향
불안증 및 노이로제, 청력장애, 작업능률 저하
② 소음에 의한 직업병의 요인
소음의 크기, 주파수, 폭로기간에 따라 다르다.
③ 소음 노출시간에 따른 허용한계

1일 8시간	1일 4시간	1일 2시간	1일 1시간
90dB	95dB	100dB	105dB

※ dB(데시벨) : 소음의 강도를 나타내는 단위

4 공업중독의 종류 및 증상

납중독	빈혈, 권태, 신경마비, 뇌중독증상, 체중감소, 헤모글로빈 양 감소 ※징후 • 적혈구 수명단축으로 인한 연빈혈 • 치은연에 암자색의 황화연이 침착되어 착색되는 연선 • 염기성 과립적혈구의 수 증가 • 소변에서 코프로포르피린 검출
수은중독	두통, 구토, 설사, 피로감, 기억력 감퇴, 치은괴사, 구내염 등
카드뮴중독	당뇨병, 신장기능장애, 폐기종, 오심, 구토, 복통, 급성폐렴 등
크롬중독	비염, 기관지염, 인두염, 피부염 등
벤젠중독	두통, 구토, 이명, 현기증, 조혈기능장애, 백혈병 등

기출문제정리 | 섹션별 분류의 기본 출제유형 파악!

01 정신보건 및 가족·노인보건

★★ □□□

1 정신보건에 대한 설명 중 잘못된 것은?

① 모든 정신질환자는 인간으로서의 존엄·가치 및 최적의 치료와 보호를 받을 권리를 보장받는다.
② 모든 정신질환자는 부당한 차별대우를 받지 않는다.
③ 미성년자인 정신질환자에 대해서는 특별히 치료, 보호 및 필요한 교육을 받을 권리가 보장되어야 한다.
④ 입원 중인 정신질환자는 타인에게 해를 줄 염려가 있으므로 타인과의 의견교환이 필요에 따라 제한되어야 한다.

★★ □□□

2 다음 중 가족계획에 포함되는 것은?

㉠ 결혼연령 제한	㉡ 초산연령 조절
㉢ 인공임신중절	㉣ 출산횟수 조절

① ㉠, ㉡, ㉢
② ㉠, ㉢
③ ㉡, ㉣
④ ㉠, ㉡, ㉢, ㉣

★ □□□

3 가족계획과 가장 가까운 의미를 갖는 것은?

① 불임시술
② 수태제한
③ 계획출산
④ 임신중절

가족계획은 우생학적으로 우수하고 건강한 자녀 출산을 위한 출산계획을 의미한다.

★★★ □□□

4 지역사회에서 노인층 인구에 가장 적절한 보건교육 방법은?

① 신문 ② 집단교육
③ 개별접촉 ④ 강연회

노인층에게는 개별접촉을 통한 보건교육이 가장 적합한 방법이다.

★★★ □□□

5 임신 초기에 감염이 되어 백내장아, 농아 출산의 원인이 되는 질환은?

① 심장질환 ② 뇌질환
③ 풍진 ④ 당뇨병

풍진은 제2급 감염병으로 지정되어 있으며, 임신 초기에 감염되면 태아의 90%가 선천성 풍진 증후군에 걸리게 된다.

02 환경보건

★★ □□□

1 기온측정 등에 관한 설명 중 **틀린** 것은?

① 실내에서는 통풍이 잘 되는 직사광선을 받지 않은 곳에 매달아 놓고 측정하는 것이 좋다.
② 평균기온은 높이에 비례하여 하강하는데, 고도 11,000m 이하에서는 보통 100m 당 0.5~0.7도 정도이다.
③ 측정할 때 수은주 높이와 측정자의 눈의 높이가 같아야 한다.
④ 정상적인 날의 하루 중 기온이 가장 낮을 때는 밤 12시 경이고 가장 높을 때는 오후 2시경이 일반적이다.

정상적인 날의 하루 중 기온이 가장 낮을 때는 새벽 4시~5시 사이이다.

정답 ▶ 1 1④ 2③ 3③ 4③ 5③ 2 1④

★★★★

2 다음 중 기후의 3대 요소는?

① 기온-복사량-기류
② 기온-기습-기류
③ 기온-기압-복사량
④ 기류-기압-일조량

★★★

3 체감온도(감각온도)의 3요소가 **아닌** 것은?

① 기온 ② 기습
③ 기류 ④ 기압

★★★

4 특별한 장치를 설치하지 아니한 일반적인 경우에 실내의 자연적인 환기에 가장 큰 비중을 차지하는 요소는?

① 실내외 공기 중 CO_2의 함량의 차이
② 실내외 공기의 습도 차이
③ 실내외 공기의 기온 차이 및 기류
④ 실내외 공기의 불쾌지수 차이

자연환기는 자연적으로 환기가 되는 것을 의미하며, 실내외의 기온차, 기류 등에 의해 이루어진다.

★★★

5 불쾌지수를 산출하는 데 고려해야 하는 요소들은?

① 기류와 복사열 ② 기온과 기습
③ 기압과 복사열 ④ 기온과 기압

불쾌지수란 기온과 기습을 이용하여 사람이 느끼는 불쾌감의 정도를 수치로 나타낸 것을 말한다.

★★

6 이·미용업소의 실내온도로 가장 알맞은 것은?

① 10℃ ② 14℃
③ 21℃ ④ 26℃

★★★

7 일반적으로 활동하기 가장 적합한 실내의 적정 온도는?

① 15±2℃ ② 18±2℃
③ 22±2℃ ④ 24±2℃

활동하기 가장 적합한 실내 조건
온도 : 16~20℃, 습도 : 40~70%

★★★

8 일반적으로 이·미용업소의 실내 쾌적 습도 범위로 가장 알맞은 것은?

① 10~20% ② 20~40%
③ 40~70% ④ 70~90%

★★★

9 다음 중 군집독의 가장 큰 원인은?

① 저기압
② 공기의 이화학적 조성 변화
③ 대기오염
④ 질소 증가

군집독이란 일정한 공간의 실내에 수용범위를 초과한 많은 사람이 있는 경우 이산화탄소 농도 증가, 기온상승, 습도증가, 연소가스 등으로 인해 두통, 현기증, 구토, 불쾌감 등의 생리적 현상을 일으키는 것을 말한다.

★★★★

10 실내에 다수인이 밀집한 상태에서 실내공기의 변화는?

① 기온 상승-습도 증가-이산화탄소 감소
② 기온 하강-습도 증가-이산화탄소 감소
③ 기온 상승-습도 증가-이산화탄소 증가
④ 기온 상승-습도 감소-이산화탄소 증가

밀폐된 공간에서 다수인이 밀집해 있으면 기온, 습도, 이산화탄소가 모두 증가한다.

정답 2② 3④ 4③ 5② 6③ 7② 8③ 9② 10③

★★★★

11 고도가 상승함에 따라 기온도 상승하여 상부의 기온이 하부의 기온보다 높게 되어 대기가 안정화되고 공기의 수직 확산이 일어나지 않게 되며, 대기오염이 심화되는 현상은?

① 고기압 ② 기온역전
③ 엘니뇨 ④ 열섬

기온역전 현상 : 고도가 높은 곳의 기온이 하층부보다 높은 경우 주로 발생하는 대기오염현상

★★

12 대기오염에 영향을 미치는 기상조건으로 가장 관계가 큰 것은?

① 강우, 강설 ② 고온, 고습
③ 기온역전 ④ 저기압

기온역전이란 고도가 높은 곳의 기온이 하층부보다 높은 경우를 말하는데, 태양이 없는 밤에 지표면의 열이 대기 중으로 복사되면서 발생하는 대기오염현상의 하나이다.

★★★

13 공기의 자정작용과 관련이 가장 먼 것은?

① 이산화탄소와 일산화탄소의 교환 작용
② 자외선의 살균작용
③ 강우, 강설에 의한 세정작용
④ 기온역전작용

★★★

14 물체의 불완전 연소 시 많이 발생하며. 혈중 헤모글로빈의 친화성이 산소에 비해 약 300배 정도로 높아 중독 시 신경이상증세를 나타내는 성분은?

① 아황산가스 ② 일산화탄소
③ 질소 ④ 이산화탄소

일산화탄소는 물체의 불완전 연소 시 많이 발생하는 가스로 정신장애, 신경장애, 의식소실 등의 중독 증상을 보인다.

★★★

15 고기압 상태에서 올 수 있는 인체 장애는?

① 안구 진탕증
② 잠함병
③ 레이노이드병
④ 섬유증식증

잠함병(잠수병)은 고기압상태에서 작업하는 잠수부들에게 흔히 나타나는 증상으로 체액 및 혈액 속의 질소 기포 증가가 주 원인이다. 예방을 위해서는 감압의 적절한 조절이 매우 중요하다.

★★★★

16 잠함병의 직접적인 원인은?

① 혈중 CO_2 농도 증가
② 체액 및 혈액 속의 질소 기포 증가
③ 혈중 O_2 농도 증가
④ 혈중 CO 농도 증가

★★★

17 일산화탄소가 인체에 미치는 영향이 아닌 것은?

① 신경기능 장애를 일으킨다.
② 세포 내에서 산소와 Hb의 결합을 방해한다.
③ 혈액 속에 기포를 형성한다.
④ 세포 및 각 조직에서 O_2 부족 현상을 일으킨다.

감압병이나 잠수병(잠함병)의 경우 혈액 속의 질소가 기포를 발생하게 하여 모세혈관에 혈전현상을 일으킨다.

★★★

18 일산화탄소 중독의 증상이나 후유증이 아닌 것은?

① 정신장애
② 무균성 괴사
③ 신경장애
④ 의식소실

일산화탄소 중독은 세포 및 각 조직에서 산소부족 현상을 유발하여 정신장애, 신경장애, 의식소실 등의 증상을 나타낸다.

정답 11 ② 12 ③ 13 ④ 14 ② 15 ② 16 ② 17 ③ 18 ②

★★★ □□□

19 지구의 온난화 현상의 원인이 되는 주된 가스는?

① NO ② CO_2
③ Ne ④ CO

이산화탄소는 공기 중 약 0.03%를 차지하는데, 실내공기 오염의 지표로 사용되며 지구온난화 현상의 주된 원인이다.

★★★ □□□

20 일반적으로 공기 중 이산화탄소(CO_2)는 약 몇 %를 차지하고 있는가?

① 0.03% ② 0.3%
③ 3% ④ 13%

일반적으로 공기 중에는 질소와 산소가 대부분을 차지하고 있으며, 아르곤이 약 0.9%, 이산화탄소가 약 0.03%를 차지한다.

★★★★ □□□

21 대기오염의 주원인 물질 중 하나로 석탄이나 석유 속에 포함되어 있어 연소할 때 산화되어 발생되며 만성기관지염과 산성비 등을 유발시키는 것은?

① 일산화탄소 ② 질소산화물
③ 황산화물 ④ 부유분진

대기오염의 1차오염물질로는 황산화물, 질소산화물, 일산화탄소 등이 있는데, 만성기관지염과 산성비 등을 유발하는 물질은 황산화물이다.

★★★ □□□

22 대기오염을 일으키는 원인으로 거리가 가장 **먼 것**은?

① 도시의 인구감소
② 교통량의 증가
③ 기계문명의 발달
④ 중화학공업의 난립

대기오염은 도시의 인구증가와 관련이 있다.

★★★★ □□□

23 대기오염물질 중 그 종류가 **다른** 하나는?

① 황산화물(SOx) ② 일산화탄소(CO)
③ 오존(O_3) ④ 질소산화물(NOx)

황산화물, 일산화탄소, 질소산화물은 1차오염물질이며, 오존은 2차오염물질이다.

★★ □□□

24 대기오염으로 인한 건강장애의 대표적인 것은?

① 위장질환 ② 호흡기질환
③ 신경질환 ④ 발육저하

대기오염이 인체에 미치는 영향 중 가장 큰 것은 호흡기질환이다.

★★ □□□

25 다음 중 공해의 피해가 **아닌** 것은?

① 경제적 손실 ② 자연환경의 파괴
③ 정신적 영향 ④ 인구 증가

★★ □□□

26 대기오염 방지 목표와 연관성이 가장 **적은** 것은?

① 생태계 파괴 방지
② 경제적 손실 방지
③ 자연환경의 악화 방지
④ 직업병의 발생 방지

대기오염은 직업병과는 직접적인 관련이 없다.

★★★ □□□

27 일산화탄소(CO)의 환경기준은 8시간 기준으로 얼마인가?

① 9 ppm ② 1 ppm
③ 0.03 ppm ④ 25 ppm

일산화탄소의 환경기준
• 8시간 평균치 9ppm 이하
• 1시간 평균치 25ppm 이하

chapter 04

정답 19 ② 20 ① 21 ③ 22 ① 23 ③ 24 ② 25 ④ 26 ④ 27 ①

★★★

28 연탄가스 중 인체에 중독현상을 일으키는 주된 물질은?

① 일산화탄소 ② 이산화탄소
③ 탄산가스 ④ 메탄가스

연탄가스는 연탄이 탈 때 발생하는 유독성가스로 일산화탄소가 주성분이다.

★★★

29 환경오염의 발생요인인 산성비의 가장 주요한 원인과 산도는?

① 이산화탄소 pH 5.6 이하
② 아황산가스 pH 5.6 이하
③ 염화불화탄소 pH 6.6 이하
④ 탄화수소 pH 6.6 이하

pH 5.6 이하의 비를 산성비라 하며, 아황산가스, 질소산화물, 염화수소 등이 주요 원인이다.

★★

30 다음 중 환경위생 사업이 아닌 것은?

① 오물처리
② 예방접종
③ 구충구서
④ 상수도 관리

환경위생 사업은 주위 환경의 위생과 관련된 사업을 말하며, 상하수도, 오물처리, 구충구서, 공기, 냉난방 등에 관한 사업을 말한다. 예방접종은 보건사업에 해당한다.

★

31 다음 중 환경보전에 영향을 미치는 공해 발생 원인으로 관계가 먼 것은?

① 실내의 흡연
② 산업장 폐수방류
③ 공사장의 분진 발생
④ 공사장의 굴착작업

★★★★★

32 수질오염의 지표로 사용하는 "생물학적 산소요구량"을 나타내는 용어는?

① BOD ② DO
③ COD ④ SS

• DO : 용존산소
• COD : 화학적 산소요구량

★★★★★

33 다음 중 하수의 오염지표로 주로 이용하는 것은?

① dB ② BOD
③ COD ④ 대장균

생물화학적 산소요구량(BOD)은 하수 중의 유기물이 호기성 세균에 의해 산화·분해될 때 소비되는 산소량을 말하는데, 하수 및 공공수역 수질오염의 지표로 사용된다.

★★★★

34 하수오염이 심할수록 BOD는 어떻게 되는가?

① 수치가 낮아진다.
② 수치가 높아진다.
③ 아무런 영향이 없다.
④ 높아졌다 낮아졌다 반복한다.

BOD는 하수의 오염지표로 주로 이용되는데 하수의 오염이 심할수록 BOD 수치는 높아진다.

★★★★

35 다음 중 하수에서 용존산소(DO)가 아주 낮다는 의미에 적합한 것은?

① 수생식물이 잘 자랄 수 있는 물의 환경이다.
② 물고기가 잘 살 수 있는 물의 환경이다.
③ 물의 오염도가 높다는 의미이다.
④ 하수의 BOD가 낮은 것과 같은 의미이다.

용존산소는 물에 녹아있는 유리산소를 의미하는데, 용존산소가 높을수록 물의 오염도가 낮고 용존산소가 낮을수록 물의 오염도가 높다.

정답 28 ① 29 ② 30 ② 31 ① 32 ① 33 ② 34 ② 35 ③

★★★★

□□□

36 수질오염을 측정하는 지표로서 물에 녹아있는 유리산소를 의미하는 것은?

① 용존산소(DO)
② 생물화학적산소요구량(BOD)
③ 화학적산소요구량(COD)
④ 수소이온농도(pH)

DO는 'Dissolved Oxygen'의 약자로 물에 녹아있는 유리산소를 의미하는데, 용존산소가 높을수록 물의 오염도가 낮다.

★★★★

□□□

37 생물학적 산소요구량(BOD)과 용존산소량(DO)의 값은 어떤 관계가 있는가?

① BOD와 DO는 무관하다.
② BOD가 낮으면 DO는 낮다.
③ BOD가 높으면 DO는 낮다.
④ BOD가 높으면 DO도 높다.

★★★★

□□□

38 상수 수질오염의 대표적 지표로 사용하는 것은?

① 이질균
② 일반 세균
③ 대장균
④ 플랑크톤

★★★★

□□□

39 음용수에서 대장균 검출의 의의로 가장 큰 것은?

① 오염의 지표
② 감염병 발생예고
③ 음용수의 부패상태 파악
④ 비병원성

대장균은 음용수의 일반적인 오염지표로 사용된다.

★★★★★

□□□

40 음용수의 일반적인 오염지표로 사용되는 것은?

① 탁도 ② 일반세균 수
③ 대장균 수 ④ 경도

★★

□□□

41 합성세제에 의한 오염과 가장 관계가 깊은 것은?

① 수질오염 ② 중금속오염
③ 토양오염 ④ 대기오염

★★★

□□□

42 다음 중 상호 관계가 **없는** 것으로 연결된 것은?

① 상수 오염의 생물학적 지표 - 대장균
② 실내공기 오염의 지표 - CO_2
③ 대기오염의 지표 - SO_2
④ 하수 오염의 지표 - 탁도

하수 오염의 지표로 사용되는 것은 BOD이다.

★★★

□□□

43 환경오염지표와 관련해서 바르게 연결된 것은?

① 수소이온농도 - 음료수오염지표
② 대장균 - 하천오염지표
③ 용존산소 - 대기오염지표
④ 생물학적 산소요구량 - 수질오염지표

- 수질오염지표 : 용존산소, 생물화학적 산소요구량, 화학적 산소요구량
- 음용수 오염지표 : 대장균 수

★

□□□

44 하수 처리법 중 호기성 처리법에 속하지 **않는** 것은?

① 활성오니법 ② 살수여과법
③ 산화지법 ④ 부패조법

부패조법은 혐기성 처리법에 속한다.

정답 36 ① 37 ③ 38 ③ 39 ① 40 ③ 41 ① 42 ④ 43 ④ 44 ④

★★

45 상수를 정수하는 일반적인 순서는?

① 침전→여과→소독
② 예비처리→본처리→오니처리
③ 예비처리→여과처리→소독
④ 예비처리→침전→여과→소독

상수 정수 순서 : 침사 → 침전 → 여과 → 소독

★★★

46 예비 처리-본 처리-오니 처리 순서로 진행되는 것은?

① 하수 처리 ② 쓰레기 처리
③ 상수도 처리 ④ 지하수 처리

가정이나 공장에서 배출하는 하수는 생태계를 파괴하는 원인이 되므로 예비 처리, 본 처리, 오니 처리를 통해 강이나 바다로 방류시킨다.

★★★

47 하수처리 방법 중 혐기성 분해처리에 해당하는 것은?

① 부패조법 ② 활성오니법
③ 살수여과법 ④ 산화지법

혐기성 처리법에는 부패조법과 임호프조법이 있다.

★★★

48 도시 하수처리에 사용되는 활성오니법의 설명으로 가장 옳은 것은?

① 상수도부터 하수까지 연결되어 정화시키는 법
② 대도시 하수만 분리하여 처리하는 방법
③ 하수 내 유기물을 산화시키는 호기성 분해법
④ 쓰레기를 하수에서 걸러내는 법

산소를 공급하여 호기성 균이 유기물을 분해하는 방법을 호기성 처리법이라 하며, 이 호기성 처리법에는 활성오니법, 산화지법, 관개법이 있다.

★

49 다음의 상수 처리 과정에서 가장 마지막 단계는?

① 급수 ② 취수
③ 정수 ④ 도수

상수 처리 과정 : 취수 → 도수 → 정수 → 송수 → 배수 → 급수

★★★

50 하수도의 복개로 가장 문제가 되는 것은?

① 대장균의 증가
② 일산화탄소의 증가
③ 이끼류의 번식
④ 메탄가스의 발생

유입된 생활하수의 영양물질이 부패하여 메탄가스가 발생된다.

★★

51 다음 중 수질오염 방지대책으로 묶인 것은?

㉠ 대기의 오염실태 파악
㉡ 산업폐수의 처리시설 개선
㉢ 어류 먹이용 부패시설 확대
㉣ 공장폐수 오염실태 파악

① ㉠,㉡, ㉢ ② ㉠, ㉢
③ ㉡, ㉣ ④ ㉠, ㉡, ㉢, ㉣

★★★

52 일반적인 음용수로서 적합한 잔류 염소(유리 잔류 염소를 말함) 기준은?

① 250mg/L 이하 ② 4mg/L 이하
③ 2mg/L 이하 ④ 0.1mg/L 이하

먹는물 수질기준

유리잔류염소	4mg/L 이하
경도	300mg/L 이하
색도	5도 이하
수소이온 농도	pH 5.8~8.5
탁도	1NTU(수돗물 : 0.5NTU 이하)

정답 45 ① 46 ① 47 ① 48 ③ 49 ① 50 ④ 51 ③ 52 ②

★ □□□

53 물의 일시경도의 원인 물질은?

① 중탄산염 ② 염화염
③ 질산염 ④ 황산염

• 일시경도의 원인물질 : 탄산염, 중탄산염 등
• 영구경수의 원인물질 : 황산염, 질산염, 염화염 등

★★ □□□

54 평상시 상수와 수도전에서의 적정한 유리 잔류 염소량은?

① 0.002ppm 이상 ② 0.2ppm 이상
③ 0.5ppm 이상 ④ 0.55ppm 이상

• 평상시 : 0.2ppm 이상
• 비상시 : 0.4ppm 이상

03 산업보건

★★ □□□

1 작업환경의 관리원칙은?

① 대치-격리-폐기-교육
② 대치-격리-환기-교육
③ 대치-격리-재생-교육
④ 대치-격리-연구-홍보

• 대치 : 공정변경, 시설변경, 물질변경
• 격리 : 작업장과 유해인자 사이를 차단하는 방법
• 환기 : 작업장 내 오염된 공기를 제거하고 신선한 공기로 바꾸는 것
• 교육 : 작업훈련을 통해 얻은 지식을 실제로 이용

★★ □□□

2 야간작업의 폐해가 아닌 것은?

① 주야가 바뀐 부자연스런 생활
② 수면 부족과 불면증
③ 피로회복 능력 강화와 영양 저하
④ 식사시간, 습관의 파괴로 소화불량

★ □□□

3 산업보건에서 작업조건의 합리화를 위한 노력으로 옳은 것은?

① 작업강도를 강화시켜 단 시간에 끝낸다.
② 작업속도를 최대한 빠르게 한다.
③ 운반방법을 가능한 범위에서 개선한다.
④ 근무시간은 가능하면 전일제로 한다.

★★ □□□

4 산업피로의 본질과 가장 관계가 먼 것은?

① 생체의 생리적 변화
② 피로감각
③ 산업구조의 변화
④ 작업량 변화

★★★ □□□

5 산업피로의 대표적인 증상은?

① 체온 변화-호흡기 변화-순환기계 변화
② 체온 변화-호흡기 변화-근수축력 변화
③ 체온 변화-호흡기 변화-기억력 변화
④ 체온 변화-호흡기 변화-사회적 행동 변화

★★ □□□

6 산업피로의 대책으로 가장 거리가 먼 것은?

① 작업과정 중 적절한 휴식시간을 배분한다.
② 에너지 소모를 효율적으로 한다.
③ 개인차를 고려하여 작업량을 할당한다.
④ 휴직과 부서 이동을 권고한다.

휴직과 부서 이동은 산업피로의 근본적인 대책이 되지 못한다.

★ □□□

7 산업재해 발생의 3대 인적요인이 아닌 것은?

① 예산 부족
② 관리 결함
③ 생리적 결함
④ 작업상의 결함

chapter 04

정답 53 ① 54 ② 3 1 ② 2 ③ 3 ③ 4 ③ 5 ① 6 ④ 7 ①

★★★

8 다음 중 산업재해의 지표로 주로 사용되는 것을 전부 고른 것은?

㉠ 도수율	㉡ 발생률
㉢ 강도율	㉣ 사망률

① ㉠, ㉡, ㉢　　② ㉠, ㉢
③ ㉡, ㉣　　④ ㉠, ㉡, ㉢, ㉣

- 도수율(빈도율) : 연근로시간 100만 시간당 재해 발생 건수
- 건수율(발생률) : 산업체 근로자 1,000명당 재해 발생 건수
- 강도율 : 근로시간 1,000시간당 발생한 근로손실일수

★★

9 산업재해 방지 대책과 관련이 가장 먼 내용은?

① 정확한 관찰과 대책　　② 정확한 사례조사
③ 생산성 향상　　④ 안전관리

생산성 향상은 산업재해 방지 대책과 관련이 없다.

★★

10 산업재해 방지를 위한 산업장 안전관리대책으로만 짝지어진 것은?

㉠ 정기적인 예방접종	㉡ 작업환경 개선
㉢ 보호구 착용 금지	㉣ 재해방지 목표설정

① ㉠, ㉡, ㉢　　② ㉠, ㉢
③ ㉡, ㉣　　④ ㉠, ㉡, ㉢, ㉣

★★★

11 다음 중 직업병에 해당하는 것은?

㉠ 잠함병	㉡ 규폐증
㉢ 소음성 난청	㉣ 식중독

① ㉠, ㉡, ㉢, ㉣　　② ㉠, ㉡, ㉢
③ ㉠, ㉢　　④ ㉡, ㉣

식중독은 음식물 섭취와 관련된 것이므로 직업병과는 무관하다.

★★★★

12 직업병과 관련 직업이 올바르게 연결된 것은?

① 근시안 – 식자공
② 규폐증 – 용접공
③ 열사병 – 채석공
④ 잠함병 – 방사선기사

② 규폐증 – 채석공, 채광부
③ 열사병 – 제련공, 초자공
④ 잠함병 – 잠수부

★★★

13 합병증으로 고환염, 뇌수막염 등이 초래되어 불임이 될 수도 있는 질환은?

① 홍역　　② 뇌염
③ 풍진　　④ 유행성 이하선염

일반적으로 볼거리로 알려진 유행성 이하선염은 사춘기에 감염되어 고환염으로 발전될 경우 남성불임의 원인이 될 수도 있다.

★★★

14 다음 중 직업병으로만 구성된 것은?

① 열중증 – 잠수병 – 식중독
② 열중증 – 소음성 난청 – 잠수병
③ 열중증 – 소음성 난청 – 폐결핵
④ 열중증 – 소음성 난청 – 대퇴부 골절

- 열중증 : 고온 환경에서 발생
- 소음성 난청 : 소음에 오랜 시간 노출 시 발생
- 잠수병 : 이상기압에서 발생

★★★★

15 직업병과 직업종사자의 연결이 바르게 된 것은?

① 잠수병 – 수영선수
② 열사병 – 비만자
③ 고산병 – 항공기 조종사
④ 백내장 – 인쇄공

① 잠수병 – 잠수부
② 열사병 – 제련공, 초자공
④ 백내장 – 용접공

정답 8 ① 9 ③ 10 ③ 11 ② 12 ① 13 ④ 14 ② 15 ③

★★★ □□□

16 이상저온 작업으로 인한 건강 장애인 것은?

① 참호족 ② 열경련
③ 울열증 ④ 열쇠약증

참호족은 발을 오랜 시간 축축하고 차가운 환경에 노출할 경우 발생하는 질병이다.

★★★ □□□

17 방사선에 관련된 직업에 의해 발생할 수 있는 것이 아닌 것은?

① 조혈지능장애
② 백혈병
③ 생식기능장애
④ 잠함병

잠함병은 이상기압에 의해 발생할 수 있는 직업병이다.

★★ □□□

18 소음이 인체에 미치는 영향으로 가장 거리가 먼 것은?

① 불안증 및 노이로제
② 청력장애
③ 중이염
④ 작업능률 저하

중이염은 중이강 내에 생기는 염증을 말하는데, 미생물에 의한 감염 등 복합적인 원인에 의해 발생하는데, 소음과는 무관하다.

★★★ □□□

19 소음에 관한 건강장애와 관련된 요인에 대한 설명으로 가장 옳은 것은?

① 소음의 크기, 주파수, 방향에 따라 다르다.
② 소음의 크기, 주파수, 내용에 따라 다르다.
③ 소음의 크기, 주파수, 폭로기간에 따라 다르다.
④ 소음의 크기, 주파수, 발생지에 따라 다르다.

소음에 의한 건강장애는 소음의 크기가 클수록, 주파수가 높을수록, 폭로기간이 길수록 심하게 나타난다.

★★★ □□□

20 dB(decibel)의 단위는?

① 소리의 파장
② 소리의 질
③ 소리의 강도(음압)
④ 소리의 음색

★★★ □□□

21 조도불량, 현휘가 과도한 장소에서 장시간 작업하여 눈에 긴장을 강요함으로써 발생되는 불량 조명에 기인하는 직업병이 아닌 것은?

① 안정피로
② 근시
③ 원시
④ 안구진탕증

원시는 망막의 뒤쪽에 물체의 상이 맺혀 먼 곳은 잘 보이지만 가까운 곳은 잘 보이지 않는 상태를 말하며, 유전적 요인에 의해 주로 발생한다.

★★★ □□□

22 불량조명에 의해 발생되는 직업병은?

① 규폐증
② 피부염
③ 안정피로
④ 열중증

불량조명에 의해 발생하는 직업병으로는 안정피로, 근시, 안구진탕증이 있다.

★★ □□□

23 진동이 심한 작업을 하는 사람에게 국소진동 장애로 생길 수 있는 직업병은?

① 레이노드병
② 파킨슨씨 병
③ 잠함병
④ 진폐증

레이노드병은 진동이 심한 작업을 하는 사람에게 국소 진동 장애로 생길 수 있는 직업병이다.

정답 16 ① 17 ④ 18 ③ 19 ③ 20 ③ 21 ③ 22 ③ 23 ①

★★★

24 다음 중 불량조명에 의해 발생되는 직업병이 아닌 것은?

① 안정피로 ② 근시
③ 근육통 ④ 안구진탕증

근육통 다양한 원인에 의해 근육에 나타나는 통증을 말하며, 불량조명과는 상관이 없다.

★★★★★

25 눈의 보호를 위해서 가장 좋은 조명 방법은?

① 간접조명
② 반간접조명
③ 직접조명
④ 반직접조명

간접조명은 조명에서 나오는 빛의 90% 이상을 천장이나 벽에서 반사되어 나오는 빛을 이용하는 조명으로 눈부심이 적어 눈의 보호를 위해서 가장 좋다.

★★★★

26 실내조명에서 조명효율이 천정의 색깔에 가장 크게 좌우되는 것은?

① 직접조명
② 반직접 조명
③ 반간접 조명
④ 간접조명

간접조명은 천장이나 벽에서 반사되어 나오는 빛을 이용하는 조명이므로 조명효율이 천정의 색깔에 크게 좌우된다.

★★★

27 주택의 자연조명을 위한 이상적인 주택의 방향과 창의 면적은?

① 남향, 바닥면적의 1/7~1/5
② 남향, 바닥면적의 1/5~1/2
③ 동향, 바닥면적의 1/10~1/7
④ 동향, 바닥면적의 1/5~1/2

★★

28 저온폭로에 의한 건강장애는?

① 동상 - 무좀 - 전신체온 상승
② 참호족 - 동상 - 전신체온 하강
③ 참호족 - 동상 - 전신체온 상승
④ 동상 - 기억력 저하 - 참호족

이상저온에 의해 나타나는 건강장애로는 전신 저체온, 동상, 참호족, 침수족 등이 있다.

★★★

29 실내·외의 온도차는 몇 도가 가장 적합한가?

① 1~3℃
② 5~7℃
③ 8~12℃
④ 12℃ 이상

★★

30 다음 중 만성적인 열중증을 무엇이라 하는가?

① 열허탈증
② 열쇠약증
③ 열경련
④ 울열증

열쇠약증은 만성적인 체열의 소모로 일어나는 만성 열중증이 원인이 되어 나타나며, 전신권태, 빈혈, 위장장애 등의 증상을 보이는데, 회복을 위해서는 충분한 영양공급과 휴식이 필요하다.

★★★

31 납중독과 가장 거리가 먼 증상은?

① 빈혈
② 신경마비
③ 뇌중독증상
④ 과다행동장애

과다행동장애는 지속적으로 주의력이 부족하고 산만하고 과다활동을 보이는 상태를 말하는데, 아동기에 많이 나타나는 장애이다.

정답 24 ③ 25 ① 26 ④ 27 ① 28 ② 29 ② 30 ② 31 ④

★★★

32 수은중독의 증세와 관련이 **없는** 것은?

① 치은괴사
② 호흡장애
③ 구내염
④ 혈성구토

수은중독의 증상으로는 두통, 구토, 설사, 피로감, 기억력 감퇴, 치은괴사, 구내염 등이 있다.

★★★

33 만성 카드뮴(Cd) 중독의 3대 증상이 **아닌** 것은?

① 당뇨병
② 빈혈
③ 신장기능장애
④ 폐기종

카드뮴에 중독되면 당뇨병, 신장기능장애, 폐기종, 오심, 구토, 복통, 급성폐렴 등의 증상을 보인다.

★★

34 이따이이따이병의 원인물질로 주로 음료수를 통해 중독되며, 구토, 복통, 신장장애, 골연화증을 일으키는 유해금속물질은?

① 비소
② 카드뮴
③ 납
④ 다이옥신

이따이이따이병은 '아프다 아프다'라는 의미의 일본어에서 유래된 것으로 카드뮴에 의한 공해병의 일종이다.

★

35 분진 흡입에 의하여 폐에 조직반응을 일으킨 상태는?

① 진폐증
② 기관지염
③ 폐렴
④ 결핵

분진에 의한 직업병으로는 진폐증, 규폐증, 석면폐증이 있다.

chapter 04

정답 32 ② 33 ② 34 ② 35 ①

SECTION 05 식품위생과 영양

[출제문항수 : 1~2문제] 이 섹션은 출제비중이 높은 편은 아니지만 식중독의 종류별 특징에 대해서는 알아두도록 합니다. 영양소의 종류별 특징도 가볍게 학습하도록 합니다.

01 식품위생의 개념

1 식품위생의 정의(식품위생법)

식품위생이란 식품, 식품첨가물, 기구 또는 용기·포장을 대상으로 하는 음식에 관한 위생을 말한다.

02 식중독

1 식중독의 정의

① 식품 섭취로 인하여 인체에 유해한 미생물 또는 유독물질에 의하여 발생하였거나 발생한 것으로 판단되는 감염성 질환 또는 독소형 질환

② 25~37℃에서 가장 잘 증식

2 식중독의 분류

세균성	감염형	살모넬라균, 장염비브리오균, 병원성 대장균
	독소형	포도상구균, 보툴리누스균, 웰치균 등
	기타	장구균, 알레르기성 식중독, 노로 바이러스 등
자연독	식물성	버섯독, 감자 중독, 맥각균 중독, 곰팡이류 중독 등
	동물성	복어 식중독, 조개류 식중독 등
곰팡이독	황변미독, 아플라톡신, 루브라톡신 등	
화학물질	불량 첨가물, 유독물질, 유해금속물질	

3 세균성 식중독

(1) 특징

① 2차 감염률이 낮다.
② 다량의 균이 발생한다.
③ 잠복기가 아주 짧다.
④ 수인성 전파는 드물다.
⑤ 면역성이 없다.

(2) 종류

① 감염형

살모넬라 식중독	• [잠복기] 12~48시간 • [증상] 고열, 오한, 두통, 설사, 구토, 복통 등
장염비브리오 식중독	• [잠복기] 8~20시간 • [원인] 여름철 어패류 생식, 오염 어패류에 접촉한 도마, 식칼, 행주 등에 의한 2차 감염 • [증상] 급성 위장염, 복통, 설사, 두통, 구토 등
병원성 대장균 식중독	• [잠복기] 2~8일 • [원인] 감염된 우유, 치즈 및 김밥, 햄버거, 햄 등의 섭취 • [증상] 복통, 설사 등 • 합병증 : 용혈성 요독증후군

② 독소형

포도상구균	• [잠복기] 30분~6시간 • [원인] 감염된 우유, 치즈 및 김밥, 도시락, 빵 등의 섭취 • [증상] 급성 위장염, 구토, 설사, 복통 등
보툴리누스균	• [잠복기] 12~36시간 • [원인] 신경독소 섭취, 오염된 햄, 소시지, 육류, 과일 등의 섭취 • [증상] 구토, 설사, 호흡곤란 등 • 식중독 중 치명률이 가장 높다.
웰치균	• [잠복기] 6~22시간 • [원인] 가열된 조리 식품, 육류, 어패류, 단백질 식품 등 • [증상] 설사, 복통, 출혈성 장염 등

4 자연독

구분	종류	독성물질
식물성	독버섯	무스카린, 팔린, 아마니타톡신
	감자	솔라닌, 셉신
	매실	아미그달린
	목화씨	고시풀
	독미나리	시큐톡신
	맥각	에르고톡신
동물성	복어	테트로도톡신
	섭조개, 대합	색시톡신
	모시조개, 굴, 바지락	베네루핀

5 곰팡이독

① 아플라톡신 : 땅콩, 옥수수

② 시트리닌 : 황변미, 쌀에 14~15% 이상의 수분 함유 시 발생

③ 파툴린 : 부패된 사과나 사과주스의 오염에서 볼 수 있는 신경독 물질

④ 루브라톡신 : 페니실륨 루브륨에 오염된 옥수수를 소나 양의 사료로 이용 시

03 영양소

1 영양소의 분류

구분	종류	
열량소	단백질, 탄수화물, 지방	5대 영양소
조절소	비타민, 무기질	

2 영양소의 3대 작용

① 신체의 열량공급 작용 : 탄수화물, 지방, 단백질

② 신체의 조직구성 작용 : 단백질, 무기질, 물

③ 신체의 생리기능조절 작용 : 비타민, 무기질, 물

3 영양상태 판정 및 영양장애

(1) Kaup 지수

① $\frac{\text{체중(kg)}}{(\text{신장(cm)})^2} \times 10^4$

- 영유아기부터 학령기 전반까지 사용
- 22 이상 : 비만, 15 이하 : 마름

(2) Rohrer 지수

① $\frac{\text{체중(kg)}}{(\text{신장(cm)})^3} \times 10^7$

- 학령기 이후의 소아에게 사용
- 160 이상 : 비만, 110 미만 : 마름

(3) Broca 지수(표준체중)

[신장(cm) - 100] × 0.9

- 성인의 비만 평가에 이용

(4) 비만도(%)

① $\frac{\text{실측체중 - 표준체중}}{\text{표준체중}} \times 100$

비만도(%)	판정
10~20	과체중
20~30	경도비만
30~50	중등비만
50 이상	고도비만

② $\frac{\text{실측체중}}{\text{표준체중}} \times 100$

비만도(%)	판정
90% 이하	저체중
91~109	정상
110~119	과체중
120 이상	비만

(5) 영양장애

결핍증	필요영양소의 결핍으로 발생되는 병적상태
저영양	영양 섭취가 부족한 상태
영양실조증	영양소의 공급이 질적 및 양적으로 부족한 불건강상태
기아상태	저영양과 영양실조증이 함께 발생된 상태
비만증	체지방의 이상 축적 상태

기출문제정리 | 섹션별 분류의 기본 출제유형 파악!

★★★

1 식중독에 대한 설명으로 옳은 것은?

① 음식섭취 후 장시간 뒤에 증상이 나타난다.
② 근육통 호소가 가장 빈번하다.
③ 병원성 미생물에 오염된 식품 섭취 후 발병한다.
④ 독성을 나타내는 화학물질과는 무관하다.

식중독은 원인 물질에 따라 증상의 정도가 다르게 나타나는데, 일반적으로 음식물 섭취 후 72시간 이내에 구토, 설사, 복통 등의 증상이 나타난다.

★★★

2 식중독 세균이 가장 잘 증식할 수 있는 온도 범위는?

① 0~10 ℃　② 10~20 ℃
③ 18~22 ℃　④ 25~37 ℃

식중독의 원인균으로는 장염, 살모넬라, 병원대장균, 황색포도구균 등이 있으며, 25~37℃에서 가장 잘 증식한다.

★★★★

3 세균성 식중독이 소화기계 감염병과 **다른** 점은?

① 균량이나 독소량이 소량이다.
② 대체적으로 잠복기가 길다.
③ 연쇄전파에 의한 2차 감염이 드물다.
④ 원인식품 섭취와 무관하게 일어난다.

세균성 식중독의 특징
• 2차 감염률이 낮다.
• 수인성 전파는 드물다.
• 잠복기가 아주 짧다.
• 다량의 균이 발생한다.
• 면역성이 없다.

★★★★

4 독소형 식중독을 일으키는 세균이 **아닌** 것은?

① 포도상구균　② 보툴리누스균
③ 살모넬라균　④ 웰치균

독소형 식중독 : 포도상구균, 보툴리누스균, 웰치균 등이며 살모넬라균은 감염형 식중독을 일으킨다.

★★★

5 독소형 식중독의 원인균은?

① 황색 포도상구균
② 장티푸스균
③ 돈 콜레라균
④ 장염균

★★

6 식중독의 분류가 올바르게 연결된 것은?

① 세균성 - 자연독 - 화학물질 - 수인성
② 세균성 - 자연독 - 화학물질 - 곰팡이독
③ 세균성 - 자연독 - 화학물질 - 수술전후 감염
④ 세균성 - 외상성 - 화학물질 - 곰팡이독

식중독의 분류

세균성	감염형	살모넬라균, 장염비브리오균, 병원성대장균
	독소형	포도상구균, 보툴리누스균, 웰치균 등
	기타	장구균, 알레르기성 식중독, 노로 바이러스 등
자연독	식물성	버섯독, 감자 중독, 맥각균 중독, 곰팡이류 중독 등
	동물성	복어 식중독, 조개류 식중독 등
곰팡이독	황변미독, 아플라톡신, 루브라톡신 등	
화학물질	불량 첨가물, 유독물질, 유해금속물질	

★★★★★

7 세균성 식중독의 특성이 **아닌** 것은?

① 2차 감염률이 낮다.
② 잠복기가 길다.
③ 다량의 균이 발생한다.
④ 수인성 전파는 드물다.

세균성 식중독은 잠복기가 짧다.

정답 1③ 2④ 3③ 4③ 5① 6② 7②

★★★

8 다음 중 감염형 식중독에 속하는 것은?

① 살모넬라 식중독
② 보툴리누스 식중독
③ 포도상구균 식중독
④ 웰치균 식중독

감염형 식중독 : 살모넬라균, 장염비브리오균, 병원성대장균 등

★★★★

9 식품을 통한 식중독 중 독소형 식중독은?

① 포도상구균 식중독
② 살모넬라균에 의한 식중독
③ 장염 비브리오 식중독
④ 병원성 대장균 식중독

②, ③, ④ 모두 감염형 식중독에 속한다.

★★★

10 주로 여름철에 발병하며 어패류 등의 생식이 원인이 되어 복통, 설사 등의 급성위장염 증상을 나타내는 식중독은?

① 포도상구균 식중독
② 병원성대장균 식중독
③ 장염비브리오 식중독
④ 보툴리누스균 식중독

장염비브리오 식중독은 생선회, 초밥, 조개 등을 생식하는 식습관이 원인이 되어 발생하는데, 심한 복통, 설사, 구토 등의 증상을 보이며, 잠복기는 10시간 이내이다.

★★★

11 주로 7~9월 사이에 많이 발생되며, 어패류가 원인이 되어 발병, 유행하는 식중독은?

① 포도상구균 식중독
② 살모넬라 식중독
③ 보툴리누스균 식중독
④ 장염비브리오 식중독

★★

12 다음 식중독 중에서 치명률이 가장 높은 것은?

① 살모넬라증
② 포도상구균중독
③ 연쇄상구균중독
④ 보툴리누스균중독

보툴리누스균중독은 보툴리누스독소를 생산하는 것을 섭취할 때 발생하는 식중독으로 호흡중추마비, 순환장애에 의해 사망할 수도 있다.

★★★

13 신경독소가 원인이 되는 세균성 식중독 원인균은?

① 쥐 티프스균
② 황색 포도상구균
③ 돈 콜레라균
④ 보툴리누스균

보툴리누스균은 신경독소 섭취, 오염된 햄, 소시지 등의 섭취로 인해 나타난다.

★★★

14 식품의 혐기성 상태에서 발육하여 체외독소로서 신경독소를 분비하며 치명률이 가장 높은 식중독으로 알려진 것은?

① 살모넬라 식중독
② 보툴리누스균 식중독
③ 웰치균 식중독
④ 알레르기성 식중독

★★★★

15 다음 중 독소형 식중독이 아닌 것은?

① 보툴리누스균 식중독
② 살모넬라균 식중독
③ 웰치균 식중독
④ 포도상구균 식중독

살모넬라균 식중독은 감염형 식중독에 속한다.

정답 8 ① 9 ① 10 ③ 11 ④ 12 ④ 13 ④ 14 ② 15 ②

★★★ □□□

16 식중독 발생의 원인인 솔라닌(solanin) 색소와 관련이 있는 것은?

① 버섯
② 복어
③ 감자
④ 모시조개

자연독의 종류
- 버섯 : 무스카린, 팔린, 아마니타톡신
- 복어 : 테트로도톡신
- 감자 : 솔라닌, 셉신
- 모시조개 : 베네루핀

★★★ □□□

17 테트로도톡신(Tetrodotoxin)은 다음 중 어느 것에 있는 독소인가?

① 감자
② 조개
③ 복어
④ 버섯

테트로도톡신은 복어의 독소로 신경 마비, 구토, 두통, 호흡곤란 등의 증상이 나타나며, 심하면 사망에 이르게 한다.

★★ □□□

18 다음 탄수화물, 지방, 단백질의 3가지를 지칭하는 것은?

① 구성 영양소
② 열량 영양소
③ 조절 영양소
④ 구조 영양소

★★★★ □□□

19 다음 영양소 중 인체의 생리적 조절작용에 관여하는 조절소는?

① 단백질 ② 비타민
③ 지방질 ④ 탄수화물

인체의 생리적기능조절 작용을 하는 것으로는 비타민, 무기질, 물이 있다.

★★★ □□□

20 감자에 함유되어 있는 독소는?

① 에르고톡신 ② 솔라닌
③ 무스카린 ④ 베네루핀

자연독의 종류

구분	종류	독성물질
식물성	독버섯	무스카린, 팔린, 아마니타톡신
	감자	솔라닌, 셉신
	매실	아미그달린
	목화씨	고시풀
	독미나리	시큐톡신
	맥각	에르고톡신
동물성	복어	테트로도톡신
	섭조개, 대합	색시톡신
	모시조개, 굴, 바지락	베네루핀

★★ □□□

21 영양소의 3대 작용에서 제외되는 사항은?

① 신체의 열량공급 작용
② 신체의 조직구성 작용
③ 신체의 사회적응 작용
④ 신체의 생리기능조절 작용

영양소의 3대 작용
- 신체의 열량공급 작용 – 탄수화물, 지방, 단백질
- 신체의 조직구성 작용 – 단백질, 무기질, 물
- 신체의 생리기능조절 작용 – 비타민, 무기질, 물

★★ □□□

22 일반적으로 식품의 부패란 무엇이 변질된 것인가?

① 비타민
② 탄수화물
③ 지방
④ 단백질

식품의 부패는 미생물의 작용에 의해 악취를 내면서 분해되는 현상을 말하는데, 주로 단백질이 변질되는 것을 의미한다.

정답 16 ③ 17 ③ 18 ② 19 ② 20 ② 21 ③ 22 ④

The Barber Certification

SECTION 06

보건행정

[출제문항수 : 0~1문제] 이 섹션은 출제비중이 높은 편은 아니지만 보건소의 기능과 업무, 관리과정 그리고 사회보장에 대해서는 외워두도록 합니다.

01 보건행정의 정의 및 체계

1 정의

공중보건의 목적(수명연장, 질병예방, 신체적·정신적 건강증진)을 달성하기 위해 공공의 책임하에 수행하는 행정활동

2 보건행정의 특성

공공성, 사회성, 교육성, 과학성, 기술성, 봉사성, 보장성 등

3 보건행정의 범위(세계보건기구 정의)

① 보건관계 기록의 보존 ② 대중에 대한 보건교육
③ 환경위생 ④ 감염병 관리
⑤ 모자보건 ⑥ 의료 및 보건간호

4 보건기획 전개과정

전제 → 예측 → 목표설정 → 구체적 행동계획

5 보건소

(1) **기능** : 우리나라 지방보건행정의 최일선 조직으로 보건행정의 말단 행정기관

(2) 업무

① 국민건강증진·보건교육·구강건강 및 영양관리사업
② 감염병의 예방·관리 및 진료
③ 모자보건 및 가족계획사업
④ 노인보건사업
⑤ 공중위생 및 식품위생
⑥ 의료인 및 의료기관에 대한 지도 등에 관한 사항
⑦ 의료기사·의무기록사 및 안경사에 대한 지도 등에 관한 사항
⑧ 응급의료에 관한 사항
⑨ 공중보건의사·보건진료원 및 보건진료소에 대한 지도 등에 관한 사항
⑩ 약사에 관한 사항과 마약·향정신성의약품의 관리에 관한 사항
⑪ 정신보건에 관한 사항
⑫ 가정·사회복지시설 등을 방문하여 행하는 보건의료사업
⑬ 지역주민에 대한 진료, 건강진단 및 만성퇴행성질환 등의 질병관리에 관한 사항
⑭ 보건에 관한 실험 또는 검사에 관한 사항
⑮ 장애인의 재활사업 기타 보건복지부령이 정하는 사회복지사업
⑯ 기타 지역주민의 보건의료의 향상·증진 및 이를 위한 연구 등에 관한 사업

02 사회보장과 국제보건기구

1 사회보장

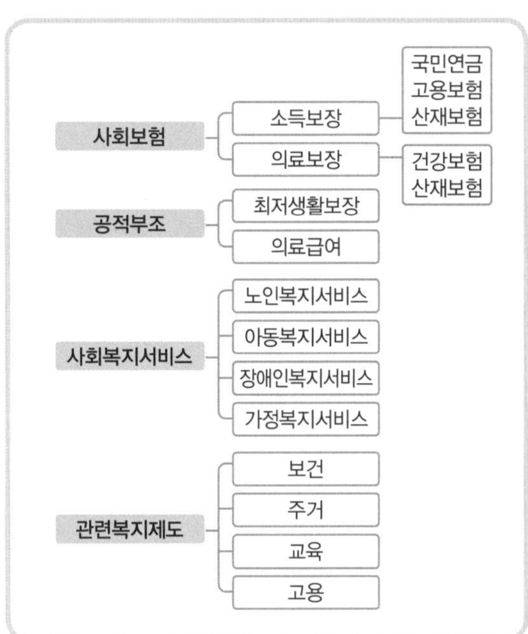

종류	의미
사회보장	출산, 양육, 실업, 노령, 장애, 질병, 빈곤 및 사망 등의 사회적 위험으로부터 모든 국민을 보호하고 국민 삶의 질을 향상시키는 데 필요한 소득·서비스를 보장하는 사회보험, 공공부조, 사회서비스를 말함
사회보험	국민에게 발생하는 사회적 위험을 보험의 방식으로 대처함으로써 국민의 건강과 소득을 보장하는 제도
공공부조	국가와 지방 자치단체의 책임하에 생활유지 능력이 없거나 생활이 어려운 국민의 최저 생활을 보장하고 자립을 지원하는 제도
사회서비스	국가·지방자치단체 및 민간부문의 도움이 필요한 모든 국민에게 복지, 보건의료, 교육, 고용, 주거, 문화, 환경 등의 분야에서 인간다운 생활을 보장하고 상담, 재활, 돌봄, 정보의 제공, 관련시설의 이용, 역량개발, 사회참여지원 등을 통하여 국민의 삶의 질이 향상되도록 지원하는 제도
평생사회 안전망	생애주기에 걸쳐 보편적으로 충족되어야 하는 기본욕구와 특정한 사회위험에 의하여 발생하는 특수 욕구를 동시에 고려하여 소득·서비스를 보장하는 맞춤형 사회보장 제도

2 대표적인 국제보건기구

① 세계보건기구(WHO)
② 유엔환경계획(UNEP)
③ 식량및농업기구(FAO)
④ 국제연합아동긴급기금(UNICEF)
⑤ 국제노동기구(ILO) 등

기출문제정리 | 섹션별 분류의 기본 출제유형 파악!

★★★★ □□□

1 보건행정의 정의에 포함되는 내용과 가장 거리가 먼 것은?

① 국민의 수명연장
② 질병예방
③ 공적인 행정활동
④ 수질 및 대기보전

★★ □□□

2 세계보건기구에서 정의하는 보건행정의 범위에 속하지 않는 것은?

① 산업발전
② 모자보건
③ 환경위생
④ 감염병관리

★★★ □□□

3 보건행정에 대한 설명으로 가장 올바른 것은?

① 공중보건의 목적을 달성하기 위해 공공의 책임하에 수행하는 행정활동
② 개인보건의 목적을 달성하기 위해 공공의 책임하에 수행하는 행정활동
③ 국가 간의 질병교류를 막기 위해 공공의 책임하에 수행하는 행정활동
④ 공중보건의 목적을 달성하기 위해 개인의 책임하에 수행하는 행정활동

정답 1 ④ 2 ① 3 ①

★★

4 보건행정의 목적달성을 위한 기본요건이 아닌 것은?

① 법적 근거의 마련
② 건전한 행정조직과 인사
③ 강력한 소수의 지지와 참여
④ 사회의 합리적인 전망과 계획

보건행정의 목적을 달성하기 위해서는 다수의 지지와 참여가 필요하다.

★★★

5 보건기획이 전개되는 과정으로 옳은 것은?

① 전제 - 예측 - 목표설정 - 구체적 행동계획
② 전제 - 평가 - 목표설정 - 구체적 행동계획
③ 평가 - 환경분석 - 목표설정- 구체적 행동계획
④ 환경분석 - 사정 - 목표설정 - 구체적 행동계획

★★★

6 우리나라 보건행정의 말단 행정기관으로 국민건강 증진 및 감염병 예방관리 사업 등을 하는 기관명은?

① 의원
② 보건소
③ 종합병원
④ 보건기관

★★★

7 현재 우리나라 근로기준법상에서 보건상 유해하거나 위험한 사업에 종사하지 못하도록 규정되어 있는 대상은?

① 임신 중인 여자와 18세 미만인 자
② 산후 1년 6개월이 지나지 아니한 여성
③ 여자와 18세 미만인 자
④ 13세 미만인 어린이

사용자는 임신 중이거나 산후 1년이 지나지 않은 여성과 18세 미만자를 도덕상 또는 보건상 유해·위험한 사업에 사용하지 못한다.

★★★★

8 공중보건학의 범위 중 보건 관리 분야에 속하지 않는 사업은?

① 보건 통계
② 사회보장제도
③ 보건 행정
④ 산업 보건

산업 보건은 환경보건 분야에 속한다.

★★★★

9 사회보장의 종류 중 공적부조에 해당하는 것을 모두 고르시오.

㉠ 국민연금	㉡ 고용보험
㉢ 산재보험	㉣ 의료급여
㉤ 건강보험	㉥ 최저생활보장

① ㉠, ㉡　　② ㉢, ㉣
③ ㉢, ㉤　　④ ㉣, ㉥

국민연금, 고용보험, 산재보험, 건강보험은 사회보장 중 사회보험에 해당한다.

chapter 04

정답 4③ 5① 6② 7① 8④ 9④

소독학 일반

[출제문항수 : 5~6문제] 이 섹션에서는 물리적 소독법과 화학적 소독법은 반드시 구분하며, 각 소독법별로 주요 특징은 반드시 암기하도록 합니다. 출제예상문제의 범위에서 크게 벗어나지 않을 예상이므로 기출문제에 충실하도록 합니다.

01 소독 일반

1 용어 정의

① 소독 : 병원성 미생물의 생활력을 파괴하여 죽이거나 또는 제거하여 감염력을 없애는 것

> **소독력 비교**
> 멸균>살균>소독>방부

② 멸균 : 병원성 또는 비병원성 미생물 및 포자를 가진 것을 전부 사멸 또는 제거(무균 상태)

③ 살균 : 생활력을 가지고 있는 미생물을 여러 가지 물리·화학적 작용에 의해 급속히 사멸

④ 방부 : 병원성 미생물의 발육과 그 작용을 제거하거나 정지시켜서 음식물의 부패나 발효를 방지

2 소독제 및 살균작용

(1) 소독제의 구비조건

① 생물학적 작용을 충분히 발휘할 수 있을 것
② 효과가 빠르고, 살균 소요시간이 짧을 것
③ 독성이 적으면서 사용자에게도 자극성이 없을 것
④ 원액 혹은 희석된 상태에서 화학적으로 안정할 것
⑤ 살균력이 강할 것
⑥ 용해성이 높을 것
⑦ 경제적이고 사용이 용이할 것
⑧ 부식성 및 표백성이 없을 것

(2) 살균작용의 작용기전(Action Mechanism)

구분	종류
산화작용	과산화수소, 오존, 염소 및 그 유도체, 과망간산칼륨
균체의 단백질 응고작용	석탄산, 크레졸, 승홍, 알코올, 포르말린, 생석회
균체의 효소 불활성화 작용	석탄산, 알코올, 역성비누, 중금속염
균체의 가수분해작용	강산, 강알칼리, 중금속염
탈수작용	알코올, 포르말린, 식염, 설탕
중금속염의 형성	승홍, 머큐로크롬, 질산은
핵산에 작용	자외선, 방사선, 포르말린, 에틸렌옥사이드
균체의 삼투성 변화작용	석탄산, 역성비누, 중금속염

3 소독에 영향을 미치는 인자

(1) 물리적 인자

① 열 : 건열과 습열
② 수분 : 건열에 비해 습열이 살균효과가 좋다.
③ 자외선 : 자외선의 살균효과는 자외선의 파장 또는 조사량과 관계가 있다.

(2) 화학적 인자

① 물 : 소독약은 먼저 물에 젖어있는 균체와 접촉하고 규막을 통하여 균체에 용해되어 들어가 단백질을 변성시킨다.
② 온도 : 소독약의 살균작용은 화학반응이므로 반응속도는 온도에 비례하며, 균체 내에 확산되어 침입하는 속도도 빨라진다. 따라서 살균력도 증가된다
③ 농도 : 농도가 높으면 소독력이 강하다.
④ 시간 : 물리적 소독법과 화학적 소독법 모두 일정 이상의 작용시간이 필요하다.

4 소독약 사용 및 보존 시 주의사항

① 약품을 냉암소에 보관한다.
② 소독대상물품에 적당한 소독약과 소독방법을 선정한다.
③ 병원미생물의 종류, 저항성 및 멸균, 소독의 목적에 의해서 그 방법과 시간을 고려한다.

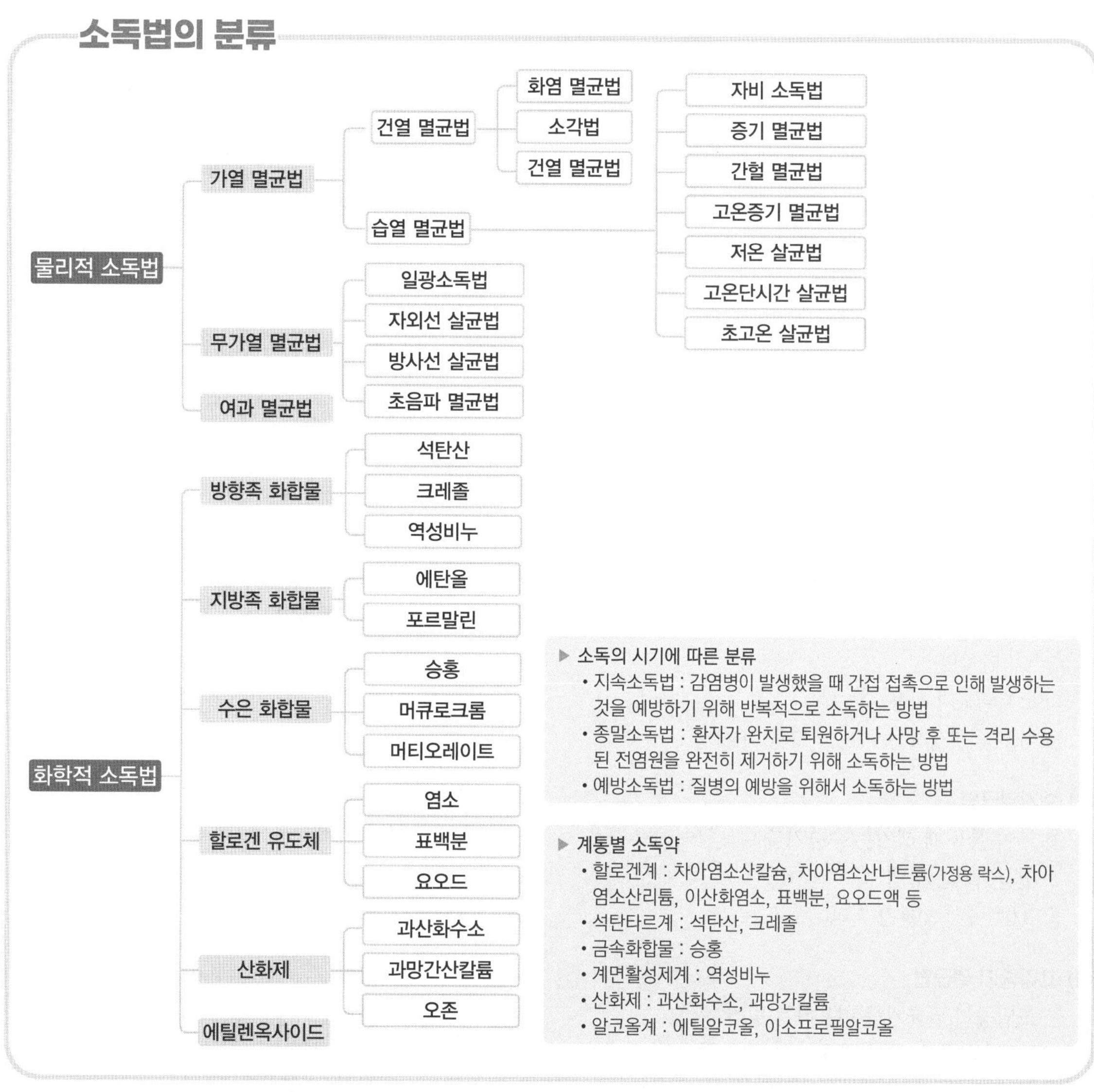

02 물리적 소독법

1 건열멸균법

(1) 화염멸균법

① 물체 표면의 미생물을 화염으로 직접 태워 멸균하는 방법
② 금속기구, 유리기구, 도자기 등의 멸균에 사용
③ 알코올 램프 또는 천연가스의 화염 사용

(2) 소각법

① 병원체를 불꽃으로 태우는 방법
② 감염병 환자의 배설물 등을 처리하는 가장 적합함.
③ 이·미용업소에서 손님으로부터 나온 객담이 묻은 휴지 등을 소독하는 방법

(3) 건열멸균법

① 건열멸균기(dry oven)에서 고온으로 멸균
② 165~170℃의 건열멸균기에 1~2시간 동안 멸균하는 방법
③ 유리기구, 금속기구, 자기제품, 주사기, 분말 등의 멸균에 이용
④ 습기가 침투하기 어려운 바세린, 글리세린 등의 멸균도 효과

2 습열멸균법

(1) 자비소독법(열탕)

① 100℃의 끓는 물속에서 20~30분간 가열하는 방법
② 물에 탄산나트륨 1~2%를 넣으면 살균력이 강해진다.
③ 유리제품, 소형기구, 스테인리스 용기, 도자기, 수건 등의 소독법으로 적합
④ 끝이 날카로운 금속기구 소독 시 날이 무뎌질 수 있으므로 거즈나 소독포에 싸서 소독
⑤ 금속제품은 물이 끓기 시작한 후, 유리제품은 찬물에 투입
⑥ 아포형성균, B형 간염 바이러스에는 부적합

(2) 간헐멸균법

① 100℃의 유통증기 속에서 30~60분간 멸균시킨 다음 20℃ 이상의 실온에서 24시간 방치하는 방법을 3회 반복한다.
② 코흐멸균기 사용
③ 아포를 형성하는 미생물 멸균 시 사용

(3) 증기멸균법

① 물이 끓을 때 생기는 수증기를 이용하여 병원균을 멸균시키는 방법
② 100℃에서 30분간 처리

(4) 고압증기 멸균법

① 고압증기 멸균기를 이용하는 방법
② 소독 방법 중 완전 멸균으로 가장 빠르고 효과적인 방법
③ 포자를 형성하는 세균을 멸균
④ 수증기가 통과하므로 용해되는 물질은 멸균할 수 없다.

> **열원으로 수증기를 사용하는 이유**
> - 일정 온도에서 쉽게 열을 방출하기 때문
> - 미세한 공간까지 침투성이 높기 때문
> - 열 발생에 소요되는 비용이 저렴하기 때문

⑤ 의료기구, 유리기구, 금속기구, 의류, 고무제품, 미용기구, 무균실 기구, 약액 등에 사용
⑥ 소독 시간

> - 10LBs(파운드) : 115℃에서 30분간
> - 15LBs(파운드) : 121℃에서 20분간
> - 20LBs(파운드) : 126℃에서 15분간

(5) 저온살균법

① 62~63℃에서 30분간 습도와 열을 가해 유해균(결핵균, 콜레라균, 연쇄상구균 등)을 사멸
② 우유 속의 결핵균 등의 오염 방지 목적
③ 파스퇴르가 발명

(6) 초고온살균법

① 130~150℃에서 0.75~2초간 가열 후 급랭
② 우유의 내열성 세균의 포자를 완전 사멸

3 여과멸균법

① 열이나 화학약품을 사용하지 않고 여과기를 이용하여 세균을 제거하는 방법
② 혈청이나 약제, 백신 등 열에 불안정한 액체의 멸균에 주로 이용되는 멸균법
③ Chamberland 여과기, Barkefeld 여과기, Seiz 여과기, 세균여과막 사용

4 무가열 멸균법

일광 소독법	• 태양광선 중의 자외선을 이용하는 방법 • 결핵균, 페스트균, 장티푸스균 등의 사멸에 사용
자외선 살균법	• 무균실, 실험실, 조리대 등의 표면적 멸균 효과를 얻기 위한 방법 • 자외선은 260~280nm에서 살균력이 가장 강함
방사선 살균법	• 코발트나 세슘 등의 감마선을 이용한 방법 • 포장 식품이나 약품의 멸균 등에 이용 • 단점 : 시설비가 비싸다.
초음파 멸균법	• 8,800cycle 음파의 강력한 교반작용을 이용한 미생물 살균 방법

03 화학적 소독법

1 석탄산(페놀)

(1) 특성

① 승홍수 1,000배의 살균력
② 조직에 독성이 있어서 인체에는 잘 사용되지 않고 소독제의 평가기준으로 사용
③ 고온일수록 소독력이 우수
④ 유기물에 약화되지 않고 취기와 독성이 강함

⑤ 안정성이 높고 화학적 변화가 적음
⑥ 금속 부식성이 있음
⑦ 단백질 응고작용으로 살균기능
⑧ 삼투압 변화 작용, 효소의 불활성화 작용
⑨ 소독의 원리 : 균체 원형질 중의 단백질 변성

(2) 용도

① 고무제품, 의류, 가구, 배설물 등의 소독에 적합
② 넓은 지역의 방역용 소독제로 적합
③ 세균포자나 바이러스에는 작용력이 없음

(3) 사용 방법

① 석탄산수(석탄산 3%, 물 97%의 수용액)에 10분 이상 담가둔다.
② 소독력 강화를 위해 식염이나 염산 첨가

> **석탄산 계수**
> - 5% 농도의 석탄산을 사용하여 장티푸스균에 대한 살균력과 비교하여 각종 소독제의 효능을 표시
> - 어떤 소독약의 석탄산 계수가 2.0이면 살균력이 석탄산의 2배를 의미
> - 석탄산 계수 = $\frac{\text{소독액의 희석배수}}{\text{석탄산의 희석배수}}$

2 크레졸

① 페놀화합물로 3%의 수용액을 주로 사용 (손 소독에는 1~2%)
② 석탄산에 비해 2배의 소독력을 가짐
③ 물에 잘 녹지 않음
④ 용도 : 손, 오물, 배설물 등의 소독 및 이·미용실의 실내소독용으로 사용

3 역성비누(양이온 계면활성제)

① 살균·소독작용이 우수하고 정전기 발생을 억제하는 특성이 있어 린스나 헤어트리트먼트제와 같은 두발용 화장품에 많이 사용한다.
② 용도 : 수지·기구·식기 및 손 소독

4 에탄올(에틸알코올)

① 70%의 에탄올이 살균력이 가장 강력
② 포자 형성 세균에는 살균효과가 없음
③ 탈수 및 응고작용에 의한 살균작용
④ 용도 : 칼, 가위, 유리제품 등의 소독

5 포르말린

① 포름알데히드 36% 수용액으로 약물소독제 중 유일한 가스 소독제
② 수증기를 동시에 혼합하여 사용
③ 온도가 높을수록 소독력이 강함
④ 용도 : 무균실, 병실, 거실 등의 소독 및 금속제품, 고무제품, 플라스틱 등의 소독에 적합

6 승홍(염화제2수은)

① 1,000배(0.1%)의 수용액을 사용
② 액 온도가 높을수록 살균력이 강함
③ 금속 부식성이 있어 금속류의 소독에는 적당하지 않음
④ 상처가 있는 피부에는 적합하지 않음
⑤ 유기물에 대한 완전한 소독이 어려움
⑥ 피부점막에 자극성이 강함
⑦ 염화칼륨 첨가 시 자극성 완화
⑧ 무색의 결정 또는 백색의 결정성 분말이므로 적색 또는 청색으로 착색하여 보관
⑨ 무색, 무취이며, 맹독성이 강하므로 보관에 주의
⑩ 조제법 – 승홍(1) : 식염(1) : 물(998)
⑪ 염화칼륨 또는 식염을 첨가하면 용액이 중성으로 변하여 자극성이 완화됨
⑫ 용도 : 손 및 피부 소독

7 염소

① 살균력은 강하며, 자극성과 부식성이 강하며, 소독력이 강함
② 상·하수의 소독에 주로 이용
③ 잔류효과가 크다.
- 음용수 소독에 사용 : 잔류염소 0.1~0.2ppm
- 과일, 채소, 기구 등에 사용 시 : 유효염소량 50~100ppm으로 2분 이상 소독

④ 세균 및 바이러스에도 작용
⑤ 저렴하다.
⑥ 자극적인 냄새가 난다.

8 과산화수소

① 3%의 과산화수소 수용액 사용
② 피부 상처 부위나 구내염, 인두염 및 구강세척제 등에 사용
③ 살균·탈취 및 표백에 효과

④ 일반 세균, 바이러스, 결핵균, 진균, 아포에 모두 효과

9 생석회

① 산화칼슘을 98% 이상 함유한 백색의 분말

② 용도 : 화장실 분변, 쓰레기통 소독, 하수도 주위의 소독

10 에틸렌옥사이드(Ethylene Oxide, EO)

① 50~60℃의 저온에서 멸균하는 방법

② 멸균시간이 비교적 길다.

③ 고압증기 멸균법에 비해 보존기간이 길다.

④ 비용이 비교적 많이 듦

⑤ 가열로 인해 변질되기 쉬운 것들을 대상으로 함

⑥ 일반세균은 물론 아포까지 불활성화 가능

⑦ 폭발 위험을 감소하기 위해 이산화탄소 또는 프레온을 혼합하여 사용

⑧ 용도 : 플라스틱 및 고무제품 등의 멸균에 이용

11 오존

① 반응성이 풍부하고 산화작용이 강하여 물의 살균에 이용

② 습도가 높은 공기보다 건조한 공기에서 안정적임

12 요오드 화합물

① 세균, 포자, 곰팡이, 원충류 및 조류 등과 같이 광범위한 미생물에 대해 살균력을 가짐

② 페놀에 비해 강한 살균력을 갖는 반면, 독성은 매우 적음

13 대상물에 따른 소독 방법

대상물	소독법
대소변, 배설물, 토사물	소각법, 석탄산, 크레졸, 생석회 분말
침구류, 모직물, 의류	석탄산, 크레졸, 일광소독, 증기소독, 자비소독
초자기구, 목죽제품, 자기류	석탄산, 크레졸, 승홍, 포르말린, 증기소독, 자비소독
모피, 칠기, 고무·피혁제품	석탄산, 크레졸, 포르말린
병실	석탄산, 크레졸, 포르말린
환자	석탄산, 크레졸, 승홍, 역성비누

04 이·미용기구의 소독 방법

① 타월 : 1회용을 사용하거나 소독 후 사용

② 가운 : 사용 후 세탁 및 일광 소독 후 사용

③ 가위

- 70% 에탄올 사용
- 고압증기 멸균기 사용 시에는 소독 전에 수건으로 이물질을 제거한 후 거즈에 싸서 소독

④ 브러시 : 미온수 세척 후 자외선 소독기로 소독

⑤ 스펀지, 퍼프 : 중성세제로 세척한 뒤 건조, 자외선 소독기로 소독

⑥ 유리제품 : 건열멸균기에 넣고 소독

⑦ 바닥에 떨어진 도구는 반드시 소독 후 사용

농도 표시 방법

❶ 퍼센트(%) : 용액 100g(ml) 속에 포함된 용질의 양을 표시한 수치

- % 농도 = $\frac{\text{용질량}}{\text{용액량}} \times 100(\%) = \frac{\text{원액}}{\text{물+원액}} \times 100(\%)$

❷ 피피엠(ppm) : 용액 100만g(ml) 속에 포함된 용질의 양을 표시한 수치

- ppm 농도 = $\frac{\text{용질량}}{\text{용액량}} \times 10^6(\text{ppm})$

- **용액** : 두 종류 이상의 물질이 섞여있는 혼합물
- **용질** : 용액 속에 용해되어 있는 물질

기출문제정리 | 섹션별 분류의 기본 출제유형 파악!

01 소독 일반

★★★

1 소독과 멸균에 관련된 용어의 설명 중 틀린 것은?

① 살균 : 생활력을 가지고 있는 미생물을 여러 가지 물리·화학적 작용에 의해 급속히 죽이는 것을 말한다.
② 방부 : 병원성 미생물의 발육과 그 작용을 제거하거나 정지시켜서 음식물의 부패나 발효를 방지하는 것을 말한다.
③ 소독 : 사람에게 유해한 미생물을 파괴시켜 감염의 위험성을 제거하는 비교적 강한 살균작용으로 세균의 포자까지 사멸하는 것을 말한다.
④ 멸균 : 병원성 또는 비병원성 미생물 및 포자를 가진 것을 전부 사멸 또는 제거하는 것을 말한다.

소독은 비교적 약한 살균력을 작용시켜 병원 미생물의 생활력을 파괴하여 감염의 위험성을 없애는 방법이다.

★★★

2 비교적 약한 살균력을 작용시켜 병원 미생물의 생활력을 파괴하여 감염의 위험성을 없애는 조작은?

① 소독 ② 고압증기멸균
③ 방부처리 ④ 냉각처리

비교적 약한 살균력으로 병원 미생물의 감염 위험을 없애는 것은 소독에 해당한다.

★★★

3 소독에 대한 설명으로 가장 옳은 것은?

① 감염의 위험성을 제거하는 비교적 약한 살균작용이다.
② 세균의 포자까지 사멸한다.
③ 아포형성균을 사멸한다.
④ 모든 균을 사멸한다.

소독은 병원성 또는 비병원성 미생물 및 포자까지 사멸하는 멸균보다 약한 살균작용이다.

★★★★★

4 소독의 정의로서 옳은 것은?

① 모든 미생물 일체를 사멸하는 것
② 모든 미생물을 열과 약품으로 완전히 죽이거나 또는 제거하는 것
③ 병원성 미생물의 생활력을 파괴하여 죽이거나 또는 제거하여 감염력을 없애는 것
④ 균을 적극적으로 죽이지 못하더라도 발육을 저지하고 목적하는 것을 변화시키지 않고 보존하는 것

병원성 또는 비병원성 미생물을 사멸하는 것은 멸균에 해당되며, 소독은 병원성 미생물을 죽이거나 제거하여 감염력을 없애는 것을 말한다.

★★★

5 병원성 또는 비병원성 미생물 및 아포를 가진 것을 전부 사멸 또는 제거하는 것을 무엇이라 하는가?

① 멸균(Sterilization)
② 소독(Disinfection)
③ 방부(Antiseptic)
④ 정균(Microbiostasis)

멸균은 병원성 또는 비병원성 미생물 및 포자를 가진 것을 전부 사멸 또는 제거하는 무균 상태를 의미한다.

★★★★

6 소독에 대한 설명으로 가장 적합한 것은?

① 병원 미생물의 성장을 억제하거나 파괴하여 감염의 위험성을 없애는 것이다.
② 소독은 무균상태를 말한다.
③ 소독은 병원 미생물의 발육과 그 작용을 제지 및 정지시키며 특히 부패 및 발효를 방지시키는 것이다.
④ 소독은 포자를 가진 것 전부를 사멸하는 것을 말한다.

②, ④는 멸균, ③은 방부에 대한 설명이다.

정답 1 1③ 2① 3① 4③ 5① 6①

chapter 04

★★★★★

7 미생물을 대상으로 한 작용이 강한 것부터 순서대로 옳게 배열된 것은?

① 멸균 > 소독 > 살균 > 청결 > 방부
② 멸균 > 살균 > 소독 > 방부 > 청결
③ 살균 > 멸균 > 소독 > 방부 > 청결
④ 소독 > 살균 > 멸균 > 청결 > 방부

★★★★★

8 소독약의 구비조건으로 **틀린** 것은?

① 값이 비싸고 위험성이 없다.
② 인체에 해가 없으며 취급이 간편하다.
③ 살균하고자 하는 대상물을 손상시키지 않는다.
④ 살균력이 강하다.

소독약은 값이 저렴해야 한다.

★★★

9 미생물의 발육과 그 작용을 제거하거나 정지시켜 음식물의 부패나 발효를 방지하는 것은?

① 방부 ② 소독
③ 살균 ④ 살충

- **소독** : 병원성 미생물의 생활력을 파괴하여 죽이거나 또는 제거하여 감염력을 없애는 것
- **살균** : 생활력을 가지고 있는 미생물을 여러 가지 물리·화학적 작용에 의해 급속히 죽이는 것

★★★★★

10 이상적인 소독제의 구비조건과 거리가 **먼 것**은?

① 생물학적 작용을 충분히 발휘할 수 있어야 한다.
② 빨리 효과를 내고 살균 소요시간이 짧을수록 좋다.
③ 독성이 적으면서 사용자에게도 자극성이 없어야 한다.
④ 원액 혹은 희석된 상태에서 화학적으로는 불안정된 것이라야 한다.

소독제는 화학적으로 안정된 것이어야 한다.

★★★★★

11 화학적 약제를 사용하여 소독 시 소독약품의 구비조건으로 옳지 **않는** 것은?

① 용해성이 낮아야 한다.
② 살균력이 강해야 한다.
③ 부식성, 표백성이 없어야 한다.
④ 경제적이고 사용방법이 간편해야 한다.

소독약품은 용해성이 높아야 한다.

★★★★★

12 화학적 소독제의 조건으로 잘못된 것은?

① 독성 및 안전성이 약할 것
② 살균력이 강할 것
③ 용해성이 높을 것
④ 가격이 저렴할 것

★★★

13 소독약의 보존에 대한 설명 중 **부적합**한 것은?

① 직사일광을 받지 않도록 한다.
② 냉암소에 둔다.
③ 사용하다 남은 소독약은 재사용을 위해 밀폐시켜 보관한다.
④ 식품과 혼돈하기 쉬운 용기나 장소에 보관하지 않도록 한다.

소독약은 시간이 지나면 변질의 우려가 있기 때문에 희석 즉시 사용하고 남은 소독약은 보관하지 않는다.

★★★★

14 소독약에 대한 설명 중 적합하지 **않은** 것은?

① 소독시간이 적당한 것
② 소독 대상물을 손상시키지 않는 소독약을 선택할 것
③ 인체에 무해하며 취급이 간편할 것
④ 소독약은 항상 청결하고 밝은 장소에 보관할 것

소독약은 밀폐시켜 햇빛이 들지 않는 냉암소에 보관해야 한다.

정답 7 ② 8 ① 9 ① 10 ④ 11 ① 12 ① 13 ③ 14 ④

★★★ □□□

15 소독법의 구비 조건에 **부적합**한 것은?

① 장시간에 걸쳐 소독의 효과가 서서히 나타나야 한다.
② 소독대상물에 손상을 입혀서는 안 된다.
③ 인체 및 가축에 해가 없어야 한다.
④ 방법이 간단하고 비용이 적게 들어야 한다.

소독은 즉시 효과를 낼 수 있어야 한다.

★★ □□□

16 소독에 영향을 미치는 인자가 **아닌** 것은?

① 온도　② 수분
③ 시간　④ 풍속

소독에 영향을 주는 인자 : 온도, 시간, 수분, 열, 농도, 자외선

★★★ □□□

17 살균작용 기전으로 산화작용을 주로 이용하는 소독제는?

① 오존　② 석탄산
③ 알코올　④ 머큐로크롬

산화작용 : 과산화수소, 오존, 염소 및 그 유도체, 과망간산칼륨

★★★★ □□□

18 알코올 소독의 미생물 세포에 대한 주된 작용기전은?

① 할로겐 복합물 형성
② 단백질 변성
③ 효소의 완전 파괴
④ 균체의 완전 융해

★★★ □□□

19 반응성이 풍부하고 산화작용이 강하여 수 년 동안 물의 소독에 사용되어 왔던 소독기제는 무엇인가?

① 과산화수소　② 오존
③ 메틸브로마이드　④ 에틸렌옥사이드

★★★★ □□□

20 석탄산, 알코올, 포르말린 등의 소독제가 가지는 소독의 주된 원리는?

① 균체 원형질 중의 탄수화물 변성
② 균체 원형질 중의 지방질 변성
③ 균체 원형질 중의 단백질 변성
④ 균체 원형질 중의 수분 변성

살균작용의 기전

구분	종류
산화작용	과산화수소, 오존, 염소 및 그 유도체, 과망간산칼륨
균체의 단백질 응고작용	석탄산, 크레졸, 승홍, 알코올, 포르말린, 생석회
균체의 효소 불활성화 작용	석탄산, 알코올, 역성비누, 중금속염
균체의 가수분해작용	강산, 강알칼리, 중금속염
탈수작용	알코올, 포르말린, 식염, 설탕
중금속염의 형성	승홍, 머큐로크롬, 질산은
핵산에 작용	자외선, 방사선, 포르말린, 에틸렌옥사이드
균체의 삼투성 변화작용	석탄산, 역성비누, 중금속염

★★★ □□□

21 석탄산의 소독작용과 관계가 가장 **먼 것**은?

① 균체 단백질 응고작용
② 균체 효소의 불활성화 작용
③ 균체의 삼투압 변화작용
④ 균체의 가수분해작용

균체의 가수분해작용 : 강산, 강알칼리, 중금속염

★★ □□□

22 각종 살균제와 그 기전을 연결하였다. **틀린** 항은?

① 과산화수소(H_2O_2) – 가수분해
② 생석회(CaO) – 균체 단백질 변성
③ 알코올(C_2H_5OH) – 대사저해 작용
④ 페놀(C_5H_5OH) – 단백질 응고

과산화수소 – 산화작용

정답 15 ① 16 ④ 17 ① 18 ② 19 ② 20 ③ 21 ④ 22 ①

chapter 04

★★★

23 세균의 단백질 변성과 응고작용에 의한 기전을 이용하여 살균하고자 할 때 주로 이용되는 방법은?

① 가열 ② 희석
③ 냉각 ④ 여과

단백질은 열을 가하거나 양이온 용액을 넣으면 응고되어 세균의 기능이 상실된다.

02 물리적 소독법

★★★

1 다음 중 물리적 소독법에 해당하는 것은?

① 승홍소독 ② 크레졸소독
③ 건열소독 ④ 석탄산소독

건열소독은 물체 표면의 미생물을 화염으로 직접 태워 살균하는 방법으로 물리적 소독법에 해당한다.

★★★★★

2 다음 중 물리적 소독법에 속하지 **않는** 것은?

① 건열멸균법 ② 고압증기멸균법
③ 크레졸 소독법 ④ 자비소독법

크레졸 소독법은 화학적 소독법에 속한다.

★★★★

3 물리적 소독법으로 사용하는 것이 **아닌** 것은?

① 알코올 ② 초음파
③ 일광 ④ 자외선

알코올은 화학적 소독법에 해당한다.

★★★★★

4 다음 중 화학적 소독법에 해당하는 것은?

① 알코올 소독법 ② 자비소독법
③ 고압증기멸균법 ④ 간헐멸균법

알코올 소독법은 화학적 소독법에 속한다.

★★★★

5 다음 중 건열멸균법이 **아닌** 것은?

① 화염멸균법 ② 자비소독법
③ 건열멸균법 ④ 소각소독법

자비소독법은 습열멸균법에 해당한다.

★★★★★

6 다음 중 화학적 소독법은?

① 건열 소독법 ② 여과세균 소독법
③ 포르말린 소독법 ④ 자외선 소독법

★★★

7 다음 중 화학적 소독 방법이 **아닌** 것은?

① 포르말린 ② 석탄산
③ 크레졸 비누액 ④ 고압증기

고압증기를 이용한 소독 방법은 물리적 소독 방법이다.

★★★★

8 물체의 겉 표면소독은 가능하지만, 침투성이 약한 물리적 소독법은?

① 증기소독법
② 간헐소독법
③ 일광소독법
④ 화염멸균법

일광소독법은 자외선의 작용으로 겉표면의 소독에는 모든 균에 대해 살균력이 강하나, 내부에는 미치지 못하는 단점이 있다.

★★★

9 다음 중 건열멸균에 관한 내용이 **아닌** 것은?

① 화학적 살균 방법이다.
② 주로 건열멸균기(dry oven)를 사용한다.
③ 유리기구, 주사침 등의 처리에 이용된다.
④ 160°C에서 1시간 30분 정도 처리한다.

건열멸균은 물리적 소독 방법이다.

정답 23 ① 2 1 ③ 2 ③ 3 ① 4 ① 5 ② 6 ③ 7 ④ 8 ③ 9 ①

★★★ □□□

10 병원에서 감염병 환자가 퇴원 시 실시하는 소독법은?

① 반복소독 ② 수시소독
③ 지속소독 ④ 종말소독

★★★ □□□

11 유리제품의 소독방법으로 가장 적합한 것은?

① 끓는 물에 넣고 10분간 가열한다.
② 건열멸균기에 넣고 소독한다.
③ 끓는 물에 넣고 5분간 가열한다.
④ 찬물에 넣고 75℃까지만 가열한다.

건열멸균법은 유리기구, 금속기구, 자기제품, 주사기, 분말 등의 멸균에 이용된다.

★★★ □□□

12 다음 중 습열멸균법에 속하는 것은?

① 자비소독법 ② 화염멸균법
③ 여과멸균법 ④ 소각소독법

습열멸균법 : 자비소독법, 증기멸균법, 간헐멸균법, 고압증기멸균법 등

★★★★ □□□

13 다음 중 이·미용업소에서 손님에게서 나온 객담이 묻은 휴지 등을 소독하는 방법으로 가장 적합한 것은?

① 소각소독법 ② 자비소독법
③ 고압증기멸균법 ④ 저온소독법

소각법 : 병원체를 불꽃으로 태우는 방법으로 결핵환자의 객담 처리 또는 감염병 환자의 배설물 등의 처리 방법으로 주로 사용된다.

★★★ □□□

14 금속성 식기, 면 종류의 의류, 도자기의 소독에 적합한 소독방법은?

① 화염멸균법 ② 건열멸균법
③ 소각소독법 ④ 자비소독법

★★★ □□□

15 자비소독법에 대한 설명 중 **틀린** 것은?

① 아포형성균에는 부적당하다.
② 물에 탄산나트륨 1~2%를 넣으면 살균력이 강해진다.
③ 금속기구 소독 시 날이 무뎌질 수 있다.
④ 물리적 소독법에서 가장 효과적이다.

소독 방법 중 완전 멸균으로 가장 빠르고 효과적인 방법은 고압증기 멸균법이다.

★★★ □□□

16 일반적으로 자비소독법으로 사멸**되지 않는 것**은?

① 아포형성균 ② 콜레라균
③ 임균 ④ 포도상구균

자비소독은 아포형성균, B형 간염바이러스에는 적합하지 않다.

★★★★★ □□□

17 이·미용업소에서 일반적 상황에서의 수건 소독법으로 **가장 적**합한 것은?

① 석탄산 소독 ② 크레졸 소독
③ 자비소독 ④ 적외선 소독

일반적으로 수건의 소독은 끓는 물을 이용한 자비소독법이 적합하다.

★★★★★ □□□

18 이·미용업소에서 사용하는 수건의 소독방법으로 **적합하지 않은** 것은?

① 건열소독 ② 자비소독
③ 역성비누소독 ④ 증기소독

건열소독은 유리기구, 금속기구, 자기제품 등에 사용되며, 수건의 소독방법으로는 적당하지 않다.

chapter 04

정답 10 ④ 11 ② 12 ① 13 ① 14 ④ 15 ④ 16 ① 17 ③ 18 ①

★★★

19 금속제품의 자비소독 시 살균력을 강하게 하고 금속의 녹을 방지하는 효과를 나타낼 수 있도록 첨가하는 약품은?

① 1~2%의 염화칼슘
② 1~2%의 탄산나트륨
③ 1~2%의 알코올
④ 1~2%의 승홍수

★★★

20 자비소독 시 살균력 상승과 금속의 상함을 방지하기 위해서 첨가하는 물질(약품)로 옳은 것은?

① 승홍수 ② 알코올
③ 염화칼슘 ④ 탄산나트륨

자비소독 시 살균력을 높이기 위해 탄산나트륨, 붕산, 크레졸액 등의 보조제를 사용한다.

★★★★

21 자비소독 시 살균력을 강하게 하고 금속기자재가 녹스는 것을 방지하기 위하여 첨가하는 물질이 **아닌** 것은?

① 2% 중조
② 2% 크레졸 비누액
③ 5% 승홍수
④ 5% 석탄산

승홍수는 강력한 살균력이 있어 기물(器物)의 살균이나 피부 소독에는 0.1% 용액, 매독성 질환에는 0.2% 용액을 쓰이나 금속제품 기구 소독에는 적합하지 않다.

★★★

22 자비소독 시 금속제품이 녹스는 것을 방지하기 위하여 첨가하는 물질이 **아닌** 것은?

① 2% 붕소
② 2% 탄산나트륨
③ 5% 알코올
④ 2~3% 크레졸 비누액

자비소독 시 보조제로서 탄산나트륨, 붕산, 크레졸액을 사용한다.

★★★

23 다음 중 자비소독에서 자비효과를 높이고자 일반적으로 사용하는 보조제가 **아닌** 것은?

① 탄산나트륨 ② 붕산
③ 크레졸액 ④ 포르말린

자비소독의 효과를 높이기 위해 탄산나트륨, 붕산, 크레졸액 등을 사용한다.

★★★

24 금속제품을 자비소독할 경우 언제 물에 넣는 것이 가장 좋은가?

① 가열 시작 전 ② 가열시작 직후
③ 끓기 시작한 후 ④ 수온이 미지근할 때

금속제품은 물이 끓기 시작한 후, 유리제품은 찬물에 투입한다.

★★★★

25 다음 중 열에 대한 저항력이 커서 자비소독법으로 사멸되지 **않는** 균은?

① 콜레라균
② 결핵균
③ 살모넬라균
④ B형 간염 바이러스

B형 간염 바이러스의 예방을 위해서는 고압증기 멸균법을 이용한 살균이 효과적이다.

★★★

26 100℃의 유통증기 속에서 30분 내지 60분간 멸균시킨 다음 20℃ 이상의 실온에서 24시간 방치하는 방법을 3회 반복하는 멸균법은?

① 열탕소독법
② 간헐멸균법
③ 건열멸균법
④ 고압증기멸균법

간헐멸균법은 100℃의 유통증기 속에서 30~60분간 멸균시킨 다음 20℃ 이상의 실온에서 24시간 방치하는 방법을 3회 반복하는 멸균법으로 아포를 형성하는 미생물의 멸균에 적합하다.

정답 19 ② 20 ④ 21 ③ 22 ③ 23 ④ 24 ③ 25 ④ 26 ②

★ □□□

27 자비소독의 방법으로 옳은 것은?

① 20분 이상 100℃의 끓는 물 속에 담그는 방법
② 100℃ 끓는 물에 승홍수(3%)를 첨가하여 소독하는 방법
③ 끓는 물에 10분 이상 담그는 방법
④ 10분 이하 120℃의 건조한 열에 접촉하는 방법

자비소독 : 100℃의 끓는 물속에서 20~30분간 가열

★★★ □□□

28 100℃ 이상 고온의 수증기를 고압상태에서 미생물, 포자 등과 접촉시켜 멸균할 수 있는 것은?

① 자외선 소독기 ② 건열 멸균기
③ 고압증기 멸균기 ④ 자비소독기

★★★

29 다음 중 아포를 형성하는 세균에 대한 가장 좋은 소독법은?

① 적외선 소독 ② 자외선 소독
③ 고압증기멸균 소독 ④ 알코올 소독

★★★ □□□

30 다음 소독 방법 중 완전 멸균으로 가장 빠르고 효과적인 방법은?

① 유통증기법 ② 간헐살균법
③ 고압증기법 ④ 건열 소독

고압증기법은 고압증기 멸균기를 이용하여 소독하는 방법으로 가장 빠르고 효과적인 소독 방법이며, 포자를 형성하는 세균을 멸균하는 데 적합하다.

★★★ □□□

31 고압증기 멸균법의 대상물로 가장 적당하지 않은 것은?

① 의료기구 ② 의류
③ 고무제품 ④ 음용수

고압증기 멸균법은 의료기구, 유리기구, 금속기구, 의류, 고무제품, 미용기구, 무균실 기구, 약액 등에 사용된다.

★★★ □□□

32 고압멸균기를 사용하여 소독하기에 가장 적합하지 않은 것은?

① 유리기구 ② 금속기구
③ 약액 ④ 가죽제품

★★★ □□□

33 고압증기 멸균기의 열원으로 수증기를 사용하는 이유가 아닌 것은?

① 일정 온도에서 쉽게 열을 방출하기 때문
② 미세한 공간까지 침투성이 높기 때문
③ 열 발생에 소요되는 비용이 저렴하기 때문
④ 바세린(vaseline)이나 분말 등도 쉽게 통과할 수 있기 때문

고압증기 멸균기의 수증기는 용해되는 물질은 멸균할 수 없다.

★★★ □□□

34 AIDS나 B형 간염 등과 같은 질환의 전파를 예방하기 위한 이·미용기구의 가장 좋은 소독방법은?

① 고압증기 멸균기 ② 자외선 소독기
③ 음이온계면활성제 ④ 알코올

고압증기 멸균기를 이용한 소독은 완전 멸균으로 가장 빠르고 효과적인 방법이다.

★★★ □□□

35 무균실에서 사용되는 기구의 가장 적합한 소독법은?

① 고압증기 멸균법 ② 자외선 소독법
③ 자비 소독법 ④ 소각 소독법

★★★ □□□

36 고압증기 멸균기의 소독대상물로 적합하지 않은 것은?

① 금속성 기구 ② 의류
③ 분말제품 ④ 약액

chapter 04

정답 27 ① 28 ③ 29 ③ 30 ③ 31 ④ 32 ④ 33 ④ 34 ① 35 ① 36 ③

★★★ □□□

37 고압증기 멸균법에 해당하는 것은?

① 멸균 물품에 잔류독성이 많다.
② 포자를 사멸시키는 데 멸균시간이 짧다.
③ 비경제적이다.
④ 많은 물품을 한꺼번에 처리할 수 없다.

① 멸균 물품에 잔류독성이 없다.
③ 고압증기 멸균법은 경제적인 소독 방법이다.
④ 많은 물품을 한꺼번에 처리할 수 있다.

★★★ □□□

38 고압증기 멸균법의 단점은?

① 멸균비용이 많이 든다.
② 많은 멸균 물품을 한꺼번에 처리할 수 없다.
③ 멸균물품에 잔류독성이 있다.
④ 수증기가 통과하므로 용해되는 물질은 멸균할 수 없다.

① 멸균비용이 적게 들어 경제적인 소독 방법이다.
② 많은 멸균 물품을 한꺼번에 처리할 수 있다.
③ 멸균물품에 잔류독성이 없다.

★★★ □□□

39 파스퇴르가 발명한 살균방법은?

① 저온살균법 ② 증기살균법
③ 여과살균법 ④ 자외선 살균법

저온살균법은 파스퇴르가 발명한 살균방법으로 62~63℃에서 30분간 소독을 실시하며, 우유 속의 결핵균 등의 오염 방지 목적으로 사용된다.

★★★ □□□

40 우유의 초고온 순간멸균법으로 140℃에서 가장 적절한 처리시간은?

① 1~3초 ② 30~60초
③ 1~3분 ④ 5~6분

초고온 순간멸균법은 130~150℃에서 0.75~2초간 가열 후 급랭하는 방법으로 우유의 내열성 세균의 포자를 완전 사멸하는 방법으로 사용된다.

★★★ □□□

41 일광소독법은 햇빛 중의 어떤 영역에 의해 소독이 가능한가?

① 적외선 ② 자외선
③ 가시광선 ④ 감마선

일광소독법은 태양광선 중의 자외선을 이용하는 방법으로 결핵균, 페스트균, 장티푸스균 등의 사멸에 사용된다.

★★★ □□□

42 자외선의 파장 중 가장 강한 범위는?

① 200~220nm ② 260~280nm
③ 300~320nm ④ 360~380nm

자외선의 파장 중 260~280nm에서 살균력이 가장 강하다.

★★★ □□□

43 자외선의 인체에 대한 작용으로 관계가 **없는** 것은?

① 비타민 D 형성 ② 멜라닌 색소 침착
③ 체온 상승 ④ 피부암 유발

★ □□□

44 코발트나 세슘 등을 이용한 방사선 멸균법의 **단점**에 해당하는 것은?

① 시설설비에 소요되는 비용이 비싸다.
② 투과력이 약해 포장된 물품에 소독효과가 없다.
③ 소독에 소요되는 시간이 길다.
④ 고온하에서 적용되기 때문에 열에 약한 기구소독이 어렵다.

방사선 멸균법
- 코발트나 세슘 등의 감마선을 이용한 방법
- 포장 식품이나 약품의 멸균 등에 이용
- 시설비가 비싼 단점이 있다.

정답 37 ② 38 ④ 39 ① 40 ① 41 ② 42 ② 43 ③ 44 ①

★★★

45 다음 중 일광소독법의 가장 큰 장점인 것은?

① 아포도 죽는다.
② 산화되지 않는다.
③ 소독효과가 크다.
④ 비용이 적게 든다.

일광소독법은 태양광선 중의 자외선을 이용하는 방법으로 결핵균, 페스트균, 장티푸스균 등의 사멸에 사용되며 소독효과가 큰 방법은 아니다. 비용이 적게 들면서 가장 간편하게 소독할 수 있는 방법이다.

★★★

46 결핵환자가 사용한 침구류 및 의류의 가장 간편한 소독 방법은?

① 일광 소독 ② 자비소독
③ 석탄산 소독 ④ 크레졸 소독

★★★

47 자외선 살균에 대한 설명으로 가장 적절한 것은?

① 투과력이 강해서 매우 효과적인 살균법이다.
② 직접 쪼여져 노출된 부위만 소독된다.
③ 짧은 시간에 충분히 소독된다.
④ 액체의 표면을 통과하지 못하고 반사한다.

자외선 살균은 효과적인 살균 방법은 아니며 표면적인 멸균 효과를 얻기 위한 방법이다.

★★★★

48 당이나 혈청과 같이 열에 의해 변성되거나 불안정한 액체의 멸균에 이용되는 소독법은?

① 저온살균법 ② 여과멸균법
③ 간헐멸균법 ④ 건열멸균법

여과멸균법은 열이나 화학약품을 사용하지 않고 여과기를 이용하여 세균을 제거하는 방법이다.

03 화학적 소독법

★★★

1 소독약을 사용하여 균 자체에 화학반응을 일으켜 세균의 생활력을 빼앗아 살균하는 것은?

① 물리적 멸균법 ② 건열 멸균법
③ 여과 멸균법 ④ 화학적 살균법

화학적 살균법은 화학적 반응을 이용하는 방법이며, 석탄산, 크레졸, 역성비누, 포르말린, 승홍 등이 주로 사용된다.

★★★

2 화학적 소독법에 가장 많은 영향을 주는 것은?

① 순수성 ② 융점
③ 빙점 ④ 농도

일반적으로 소독제의 농도가 높을수록 소독제의 효과도 높아진다.

★★★

3 소독제로서 석탄산에 관한 설명이 **틀린** 것은?

① 유기물에도 소독력은 약화되지 않는다.
② 고온일수록 소독력이 커진다.
③ 금속 부식성이 없다.
④ 세균단백에 대한 살균작용이 있다.

석탄산은 금속 부식성이 있다.

★★★

4 소독약으로서의 석탄산에 관한 내용 중 **틀린** 것은?

① 사용농도는 3% 수용액을 주로 쓴다.
② 고무제품, 의류, 가구, 배설물 등의 소독에 적합하다.
③ 단백질 응고작용으로 살균기능을 가진다.
④ 세균포자나 바이러스에 효과적이다.

석탄산은 3% 농도의 석탄산에 97%의 물을 혼합하여 사용하는데, 고무제품, 의류, 가구, 배설물 등의 소독에 적합하며, 세균포자나 바이러스에는 작용력이 없다.

정답 45 ④ 46 ① 47 ② 48 ② 3 1 ④ 2 ④ 3 ③ 4 ④

★★★ □□□

5 다음 중 방역용 석탄산수의 알맞은 사용 농도는?

① 1% ② 3%
③ 5% ④ 70%

석탄산수는 3% 농도의 석탄산에 97%의 물을 혼합하여 사용한다.

★★★★ □□□

6 소독제의 살균력을 비교할 때 기준이 되는 소독약은?

① 요오드 ② 승홍
③ 석탄산 ④ 알코올

★★★ □□□

7 소독제의 살균력 측정검사의 지표로 사용되는 것은?

① 알코올 ② 크레졸
③ 석탄산 ④ 포르말린

★★★★ □□□

8 다음 중 넓은 지역의 방역용 소독제로 적당한 것은?

① 석탄산 ② 알코올
③ 과산화수소 ④ 역성비누액

석탄산의 용도
- 고무제품, 의류, 가구, 배설물 등의 소독에 적합
- 넓은 지역의 방역용 소독제로 적합

★★★ □□□

9 다음 소독약 중 할로겐계의 것이 **아닌** 것은?

① 표백분
② 석탄산
③ 차아염소산나트륨
④ 요오드

석탄산은 방향족 화합물이다. 할로겐계 소독약에는 염소, 표백분, 요오드 등이 있다.

★★★ □□□

10 석탄산 계수가 2인 소독약 A를 석탄산 계수 4인 소독약 B와 같은 효과를 내려면 그 농도를 어떻게 조정하면 되는가? (단, A, B의 용도는 같다)

① A를 B보다 2배 묽게 조정한다.
② A를 B보다 4배 묽게 조정한다.
③ A를 B보다 2배 짙게 조정한다.
④ A를 B보다 4배 짙게 조정한다.

소독약 A는 석탄산보다 살균력이 2배 높고, 소독약 B는 석탄산보다 4배 높으므로 소독약 A를 B보다 2배 짙게 조정해야 한다.

★★★ □□□

11 다음 중 석탄산 소독의 장점은?

① 안정성이 높고 화학변화가 적다.
② 바이러스에 대한 효과가 크다.
③ 피부 및 점막에 자극이 없다.
④ 살균력이 크레졸 비누액보다 높다.

② 세균포자나 바이러스에는 작용력이 없다.
③ 조직에 독성이 있어 인체에 잘 사용하지 않는다.
④ 크레졸 비누액은 석탄산에 비해 2배의 소독력을 가진다.

★★★ □□□

12 다음 중 석탄산의 설명으로 가장 거리가 **먼** 것은?

① 저온일수록 소독효과가 크다.
② 살균력이 안정하다.
③ 유기물에 약화되지 않는다.
④ 취기와 독성이 강하다.

석탄산은 고온일수록 소독효과가 크다.

★★★ □□□

13 석탄산 계수(페놀 계수)가 5일 때 의미하는 살균력은?

① 페놀보다 5배 높다. ② 페놀보다 5배 낮다.
③ 페놀보다 50배 높다. ④ 페놀보다 50배 낮다.

석탄산 계수가 5라는 의미는 살균력이 석탄산의 5배라는 의미이다.

정답 5 ② 6 ③ 7 ③ 8 ① 9 ② 10 ③ 11 ① 12 ① 13 ①

★★★★ □□□

14 어떤 소독약의 석탄산 계수가 2.0이라는 것은 무엇을 의미하는가?

① 석탄산의 살균력이 2이다.
② 살균력이 석탄산의 2배이다.
③ 살균력이 석탄산의 2%이다.
④ 살균력이 석탄산의 120%이다.

★★★ □□□

15 석탄산의 희석배수 90배를 기준으로 할 때 어떤 소독약의 석탄산 계수가 4이었다면 이 소독약의 희석배수는?

① 90배 ② 94배
③ 360배 ④ 400배

어떤 소독약의 석탄산 계수가 4라면 살균력이 석탄산의 4배라는 의미이므로 90배의 4배는 360배이다.

★★★ □□□

16 석탄산 90배 희석액과 어느 소독제 135배 희석액이 같은 살균력을 나타낸다면 이 소독제의 석탄산계수는?

① 1.5 ② 1.0
③ 0.5 ④ 2.0

석탄산계수 = $\frac{135}{90}$ = 1.5

★★★★ □□□

17 이·미용실 바닥 소독용으로 가장 알맞은 소독약품은?

① 알코올 ② 크레졸
③ 생석회 ④ 승홍수

크레졸은 손, 오물, 배설물 등의 소독 및 이·미용실의 실내소독용으로 사용된다.

★★★ □□□

18 다음 중 크레졸의 설명으로 **틀린** 것은?

① 3%의 수용액을 주로 사용한다.
② 석탄산에 비해 2배의 소독력이 있다.
③ 손, 오물 등의 소독에 사용된다.
④ 물에 잘 녹는다.

크레졸은 물에 잘 녹지 않는다.

★★★★ □□□

19 3%의 크레졸 비누액 900ml를 만드는 방법으로 옳은 것은?

① 크레졸 원액 270ml에 물 630ml를 가한다.
② 크레졸 원액 27ml에 물 873ml를 가한다.
③ 크레졸 원액 300ml에 물 600ml를 가한다.
④ 크레졸 원액 200ml에 물 700ml를 가한다.

- 크레졸 원액 = 900 mL의 3% = 900×0.03 = 27mL
- 물 = 900 mL − 27 mL = 873mL

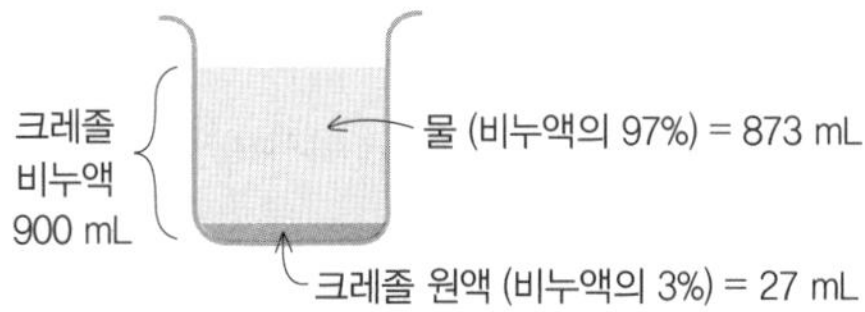

★★★ □□□

20 객담 등의 배설물 소독을 위한 크레졸 비누액의 가장 적합한 농도는?

① 0.1% ② 1%
③ 3% ④ 10%

크레졸은 페놀화합물로 3%의 수용액을 주로 사용하며, 손 소독에는 1~2%의 수용액을 사용한다.

★★★ □□□

21 다음 중 배설물의 소독에 가장 적당한 것은?

① 크레졸 ② 오존
③ 염소 ④ 승홍

크레졸은 손, 오물, 배설물 등의 소독 및 이·미용실의 실내소독용으로 사용된다.

정답 14 ② 15 ③ 16 ① 17 ② 18 ④ 19 ② 20 ③ 21 ①

chapter 04

★★★

22 다음 소독제 중에서 페놀화합물에 속하는 것은?

① 포르말린
② 포름알데히드
③ 이소프로판올
④ 크레졸

★★★

23 역성비누액에 대한 설명으로 **틀린** 것은?

① 냄새가 거의 없고 자극이 적다.
② 소독력과 함께 세정력이 강하다.
③ 수지·기구·식기소독에 적당하다.
④ 물에 잘 녹고 흔들면 거품이 난다.

역성비누는 소독력은 강하지만 세정력은 약하다.

★★★★

24 이·미용업 종사자가 손을 씻을 때 많이 사용하는 소독약은?

① 크레졸 수　② 페놀 수
③ 과산화수소　④ 역성비누

역성비누는 수지·기구·식기 및 손 소독에 주로 사용된다.

★★★

25 다음 중 소독 실시에 있어 수증기를 동시에 혼합하여 사용할 수 있는 것은?

① 승홍수 소독
② 포르말린수 소독
③ 석회수 소독
④ 석탄산수 소독

★★★★

26 일반적으로 사용하는 소독제로서 에탄올의 적정 농도는?

① 30%　② 50%
③ 70%　④ 90%

70%의 에탄올이 살균력이 가장 강력하다.

★★

27 다음 소독약 중 가장 독성이 낮은 것은?

① 석탄산　② 승홍수
③ 에틸알코올　④ 포르말린

에틸알코올은 독성이 약하며 칼, 가위, 유리제품 등에 사용된다.

★★★

28 비교적 가격이 저렴하고 살균력이 있으며 쉽게 증발되어 잔여량이 **없는** 살균제는?

① 알코올　② 요오드
③ 크레졸　④ 페놀

알코올은 탈수 및 응고작용에 의한 살균작용을 하며 쉽게 증발되는 성질이 있다.

★★★

29 다음 중 에탄올에 의한 소독 대상물로서 가장 적합한 것은?

① 유리 제품　② 셀룰로이드 제품
③ 고무 제품　④ 플라스틱 제품

에탄올은 칼, 가위, 유리제품 등의 소독에 사용된다.

★★★

30 가정용 락스를 이용한 소독법의 적용에 적절하지 **않은** 것은?

① 금속가위　② 유리그릇
③ 타올　④ 플라스틱 빗

가정용 락스는 산화력이 강해 금속을 부식시킨다.

★★★

31 포르말린 소독법 중 올바른 설명은?

① 온도가 낮을수록 소독력이 강하다.
② 온도가 높을수록 소독력이 강하다.
③ 온도가 높고 낮음에 관계없다.
④ 포르말린은 가스상으로는 작용하지 않는다.

포르말린은 가스 소독제로서 온도가 높을수록 소독력이 강하다.

정답 22 ④　23 ②　24 ④　25 ②　26 ③　27 ③　28 ①　29 ①　30 ①　31 ②

★★★

32 다음 중 포르말린수 소독에 가장 적합하지 **않은** 것은?

① 고무제품
② 배설물
③ 금속제품
④ 플라스틱

포르말린은 무균실, 병실, 거실 등의 소독 및 금속제품, 고무제품, 플라스틱 등의 소독에 적합하다. 배설물 소독은 크레졸이나 생석회가 적합하다.

★★

33 훈증소독법으로도 사용할 수 있는 약품인 것은?

① 포르말린
② 과산화수소
③ 염산
④ 나프탈렌

★

34 훈증소독법에 대한 설명 중 **틀린** 것은?

① 분말이나 모래, 부식되기 쉬운 재질 등을 멸균할 수 있다.
② 가스(gas)나 증기(fume)를 사용한다.
③ 화학적 소독방법이다.
④ 위생해충 구제에 많이 이용된다.

훈증소독법은 식품에 살균가스를 뿌려 미생물과 해충을 죽이는 방법으로 과일을 오래 보관하기 위해 주로 사용한다.

★★★★

35 승홍에 관한 설명으로 **틀린** 것은?

① 액 온도가 높을수록 살균력이 강하다.
② 금속 부식성이 있다.
③ 0.1% 수용액을 사용한다.
④ 상처 소독에 적당한 소독약이다.

상처 소독에는 주로 과산화수소가 사용된다.

★★★

36 다음 중 소독약품과 적정 사용농도의 연결이 가장 거리가 **먼** 것은?

① 승홍수 - 1%
② 알코올 - 70%
③ 석탄산 - 3%
④ 크레졸 - 3%

승홍수는 0.1% 농도의 수용액을 사용한다.

★★★

37 승홍을 희석하여 소독에 사용하고자 한다. 경제적 희석 배율은?(단, 아포살균 제외)

① 500배
② 1,000배
③ 1,500배
④ 2,000배

★★★

38 다음 소독제 중 상처가 있는 피부에 가장 적합하지 **않은** 것은?

① 승홍수
② 과산화수소
③ 포비돈
④ 아크리놀

승홍수는 손 및 피부 소독에 사용되는데 상처에는 적합하지 않다.

★★★

39 다음 중 금속제품 기구소독에 가장 적합하지 **않은** 것은?

① 알코올
② 역성비누
③ 승홍수
④ 크레졸수

승홍수는 금속 부식성이 있어 금속류의 소독에는 적당하지 않다.

★★★

40 승홍수의 설명으로 **틀린** 것은?

① 금속을 부식시키는 성질이 있다.
② 피부소독에는 0.1%의 수용액을 사용한다.
③ 염화칼륨을 첨가하면 자극성이 완화된다.
④ 살균력이 일반적으로 약한 편이다.

승홍수는 강력한 살균력이 있다.

정답 32 ② 33 ① 34 ① 35 ④ 36 ① 37 ② 38 ① 39 ③ 40 ④

★★★

41 소독제로서 승홍수의 장점인 것은?

① 금속의 부식성이 강하다.
② 냄새가 없다.
③ 유기물에 대한 완전한 소독이 어렵다.
④ 피부점막에 자극성이 강하다.

①, ③, ④는 승홍수의 단점에 해당한다.

★★★

42 다음 중 음료수 소독에 사용되는 소독 방법과 가장 거리가 먼 것은?

① 염소소독
② 표백분 소독
③ 자비소독
④ 승홍액 소독

승홍수는 손 및 피부 소독에 주로 사용되며, 음료수 소독에는 적합하지 않다.

★

43 승홍에 소금을 섞었을 때 일어나는 현상은?

① 용액이 중성으로 되고 자극성이 완화된다.
② 용액의 기능을 2배 이상 증대시킨다.
③ 세균의 독성을 중화시킨다.
④ 소독대상물의 손상을 막는다.

승홍에 염화칼륨 또는 식염을 첨가하면 용액이 중성으로 변하여 자극이 완화된다.

★★★

44 살균력은 강하지만 자극성과 부식성이 강해서 상수 또는 하수의 소독에 주로 이용되는 것은?

① 알코올 ② 질산은
③ 승홍 ④ 염소

염소는 상·하수의 소독에 주로 이용된다.

★★★★

45 음용수 소독에 사용할 수 있는 소독제는?

① 요오드 ② 페놀
③ 염소 ④ 승홍수

★★★

46 보통 상처의 표면에 소독하는 데 이용하며 발생기 산소가 강력한 산화력으로 미생물을 살균하는 소독제는?

① 석탄산 ② 과산화수소수
③ 크레졸 ④ 에탄올

과산화수소의 소독 효과
- 피부 상처 부위나 구내염, 인두염 및 구강세척제 등에 사용
- 살균·탈취 및 표백에 효과
- 일반세균, 바이러스, 결핵균, 진균, 아포에 모두 효과

★★★

47 3% 수용액으로 사용하며, 자극성이 적어서 구내염, 인두염, 입안세척, 상처 등에 사용되는 소독약은?

① 승홍수 ② 과산화수소
③ 석탄산 ④ 알코올

★★★

48 다음 소독제 중 피부 상처 부위나 구내염 소독 시에 가장 적당한 것은?

① 과산화수소 ② 크레졸수
③ 승홍수 ④ 메틸알코올

★★★

49 피부 자극이 적어 상처 표면의 소독에 가장 적당한 것은?

① 10% 포르말린 ② 3% 과산화수소
③ 15% 염소화합물 ④ 3% 석탄산

과산화수소(3%)는 피부 상처 부위나 구내염, 인두염 및 구강세척제 등에 사용된다.

정답 41 ② 42 ④ 43 ① 44 ④ 45 ③ 46 ② 47 ② 48 ① 49 ②

★★★

50 살균 및 탈취뿐만 아니라 특히 표백의 효과가 있어 두발 탈색제와도 관계가 있는 소독제는?

① 알코올 ② 석탄수
③ 크레졸 ④ 과산화수소

★★★★

51 살균력과 침투성은 약하지만 자극이 없고 발포작용에 의해 구강이나 상처 소독에 주로 사용되는 소독제는?

① 페놀 ② 염소
③ 과산화수소수 ④ 알코올

★★★

52 에틸렌 옥사이드가스(Ethylene Oxide : E.O) 멸균법에 대한 설명 중 **틀린** 것은?

① 고압증기 멸균법에 비해 장기보존이 가능하다.
② 50~60℃의 저온에서 멸균된다.
③ 경제성이 고압증기 멸균법에 비해 저렴하다.
④ 가열에 변질되기 쉬운 것들이 멸균대상이 된다.

에틸렌 옥사이드는 비용이 비교적 많이 든다.

★★★

53 구내염, 입안 세척 및 상처 소독에 발포작용으로 소독이 가능한 것은?

① 알코올 ② 과산화수소
③ 승홍수 ④ 크레졸 비누액

★★★

54 생석회 분말소독의 가장 적절한 소독 대상물은?

① 감염병 환자실 ② 화장실 분변
③ 채소류 ④ 상처

생석회는 산화칼슘을 98% 이상 함유한 백색의 분말로 화장실 분변, 하수도 주위, 쓰레기통 등의 소독에 주로 사용된다.

★★

55 에틸렌 옥사이드(Ethylene Oxide) 가스의 설명으로 적합하지 **않은** 것은?

① 50~60℃의 저온에서 멸균된다.
② 멸균 후 보존기간이 길다.
③ 비용이 비교적 비싸다.
④ 멸균 완료 후 즉시 사용 가능하다.

에틸렌 옥사이드 가스는 독성가스이므로 소독 후, 허용치 이하로 떨어질 때까지 장시간 공기에 노출시킨 후 사용해야 한다.

★

56 E.O 가스의 폭발 위험성을 감소시키기 위하여 흔히 혼합하여 사용하게 되는 물질은?

① 질소 ② 산소
③ 아르곤 ④ 이산화탄소

E.O 가스는 폭발 위험성을 감소시키기 위해 이산화탄소 또는 프레온을 혼합하여 사용한다.

★★★

57 E.O(Ethylene Oxide) 가스 소독의 장점으로 옳은 것은?

① 소독에 드는 비용이 싸다.
② 일반 세균은 물론 아포까지 불활성화시킬 수 있다.
③ 소독 절차 및 방법이 쉽고 간단하다.
④ 소독 후 즉시 사용이 가능하다.

EO 가스 소독은 비용이 비교적 많이 들고, 소독 절차 및 방법이 복잡하며, 소독 후 잔여 가스가 완전히 제거된 후 사용해야 하는 단점이 있다.

★★★

58 고무장갑이나 플라스틱의 소독에 가장 적합한 것은?

① E.O 가스 살균법 ② 고압증기 멸균법
③ 자비 소독법 ④ 오존 멸균법

E.O 가스 살균법은 50~60℃의 저온에서 멸균하는 방법으로 가열로 인해 변질되기 쉬운 플라스틱 및 고무제품 등의 멸균에 이용되며, 일반세균은 물론 아포까지 불활성화시킬 수 있는 방법이다.

chapter 04

정답 50 ④ 51 ③ 52 ③ 53 ② 54 ② 55 ④ 56 ④ 57 ② 58 ①

★★★

59 플라스틱. 전자기기, 열에 불안정한 제품들을 소독하기에 가장 효과적인 방법은?

① 열탕소독
② 건열소독
③ 가스소독
④ 고압증기 소독

★★★

60 오존(O_3)을 살균제로 이용하기에 가장 적절한 대상은?

① 밀폐된 실내 공간 ② 물
③ 금속기구 ④ 도자기

오존은 반응성이 풍부하고 산화작용이 강하여 물의 살균에 이용된다.

★★

61 다음 중 섭씨 100도에서도 살균되지 **않는** 균은?

① 결핵균
② 장티푸스균
③ 대장균
④ 아포형성균

섭씨 100도에서는 일반 균은 살균할 수 있지만, 아포형성균이나 B형 간염 바이러스 살균에는 부적합하다.

★★★

62 다음 내용 중 **틀린** 것은?

① 식기 소독에는 크레졸수가 적당하다.
② 승홍은 객담이 묻은 도구나 기구류 소독에는 사용할 수 없다.
③ 역성비누는 세정력은 강하지만 살균작용은 하지 못한다.
④ 역성비누는 보통비누와 병용해서는 안 된다.

역성비누는 세정력은 거의 없으나 살균작용이 강하다.

★★★

63 살균력이 좋고 자극성이 적어서 상처소독에 많이 사용되는 것은?

① 승홍수 ② 과산화수소
③ 포르말린 ④ 석탄산

★★★★

64 다음 중 소독방법과 소독대상이 바르게 연결된 것은?

① 화염멸균법 - 의류나 타월
② 자비소독법 - 아마인유
③ 고압증기멸균법 - 예리한 칼날
④ 건열멸균법 - 바세린 및 파우더

① 화염멸균법 – 금속기구, 유리기구, 도자기 등
② 자비소독법 – 수건, 소형기구, 용기 등
③ 고압증기멸균법 – 의료기구, 의류, 고무제품, 미용기구, 무균실 기구 등

04 미용기구의 소독 방법

★★★★

1 이·미용업소에서 B형 간염의 전염을 방지하려면 어느 기구를 가장 철저히 소독하여야 하는가?

① 수건 ② 머리빗
③ 면도칼 ④ 클리퍼(전동형)

B형 간염은 이·미용업소에서 사용하는 면도칼이나 손톱깎기 등 상처가 날 수 있는 기구에서 감염 위험이 크다.

★★★★

2 이·미용업소에서 종업원이 손을 소독할 때 가장 보편적이고 적당한 것은?

① 승홍수 ② 과산화수소
③ 역성비누 ④ 석탄수

역성비누는 손 소독 및 수지·기구·식기 세척에 주로 사용된다.

정답 59 ③ 60 ② 61 ④ 62 ③ 63 ② 64 ④ 4 1 ③ 2 ③

★★★★

3 이·미용실의 기구(가위, 레이저) 소독으로 가장 적당한 약품은?

① 70~80%의 알코올
② 100~200배 희석 역성비누
③ 5% 크레졸 비누액
④ 50%의 페놀액

에탄올은 칼, 가위, 유리제품 등의 소독에 사용되며 약 70%의 에탄올이 살균력이 가장 강력하다.

★★★★

4 미용용품이나 기구 등을 일차적으로 청결하게 세척하는 것은 다음의 소독방법 중 어디에 해당되는가?

① 희석 ② 방부
③ 정균 ④ 여과

★★★★

5 이·미용실에 사용하는 타월류는 다음 중 어떤 소독법이 가장 좋은가?

① 포르말린 소독
② 석탄산 소독
③ 건열소독
④ 증기 또는 자비소독

★★★★

6 다음 중 플라스틱 브러시의 소독방법으로 가장 알맞은 것은?

① 0.5%의 역성비누에 1분 정도 담근 후 물로 씻는다.
② 100℃의 끓는 물에 20분 정도 자비소독을 행한다.
③ 세척 후 자외선 소독기를 사용한다.
④ 고압증기 멸균기를 이용한다.

플라스틱 브러시의 경우 세척 후 자외선 소독기를 사용해서 소독하는 것이 가장 좋다.

★★★

7 유리제품의 소독방법으로 가장 적당한 것은?

① 끓는 물에 넣고 10분간 가열한다.
② 건열멸균기에 넣고 소독한다.
③ 끓는 물에 넣고 5분간 가열한다.
④ 찬물에 넣고 75℃까지만 가열한다.

건열멸균법은 유리기구, 금속기구, 자기제품, 주사기, 분말 등의 멸균에 이용된다.

★★★

8 레이저(Razor) 사용 시 헤어살롱에서 교차 감염을 예방하기 위해 주의할 점이 아닌 것은?

① 매 고객마다 새로 소독된 면도날을 사용해야 한다.
② 면도날을 매번 고객마다 갈아 끼우기 어렵지만, 하루에 한 번은 반드시 새것으로 교체해야만 한다.
③ 레이저 날이 한 몸체로 분리가 안 되는 경우 70% 알코올을 적신 솜으로 반드시 소독 후 사용한다.
④ 면도날을 재사용해서는 안 된다.

면도날을 재사용할 경우 감염의 우려가 있으므로 반드시 매 고객마다 갈아 끼우도록 한다.

★★

9 소독액을 표시할 때 사용하는 단위로 용액 100ml 속에 용질의 함량을 표시하는 수치는?

① 푼 ② 퍼센트
③ 퍼밀리 ④ 피피엠

퍼센트는 용액 100ml 속에 용질 함량을 표시하는 수치로 $\frac{\text{용질량}}{\text{용액량}} \times 100$의 식으로 구한다.

chapter 04

정답 3① 4① 5④ 6③ 7② 8② 9②

★★★ □□□

10 소독액의 농도표시법에 있어서 소독액 1,000,000 mL 중에 포함되어 있는 소독약의 양을 나타내는 단위는?

① 밀리그램(mg) ② 피피엠(ppm)
③ 퍼밀리(0/00) ④ 퍼센트(%)

피피엠은 용액 100만g(mL) 속에 포함된 용질의 양을 표시한 수치로 $\frac{용질량}{용액량} \times 10^6$의 식으로 구한다.

★★★ □□□

11 다음 중 일회용 면도기를 사용함으로써 예방 가능한 질병은?(단, 정상적인 사용의 경우를 말한다)

① 옴(개선)병 ② 일본뇌염
③ B형 간염 ④ 무좀

B형 간염은 바이러스에 감염된 혈액 등의 체액, 성적 접촉, 수혈, 오염된 주사기 등의 재사용 등을 통해 감염된다.

★★★★ □□□

12 이·미용업소에서 소독하지 않은 면체용 면도기로 주로 전염될 수 있는 질병에 해당되는 것은?

① 파상풍 ② B형 간염
③ 트라코마 ④ 결핵

★★★ □□□

13 다음 중 중량 백만분율을 표시하는 단위는?

① ppm ② ppt
③ ppb ④ ‰

ppm은 Parts Per Million의 약자로 백만분율을 표시하는 단위로 쓰인다.

★★★ □□□

14 소독약이 고체인 경우 1% 수용액이란?

① 소독약 0.1g을 물 100ml에 녹인 것
② 소독약 1g을 물 100ml에 녹인 것
③ 소독약 10g을 물 100ml에 녹인 것
④ 소독약 10g을 물 990ml에 녹인 것

★★★ □□□

15 무수알코올(100%)을 사용해서 70%의 알코올 1,800 mL를 만드는 방법으로 옳은 것은?

① 무수알코올 700mL에 물 1,100mL를 가한다.
② 무수알코올 70mL에 물 1,730mL를 가한다.
③ 무수알코올 1,260mL에 물 540mL를 가한다.
④ 무수알코올 126mL에 물 1,674mL를 가한다.

1,800mL의 70%는 1,260mL이므로 무수알코올 1,260mL에 물 540mL를 첨가해서 만든다.
무수알코올 : 1,800×0.7 = 1,260
물 : 1,800 − 1,260 = 540

★★★★ □□□

16 소독약 10mL를 용액(물) 40mL에 혼합시키면 몇 % 의 수용액이 되는가?

① 2% ② 10%
③ 20% ④ 50%

$농도(\%) = \frac{용질량}{용액량} \times 100(\%) = \frac{10}{10+40} \times 100 = 20\%$

★★★ □□□

17 용질 6g이 용액 300mL에 녹아 있을 때 이 용액은 몇 % 용액인가?

① 500% ② 50%
③ 20% ④ 2%

$농도(\%) = \frac{용질량}{용액량} \times 100(\%) = \frac{6}{300} \times 100 = 2\%$

★★★ □□□

18 순도 100% 소독약 원액 2mL에 증류수 98mL를 혼합하여 100mL의 소독약을 만들었다면 이 소독약의 농도는?

① 2% ② 3%
③ 5% ④ 98%

$농도(\%) = \frac{용질량}{용액량} \times 100(\%) = \frac{2}{2+98} \times 100 = 2\%$

정답 10 ② 11 ③ 12 ② 13 ① 14 ② 15 ③ 16 ③ 17 ④ 18 ①

★★★

19 3% 소독액 1,000mL를 만드는 방법으로 옳은 것은? (단, 소독액 원액의 농도는 100%이다)

① 원액 300mL에 물 700mL를 가한다.
② 원액 30mL에 물 970mL를 가한다.
③ 원액 3mL에 물 997mL를 가한다.
④ 원액 3mL에 물 1,000mL를 가한다.

1,000mL의 3%는 1,000×0.03 = 30mL이므로
여기에 물 970mL를 섞으면 된다.

★★★

20 100%의 알코올을 사용해서 70%의 알코올 400mL를 만드는 방법으로 옳은 것은?

① 물 70mL와 100% 알코올 330mL 혼합
② 물 100mL와 100% 알코올 300mL 혼합
③ 물 120mL와 100% 알코올 280mL 혼합
④ 물 330mL와 100% 알코올 70mL 혼합

400mL의 70%는 280mL이므로 알코올 280mL에 물 120mL를 첨가한다.

- 물 : 400−280 = 120mL
- 알코올 : 400×0.7 = 280mL

★★★

21 70%의 희석 알코올 2L를 만들려면 무수알코올(알코올 원액) 몇 mL가 필요한가?

① 700mL
② 1,400mL
③ 1,600mL
④ 1,800mL

농도란 물(용액)에 알코올 원액(용질)을 희석시켰을 때, 이 혼합물에서 알코올 원액이 얼마만큼인지를 나타낸다. 희석 알코올이란 '알코올 원액+물'을 의미한다.

농도(%) = $\frac{\text{용질량(원액)}}{\text{용액량(물+원액)}}$ × 100(%)에서

$70 = \frac{\alpha}{2} \times 100 = 1.4\text{L}$

'1L = 1,000mL'이므로 1,400mL이다.

★★

22 95% 농도의 소독약 200mL가 있다. 이것을 70% 정도로 농도를 낮추어 소독용으로 사용하고자 할 때 얼마의 물을 더 첨가하면 되는가?

① 약 25mL ② 약 50mL
③ 약 71mL ④ 약 140mL

농도(%) = $\frac{\text{용질량(원액)}}{\text{용액량(물+원액)}}$ × 100(%)에서

1 소독약 원액의 용량을 먼저 구하면,

$95(\%) = \frac{\alpha}{200} \times 100$ 이므로 소독약 원액(α)은 190mL이다.

→ 물은 200 − 190 = 10mL

2 70%의 소독약에 필요한 물(β) 용량을 구하면

$70(\%) = \frac{190}{\beta+190} \times 100,\ \beta \fallingdotseq 81\text{mL}$

따라서 첨가되어야 할 물의 용량은
70%의 물 용량 − 90%의 물 용량 = 81−10 ≒ 71mL

정답 19 ② 20 ③ 21 ② 22 ③

The Barber Certification

미생물 총론

[출제문항수 : 0~1문제] 이 섹션에서는 호기성 세균, 혐기성 세균, 통성혐기성균의 의미와 해당 세균들을 구분할 수 있도록 합니다. 아울러 병원성 미생물의 특징과 미생물의 구조에 대해서도 학습하도록 합니다.

01 미생물의 분류

1 비병원성 미생물과 병원성 미생물

구분	의미	종류
비병원성 미생물	인체 내에서 병적인 반응을 일으키지 않는 미생물	발효균, 효모균, 곰팡이균, 유산균 등
병원성 미생물	인체 내에서 병적인 반응을 일으키며 증식하는 미생물	세균(구균, 간균, 나선균), 바이러스, 리케차, 진균 등

미생물의 정의
- 미생물이란 육안의 가시한계를 넘어선 0.1mm 이하의 미세한 생물체를 총칭하는 것
- 단일세포 또는 균사로 구성되어 있다.
- 최초 발견 : 레벤후크 (현미경의 시초)

2 병원성 미생물의 종류 및 특징

(1) 세균

① 구균 : 둥근 모양의 세균

포도상구균	• 손가락 등의 화농성 질환의 병원균 • 식중독의 원인균
연쇄상구균	• 편도선염 및 인후염의 원인균
임균	• 임질의 병원균
수막염균	• 유행성 수막염의 병원균

② 간균 : 긴 막대기 모양의 세균
- 종류 : 탄저균, 파상풍균, 결핵균, 나균, 디프테리아균 등

결핵균의 특징
- 지방성분이 많은 세포벽에 둘러싸여 있는데, 이 세포벽이 보호막 구실을 하므로 건조한 상태에서도 살아남을 수 있다.
- 강산성이나 알칼리에도 잘 견딘다.
- 햇볕이나 열에 약하다.

③ 나선균 : S자 또는 나선 모양의 세균
- 종류 : 매독균, 렙토스피라균, 콜레라균 등

(2) 바이러스

① 가장 작은 크기의 미생물

② 주요 질환 : 홍역, 뇌염, 폴리오, 인플루엔자, 간염 등

(3) 리케차

① 바이러스와 세균의 중간 크기

② 주로 진핵생물체의 세포 내에 기생

③ 벼룩, 진드기, 이 등의 절지동물과 공생

④ 주요 질환 : 큐열, 참호열, 티푸스열 등

(4) 진균

① 종류 : 곰팡이, 효모, 버섯 등

② 무좀, 백선 등의 피부병 유발

미생물의 크기 비교
곰팡이 > 효모 > 스피로헤타 > 세균 > 리케차 > 바이러스

02 미생물의 생장에 영향을 미치는 요인

1 온도

① 미생물의 성장과 사멸에 가장 큰 영향을 미치는 환경요인

② 분류

구분	온도	종류
저온균	15~20℃	해양성 미생물
중온균	28~45℃	곰팡이, 효모 등
고온균	50~80℃	토양미생물, 온천에 증식하는 미생물

❷ 산소

호기성 세균	미생물의 생장을 위해 반드시 산소가 필요한 균(결핵균, 백일해, 디프테리아 등)
혐기성 세균	산소가 없어야만 증식할 수 있는 균 (파상풍균, 보툴리누스균 등)
통성혐기성균	산소가 있으면 증식이 더 잘 되는 균 (대장균, 포도상구균, 살모넬라균 등)

❸ 수소이온농도(pH)

가장 증식이 잘되는 pH 범위 : 6.5~7.5(중성)

❹ 수분

미생물의 생육에 필요한 수분량은 40% 이상이며, 40% 미만이면 증식이 억제됨

❺ 영양

미생물의 생장을 위해 탄소, 질소원, 무기염류 등의 영양이 충분히 공급되어야 한다.

미생물 증식의 3대 조건 : 영양소, 수분, 온도

기출문제정리 | 섹션별 분류의 기본 출제유형 파악!

★★★

1 다음 (　) 안에 알맞은 것은?

> 미생물이란 일반적으로 육안의 가시 한계를 넘어선 (　)mm 이하의 미세한 생물체를 총칭하는 것이다.

① 0.01　② 0.1
③ 1　④ 10

★★★★

2 일반적인 미생물의 번식에 가장 중요한 요소로만 나열된 것은?

① 온도, 적외선, pH　② 온도, 습도, 자외선
③ 온도, 습도, 영양분　④ 온도, 습도, 시간

미생물의 번식에 가장 큰 영향을 미치는 요인은 온도이며 수분, 영양, 산소, 수소이온농도 등이 중요한 요인이다.

★★★

3 다음 미생물 중 크기가 가장 **작은** 것은?

① 세균　② 곰팡이
③ 리케차　④ 바이러스

바이러스는 가장 작은 크기의 미생물로 홍역, 뇌염, 폴리오, 인플루엔자, 간염 등의 질환을 일으킨다.

★★★

4 미생물의 종류에 해당하지 **않는** 것은?

① 벼룩　② 효모
③ 곰팡이　④ 세균

★★★

5 미생물의 성장과 사멸에 주로 영향을 미치는 요소로 가장 거리가 **먼** 것은?

① 영양　② 빛
③ 온도　④ 호르몬

★★★

6 다음 중 미생물의 종류에 해당하지 **않는** 것은?

① 편모　② 세균
③ 효모　④ 곰팡이

편모는 가늘고 긴 돌기 모양의 세포 소기관이다.

정답 1 ② 2 ③ 3 ④ 4 ① 5 ④ 6 ①

★★★★

7 세균 증식에 가장 적합한 최적 수소이온농도는?

① pH 3.5~5.5 ② pH 6.0~8.0
③ pH 8.5~10.0 ④ pH 10.5~11.5

세균은 중성인 pH 6~8의 농도에서 가장 잘 번식한다.

★★

8 세균이 가장 잘 자라는 최적 수소이온(pH) 농도에 해당되는 것은?

① 강산성 ② 약산성
③ 중성 ④ 강알칼리성

★★★

9 세균의 형태가 S자형 혹은 가늘고 길게 만곡되어 있는 것은?

① 구균 ② 간균
③ 구간균 ④ 나선균

나선균은 S자 또는 나선 모양의 세균으로 매독균, 렙토스피라균, 콜레라균 등이 이에 속한다.

★★★

10 손가락 등의 화농성 질환의 병원균이며 식중독의 원인균으로 될 수 있는 것은?

① 살모넬라균 ② 포도상구균
③ 바이러스 ④ 곰팡이독소

포도상구균은 식중독, 피부의 화농·중이염 등 화농성질환을 일으키는 원인균이다.

★★★

11 병원성 세균 중 공기의 건조에 견디는 힘이 가장 강한 것은?

① 장티푸스균 ② 콜레라균
③ 페스트균 ④ 결핵균

결핵균은 긴 막대기 모양의 간균으로 지방성분이 많은 세포벽에 둘러싸여 있는데, 이 세포벽이 보호막 구실을 하므로 건조한 상태에서도 살아남을 수 있다.

★★★

12 다음 중 호기성 세균이 **아닌** 것은?

① 결핵균 ② 백일해균
③ 보툴리누스균 ④ 녹농균

호기성 세균 : 미생물의 생장을 위해 반드시 산소가 필요한 균으로 결핵균, 백일해, 디프테리아, 녹농균 등이 이에 해당한다.
※ 보툴리누스균은 산소가 없어야만 증식할 수 있는 혐기성 세균이다.

★★★

13 다음 중 산소가 **없는** 곳에서만 증식을 하는 균은?

① 파상풍균 ② 결핵균
③ 디프테리아균 ④ 백일해균

산소가 없어야만 증식할 수 있는 균을 혐기성 세균이라 하며 파상풍균, 보툴리누스균 등이 이에 속한다.

★

14 다음 중 100℃에서도 살균되지 **않는** 균은?

① 대장균 ② 결핵균
③ 파상풍균 ④ 장티푸스균

곰팡이, 탄저균, 파상풍균, 기종저균, 아포균 등은 100℃에서도 살균되지 않는다.

★★★

15 산소가 있어야만 잘 성장할 수 있는 균은?

① 호기성균 ② 혐기성균
③ 통기혐기성균 ④ 호혐기성균

- 호기성 세균 : 미생물의 생장을 위해 반드시 산소가 필요한 균(결핵균, 백일해, 디프테리아 등)
- 혐기성 세균 : 산소가 없어야만 증식할 수 있는 균(파상풍균, 보툴리누스균 등)
- 통성혐기성균 : 산소가 있으면 증식이 더 잘 되는 균(대장균, 포도상구균, 살모넬라균 등)

정답 7 ② 8 ③ 9 ④ 10 ② 11 ④ 12 ③ 13 ① 14 ③ 15 ①

★★★

□□□

16 이·미용실에서 사용하는 수건을 철저하게 소독하지 않았을 때 주로 발생할 수 있는 감염병은?

① 장티푸스 ② 트라코마
③ 페스트 ④ 일본뇌염

트라코마는 환자의 안분비물 접촉, 환자가 사용하던 타월 등을 통해 전파되므로 위험지역에서는 손과 얼굴을 자주 씻고, 더러운 손가락으로 눈을 만지지 않아야 한다.

★★

□□□

17 다음 중 이·미용업소에서 시술과정을 통하여 전염될 수 있는 가능성이 가장 큰 질병 2가지는?

① 뇌염, 소아마비
② 피부병, 발진티푸스
③ 결핵, 트라코마
④ 결핵, 장티푸스

결핵은 호흡기를 통해 감염되며, 트라코마는 환자가 사용한 수건, 세면기 등을 통해 감염된다.

★★★

□□□

18 음식물을 냉장하는 이유가 아닌 것은?

① 미생물의 증식억제 ② 자기소화의 억제
③ 신선도 유지 ④ 멸균

음식물을 냉장하는 것으로 멸균 효과를 가질 수는 없다.

★★★★

□□□

19 이·미용업소에서 공기 중 비말전염으로 가장 쉽게 옮겨질 수 있는 감염병은?

① 인플루엔자 ② 대장균
③ 뇌염 ④ 장티푸스

인플루엔자는 비말을 통한 호흡기 감염병으로 오한, 근육통, 두통, 기침이 동반된다.

★★★

□□□

20 세균들은 외부환경에 대하여 저항하기 위해서 아포를 형성하는데 다음 중 아포를 형성하지 않는 세균은?

① 탄저균 ② 젖산균
③ 파상풍균 ④ 보툴리누스균

아포를 형성하는 균에는 탄저균, 파상풍균, 보툴리누스균, 기종저균 등이 있다.

★★★

□□□

21 세균이 영양부족, 건조, 열 등의 증식 환경이 부적당한 경우 균의 저항력을 키우기 위해 형성하게 되는 형태는?

① 섬모 ② 세포벽
③ 아포 ④ 핵

세균은 증식 환경이 적당하지 않을 경우 아포를 형성함으로써 강한 내성을 지니게 된다.

★★★

□□□

22 균(菌)의 내성을 가장 잘 설명한 것은?

① 균이 약에 대하여 저항성이 있는 것
② 균이 다른 균에 대하여 저항성이 있는 것
③ 인체가 약에 대하여 저항성을 가진 것
④ 약이 균에 대하여 유효한 것

세균이 약제에 대하여 저항성이 강한 균주로 변했을 경우 그 세균은 내성을 가졌다고 한다.

★★★

□□□

23 자신이 제작한 현미경을 사용하여 미생물의 존재를 처음으로 발견한 미생물학자는?

① 파스퇴르 ② 히포크라테스
③ 제너 ④ 레벤후크

현미경을 발명해서 미생물의 존재를 처음으로 발견한 사람은 네덜란드의 직물 상인이었던 안톤 판 레벤후크이다.

정답 16 ② 17 ③ 18 ④ 19 ① 20 ② 21 ③ 22 ① 23 ④

chapter 04

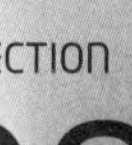

The Barber Certification

SECTION 09 공중위생관리법

[출제문항수 : 7문제] 가장 까다롭게 느껴지는 과목이지만 최대한 학습하기 편하도록 정리했으므로 관련 용어 정의 및 법령 내용은 가급적 모두 암기하도록 합니다. 신고의 주체에 대해서는 별도로 정리했으니 혼동하지 않도록 하고, 과태료와 벌금은 모두 암기하기 어렵다면 출제문제 위주로 학습하기 바랍니다.

01 공중위생관리법의 목적 및 정의

1 목적

공중이 이용하는 영업 위생관리 등에 관한 사항을 규정하여 위생수준을 향상시켜 국민 건강증진에 기여

2 정의

① 공중위생영업 : 다수인을 대상으로 위생관리서비스를 제공하는 영업으로서 숙박업·목욕장업·이용업·미용업·세탁업·건물위생관리업을 말한다.

② 공중이용시설 : 다수인이 이용함으로써 이용자의 건강 및 공중위생에 영향을 미칠 수 있는 건축물 또는 시설로서 대통령령이 정하는 것

③ 이용업 : 손님의 머리카락(또는 수염)을 깎거나 다듬는 등의 방법으로 손님의 용모를 단정하게 하는 영업

④ 미용업 : 손님의 얼굴·머리·피부 및 손톱·발톱 등을 손질하여 손님의 외모를 아름답게 꾸미는 영업

⑤ 건물위생관리업 : 공중이 이용하는 건축물·시설물 등의 청결유지와 실내공기정화를 위한 청소 등을 대행하는 영업

▶ **이·미용의 업무보조 범위**
- 이·미용 업무를 위한 사전 준비
- 이·미용 업무를 위한 기구·제품 등의 관리
- 영업소의 청결 유지 등 위생관리
- 그 밖에 머리감기 등 이·미용 업무의 보조

▶ 참고) **목욕장업** : 욕실 · 욕조 및 샤워기를 갖춘 목욕실과 탈의실, 발한실을 각각 설치해야 한다.

02 영업신고 및 폐업신고

1 영업신고 (주체 : 시장·군수·구청장)

① 공중위생영업의 종류별 시설 및 설비기준에 적합한 시설을 갖춘 후 별지 제1호서식의 신고서에 다음 서류를 첨부하여 시장·군수·구청장(자치구의 구청장을 말함)에게 제출

▶ 첨부서류
- 영업시설 및 설비개요서
- 교육수료증(미리 교육을 받은 사람만 해당)

② 신고서를 제출받은 시장·군수·구청장은 행정정보의 공동이용을 통하여 건축물대장, 토지이용계획확인서, 면허증을 확인해야 한다.

③ 신고인이 확인에 동의하지 않을 경우에는 그 서류를 첨부

④ 신고를 받은 시장·군수·구청장은 즉시 영업신고증을 교부하고, 신고관리대장을 작성·관리해야 한다.

⑤ 신고를 받은 시장·군수·구청장은 해당 영업소의 시설 및 설비에 대한 확인이 필요 시 영업신고증을 교부한 후 30일 이내에 확인

⑥ 재교부 신청
- 영업신고증의 분실 또는 훼손 시
- 신고인의 성명이나 생년월일이 변경 시

※ 면허증을 잃어버린 후 재교부받은 자가 그 잃어버린 면허증을 찾은 때에는 지체없이 반납

2 변경신고

① 주요 변경신고 사항

- 영업소의 상호 변경
- 영업소의 주소 변경
- 신고한 영업장 면적의 3분의 1 이상의 증감
- 대표자의 성명 또는 생년월일 변경
- 미용업 업종 간 변경 또는 업종의 추가

② 변경신고 시 제출서류

영업신고사항 변경신고서에 다음의 서류를 첨부하여 시장·군수·구청장에게 제출

▶ 첨부서류
- 영업신고증(신고증을 분실하여 영업신고사항 변경신고서에 분실 사유를 기재하는 경우에는 첨부하지 않음)
- 변경사항을 증명하는 서류

③ 시장·군수·구청장이 확인해야 할 서류

▶ 첨부서류
- 건축물대장, 토지이용계획확인서, 면허증
- 전기안전점검확인서(신고인이 동의하지 않는 경우 서류를 첨부하도록 함)

④ 신고를 받은 시장·군수·구청장은 영업신고증을 고쳐 쓰거나 재교부하여야 한다.

⑤ 참고) 미용업 업종 간 변경인 경우의 확인 기간 : 영업소의 시설 및 설비 등의 변경신고를 받은 날부터 30일 이내

3 폐업 신고

폐업한 날부터 20일 이내에 시장·군수·구청장에게 신고

03 영업의 승계

1 승계 가능한 사람

① 양수인 : 이·미용업을 양도한 때

② 상속인 : 이·미용업 영업자가 사망한 때

③ 법인 : 합병 후 존속하는 법인 또는 합병에 의해 설립되는 법인

④ 경매, 환가, 압류재산의 매각 그 밖에 이에 준하는 절차에 따라 미용업 영업 관련시설 및 설비의 전부를 인수한 자

2 승계의 제한 및 신고

① 제한 : 이·미용업의 경우 면허를 소지한 자에 한하여 승계 가능

② 신고 : 공중위생영업자의 지위를 승계한 자는 1월 이내에 시장·군수 또는 구청장에게 신고

▶ 제출서류

영업자지위승계신고서에 다음의 서류를 첨부한다.
- 영업양도의 경우 : 양도·양수를 증명할 수 있는 서류사본 및 양도인의 인감증명서
  ※ 예외) 양도인의 행방불명 등으로 양도인의 인감증명서를 첨부하지 못하는 경우, 시장·군수·구청장이 사실확인 등을 통해 양도·양수가 이루어졌다고 인정할 수 있는 경우 또는 양도인과 양수인이 신고관청에 함께 방문하여 신고를 하는 경우
- 상속의 경우 : 가족관계증명서 및 상속인임을 증명할 수 있는 서류
- 기타의 경우 : 해당 사유별로 영업자의 지위를 승계하였음을 증명할 수 있는 서류

04 이·미용 면허 발급 및 취소

1 면허 발급 대상자

① 전문대학(또는 동등 학교)에서 이·미용에 관한 학과를 졸업한 자

② 대학 또는 전문대학을 졸업한 자와 동등 이상의 학력이 있는 것으로 인정되어 이·미용에 관한 학위를 취득한 자

③ 고등학교(또는 동등 학교)에서 이·미용에 관한 학과를 졸업한 자

④ 특성화고등학교, 고등기술학교나 고등학교 또는 고등기술학교에 준하는 각종 학교에서 1년 이상 이·미용에 관한 소정의 과정을 이수한 자

⑤ 국가기술자격법에 의해 이·미용사의 자격을 취득한 자

2 면허 결격 사유(면허를 받을 수 없는 사유)

① 피성년후견인

② 정신질환자(전문의가 적합하다고 인정한 경우는 예외)

③ 공중의 위생에 영향을 미칠 수 있는 감염병환자로서 보건복지부령이 정하는 자

④ 마약 기타 약물 중독자(대통령령에 의함)

⑤ 공중위생관리법의 규정에 의한 명령 위반 또는 면허증 불법 대여의 사유로 면허가 취소된 후 1년이 경과되지 않은 자

3 면허 신청 절차 (시장·군수·구청장)

(1) 서류 제출

면허 신청서에 다음의 서류를 첨부하여 시장·군수·구청장에게 제출

구분	종류
전문대학(또는 이와 동등 이상의 학력이 있다고 교육부장관이 인정하는 학교)에서 이·미용에 관한 학과를 졸업한 자	졸업증명서 또는 학위증명서
대학 또는 전문대학을 졸업한 자(또는 동등 이상의 학력이 있는 것으로 인정되어 이·미용에 관한 학위를 취득한 자)	
고등학교 또는 이와 동등의 학력이 있다고 교육부장관이 인정하는 학교에서 이·미용에 관한 학과를 졸업한 자	
특성화고등학교, 고등기술학교나 고등학교 또는 고등기술학교에 준하는 각종 학교에서 1년 이상 이·미용에 관한 소정의 과정을 이수한 자	이수증명서

- 정신질환자가 아님을 증명하는 최근 6개월 이내의 의사 또는 전문의의 진단서 1부
- 감염병 환자 또는 약물중독자가 아님을 증명하는 최근 6개월 이내의 의사의 진단서 1부
- 최근 6개월 이내에 찍은 가로 3cm, 세로 4cm의 탈모 정면 상반신 사진 2매

(2) 서류 확인 (주체 : 시장·군수·구청장)

행정정보의 공동이용을 통하여 다음의 서류를 확인(신청인이 확인에 동의하지 않는 경우 해당 서류를 첨부)

- 학점은행제학위증명(해당자만)
- 국가기술자격취득사항확인서(해당자만)

(3) 면허증 교부 (주체 : 시장·군수·구청장)

신청내용이 요건에 적합하다고 인정되는 경우 면허증을 교부하고, 면허등록관리대장을 작성·관리해야 한다.

4 면허증의 재교부 (재발급 신청 요건)

① 면허증의 기재사항 변경 시
② 면허증 분실 시
③ 면허증이 헐어 못쓰게 된 때

5 면허 취소 (시장·군수·구청장)

다음의 경우 면허를 취소하거나 6월 이내의 기간을 정하여 그 면허의 정지를 명할 수 있다.

① '2 면허 결격 사유자' 중 ①~④에 해당하게 된 때
② 국가기술자격법에 따라 자격이 취소된 때
③ 이중으로 면허를 취득한 때(나중에 발급받은 면허를 말함)
④ 면허정지처분을 받고도 그 정지 기간 중에 업무를 한 때
⑤ 면허증을 다른 사람에게 대여한 때
⑥ 국가기술자격법에 따라 자격정지처분을 받은 때(자격정지처분 기간에 한정)
⑦ 「성매매알선 등 행위의 처벌에 관한 법률」이나 「풍속영업의 규제에 관한 법률」을 위반하여 관계 행정기관의 장으로부터 그 사실을 통보받은 때

※ ①~④ : 면허취소에만 해당

6 면허증의 반납 사유 (관할 시장·군수·구청장에게)

① 잃어버린 면허증을 찾은 때
② 면허 취소 시
③ 정지명령을 받을 시

※ 면허 정지명령을 받은 자가 반납한 면허증은 그 면허정지기간 동안 관할 시장·군수·구청장이 보관

05 영업자 준수사항

1 이용업자의 준수사항(보건복지부령)

① 이용기구 중 소독을 한 기구와 소독을 하지 아니한 기구는 각각 다른 용기에 넣어 보관할 것
② 1회용 면도날 : 손님 1인에 한하여 사용
③ 영업장 안의 조명 : 75룩스 이상 유지
④ 영업소 내부에 게시(부착)해야 하는 것 : 이용업 신고증, 개설자의 면허증 원본, 최종지불요금표(부가가치세, 재료비 및 봉사료 등이 포함된 요금표)
⑤ 영업소 외부에 게시해야 하는 것 : 신고한 영업장 면적이 66m^2 이상일 경우 영업소 외부에도 손님이 보기 쉬운 곳에 최종지불요금표를 게시 또는 부착하여야 한다. 이 경우 최종지불요금표에는 일부 항목(3개 이상)만을 표시할 수 있다.

비교) **미용업자의 준수사항**
- 점빼기·귓볼뚫기·쌍꺼풀수술·문신·박피술 그 밖에 이와 유사한 의료행위를 하여서는 아니된다.
- 피부미용을 위하여 「약사법」에 따른 의약품 또는 「의료기기법」에 따른 의료기기를 사용하여서는 아니된다.
- 미용기구 중 소독을 한 기구와 소독을 하지 아니한 기구는 각각 다른 용기에 넣어 보관
- 1회용 면도날은 손님 1인에 한하여 사용
- 영업장안의 조명도 : 75룩스 이상 유지
- 영업소 내부에 게시(부착)해야 하는 것 : 미용업 신고증, 개설자의 면허증 원본, 최종지불요금표
- 영업소 외부에 게시해야 하는 것 : 영업장 면적이 66m² 이상인 영업소의 경우 영업소 외부에도 손님이 보기 쉬운 곳에 「옥외광고물 등 관리법」에 적합하게 최종지불요금표를 게시 또는 부착하여야 한다. 이 경우 최종지불요금표에는 일부항목(5개 이상)만을 표시할 수 있다.

2 이용업의 시설 및 설비기준

① 이용기구는 소독을 한 기구와 소독을 하지 아니한 기구를 구분하여 보관할 수 있는 용기를 비치하여야 한다.

② 소독기·자외선살균기 등 이용기구를 소독하는 장비를 갖추어야 한다.

③ 영업소 안에는 별실 그 밖에 이와 유사한 시설을 설치하여서는 안 된다.

비교) **미용업의 시설 및 설비기준**
① 미용기구는 소독을 한 기구와 소독을 하지 않은 기구를 구분하여 보관할 수 있는 용기를 비치
② 소독기·자외선살균기 등 미용기구를 소독하는 장비를 구비
③ 공중위생영업장은 독립된 장소이거나 공중위생영업 외의 용도로 사용되는 시설 및 설비와 분리(벽이나 층 등으로 구분하는 경우) 또는 구획(칸막이·커튼 등으로 구분하는 경우)되어야 한다.

이·미용기구의 소독기준 및 방법(보건복지부령)

① 자외선소독	1cm²당 85㎼ 이상의 자외선을 20분 이상 조사(쏘여줌)
② 건열멸균소독	100℃ 이상의 건조한 열에 20분 이상 조사
③ 증기소독	100℃ 이상의 습한 열에 20분 이상 조사
④ 열탕소독	100℃ 이상의 물속에 10분 이상 끓임
⑤ 석탄산수 소독	석탄산수(석탄산 3%, 물 97%의 수용액)에 10분 이상 담굼
⑥ 크레졸소독	크레졸수(크레졸 3%, 물 97%의 수용액)에 10분 이상 담굼
⑦ 에탄올소독	에탄올수용액(에탄올이 70%인 수용액)에 10분 이상 담가두거나 에탄올수용액으로 적신 면 또는 거즈로 기구의 표면을 닦아줌

3 위생관리기준(보건복지부령)

(1) 공중이용시설의 실내공기 위생관리기준

① 24시간 평균 실내 미세먼지의 양이 150㎍/m³을 초과하는 경우에는 실내공기정화시설(덕트) 및 설비를 교체 또는 청소를 해야 한다.

② 청소를 해야 하는 실내공기정화시설 및 설비
- 공기정화기(이에 연결된 급·배기관)
- 중앙집중식 냉·난방시설의 급·배기구
- 실내공기의 단순 배기관
- 화장실용 또는 조리실용 배기관

(2) 오염물질의 종류와 오염허용기준

종류	오염허용기준
미세먼지(PM-10)	24시간 평균치 150㎍/m³ 이하
일산화탄소(CO)	1시간 평균치 25ppm 이하
이산화탄소(CO_2)	1시간 평균치 1,000ppm 이하
포름알데이드(HCHO)	1시간 평균치 120㎍/m³ 이하

06 이·미용사의 업무

1 업무범위

① 이·미용업을 개설하거나 그 업무에 종사하려면 반드시 면허를 받아야 한다.

이·미용사의 감독을 받아 이용 업무의 보조를 행하는 경우에는 면허가 없어도 된다.

② 영업소 외의 장소에서 행할 수 없다. (보건복지부령이 정하는 특별한 사유가 있는 경우에는 예외)

▶ **보건복지부령이 정하는 특별한 사유**
- 질병이나 그 밖의 사유로 영업소에 나올 수 없는 자에 대하여 이·미용을 하는 경우
- 혼례나 그 밖의 의식에 참여하는 자에 대하여 그 의식 직전에 이·미용을 하는 경우
- 사회복지시설에서 봉사활동으로 이·미용을 하는 경우
- 방송 등의 촬영에 참여하는 사람에 대하여 그 촬영 직전에 이·미용을 하는 경우
- 기타 특별한 사정이 있다고 시장·군수·구청장이 인정하는 경우

③ 이·미용사의 업무범위에 관하여 필요한 사항은 보건복지부령으로 정한다.

07 행정지도감독

1 보고 및 출입·검사
(주체 : 시·도지사 또는 시장·군수·구청장)

① 공중위생영업자 및 공중이용시설의 소유자 등에 대하여 필요한 보고를 하게 함

② 소속공무원으로 하여금 영업소·사무소 등에 출입하여 공중위생영업자의 위생관리의무이행 등에 대하여 검사하게 하거나 필요에 따라 공중위생영업장부나 서류를 열람하게 함

2 검사 의뢰

소속 공무원이 공중위생영업소 또는 공중이용시설의 위생관리실태를 검사하기 위하여 검사대상물을 수거한 경우에는 수거증을 공중위생영업자 또는 공중이용시설의 소유자·점유자·관리자에게 교부하고 검사를 의뢰하여야 한다.

3 영업의 제한 (주체 : 시·도지사)

공익상 또는 선량한 풍속 유지를 위해 필요 시 영업시간 및 영업행위에 관해 제한 가능

4 위생지도 및 개선명령
(주체 : 시·도지사 또는 시장·군수·구청장)

(1) 개선명령

다음에 해당하는 자에 대해 보건복지부령으로 정하는 바에 따라 그 개선을 명할 수 있다.

① 공중위생영업의 종류별 시설 및 설비기준을 위반한 공중위생영업자

② 위생관리의무 등을 위반한 공중위생영업자

③ 위생관리의무를 위반한 공중위생시설의 소유자

(2) 개선기간

공중위생영업자 및 공중이용시설의 소유자 등에게 개선명령 시 : 위반사항의 개선에 소요되는 기간 등을 고려하여 즉시 또는 6개월의 범위 내에서 기간을 정하여 개선을 명하여야 한다.

※ 연장을 신청한 경우 6개월의 범위 내에서 개선기간을 연장할 수 있다.

(3) 개선명령 시의 명시사항

① 위생관리기준

② 발생된 오염물질의 종류

③ 오염허용기준을 초과한 정도

④ 개선기간

5 영업소 폐쇄 (주체 : 시장·군수·구청장)

(1) 폐쇄 명령

① 다음에 해당하는 공중위생영업자에게 6월 이내의 기간을 정하여 영업의 정지 또는 일부 시설의 사용중지를 명하거나 영업소폐쇄 등을 명할 수 있다.

- 공중위생 영업신고를 하지 않거나 시설과 설비기준을 위반한 경우
- 보건복지부령이 정하는 중요사항의 변경신고를 하지 않은 경우
- 공중위생영업자의 지위승계 신고를 하지 않은 경우
- 공중위생영업자의 위생관리의무 등을 지키지 않은 경우
- 영업소 외의 장소에서 이·미용 업무를 한 경우
- 공중위생관리상 필요한 보고를 하지 않거나 거짓으로 보고한 경우 또는 관계 공무원의 출입, 검사 또는 공중위생영업 장부 또는 서류의 열람을 거부·방해하거나 기피한 경우
- 위생관리에 관한 개선명령을 이행하지 않은 경우
- 성매매알선 등 행위의 처벌에 관한 법률, 풍속영업의 규제에 관한 법률, 청소년 보호법 또는 의료법을 위반하여 관계 행정기관의 장으로부터 그 사실을 통보받은 경우

② 영업정지처분을 받고도 영업정지 기간에 영업을 한 경우에는 영업소 폐쇄를 명할 수 있다.

③ 영업소 폐쇄를 명할 수 있는 경우

- 공중위생영업자가 정당한 사유 없이 6개월 이상 계속 휴업하는 경우
- 공중위생영업자가 관할 세무서장에게 폐업신고를 하거나 관할 세무서장이 사업자 등록을 말소한 경우

※ 위 ①에 따른 행정처분의 세부기준은 그 위반행위의 유형과 위반 정도 등을 고려하여 보건복지부령으로 정한다.

(2) 폐쇄 조치

영업소 폐쇄 명령을 받고도 계속하여 영업을 할 경우 영업소 폐쇄를 위해 다음 조치를 하게 할 수 있다.

① 간판 기타 영업표지물의 제거
② 위법한 영업소임을 알리는 게시물 등의 부착
③ 영업을 위하여 필수불가결한 기구 또는 시설물을 사용할 수 없게 하는 봉인

(3) 영업소 폐쇄 봉인 해제 가능한 경우

① 영업소 폐쇄를 위한 봉인을 한 후 봉인을 계속할 필요가 없다고 인정되는 때
② 영업자 등이나 그 대리인이 당해 영업소를 폐쇄할 것을 약속하는 때
③ 정당한 사유를 들어 봉인의 해제를 요청하는 때

6 공중위생감시원

(1) 공중위생감시원의 설치

관계 공무원의 업무를 행하게 하기 위하여 특별시·광역시·도 및 시·군·구(자치구에 한함)에 공중위생감시원을 둔다.

(2) 공중위생감시원의 자격·임명(대통령령)

① 자격 및 임명 : 시·도지사 또는 시장·군수·구청장은 아래의 소속 공무원 중에서 임명한다.
- 위생사 또는 환경기사 2급 이상 자격증 소지자
- 대학에서 화학·화공학·환경공학 또는 위생학 분야를 전공하고 졸업한 자 또는 이와 동등 이상의 자격이 있는 자
- 외국에서 위생사 또는 환경기사 면허를 받은 자
- 1년 이상 공중위생 행정에 종사한 경력이 있는 자

② 추가 임명 : 공중위생감시원의 인력 확보가 곤란하다고 인정되는 때에는 공중위생 행정에 종사하는 자 중 공중위생 감시에 관한 교육훈련을 2주 이상 받은 자를 공중위생 행정에 종사하는 기간 동안 공중위생감시원으로 임명할 수 있다.

(3) 공중위생감시원의 업무범위

① 관련 시설 및 설비의 확인 및 위생상태 확인·검사
② 공중위생영업자의 위생관리의무 및 영업자준수사항 이행 여부의 확인
③ 공중이용시설의 위생관리상태의 확인·검사
④ 위생지도 및 개선명령 이행 여부의 확인
⑤ 공중위생영업소의 영업의 정지, 일부 시설의 사용중지 또는 영업소 폐쇄명령 이행 여부의 확인
⑥ 위생교육 이행 여부의 확인

(4) 명예공중위생감시원(주체 : 시·도지사)

① 공중위생의 관리를 위한 지도·계몽 등을 행하게 하기 위하여 명예공중위생감시원을 둘 수 있다.
② 명예공중위생감시원의 자격
- 공중위생에 대한 지식과 관심이 있는 자
- 소비자단체, 공중위생관련 협회 또는 단체의 소속직원 중에서 당해 단체 등의 장이 추천하는 자

③ 명예감시원의 업무
- 공중위생감시원이 행하는 검사대상물의 수거 지원
- 법령 위반행위에 대한 신고 및 자료 제공
- 그 밖에 공중위생에 관한 홍보·계몽 등 공중위생관리업무와 관련하여 시·도지사가 따로 정하여 부여하는 업무

08 업소 위생등급 및 위생교육

1 위생서비스수준의 평가

(1) 평가 목적 (주체 : 시·도지사)

공중위생영업소의 위생관리수준 향상을 위해 위생서비스평가계획을 수립하여 시장·군수·구청장에게 통보

(2) 평가 방법 (주체 : 시장·군수·구청장)

① 평가계획에 따라 관할지역별 세부평가계획을 수립한 후 평가
② 관련 전문기관 및 단체로 하여금 위생서비스평가를 실시 가능

(3) 평가 주기 : 2년마다 실시

※ 공중위생영업소의 보건·위생관리를 위하여 필요한 경우 공중위생영업의 종류 또는 위생관리등급별로 평가 주기를 달리할 수 있다.

(4) 위생관리등급의 구분 (보건복지부령)

구분	등급
최우수업소	녹색 등급
우수업소	황색 등급
일반관리대상 업소	백색 등급

위생서비스평가의 주기·방법, 위생관리등급의 기준, 기타 평가에 관하여 필요한 사항은 보건복지부령으로 정한다.

(5) 위생등급관리 공표 (주체 : 시장·군수·구청장)

① 보건복지부령이 정하는 바에 의하여 위생서비스평가의 결과에 따른 위생관리등급을 해당 공중위생영업자에게 통보 및 공표

② 공중위생영업자는 통보받은 위생관리등급의 표지를 영업소의 명칭과 함께 영업소의 출입구에 부착 가능

(6) 위생 감시 (주체 : 시·도지사 또는 시장·군수·구청장)

① 위생서비스평가의 결과에 따른 위생관리등급별로 영업소에 대한 위생 감시를 실시

② 영업소에 대한 출입·검사와 위생 감시의 실시 주기 및 횟수 등 위생관리등급별 위생감시기준은 보건복지부령으로 정함

2 위생교육

(1) 교육 횟수 및 시간 : 매년 3시간

(2) 교육 대상 및 시기

① 영업 신고를 하려면 미리 위생교육을 받아야 한다.

이·미용업 종사자는 위생교육 대상자가 아니다.

② 영업개시 후 6개월 이내에 위생교육을 받을 수 있는 경우

- 천재지변, 본인의 질병·사고, 업무상 국외출장 등의 사유로 교육을 받을 수 없는 경우
- 교육을 실시하는 단체의 사정 등으로 미리 교육을 받기 불가능한 경우

(3) 교육 내용

① 공중위생관리법 및 관련 법규

② 소양교육(친절 및 청결에 관한 사항 포함)

③ 기술교육

④ 기타 공중위생에 관하여 필요한 내용

(4) 교육 대체

위생교육 대상자 중 보건복지부장관이 고시하는 도서·벽지지역에서 영업을 하고 있거나 하려는 자에 대하여는 교육교재를 배부하여 이를 익히고 활용하도록 함으로써 교육에 갈음할 수 있다.

(5) 영업장별 교육

위생교육을 받아야 하는 자 중 영업에 직접 종사하지 않거나 2 이상의 장소에서 영업을 하는 자는 종업원 중 영업장별로 공중위생에 관한 책임자를 지정하고 그 책임자로 하여금 위생교육을 받게 하여야 한다.

(6) 교육기관

보건복지부장관이 허가한 단체 또는 공중위생영업자 단체

▶ **위생교육 실시단체의 업무**

- 교육교재를 편찬하여 교육 대상자에게 제공
- 위생교육을 수료한 자에게 수료증 교부 : 위생교육 실시단체의 장
- 교육실시 결과를 교육 후 1개월 이내에 시장·군수·구청장에게 통보
- 수료증 교부대장 등 교육에 관한 기록을 2년 이상 보관·관리

(7) 교육의 면제

위생교육을 받은 자가 위생교육을 받은 날부터 2년 이내에 위생교육을 받은 업종과 같은 업종의 영업을 하려는 경우에는 해당 영업에 대한 위생교육을 받은 것으로 본다.

09 위임 및 위탁(주체 : 보건복지부장관)

1 권한 위임

보건복지부장관은 권한의 일부를 대통령령이 정하는 바에 의하여 시·도지사 또는 시장·군수·구청장에게 위임할 수 있다.

2 업무 위탁

보건복지부장관은 대통령령이 정하는 바에 의하여 관계전문기관 등에 그 업무의 일부를 위탁할 수 있다.

▶ **공중위생 영업자단체의 설립**

공중위생영업자는 공중위생과 국민보건의 향상을 기하고 그 영업의 건전한 발전을 도모하기 위하여 영업의 종류별로 전국적인 조직을 가지는 영업자단체를 설립할 수 있다.

▶ **주체별 주요업무**

주체	업무
시·도지사	• 영업시간 및 영업행위 제한 • 위생서비스 평가계획 수립
시장·군수·구청장	• 영업신고, 변경신고, 폐업신고 및 영업신고증 교부 • 면허 신청·취소 및 면허증 교부·반납, 폐쇄명령 • 위생서비스평가 • 위생등급관리 공표 • 과태료 및 과징금 부과·징수 • 청문
보건복지부장관	• 업무 위탁
보건복지부령	• 위생기준 및 소독기준 • 이·미용사의 업무범위 • 위생서비스 수준의 평가주기와 방법, 위생관리등급
대통령령	공중위생감시원의 자격·임명·업무·범위

10 행정처분, 벌칙, 양벌규정 및 과태료

1 면허취소·정지처분의 세부기준

위반사항	행정처분기준			
	1차 위반	2차 위반	3차 위반	4차 위반
이·미용사의 면허에 관한 규정을 위반한 때				
① 국가기술자격법에 따라 미용사자격 취소 시	면허취소			
② 국가기술자격법에 따라 미용사자격정지처분을 받을 시	면허정지	(국가기술자격법에 의한 자격정지처분기간에 한함)		
③ 금치산자, 정신질환자, 결핵환자, 약물중독자에 의한 결격사유에 해당한 때	면허취소			
④ 이중으로 면허 취득 시	면허취소	(나중에 발급받은 면허를 말함)		
⑤ 면허증을 타인에게 대여 시	면허정지 3월	면허정지 6월	면허취소	
⑥ 면허정지처분을 받고 그 정지기간중 업무를 행한 때	면허취소			
법 또는 법에 의한 명령에 위반한 때				
① 시설 및 설비기준을 위반 시	개선명령	영업정지 15일	영업정지 1개월	영업장 폐쇄명령
② 신고를 하지 않고 영업소의 명칭 및 상호 또는 영업장 면적의 1/3 이상 변경 시	경고 또는 개선명령	영업정지 15일	영업정지 1개월	영업장 폐쇄명령
③ 신고를 하지 않고 영업소의 소재지 변경 시	영업정지 1개월	영업정지 2개월	영업장 폐쇄명령	

위반사항	행정처분기준			
	1차 위반	2차 위반	3차 위반	4차 위반
④ 영업자의 지위를 승계한 후 1월 이내에 신고하지 않을 시	경고	영업정지 10일	영업정지 1개월	영업장 폐쇄명령
⑤ 소독한 기구와 소독하지 않은 기구를 각기 다른 용기에 보관하지 않거나 1회용 면도날을 2인 이상의 손님에게 사용 시	경고	영업정지 5일	영업정지 10일	영업장 폐쇄명령
⑥ 피부미용을 위하여 「약사법」에 따른 의약품 또는 「의료기기법」에 따른 의료기기를 사용 시	영업정지 2월	영업정지 3월	영업장 폐쇄명령	
⑦ 점빼기·귓볼뚫기·쌍꺼풀수술·문신·박피술 그 밖에 유사한 의료행위를 할 시	영업정지 2월	영업정지 3월	영업장 폐쇄명령	
⑧ 이·미용업 신고증 및 면허증 원본을 게시하지 않거나 업소 내 조명도를 준수하지 않을 시	경고 또는 개선명령	영업정지 5일	영업정지 10일	영업장 폐쇄명령
⑨ 영업소 외의 장소에서 업무를 행할 시	영업정지 1개월	영업정지 2개월	영업장 폐쇄명령	
⑩ 시·도지사, 시장·군수·구청장이 하도록 한 필요한 보고를 하지 아니하거나 거짓으로 보고한 때 또는 관계공무원의 출입·검사를 거부·기피하거나 방해 시	영업정지 10일	영업정지 20일	영업정지 1개월	영업장 폐쇄명령
⑪ 시·도지사 또는 시장·군수·구청장의 개선명령을 이행하지 않을 시	경고	영업정지 10일	영업정지 1개월	영업장 폐쇄명령
⑫ 영업정지처분을 받고 그 영업정지기간 중 영업 시	영업장 폐쇄명령			
「성매매알선 등 행위의 처벌에 관한 법률」·「풍속영업의 규제에 관한 법률」·「의료법」에 위반하여 관계행정기관의 장의 요청이 있는 때				
① 손님에게 성매매알선등행위(또는 음란행위)를 하게 하거나 이를 알선 또는 제공 시				
• 영업소	영업정지 3개월	영업장 폐쇄명령		
• 미용사(업주)	면허정지 3개월	면허취소		
② 손님에게 도박 그 밖에 사행행위를 하게 할 시	영업정지 1개월	영업정지 2개월	영업장 폐쇄명령	
③ 음란한 물건을 관람·열람하게 하거나 진열 또는 보관 시	경고	영업정지 15일	영업정지 1월	영업장 폐쇄명령
④ 무자격 안마사로 하여금 안마 행위를 하게 할 시	영업정지 1월	영업정지 2월	영업장 폐쇄명령	

2 벌칙(징역 또는 벌금)

(1) 1년 이하의 징역 또는 1천만원 이하의 벌금

① 영업신고를 하지 않을 시

② 영업정지명령(또는 일부 시설의 사용중지명령)을 받고도 그 기간 중에 영업을 하거나 그 시설을 사용 시

③ 영업소 폐쇄명령을 받고도 계속하여 영업 시

(2) 6월 이하의 징역 또는 500만원 이하의 벌금

① 변경신고를 하지 않을 시

② 공중위생영업자의 지위를 승계한 경우 지위승계 신고를 하지 않을 시

③ 건전한 영업질서를 위하여 공중위생영업자가 준수하여야 할 사항을 준수하지 않을 시

(3) 300만원 이하의 벌금

① 타인에게 미용사 면허증을 빌려주거나 타인으로부터 면허증을 빌린 자 및 알선한 사람

② 면허의 취소 또는 정지 중에 이·미용업을 한 사람

③ 면허를 받지 않고 미용업을 개설하거나 그 업무에 종사한 사람

3 양벌규정

법인의 대표자나 법인 또는 개인의 대리인, 사용인, 그 밖의 종업원이 그 법인(또는 개인)의 업무에 관하여 위 벌칙에 해당하는 행위 위반 시 그 행위자를 벌하는 외에 그 법인(또는 개인)에게도 해당 조문의 벌금형을 과(科)한다.

※ 법인(또는 개인)이 그 위반행위를 방지하기 위해 주의와 감독을 게을리하지 않은 경우에는 벌금형을 과하지 않음

4 과태료

(1) 300만원 이하의 과태료

① 공중위생 관리상 필요한 보고를 하지 않거나 관계공무원의 출입·검사 기타 조치를 거부·방해 또는 기피 시

② 위생관리의무에 대한 개선명령 위반 시

③ 시설 및 설비기준에 대한 개선명령 위반 시

(2) 200만원 이하의 과태료

① 영업소 외의 장소에서 이·미용업무를 행한 자

② 위생교육을 받지 않은 자

③ 다음의 위생관리의무를 지키지 않은 자

- 의료기구와 의약품을 사용하지 아니하는 순수한 화장 또는 피부미용을 할 것
- 미용기구는 소독을 한 기구와 소독을 하지 아니한 기구로 분리하여 보관하고, 면도기는 1회용 면도날만을 손님 1인에 한하여 사용할 것
- 이·미용사면허증을 영업소 안에 게시할 것

(3) 과태료의 부과·징수

과태료는 대통령령으로 정하는 바에 따라 보건복지부장관 또는 시장·군수·구청장이 부과·징수

▶ 과태료 부과기준

㉠ 일반기준 : 시장·군수·구청장은 위반행위의 정도, 위반 횟수, 위반행위의 동기와 그 결과 등을 고려하여 그 해당 금액의 2분의 1의 범위에서 경감하거나 가중할 수 있다.

㉡ 개별기준

위반행위	과태료
미용업소의 위생관리 의무 불이행 시	80만원
영업소 외의 장소에서 미용업무를 행할 시	80만원
공중위생 관리상 필요한 보고를 하지 않거나 관계공무원의 출입·검사, 기타 조치를 거부·방해 또는 기피 시	150만원
위생관리업무에 대한 개선명령 위반 시	150만원
위생교육 미수료시	60만원

5 과징금 처분

(1) 과징금 부과 (주체 : 시장·군수·구청장)

영업정지가 이용자에게 심한 불편을 주거나 그 밖에 공익을 해할 우려가 있는 경우에는 영업정지 처분에 갈음하여 1억원 이하의 과징금을 부과할 수 있다

(예외 : 성매매알선 등 행위의 처벌에 관한 법률, 풍속영업의 규제에 관한 법률 또는 이에 상응하는 위반행위로 인하여 처분을 받게 되는 경우).

(2) 과징금을 부과할 위반행위의 종별과 과징금의 금액

① 과징금의 금액은 위반행위의 종별·정도 등을 감안하여 보건복지부령이 정하는 영업정지기간에 과징금 산정기준을 적용하여 산정한다.

▶ 과징금 산정기준

- 영업정지 1월은 30일로 계산
- 과징금 부과의 기준이 되는 매출금액은 처분일이 속한 연도의 전년도의 1년간 총 매출금액을 기준
- 신규사업·휴업 등으로 인하여 1년간의 총 매출금액을 산출할 수 없거나 1년간의 매출금액을 기준으로 하는 것이 불합리하다고 인정되는 경우에는 분기별·월별 또는 일별 매출금액을 기준으로 산출 또는 조정

② 시장·군수·구청장(자치구 구청장)은 공중위생영업자의 사업규모·위반행위의 정도 및 횟수 등을 참작하여 과징금 금액의 1/2 범위 안에서 가중 또는 감경할 수 있다.

※ 가중하는 경우에도 과징금의 총액이 1억원을 초과할 수 없다.

(3) 과징금 납부

통지를 받은 날부터 20일 이내에 시장·군수·구청장이 정하는 수납기관에 납부

※ 천재지변 및 부득이한 사유가 있는 경우 : 사유가 없어진 날부터 7일 이내

(4) 과징금 징수

① 과징금 미납부시 시장·군수·구청장은 과징금 부과 처분을 취소하고, 영업정지 처분을 하거나 지방세외수입금의 징수 등에 관한 법률에 따라 징수

② 부과·징수한 과징금은 당해 시·군·구에 귀속된다.

③ 과징금의 징수를 위하여 필요한 경우 다음 사항을 기재한 문서로 관할 세무관서의 장에게 과세정보의 제공을 요청할 수 있다.

- 납세자의 인적사항
- 사용 목적
- 과징금 부과기준이 되는 매출금액

④ 과징금의 징수절차에 관하여는 국고금관리법 시행규칙을 준용한다. 이 경우 납입고지서에는 이의신청의 방법 및 기간 등을 함께 적어야 한다.

(5) 청문

보건복지부장관 또는 시장·군수·구청장이 청문을 실시해야 하는 처분

① 면허취소·면허정지

② 공중위생영업의 정지

③ 일부 시설의 사용중지

④ 영업소폐쇄명령

⑤ 공중위생영업 신고사항의 직권 말소

▶ 참고) **벌금, 과태료, 과징금의 차이**

- 벌금 : 재산형 형벌(금전 박탈)로 미부과 시 노역 유치 가능
- 과료 : 벌금과 같은 재산형으로 일정한 금액의 지불의무를 강제하지만 경범죄처벌법과 같이 벌금형에 비해 주로 경미한 범죄에 대해 부과
- 과태료 : 행정법상 의무 위반(불이행)에 대한 제재로 부과 징수하는 금전부담(형벌의 성질을 가지지 않음)
- 과징금 : 행정법상 의무 위반(불이행) 시 발생된 경제적 이익에 대해 징수하는 금전부담(형벌의 성질을 가지지 않음)

※ 부과주체 : 벌금과 과료는 판사(형사처벌), 과태료와 과징금은 해당 행정관청이 부과

기출문제정리 | 섹션별 분류의 기본 출제유형 파악!

01 공중위생관리법의 목적 및 정의

★★★★

1 다음은 법률상에서 정의되는 용어이다. 바르게 서술된 것은 다음 중 어느 것인가?

① 위생관리 용역업이란 공중이 이용하는 시설물의 청결유지와 실내공기정화를 위한 청소 등을 대행하는 영업을 말한다.
② 미용업이란 손님의 얼굴과 피부를 손질하여 모양을 단정하게 꾸미는 영업을 말한다.
③ 이용업이란 손님의 머리, 수염, 피부 등을 손질하여 외모를 꾸미는 영업을 말한다.
④ 공중위생영업이란 미용업, 숙박업, 목욕장업, 수영장업, 유기영업 등을 말한다.

- **이용업** : 손님의 머리카락 또는 수염을 깎거나 다듬는 등의 방법으로 손님의 용모를 단정하게 하는 영업
- **미용업** : 손님의 얼굴·머리·피부 및 손톱·발톱 등을 손질하여 손님의 외모를 아름답게 꾸미는 영업
- **공중위생영업** : 다수인을 대상으로 위생관리서비스를 제공하는 영업으로서 숙박업·목욕장업·이용업·미용업·세탁업·건물위생관리업을 말한다.

★★★★★

2 다음 중 공중위생관리법의 궁극적인 목적은?

① 공중위생영업 종사자의 위생 및 건강관리
② 공중위생영업소의 위생 관리
③ 위생수준을 향상시켜 국민의 건강증진에 기여
④ 공중위생영업의 위상 향상

공중위생관리법의 목적
공중이 이용하는 영업과 시설의 위생관리 등에 관한 사항을 규정함으로써 위생수준을 향상시켜 국민의 건강증진에 기여

★★

3 공중위생관리법상 ( ) 속에 가장 적합한 것은?

> 공중위생관리법은 공중이 이용하는 영업과 시설의 ( ) 등에 관한 사항을 규정함으로써 위생수준을 향상시켜 국민의 건강증진에 기여함을 목적으로 한다.

① 위생　② 위생관리
③ 위생과 소독　④ 위생과 청결

★★

4 다음은 공중위생관리법의 목적에 대한 조항이다. ( ) 안에 알맞은 용어는?

> 제1조(목적) 이 법은 공중이 이용하는 ( )의 위생관리 등에 관한 사항을 규정함으로써 위생수준을 향상시켜 국민의 건강증진에 기여함을 목적으로 한다.

① 영업소　② 영업장
③ 위생영업소　④ 영업

★★★

5 다음 중 공중위생관리법에서 정의되는 공중위생영업을 가장 잘 설명한 것은?

① 공중에게 위생적으로 관리하는 영업
② 다수인을 대상으로 위생관리서비스를 제공하는 영업
③ 다수인에게 공중위생을 준수하여 시행하는 영업
④ 공중위생서비스를 전달하는 영업

★★★

6 공중위생관리법에서 공중위생영업이란 다수인을 대상으로 무엇을 제공하는 영업으로 정의되고 있는가?

① 위생관리서비스　② 위생서비스
③ 위생안전서비스　④ 공중위생서비스

공중위생영업 : 다수인을 대상으로 위생관리서비스를 제공하는 영업

정답 **1** 1① 2③ 3② 4④ 5② 6①

chapter 04

★★★★

7 이용업 및 미용업은 다음 중 어디에 속하는가?

① 공중위생영업 ② 위생관련영업
③ 위생처리업 ④ 위생관리용역업

공중위생영업 : 다수인을 대상으로 위생관리서비스를 제공하는 영업으로서 숙박업·목욕장업·이용업·미용업·세탁업·건물위생관리업을 말한다.

★★

8 공중위생관리법상에서 이용업이 손질할 수 있는 손님의 신체범위를 가장 잘 나타낸 것은?

① 얼굴, 손, 머리
② 손, 발, 얼굴, 머리
③ 머리, 얼굴
④ 얼굴, 머리, 손톱·발톱

이용업 : 손님의 머리카락 또는 수염을 깎거나 다듬는 등의 방법으로 손님의 용모를 단정하게 하는 영업

★★★

9 공중위생영업에 해당하지 **않는** 것은?

① 세탁업 ② 위생관리업
③ 미용업 ④ 목욕장업

공중위생영업의 종류 : 숙박업·목욕장업·이용업·미용업·세탁업·건물위생관리업

★★

10 공중위생영업에 속하지 **않는** 것은?

① 식당조리업 ② 숙박업
③ 이·미용업 ④ 세탁업

★★★★

11 "공중위생 영업자는 그 이용자에게 건강상 ( ) 이 발생하지 아니하도록 영업 관련 시설 및 설비를 안전하게 관리해야 한다." ( ) 안에 들어갈 단어는?

① 질병 ② 사망
③ 위해요인 ④ 감염병

02 영업신고 및 폐업신고

★★

1 공중위생영업자가 중요사항을 변경하고자 할 때 시장, 군수, 구청장에게 어떤 절차를 취해야 하는가?

① 통보 ② 통고
③ 신고 ④ 허가

공중위생영업을 하고자 하는 자는 공중위생영업의 종류별로 보건복지부령이 정하는 시설 및 설비를 갖추고 시장·군수·구청장에게 신고하여야 한다. 보건복지부령이 정하는 중요사항을 변경하고자 하는 때에도 또한 같다.

★★★★

2 이·미용업의 신고에 대한 설명으로 옳은 것은?

① 이·미용사 면허를 받은 사람만 신고할 수 있다.
② 일반인 누구나 신고할 수 있다.
③ 1년 이상의 이·미용업무 실무경력자가 신고할 수 있다.
④ 미용사 자격증을 소지하여야 신고할 수 있다.

★★★

3 다음 중 이·미용업을 개설할 수 있는 경우는?

① 이·미용사 면허를 받은 자
② 이·미용사의 감독을 받아 이·미용을 행하는 자
③ 이·미용사의 자문을 받아서 이·미용을 행하는 자
④ 위생관리 용역업 허가를 받은 자로서 이·미용에 관심이 있는 자

이·미용사 면허를 받은 사람만 이·미용업을 개설할 수 있다.

★★

4 이·미용 영업을 개설할 수 있는 자의 자격은?

① 보건교육을 이수했을 때
② 이·미용의 면허증이 있을 때
③ 이·미용의 자격증이 있을 때
④ 영업소 내에 시설을 완비하였을 때

자격과 영업면허는 별개이다.

정답 7 ① 8 ③ 9 ② 10 ① 11 ③ 2 1 ③ 2 ① 3 ① 4 ②

★★★ □□□

5 공중위생영업을 하고자 하는 자가 시설 및 설비를 갖추고 다음 중 누구에게 신고해야 하는가?

① 보건복지부장관
② 안전행정부장관
③ 시·도지사
④ 시장·군수·구청장(자치구의 구청장)

★★★ □□□

6 이·미용사가 되고자 하는 자는 누구의 면허를 받아야 하는가?

① 보건복지부장관
② 시·도지사
③ 시장·군수·구청장
④ 대통령

★★ □□□

7 다음 중 이·미용사의 면허를 발급하는 기관이 **아닌** 것은?

① 서울시 마포구청장
② 제주도 서귀포시장
③ 인천시 부평구청장
④ 경기도지사

면허 발급은 시장, 군수, 구청장이 한다.

★★★★★ □□□

8 이·미용업의 영업신고를 하려는 자가 제출하여야 하는 첨부서류로 옳게 짝지어진 것은?

> ㉠ 영업시설 및 설비개요서
> ㉡ 교육수료증(미리 교육을 받은 경우에만 해당한다.)
> ㉢ 면허증 원본
> ㉣ 위생서비스수준의 평가계획서

① ㉡, ㉢, ㉣　　② ㉠, ㉡, ㉣
③ ㉠, ㉡, ㉢, ㉣　　④ ㉠, ㉡

면허증은 제출하지 않고 담당자가 확인만 한다.

★★★★ □□□

9 다음 중 이·미용업 영업자가 변경신고를 해야 하는 것을 모두 고른 것은?

> ㉠ 영업소의 소재지
> ㉡ 신고한 영업장 면적의 3분의 1 이상의 증감
> ㉢ 영업소의 명칭 또는 상호
> ㉣ 영업자의 재산변동사항

① ㉠
② ㉠, ㉡
③ ㉠, ㉡, ㉢
④ ㉠, ㉡, ㉢, ㉣

변경신고사항
- 영업소의 명칭 또는 상호
- 영업소의 소재지
- 신고한 영업장 면적의 3분의 1 이상의 증감
- 대표자의 성명 (법인의 경우만 해당)
- 미용업 업종 간 변경

★★★★ □□□

10 공중위생관리법상 이·미용업자의 변경신고사항에 해당되지 **않는** 것은?

① 영업소의 명칭 또는 상호변경
② 영업소의 소재지 변경
③ 영업정지 명령 이행
④ 대표자의 성명(단, 법인에 한함)

★★ □□□

11 이·미용업자가 신고한 영업장 면적의 (　) 이상의 증감이 있을 때 변경신고를 하여야 하는가?

① 5분의 1
② 4분의 1
③ 3분의 1
④ 2분의 1

정답 5 ④　6 ③　7 ④　8 ④　9 ③　10 ③　11 ③

chapter 04

03 영업의 승계

★★★★ □□□

1 이·미용업을 승계할 수 있는 경우가 **아닌** 것은? (단, 면허를 소지한 자에 한함)

① 이·미용업을 양수한 경우
② 이·미용업 영업자의 사망에 의한 상속에 의한 경우
③ 공중위생관리법에 의한 영업장폐쇄명령을 받은 경우
④ 이·미용업 영업자의 파산에 의해 시설 및 설비의 전부를 인수한 경우

이·미용업 승계 가능한 사람
- 양수인 : 이·미용업 영업자가 이·미용업을 양도한 때
- 상속인 : 이·미용업 영업자가 사망한 때
- 법인 : 합병 후 존속하는 법인 또는 합병에 의해 설립되는 법인
- 경매, 환가, 압류재산의 매각 그 밖에 이에 준하는 절차에 따라 이·미용업 영업 관련시설 및 설비의 전부를 인수한 자

★★★ □□□

2 이·미용사 영업자의 지위를 승계 받을 수 있는 자의 자격은?

① 자격증이 있는 자
② 면허를 소지한 자
③ 보조원으로 있는 자
④ 상속권이 있는 자

이·미용업의 경우 면허를 소지한 자에 한하여 승계 가능하다.

★★★★ □□□

3 이·미용업의 상속으로 인한 영업자 지위승계 신고 시 구비서류가 **아닌** 것은?

① 영업자 지위승계 신고서
② 가족관계증명서
③ 양도계약서 사본
④ 상속자임을 증명할 수 있는 서류

양도계약서 사본은 영업양도인 경우 필요한 서류이다.

★★★★★ □□□

4 이·미용업 영업자의 지위를 승계한 자는 얼마의 기간 이내에 관계기관장에게 신고해야 하는가?

① 7일 이내　　② 15일 이내
③ 1월 이내　　④ 2월 이내

공중위생영업자의 지위를 승계한 자는 1월 이내에 시장·군수 또는 구청장에게 신고해야 한다.

★★★★★ □□□

5 다음 (　) 안에 적합한 것은?

> 법이 준하는 절차에 따라 공중영업 관련시설을 인수하여 공중위생영업자의 지위를 승계한 자는 (　)월 이내에 보건복지부령이 정하는 바에 따라 시장·군수 또는 구청장에게 신고하여야 한다.

① 1　　② 2
③ 3　　④ 6

★★★ □□□

6 영업자의 지위를 승계한 후 누구에게 신고하여야 하는가?

① 보건복지부장관
② 시·도지사
③ 시장·군수·구청장
④ 세무서장

04 면허 발급 및 취소

★★★★ □□□

1 다음 중 이·미용사의 면허를 받을 수 **없는** 자는?

① 전문대학의 이·미용에 관한 학과를 졸업한 자
② 교육부장관이 인정하는 고등기술학교에서 1년 이상 미용에 관한 소정의 과정을 이수한 자
③ 국가기술자격법에 의해 미용사의 자격을 취득한 자
④ 외국의 유명 이·미용학원에서 2년 이상 기술을 습득한 자

정답 3 1③ 2② 3③ 4③ 5① 6③ 4 1④

★★★★

2 다음 중 이·미용사 면허를 받을 수 있는 자가 **아닌** 것은?

① 고등학교에서 이용 또는 미용에 관한 학과를 졸업한 자
② 국가기술자격법에 의한 이용사 또는 미용사 자격을 취득한자
③ 보건복지부장관이 인정하는 외국의 이용사 또는 미용사 자격 소지자
④ 전문대학에서 이용 또는 미용에 관한 학과 졸업자

★★★★

3 이용사 또는 미용사의 면허를 받을 수 **없는** 자는?

① 전문대학 또는 이와 동등 이상의 학력이 있다고 교육부장관이 인정하는 학교에서 미용에 관한 학과를 졸업한 자
② 고등학교 또는 이와 동등의 학력이 있다고 교육부장관이 인정하는 학교에서 미용에 관한 학과를 졸업한 자
③ 교육부장관이 인정하는 고등기술학교에서 6월 이상 미용에 관한 소정의 과정을 이수한 자
④ 국가기술자격법에 의해 미용사의 자격을 취득한 자

면허 발급 대상자
- 전문대학 또는 이와 동등 이상의 학력이 있다고 교육부장관이 인정하는 학교에서 미용에 관한 학과를 졸업한 자
- 대학 또는 전문대학을 졸업한 자와 동등 이상의 학력이 있는 것으로 인정되어 미용에 관한 학위를 취득한 자
- 고등학교 또는 이와 동등의 학력이 있다고 교육부장관이 인정하는 학교에서 미용에 관한 학과를 졸업한 자
- 특성화고등학교, 고등기술학교나 고등학교 또는 고등기술학교에 준하는 각종 학교에서 1년 이상 미용에 관한 소정의 과정을 이수한 자
- 국가기술자격법에 의해 미용사의 자격을 취득한 자

★★★

4 다음 중 이·미용사의 면허를 받을 수 있는 사람은?

① 공중위생영업에 종사자로 처음 시작하는 자
② 공중위생영업에 6개월 이상 종사자
③ 공중위생영업에 2년 이상 종사자
④ 공중위생영업을 승계한 자

★★

5 다음 중 이용사 또는 미용사의 면허를 취소할 수 있는 대상에 해당되지 **않는** 자는?

① 정신질환자
② 감염병 환자
③ 금치산자
④ 당뇨병 환자

당뇨병환자는 이용사 또는 미용사 영업을 할 수 있다.

★★★

6 이·미용사의 면허는 누가 취소할 수 있는가?

① 대통령
② 보건복지부장관
③ 시장·군수·구청장
④ 시·도지사

★★★★

7 이·미용사 면허증을 분실하였을 때 누구에게 재교부 신청을 하여야 하는가?

① 보건복지부장관
② 시·도지사
③ 시장·군수·구청장
④ 협회장

★★★

8 이·미용사가 면허증 재교부 신청을 할 수 **없는** 경우는?

① 면허증을 잃어버린 때
② 면허증 기재사항의 변경이 있는 때
③ 면허증이 못쓰게 된 때
④ 면허증이 더러운 때

재교부 신청을 할 수 있는 경우
- 신고증 분실 또는 훼손 시
- 신고인의 성명이나 생년월일이 변경된 때

정답 2③ 3③ 4④ 5④ 6③ 7③ 8④

chapter 04

★★★

9 미용사 면허증의 재교부 사유가 **아닌** 것은?

① 성명 또는 주민등록번호 등 면허증의 기재사항에 변경이 있을 때
② 영업장소의 상호 및 소재지가 변경될 때
③ 면허증을 분실했을 때
④ 면허증이 헐어 못쓰게 된 때

★★★

10 이·미용사 면허증을 분실하여 재교부를 받은 자가 분실한 면허증을 찾았을 때 취하여야 할 조치로 옳은 것은?

① 시·도지사에게 찾은 면허증을 반납한다.
② 시장·군수에게 찾은 면허증을 반납한다.
③ 본인이 모두 소지하여도 무방하다.
④ 재교부 받은 면허증을 반납한다.

면허증 분실 후 재교부받으면 그 잃어버린 면허증을 찾은 경우 지체 없이 재교부 받은 시장·군수·구청장에게 반납해야 한다.

★★★

11 이·미용사의 면허증을 재교부 받을 수 있는 자는 다음 중 누구인가?

① 공중위생관리법의 규정에 의한 명령을 위반한 자
② 간질병자
③ 면허증을 다른 사람에게 대여한 자
④ 면허증이 헐어 못쓰게 된 자

★★★

12 지체 없이 시장·군수·구청장에게 면허증을 반납해야 하는 경우가 **아닌** 것은?

① 잃어버린 면허증을 찾은 때
② 면허가 취소된 때
③ 이·미용 면허의 정지명령을 받은 때
④ 기재사항에 변경이 있는 때

면허증 반납 사유는 ①~③이다.

★★

13 다음 중 이용사 또는 미용사의 면허를 받을 수 있는 자는?

① 약물 중독자 ② 암환자
③ 정신질환자 ④ 금치산자

암환자도 이·미용사의 면허를 받을 수 있다.

★★★

14 이·미용사의 면허를 받을 수 있는 사람은?

① 전과기록이 있는 자
② 금치산자
③ 마약, 기타 대통령령으로 정하는 약물중독자
④ 정신질환자

전과기록이 있는 자는 결격사유에 해당하지 않는다.

★★★

15 다음 중 이·미용사 면허를 취득할 수 **없는** 자는?

① 면허 취소 후 1년 경과자
② 독감환자
③ 마약중독자
④ 전과기록자

약물 중독자는 면허 결격 사유자에 해당된다.

★★★

16 이·미용사의 면허가 취소되었을 경우 몇 개월이 경과되어야 또 다시 그 면허를 받을 수 있는가?

① 3개월 ② 6개월
③ 9개월 ④ 12개월

★★★

17 이·미용사의 면허를 받을 수 있는 경우는?

① 금치산자 ② 벌금형이 선고된 자
③ 정신병자 ④ 간질병자

벌금형이 선고되었더라도 이용사 또는 미용사의 면허를 받을 수 있다.

정답 9 ② 10 ② 11 ④ 12 ④ 13 ② 14 ① 15 ③ 16 ④ 17 ②

★★★ □□□

18 이·미용사가 간질병자에 해당하는 경우의 조치로 옳은 것은?

① 이환기간 동안 휴식하도록 한다.
② 3개월 이내의 기간을 정하여 면허정지 한다.
③ 6개월 이내의 기간을 정하여 면허정지 한다.
④ 면허를 취소한다.

정신질환자(전문의가 미용사로서 적합하다고 인정하는 사람은 예외)는 면허 결격 사유자에 해당한다.

★★★ □□□

19 다음 중 이·미용사의 면허정지를 명할 수 있는 자는?

① 안전행정부장관
② 시·도지사
③ 시장·군수·구청장
④ 경찰서장

시장·군수·구청장은 면허 취소 또는 정지 사유가 있는 경우 면허를 취소하거나 6월 이내의 기간을 정하여 그 면허의 정지를 명할 수 있다.

★★★ □□□

20 면허의 정지명령을 받은 자는 그 면허증을 누구에게 제출해야 하는가?

① 보건복지부장관
② 시·도지사
③ 시장·군수·구청장
④ 이미용 협회회장

면허가 취소되거나 면허의 정지명령을 받은 자는 지체없이 관할 시장·군수·구청장에게 면허증을 반납해야 한다.

05 영업자 준수사항

★★★ □□□

1 공중위생관리법규에서 규정하고 있는 이·미용영업자의 준수사항이 **아닌** 것은?

① 소독을 한 기구와 소독을 하지 아니한 기구는 각각 다른 용기에 넣어 보관하여야 한다.
② 손님의 피부에 닿는 수건은 청결해야 한다.
③ 이·미용 요금표를 업소 내에 게시하여야 한다.
④ 이·미용업 신고중 개설자의 면허증 원본 등은 업소 내에 게시하여야 한다.

★★ □□□

2 이·미용업자의 준수사항 중 옳은 것은?

① 업소 내에서는 이·미용 보조원의 명부만 비치하고 기록·관리하면 된다.
② 업소 내 게시물에는 준수사항이 포함된다.
③ 면도기는 1회용 면도날을 손님 1인에게 사용해야 한다.
④ 손님이 사용하는 앞가리개는 반드시 흰색이어야 한다.

①, ②, ④는 이미용업자의 준수사항이 아니다.

★★★★ □□□

3 이용업자가 준수하여야 하는 위생관리기준에 대한 설명으로 **틀린** 것은?

① 영업장 안의 조명도는 100룩스 이상이 되도록 유지해야 한다.
② 업소 내에 이용업 신고증, 개설자의 면허증 원본 및 이용 요금표를 게시하여야 한다.
③ 1회용 면도날은 손님 1인에 한하여 사용하여야 한다.
④ 이용 기구 중 소독을 한 기구와 소독을 하지 아니한 기구는 각각 다른 용기에 넣어 보관하여야 한다.

영업장 안의 조명도는 75룩스 이상이 되도록 유지해야 한다.

chapter 04

정답 18 ④ 19 ③ 20 ③ 5 1 ② 2 ③ 3 ①

★★★★ □□□

4 이용영업자가 준수하여야 하는 위생관리기준에 해당하지 않은 것은?

① 외부에 최종지급요금표를 게시 또는 부착하는 경우에는 일부 항목(최소 5개 이상)만을 표시할 수 있다.
② 영업소 내부에 부가가치세, 재료비 및 봉사료 등이 포함된 요금표를 게시 또는 부착하여야 한다.
③ 3가지 이상의 이용서비스를 제공하는 경우에는 개별 서비스의 최종 지급가격 및 전체 서비스의 총액에 관한 내역서를 이용자에게 미리 제공하여야 한다.
④ 신고한 영업장 면적이 66제곱미터 이상인 영업소의 경우 영업소 외부에도 손님이 보기 쉬운 곳에 관련법에 적합하게 최종지급요금표를 게시 또는 부착하여야 한다.

외부에 최종지불요금표를 게시(부착)할 경우 일부 항목만을 표시할 수 있는데, 미용업은 5개 이상, 이용업은 3개 이상 항목을 표시해야 한다.

★★★ □□□

5 이용업소에 반드시 게시하여야 할 것은?

① 이용 요금표
② 이용업소 종사자 인적사항표
③ 면허증 사본
④ 준수사항 및 주의사항

영업소 내에 게시해야 할 사항
이·미용업 신고증, 개설자의 면허증 원본, 최종지불요금표

★★★★ □□□

6 공중이용시설의 위생관리 기준이 아닌 것은?

① 소독을 한 기구와 소독을 하지 아니한 기구를 각각 다른 용기에 보관한다.
② 1회용 면도날을 손님 1인에 한하여 사용하여야 한다.
③ 업소 내에 요금표를 게시하여야 한다.
④ 업소 내에 화장실을 갖추어야 한다.

업소 내 화장실의 유무는 위생관리기준이 아니다.

★★★ □□□

7 이용업소 내 반드시 게시하여야 할 사항으로 옳은 것은?

① 요금표 및 준수사항만 게시
② 이용업 신고증만 게시
③ 이용업 신고증, 면허증사본, 요금표 게시
④ 이용업 신고증, 면허증원본, 요금표 게시

★★ □□□

8 이·미용업소에 손님이 보기 쉬운 곳에 게시하지 않아도 되는 것은?

① 면허증 원본 ② 신고필증
③ 요금표 ④ 사업자등록증

★★★ □□□

9 이용업소의 시설 및 설비 기준으로 적합한 것은?

① 소독을 한 기구와 소독을 하지 아니한 기구를 구분하여 보관할 수 있는 용기를 비치하여야 한다.
② 소독기, 적외선 살균기 등 기구를 소독하는 장비를 갖추어야 한다.
③ 작업장소 내 베드와 베드 사이에는 칸막이를 설치할 수 있다.
④ 영업소 내부에 이용업 신고증 및 면허증 사본을 게시하여야 한다.

② 소독기, 자외선 살균기 등 기구를 소독하는 장비를 갖추어야 한다. (적외선이 아니라 자외선)
③ 작업장소 내 칸막이를 설치할 수 없다.
④ 영업소 내부에 이용업 신고증 및 개설자의 면허증 원본을 게시하여야 한다.

★★ □□□

10 이·미용업소에서의 면도기 사용에 대한 설명으로 가장 옳은 것은?

① 매 손님마다 소독한 정비용 면도기 교체 사용
② 정비용 면도기를 소독 후 계속 사용
③ 정비용 면도기를 손님 1인에 한하여 사용
④ 1회용 면도날만을 손님 1인에 한하여 사용

면도기는 1회용 면도날만을 손님 1인에 한하여 사용해야 한다.

정답 4① 5① 6④ 7④ 8④ 9① 10④

★★★★ □□□

11 이용업을 하는 영업소의 시설과 설비기준에 적합하지 **않은** 것은?

① 탈의실, 욕실, 욕조 및 샤워기를 설치해야 한다.
② 이용기구는 소독을 한 기구와 소독을 하지 아니한 기구를 구분하여 보관할 수 있는 용기를 비치하여야 한다.
③ 소독기·자외선살균기 등 이용기구를 소독하는 장비를 갖추어야 한다.
④ 영업소 안에는 별실 그 밖에 이와 유사한 시설을 설치하여서는 아니된다.

탈의실, 욕실, 욕조 등은 목욕장업의 시설기준에 해당한다.

★★ □□□

12 이용사 또는 미용사의 업무 등에 대한 설명 중 맞는 것은?

① 이용사 또는 미용사의 업무범위는 보건복지부령으로 정하고 있다.
② 이용 또는 미용의 업무는 영업소 이외 장소에서도 보편적으로 행할 수 있다.
③ 이용사의 업무 범위는 퍼머, 면도, 머리피부 손질, 피부미용 등이 포함된다.
④ 이용사 또는 미용사의 면허를 받은 자가 아닌 경우, 전문기관의 교육과정을 수료하면 이용 또는 미용업무에 종사할 수 있다.

---

② 이·미용 업무는 영업소 이외 장소에서는 행할 수 없다(보건복지부령이 정하는 특별한 사유가 있는 경우에는 예외).
③ 이용사의 업무범위는 이발·아이론·면도·머리피부손질·머리카락 염색 및 머리감기로 한다.
④ 면허를 받은 자가 아닌 경우 이·미용 업무에 종사할 수 없다.

★★★ □□□

13 다음 중 이용업자가 갖추어야 할 시설 및 설비, 위생관리 기준에 관련된 사항이 **아닌** 것은?

① 이용사 및 보조원이 착용해야 하는 위생복
② 소독기, 자외선 살균기 등 이용기구 소독장비
③ 면도기는 1회용 면도날만을 손님 1인에 한하여 사용할 것
④ 영업장 안의 조명도는 75룩스 이상이 되도록 유지할 것

위생관리기준에 위생복에 관한 기준은 없다.

★★★ □□□

14 영업소 안에 면허증을 게시하도록 위생관리 기준으로 명시한 경우는?

① 세탁업을 하는 자
② 목욕장업을 하는 자
③ 이·미용업을 하는 자
④ 위생관리용역업을 하는 자

이·미용업을 하는 자는 영업소 내에 미용업 신고증, 개설자의 면허증 원본, 최종지불요금표를 게시해야 한다.

★★★★ □□□

15 이·미용업자의 준수사항 중 **틀린** 것은?

① 소독한 기구와 하지 아니한 기구는 각각 다른 용기에 넣어 보관할 것
② 조명은 75룩스 이상 유지되도록 할 것
③ 신고증과 함께 면허증 사본을 게시할 것
④ 1회용 면도날은 손님 1인에 한하여 사용할 것

영업장 내에 신고증과 함께 면허증 원본을 게시해야 한다.

★★★ □□□

16 이용업소의 조명시설은 얼마 이상이어야 하는가?

① 50룩스
② 75룩스
③ 100룩스
④ 125룩스

★★★ □□□

17 이·미용기구의 소독기준 및 방법을 정한 것은?

① 대통령령
② 보건복지부령
③ 환경부령
④ 보건소령

정답 11 ① 12 ① 13 ① 14 ③ 15 ③ 16 ② 17 ②

★★★ □□□

18 공중위생영업자가 준수하여야 할 위생관리기준은 다음 중 어느 것으로 정하고 있는가?

① 대통령령
② 국무총리령
③ 고용노동부령
④ 보건복지부령

★★★ □□□

19 이·미용기구의 소독기준으로 **잘못된 것**은?

① 열탕소독은 100℃ 이상의 물속에 10분 이상 끓여준다.
② 자외선소독은 1㎠당 85㎼ 이상의 자외선을 20분 이상 쬐어준다.
③ 건열멸균소독은 100℃ 이상의 건조한 열에 20분 이상 쐬어준다.
④ 증기소독은 100℃ 이상의 습한 열에 10분 이상 쐬어준다.

증기소독은 100℃ 이상의 습한 열에 20분 이상 쐬어준다.

★★★★ □□□

20 이·미용 기구 소독 시의 기준으로 **틀린** 것은?

① 자외선 소독 : 1㎠당 85㎼ 이상의 자외선을 10분 이상 쬐어준다.
② 석탄산수 소독 : 석탄산 3% 수용액에 10분 이상 담가둔다.
③ 크레졸 소독 : 크레졸 3% 수용액에 10분 이상 담가둔다.
④ 열탕 소독 : 100℃ 이상의 물속에 10분 이상 끓여준다.

자외선 소독 : 1cm²당 85㎼ 이상의 자외선을 20분 이상 쬐어준다.

★★★ □□□

21 공중위생관리법 시행규칙에 규정된 이·미용기구의 소독기준으로 적합한 것은?

① 1㎠ 당 85㎼ 이상의 자외선을 10분 이상 쬐어준다.
② 100℃ 이상의 건조한 열에 10분 이상 쐬어준다.
③ 석탄산수(석탄산 3%, 물 97%)에 10분 이상 담가둔다.
④ 100℃ 이상의 습한 열에 10분 이상 쐬어준다.

---

① 1cm² 당 85㎼ 이상의 자외선을 20분 이상 쬐어준다.
② 100℃ 이상의 건조한 열에 20분 이상 쐬어준다.
④ 100℃ 이상의 습한 열에 20분 이상 쐬어준다.

★★★ □□□

22 다음 중 공중이용시설의 위생관리 항목에 해당하는 것은?

① 영업소 실내공기
② 영업소 실내 청소상태
③ 영업소 외부 환경상태
④ 영업소에서 사용하는 수돗물

공중이용시설의 위생관리 항목에는 실내공기 기준과 오염물질 허용기준이 있다.

정답 18 ④ 19 ④ 20 ① 21 ③ 22 ①

06 이·미용사의 업무

★★★

1 영업소 외의 장소에서 이·미용 업무를 행할 수 있는 경우가 아닌 것은?

① 질병으로 영업소에 나올 수 없는 경우
② 결혼식 등의 의식 직전인 경우
③ 손님의 간곡한 요청이 있을 경우
④ 시장·군수·구청장이 인정하는 경우

영업소 외의 장소에서 이·미용 업무를 행할 수 있는 경우
- 질병 등의 이유로 영업소에 방문할 수 없는 자에게 미용을 하는 경우
- 혼례나 그 밖의 행사(의식) 참여자에게 행사 직전 미용을 하는 경우
- 사회복지시설에서 봉사활동으로 미용을 하는 경우
- 방송 등의 촬영에 참여하는 사람에 대하여 그 촬영 직전에 이용 또는 미용을 하는 경우
- 기타 특별한 사정이 있다고 시장·군수·구청장이 인정하는 경우

★★★

2 다음 중 이용사 또는 미용사의 업무범위에 관한 필요한 사항을 정한 것은?

① 대통령령　② 국무총리령
③ 보건복지부령　④ 노동부령

이용사 및 미용사의 업무범위에 관하여 필요한 사항은 보건복지부령으로 정한다.

★★★

3 이용사 또는 미용사의 면허를 받지 아니한 자 중 이용사 또는 미용사 업무에 종사할 수 있는 자는?

① 이·미용 업무에 숙달된 자로 이·미용사 자격증이 없는 자
② 이·미용사로서 업무정지 처분 중에 있는 자
③ 이·미용업소에서 이·미용사의 감독을 받아 이·미용업무를 보조하고 있는 자
④ 학원 설립·운영에 관한 법률에 의하여 설립된 학원에서 3월 이상 이용 또는 미용에 관한 강습을 받은 자

미용사의 감독을 받아 미용 업무의 보조를 행하는 경우에는 면허가 없어도 된다.

★★★

4 이·미용업무의 보조를 할 수 있는 자는?

① 이·미용사의 감독을 받는 자
② 이·미용사 응시자
③ 이·미용학원 수강자
④ 시·도지사가 인정한 자

미용사의 감독을 받아 미용 업무의 보조를 행하는 경우에는 면허가 없어도 된다.

★★★★

5 영업소 외의 장소에서 이용 및 미용의 업무를 할 수 있는 경우가 아닌 것은?

① 질병으로 영업소에 나올 수 없는 경우
② 혼례 직전에 이용 또는 미용을 하는 경우
③ 야외에서 단체로 이용 또는 미용을 하는 경우
④ 사회복지시설에서 봉사활동으로 이용 또는 미용을 하는 경우

★★

6 영업소 외에서의 이용 및 미용업무를 할 수 없는 경우는?

① 관할 소재 동지역 내에서 주민에게 이·미용을 하는 경우
② 질병, 기타의 사유로 인하여 영업소에 나올 수 없는 자에 대하여 미용을 하는 경우
③ 혼례나 기타 의식에 참여하는 자에 대하여 그 의식의 직전에 미용을 하는 경우
④ 특별한 사정이 있다고 인정하여 시장·군수·구청장이 인정하는 경우

★★★

7 다음 중 신고된 영업소 이외의 장소에서 이·미용 영업을 할 수 있는 곳은?

① 생산 공장
② 일반 가정
③ 일반 사무실
④ 거동이 불가한 환자 처소

정답 6 1③ 2③ 3③ 4① 5③ 6① 7④

★★★★

8 이·미용사는 영업소 외의 장소에서는 이·미용업무를 할 수 없다. 그러나 특별한 사유가 있는 경우에는 예외가 인정되는데 다음 중 특별한 사유에 해당하지 **않는** 것은?

① 질병으로 인하여 영업소에 나올 수 없는 자에 대하여 이·미용
② 혼례 기타 의식에 참여하는 자에 대하여 그 의식 직전에 행하는 이·미용
③ 긴급히 국외에 출타하려는 자에 대한 이·미용
④ 시장·군수·구청장이 특별한 사정이 있다고 인정하는 경우에 행하는 이·미용

★★★★

9 보건복지부령이 정하는 특별한 사유가 있을 시 영업소 외의 장소에서 이·미용업무를 행할 수 있다. 그 사유에 해당하지 **않는** 것은?

① 기관에서 특별히 요구하여 단체로 이·미용을 하는 경우
② 질병으로 인하여 영업소에 나올 수 없는 자에 대하여 이·미용을 하는 경우
③ 혼례에 참여하는 자에 대하여 그 의식 직전에 이·미용을 하는 경우
④ 시장·군수·구청장이 특별한 사정이 있다고 인정한 경우

★

10 이용사의 업무가 **아닌** 것은?

① 머리깎기
② 면도
③ 두피 마사지
④ 제모

07 행정지도 감독

★★

1 영업소 출입·검사 관련공무원이 영업자에게 제시해야 하는 것은?

① 주민등록증
② 위생검사 통지서
③ 위생감시 공무원증
④ 위생검사 기록부

출입·검사하는 관계공무원은 그 권한을 표시하는 증표를 지녀야 하며, 관계인에게 이를 내보여야 한다.

★★★

2 위생지도 및 개선을 명할 수 있는 대상에 해당하지 **않는** 것은?

① 공중위생영업의 종류별 시설 및 설비기준을 위반한 공중위생영업자
② 위생관리의무 등을 위반한 공중위생영업자
③ 공중위생영업의 승계규정을 위반한 자
④ 위생관리의무를 위반한 공중위생시설의 소유자

★★★

3 공중위생업자에게 개선명령을 명할 수 **없는** 것은?

① 보건복지부령이 정하는 공중위생업의 종류별 시설 및 설비기준을 위반한 경우
② 공중위생업자는 그 이용자에게 건강상 위해 요인이 발생하지 아니하도록 영업 관련 시설 및 설비를 위생적이고 안전하게 관리해야 하는 위생관리 의무를 위반한 경우
③ 면도기는 1회용 면도날만을 손님 1인에 한하여 사용한 경우
④ 이·미용기구는 소독을 한 기구와 소독을 하지 아니한 기구로 분리하여 보관해야 하는 위생관리 의무를 위반한 경우

③은 옳은 사항이므로 개선명령을 명할 필요가 없다.

정답 8③ 9① 10④ 7 1③ 2③ 3③

★★★

4 공익상 또는 선량한 풍속유지를 위하여 필요하다고 인정하는 경우에 이·미용업의 영업시간 및 영업행위에 관한 필요한 제한을 할 수 있는 자는?

① 관련 전문기관 및 단체장
② 보건복지부장관
③ 시·도지사
④ 시장·군수·구청장

시·도지사는 공익상 또는 선량한 풍속을 유지하기 위하여 필요하다고 인정하는 때에는 공중위생영업자 및 종사원에 대하여 영업시간 및 영업행위에 관한 필요한 제한을 할 수 있다.

★★★★

5 공중위생영업자가 위생관리 의무사항을 위반한 때의 당국의 조치사항으로 옳은 것은?

① 영업정지
② 자격정지
③ 업무정지
④ 개선명령

시·도지사 또는 시장·군수·구청장은 다음에 해당하는 자에 대하여 즉시 또는 일정한 기간을 정하여 그 개선을 명할 수 있다.
- 공중위생영업의 종류별 시설 및 설비기준을 위반한 공중위생영업자
- 위생관리의무 등을 위반한 공중위생영업자
- 위생관리의무를 위반한 공중위생시설의 소유자 등

★★

6 공중 이용시설의 위생관리 규정을 위반한 시설의 소유자에게 개선명령을 할 때 명시하여야 할 것에 해당되는 것은?(모두 고를 것)

㉠ 위생관리기준	㉡ 개선 후 복구 상태
㉢ 개선기간	㉣ 발생된 오염물질의 종류

① ㉠, ㉢
② ㉡, ㉣
③ ㉠, ㉢, ㉣
④ ㉠, ㉡, ㉢, ㉣

개선명령 시의 명시사항
위생관리기준, 발생된 오염물질의 종류, 오염허용기준을 초과한 정도, 개선기간

★★

7 공중위생업소가 의료법을 위반하여 폐쇄명령을 받았다. 최소한 몇 월의 기간이 경과되어야 동일 장소에서 동일 영업이 가능한가?

① 3　② 6　③ 9　④ 12

같은 종류의 영업 금지
① 영업소 불법카메라 설치 조항, 성매매알선 등 행위의 처벌에 관한 법률, 아동 · 청소년의 성보호에 관한 법률, 풍속영업의 규제에 관한 법률, 청소년 보호법을 위반하여 영업소 폐쇄명령을 받은 자는 2년 경과 후 같은 종류의 영업 가능
② 위 ① 외의 법률을 위반하여 영업소 폐쇄명령을 받은 자는 1년 경과 후 같은 종류의 영업 가능
③ 위 ①의 법률을 위반하여 영업소 폐쇄명령을 받은 영업장소에서는 1년 경과 후 같은 종류의 영업 가능
④ 위 ① 외의 법률을 위반하여 영업소 폐쇄명령을 받은 영업장소에서는 6개월 경과 후 같은 종류의 영업 가능

★★★

8 다음 (　) 안에 알맞은 내용은?

> 이 · 미용업 영업자가 공중위생관리법을 위반하여 관계 행정기관의 장의 요청이 있는 때에는 (　) 이내의 기간을 정하여 영업의 정지 또는 일부시설의 사용중지 혹은 영업소 폐쇄 등을 명할 수 있다.

① 3개월　② 6개월
③ 1년　④ 2년

★★★

9 이·미용 영업소 폐쇄의 행정처분을 받고도 계속하여 영업을 할 때에는 당해 영업소에 대하여 어떤 조치를 할 수 있는가?

① 폐쇄 행정처분 내용을 재통보한다.
② 언제든지 폐쇄 여부를 확인만 한다.
③ 당해 영업소 출입문을 폐쇄하고, 벌금을 부과한다.
④ 당해 영업소가 위법한 영업소임을 알리는 게시물 등을 부착한다.

영업소 폐쇄 조치
- 당해 영업소의 간판 기타 영업표지물의 제거
- 당해 영업소가 위법한 영업소임을 알리는 게시물 등의 부착
- 영업을 위하여 필수불가결한 기구 또는 시설물을 사용할 수 없게 하는 봉인

chapter 04

정답 4③ 5④ 6③ 7② 8② 9④

★★★ □□□

10 영업소의 폐쇄명령을 받고도 계속하여 영업을 하는 때에 관계공무원으로 하여금 영업소를 폐쇄할 수 있도록 조치를 하게 할 수 있는 자는?

① 보건복지부장관 ② 시·도지사
③ 시장·군수·구청장 ④ 보건소장

시장·군수·구청장은 공중위생영업자가 영업소 폐쇄 명령을 받고도 계속하여 영업을 하는 때에는 관계공무원으로 하여금 당해 영업소를 폐쇄하기 위하여 조치를 하게 할 수 있다.

★★★★ □□□

11 영업소의 폐쇄명령을 받고도 계속하여 영업을 하는 때에 영업소를 폐쇄하기 위해 관계공무원이 행할 수 있는 조치가 아닌 것은?

① 영업소의 간판 기타 영업표지물의 제거
② 위법한 영업소임을 알리는 게시물 등의 부착
③ 영업을 위하여 필수불가결한 기구 또는 시설물을 사용할 수 없게 하는 봉인
④ 출입문의 봉쇄

★★★ □□□

12 영업소 폐쇄명령을 받고도 계속하여 영업을 하는 경우 해당 공무원으로 하여금 당해 영업소를 폐쇄하기 위하여 할 수 있는 조치가 아닌 것은?

① 당해 영업소의 간판 기타 영업표지물의 제거
② 당해 영업소가 위법한 것임을 알리는 게시물 등의 부착
③ 영업을 위하여 필수불가결한 기구 또는 시설물을 이용할 수 없게 하는 봉인
④ 영업시설물의 철거

★★★★ □□□

13 영업허가 취소 또는 영업장 폐쇄명령을 받고도 계속하여 이·미용 영업을 하는 경우에 시장, 군수, 구청장이 취할 수 있는 조치가 아닌 것은?

① 당해 영업소의 간판 기타 영업표지물의 제거 및 삭제
② 당해 영업소가 위법한 것임을 알리는 게시물 등의 부착
③ 영업을 위하여 필수불가결한 기구 또는 시설물 봉인
④ 당해 영업소의 업주에 대한 손해 배상 청구

★★★ □□□

14 이·미용 영업소 폐쇄의 행정처분을 한 때에는 당해 영업소에 대하여 어떻게 조치하는가?

① 행정처분 내용을 통보만 한다.
② 언제든지 폐쇄 여부를 확인만 한다.
③ 행정처분 내용을 행정처분 대장에 기록, 보관만 하게 된다.
④ 영업소 폐쇄의 행정처분을 받은 업소임을 알리는 게시물 등을 부착한다.

★★★ □□□

15 대통령령이 정하는 바에 의하여 관계전문기관 등에 공중위생관리 업무의 일부를 위탁할 수 있는 자는?

① 시·도지사 ② 시장·군수·구청장
③ 보건복지부장관 ④ 보건소장

★★★ □□□

16 위생서비스 평가의 전문성을 높이기 위하여 필요하다고 인정하는 경우에 관련 전문기관 및 단체로 하여금 위생 서비스 평가를 실시하게 할 수 있는 자는?

① 시장·군수·구청장 ② 대통령
③ 보건복지부장관 ④ 시·도지사

★★★ □□□

17 공중위생영업소의 위생관리수준을 향상시키기 위하여 위생서비스 평가계획을 수립하는 자는?

① 대통령
② 보건복지부장관
③ 시·도지사
④ 공중위생관련협회 또는 단체

정답 10 ③ 11 ④ 12 ④ 13 ④ 14 ④ 15 ③ 16 ① 17 ③

★

18 공중위생감시원의 자격·임명·업무·범위 등에 필요한 사항을 정한 것은?

① 법률
② 대통령령
③ 보건복지부령
④ 당해 지방자치단체 조례

공중위생감시원의 자격·임명·업무범위 기타 필요한 사항은 대통령령으로 정한다.

★★★

19 이용 또는 미용의 영업자에게 공중위생에 관하여 필요한 보고 및 출입·검사 등을 할 수 있게 하는 자가 아닌 것은?

① 보건복지부장관 ② 구청장
③ 시·도지사 ④ 시장

★★★

20 시·도지사 또는 시장·군수·구청장은 공중위생관리상 필요하다고 인정하는 때에 공중위생영업자 등에 대하여 필요한 조치를 취할 수 있다. 이 조치에 해당하는 것은?

① 보고 ② 청문
③ 감독 ④ 협의

시·도지사 또는 시장·군수·구청장의 권한

- 공중위생관리상 필요하다고 인정하는 때에는 공중위생영업자 및 공중이용시설의 소유자 등에 대하여 필요한 보고를 하게 함.
- 소속공무원으로 하여금 영업소·사무소·공중이용시설 등에 출입하여 공중위생영업자의 위생관리의무이행 및 공중이용시설의 위생관리실태 등에 대하여 검사하게 함.
- 필요에 따라 공중위생영업장부나 서류의 열람 가능

★★★

21 공중위생영업소의 위생관리수준을 향상시키기 위하여 위생 서비스 평가계획을 수립하여야 하는 자는?

① 안전행정부장관 ② 보건복지부장관
③ 시·도지사 ④ 시장·군수·구청장

★★★

22 이·미용업 영업소에 대하여 위생관리의무 이행 검사 권한을 행사할 수 없는 자는?

① 도 소속 공무원
② 국세청 소속 공무원
③ 시·군·구 소속 공무원
④ 특별시·광역시 소속 공무원

시·도지사 또는 시장·군수·구청장이 소속 공무원 중에서 임명한다.

★

23 공중위생감시원을 둘 수 없는 곳은?

① 특별시 ② 광역시·도
③ 시·군·구 ④ 읍·면·동

관계 공무원의 업무를 행하게 하기 위하여 특별시·광역시·도 및 시·군·구(자치구에 한한다)에 공중위생감시원을 둔다.

★★★

24 공중위생감시원의 자격에 해당되지 않는 자는?

① 위생사 자격증이 있는 자
② 대학에서 미용학을 전공하고 졸업한 자
③ 외국에서 환경기사의 면허를 받은 자
④ 1년 이상 공중위생 행정에 종사한 경력이 있는 자

chapter 04

★★★

25 공중위생감시원에 관한 설명으로 틀린 것은?

① 특별시·광역시·도 및 시·군·구에 둔다.
② 위생사 또는 환경기사 2급 이상의 자격증이 있는 소속 공무원 중에서 임명한다.
③ 자격·임명·업무범위, 기타 필요한 사항은 보건복지부령으로 정한다.
④ 위생지도 및 개선명령 이행 여부의 확인 등의 업무가 있다.

자격·임명·업무범위, 기타 필요한 사항은 대통령령으로 정한다.

정답 18 ② 19 ① 20 ① 21 ③ 22 ② 23 ④ 24 ② 25 ③

★★★ □□□

26 다음 중 공중위생감시원의 업무범위가 **아닌** 것은?

① 공중위생영업 관련 시설 및 설비의 위생상태 확인 및 검사에 관한 사항
② 공중위생영업소의 위생서비스 수준평가에 관한 사항
③ 공중위생영업소 개설자의 위생교육 이행여부 확인에 관한 사항
④ 공중위생영업자의 위생관리의무 영업자준수 사항 이행여부의 확인에 관한 사항

공중위생감시원의 업무범위
- 시설 및 설비의 확인
- 공중위생영업 관련 시설 및 설비의 위생상태 확인·검사, 공중위생영업자의 위생관리의무 및 영업자준수사항 이행여부의 확인(①, ④)
- 규정에 의한 위생지도 및 개선명령 이행여부의 확인
- 공중위생영업소의 영업의 정지, 일부 시설의 사용중지 또는 영업소 폐쇄명령 이행여부의 확인
- 위생교육 이행 여부의 확인(③)

★★★ □□□

27 공중위생의 관리를 위한 지도, 계몽 등을 행하게 하기 위하여 둘 수 있는 것은?

① 명예공중위생감시원
② 공중위생조사원
③ 공중위생평가단체
④ 공중위생전문교육원

시·도지사는 공중위생의 관리를 위한 지도·계몽 등을 행하게 하기 위하여 명예공중위생감시원을 둘 수 있다.

★★★ □□□

28 공중위생영업자 단체의 설립에 관한 설명 중 관계가 **먼 것**은?

① 영업의 종류별로 설립한다.
② 영업의 단체이익을 위하여 설립한다.
③ 전국적인 조직을 갖는다.
④ 국민보건 향상의 목적을 갖는다.

공중위생영업자는 공중위생과 국민보건의 향상을 기하고, 그 영업의 건전한 발전을 도모하기 위하여 영업의 종류별로 전국적인 조직을 가지는 영업자단체를 설립할 수 있다.

★★★ □□□

29 다음 중 법에서 규정하는 명예공중위생감시원의 위촉대상자가 **아닌** 것은?

① 공중위생관련 협회장이 추천하는 자
② 소비자 단체장이 추천하는 자
③ 공중위생에 대한 지식과 관심이 있는 자
④ 3년 이상 공중위생 행정에 종사한 경력이 있는 공무원

명예공중위생감시원의 위촉대상자
- 공중위생에 대한 지식과 관심이 있는 자
- 소비자단체, 공중위생관련 협회 또는 단체의 소속직원 중에서 당해 단체 등의 장이 추천하는 자

★★★ □□□

30 위생영업단체의 설립 목적으로 가장 옳은 것은?

① 공중위생과 국민보건 향상을 기하고 영업종류별 조직을 확대하기 위하여
② 국민보건의 향상을 기하고 공중위생 영업자의 정치·경제적 목적을 향상시키기 위하여
③ 영업의 건전한 발전을 도모하고 공중위생 영업의 종류별 단체의 이익을 옹호하기 위하여
④ 공중위생과 국민보건 향상을 기하고 영업의 건전한 발전을 도모하기 위하여

공중위생영업자는 공중위생과 국민보건의 향상을 기하고 그 영업의 건전한 발전을 도모하기 위하여 영업의 종류별로 전국적인 조직을 가지는 영업자 단체를 설립할 수 있다.

★★★ □□□

31 공중위생감시원의 업무 중 **틀린** 것은?

① 이·미용업의 개선 향상에 필요한 조사 연구 및 지도
② 공중위생영업 관련 시설 및 설비의 위생 상태 확인 검사
③ 위생교육 이행 여부의 확인
④ 위생지도 및 개선명령 이행여부 확인

공중위생감시원의 업무
- 공중위생관리업의 시설 및 설비의 확인
- 위생상태 확인 및 검사
- 위생관리의무 및 영업자 준수사항 이행여부의 확인
- 위생지도 및 개선명령 이행여부의 확인

정답 26 ② 27 ① 28 ② 29 ④ 30 ④ 31 ①

★★★

32 공중위생감시원 업무범위에 **해당되지 않는** 것은?

① 시설 및 설비의 확인
② 시설 및 설비의 위생상태 확인·검사
③ 위생관리의무 이행여부 확인
④ 위생관리 등급 표시 부착 확인

08 업소 위생등급 및 위생교육

★★★

1 위생서비스평가의 결과에 따른 위생관리 등급은 누구에게 통보하고 이를 공표하여야 하는가?

① 해당 공중위생영업자
② 시장·군수·구청장
③ 시·도지사
④ 보건소장

시장·군수·구청장은 보건복지부령이 정하는 바에 의하여 위생서비스평가의 결과에 따른 위생관리등급을 해당 공중위생영업자에게 통보하고 이를 공표하여야 한다.

★★★★

2 다음의 위생서비스 수준의 평가에 대한 설명 중 옳은 것은?

① 평가의 전문성을 높이기 위해 관련 전문기관 및 단체로 하여금 평가를 실시하게 할 수 있다.
② 평가주기는 3년마다 실시한다.
③ 평가주기와 방법, 위생관리등급은 대통령령으로 정한다.
④ 위생관리 등급은 2개 등급으로 나뉜다.

② 평가주기는 2년마다 실시한다.
③ 평가주기와 방법, 위생관리등급은 보건복지부령으로 정한다.
④ 위생관리 등급은 3개 등급으로 나뉜다.

★★★

3 위생관리 등급 공표사항으로 **틀린** 것은?

① 시장·군수·구청장은 위생서비스 평가결과에 따른 위생 관리등급을 공중위생영업자에게 통보하고 공표한다.
② 공중위생영업자는 통보받은 위생관리등급의 표지를 영업소 출입구에 부착할 수 있다.
③ 시장, 군수, 구청장은 위생서비스 결과에 따른 위생 관리등급 우수업소에는 위생감시를 면제할 수 있다.
④ 시장, 군수, 구청장은 위생서비스평가의 결과에 따른 위생관리등급별로 영업소에 대한 위생감시를 실시하여야 한다.

시·도지사 또는 시장·군수·구청장은 위생서비스평가의 결과 위생서비스의 수준이 우수하다고 인정되는 영업소에 대하여 포상을 실시할 수 있다.

★★★

4 위생서비스 평가의 결과에 따른 조치에 **해당되지 않는** 것은?

① 이·미용업자는 위생관리 등급 표지를 영업소 출입구에 부착할 수 있다.
② 시·도지사는 위생서비스의 수준이 우수하다고 인정되는 영업소에 대한 포상을 실시할 수 있다.
③ 시장·군수는 위생관리 등급별로 영업소에 대한 위생 감시를 실시할 수 있다.
④ 구청장은 위생관리 등급의 결과를 세무서장에게 통보할 수 있다.

위생관리 등급의 결과는 해당 공중위생영업자에게 통보한다.

chapter 04

정답 32 ④ 8 1 ① 2 ① 3 ③ 4 ④

★★★★★ □□□

5 공중위생영업소 위생관리 등급의 구분에 있어 최우수 업소에 내려지는 등급은 다음 중 어느 것인가?

① 백색등급 ② 황색등급
③ 녹색등급 ④ 청색등급

위생관리등급의 구분(보건복지부령)

구분	등급
최우수업소	녹색등급
우수업소	황색등급
일반관리대상 업소	백색등급

★★★★ □□□

6 공중위생영업소의 위생서비스수준의 평가는 몇 년마다 실시하는가?

① 4년 ② 2년
③ 6년 ④ 5년

★★★ □□□

7 공중위생서비스평가를 위탁받을 수 있는 기관은?

① 보건소
② 동사무소
③ 소비자단체
④ 관련 전문기관 및 단체

시장·군수·구청장은 위생서비스평가의 전문성을 높이기 위하여 필요하다고 인정하는 경우에는 관련 전문기관 및 단체로 하여금 위생서비스평가를 실시하게 할 수 있다.

★★★ □□□

8 위생서비스평가의 결과에 따른 위생관리등급별로 영업소에 대한 위생 감시를 실시할 때의 기준이 아닌 것은?

① 위생교육 실시 횟수
② 영업소에 대한 출입·검사
③ 위생 감시의 실시 주기
④ 위생 감시의 실시 횟수

위생 감시의 기준
- 영업소에 대한 출입·검사
- 위생 감시의 실시 주기 및 횟수 등

★★★ □□□

9 보건복지부장관은 공중위생관리법에 의한 권한의 일부를 무엇이 정하는 바에 의해 시·도지사에게 위임할 수 있는가?

① 대통령령
② 보건복지부령
③ 공중위생관리법 시행규칙
④ 안전행정부령

★★★★★ □□□

10 이·미용업의 업주가 받아야 하는 위생교육 기간은 몇 시간인가?

① 매년 3시간 ② 분기별 3시간
③ 매년 6시간 ④ 분기별 6시간

★★★★★ □□□

11 부득이한 사유가 없는 한 공중위생영업소를 개설할 자는 언제 위생교육을 받아야 하는가?

① 영업개시 후 2월 이내
② 영업개시 후 1월 이내
③ 영업개시 전
④ 영업개시 후 3월 이내

★★★ □□□

12 관련법상 이·미용사의 위생교육에 대한 설명 중 옳은 것은?

① 위생교육 대상자는 이·미용업 영업자이다.
② 위생교육 대상자에는 이·미용사의 면허를 가지고 이·미용업에 종사하는 모든 자가 포함된다.
③ 위생교육은 시·군·구청장만이 할 수 있다.
④ 위생교육 시간은 매년 4시간이다.

② 위생교육 대상자는 이·미용업에 종사하는 자가 아니라 신고하고자 하는 영업자이다.
③ 위생교육은 보건복지부장관이 허가한 단체 또는 공중위생 영업자단체가 실시할 수 있다.
④ 위생교육 시간은 매년 3시간이다.

정답 5 ③ 6 ② 7 ④ 8 ① 9 ① 10 ① 11 ③ 12 ①

★★★ □□□

13 공중위생관리법상의 위생교육에 대한 설명 중 옳은 것은?

① 위생교육 대상자는 이·미용업 영업자이다.
② 위생교육 대상자는 이·미용사이다.
③ 위생교육 시간은 매년 8시간이다.
④ 위생교육은 공중위생관리법 위반자에 한하여 받는다.

②, ④ 위생교육 대상자는 영업을 위해 신고를 하고자 하는 자이다.
③ 위생교육 시간은 매년 3시간이다.

★★★★ □□□

14 보건복지부령으로 정하는 위생교육을 반드시 받아야 하는 자에 해당되지 **않는** 것은?

① 공중위생관리법에 의한 명령을 위반한 영업소의 영업주
② 공중위생영업의 신고를 하고자 하는 자
③ 공중위생영업소에 종사하는 자
④ 공중위생영업을 승계한 자

공중위생영업소에 종사하는 자는 위생교육 대상자가 아니다.

★★★★ □□□

15 이·미용업 종사자로 위생교육을 받아야 하는 자는?

① 공중위생 영업에 종사자로 처음 시작하는 자
② 공중위생 영업에 6개월 이상 종사자
③ 공중위생 영업에 2년 이상 종사자
④ 공중위생 영업을 승계한 자

위생교육 대상자는 이·미용업 종사자가 아니라 영업을 하기 위해 신고하려는 자이다.

★★★★ □□□

16 위생교육 대상자가 **아닌** 것은?

① 공중위생영업의 신고를 하고자 하는 자
② 공중위생영업을 승계한 자
③ 공중위생영업자
④ 면허증 취득 예정자

★★★ □□□

17 위생교육에 대한 설명으로 **틀린** 것은?

① 공중위생 영업자는 매년 위생교육을 받아야 한다.
② 위생교육 시간은 3시간으로 한다.
③ 위생교육에 관한 기록을 1년 이상 보관·관리하여야 한다.
④ 위생교육을 받지 아니한 자는 200만원 이하의 과태료에 처한다.

위생교육에 관한 기록을 2년 이상 보관·관리하여야 한다.

★★★ □□□

18 위생교육을 실시한 전문기관 또는 단체가 교육에 관한 기록을 보관·관리하여야 하는 기간은?

① 1월 ② 6월
③ 1년 ④ 2년

★★★ □□□

19 위생교육에 대한 내용 중 **틀린** 것은?

① 위생교육을 받은 자가 위생교육을 받은 날부터 1년 이내에 위생교육을 받은 업종과 같은 업종의 변경을 하려는 경우에는 해당 영업에 대한 위생교육을 받은 것으로 본다.
② 위생교육의 내용은 공중위생관리법 및 관련법규, 소양교육, 기술교육, 그 밖에 공중위생에 관하여 필요한 내용으로 한다.
③ 영업신고 전에 위생교육을 받아야 하는 자 중 천재지변, 본인의 질병, 사고, 업무상 국외출장 등의 사유로 교육을 받을 수 있다.
④ 위생교육실시 단체는 교육교재를 편찬하여 교육대상자에게 제공해야 한다.

위생교육을 받은 자가 위생교육을 받은 날부터 2년 이내에 위생교육을 받은 업종과 같은 업종의 영업을 하려는 경우에는 해당 영업에 대한 위생교육을 받은 것으로 본다.

정답 13 ① 14 ③ 15 ④ 16 ④ 17 ③ 18 ④ 19 ①

chapter 04

09 행정처분, 벌칙, 양벌규정 및 과태료

★★★

1 이·미용사 면허가 일정기간 정지되거나 취소되는 경우는?

① 영업하지 아니한 때
② 해외에 장기 체류 중일 때
③ 다른 사람에게 대여해주었을 때
④ 교육을 받지 아니한 때

면허증을 다른 사람에게 대여한 때의 행정처분기준
- 1차 위반 : 면허정지 3개월
- 2차 위반 : 면허정지 6개월
- 3차 위반 : 면허취소

★★★★

2 이·미용 영업소에서 1회용 면도날을 손님 2인에게 사용한 때의 1차 위반 시 행정처분은?

① 시정명령 ② 개선명령
③ 경고 ④ 영업정지 5일

- 1차 위반 : 경고
- 2차 위반 : 영업정지 5일
- 3차 위반 : 영업정지 10일
- 4차 위반 : 영업장 폐쇄명령

★★★

3 행정처분사항 중 1차 처분이 경고에 해당하는 것은?

① 귓볼 뚫기 시술을 한 때
② 시설 및 설비기준을 위반한 때
③ 신고를 하지 아니하고 영업소 소재를 변경한 때
④ 1회용 면도날을 2인 이상의 손님에게 사용한 경우

① 영업정지 2개월, ② 개선명령, ③ 영업정지 1개월

★★★★★

4 신고를 하지 않고 영업소 명칭(상호)을 바꾼 경우에 대한 1차 위반 시의 행정처분은?

① 주의 ② 경고 또는 개선명령
③ 영업정지 15일 ④ 영업정지 1개월

- 1차 위반 : 경고 또는 개선명령

★★★

5 이·미용업 영업자가 업소 내 조명도를 준수하지 않았을 때에 대한 1차 위반 시 행정처분 기준은?

① 개선명령 또는 경고
② 영업정지 5일
③ 영업정지 10일
④ 영업정지 15일

1차 위반 : 경고 또는 개선명령

★★★★

6 1회용 면도날을 2인 이상의 손님에게 사용한 때에 대한 1차 위반 시 행정처분 기준은?

① 시정명령 ② 경고
③ 영업정지 5일 ④ 영업정지 10일

- 1차 위반 : 경고

★★★

7 이·미용 영업소 안에 면허증 원본을 게시하지 않은 경우 1차 행정처분 기준은?

① 경고 또는 개선명령
② 영업정지 5일
③ 영업정지 10일
④ 영업정지 15일

- 1차 위반 : 경고 또는 개선명령

★★★

8 소독을 한 기구와 소독을 하지 아니한 기구를 각각 다른 용기에 넣어 보관하지 아니한 때에 대한 2차 위반 시의 행정처분 기준에 해당하는 것은?

① 경고
② 영업정지 5일
③ 영업정지 10일
④ 영업장 폐쇄명령

- 1차 위반 : 경고
- 2차 위반 : 영업정지 5일

정답 9 1③ 2③ 3④ 4② 5① 6② 7① 8②

★★★

9 1회용 면도날을 2인 이상의 손님에게 사용한 때에 대한 2차 위반 시 행정처분 기준은?

① 시정명령 ② 경고
③ 영업정지 5일 ④ 영업정지 10일

- 1차 위반 : 경고
- 2차 위반 : 영업정지 5일

★★★

10 신고를 하지 않고 이·미용업소의 면적을 3분의 1 이상 변경한 때의 1차 위반 행정처분 기준은?

① 경고 또는 개선명령
② 영업정지 15일
③ 영업정지 1개월
④ 영업장 폐쇄명령

- 1차 위반 : 경고 또는 개선명령

★★★

11 이·미용업 영업소에서 손님에게 음란한 물건을 관람·열람하게 한 때에 대한 1차 위반 시 행정처분 기준은?

① 영업정지 15일 ② 영업정지 1개월
③ 영업장 폐쇄명령 ④ 경고

- 1차 위반 : 경고

★★★★

12 미용사가 손님에게 도박을 하게 했을 때 2차 위반 시 적절한 행정처분 기준은?

① 영업정지 15일
② 영업정지 1개월
③ 영업정지 2개월
④ 영업장 폐쇄명령

- 1차 위반 : 영업정지 1개월
- 2차 위반 : 영업정지 2개월

★★★

13 영업소에서 무자격 안마사로 하여금 손님에게 안마행위를 하였을 때 1차 위반 시 행정처분은?

① 경고
② 영업정지 15일
③ 영업정지 1개월
④ 영업장 폐쇄

- 1차 위반 : 영업정지 1개월

★★★

14 이·미용사가 이·미용업소 외의 장소에서 이·미용을 했을 때 1차 위반 행정처분 기준은?

① 영업정지 1개월
② 개선 명령
③ 영업정지 10일
④ 영업정지 20일

★★★★

15 이·미용업소에서 음란행위를 알선 또는 제공 시 영업소에 대한 1차 위반 행정처분 기준은?

① 경고
② 영업정지 1개월
③ 영업정지 3개월
④ 영업장 폐쇄명령

구분	1차 위반	2차 위반
영업소	영업정지 3월	영업장 폐쇄명령
미용사(업주)	면허정지 3월	면허취소

★★★

16 미용업자가 점빼기, 귓볼뚫기, 쌍꺼풀수술, 문신, 박피술 기타 이와 유사한 의료행위를 하여 1차 위반했을 때의 행정처분은 다음 중 어느 것인가?

① 면허취소 ② 경고
③ 영업장 폐쇄명령 ④ 영업정지 2개월

- 1차 위반 : 영업정지 2개월

정답 9 ③ 10 ① 11 ④ 12 ③ 13 ③ 14 ① 15 ③ 16 ④

★★★★

17 이·미용사의 면허증을 대여한 때의 1차 위반 행정처분 기준은?

① 면허정지 3개월
② 면허정지 6개월
③ 영업정지 3개월
④ 영업정지 6개월

- 1차 위반 : 면허정지 3개월
- 2차 위반 : 면허정지 6개월
- 3차 위반 : 면허취소

★★

18 이·미용업에 있어 위반행위의 차수에 따른 행정처분 기준은 최근 어느 기간 동안 같은 위반행위로 행정처분을 받은 경우에 적용하는가?

① 6개월 ② 1년
③ 2년 ④ 3년

★★★

19 1차 위반 시의 행정처분이 면허취소가 아닌 것은?

① 국가기술자격법에 의하여 이·미용사 자격이 취소된 때
② 공중의 위생에 영향을 미칠 수 있는 감염병환자로서 보건복지부령이 정하는 자
③ 면허정지처분을 받고 그 정지 기간 중 업무를 행한 때
④ 국가기술자격법에 의하여 미용사자격 정지처분을 받을 때

국가기술자격법에 의하여 미용사자격 정지처분을 받을 때 1차 위반 시 면허정지의 행정처분을 받게 된다.

★★

20 공중위생영업자가 풍속관련법령 등 다른 법령에 위반하여 관계 행정기관장의 요청이 있을 때 당국이 취할 수 있는 조치사항은?

① 개선명령
② 국가기술자격 취소
③ 일정기간 동안의 업무정지
④ 6월 이내 기간의 영업정지

★★★★

21 이·미용사가 면허정지 처분을 받고 업무 정지 기간 중 업무를 행한 때 1차 위반 시 행정처분 기준은?

① 면허정지 3월
② 면허정지 6월
③ 면허취소
④ 영업장 폐쇄

1차 위반 시 면허취소가 되는 경우
- 국가기술자격법에 따라 미용사 자격이 취소된 때
- 결격사유에 해당한 때
- 이중으로 면허를 취득한 때
- 면허정지처분을 받고 그 정지기간 중 업무를 행한 때

★★★

22 국가기술자격법에 의하여 이·미용사 자격이 취소된 때의 행정처분은?

① 면허취소
② 업무정지
③ 50만원 이하의 과태료
④ 경고

★★★

23 이중으로 이·미용사 면허를 취득한 때의 1차 행정처분 기준은?

① 영업정지 15일
② 영업정지 30일
③ 영업정지 6월
④ 나중에 발급받은 면허의 취소

★★★★

24 미용업 영업소에서 영업정지처분을 받고 그 영업정지 중 영업을 한 때에 대한 1차 위반 시의 행정처분 기준은?

① 영업정지 1개월
② 영업정지 3개월
③ 영업장 폐쇄 명령
④ 면허취소

정답 17 ① 18 ② 19 ④ 20 ④ 21 ③ 22 ① 23 ④ 24 ③

★★★★ □□□

25 영업신고를 하지 아니하고 영업소의 소재지를 변경한 때 3차 위반 행정처분 기준은?

① 경고 ② 면허정지
③ 면허취소 ④ 영업장 폐쇄명령

★★★ □□□

26 이·미용사가 이·미용업소 외의 장소에서 이·미용을 한 경우 3차 위반 행정처분 기준은?

① 영업장 폐쇄명령 ② 영업정지 10일
③ 영업정지 1월 ④ 영업정지 2월

- 1차 위반 : 영업정지 1개월
- 2차 위반 : 영업정지 2개월
- 3차 위반 : 영업장 폐쇄명령

★★★ □□□

27 일부시설의 사용중지 명령을 받고도 그 기간 중에 그 시설을 사용한 자에 대한 벌칙은?

① 3년 이하의 징역 또는 3천만원 이하의 벌금
② 2년 이하의 징역 또는 2백만원 이하의 벌금
③ 1년 이하의 징역 또는 1천만원 이하의 벌금
④ 5백만원 이하의 벌금

★★★ □□□

28 다음 위법사항 중 가장 무거운 벌칙기준에 해당하는 자는?

① 신고를 하지 아니하고 영업한 자
② 변경신고를 하지 아니하고 영업한 자
③ 면허정지처분을 받고 그 정지 기간 중 업무를 행한 자
④ 관계 공무원 출입, 검사를 거부한 자

위법사항에 따른 벌칙 및 과태료

구분	벌칙 및 과태료
신고하지 않고 영업한 자	1년 이하의 징역 또는 1천만원 이하의 벌금
변경신고를 하지 않고 영업한 자	6월 이하의 징역 또는 500만원 이하의 벌금
면허정지처분을 받고 그 정지기간 중 업무를 행한 자	300만원 이하의 벌금
관계 공무원 출입·검사를 거부한 자	300만원 이하의 과태료

★★★ □□□

29 공중위생관리법에 규정된 벌칙으로 1년 이하의 징역 또는 1천만원 이하의 벌금에 해당하는 것은?

① 영업정지명령을 받고도 그 기간 중에 영업을 행한 자
② 변경신고를 하지 아니한 자
③ 공중위생영업자의 지위를 승계하고도 변경신고를 아니한 자
④ 건전한 영업질서를 위반하여 공중위생영업자가 지켜야 할 사항을 준수하지 아니한 자

②, ③, ④ : 6월 이하의 징역 또는 500만원 이하의 벌금

★★★ □□□

30 이·미용 영업의 영업정지 기간 중에 영업을 한 자에 대한 벌칙은?

① 2년 이하의 징역 또는 1,000만원 이하의 벌금
② 2년 이하의 징역 또는 300만원 이하의 벌금
③ 1년 이하의 징역 또는 1,000만원 이하의 벌금
④ 1년 이하의 징역 또는 300만원 이하의 벌금

★★★ □□□

31 이·미용사의 면허증을 다른 사람에게 대여한 때의 법적 행정처분 조치 사항으로 옳은 것은?

① 시·도지사가 그 면허를 취소하거나 6월 이내의 기간을 정하여 업무정지를 명할 수 있다.
② 시·도지사가 그 면허를 취소하거나 1년 이내의 기간을 정하여 업무정지를 명할 수 있다.
③ 시장, 군수, 구청장은 그 면허를 취소하거나 6월 이내의 기간을 정하여 업무정지를 명할 수 있다.
④ 시장, 군수, 구청장은 그 면허를 취소하거나 1년 이내의 기간을 정하여 업무정지를 명할 수 있다.

chapter 04

정답 25 ④ 26 ① 27 ③ 28 ① 29 ① 30 ③ 31 ③

★★★★ □□□

32 건전한 영업질서를 위하여 공중위생영업자가 준수하여야 할 사항을 준수하지 아니한 자에 대한 벌칙 기준은?

① 1년 이하의 징역 또는 1천만원 이하의 벌금
② 6월 이하의 징역 또는 500만원 이하의 벌금
③ 3월 이하의 징역 또는 300만원 이하의 벌금
④ 300만원의 과태료

★★★★ □□□

33 영업소의 폐쇄명령을 받고도 영업을 하였을 시에 대한 벌칙기준은?

① 2년 이하의 징역 또는 3천만원 이하의 벌금
② 1년 이하의 징역 또는 1천만원 이하의 벌금
③ 200만원 이하의 벌금
④ 100만원 이하의 벌금

★★★ □□□

34 다음 사항 중 1년 이하의 징역 또는 1천만원 이하의 벌금에 처할 수 있는 것은?

① 이·미용업 허가를 받지 아니하고 영업을 한 자
② 이·미용업 신고를 하지 아니하고 영업을 한 자
③ 음란행위를 알선 또는 제공하거나 이에 대한 손님의 요청에 응한 자
④ 면허 정지 기간 중 영업을 한 자

---

③ 면허정지 또는 취소
④ 300만원 이하의 벌금

★★★ □□□

35 영업자의 지위를 승계한 자로서 신고를 하지 아니하였을 경우 해당하는 처벌기준은?

① 1년 이하의 징역 또는 1천만원 이하의 벌금
② 6월 이하의 징역 또는 500만원 이하의 벌금
③ 200만원 이하의 벌금
④ 100만원 이하의 벌금

★★★ □□□

36 이용사 또는 미용사가 아닌 사람이 이용 또는 미용의 업무에 종사할 때에 대한 벌칙은?

① 1년 이하의 징역 또는 1천만원 이하의 벌금
② 6월 이하의 징역 또는 5백만원 이하의 벌금
③ 300만원 이하의 벌금
④ 100만원 이하의 벌금

★★★★ □□□

37 이·미용의 면허가 취소된 후 계속하여 업무를 행한 자에 대한 벌칙사항은?

① 6월 이하의 징역 또는 300만원 이하의 벌금
② 500만원 이하의 벌금
③ 300만원 이하의 벌금
④ 200만원 이하의 벌금

★★★ □□□

38 이용사 또는 미용사의 면허를 받지 아니한 자가 이·미용 영업업무를 행하였을 때의 벌칙사항은?

① 6월 이하의 징역 또는 500만원 이하의 벌금
② 300만원 이하의 벌금
③ 500만원 이하의 벌금
④ 400만원 이하의 벌금

★★★ □□□

39 법인의 대표자나 법인 또는 개인의 대리인, 사용인 기타 총괄하여 그 법인 또는 개인의 업무에 관하여 벌금형에 행하는 위반행위를 한 때에 행위자를 벌하는 외에 그 법인 또는 개인에 대하여도 동조의 벌금형을 과하는 것을 무엇이라 하는가?

① 벌금
② 과태료
③ 양벌규정
④ 과징금

정답 32 ② 33 ② 34 ② 35 ② 36 ③ 37 ③ 38 ② 39 ③

★★★

40 과태료는 누가 부과 징수하는가?

① 행정자치부장관
② 시·도지사
③ 시장·군수·구청장
④ 세무서장

과태료는 시장·군수·구청장이 부과·징수한다.

★★★★

41 관계공무원의 출입·검사 기타 조치를 거부·방해 또는 기피했을 때의 과태료 부과기준은?

① 300만원 이하
② 200만원 이하
③ 100만원 이하
④ 50만원 이하

- 과태료 부과 기준 – 300만원 이하
- 행정처분 기준 – 1차 위반 : 영업정지 10일, 2차 위반 : 영업정지 20일, 3차 위반 : 영업정지 1개월, 4차 위반 : 영업장 폐쇄명령

★★★

42 이·미용 영업자가 이·미용사 면허증을 영업소 안에 게시하지 않아 당국으로부터 개선명령을 받았으나 이를 위반한 경우의 법적 조치는?

① 100만원 이하의 벌금
② 100만원 이하의 과태료
③ 200만원 이하의 벌금
④ 300만원 이하의 과태료

★★★

43 다음 중 과태료 처분 대상에 해당되지 **않는** 자는?

① 관계공무원의 출입·검사 등 업무를 기피한 자
② 영업소 폐쇄명령을 받고도 영업을 계속한 자
③ 이·미용업소 위생관리 의무를 지키지 아니한 자
④ 위생교육 대상자 중 위생교육을 받지 아니한 자

영업소 폐쇄명령을 받고도 계속하여 영업을 한 자는 1년 이하의 징역 또는 1천만원 이하의 벌금에 처한다.

★★★★

44 공중위생영업에 종사하는 자가 위생교육을 받지 아니한 경우에 해당되는 벌칙은?

① 300만원 이하의 벌금
② 300만원 이하의 과태료
③ 200만원 이하의 벌금
④ 200만원 이하의 과태료

★★★★

45 이·미용의 업무를 영업장소 외에서 행하였을 때 이에 대한 처벌기준은?

① 3년 이하의 징역 또는 1천만원 이하의 벌금
② 500만원 이하의 과태료
③ 200만원 이하의 과태료
④ 100만원 이하의 벌금

★★★★

46 다음 중 청문을 실시하는 사항이 **아닌** 것은?

① 공중위생영업의 정지처분을 하고자 하는 경우
② 정신질환자 또는 간질병자에 해당되어 면허를 취소하고자 하는 경우
③ 공중위생영업의 일부시설의 사용중지 및 영업소 폐쇄처분을 하고자 하는 경우
④ 공중위생영업의 폐쇄처분 후 그 기간이 끝난 경우

청문을 실시하는 사항
① 면허의 취소 또는 정지 ② 공중위생영업의 정지
③ 일부 시설의 사용중지 ④ 영업소 폐쇄명령
⑤ 공중위생영업 신고사항의 직권 말소

★★★★

47 행정처분 대상자 중 중요처분 대상자에게 청문을 실시할 수 있다. 그 청문대상이 **아닌** 것은?

① 면허정지 및 면허취소
② 영업정지
③ 영업소 폐쇄 명령
④ 벌금 처벌

정답 40 ③ 41 ① 42 ④ 43 ② 44 ④ 45 ③ 46 ④ 47 ④

chapter 04

★★★★

48 이·미용 영업과 관련된 청문을 실시하여야 할 경우에 해당되는 것은?

① 폐쇄명령을 받은 후 재개업을 하려 할 때
② 공중위생영업의 일부 시설의 사용중지처분을 하고자 할 때
③ 과태료를 부과하려 할 때
④ 영업소의 간판 기타 영업표지물을 제거 처분하려 할 때

★★★★

49 이·미용업에 있어 청문을 실시하여야 하는 경우가 **아닌** 것은?

① 면허취소 처분을 하고자 하는 경우
② 면허정지 처분을 하고자 하는 경우
③ 일부시설의 사용중지 처분을 하고자 하는 경우
④ 위생교육을 받지 아니하여 1차 위반한 경우

★★★

50 다음 ( ) 안에 알맞은 것은?

> 시장·군수·구청장은 공중위생영업의 정지 또는 일부 시설의 사용중지 등의 처분을 하고자 하는 때에는 (　　)을(를) 실시하여야 한다.

① 위생서비스 수준의 평가
② 공중위생감사
③ 청문
④ 열람

★★★

51 법령 위반자에 대해 행정처분을 하고자 하는 때는 청문을 실시하여야 하는데 다음 중 청문대상이 **아닌** 것은?

① 면허를 취소하고자 할 때
② 면허를 정지하고자 할 때
③ 영업소 폐쇄명령을 하고자 할 때
④ 벌금을 책정하고자 할 때

★★

52 이·미용 영업에 있어 청문을 실시하여야 할 대상이 되는 행정처분 내용은?

① 시설개수　　② 경고
③ 시정명령　　④ 영업정지

★★★

53 다음 중 청문을 거치지 **않아도 되는** 행정처분은?

① 영업장의 개선명령
② 이·미용사의 면허취소
③ 공중위생영업의 정지
④ 영업소 폐쇄명령

★★★

54 이·미용 영업상 잘못으로 관계기관에서 청문을 하고자 하는 경우 그 대상이 **아닌** 것은?

① 면허취소
② 면허정지
③ 영업소 폐쇄
④ 1,000만원 이하 벌금

★★★

55 청문을 실시하여야 할 경우에 해당되는 것은?

① 영업소의 필수불가결한 기구의 봉인을 해제하려 할 때
② 폐쇄명령을 받은 후 폐쇄명령을 받은 영업과 같은 종류의 영업을 하려 할 때
③ 벌금을 부과 처분하려 할 때
④ 영업소 폐쇄명령을 처분하고자 할 때

정답 48 ② 49 ④ 50 ③ 51 ④ 52 ④ 53 ① 54 ④ 55 ④

Barber
Men Hairdresser Certification

CHAPTER
05

CBT시험 대비
실전모의고사

최근 출제경향을 분석한 후, 출제가능성이 높은
예상문제를 엄선하여 모의고사 6회분을 수록하였습니다.

실전모의고사 제1회

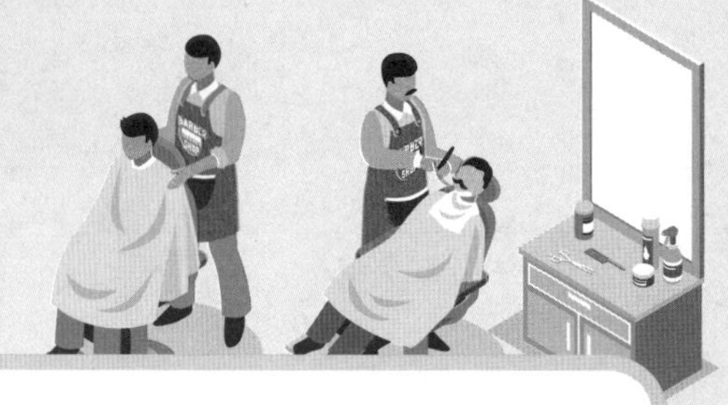

▶ 실력테스트를 위해 문제 아래 해설란을 가리고 문제를 풀어보세요.

01 모발색채이론 중 보색의 내용 중 틀린 것은?

① 보색이란 색상환에서 서로의 반대색이다.
② 빨강색과 청록색은 보색관계이다.
③ 보색은 1차색과 2차색의 관계이다.
④ 보색을 혼합하면 명도가 높아진다.

02 빗을 대고 가위를 동시에 올려치면서 커팅하는 방법은?

① 트리밍
② 싱글링
③ 슬라이싱
④ 클리핑

03 염·탈색의 유형별 특징이 틀린 것은?

① 준영구적 컬러 – 염모제 1제만 사용한다.
② 일시적 컬러 – 산화제가 필요없다.
③ 반영구적 컬러 – 산성컬러가 반영구적 컬러에 속한다.
④ 영구적 컬러 – 백모염색 시 새치 커버가 가능하다.

04 공중위생영업의 변경신고와 관련하여 영업신고증을 고쳐 쓰거나 재교부하여야 하는 중요 변경사항 기준과 거리가 가장 먼 것은?

① 대표자의 성명이나 생년월일
② 신고한 영업장 면적의 4분의 1 이상의 증감
③ 신고한 영업장의 명칭 또는 상호
④ 영업소의 주소

05 매뉴얼 테크닉의 고타법 중 손바닥을 펼쳐서 사용하는 기법은?

① 핵킹(hacking)
② 커핑(cupping)
③ 슬래핑(slapping)
④ 탭핑(tapping)

06 퍼머넌트 웨이브제의 사용방법에 따른 설명으로 "Two step wave"라고도 하며 가장 일반적으로 많이 사용하고 있는 방법으로 1단계인 환원제와 2단계인 산화제를 사용하는 것은?

① 멀티터치 ② 1욕법
③ 2욕법 ④ 싱글터치

해설

01 보색을 혼합하면 명도가 낮아진다.

02 ① 트리밍 : 형태가 이루어진 두발을 최종적으로 다듬는 것
② 싱글링 : 빗을 천천히 위쪽으로 이동시키면서 가위의 개폐를 재빨리 하여 빗에 끼어있는 두발을 잘라나가는 것
③ 슬라이싱 : 두발을 1개의 컬을 할 만큼의 양으로 갈라잡는 것
④ 클리핑 : 손상모 등의 불필요한 모발 끝을 제거하거나 삐져나온 모발을 정리하기 위하여 가볍게 손질하는 커트

03 **염·탈색의 유형별 특징**
- 일시적 컬러 : 암모니아나 산화제가 없음 / 일시적인 백모 커버
- 반영구적 컬러 : 1제만으로 구성 / 산성컬러 / 백모 10~30% 커버
- 준영구적 컬러 : 1제+2제 / 백모 50% 커버
- 영구적 컬러 : 1제+2제 / 백모 100% 커버

04 **변경신고 사항**
- 대표자의 성명 또는 생년월일
- 영업소의 명칭 또는 상호
- 영업소의 주소
- 영업장 면적의 3분의 1 이상의 증감
- 미용업 업종 간 변경

05 고타법 종류(두드림) : 슬래핑(손바닥을 이용), 커핑(손을 오목하게 하여 두드림), 해킹(손 측면을 이용한 두드림), 비팅(주먹을 가볍게 쥐고 두드림), 절타법(끊듯이 두드림)

06 • 1욕법 : 제1액(환원제)만 사용하여 웨이브를 만들고, 제2액의 작용은 산소를 이용하여 자연산화시킨다.
• 2욕법 : 제1액과 제2액을 이용하는 방법으로 가장 널리 사용

정답 01 ④ 02 ② 03 ① 04 ② 05 ③ 06 ③

07 표피의 구성세포가 아닌 것은?

① 각질형성 세포
② 섬유아 세포
③ 랑게르한스 세포
④ 머켈 세포

08 우리나라에서 암 발병자 중 사망자 수가 가장 많은 것은?

① 유방암
② 폐암
③ 췌장암
④ 자궁암

09 빗의 관리에 대한 내용으로 거리가 가장 먼 것은?

① 브러시로 털거나 비눗물로 씻는다.
② 소독은 1일 1회씩 정기적으로 하여야 한다.
③ 뼈, 뿔, 나일론 등으로 만들어진 제품은 자비소독을 하지 않는다.
④ 금속성 빗은 승홍수에 소독하지 않는다.

10 아이론 사용법이 처음으로 발표되었던 나라와 시기로 옳은 것은?

① 미국, 1900년
② 영국, 1800년
③ 프랑스, 1875년
④ 독일, 1880년

11 물에 기름을 분산시킨 유화 형태는?

① W/O/W 형태
② W/O 형태
③ O/W/O 형태
④ O/W 형태

12 간염을 일으키는 감염원은 주로 어디에 속하는가?

① 진균
② 바이러스
③ 리케차
④ 세균

13 보건기획과정의 단계가 가장 타당하게 전개된 것은?

① 환경분석 – 사정 – 평가 – 구체적 행동계획
② 환경분석 – 평가 – 목표 설정 – 구체적 행동계획
③ 전제 – 예측 – 목표 설정 – 구체적 행동계획
④ 조정 – 예측 – 목표 설정 – 구체적 행동계획

14 공중위생관리법규상 위생관리등급의 구분이 바르게 짝지어진 것은?

① 우수업소 – 백색등급
② 관리미흡대상 업소 – 적색등급
③ 일반관리대상 업소 – 황색등급
④ 최우수업소 – 녹색등급

chapter 05

07 표피의 구성세포
각질형성세포, 색소형성세포, 랑게르한스 세포, 머켈세포
※ 섬유아 세포 : 동물의 결합조직에 주로 분포

08 사망률이 가장 높은 암 순서 (2022년 기준)
폐암 > 간암 > 대장암 > 췌장암 > 위암

09 빗은 1인 1회 사용을 원칙으로 하며, 사용 후 바로 소독용기에 넣어 소독한다.
뼈, 뿔, 나일론 제품은 자비소독(끓인 물에 소독)하면 변형 우려가 크다. 승홍수는 금속을 부식시키므로 금속성 빗의 소독에 사용하지 말 것

10 아이론은 1875년 프랑스의 '마셀 그라또'에 의해 고안되었다.

11 • W/O (Water in Oil) : 오일 중에 물이 분산
• O/W (Oil in Water) : 물 중에 오일이 분산
• W/O/W : W/O형 에멀젼을 다시 물에 유화시킨 형태

12 간염을 일으키는 감염원은 바이러스다.
참고) 바이러스는 세균보다 매우 작으며, 반드시 숙주가 있어야 생존이 가능하며, 세균에 비해 치료가 어렵다.

13 보건기획은 '전제–예측–목표 설정–구체적 행동계획' 순서로 진행된다.

14 최우수업소(녹색등급), 우수업소(황색등급), 일반관리대상업소(백색등급)

정답 07 ② 08 ② 09 ② 10 ③ 11 ④ 12 ② 13 ③ 14 ④

15 고종황제와 왕자의 머리를 다음었던 우리나라 최초의 이발사는?

① 서재필
② 안종호
③ 김옥균
④ 이용복

16 건열멸균법의 적용에 가장 적합한 소독대상은?

① 타월류
② 헤어클리퍼
③ 면도기
④ 도자기류

17 감염병의 예방 및 관리에 관한 법률상 보건소를 통해 필수예방접종을 실시하여야 하는 자는?

① 의료원장
② 시장, 군수, 구청장
③ 시·도지사
④ 보건복지부 장관

18 고객의 후두부 하단에 지름 5cm 원형의 흉터가 있을 때 가장 바람직한 조발의 시작 부위는?

① 고객의 우측두부
② 고객의 전두부
③ 고객의 좌측두부
④ 고객의 후두부

19 라리느 크래시칼 커트(Laligne classical cut)란?

① 롱 커트(long cut)하여 빗으로 정발한 작품
② 미니가위를 이용하여 조발한 후 올백스타일로 정발한 작품
③ 틴닝 가위를 이용하여 조발한 뒤 브러시로 정발한 작품
④ 레이저를 이용하여 조발한 뒤 올백스타일로 브러시 정발한 작품

20 계면활성제 중 미생물의 성장을 정지·억제시켜 살균작용을 하며, 살균력이 가장 높은 것은?

① 음이온 계면활성제
② 양쪽성 계면활성제
③ 비이온 계면활성제
④ 양이온 계면활성제

21 다음 설명에 해당되는 계면활성제의 종류는?

보기

역성비누(invert soap)라고도 하며, 헤어린스, 헤어트리트먼트 등에 배합되어, 정전발생을 방지하고 빗질을 용이하게 해준다.

① 음이온성 계면활성제
② 비이온성 계면활성제
③ 양이온성 계면활성제
④ 양쪽성 계면활성제

해설

15 우리나라 최초의 이발사 : 안종호

16 **도구·기구의 소독법**
- 타월류 : 일광소독, 자비소독, 증기소독
- 헤어클리퍼 : 크레졸
- 면도 : 자외선, 알코올, 크레졸
- 금속기구, 유리기구, 도자기류 등 : 건열멸균법

17 특별자치시장·특별자치도지사 또는 시장·군수·구청장은 관할 보건소를 통하여 필수예방접종을 실시하여야 한다.

18 흉터가 가려지도록 후두부부터 조발한 후, 나머지 부위도 후두부를 기준으로 조화를 이루도록 한다.

19 'La ligne'는 '선'을 의미하는 프랑스어로, 롱 커트(long cut)하여 빗으로 정발한 스타일이다.

20 **양이온성 계면활성제**
세정력은 약하나 살균과 소독작용이 매우 우수하며, 미생물의 성장을 정지하거나 억제하는 생물학적 활성이 있다.
참고) 음이온성 : 세정작용과 기포 형성작용이 우수(비누, 샴푸 등)

21 양이온성 계면활성제는 양이온(+)성을 띠고 수중에서 음으로 하전된 모발이나 피부에 잘 흡착되어 유연성, 대전방지성, 발수성 등을 나타내므로 헤어린스, 헤어트리트먼트 등으로 사용된다.

정답 15 ② 16 ④ 17 ② 18 ④ 19 ① 20 ④ 21 ③

22 UVA와 관련한 내용으로 가장 거리가 먼 것은?

① 320~400 nm의 장파장
② 생활 자외선
③ 즉시 색소 침착
④ 지연 색소 침착

23 면도 시 래서링(leathering)의 목적이 아닌 것은?

① 모공을 축소시키고 유분감을 주기 위해서 사용한다.
② 깎인 털과 수염이 날리는 것을 예방한다.
③ 면도날의 움직임이 원활하기 위해 사용한다.
④ 피부 및 털과 수염을 유연하게 하고 면도의 운행을 쉽게 한다.

24 우리나라의 식중독 발생에 대한 설명으로 거리가 먼 것은?

① 세균성 식중독은 대개 5~9월에 가장 많이 발생하는 경향이 있다.
② 식중독을 예방하기 위해 위생관리행정을 철저히 한다.
③ 식중독은 집단적으로 발생하는 경향이 있다.
④ 과거와는 달리 세균성 식중독은 근절되었고, 희귀사건의 식중독 발생 사례만 나타나고 있다.

25 이용에 사용하는 화장술의 순서로 가장 적합한 것은?

① 클렌징 크림 → 스킨로션 → 세안 → 밀크로션
② 클렌징 크림 → 세안 → 스킨로션 → 밀크로션
③ 밀크로션 → 세안 → 클렌징 크림 → 스킨로션
④ 스킨로션 → 클렌징 크림 → 밀크로션 → 세안

26 이용사가 지켜야 할 원칙으로 거리가 가장 먼 것은?

① 이용사는 두발을 단정히 하고 수염을 깎아 자세를 바르게 갖도록 한다.
② 작업하기 전에 따뜻한 물과 좋은 질의 비누로 손을 깨끗이 씻어야 한다.
③ 청결한 유니폼을 착용해야 한다.
④ 작업 시 손목시계와 반지 등 화려한 장신구를 착용한다.

27 면도를 잡는 방법 중 칼 몸체와 핸들이 일직선이 되게 똑바로 펴서 마치 막대기를 쥐는 듯 잡는 방법은?

① 펜슬핸드 (Pencil hand)
② 스틱 핸드 (Stick hand)
③ 프리핸드 (Free hand)
④ 백핸드 (Back hand)

chapter 05

22 • 즉시 색소 침착 : UV A(90%)에 의해 발생되는 현상으로, 자외선에 노출된 후 즉시 나타나며, 6~8시간 후에 서서히 사라진다.
• 지연 색소침착 : UV B에 의해 발생되는 현상으로, 노출 48~72시간 내에 증상이 나타난다.

23 **래서링**(Lathering) : 비누와 물을 섞어 거품을 내어 얼굴에 바르는 과정이다.
면도 후 스킨로션과 밀크로션을 바른다. 스킨로션의 알코올 성분이 피부 진정 및 소독 효과가 있어 모공을 축소시킨다.

24 세균성 식중독은 매해 여름철에 자주 발생되며, 근절되지 않았다.

25 클렌징 크림(노폐물 및 기름성분 제거) → 세안 → 스킨로션(모공축소·진정) → 밀크로션(영양 공급)

26 손목시계와 반지 등은 벗고 작업한다.

27 • 프리핸드 : 가장 기본적으로 쥐는 방법
• 백핸드 : 프리핸드의 손을 그대로 하고, 손바닥을 위로 향하고, 면도날을 반대 방향으로 쥐는 방법
• 푸시핸드 : 프리핸드의 쥐는 방식으로 면도날을 앞쪽으로 향하여 쥐고 깎아서 밀어내는 방법
• 펜슬핸드 : 마치 붓이나 펜을 쥐는 듯한 방법
• 스틱 핸드 : 칼 몸체와 핸들이 일직선이 되게 똑바로 펴서 마치 가는 막대기를 쥐는 듯한 방법

정답 22 ④ 23 ① 24 ④ 25 ② 26 ④ 27 ②

□□□
28 공중위생관리법령상 명예공중위생감시원의 업무 범위에 해당되지 않는 것은?

① 공중위생영업 관련 시설의 위생상태 확인·검사
② 법령 위반행위에 대한 자료 제공
③ 공중위생감시원이 행하는 검사대상물의 수거 지원
④ 법령 위반행위에 대한 신고

□□□
29 탈모된 부위의 경계가 정확하고 동전 크기 정도의 둥근 모양으로 털이 빠지는 질환은?

① 결벽성 탈모증
② 지루성 탈모증
③ 원형 탈모증
④ 건성 탈모증

□□□
30 석탄산계수(phenol coefficient)를 구하는 공식은?

① $\frac{\text{석탄산 희석배수}}{\text{소독제의 희석배수}}$
② $\frac{\text{소독제의 희석배수}}{\text{석탄산 희석배수}}$
③ 소독제의 희석배수 - 석탄산 희석배수
④ 석탄산 희석배수 - 소독제의 희석배수

□□□
31 다음 ( )안에 들어갈 말을 순서대로 옳게 나열한 것은?

| 보기 |
일반적으로 노인인구가 ( )% 이상일 경우 고령화사회, ( )% 이상일 경우 고령사회, ( )% 이상일 경우 "초고령사회"라 한다.

① 10, 20, 30
② 6, 12, 18
③ 5, 10, 14
④ 7, 14, 20

□□□
32 혈액응고에 관여하고 비타민 P와 함께 모세혈관 벽을 튼튼하게 하는 것은?

① 비타민 C
② 비타민 K
③ 비타민 B
④ 비타민 E

□□□
33 염모제 도포 및 그 후 세발을 위한 과정으로 가장 적절한 것은?

① 물과 비누를 동시에 사용하여 염모제를 제거한다.
② 차가운 물로 염모제를 제거한다.
③ 샴푸제를 염모제 위에 먼저 도포한다.
④ 유화(emulsion) 후 미지근한 물로 염모제를 먼저 제거한다.

해설

28 명예공중위생감시원의 업무 범위
- 공중위생감시원이 행하는 검사대상물의 수거 지원
- 법령 위반행위에 대한 신고 및 자료 제공
- 그 밖에 공중위생에 관한 홍보·계몽 등 공중위생관리업무와 관련하여 시·도지사가 따로 정하여 부여하는 업무

※ ①은 공중위생감시원의 업무범위에 해당한다.

29 원형 탈모증 : 동전 크기 정도의 둥근 모양으로 털이 빠지는 질환

30 석탄산계수

$= \frac{\text{소독제의 희석배수}}{\text{석탄산 희석배수}}$

31 65세 이상이 전체의 7% 이상이면 고령화사회, 14% 이상 고령사회, 20% 이상 초고령사회

32 혈액응고에 관여하고 비타민 P와 함께 모세혈관 벽을 튼튼하게 하는 것은 비타민 K이다.

33 유화는 헤어 컬러 발색과 유지력을 높이기 위해 염모제가 도포된 상태에서 손에 물을 묻혀 머리에 바른 컬러제와 잘 섞이도록 하는 과정이다. 손가락으로 빙글빙글 잘 섞이도록 작업하면 발라둔 염색약이 뭉친 것 없이 부드러워진다. 유화 후 미지근한 물로 염모제를 헹궈준다.

정답 28 ① 29 ③ 30 ② 31 ④ 32 ② 33 ④

34 일반적인 아이론 작업 시 사용되는 온도로 가장 적합한 것은?

① 70℃~80℃
② 90℃~100℃
③ 120℃~140℃
④ 160℃~180℃

35 전기 클리퍼의 손질법에 관한 설명 중 틀린 것은?

① 날이 쉽게 분해되지 않으므로 바리캉기 자체를 소독한다.
② 윗날과 밑 날을 분해한 후 이물질을 제거한다.
③ 소독 후 오일을 도포하여 보관한다.
④ 사용 후 소독하여 보관한다.

36 공중보건학의 목적으로 틀린 것은?

① 수명연장
② 육체적, 정신적 건강 및 효율의 증진
③ 질병 예방
④ 질병 치료

37 가발의 종류가 아닌 것은?

① 헤어피스(hair pieces)
② 위그(wig)
③ 투페(toupet)
④ 인모(human hair)

38 공중위생관리법상의 규정에 위반하여 위생교육을 받지 아니한 때 부과되는 과태료의 기준은?

① 300만원 이하
② 400만원 이하
③ 500만원 이하
④ 200만원 이하

39 손을 대상으로 하는 제품 중 세정 목적이 아닌 것은?

① 새니타이저(sanitizer)
② 핸드워시
③ 비누
④ 핸드로션

40 자외선 차단제와 관련한 설명으로 틀린 것은?

① 자외선의 강약에 따라 차단제의 효과시간이 변한다.
② 기초제품 마무리단계 시 차단제를 사용하는 것이 좋다.
③ SPF 1이란 대략 1시간을 의미한다.
④ SPF라 한다.

chapter 05

34 일반적인 아이론 온도
120~140℃ (또는 120~130℃)

35 바리캉 기기 자체의 소독은 내부 전기기기를 손상시킬 수 있다.

36 공중보건학의 정의
- 질병 예방 (질병 치료×)
- 생명 연장
- 육체, 정신적 효율증진

37 가발의 종류 : 위그(wid), 투페(toupet), 헤어피스(hair pieces)
※ 인모는 가발 재질의 종류이다.

38 위생교육을 받지 않을 경우 200만원 이하의 과태료가 부과된다.

39 참고) 새니타이저(sanitizer) : 손소독제

40 SPF(Sun Protection Factor)는 자외선 중 UVB 광선을 막는 정도를 표시한 것으로 SPF1은 보통 15~20분 정도 차단 효과가 있다.

정답 34 ③ 35 ① 36 ④ 37 ④ 38 ④ 39 ④ 40 ③

41 면체 후 또는 세발 후 사용되는 화장수(skin lotion)는 안면에 어떤 작용을 하는가?

① 탈수작용
② 세정작용
③ 침윤작용
④ 수렴(수축)작용

42 물 또는 오일 성분에 미세한 고체입자가 계면활성제에 의해 균일하게 혼합된 상태는?

① 가용화
② 에멀젼
③ 유화
④ 분산

43 건성피부의 관리에 대한 설명 중 틀린 것은?

① 약알칼리성 비누의 사용은 피한다.
② 세정 후 보습제를 사용하는 것이 좋다.
③ 과도한 세정을 피하고, 외부의 유해 환경으로부터 피부를 보호한다.
④ 매우 민감한 경우가 많으므로 일반 비누를 사용한다.

44 메이크업 화장품 중 파운데이션의 기능으로 가장 거리가 먼 것은?

① 땀이나 피지를 억제한다.
② 부분 화장을 돋보이게 하고 강조해 준다.
③ 피부의 결점을 커버한다.
④ 피부색을 기호에 맞게 바꾸어 준다.

45 혐기성 세균에 해당하는 것은?

① 파상풍균
② 백일해균
③ 결핵균
④ 디프테리아균

46 이·미용사의 업무에 관한 사항으로 맞는 것은?

① 일정기간의 수련과정을 거친 자는 면허가 없어도 이용 또는 미용업무에 종사할 수 있다.
② 이·미용사의 면허를 가진 자가 아니어도 이·미용업을 개설할 수 있다.
③ 이·미용사의 업무범위에 관하여 필요한 사항은 보건복지부령으로 정한다.
④ 이용사의 업무범위는 파마, 아이론, 면도, 머리피부 손질, 피부미용 등이 포함된다.

해설

41 면체·세발 후 화장수(skin lotion)는 모공을 수축시키는 수렴 작용을 한다.

42 **분산** : 물 또는 오일에 고체입자가 계면활성제에 의해 균일하게 혼합된 상태
- 가용화 : 물에 소량의 오일 성분이 계면활성제에 의해 투명하게 용해된 상태
- 유화(에멀젼) : 물에 오일 성분이 계면활성제에 의해 우윳빛으로 섞인 상태

43 건조피부는 장벽 기능과 pH 회복 기능이 손상받아 있으므로 일반적인 비누(알칼리성, pH 7.5~11)의 사용은 피하고, 약산성(pH 3.0~6.5)이나 중성비누(pH 6.5~7.5)를 사용하는 것이 좋다.

44 ①은 기능성 화장품에 해당한다.

45 혐기성 세균 : 산소가 없어야만 증식할 수 있는 균 (파상풍균, 보툴리누스균 등)

46 이용업을 개설하거나 그 업무에 종사하려면 반드시 면허를 받아야 한다.
※ 이용사의 업무범위 : 이발·아이론·면도·머리피부손질·머리카락염색 및 머리감기
※ 미용사의 업무범위 : 파마·머리카락자르기·머리카락모양내기·머리피부손질·머리카락염색·머리감기, 의료기기나 의약품을 사용하지 아니하는 눈썹 손질

정답 41 ④ 42 ④ 43 ④ 44 ① 45 ① 46 ③

47 실내에 다수인이 밀집한 상태에서 실내공기의 변화는?

① 기온 상승 - 습도 감소 - 이산화탄소 증가
② 기온 상승 - 습도 증가 - 이산화탄소 감소
③ 기온 하강 - 습도 증가 - 이산화탄소 감소
④ 기온 상승 - 습도 증가 - 이산화탄소 증가

48 이·미용업 영업소에서 손님에게 성매매알선 등 행위 또는 음란행위를 하게 하거나 이를 알선 또는 제공한 때의 영업소에 대한 행정처분 중 1차 위반 시 처분기준은?

① 영업장 폐쇄명령
② 면허취소
③ 영업정지 3월
④ 영업정지 2월

49 레이저(razer)에 대한 설명으로 틀린 것은?

① 칼 머리의 형태에 따라 모난형, 둥근형, 유선형, 오목형 등이 있다.
② 면도용이나 조발용으로 사용한다.
③ 레이저는 일도와 양도로 구분할 수 있다.
④ 레이저는 특별한 소독없이 불순물을 제거한 후 계속 사용하면 된다.

50 이용영업자가 준수하여야 하는 위생관리기준에 해당하지 않은 것은?

① 외부에 최종지급요금표를 게시 또는 부착하는 경우에는 일부 항목(최소 5개 이상)만을 표시할 수 있다.
② 영업소 내부에 부가가치세, 재료비 및 봉사료 등이 포함된 요금표를 게시 또는 부착하여야 한다.
③ 3가지 이상의 이용서비스를 제공하는 경우에는 개별 서비스의 최종 지급가격 및 전체 서비스의 총액에 관한 내역서를 이용자에게 미리 제공하여야 한다.
④ 신고한 영업장 면적이 66제곱미터 이상인 영업소의 경우 영업소 외부에도 손님이 보기 쉬운 곳에 관련법에 적합하게 최종지급요금표를 게시 또는 부착하여야 한다.

51 영업소의 냉·난방에 대한 설명으로 적합하지 않은 것은?

① 냉·난방기에 의한 실내·외의 온도차는 3~4℃ 범위가 가장 적당하다.
② 26℃ 이상에서는 냉방을 하는 것이 좋다.
③ 국소 난방 시에는 특별히 유해가스 발생에 대한 환기대책이 필요하다.
④ 10℃ 이하에서는 난방을 하는 것이 좋다.

47 밀폐된 공간에서 다수인이 밀집해 있으면 기온, 습도, 이산화탄소가 모두 증가한다.

48 손님에게 성매매알선등행위(또는 음란행위)를 하게 하거나 이를 알선 또는 제공 시 1차 행정처분으로 영업정지 3개월에 해당한다.

50 외부에 최종지불요금표를 게시(부착)할 경우 미용업은 5개 이상 항목, 이용업은 3개 이상 항목을 표시할 수 있다.

51 냉·난방기에 의한 실내·외의 온도차는 5~7℃ 범위가 가장 적당하다.

정답 47 ④ 48 ③ 49 ④ 50 ① 51 ①

52 원발진에 속하는 피부의 병변이 아닌 것은?

① 결절
② 반점
③ 홍반
④ 가피

53 표피의 설명으로 틀린 것은?

① 입모근(털세움근)이 없다.
② 혈관과 신경분포 모두 있다.
③ 신경의 분포가 없다.
④ 림프관이 없다.

54 두발의 성장에 대한 설명 중 틀린 것은?

① 필요한 영양은 모유두에서 공급된다.
② 두발은 어느 정도 자라면 그 이상 잘 자라지 않는다.
③ 영양이 부족하면 두발이 길이로 갈라지는 증세를 나타낸다.
④ 일반적으로 두발의 성장은 가을에 빠르다.

55 금속제품을 소독하려고 할 때 가장 적절하지 않은 소독제는?

① 역성비누
② 크레졸
③ 승홍수
④ 알코올

56 다음 중 3 : 7 가르마는?

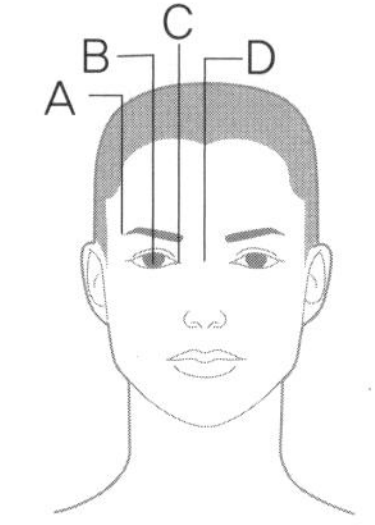

① A ② B
③ C ④ D

57 헤어컬러링 중 탈색의 내용으로 틀린 것은?

① 모발 손상이 적다.
② 명도가 높아진다.
③ 다공성 모가 되기 쉽다.
④ 탈색은 멜라닌 색소를 파괴시킨다.

해설

52 원발진의 종류 : 반점, 홍반, 구진, 농포, 팽진, 소수포, 대수포, 결절, 면포, 종양, 낭종 (원발진 암기법 : 반포진결종)

53 표피에는 혈관이 없고, 신경이 거의 존재하지 않는다.

54 일반적으로 두발의 성장은 봄·여름에 빠르다.

55 금속제품 소독 : 알코올, 역성비누액, 크레졸수, 포름알데히드 (승홍수는 적합하지 않음)

56 **가르마**
1:9 – 이마와 관자놀이 사이의 움푹 들어간 곳
2:8 – 눈꼬리를 기준
3:7 – 안구 중심(눈 중앙)을 기준
4:6 – 눈 안쪽을 기준

57 ① 탈색은 모발 구조가 변하고 건조해지므로 손상이 많다.
② 탈색은 모발을 밝게 하므로 명도가 높아진다.
③ 모발 내부의 구멍이 많아 수분 흡수가 빠르지만 반대로 건조도 빠른 특징이 있다.
④ 탈색은 암모니아에 의해 멜라닌 색소를 파괴하는 것이다.

정답 52 ④ 53 ② 54 ④ 55 ③ 56 ② 57 ①

58 두부의 라인과 명칭의 설명으로 옳은 것은?

① E.P에서 T.P를 수평으로 돌아가는 선을 수평선이라 한다.
② 코의 중심을 통한 두부 전체를 수직으로 나누는 선을 정중선이라 한다.
③ E.P에서 B.P를 수직으로 돌아가는 선을 측중선이라 한다.
④ B.P에서 측중선까지 연결한 선을 측두선이라 한다.

59 금속기구 소독 시 부식작용이 있는 소독제는?

① 포름알데히드(formaldehyde)
② 역성비누
③ 소디움 하이포클로리트(sodium hypochlorite)
④ 크레졸(cresol)

60 두부(頭部) 부위 중 천정부의 가장 높은 곳은?

① 사이드 포인트 (S.P)
② 탑 포인트 (T.P)
③ 골든 포인트 (G.P)
④ 백 포인트 (B.P)

chapter 05

58 ① 수평선 : E.P에서 B.P를 수평으로 돌아가는 E.P으로 이어진 선
③ 측중선 : E.P에서 T.P를 수직으로 돌아가는 E.P으로 이어진 선
④ 측두선 : F.S.P에서 측중선까지 연결한 선
※ B.P : 백 포인트(Back point)

59 소디움 하이포클로리트의 'sodium'은 소금을 말하며, 소금의 나트륨 성분은 산소와 결합하여 부식을 촉진한다.
※ 금속제품 소독 : 알코올, 역성비누액, 크레졸수, 포름알데히드 (승홍수도 적합하지 않음)

60 천정부의 가장 높은 곳 : T.P(Top point)

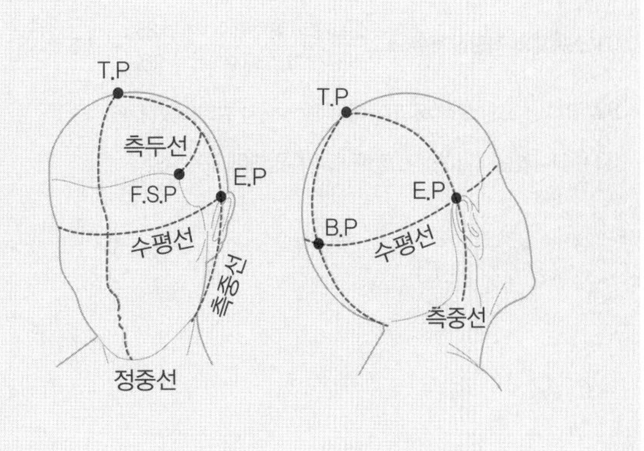

정답 ▶ 58 ② 59 ③ 60 ②

최종점검 – 최근 출제경향을 반영한 기출문제와 예상문제를 엄선하다!

실전모의고사 제2회

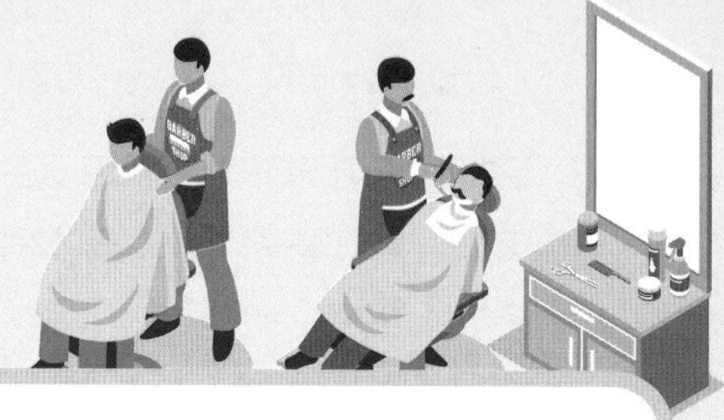

▶ 실력테스트를 위해 문제 아래 해설란을 가리고 문제를 풀어보세요

□□□

01 석탄산 90배 희석액과 어느 소독제 135배 희석액이 같은 살균력을 나타낸다면 이 소독제의 석탄산계수는?

① 1.5 ② 1.0
③ 0.5 ④ 2.0

□□□

02 이발기인 바리캉의 어원은 어느 나라에서 유래되었는가?

① 미국 ② 프랑스
③ 일본 ④ 독일

□□□

03 클리퍼(clipper)에 관한 내용과 관계가 가장 먼 것은?

① 클리퍼는 밑 날의 두께에 의해서 분류할 수 있다.
② 1871년 프랑스의 '바리캉 미르'에 의해서 발명되었다.
③ 우리나라는 1910년 프랑스로부터 수입에 의해 보급되었다.
④ 가위보다 한번에 많은 모발을 자를 수 있도록 고안된 기계이다.

□□□

04 공중위생영업자가 관계공무원의 출입·검사를 거부·기피하거나 방해한 때의 1차 위반 행정처분기준은?

① 영업정지 15일
② 영업정지 10일
③ 영업정지 5일
④ 영업정지 20일

□□□

05 적절한 이용 작업환경에 대한 설명과 거리가 가장 먼 것은?

① 실내조명은 작업자의 눈의 피로나 작업과정에 불편함이 없도록 밝게 한다.
② 안전사고 예방을 위하여 바닥에 머리카락이 쌓이지 않도록 항상 깨끗이 청소한다.
③ 먼지와 약품냄새가 발생하므로 항상 환기에 유의한다.
④ 손님이 지루해 하지 않도록 라디오나 TV를 항상 큰 소리로 켜 둔다.

해설

01 **소독제의 석탄산계수** $= \frac{\text{소독제의 희석배수}}{\text{석탄산 희석배수}} = \frac{135}{90} = 1.5$

02 1871년 **프랑스**의 '바리캉 미르'에 의해서 발명되었다.

03 우리나라는 1910년경 **'일본'**에서 수입되어 사용되었다.

04 시·도지사, 시장·군수·구청장이 하도록 한 필요한 보고를 하지 아니하거나 거짓으로 보고한 때 또는 관계공무원의 출입·검사를 거부·기피하거나 방해 시 행정처분은 다음과 같다.
- 1차 – 영업정지 10일
- 2차 – 20일
- 3차 – 영업정지 1개월

정답 01 ① 02 ② 03 ③ 04 ② 05 ④

06 화장품은 인체를 청결, 미화하는 효능이 있다. 이러한 효능과 가장 거리가 먼 것은?

① 자외선으로부터 피부를 보호한다.
② 피부노폐물을 제거한다.
③ 여드름을 치료한다.
④ 피부를 유연하게 한다.

07 물체의 겉 표면소독은 가능하지만, 침투성이 약한 물리적 소독법은?

① 증기 소독법
② 간헐 소독법
③ 일광 소독법
④ 화염 멸균법

08 공중위생감시원의 업무 중 틀린 것은?

① 이·미용업의 개선 향상에 필요한 조사 연구 및 지도
② 공중위생영업 관련 시설 및 설비의 위생 상태 확인 검사
③ 위생교육 이행 여부의 확인
④ 위생지도 및 개선명령 이행 여부 확인

09 급성감염병 중 수인성으로 전파되는 질병을 모두 고른 것은?

보기	
ㄱ. 장티푸스	ㄴ. 콜레라
ㄷ. 파라티푸스	ㄹ. 세균성 이질

① ㄱ, ㄴ
② ㄱ, ㄴ, ㄷ, ㄹ
③ ㄱ, ㄴ, ㄷ
④ ㄴ, ㄹ

10 인모 가발에 대한 설명으로 틀린 것은?

① 인조가발에 비해 가격이 저렴하다.
② 퍼머넌트 웨이브나 염색이 가능하다.
③ 실제 사람의 두발을 사용한다.
④ 헤어스타일을 다양하게 변화시킬 수 있다.

11 다음 질병의 잠복기에 대한 설명으로 옳은 것은?

보기

콜레라, 장티푸스, 천연두, 나병, 이질, 디프테리아

① 잠복기가 가장 짧은 것은 세균성 이질-콜레라 순이다.
② 잠복기가 가장 긴 것은 콜레라-천연두 순이다.
③ 잠복기가 가장 짧은 것은 장티푸스-나병-디프테리아 순이다.
④ 잠복기가 가장 긴 것은 나병-장티푸스 순이다.

06 화장품은 의약품이 아니므로 질병의 예방 또는 치료 목적이 아니다.

07 지문은 일광 소독법 또는 자외선 살균법에 대한 설명이다.

08 **공중위생감시원의 업무**
- 시설 및 설비의 확인
- 시설 및 설비의 위생상태 확인·검사
- 공중위생영업자의 위생관리의무 및 영업자준수사항 이행여부 확인
- 위생지도 및 개선명령 이행여부 확인
- 공중위생영업소의 영업의 정지, 일부 시설의 사용중지 또는 영업소 폐쇄명령 이행여부 확인
- 위생교육 이행여부 확인

09 **수인성전염병**
2급 감염병으로 주로 물이나 음식물을 통해 전염되는 질병이다. 콜레라, 장티푸스, 파라티푸스, 세균성 이질, 장출혈성대장균감염증, A형간염이 있다.

10 인모가발은 실제 사람의 모발로 만들어 인조가발에 비해 가격이 비싸다.

11
- 나병 : 5년~20년
- 장티푸스 : 3~60일
- 천연두 : 12일
- 세균성 이질 : 1~3일
- 콜레라 : 수 시간~5일
- 디프테리아 : 12~24시간

정답 06 ③ 07 ③ 08 ① 09 ② 10 ① 11 ④

12 오일과 물처럼 서로 다른 두 개의 액체를 미세하게 분산시켜 놓은 상태는?

① 아로마
② 레이크
③ 에멀젼
④ 파우더

13 바이러스에 의한 피부의 병변은?

① 농가진
② 식중독
③ 대상포진
④ 족부백선

14 화장품을 선택할 때에 검토해야 하는 조건이 아닌 것은?

① 구성 성분이 균일한 성상으로 혼합되어 있지 않은 것
② 피부나 점막, 모발 등에 손상을 주거나 알레르기 등을 일으킬 염려가 없는 것
③ 보존성이 좋아서 잘 변질되지 않는 것
④ 사용 중이나 사용 후에 불쾌감이 없고 사용감이 산뜻한 것

15 금속성 염모제를 모발에 도포한 경우 일반적인 방치시간으로는 몇 분 정도가 적당한가?

① 30~40분
② 20~25분
③ 1~5분
④ 7~15분

16 이용 작업 시 자세, 위치로서 적합하지 않은 것은?

① 무릎을 많이 구부려 낮춘 자세
② 힘의 배분이 잘 된 자세
③ 등이나 허리를 알맞게 낮춘 자세
④ 명시 거리가 적당한 위치

17 실내의 보건학적 조건으로 거리가 가장 먼 것은?

① 기류 : 5m/s
② 중성대 : 천정 가까이에 형성
③ 기온 : 18±2℃
④ 습도 : 40~70%

18 위생교육 대상자가 아닌 자는?

① 공중위생영업자
② 공중위생영업의 신고를 하고자 하는 자
③ 공중위생영업을 승계한 자
④ 면허증 취득 예정자

해설

12 **에멀젼(유화)**은 두 액체를 혼합할 때 한쪽 액체가 미세한 입자로 되어 다른 액체 속에 분산해 있는 것을 말한다.

13 바이러스 감염으로 인한 피부 발진에는 홍역, 수두, 단순포진, 대상포진, 수족구병 등이 있다.
- 식중독 : 식품 섭취로 인한 병변
- 세균 감염으로 인한 피부 발진 : 균이 퍼지는 농가진과 균이 분비하는 독소로 인해 전신적인 증상을 보이는 성홍열, 독성쇼크 증후군, 열상 증후군 등
- 족부백선(무좀) : 진균(곰팡이균)에 의한 병변

14 구성 성분이 균일하게 혼합되어 있을 것

15 **금속성(광물성) 염모제** : 금속 물질과 케라틴 속에 존재하는 유형과 반응하여 두발에 금속의 피막이 형성되어 색이 나온다고 한다.

16 무릎을 많이 구부려 낮추면 무릎관절에 무리를 준다.

17 실내의 적정 기류 : 0.2~0.3m/sec
※ 실내의 자연환기가 가장 잘 일어나려면 중성대는 천정 가까이에 위치하는 것이 좋다.

18 **위생교육대상자**
- 공중위생영업의 신고를 하고자 하는 자
- 공중위생영업을 승계한 자
- 명령에 위반한 영업소의 영업주

정답 12 ③ 13 ③ 14 ① 15 ② 16 ① 17 ① 18 ④

19 바이러스에 의해 발병되는 질병은?

① 장티푸스
② 인플루엔자
③ 결핵
④ 콜레라

20 이용사 또는 미용사의 면허를 받을 수 없는 자가 아닌 것은?

① 감염성 결핵환자
② 법령에 의한 정신질환자
③ 마약 등 약물 중독자
④ 전과자

21 이용 기술에서 가장 기본이고 기초가 되는 기술은?

① 세발
② 조발
③ 정발
④ 면체

22 자루면도기(일도)의 손질법 및 사용에 관한 설명 중 틀린 것은?

① 면체용으로 사용하지 않는다.
② 위생을 위해 소독기에 보관한다.
③ 면도칼을 눕혀서 사용해야 한다.
④ 면도날은 1회용으로 사용한다.

23 드라이나 퍼머넌트 시 사용하는 아이론의 구조 중 홈이 들어간 부분의 명칭은?

① 그루브
② 로드
③ 프롱
④ 핸들

24 이·미용업자가 준수하여야 하는 위생관리 기준 중 거리가 가장 먼 것은?

① 피부미용을 위하여 약사법에 따른 의약품을 사용하여서는 아니 된다.
② 발한실 안에서는 온도계를 비치하고 주의사항을 게시하여야 한다.
③ 영업장 안의 조명도는 75럭스 이상이 되도록 유지하여야 한다.
④ 영업소 내부에 개설자의 면허증 원본을 게시하여야 한다.

25 피부의 흡수작용에 대한 설명으로 틀린 것은?

① 비타민 A 및 성호르몬 등도 흡수된다.
② 유지성분의 일부 물질은 피부의 표피를 통해 흡수된다.
③ 표피가 손상을 받아 상처가 나면 수용성 물질도 쉽게 흡수된다.
④ 주로 소한선을 통하여 흡수된다.

chapter 05

19 • 세균 : 결핵, 백일해, 디프테리아, 콜레라, 장티푸스 등
• 바이러스 : 홍역, 인플루엔자, 일본뇌염 등

20 이용사 또는 미용사의 면허를 받을 수 없는 자
• 피성년 후견인
• 정신질환자
• 공중의 위생에 영향을 미칠 수 있는 감염병 환자로서 보건복지부령이 정하는 자
• 마약 등 약물 중독자
• 면허가 취소된 후 1 년이 경과되지 아니한 자

22 일도 면도기는 면체용 면도기의 일종이다.

23 아이론의 구조

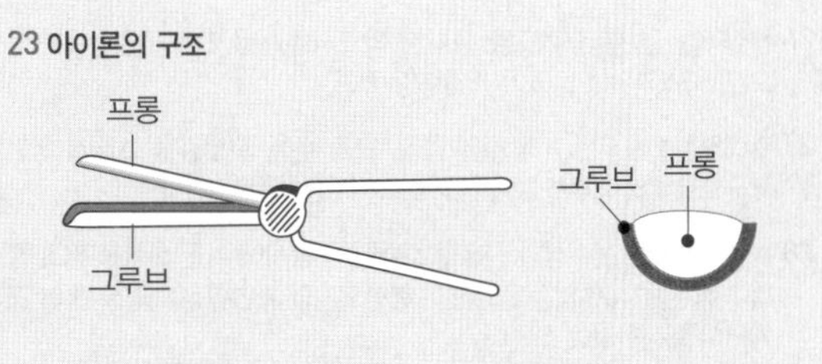

24 ②는 목욕탕업에 해당한다.

25 피부의 흡수작용은 주로 세포, 세포간극, 모공을 통하여 이루어진다. 소한선은 땀이 만들어져 땀의 분비량을 조절하여 체온을 유지시킨다.

정답 19 ② 20 ④ 21 ② 22 ① 23 ① 24 ② 25 ④

26 컨실러를 사용하는 주 목적이 <u>아닌</u> 것은?

① 기미, 주근깨 등 피부의 결점을 완화
② 눈가나 표정 주름 부위에 사용하여 보습효과를 줌
③ 눈 밑 부위의 다크서클을 감추기 위함
④ 피부의 흉터, 패인 부분, 문신 등을 커버

27 면체 후 안면에 수렴성 스킨(수렴화장수)을 사용하는 주목적은?

① 피부의 노화방지를 위해
② 피부에 쌓인 노폐물, 먼지, 화장품 찌꺼기의 제거를 위해
③ 소실된 천연보호막을 일시적으로 보충해주기 위해
④ 수분의 공급과 모공의 수축을 위해

28 계면활성제의 설명으로 <u>틀린</u> 것은?

① 소수기는 물에 대하여 친화성을 나타낸다.
② 계면에 흡착하여 계면장력을 저하시킨다.
③ 용도에 따라 유화제, 가용화제, 습윤제, 세정제라고 불린다.
④ 친수성기는 이온성과 비이온성으로 크게 구별된다.

29 다음 중 금속제품 기구소독에 가장 적합하지 <u>않은</u> 것은?

① 알코올
② 역성비누
③ 크레졸수
④ 승홍수

30 살균 및 탈취 뿐만 아니라 특히 표백의 효과가 있어 두발 탈색제와도 관계가 있는 소독제는?

① 알코올
② 석탄산
③ 크레졸
④ 과산화수소

31 커트 시 이미 형태가 이루어진 상태에서 다듬고 정돈하는 방법은?

① 슬라이싱
② 트리밍
③ 페더링
④ 테이퍼링

32 항산화 비타민으로 아스코르빈산(ascorbic acid)으로 불리는 것은?

① 비타민 D
② 비타민 C
③ 비타민 A
④ 비타민 B

해설

26 컨실러는 점, 흉터, 여드름, 뾰루지, 다크서클 등을 가리기 위한 화장품으로, 국소부위에 발라야 커버력이 좋다.

27 수렴화장수는 각질층에 수분 공급, 모공 수축, 피부결을 고르게 하며 세균으로부터 피부를 보호하고 소독해주는 작용을 한다.

28 계면활성제는 친수성과 친유성(소수성)을 동시에 가진 화합물이다. 물과 기름은 섞이지 않는 경계면이 형성되지만 계면활성제를 통해 이 경계면이 활성화되어 섞인다.

29 승홍수는 부식 작용이 있어 금속제품 소독에 적합하지 않다.

30 과산화수소는 농도를 낮추어 의약품, 의류 및 모발 탈색제에 사용한다.

31 • 슬라이싱 : 가위로 두발을 따라 사선으로 미끄러지듯 커트
• 테이퍼링(tapering) = 페더링(feathering) : 레이저를 이용하여 두발 끝을 붓끝처럼 가늘어지게 커트

32 비타민 C는 인체의 기능과 건강 유지를 위한 미량 원소 중의 하나로 '아스코르빈산'이라고도 불리며, 항산화제 중의 하나이다.

정답 26 ② 27 ④ 28 ① 29 ④ 30 ④ 31 ② 32 ②

33 모발의 양이 적고 강한 모발을 틴닝하려고 할 때 다음 중 가장 적합한 시술지점은?

① 두피에서 1/3 지점
② 두피에서 2/3 지점
③ 두피에서 1/2 지점
④ 두피에서 4/5 지점

34 지성피부의 주된 특징을 나타낸 것은?

① 모공이 크고 여드름이 잘 생긴다.
② 조그만 자극에도 피부가 예민하게 반응한다.
③ 유분이 적어 각질이 잘 일어난다.
④ 세안 후 피부가 쉽게 붉어지고 당김이 심하다.

35 사인보드의 유래와 관계가 가장 먼 것은?

① 붕대
② 해부가위
③ 정맥
④ 동맥

36 쓰레기통 소독으로 적절한 소독제는?

① 포르말린수
② 역성비누액
③ 에탄올
④ 생석회

37 다음 ( )에 맞는 내용으로 순서대로 짝지어진 것은?

보기

식품위생이란 식품, 식품첨가물, ( ) 또는 ( ), ( )을 대상으로 하는 음식에 관한 위생이다.

[식품위생법 제2조 제11호]

① 기구, 용기, 포장
② 기계, 기구, 용기
③ 재료, 기계, 용기
④ 유통, 저장, 가공

38 표피에 존재하는 색소침착의 원인과 관련이 깊은 것은?

① 각질형성 세포
② 멜라닌 세포
③ 랑게르한스 세포
④ 비만 세포

39 실내 공기오염에 대한 설명으로 옳지 않은 것은?

① 실내에서 호흡에 의하여 배출된 CO_2의 농도가 증가될 때 중독이나 신체의 장애가 생긴다.
② 일반적인 CO_2의 서한량(허용한계량)은 0.1%이다.
③ CO_2를 실내 공기오염의 지표로 한다.
④ CO_2는 다수인이 밀집해 있을 때 농도가 증가한다.

chapter 05

33 • 모발량이 많을 때 두피부터 1/3 지점까지 테이퍼링
• 모발의 양이 적고 강한 모발은 두피부터 2/3 지점까지 테이퍼링

34 ② 민감성 피부
③ 건조 피부
④ 피부가 쉽게 붉어지는 피부는 민감성 피부에 해당하며, 당김이 심한 피부는 건조한 피부에 해당

35 **사인보드**
• 붕대 – 흰색
• 정맥 – 파란색
• 동맥 – 빨간색

36 생석회 : 화장실, 하수도, 쓰레기통 소독에 가장 적합한 것

37 **식품위생**이란 식품첨가물, 기구 또는 용기, 포장을 대상으로 하는 음식에 관한 위생을 말한다. 즉, 원료의 생산부터 소비자 전달 전까지의 과정을 포함하고 있다.

38 색소침착의 원인은 멜라닌 세포이다. 멜라닌 세포는 자외선으로부터 피부를 보호하기도 하지만 과다한 노출 시에는 그 숫자가 급속히 증가하여 다량의 멜라닌 색소를 만들게 된다.

39 **이산화탄소(CO_2)**
• 실내공기의 오염지표로 사용
• 허용농도(서한량) : 0.1%
• 8% : 호흡혼란, 10% 이상 : 질식사
※ 중독과 신체 장애는 일산화탄소(CO)의 증상이다.

정답 33 ② 34 ① 35 ② 36 ④ 37 ① 38 ② 39 ①

40 바리캉의 밑날판을 1분기로 사용한 후, 두발의 길이는?

① 1mm 정도 남는다.
② 5mm 정도 남는다.
③ 2mm 정도 남는다.
④ 3mm 정도 남는다.

41 다음 중 이·미용 영업자가 변경신고를 해야 하는 것을 모두 고른 것은?

| 보기 |
㉠ 영업소의 주소
㉡ 신고한 영업소 면적의 3분의 1 이상의 증감
㉢ 종사자 변동사항
㉣ 영업자의 재산변동사항

① ㉠, ㉡, ㉢
② ㉠
③ ㉠, ㉡
④ ㉠, ㉡, ㉢, ㉣

42 사용대상과 목적을 짝지은 것 중 틀린 것은?

① 기능성 화장품 – 정상인, 청결과 미화
② 의약외품 – 환자, 위생과 미화
③ 의약품 – 환자, 질병의 치료
④ 화장품 – 정상인, 청결과 미화

43 가위를 선택하는 방법으로 틀린 것은?

① 도금된 강철의 질이 좋아야 한다.
② 날 끝으로 갈수록 자연스럽게 약간 내곡선 상으로 된 것이 좋다.
③ 날의 견고함이 양쪽 모두 골고루 같아야 한다.
④ 가위 날은 얇고 잠금 나사 부분이 강한 것이 좋다.

44 후천적 면역의 특징으로 옳은 것은?

① 항원에 대한 2차 대처시간이 길다.
② 특정 병원체에 노출된 후 그 병원체에만 선별적으로 방어기전이 작용한다.
③ 식세포들이 세균과 같은 이물질을 세포내로 흡수하여 소화효소를 통해 분해한다.
④ 모든 이물질에 대해 저항하는 비특이적 면역이다.

45 샴푸(shampoo)를 할 때 주의사항으로 거리가 가장 먼 것은?

① 비듬이 심한 고객의 샴푸 시 손톱을 이용하여 샴푸한다.
② 두발을 쥐고 비벼서 샴푸를 하면 모표피(毛表皮)를 상하게 할 수 있다.
③ 샴푸용 물의 온도는 약 38℃ 전후가 적당하다.
④ 손님의 눈과 귀에 샴푸제가 들어가지 않도록 주의한다.

해설

40 클리퍼 밑날판의 구분

5리기	1분기	2분기	3분기
1mm	2mm	5mm	8mm

41 이·미용 영업자의 변경신고사항
- 영업소의 명칭 또는 상호
- 영업소의 소재지
- 신고한 영업장 면적의 3분의 1 이상의 증감
- 대표자의 성명 또는 생년월일
- 미용업 업종 간 변경

42 의약외품은 질병을 치료·경감·처치·예방할 목적으로 사용하지만, 인체에 약하게 작용하거나 직접적으로 작용하지 않는다.

43 이·미용 가위는 도금되지 않아야 한다.

44 후천 면역(특이 면역, 적응성 면역)
출생 시에는 존재하지 않으며, 학습을 통해 획득된다. 특정 병원체에 노출되면 그 병원체를 항원으로 인식하며, 학습을 통해 방어기전을 한다.(②) 그러므로 처음 노출된 후 면역이 생기기까지 시간이 필요하지만, 2차 대처 시간은 처음 노출된 후 일어난 반응시간보다 빠르다.(①) 특정 항원의 침입으로 인하여 항체를 만들어 방어하는 작용이 '특이적 면역'이다.(④)
※ ③은 선천적 면역에 해당한다.
※ 항원과 관계 없이 병원체에 대항해 우리 몸을 보호하는 방어작용이 '비특이적 면역'이다.

45 샴푸를 할 때 두피에 자극을 주지 않도록 한다.

40 ③ 41 ③ 42 ② 43 ① 44 ② 45 ①

46 강한 자외선에 노출될 때 생길 수 있는 현상과 가장 거리가 먼 것은?

① 홍반반응
② 색소침착
③ 아토피 피부염
④ 비타민 D 합성

47 헤어토닉에 대한 설명으로 틀린 것은?

① 알코올을 주성분으로 한 양모제이다.
② 비듬, 가려움증 완화에 효과적이다.
③ 발모제로서 두피 치료에 많이 사용된다.
④ 두피에 영양을 주어 건강하고 윤택한 모발결을 만들어 준다.

48 아이론 정발의 목적과 거리가 가장 먼 것은?

① 퍼머제를 이용하는 것보다 오랜 시간 세팅이 유지될 수 있다.
② 모발에 변화를 주어 원하는 형을 만들 수 있다.
③ 곱슬머리를 교정할 수 있다.
④ 모발의 양이 많아 보이게 할 수 있다.

49 장발형 이발 중 솔리드형에 해당되지 않는 스타일은?

① 스파니엘
② 그래쥬에이션
③ 이사도라
④ 수평보브

50 면도할 때 칼날과 피부면과의 적당한 각도는?

① 10
② 35
③ 45
④ 60

51 질병 발생의 원인이 되는 속성이나 요인에 폭로됨으로써 질병에 이환될 정도를 측정하는 방법은?

① 타당도
② 정확도
③ 위험도(비교, 기여)
④ 신뢰도

52 크림의 유화형태 설명으로 틀린 것은?

① O/W형 : 물 중에 기름이 분산된 형태이다.
② O/W형 : 사용감이 산뜻하고 퍼짐성이 좋다.
③ W/O형 : 수분 손실이 많아 지속성이 낮다.
④ W/O형 : 기름 중에 물이 분산된 형태이다.

chapter 05

46 자외선에 노출될 때 홍반반응, 색소침착, 광노화 등의 부정적 효과도 발생하지만 살균, 비타민 D 합성 등의 긍정적 효과도 발생한다.

47 헤어토닉은 세정을 하고 머리를 말린 후 머리에 바르는 헤어 에센스이다. 영양 공급, 두피 진정, 비듬·가려움증 완화, 탈모 예방 등에 효과가 있다.

48 퍼머제를 이용하는 것보다 스타일의 유지기간이 짧다.

49 **솔리드형(원랭스 커트)의 종류**
- 스파니엘
- 이사도라
- 수평보브
- 머시룸 커트

50 면도할 때 칼날과 피부면과의 적당한 각도는 45°이다.

51 **비교위험도 측정**
질병발생의 원인이 되는 위험인자에 폭로된 사람의 발병률과 위험에 폭로되지 않은 사람의 발병률을 비교·조사하는 방법이다.

52 **크림의 유화형태**

O/W 에멀전	• 물 중에 오일이 분산되어 있는 형태 • 사용감이 산뜻하고 퍼짐성이 좋음 • 로션, 크림, 에센스 등
W/O 에멀전	• 오일 중에 물이 분산되어 있는 형태 • 퍼짐성이 낮으나 수분 손실이 적어 지속성이 좋음 • 영양크림, 선크림등

정답 46 ③ 47 ③ 48 ① 49 ② 50 ③ 51 ③ 52 ③

53 모발 염모에 사용되는 영구적 염모제의 성분으로 거리가 가장 먼 것은?

① 동물성 염모제
② 금속성 염모제
③ 합성 염모제
④ 식물성 염모제

54 염색 작업 시 팔꿈치 안쪽이나 귀 뒤에 동전 크기만큼 도포하여 알레르기 반응의 유·무를 확인하는 방법은?

① 재염색
② 클렌징
③ 패치 테스트
④ 탈색

55 커트 시술 시 작업 순서를 바르게 나열한 것은?

① 소재 → 구상 → 보정 → 제작
② 소재 → 구상 → 제작 → 보정
③ 구상 → 제작 → 소재 → 보정
④ 구상 → 소재 → 제작 → 보정

56 이·미용업자가 1회용 면도날을 2인 이상의 손님에게 사용한 경우의 1차 위반 시 행정처분기준은?

① 영업정지 10일
② 폐쇄명령
③ 경고
④ 영업정지 5일

57 샴푸제에 음이온 계면활성제를 주로 사용하는 이유로 옳은 것은?

① 기포력, 세정력이 우수하기 때문이다.
② 대전방지 효과가 높기 때문이다.
③ 세정력이 적당하고 자극성이 작기 때문이다.
④ 기름과 물을 유화시키는 힘이 강하기 때문이다.

58 면체시술 시 면도 잡는 법 중 마치 붓이나 연필을 잡는 듯 한 방법은?

① 푸시핸드
② 프리핸드
③ 백핸드
④ 펜슬핸드

해설

53 성분에 따른 영구적 염모제의 종류
식물성, 광물성(금속성) 유기합성 염모제

54 염색 패치테스트 : 팔꿈치 안쪽이나 귀 뒤에 동전 크기

55 이·미용 과정 : 소재 → 구상 → 제작 → 보정

56 면도날 관련 사용 위반 시 행정처분기준
• 1차 위반 : 경고
• 2차 위반 : 영업정지 5일
• 3차 위반 : 영업정지 10일
• 4차 위반 : 영업장 폐쇄명령

57 음이온성 계면활성제는 기포력, 세정력이 우수하기 때문에 비누, 샴푸, 클렌징폼에 많이 사용한다.

정답 53 ① 54 ③ 55 ② 56 ③ 57 ① 58 ④

59 행정의 관리과정 중 한 단계로서 「조직이나 기관의 공동목표 달성을 위한 조직원 또는 부서 간 협의, 회의, 토의 등을 통해 행동통일을 가져오도록 집단적인 노력을 하게 하는 행정활동」을 뜻하는 것은?

① 조정(coordination)
② 기획(planning)
③ 조직(organization)
④ 지휘(directing)

60 대장균이나 포도상구균 등은 산소의 존재 유·무에 관계없이 증식이 가능한데 이러한 세균을 무엇이라고 하는가?

① 통성 혐기성균
② 편성 호기성균
③ 편성 혐기성균
④ 혐기성균

chapter 05

59 보건행정의 관리 과정

기획	목표 설정 후 목표달성를 위한 필요한 단계를 구성·설정
조직	2명 이상이 공동의 목표를 달성하기 위한 협동체
인사	직원에 대한 근무평가 및 징계에 대한 공정한 관리
지휘	행정관리에서 명령체계의 일원성을 위해 필요
조정	목표 달성을 위한 협의, 회의, 토의 등을 통해 집단적인 노력을 하는 행정 활동
보고	사업활동의 효율적 관리를 위해 정확·성실한 보고가 필요
예산	예산 계획, 확보, 효율적 관리가 필요

60 • 통성 혐기성균 : 산소의 존재 유·무와 관계없이 생장
• 편성 호기성균 : 산소 공급이 필수
• 편성 혐기성균 : 산소가 공급되면 증식되지 않음
• 혐기성균 : 산소 공급이 필요없음

好	氣	호기성균 :
좋아할 호	공기	공기를 좋아하는 균
嫌	氣	혐기성균 :
싫어할 혐	공기	공기를 싫어하는 균

• 통성(通性) : 선택적인, 있어도/없어도 되는
• 편성(偏性) : 반드시, 꼭 필요한

정답 59 ① 60 ①

최종점검 – 최근 출제경향을 반영한 기출문제와 예상문제를 엄선하다!

실전모의고사 제3회

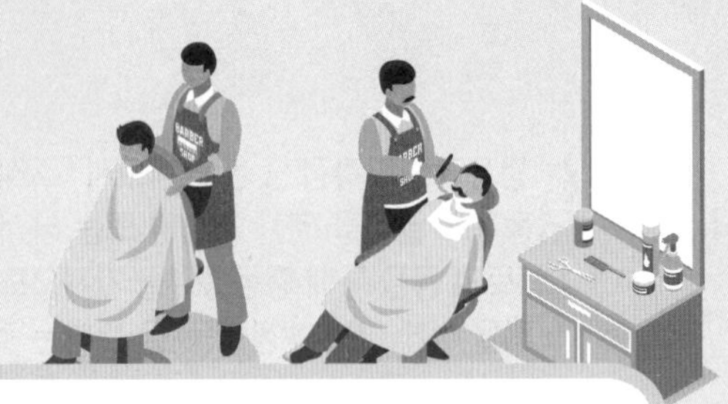

▶ 실력테스트를 위해 문제 아래 해설란을 가리고 문제를 풀어보세요.

□□□

01 커트 작업 시 두발에 물을 적시는 이유로 거리가 먼 것은?

① 두발의 손상을 방지하기 위하여
② 기구의 손상을 방지하기 위하여
③ 모발을 가지런히 정발하기 위하여
④ 두발이 날리는 것을 막기 위하여

□□□

02 모발색을 결정하는 멜라닌 중 검정과 갈색 색조와 같은 모발의 어두운 색을 결정하는 것은?

① 도파크롬
② 유멜라닌
③ 헤나
④ 페오멜라닌

□□□

03 일시적 염모제(Temporary color)의 설명으로 틀린 것은?

① 헤어의 명도를 높일 수 있다.
② 여러 가지 컬러로 하이라이트를 줄 수 있다.
③ 산화제가 필요 없다.
④ 흰머리 커버를 일시적으로 할 수 없다.

□□□

04 메이크업 화장품에서 색상의 커버력을 조절하기 위해 주로 배합하는 것은?

① 펄 안료
② 체질 안료
③ 착색 안료
④ 백색 안료

□□□

05 공중보건사업의 대상자로 가장 적합하게 분류된 것은?

① 감염성 질환에 노출된 인구집단
② 저소득층 가족으로 분류된 인구집단
③ 개인, 사회, 국가 혹은 인간집단
④ 공중보건사업의 혜택이 필요한 주민단체

□□□

06 테트로도톡신(Tetrodotoxin)은 다음 중 어느 것에 있는 독소인가?

① 감자
② 조개
③ 복어
④ 버섯

해설

01 웨트 커트(wet cut) 모발에 물을 적시는 이유는 ①, ③, ④이며 가장 큰 이유는 두발 손상 방지이다.

02 • 유멜라닌 : 입자가 다소 크며 흑색 또는 갈색을 띤다.(흑인·동양인)
• 페오멜라닌 : 입자가 세밀하고 붉은색, 혹은 노란색을 띤다.(서양인)

03 일시적 염모제는 멜라닌 색소를 제거 할 수 없고, 모발 표피에만 염색하기 때문에 명도 조절이 어렵다. (주로 기존 모발색보다 어두운 색을 사용할 때 적합하다)

04 백색 안료는 색상의 커버력 조절을 목적으로 한다. 즉, 기미나 잡티 등을 가리는 정도에 따라 커버력이 좋다는 의미로 사용한다.

05 공중보건사업은 환자에 국한되지 않고 지역사회 주민 전체를 대상으로 한다.

06 테트로도톡신은 복어의 독소로 신경 마비, 구토, 두통, 호흡 곤란 등의 증상이 나타나며, 심하면 사망에 이르게 한다.

정답 01 ② 02 ② 03 ① 04 ④ 05 ③ 06 ③

07 이·미용사 면허증의 재발급 사유가 아닌 것은?

① 영업장소의 상호 및 소재지가 변경될 때
② 면허증을 분실했을 때
③ 면허증의 기재사항에 변경이 있을 때
④ 면허증이 헐어 못쓰게 된 때

08 헤어커트 작업과 관련된 내용으로 가장 거리가 먼 것은?

① 빗질은 모발의 흐름과 반대 방향으로 한다.
② 바른 자세로 커트한다.
③ 올바른 가위 조작 방법을 행한다.
④ 매 슬라이스마다 균일한 텐션으로 커트한다.

09 감염병 유행조건에 해당되지 않는 것은?

① 감염 경로
② 감염원
③ 감수성 숙주
④ 예방인자

10 다음 중 강질이 연한 가위의 정비 시 숫돌면과 가위날 면의 각도로 가장 이상적인 것은?

① 25°
② 45°
③ 15°
④ 35°

11 다음 중 일광소독법의 가장 큰 장점은?

① 비용이 적게 든다.
② 산화되지 않는다.
③ 아포도 죽는다.
④ 소독 효과가 크다.

12 두발 염색 시 주의사항에 대한 설명으로 옳은 것은?

① 두피에 상처가 있을 때는 염색을 금한다.
② 염색제는 혼합 후 30분 후 사용한다.
③ 두발이 젖은 상태에서 염색하여야 효과적이다.
④ 금속성 용구나 금속성 빗을 사용해도 무방하다.

13 직사각형 얼굴에 가장 조화를 잘 이룰 수 있는 커트 방법은?

① 후두부 부위의 두발량을 많아 보이게 양감을 준다.
② 좌·우측 부위의 두발량을 많아 보이게 양감(量感)을 준다.
③ 두정부 부위의 두발량을 많아 보이게 양감을 준다.
④ 좌·우측 부위의 두발량을 적게 한다.

07 영업장소의 상호 및 소재지가 변경은 변경신고 사유에 해당한다.

08 헤어커트 작업 시 빗질은 모발의 흐름에 따라 한다.

09 감염병의 유행조건 : 감염원(병인), 감염경로(환경), 감수성 숙주

10 숫돌면과 가위날 면의 이상적인 각도 : 45°

11 **일광소독법**
- 태양광선 중의 자외선을 이용하는 방법
- 결핵균, 페스트균, 장티푸스균 등의 사멸에 사용
- 내부 침투가 어려워 소독효과가 큰 방법은 아니다.
- 비용이 적게 들면서 가장 간편하게 소독할 수 있는 방법

12 ② 염색제는 혼합 후 즉시 사용한다.
③ 모피질 내에 수분이 차 있으면 염색약이 침투하기 어려워 염모제가 흘러내리거나 색상이 균일하게 염색되지 않을 수 있다.
④ 금속성 도구는 염색약에 영향을 주므로 사용을 금한다.

13 직사각형 얼굴은 얼굴 길이가 길며, 볼이 꺼져 있고 좁은 특징이 있다. 그러므로 얼굴이 짧고 넓어 보이도록 두정부 부분의 볼륨을 낮추고, 입술 선과 귀 뒤 부분이 풍성해 보이도록 연출한다.

정답 07 ① 08 ① 09 ④ 10 ② 11 ① 12 ① 13 ②

14 얼굴 면도 작업과정에서 레이저(razor)를 쥐는 방법이 틀린 것은?

① 아래 턱 부위 - 백핸드(back hand)
② 좌측 볼 부위 - 푸시핸드(push hand)
③ 우측 귀밑 부위 - 프리핸드(free hand)
④ 우측 볼 부위 - 프리핸드(free hand)

15 가르마에 대한 설명으로 틀린 것은?

① 두부의 원형은 좌·우 불균형하고 많은 사람의 경우 우측이 낮아서 대부분 좌측 가르마를 한다.
② 대부분 코를 중심으로 하여 5:5의 두발 가르마가 많다.
③ 좌측 가르마 시 우측의 낮은 부분을 두발로서 두텁게 하여 얼굴형과 조화를 만든다.
④ 두부의 원형이 낮은 부분은 높아 보이도록 두발에 볼륨을 준다.

16 인공조명을 할 때 고려사항 중 틀린 것은?

① 열의 발생이 적고, 폭발이나 발화의 위험이 없어야 한다.
② 광색은 주광색에 가깝고, 유해 가스의 발생이 없어야 한다.
③ 충분한 조도를 위해 빛이 좌상방에서 비춰줘야 한다.
④ 균등한 조도를 위해 직접조명이 되도록 해야 한다.

17 노화의 현상으로 가장 거리가 먼 것은?

① 콜라겐의 증가
② 피지선의 감소
③ 갈색반점의 증가
④ 순환기능의 저하

18 모난 얼굴형의 정발술을 시술할 때 가장 적당한 가르마는?

① 4 : 6 가르마
② 8 : 2 가르마
③ 5 : 6 가르마
④ 7 : 3 가르마

19 헤어 컬러링에서 탈색에 관련된 내용으로 옳지 않은 것은?

① 모발 손상이 적다.
② 다공성모가 되기 쉽다.
③ 명도가 높아진다.
④ 탈색은 멜라닌 색소를 파괴시킨다.

20 운동성을 지닌 세균의 사상부속기관은?

① 아포
② 원형질막
③ 편모
④ 협막

해설

14 아래 턱 부위는 프리핸드, 펜슬핸드로 면도한다.(NCS 학습모듈 근거)

15 일반적인 가르마는 3:7(왼쪽)이다.
대부분의 가마는 오른쪽(시계방향)으로 돌기 때문에 가르마는 좌측에 위치해 있으며, 오른쪽으로 머릿결을 넘기기 쉽다.

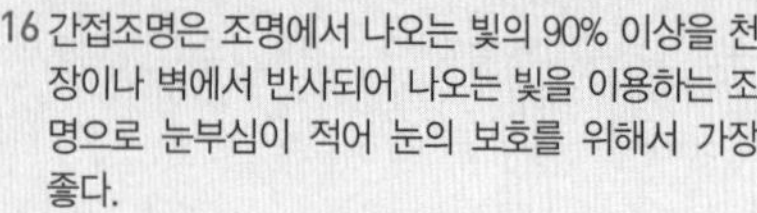

16 간접조명은 조명에서 나오는 빛의 90% 이상을 천장이나 벽에서 반사되어 나오는 빛을 이용하는 조명으로 눈부심이 적어 눈의 보호를 위해서 가장 좋다.

17 • 노화된 피부는 콜라겐의 함유가 낮다.
• 피지분비의 감소는 노화에 영향을 미친다.

18 **얼굴형에 따른 적합한 가르마**
• 모난 얼굴 – 6:4 가르마
• 둥근 얼굴 – 7:3 가르마
• 긴 얼굴 – 8:2 가르마

19 탈색은 멜라닌 색소를 파괴시켜 명도를 높이는 것으로, 모발손상이 커 다공성모가 되기 쉽다.

20 편모는 마치 지느러미와 같이 운동성을 제공하기 위해 특정 동물의 정자 세포와 다양한 미생물이 가진 돌출된 털이 있는 부속 기관이다.

정답 14 ① 15 ② 16 ④ 17 ① 18 ① 19 ① 20 ③

□□□

21 이·미용업 영업소에서 손님에게 음란한 물건을 관람·열람하게 한 때에 대한 행정처분 중 1차 위반 시 처분기준으로 맞는 것은?

① 경고
② 영업정지 1월
③ 영업장 폐쇄명령
④ 영업정지 15일

□□□

22 소독액의 농도를 표시할 때 사용하는 단위로 용액 100ml 속에 용질의 함량을 표시하는 수치는?

① 퍼센트(%)
② 퍼밀리(‰)
③ 푼(分)
④ 피피엠(ppm)

□□□

23 가족계획사업의 효과 판정상 가장 유력한 지표는?

① 조출생률
② 평균여명년수
③ 인구증가율
④ 남여출생비

□□□

24 다음 중 실내공기의 오염 지표로 쓰이는 것은?

① CO
② SO_2
③ NO_2
④ CO_2

□□□

25 이·미용실에서 주로 이용되며, 70%의 농도로 손을 포함한 피부소독, 기구소독 등에 손쉽게 사용되는 소독제는?

① 크레졸
② 알코올
③ 포름알데히드
④ 페놀

□□□

26 아이롱 펌에 대한 설명으로 옳지 않은 것은?

① 축모 교정이 가능하다.
② 모발의 모근 쪽 볼륨을 주기 위해 많이 한다.
③ 웨이브를 연출할 수 있다.
④ 모발의 모류 방향 수정, 보완은 불가능하다.

□□□

27 공중위생관리법령에 따른 이·미용업소의 시설 및 설비기준에 관한 설명으로 가장 적당한 것은?

① 채광 및 환기가 잘 되도록 창을 설치하여야 한다.
② 화장실을 설치하여야 한다.
③ 소독기·자외선 살균 등 이·미용기구를 소독하는 장비를 갖추어야 한다.
④ 업소의 바닥은 내수재료로 하여야 한다.

21 음란한 물건을 관람·열람·진열 또는 보관 시
- 1차 – 경고
- 2차 – 영업정지 15일
- 3차 – 영업정지 1월
- 4차 – 영업장 폐쇄명령

22 소독액의 농도를 표시할 때 ppm을 사용한다.

23 조출생률(粗出生率)은 대략적인 출생률을 말하며, 특정년도의 1000명당 출생아 수를 나타낸다. 조출생률을 통해 가족계획사업의 효과를 판정할 수 있다.

24 이산화탄소(CO_2)는 실내공기의 오염지표로 활용된다.

25 에틸알코올은 100%에서는 소독 효과가 없고, 70%로 희석해야 가장 살균 효과가 높다.(피부소독용)
※ 크레졸은 3%의 수용액을 주로 사용하는데, 석탄산에 비해 약 2배의 소독력을 가진다.

26 아이롱 펌으로 모류 방향(hair stream, 모발이 자라는 방향)을 수정, 보완할 수 있다.

27 ①, ②, ④는 이 · 미용업소의 시설 및 설비기준에 해당하지 않는다.

정답 21 ① 22 ④ 23 ① 24 ④ 25 ② 26 ④ 27 ③

□□□

28 수정 커트 중 찔러깎기 기법을 사용하는 가장 적합한 때는?

① 면체 라인 수정 시
② 뭉쳐 있는 두발 숱 부분의 색채 수정 시
③ 전두부 수정 시
④ 천정부 수정 시

□□□

29 피지선에서 분비되는 피지의 작용과 가장 거리가 먼 것은?

① 털과 피부에 광택을 준다.
② 피지 속에는 유화작용을 하는 물질이 포함되어 있다.
③ 땀의 분리기능을 도와준다.
④ 수분이 증발되는 것을 막아준다.

□□□

30 얼굴의 면도 부위가 지성 피부인 고객의 면도 관리법과 거리가 가장 먼 것은?

① 화장이 잘 받지 않으므로 세안을 청결히 한다.
② 모공을 닫기 위해 수렴화장수인 아스트린젠트를 사용한다.
③ 모공이 닫혀 있으며 유연화장수를 사용한다.
④ 무유성(無油性) 크림을 사용한다.

□□□

31 가위에 대한 설명이 옳지 않은 것은?

① 틴닝 가위 : 모발의 길이를 자르고 커트 선을 정리하는데 주로 사용한다.
② 리버스 가위 : 레이저와 가위의 이중 효과를 목적으로 만들어져 모발 끝을 가볍게 하는데 용이하다.
③ 곡선날 가위 : 가위 날의 끝이 곡선으로 굽어져 있는 가위로 프론트, 네이프, 사이드 등의 세밀한 부분 수정에 효과적이다.
④ 미니 가위 : 4~5.5인치까지 속하는 것으로 정밀한 블런트 커트 시 사용한다.

□□□

32 화장품을 선택할 때에 검토해야 하는 조건이 아닌 것은?

① 보존성이 좋아서 잘 변질되지 않는 것
② 사용 중이나 사용 후에 불쾌감이 없고, 사용감이 산뜻한 것
③ 피부나 점막, 모발 등에 손상을 주거나 알레르기 등을 일으킬 염려가 없는것
④ 구성 성분이 균일한 성상으로 혼합되어 있지 않는 것

해설

28 찔러깎기 기법은 뭉쳐 있는 부분을 솎어내듯 커트한다.
※ 색채를 수정한다는 의미는 모발량을 조정하여 두피색이 더 드러나도록 한다.

29 **피지의 작용**
- 피부와 털의 보호 및 광택
- 피부의 항상성 유지
- 피부 보호
- 유독물질 배출작용
- 살균작용

30 지성 피부는 모공이 넓으므로, 모공을 수축시키 위해 수렴화장수를 사용한다. 유연 화장수는 건성 피부에 적합하다.
※ 수렴 : '모으다'는 의미 ※ 유연 : '부드럽고 연하게 한다'는 의미

31 • 틴닝 가위 : 모발 길이는 그대로 두고, 숱만 쳐냄(질감 조절)
• 커팅 가위 : 모발 길이를 자르고 커트선을 정리하는데 주로 사용

32 화장품의 구성성분은 균일하게 혼합되어야 한다.

정답 28 ② 29 ③ 30 ③ 31 ① 32 ④

33 피부표면 피지막의 정상적인 pH 정도는?

① 산성
② 약알칼리성
③ 강알칼리성
④ 약산성

34 위생교육의 내용으로 거리가 먼 것은?

① 친절 및 청결에 관한 교육
② 기술교육
③ 시사 상식 교육
④ 공중위생관리법 및 관련 법규

35 화장품에서 요구되는 4대 품질 특성의 설명으로 옳은 것은?

① 안전성 : 미생물 오염이 없을 것
② 안정성 : 독성이 없을 것
③ 보습성 : 피부표면의 건조함을 막아줄 것
④ 사용성 : 사용이 편리해야 할 것

36 레이저 커트(razor cut)에 대한 설명으로 옳은 것은?

① 면도날로 커트하는 것을 말한다.
② 바리캉으로 커트하는 것을 말한다.
③ 미니 가위로 커트하는 것을 말한다.
④ 틴닝 가위로 커트하는 것을 말한다.

37 다음에서 설명하는 내용(계절, 팩)에 가장 적합한 것은?

보기
얼굴 매뉴얼테크닉을 위한 천연 팩으로서 이 계절에 쉽게 건조해지는 피부의 잔주름 예방과 영양공급 효과가 있는 팩이다.

① 겨울 – 계란노른자팩
② 여름 – 오이팩
③ 봄 – 핫팩
④ 가을 – 해초팩

38 진균에 의한 피부의 병변이 아닌 것은?

① 무좀
② 족부백선
③ 대상포진
④ 두부백선

39 샴푸대나 배수구 등 따뜻하고 습기 찬 장소에 서식하는데 유리한 병원균은?

① 리케차
② 그람음성균 박테리아
③ 헤르페스 바이러스
④ 진균류

chapter 05

33 피부의 가장 이상적 pH : 4.5~6.5의 약산성

34 위생교육의 내용
- 공중위생관리법 및 관련 법규
- 소양교육(친절 및 청결에 관한 사항)
- 기술교육 외

35 화장품의 4대 요건
- 안전성 – 인체에 대한 부작용이 없을 것
- 안정성 – 변색·변취·변질이 없고, 성분이 분리되지 않을 것
- 사용성 – 사용감의 우수·편리, 퍼짐성·피부 흡수성 우수
- 유효성 – 목적에 적합한 원료 및 제형 사용

36 레이저 커트(razor cut)는 면도날을 이용한다.

37 겨울에 쉽게 건조해지며, 계란노른자의 레시틴 성분은 잔주름 예방과 영양공급, 촉촉함 효과가 있다.

38 무좀(족부백선)은 발가락 사이에서 하얗게 짓무르거나 피부가 갈라지는 병변이고, 두부백선은 두피에 발생하는 병변으로 모두 진균(피부사상균)이 피부에 침투하여 유발된다.
대상포진은 바이러스에 의한 질병으로 피부 통증, 발진, 수포를 발생시킨다.

39 그람음성균 박테리아는 따뜻하고 습기 찬 장소 즉 싱크대, 세탁장, 배수구, 수도꼭지 등을 좋아한다.
'그람염색법'을 통해 양성, 음성으로 구분할 수 있으며, 그람염색법에 의해 양성은 보라색, 음성은 붉게 세포벽이 염색된다.

정답 33 ④ 34 ③ 35 ④ 36 ① 37 ① 38 ③ 39 ②

40 크레졸을 물에 잘 녹게 하는 pH 상태는?

① 산성
② 알칼리성
③ 강산성
④ 중성

41 두발의 길이는 변화를 주지 않으면서 전체적으로 두발 숱을 감소시키는 커트 기법은?

① 트리밍(trimming)
② 클립핑(clipping)
③ 블런팅(blunting)
④ 틴닝(thinning)

42 장발형으로 조발할 때 자연미를 충분히 주고자 한다. 이때 가장 많이 사용하는 가위는?

① 단발가위
② 보통가위
③ 틴닝가위
④ 정발가위

43 가위 재질에 따른 분류 중 착강 가위에 대한 설명으로 옳은 것은?

① 전체가 협신부로 되어 있다.
② 협신부가 특수강으로 되어 있다.
③ 전체가 특수강으로 되어 있다.
④ 협신부와 날부분이 서로 다른 재질로 되어 있다.

44 이·미용업 영업자가 준수하여야 하는 위생관리기준으로 틀린 것은?

① 점빼기, 귀볼뚫기, 쌍꺼풀 수술, 문신, 박피술과 같은 간단한 의료행위는 할 수 있다.
② 1회용 면도날은 손님 1인에 한하여 사용하여야 한다.
③ 영업장 내 조명도는 75룩스 이상이 되도록 유지하여야 한다.
④ 영업소 내부에 이·미용업 신고증, 개설자의 면허증 원본을 게시하여야 한다.

45 적외선 램프에 대한 설명으로 가장 적합한 것은?

① 온열작용을 통해 화장품의 흡수를 도와준다.
② 주로 UVA를 방출하고 UVB, UVC는 흡수한다.
③ 주로 소독·멸균의 효과가 있다.
④ 색소침착을 일으킨다.

해설

40 크레졸은 일반적으로 알칼리성 물에 잘 녹는다.

41 • 틴닝 : 모발의 길이를 짧게 하지 않으면서 전체적으로 모발 숱을 감소시키는 방법
• 블런팅(클럽 커트) : 모발을 직선적으로 커트하여 스트랜드의 잘려진 단면이 직선으로 이루어진 것을 말한다.

42 틴닝가위를 사용할 경우 길이 조정 없이 모발량만 조절하므로 전체적으로 자연미를 줄 수 있다.

43 착강 가위는 협신부와 날의 부분이 서로 다른 재료로 되어있으며, 양쪽의 강철을 연결시켜 용접해서 만들어져 있다. 전강 가위는 전체가 특수강으로 만들어져 있다.

44 의료행위는 이·미용업에서 제외된다.

45 ②, ③, ④는 자외선 기기의 특성이다.

정답 40 ② 41 ④ 42 ③ 43 ④ 44 ① 45 ①

46 가발의 종류가 아닌 것은?

① 파일(file)
② 위그(wid)
③ 투페(toupet)
④ 헤어피스(hair pieces)

47 일반적으로 우측 볼 면도 시의 면도자세로 가장 적합한 것은?

① 펜슬핸드(pencil hand)
② 스틱 핸드(stick hand)
③ 프리핸드(free hand)
④ 백핸드(back hand)

48 신고를 하지 아니하고 영업소의 명칭 및 상호를 변경한 경우에 대한 행정처분 중 1차 위반 시 처분기준으로 맞는 것은?

① 경고 또는 개선명령
② 영업장 폐쇄명령
③ 영업정지 1월
④ 영업정지 15일

49 공중위생관리법령에서 청문의 대상이 아닌 것은?

① 영업소폐쇄명령의 처분을 하고자 하는 때
② 면허취소 처분을 하고자 하는 때
③ 면허정지 처분을 하고자 하는 때
④ 벌금으로 처벌하고자 하는 때

50 감염병의 예방 및 관리에 관한 법률이 규정한 필수 예방접종에 해당하지 않는 것은?

① 백일해
② 파상풍
③ 콜레라
④ B형 간염

51 병원균 내성이 뜻하는 것은?

① 인체가 약에 대하여 저항성을 가진 것
② 균이 다른 균에 대하여 저항성이 있는 것
③ 약이 균에 대하여 유효한 것
④ 균이 약에 대하여 저항성이 있는 것

52 모발에 대한 설명으로 옳지 않은 것은?

① 모발은 모근과 모간으로 이루어져 있다.
② 모근부는 두피 아래에 위치한다.
③ 모발의 주성분인 케라틴 단백질은 15가지의 아미노산으로 구성되어 있다.
④ 모간부는 모표피, 모피질, 모수질의 구조로 되어있다.

chapter 05

46 **가발의 종류** : 위그(wid), 투페(toupet), 헤어피스(hair pieces)
※ 파일은 손·발톱의 모양을 다듬고 손질하는 도구이다.

47 우측 볼은 프리핸드 자세가 적합하다.

48 신고를 하지 아니하고 영업소의 명칭 및 상호 또는 영업장 면적의 3분의 1 이상을 변경한 때 1차 위반 시 경고 또는 개선명령의 행정처분에 해당한다.

49 **청문을 실시하는 사항**
① 면허취소·면허정지 ② 공중위생영업의 정지
③ 일부 시설의 사용 중지 ④ 영업소 폐쇄명령
⑤ 공중위생영업 신고사항의 직권 말소

50 제24조(필수예방접종)
디프테리아, 폴리오, 백일해, 홍역, 파상풍, 결핵, A형간염, B형간염, 유행성이하선염, 풍진, 수두, 일본뇌염, b형헤모필루스인플루엔자, 폐렴구균, 인플루엔자, 사람유두종바이러스 감염증, 그룹 A형 로타바이러스 감염증, 기타

51 병원균이 어떤 약품에 대해 나타내는 저항성을 말한다. 즉 약물을 투여했을 때 병원체(박테리아, 바이러스 등)나 질병이 그 약물을 이겨내고 살아남는 것을 의미한다.

52 모발의 주성분인 케라틴 단백질은 18가지의 아미노산으로 구성되어 있다.

정답 46 ① 47 ③ 48 ① 49 ④ 50 ③ 51 ④ 52 ③

53 비듬 질환이 있는 두피에 가장 적합한 스캘프 트리트먼트는?

① 플레인 스캘프 트리트먼트
② 댄드러프 스캘프 트리트먼트
③ 드라이 스캘프 트리트먼트
④ 오일리 스캘프 트리트먼트

54 자외선 차단 성분의 기능이 아닌 것은?

① 미백작용 활성화
② 과색소 침착방지
③ 노화방지
④ 일광화상 방지

55 우리나라 법정 감염병 중 감수성지수가 가장 높은 감염병으로, 대개 1~5년을 간격으로 많은 유행을 하는 것은?

① 백일해
② 유행성이하선염
③ 홍역
④ 폴리오

56 에탄올이 화장품 원료로 사용되는 이유가 아닌 것은?

① 소독작용이 있어 수렴화장수, 스킨로션, 남성용 애프터쉐이브 등으로 쓰인다.
② 공중의 습기를 흡수해서 피부표면 수분을 유지시켜 피부나 털의 건조방지를 한다.
③ 에탄올은 유기용매로서 물에 녹지 않는 비극성 물질을 녹이는 성질이 있다.
④ 탈수 성질이 있어 건조 목적이 있다.

57 비타민 E에 대한 설명 중 옳은 것은?

① 부족하면 야맹증이 된다.
② 호르몬 생성, 임신 등 생식기능과 관계가 깊다.
③ 부족하면 피부나 점막에서 출혈이 된다.
④ 자외선을 받으면 피부표면에서 만들어져 흡수된다.

해설

53 **댄드러프**(dandruff)의 사전적 의미는 '비듬'이다.
- 정상 두피 – 플레인 스캘프 트리트먼트
- 건성 두피 – 드라이 스캘프 트리트먼트
- 지성 두피 – 오일리 스캘프 트리트먼트
- 비듬성 두피 – 댄드러프 트리트먼트

54 자외선 차단제는 장시간 햇볕 노출 시 발생하는 색소 침착, 피부 노화, 화상을 예방하는 효과가 있다.

55 **감수성지수**(또는 접촉감염지수)
- 감수성 : 숙주에 침입한 병원체에 대하여 감염·발병을 막을 수 없는 상태
- 두창, 홍역(95%) > 백일해 (60~80%) > 성홍열(40%) > 디프테리아 (10%) > 폴리오 (0.1%)

56 **에탄올**
① 알코올의 한 종류로, 피부에 빠르게 증발하여 상쾌함을 주는 수렴화장수, 스킨로션, 남성용 애프터쉐이브 등에 사용하며, 소독작용 및 보존 역할을 한다.
② 글리세린에 대한 설명이다.
③ 에탄올은 물에 녹지 않는 성질(비극성)이 있으며, 비극성 물질은 에탄올에 녹는다.
④ 물에 녹지 않아 탈수성질이 있어 건조 피부나 민감성 피부에는 주의해야 한다.

57 ① 비타민 A
③ 비타민 C
④ 비타민 D

정답 53 ② 54 ① 55 ③ 56 ② 57 ②

58 주로 즉시 색소 침착을 일으키는 파장의 광선은?

① UVA
② UVB
③ UVC
④ 가시광선

59 모피질(Cortex)에 대한 설명이 틀린 것은?

① 실질적으로 퍼머넌트웨이브나 염색 등의 화학적 시술이 이루어지는 부분이다.
② 피질세포와 세포 간 결합물질(간층물질)로 구성되어 있다.
③ 멜라닌 색소를 함유하고 있어 모발의 색상을 결정한다.
④ 전체 모발 면적의 50~60%를 차지하고 있다.

60 장발형의 남성 고객이 단발형을 원할 때 일반적으로 먼저 시작하는 커트 부위와 남성 헤어스타일 중 커머셜 스타일에 관한 설명으로 옳은 것은?

① 측두부에서부터 밀어깎기로 자른다.
② 후두부에서부터 바리깡으로 끌어올린다.
③ 전두부에서부터 지간깎기로 자른다.
④ 후두부에서부터 끌어깎기로 자른다.

58 즉시 색소 침착은 몇 분 후부터 나타나기 시작하여 6~8시간 후에 서서히 없어지기 시작한다. UVA와 가시광선에 의해서 나타나지만, UVA의 영향이 가장 크다. (90%)

59 **모피질**
피질세포와 간층물질로 구성된다. 전체 모발 면적의 85~90%를 차지하므로 퍼머넌트웨이브나 염색 등 화학적 시술이 이뤄지는 부분이며, 모질의 탄력, 강도, 질감, 색상을 결정한다.

60 중발형·단발형(상고머리)로 깎을 경우 일반적으로 지간깎기로 전두부의 머리 길이를 조정한 후 측두부–후두부 순으로 커트한다.

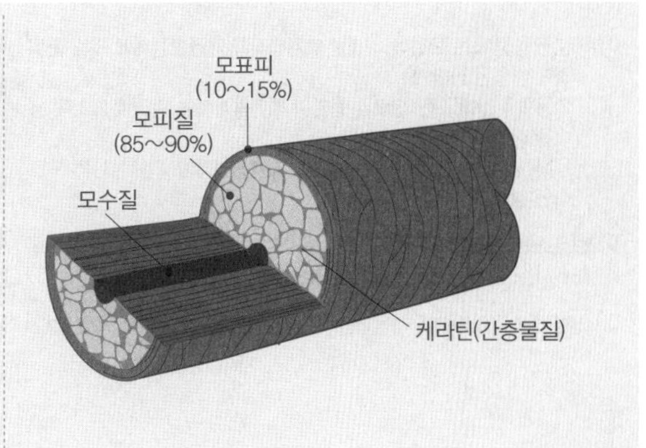

정답 58 ① 59 ④ 60 ③

최종점검 – 최근 출제경향을 반영한 기출문제와 예상문제를 엄선하다!

실전모의고사 제4회

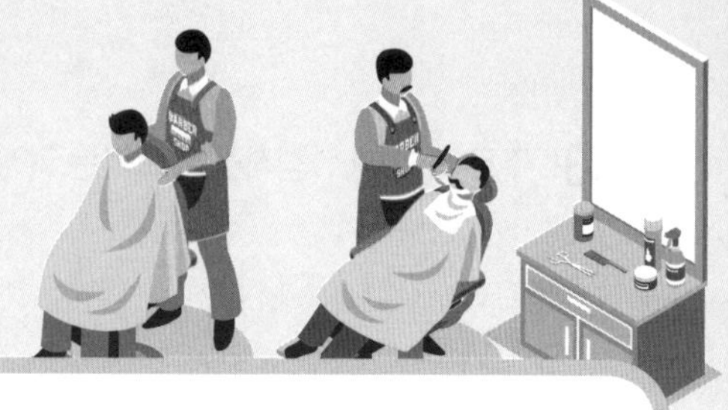

▶ 실력테스트를 위해 문제 아래 해설란을 가리고 문제를 풀어보세요.

□□□

01 물 또는 오일 성분에 미세한 고체입자가 계면활성제에 의해 균일하게 혼합된 상태는?

① 분산
② 가용화
③ 유화
④ 에멀젼

□□□

02 브로스(Brosse) 커트의 형태를 표현한 것은?

① 스포츠형 조발
② 상고형 조발
③ 장발형 조발
④ 레이어형 조발

□□□

03 두발 1/2 길이 선에 노멀 테이퍼링 질감처리를 하려고 할 때 남성 조발 시 티닝가위의 발 수는?

① 10~11발
② 20~30발
③ 50~70발
④ 40~45발

□□□

04 UVA와 관련한 내용으로 가장 거리가 먼 것은?

① 320~400nm의 장파장
② 지연 색소 침착
③ 생활 자외선
④ 즉시 색소 침착

□□□

05 매뉴얼테크닉의 기본 동작 중 두드리며 때리는 동작으로 근육수축력 증가, 신경기능의 조절 등에 효과가 있는 동작은?

① 프릭션 (강찰법)
② 페트리사지 (유연법)
③ 타포트먼트 (고타법)
④ 에필라지 (경찰법)

해설

01 • 분산 : 물 또는 오일에 미세한 고체입자가 계면활성제에 의해 균일하게 혼합된 상태
• 가용화 : 물에 소량의 오일 성분이 계면활성제에 의해 투명하게 용해된 상태
• 유화(에멀젼) : 물에 오일 성분이 계면활성제에 의해 우윳빛으로 섞인 상태

02 브로스(Brosse)는 '솔, 브러시'의 의미로, 마치 브러시 모양처럼 짧게 커트하는 것으로 '스포츠형 커트'라고 한다.

03 일반적인 테이퍼링에 사용되는 티닝가위의 발 수는 20~30발 정도이다.

04 UV-A(320~400nm의 장파장)는 피부 접촉이 가장 많으나 상대적으로 에너지가 낮아 피부 손상이 적다. 실내에 있어도 유리창 또는 얇은 커튼을 통과하며, 시간이나 날씨에 관계없이 항상 존재하기 때문에 '생활 자외선'이라 불린다.
※ 즉시 색소 침착 : UV-A와 가시광선에 의해 발생

05 • 타포트먼트(고타법) : 두드리며 때리는 동작
• 페트리사지(유연법, 반죽하기) : 어루만져 펴바르기(근육을 쥐고 손가락 전체를 이용하여 반죽하듯이 주물러 부드럽게 하는 방법)
• 프릭션(강찰법) : 밀착하여 펴바르기
• 에필라지(경찰법) : 쓸어서 펴바르기(손바닥을 이용하여 피부 표면을 쓰다듬는 동작)

정답 01 ① 02 ① 03 ② 04 ② 05 ③

□□□

06 대장균이나 포도상구균 등은 산소의 존재 유·무에 관계없이 증식이 가능한 데 이러한 세균을 무엇이라고 하는가?

① 혐기성균
② 통성 혐기성균
③ 편성 호기성균
④ 편성 혐기성균

□□□

07 공중위생관리법상 이·미용 업무에 관한 설명으로 틀린 것은?

① 이·미용사가 아니면 원칙적으로 미용의 업무에 종사할 수 없다.
② 이·미용사의 업무범위에 관하여 필요한 사항은 보건복지부령으로 정한다.
③ 이·미용사 면허가 없는 자는 이·미용사의 감독을 받아 미용 업무의 보조를 행할 수 있다.
④ 이·미용의 업무는 어떠한 경우에도 영업소 외의 장소에서 행할 수 없다.

□□□

08 테이퍼링 커트(tapering cut)에 대한 설명으로 틀린 것은?

① 레이저를 사용하여 커트하는 방법
② 붓끝처럼 가늘게 커트하는 방법
③ 깃털처럼 가볍게 커트하는 방법
④ 모발 끝부분을 뭉툭하게 틴닝으로 처리하는 방법

□□□

09 면체 시 면도기를 잡는 기본적인 방법에 해당되지 않는 것은?

① 프리핸드(기본 잡기)
② 백핸드(뒤돌려 잡기)
③ 노멀 핸드(보통 잡기)
④ 스틱 핸드

□□□

10 건성 두피의 샴푸관리에 대한 내용으로 적합하지 않은 것은?

① 효과적인 수분 공급 및 유분을 유지할 수 있도록 해야 한다.
② 두피에 트러블이 발생하기 쉬우므로 손톱 등으로 자극을 주지 않도록 한다.
③ 샴푸나 케어 제품 등으로 피지를 모두 깨끗이 제거한다.
④ 우유나 베이비오일 등을 샴푸 시 적절히 사용하는 것도 좋다.

□□□

11 음주와 건강과의 관계에 대한 내용으로 틀린 것은?

① 알코올의 열량은 7kcal/g 이므로 알코올로 인하여 영양물질이 많이 공급된다.
② 항이뇨 호르몬의 억제작용으로 소변량을 증가시킨다.
③ 신장, 심장, 동맥의 퇴행성 변화를 초래하기 쉽다.
④ 음주자는 폐렴, 결핵, 성병 등 감염병에 잘 이환된다.

chapter 05

06 **산소에 따른 미생물 성장** (실전모의고사 2회 60번 참조)

구분	증식 조건
편성 호기성균	산소 공급 필수(초산균, 고초균, 아조토박터 등)
미호기성균	저산소 공급에서만 증식(2~10%)
통성 혐기성균	산소의 유무와 관계없이 증식 (대장균, 포도상구균, 연쇄상구균 등)
편성 혐기성균	산소가 없는 곳에서만 증식 (파상풍균, 보툴리누스균)

07 보건복지부령이 정하는 특별한 사유가 있는 경우에는 영업소 외의 장소에서 이·미용의 업무를 행할 수 있다.

08 모발 끝부분을 뭉툭하게 처리하는 것은 블런트 커트에 해당한다.

09 **면도기를 잡는 기본적인 방법**
- 프리핸드(Free hand)
- 백핸드(Back hand)
- 스틱 핸드(Stick hand)
- 펜슬핸드(Pencil hand)

10 피지는 유·수분 밸런스에 도움을 주기 때문에 과도한 제거는 삼가한다.

11 알코올은 열량 이외에 다른 영양성분은 거의 없어 영양소라고 할 수 없다.

정답 06 ② 07 ④ 08 ④ 09 ③ 10 ③ 11 ①

□□□

12 이·미용실에서 사용하는 타월 소독에 가장 좋은 방법은?

① 초음파 살균법
② 건열 소독
③ 고압증기 멸균 소독
④ EO 가스 소독

□□□

13 안면 면체 시 습포를 하는 주된 목적은?

① 수염과 피부를 유연하게 하여 면도의 시술효과를 높이기 위하여
② 표피를 수축시켜 탄력성을 주기 위하여
③ 차가운 면도기를 피부에 접촉하기 전에 따뜻한 감을 주기 위하여
④ 피부의 오염물을 제거하여 면도 시 피부 감염을 막기 위하여

□□□

14 바이러스에 관한 설명으로 틀린 것은?

① 살아있는 세포 내에서만 증식한다.
② 콜레라는 바이러스에 속하지 않는다.
③ 보통 현미경으로 볼 수 없다.
④ 열에 의해 쉽게 죽지 않는다.

□□□

15 다음 설명에 해당되는 계면활성제의 종류는?

보기

역성비누(invert soap)라고도 하며 헤어린스, 헤어트리트먼트 등에 배합되어 정전발생을 방지하고, 빗질을 용이하게 해준다.

① 음이온성 계면활성제
② 양이온성 계면활성제
③ 비이온성 계면활성제
④ 양쪽성 계면활성제

16 반영구적 염모제(semi-permanent color)의 설명으로 틀린 것은?

① 모발 자체가 밝은색으로 변하지는 않는다.
② pH는 알칼리성이다.
③ 염색력이 4~6주 정도 지속된다.
④ 염색의 종류가 한정되어 있다.

□□□

17 스포츠형 커트에서 아웃라인의 수정 시 좁은 곳과 귀 주변 커팅에 가장 적합한 것은?

① 끌어깎기, 떠올려깎기
② 연속깎기, 떠내깎기
③ 왼손깎기, 찔러깎기
④ 돌려깎기, 밀어깎기

해설

12 이·미용실에서 사용하는 타월류를 소독할 때는 고압증기멸균소독 또는 자비소독법이 가장 좋다.
※ EO(에틸렌옥사이드) 가스는 박테리아의 세포벽을 침투하여 세포의 번식을 억제·파괴하는 화학적인 방법

13 면도 전 따뜻한 물수건으로 각질을 불려 피부 자극을 줄일 수 있다.

14 ① 바이러스는 곰팡이나 박테리아보다도 훨씬 작고 번식(복제)하기 위해 살아있는 세포에 침투해야 하는 전염성 미생물이다.
② 콜레라는 비브리오 콜레라(Vibrio cholerae)라는 세균에 감염되어 발생한다.
③ 바이러스는 전자 현미경에서만 볼 수 있다.
④ 대부분의 바이러스는 열에 약하다.

15 • 비이온: 물에서 이온화되지 않아 세정력이 약하며, 피부 자극이 적어 세정제를 제외한 대부분의 화장품에 유화제, 분산제, 가용화제로 사용
• 음이온: 세정력, 거품형성력이 우수(비누, 샴푸, 클렌저)
• 양이온: 살균·소독효과 우수, 정전기 방지(린스, 헤어트리트먼트)
※ 양이온성 계면활성제: 친수성기로 양이온 전하를 갖는 것으로서 수중에서 친수부분이 양이온으로 해리되며 음이온 계면활성제와 반대의 구조를 갖고 있어 '역성 비누'라 한다.

16 반영구적 염모제와 영구적 염모제의 pH는 산성에 해당한다.

17 수정깎기에서 밀어깎기, 끌어깎기, 고정깎기, 돌려깎기, 찔러깎기 등을 주로 이용한다.

정답 12 ③ 13 ① 14 ④ 15 ② 16 ② 17 ④

18 일상용 레이저로 헤어 커트를 할 때의 단점은?

① 세밀한 작업이 불가능하다.
② 자연스럽게 커트를 할 수 없다.
③ 시간이 비효율적이다.
④ 지나치게 자를 우려가 있다.

19 이용 또는 미용의 면허가 취소된 후 계속하여 업무를 행한 자에 대한 벌칙으로 옳은 것은?

① 300만원 이하의 벌금
② 200만원 이하의 벌금
③ 6월 이하의 징역 또는 500만원 이하의 벌금
④ 500만원 이하의 벌금

20 이·미용 영업소에서 소독한 기구와 소독하지 아니한 기구를 각각 다른 용기에 보관하지 아니한 때의 1차 위반 행정처분기준은?

① 영업정지 5일
② 시정명령
③ 개선명령
④ 경고

21 공중위생관리법상 이·미용기구 소독방법의 일반기준에 해당되지 않는 것은?

① 크레졸 소독
② 자외선 소독
③ 증기소독
④ 방사선 소독

22 표피의 설명으로 틀린 것은?

① 혈관과 신경분포 모두 있다.
② 신경의 분포가 없다.
③ 입모근(털세움근)이 없다.
④ 림프관이 없다.

23 공중위생 영업소의 위생서비스 평가 계획을 수립하는 자는?

① 시·도지사
② 행정자치부 장관
③ 대통령
④ 시장·군수 구청장

chapter 05

18 일상용 레이저
- 능률적이고 세밀한 작업에 용이하다.
- 지나치게 자르거나 다칠 우려가 있어 초보자에게 부적합하다.

19 300만원 이하의 벌금
- 타인에게 면허증을 빌려주거나 빌린 경우
- 면허 취소 또는 정지 중에 이·미용업을 한 경우
- 면허를 받지 않고 이·미용업을 개설한 경우

20 소독한 기구와 소독하지 않은 기구를 각다른 용기에 보관하지 않거나 1회용 면도날을 2인 이상의 손님에게 사용 시 1차 위반 시 경고, 2차 위반 시 영업정지 5일, 3차 위반 시 영업정지 10일, 4차 위반 시 영업장 폐쇄명령이다.

21 이·미용기구의 소독기준 및 방법
- 자외선 소독
- 건열멸균 소독
- 증기 소독
- 열탕 소독
- 석탄산수 소독
- 크레졸 소독
- 에탄올 소독

22 표피에는 혈관이 없고, 신경이 거의 존재하지 않는다.

23 시·도지사는 공중위생 영업소의 위생 관리 수준을 향상시키 위하여 위생 서비스 평가 계획을 수립하여 시장·군수·구청장에게 통보해야 한다.

정답 18 ④ 19 ① 20 ④ 21 ④ 22 ① 23 ①

24 명예공중위생감시원의 위촉대상자가 아닌 자는?

① 3년 이상 공중위생 행정에 종사한 경력이 있는 공무원
② 소비자단체장이 추천하는 소속직원
③ 공중위생에 대한 지식과 관심이 있는 자
④ 공중위생관련 협회장이 추천하는 소속직원

25 짧은 단발형 이발의 작업에 있어서 고객후면에 섰을 때 가장 안정된 자세는?

① 30cm 뒤 중앙에 선 상태에서 한 발을 뒤로 후진한다.
② 30cm 뒤에 선 상태에서 한 발을 앞으로 내민다.
③ 30cm 뒤 중앙에 선 상태에서 한 발을 좌측 옆으로 10cm 벌린다.
④ 30cm 뒤에 선 상태에서 한 발을 우측 옆으로 10cm 벌린다.

26 지성피부의 손질로 가장 적합한 것은?

① 유분이 많이 함유된 화장품을 사용한다.
② 스팀타월을 사용하여 불순물 제거와 수분을 공급한다.
③ 피부를 항상 건조한 상태로 만든다.
④ 마사지와 팩은 하지 않는다.

27 혈액응고와 관여하고 비타민 P와 함께 모세혈관 벽을 튼튼하게 하는 것은?

① 비타민 C
② 비타민 B
③ 비타민 E
④ 비타민 K

28 쓰레기통 소독으로 적절한 소독제는?

① 역성비누액
② 포르말린수
③ 에탄올
④ 생석회

29 자외선 차단제와 관련한 설명으로 틀린 것은?

① 자외선의 강·약에 따라 차단제의 효과시간이 변한다.
② SPF 1이란 대략 1시간을 의미한다.
③ 기초제품 마무리 단계 시 차단제를 사용하는 것이 좋다.
④ SPF라 한다.

해설

24 **명예공중위생감시원의 위촉대상자**
- 공중위생에 대한 지식과 관심이 있는 자
- 소비자단체, 공중위생관련 협회 또는 단체의 소속직원중에서 당해 단체 등의 장이 추천하는 자

①은 공중위생감시원의 자격에 해당한다.

25 30cm 뒤에 선 상태에서 무게중심을 위해 한 발을 앞으로 내민다.

26 **지성피부의 관리**
피지분비가 많으므로 세안에 주의하며, 스팀타월을 이용하여 불순물 제거와 수분을 공급하고, 유분함량이 적은 제품을 이용한다.

27 혈액응고에 관여하고 비타민 P와 함께 모세혈관 벽을 튼튼하게 하는 것은 비타민 K이다.

28 생석회는 값이 저렴하고 광범위한 소독에 적합하여 쓰레기통, 하수구, 분뇨, 수조 등에 주로 사용한다.
※ 참고) 생석회는 물과 반응 시 높은 열을 발생시켜 살균·살충 작용을 한다.

29 자외선 차단제는 기초화장품 마무리 단계에서 발라준다.
※ SPF(Sun Protection Factor)는 자외선 중 UVB 광선을 막는 정도를 표시한 것으로, SPF1은 15~20분 정도 차단 효과가 있다.

정답 24 ① 25 ② 26 ② 27 ④ 28 ④ 29 ②

□□□

30 일산화탄소(CO)에 대한 설명으로 틀린 것은?

① 헤모글로빈과의 결합능력이 뛰어나다.
② 확산성과 침투성이 강하다.
③ 물체가 불완전 연소할 때 많이 발생된다.
④ 공기보다 무겁다.

□□□

31 각진(사각형) 얼굴형의 고객에게 알맞은 가르마 비율은?

① 5 : 5
② 7 : 3
③ 6 : 4
④ 8 : 2

□□□

32 보건행정의 특성과 거리가 가장 먼 것은?

① 정치성
② 교육성
③ 과학성
④ 공공성

□□□

33 면도 작업 시 마스크를 사용하는 주 목적은?

① 상대방의 악취를 예방하기 위하여 사용한다.
② 손님의 입김을 방지하기 위하여 사용한다.
③ 불필요한 대화의 방지를 위하여 사용한다.
④ 호흡질병 및 감염병 예방을 위하여 사용한다.

□□□

34 표피의 구성 세포가 아닌 것은?

① 각질형성 세포
② 머켈 세포
③ 섬유아 세포
④ 랑게르한스 세포

□□□

35 후천성 면역결핍증(AIDS)의 예방대책에 해당되지 않는 것은?

① 수혈이나 주사 시 1회용품 사용
② 보건교육 강화
③ 경구용 피임약 사용
④ 건전한 성생활 유지

□□□

36 영업소 이외의 장소라 하더라도 이·미용의 업무를 행할 수 있는 경우 중 옳은 것은?

① 영업상 특별한 서비스가 필요한 경우
② 일반 가정에서 초청이 있을 경우
③ 혼례에 참석하는 자에 대하여 그 의식 직전에 행할 경우
④ 학교 등 단체의 인원을 대상으로 할 경우

30 일산화탄소(CO)는 무색·무취로 공기보다 다소 가벼우며, 불완전 연소할 때 주로 발생된다. 확산성과 침투성이 강해 헤모글로빈과의 결합능력이 뛰어나 산소의 운반능력이 상실되어 몸 속의 산소농도를 떨어뜨려 질식상태가 된다.

31 **가르마와 얼굴형에 따른 헤어스타일**
- 모난 얼굴 – 6:4 가르마
- 둥근 얼굴 – 7:3 가르마
- 긴 얼굴 – 8:2 가르마

34 **표피의 구성 세포**
- 각질형성 세포(80%) – 케라틴(keratin) 각질을 생성하면서 각화
- 색소형성 세포 – 피부색 결정(멜라닌 세포)
- 랑게르한스 세포 – T세포와 연계된 항원전달세포
- 머켈 세포 – 감각신경 계통의 세포

※ 섬유아 세포는 동물의 섬유성 결합조직으로 진피층에 위치한다.

35 피임약은 성병이나 에이즈를 예방하지 못한다. 이를 위해서는 콘돔을 병행하여 사용한다.

36 **영업소 외의 장소에서 이·미용 업무를 행할 수 있는 경우**
- 질병 등의 이유로 영업소에 방문할 수 없을 때
- 혼례나 그 밖의 행사(의식) 직전 미용을 해야 할 때
- 방송 등에 촬영할 경우 촬영 직전에 이·미용할 때
- 기타 특별한 사정이 있다고 시장·군수·구청장이 인정할 때

정답 30 ④ 31 ③ 32 ① 33 ④ 34 ③ 35 ③ 36 ③

37 살균 및 탈취 뿐만 아니라 특히 표백의 효과가 있어 두발 탈색제와도 관계가 있는 소독제는?

① 알코올
② 크레졸
③ 과산화수소
④ 석탄산

38 페오멜라닌(pheomelanin)의 설명으로 틀린 것은?

① 색소 생성은 도파퀴논이 케라틴 단백질에 존재하는 시스테인 결합 후 생성된다.
② 색입자가 작아서 입자형 색소라고도 한다.
③ 서양인의 모발에 많다.
④ 붉은색과 노란색이 나타난다.

39 얼굴면도 작업 시 왼쪽 구레나룻이 귀 중간까지 내려와 있고, 그 아래쪽에 잔털이 남아 있다. 잔털을 제거하고자 할 때, 일반적으로 쓰는 면도 기법은? (단, 시술자는 면도기를 오른손으로 잡고 시술한다.)

① 푸시핸드(Push hand)
② 프리핸드(Free hand)
③ 펜슬핸드(Pencil hand)
④ 백핸드(Back hand)

40 남성 헤어스타일 중 커머셜 스타일에 관한 설명으로 옳은 것은?

① 커머셜은 "일정한 패턴을 가진 웨이브"라는 뜻이다.
② 커머셜은 "상업적인"이라는 뜻이다.
③ 커머셜은 "퍼머"의 다른 말이다.
④ 커머셜은 "소비자"라는 뜻이다.

41 원발진(primary lesions)에 해당하는 피부질환은?

① 미란
② 면포
③ 반흔
④ 가피

42 브러시의 손질법으로 적합하지 않은 것은?

① 보통 비눗물이나 탄산소다수에 담그고 부드러운 털은 손으로 가볍게 비벼 빤다.
② 털이 빳빳한 것은 세정 브러시로 닦아낸다.
③ 털이 위로 가도록 하여 햇볕에 말린다.
④ 소독방법으로 석탄산수를 사용해도 된다.

43 다음 중 샴푸 작업 시 가장 적합한 물의 온도는?

① 38 ℃
② 28 ℃
③ 32 ℃
④ 45 ℃

해설

37 과산화수소는 약산성으로 머리카락의 멜라닌 색소를 산화시키는 표백 역할을 한다.

38 동양인에게 많은 유멜라닌은 입자가 다소 큰 흑색을 띤다.(입자형 색소) 서양인에게 많은 페오멜라닌은 입자가 매우 세밀하고 붉은색 또는 노란색을 띤다. (분사형 색소)

39 좌측 구레나룻 아랫 부분은 백핸드로 면도한다.

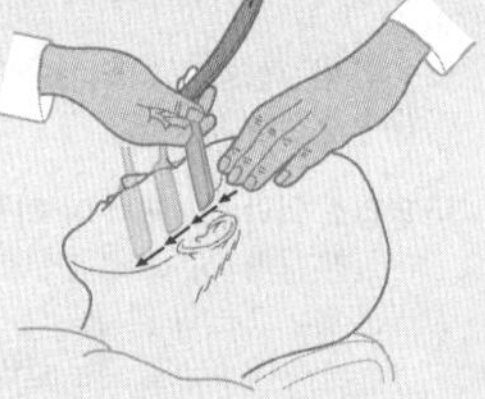

40 commercial style은 '상업적인 스타일'을 의미한다.

41 원발진은 반점, 홍반, 소수포, 대수포, 면포, 팽진, 구진, 농포, 결절, 낭종, 종양이 있다.
면포는 얼굴, 이마, 콧등에 나타나는 나사 모양의 굳어진 피지 덩어리로 원발진에 해당하며 미란, 반흔, 가피는 속발진에 속한다.

42 브러시를 세정한 후에는 털이 아래쪽으로 향하게 하여 그늘에서 말린다.

43 샴푸에 적당한 물의 온도는 체온(36.5℃)보다 약간 높은 38℃가 좋다.

정답 37 ③ 38 ② 39 ④ 40 ② 41 ② 42 ③ 43 ①

44 모발의 생장을 관장하는 곳은?

① 모간
② 모유두
③ 모근
④ 모낭

45 부족 시 구순염(Cheilitis), 설염(glossitis)의 발생 원인이 되는 것은?

① 비타민 B_1
② 비타민 C
③ 비타민 B_2
④ 비타민 A

46 염색 작업 시 주의사항에 해당되지 않는 것은?

① 유기합성 염모제를 사용할 때는 패치테스트가 필요 없다.
② 시술자는 반드시 염색용 장갑을 껴야 한다.
③ 패치테스트 하는 인체 부위는 팔꿈치의 안쪽이나 귀 뒤쪽 부분이다.
④ 퍼머넌트 웨이브와 두발염색을 함께 할 경우에는 퍼머넌트 웨이브를 먼저 행한다.

47 하수오염이 심할수록 BOD는 어떻게 되는가?

① 아무런 영향이 없다.
② 수치가 높아졌다 낮아졌다를 반복한다.
③ 수치가 낮아진다.
④ 수치가 높아진다.

48 화장품의 정의로 옳은 것은?

① 인체를 청결·미화하여 인체의 질병 치료를 위해 인체에 사용되는 물품으로서 인체에 대해 작용이 강력한 것을 말한다.
② 인체를 청결·미화하여 인체의 질병 치료를 위해 인체에 사용되는 물품으로서 인체에 대해 작용이 경미한 것을 말한다.
③ 인체를 청결·미화하여 인체의 질병 진단을 위해 인체에 사용되는 물품으로서 인체에 대해 작용이 경미한 것을 말한다.
④ 인체를 청결·미화하여 피부·모발 건강을 유지 또는 증진하기 위하여 인체에 사용되는 물품으로서 인체에 대해 작용이 경미한 것을 말한다.

49 모피질(Cortex)에 대한 설명이 틀린 것은?

① 피질세포와 세포 간 결합물질(간층물질)로 구성되어 있다.
② 멜라닌 색소를 함유하고 있어 모발의 색상을 결정한다.
③ 실질적으로 퍼머넌트웨이브나 염색 등의 화학적 시술이 이루어지는 부분이다.
④ 전체 모발 면적의 50~60%를 차지하고 있다.

44
- 모간 : 두피 위에 드러난 부분
- 모근 : 피부 속의 모발을 말하며 진피와 표피에 걸쳐 있으며, 새로운 세포형성에 필요한 영양을 공급한다.
- 모낭 : 모근을 보호하는 역할을 하며 털을 만드는 피부 기관이다.

45 비타민 B_2 부족 시 구내염, 구순염, 설염 등 구강 염증의 원인이 된다.

47 **생물화학적 산소요구량**(BOD, Biochemical Oxygen Demand)
미생물이 물 속에 있는 각종 오염물질(유기물)을 분해하기 위해 필요로 하는 산소량을 말한다. 물의 오염 정도를 나타내는 기준으로 수치가 높을수록 오염이 심하다.

48 "화장품"이란 인체를 청결·미화하여 매력을 더하고 용모를 밝게 변화시키거나 피부·모발의 건강을 유지 또는 증진하기 위하여 인체에 바르고 문지르거나 뿌리는 등 이와 유사한 방법으로 사용되는 물품으로서 인체에 대한 작용이 경미한 것을 말한다.

49 모피질은 전체 모발의 85~90% 정도를 차지한다.

정답 44 ② 45 ③ 46 ① 47 ④ 48 ④ 49 ④

50 손을 대상으로 하는 제품 중 세정 목적이 아닌 것은?

① 비누
② 핸드로션
③ 핸드워시
④ 새니타이저(sanitizer)

51 세균성 식중독의 특성이 아닌 것은?

① 다량의 균에 의해 발생한다.
② 수인성 전파는 드물다.
③ 감염병보다 잠복기가 길다.
④ 2차 감염률이 낮다.

52 메이크업 화장품 중 파운데이션의 기능으로 가장 거리가 먼 것은?

① 피부의 결점을 커버한다.
② 부분화장을 돋보이게 하고 강조해준다.
③ 땀이나 피지를 억제한다.
④ 피부색을 기호에 맞게 바꾸어 준다.

53 이용원의 사인보드 색에 대한 설명 중 틀린 것은?

① 백색 – 붕대
② 적색 – 동맥
③ 청색 – 정맥
④ 황색 – 피부

54 석탄산 90배 희석액과 어느 소독제 135배 희석액이 같은 살균력을 나타낸다면 이 소독제의 석탄산 계수는?

① 2.0
② 1.5
③ 1.0
④ 0.5

55 다음 중 틴닝가위와 가장 관계가 깊은 것은?

① 두발길이 고르기
② 지간 자르기
③ 모량 조절
④ 직선 자르기

56 아이론에 대한 설명 중 틀린 것은?

① 전기 아이론은 평균 온도를 유지할 수 있다.
② 아이론을 쥘 때에는 항상 그루브가 위쪽으로 가도록 해서 쥔다.
③ 그루브에는 홈이 있다.
④ 프롱은 두발을 위에서 누르는 작용을 한다.

해설

50 • 새니타이저 : 알코올을 주성분으로, 세정 및 소독 작용
• 핸드로션 : 피부 표면에 보호막을 만들어 수분 증발을 막음

51 세균성 식중독은 잠복기가 아주 짧다.

52 ③은 기능성 화장품에 해당하며, 일시적으로 모공을 수축시켜 땀이나 피지를 억제한다.

53 **사인보드**
• 붕대 – 흰색
• 정맥 – 파란색
• 동맥 – 빨간색

54 $석탄산계수 = \frac{소독액의\ 희석배수}{석탄산의\ 희석배수} = \frac{135}{90} = 1.5$

55 틴닝가위는 머리의 양을 조절하는 도구로써, 머리숱을 제거하여 가볍게 하기 위해 사용한다.

56 아이론을 쥘 때에는 프롱을 위로 가도록 잡는다.

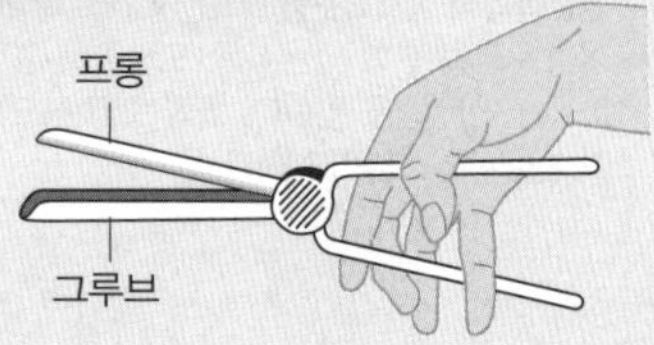

정답 50 ② 51 ③ 52 ③ 53 ④ 54 ② 55 ③ 56 ②

57 물체의 겉 표면 소독은 가능하지만, 침투성이 약한 물리적 소독법은?

① 간헐소독법
② 일광소독법
③ 증기소독법
④ 화염멸균법

58 조발술의 순서로 가장 적합한 것은?

① 거칠게 깎기 → 수정깎기 → 떠내깎기 → 지간깎기
② 수정깎기 → 지간깎기 → 거칠게 깎기 → 연속깎기
③ 연속깎기 → 밀어깎기 → 지간깎기 → 수정깎기
④ 지간깎기 → 솎음깎기 → 연속깎기 → 수정깎기

59 가용화(solubilization) 기술을 적용하여 만들어진 것은?

① 마스카라
② 스킨로션
③ 자외선 차단제
④ 크림

60 안면에서 일반적으로 모단위의 수염밀도 단위가 가장 높은 곳은?

① 상악골 부위
② 관골 부위
③ 정골 부위
④ 두정골 부위

57 일광 소독법
- 태양광선 중의 자외선을 이용하는 방법
- 결핵균, 페스트균, 장티푸스균 등의 사멸에 사용

58 일반적인 조발 순서 : 지간깎기→솎음깎기→연속깎기→수정깎기
- 지간깎기: 빗으로 치켜 올린 모발을 손가락 사이에 끼어 깎으며 주로 전두부·두정부의 모발 길이를 조정하는 것
- 솎음깎기(숱치기) : 뭉쳐있는 모발을 솎아내어 모량을 감소시키는 것(티닝, 거칠게 깎기에 해당)
- 연속깎기: 빗을 떠올려 가위나 클리퍼로 네이프에서 위로 이동하며 연속으로 깎기를 하는 것(오버콤)
- 수정깎기: 커트 마무리(끌어깎기, 밀어깎기, 고정깎기, 돌려깎기 등)

59 가용화
물에 소량의 오일 성분이 계면활성제에 의해 투명하게 용해되어 있는 상태를 말하며 화장수, 에센스, 향수 등이 가용화 기술을 적용해 만들어진다.

60 남성의 수염 분포
하악골, 상악골

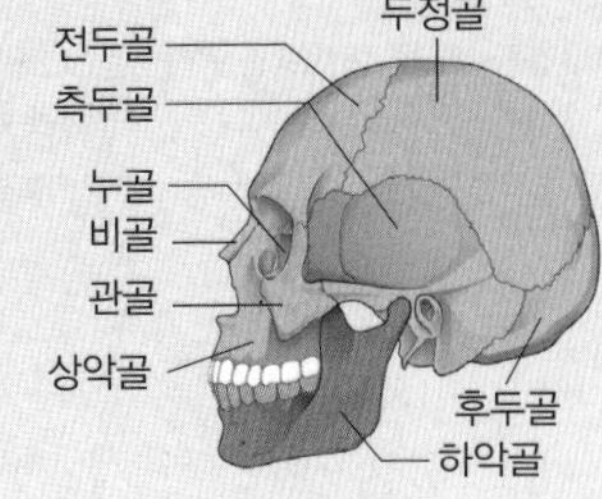

정답 57 ② 58 ④ 59 ② 60 ①

최종점검 – 최근 출제경향을 반영한 기출문제와 예상문제를 엄선하다!

실전모의고사 제5회

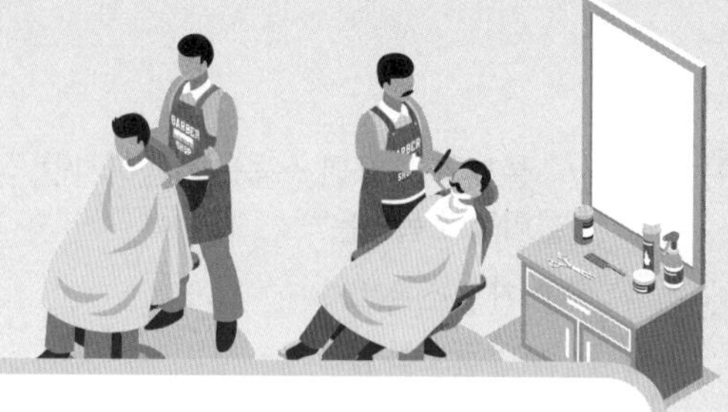

▶ 실력테스트를 위해 문제 아래 해설란을 가리고 문제를 풀어보세요.

□□□

01 이발용 빗 선정 시 사용 목적상 고려사항과 거리가 먼 것은?

① 재질과 색상
② 빗살 상태
③ 빗몸 상태
④ 빗살뿌리 상태

□□□

02 무균실에서 사용되는 기구의 소독에 가장 적합한 소독법은?

① 자비 소독법
② 고압증기 멸균법
③ 자외선 소독법
④ 소각 소독법

□□□

03 린스에 관한 설명으로 틀린 것은?

① 샴푸-린스-트리트먼트 순으로 사용한다.
② 일반적으로 린스제는 컨디셔너로 통용된다.
③ 린스는 흐르는 물에 헹군다는 뜻이다.
④ 모발용 린스는 약산성을 띠고 있다.

□□□

04 브러시의 손질법으로 틀린 것은?

① 보통 비눗물이나 탄산소다수에 담그고 부드러운 털은 손으로 가볍게 비벼 세척한다.
② 소독 방법으로 석탄산수를 사용해도 된다.
③ 털이 빳빳한 것은 세정 브러시로 닦아낸다.
④ 털이 위로 가도록 하여 햇볕에 말린다.

□□□

05 세균의 구조를 현미경으로 볼 때 관찰할 수 있는 특징이 아닌 것은?

① 세균의 배열 상태
② 세균의 크기
③ 세균의 색깔
④ 세균의 증식 온도

□□□

06 화장품에서 보습제로 사용되지 않는 것은?

① 아미노산
② 가수분해 콜라겐
③ 파라옥시안식향산메틸
④ 글리세린

해설

01 이발용 빗의 사용목적을 기준으로 할 때 재질과 색상은 고려 대상이 아니다.

02 고압증기 멸균기는 의료기구, 유리기구, 금속기구, 의류, 고무제품, 미용기구, 무균실 기구, 약액 등에 사용된다.

03 샴푸–트리트먼트(영양 공급)–린스(코팅) 순으로 사용
※ 샴푸와 린스는 약산성이며, 두피가 약산성을 띠므로 모발이나 두피에 자극을 주지 않는다.

04 브러시는 세정 후 물로 잘 헹구어 털이 아래쪽으로 향하도록 하여 그늘에서 말린다.

05 온도는 시각으로 확인할 수 없다.

06 보습제의 종류

구분	구성 성분
천연보습인자	아미노산(40%), 젖산(12%), 요소(7%), 지방산 등
고분자 보습제	가수분해 콜라겐, 히아루론산염 등
폴리올	글리세린, 폴리에틸렌글리콜, 부틸렌글리콜 프로필렌글리콜, 솔비톨

정답 01 ① 02 ② 03 ① 04 ④ 05 ④ 06 ③

07 미디움 스트로크 커트 시 두발에 대한 가위의 각도는?

① 95°~130° 정도
② 0°~5° 정도
③ 10°~45° 정도
④ 50°~90° 정도

08 건성 비듬에 대한 설명으로 틀린 것은?

① 무색의 평평하고 작은 입자의 비듬이 형성된다.
② 손가락으로 만지면 미끈하며 번들거리며 윤기가 난다.
③ 외적요인이 많아 주로 건조한 피부에 생긴다.
④ 피부는 수분부족으로 조기 노화현상이 나타난다.

09 상투를 틀던 풍습을 없애기 위해 고종 32년 시행된 단발령에 대한 설명으로 옳은 것은?

① 처음으로 시행된 시기는 1910년이다.
② 대한제국 때 시행되었다.
③ 성년 뿐만 아니라, 미성년자들에게 시행되었다.
④ 유길준의 주도로 김홍집 내각이 공포했다.

10 조발용 가위에서 정인(Moving blade)의 부위별 세부 명칭을 올바른 순서로 나열한 것은?

① 가위 끝 → 정인 날 → 피봇(회전축) → 연결다리 → 약지환 → 소지걸이
② 가위 끝 → 정인 날 → 피봇(회전축) → 소지걸이 → 약지환 → 연결다리
③ 가위 끝 → 정인 날 → 피봇(회전축) → 연결다리 → 엄지환 → 소지걸이
④ 가위 끝 → 정인 날 → 피봇(회전축) → 소지걸이 → 약지환 → 연결다리

11 제모 후에 사용하는 제품으로 가장 적합한 것은?

① 우유
② 진정 젤
③ 파우더
④ 알콜

12 콜라겐(collagen)에 대한 설명으로 틀린 것은?

① 콜라겐은 섬유아세포에서 생성된다.
② 콜라겐은 피부의 표피에 주로 존재한다.
③ 노화된 피부에는 콜라겐 함량이 낮다.
④ 콜라겐이 부족하면 주름이 발생하기 쉽다.

chapter 05

07 스트로크 커트 시 두발에 대한 가위의 각도
- 숏 스트로크 : 0~10°
- 미디움 스트로크 : 10~45°
- 롱 스트로크 : 45~90°

08
- 건성 비듬 : 수분 부족으로 각질이 탈락하며 입자가 얇고, 납작하며, 하얀색을 띤다.
- 지성 비듬 : 크고, 끈적거리며 누렇다. 각질 세포와 피지가 엉겨 붙어 두피에 붙어있는 경우가 많다.

09 단발령이 처음으로 시행된 시기는 1895년이다. (대한제국 : 1897년) 조선말에도 상투는 성년을 의미하며 미성년자에게는 시행되지 않았다.

10 가위의 구조와 명칭

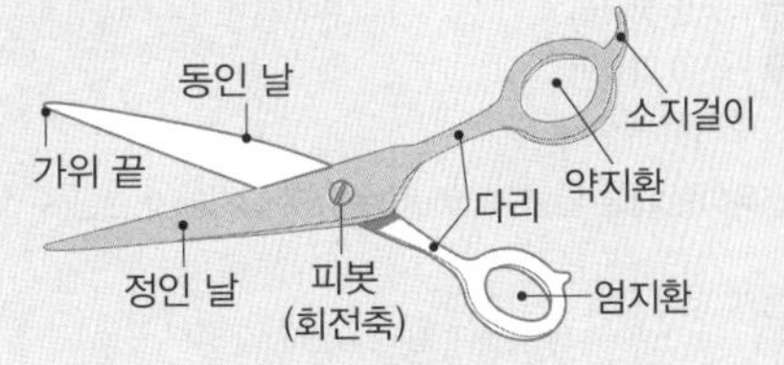

11 진정 젤은 제모로 인해 약해진 피부를 진정시키고 부드럽게 한다.

12 콜라겐은 주로 피부의 진피에 존재한다.
※ 섬유아 세포 : 진피의 윗부분에 많이 분포하며 콜라겐, 엘라스틴 등을 합성한다.

정답 07 ③ 08 ② 09 ④ 10 ① 11 ② 12 ②

13 일반적으로 얼굴형이 둥근 경우 가장 잘 어울리는 가르마의 비율은?

① 7 : 3
② 5 : 5
③ 4 : 6
④ 8 : 2

14 모자보건의 중요성과 관계가 가장 먼 것은?

① 임산부와 영유아는 쉽게 질병에 이환되지 않는다.
② 모자보건의 대상인구가 많다.
③ 임산부와 영유아의 질병은 조직적인 노력으로 쉽게 예방이 가능하다.
④ 임산부와 영유아는 건강취약대상이다.

15 피지선과 한선에서 나온 분비물이 피부에 윤기를 주어 건강과 아름다움을 지니게 해주는 피부의 생리작용은?

① 흡수작용
② 침투작용
③ 조절작용
④ 분비작용

16 수정 커트 때 긴머리의 끝을 일정하게 일렬로 커팅할 때 가장 적당하지 않은 기구는?

① 단발 가위
② 미니 가위
③ 클리퍼(바리캉)
④ 레이저(면도기)

17 이·미용의 업무를 영업장소 외에서 행하였을 때 이에 대한 처벌기준은?

① 3년 이하의 징역 또는 1천만원 이하의 벌금
② 200만원 이하의 과태료
③ 100만원 이하의 벌금
④ 500만원 이하의 과태료

18 화장품의 정의에 대한 설명으로 틀린 것은?

① 인체에 작용이 확실하여야 한다.
② 국내에서는 2000년 7월 1일부터 약사법에서 화장품법이 분류되어 제정·시행되고 있다.
③ 인체를 청결, 미화하여 매력을 더하고 용모를 변화시키는 것을 말한다.
④ 피부, 모발의 건강을 유지 또는 증진하기 위하여 인체에 사용되는 물품이다.

해설

13 가르마와 얼굴형에 따른 헤어스타일
- 모난 얼굴 – 6:4 가르마
- 둥근 얼굴 – 7:3 가르마
- 긴 얼굴 – 8:2 가르마

14 임산부와 영유아는 다른 연령집단에 비해 쉽게 질병에 이환될 수 있다.
※이환(罹患) : 병에 걸림

15 피지선의 분비작용을 통해 땀과 피지의 유화로 인해 피지막이 형성되어 피부를 촉촉하게 하고 윤기를 준다.
※ 피부 기능 : 보호, 감각, 배설, 저장, 분비, 흡수

16 레이저를 이용한 시술은 모발 끝을 일렬로 커팅하기 어렵다.

17 영업장소 외에서 이·미용의 업무를 행할 경우 200만원 이하의 과태료가 부과된다.

18 화장품은 인체에 대한 작용이 경미한 것으로서, 의약품에 해당하지 않는 물품이어야 한다.

정답 13 ① 14 ① 15 ④ 16 ④ 17 ② 18 ①

19 면도기를 잡는 기본적인 방법에 대한 설명으로 가장 거리가 먼 것은?

① 푸시핸드(Push hand) - 면도기를 내 몸에서 바깥쪽으로 밀면서 작업하는 것으로, 프리핸드(Free hand)와 반대 개념이다.
② 백핸드(back hand) - 손바닥을 윗 방향으로 유지한 채 작업하므로, 프리핸드(free hand)와 반대 개념이다.
③ 프리핸드(Free hand) - 가장 일반적으로 잡는 방법으로 면도기를 내 몸 쪽으로 끌어당기며 작업하는 것이며, 풀 핸드(Pull hand)라고 한다.
④ 펜슬핸드(pencil hand) - 연필을 쥐듯 면도기를 잡고, 양손을 'X'자 모양으로 엇갈려 시술하므로 프리핸드(Free hand)와 반대 개념이다.

20 모발의 기능이 아닌 것은?

① 보호 기능
② 장식 기능
③ 호흡 기능
④ 배설 기능

21 여드름 발생의 주요 원인과 가장 거리가 먼 것은?

① 아포크린한선의 분비 증가
② 염증 반응
③ 여드름 균의 군락 형성
④ 모낭 내 이상 각화

22 이·미용업 공중위생영업의 신고 시 첨부하는 서류에 해당하는 것은?

① 이·미용사의 건강진단수첩
② 이·미용사의 국가기술자격증
③ 영업시설 및 설비개요서
④ 보조원의 건강진단수첩

23 가발 착용 방법과 관련한 내용으로 옳지 않은 것은?

① 가발의 스타일을 정리·정돈한다.
② 착탈식 가발은 탈모가 심한 사람들이 주로 착용한다.
③ 가발을 착용할 위치와 가발의 용도에 따라 착용한다.
④ 가발과 기존 모발의 스타일을 연결한다.

24 다음 중 이·미용실의 실내 소독에 가장 적합한 것은?

① 크레졸 비누액
② 포비돈요오드액
③ 과산화수소
④ 메탄올

chapter 05

19 프리핸드와 펜슬핸드는 시술자 몸쪽 방향으로 당기듯 면도기를 이동하며, 푸시핸드와 백핸드는 몸 바깥쪽을 향해 이동시키므로 프리핸드와 반대 개념이다.
※ 백핸드는 프리핸드에서 날을 시술자 몸 바깥쪽으로 향하고, 손바닥을 위로 향한다.

20 모발의 기능 : 보호기능, 장식기능, 배설(배출) 기능
※ 호흡기능은 피부의 기능에 해당한다.

21 ①은 액취증(취한증, 암내)에 대한 설명이다.

22 **영업신고 시 첨부서류**
- 영업시설 및 설비개요서
- 교육수료증

23 착탈식 가발은 클립이나 테이프 등을 이용하여 수시로 탈부착하므로, 탈모가 심한 사람보다는 심하지 않은 사람들이 주로 착용한다.

24
- 과산화수소 : 표백제, 산화제, 살균·탈취
- 포비돈요오드액 : 외상용 소독약
- 메탄올 : 살균용으로 사용할 수 있지만, 인화성과 독성이 커 법적으로 사용을 금한다.

정답 19 ④ 20 ③ 21 ① 22 ③ 23 ② 24 ①

25 감염에 의한 임상증상이 전혀 없으나, 관리가 가장 어려운 병원소 대상은?

① 건강 보균자
② 잠복 보균자
③ 만성 감염병 환자
④ 병후 보균자

26 두발의 아이론 정발 시 일반적으로 가장 적합한 아이론의 온도는?

① 70~90℃
② 110~130℃
③ 140~160℃
④ 160~180℃

27 모발의 탈색 시 주의사항이 아닌 것은?

① 탈색제를 사용하기 전 패치 테스트를 한다.
② 시술 전 두피에 상처나 질환이 있으면 탈색을 하지 말아야 한다.
③ 쓰고 남은 탈색제는 변질되기 쉬우므로 밀봉하여 그늘진 곳에 보관한다.
④ 원하는 색이 나왔는지 자주 확인한다.

28 영업소 외에서의 장소에서 이·미용 업무를 행할 수 있는 경우를 모두 고른 것은?

| 보기 |

ㄱ. 행사(의식) 참여자에 대한 직전 이·미용 업무
ㄴ. 질병으로 영업소에 나올 수 없는 자에 대한 이·미용 업무
ㄷ. 사회복지시설에서 봉사활동을 하는 이·미용 업무
ㄹ. 소비자 요청에 의한 이·미용 업무

① ㄱ, ㄴ, ㄷ, ㄹ
② ㄴ, ㄹ
③ ㄱ, ㄷ
④ ㄱ, ㄴ, ㄷ

29 공중위생관리법규상 위생교육에 관한 설명으로 틀린 것은?

① 위생교육을 실시하는 단체를 보건복지부장관이 고시한다.
② 위생교육 실시단체는 교육교재를 편찬하여 교육대상자에게 제공하여야 한다.
③ 위생교육을 받는 자가 위생교육을 받는 날로부터 2년 이내에 위생교육을 받은 업종과 같은 업종의 영업을 하려는 경우에는 해당 영업에 대한 위생교육을 받은 것으로 본다.
④ 위생교육 실시단체의 장은 수료증 교부대장 등 교육에 관한 기록을 1년 이상 보관·관리하여야 한다.

해설

25 • 현성감염자 : 병원체에 감염되었으며, 임상증상이 있는 자
• 불현성 감염자 : 약하게 감염되어 임상증상이 거의 없음
• 건강 보균자 : 임상증상은 없으나 타인을 감염시킬 수 있음 – 관리가 가장 어렵다.
• 만성감염병 보균자 : 3개월 이상 보균 상태를 지속
• 병후 보균자 : 감염되어 증상발현 후 회복되었으나 균이 아직 남아있음
• 잠복보균자 : 증상은 없지만 감염시킬 수 있음

26 아이론의 온도 : 110~130℃

27 탈색제는 혼합하여 바로 사용하며, 쓰고 남은 탈색제는 버린다. 탈색제를 도포하고 원하는 색상이 될 때까지 자주 체크한다.

28 **영업소 외의 장소에서 이·미용 업무를 행할 수 있는 경우**
• 질병 등의 이유로 영업소에 방문할 수 없는 자에게 미용을 하는 경우
• 혼례나 그 밖의 행사(의식) 참여자에게 행사 직전 미용을 하는 경우
• 사회복지시설에서 봉사활동으로 미용을 하는 경우
• 방송 등의 촬영에 참여하는 사람에 대하여 그 촬영 직전에 이용 또는 미용을 하는 경우
• 기타 특별한 사정이 있다고 시장·군수·구청장이 인정하는 경우

29 위생교육 실시단체의 장은 위생교육을 수료한 자에게 수료증을 교부하고, 교육실시 결과를 교육 후 1개월 이내에 시장·군수·구청장에게 통보하여야 하며, 수료증 교부대장 등 교육에 관한 기록을 2년 이상 보관·관리하여야 한다.

정답 25 ① 26 ② 27 ③ 28 ④ 29 ④

30 보건행정의 특성과 거리가 먼 것은?

① 공공성과 사회성
② 과학성과 기술성
③ 독립성과 독창성
④ 조장성과 교육성

31 다음 중 금속기구 소독에 가장 적합하지 않은 것은?

① 크레졸수
② 역성비누
③ 알코올
④ 승홍수

32 향장품에서 방부제로 사용하는 것은?

① 실리콘 오일
② 과산화수소
③ 메틸 파라벤
④ 글리세린

33 향료의 부향률이 가장 낮은 것은?

① 샤워 코롱
② 오데 퍼퓸
③ 오데 코롱
④ 퍼퓸

34 이·미용업자가 준수하여야 하는 위생관리 기준에 해당하지 않는 것은?

① 영업소 내에 화장실을 갖추어야 한다.
② 1회용 면도날은 손님 1인에 한하여 사용하여야 한다.
③ 영업소 내에 최종지급요금표를 게시 또는 부착하여야 한다.
④ 소독을 한 기구와 소독을 하지 아니한 기구를 각각 다른 용기에 보관한다.

35 소독제의 사용과 보존상의 일반적인 주의사항으로 틀린 것은?

① 제재를 냉암소에 보관한다.
② 한 번에 많은 양을 제조하여 필요할 때마다 조금씩 덜어 사용한다.
③ 소독 대상물품에 적당한 소독제와 소독방법을 선정한다.
④ 병원체의 종류나 저항성에 따라 방법과 시간을 고려한다.

36 모발 염색제 중 일시적 염모제가 아닌 것은?

① 산성 컬러 염모제
② 컬러 파우더
③ 컬러 스프레이
④ 컬러 젤

chapter 05

30 **보건행정의 특성** : 공공성, 사회성, 보건의료에 대한 가치의 상충, 행정대상의 양면성, 과학성 및 기술성, 봉사성, 조장성 및 교육성 등

31 승홍수는 금속 부식성이 있어 금속류의 소독에는 적당하지 않다.

32 메틸파라벤은 화장품의 살균보존제, 방부제로 사용된다.

33 **향수의 부향률 순서**
퍼퓸(15~30%) > 오데퍼퓸(9~12%) > 오데토일렛(6~8%) > 오데코롱(3~5%) > 샤워코롱(1~3%)
※ 부향률 : 향수에 향수 원액이 포함되어 있는 비율

34 위생관리 기준에 화장실에 대한 기준은 없다.

35 소독제의 제조 시 필요한 만큼 제조하여 사용한다.

36 일시적 염모제는 모발의 표면에만 염모제가 입혀지는 것으로 한 번의 샴푸로 쉽게 제거된다. 종류에는 컬러 린스, 컬러 젤, 컬러 파우더, 컬러 크레용, 컬러 스프레이 등이 있다.

정답 30 ③ 31 ④ 32 ③ 33 ① 34 ① 35 ② 36 ①

37 샤기(Shaggy) 커트에 대한 설명으로 옳은 것은?

① 모발의 끝을 새의 깃털처럼 가볍게 커트하는 것이다.
② 블런트 커트와 샤기는 같다.
③ 미니가위를 이용한 포인트 커트이다.
④ 모발의 숱을 대량으로 감소시키는 커트이다.

38 회충에 대한 설명으로 옳은 내용을 모두 고른 것은?

보기
ㄱ. 회충 수정란은 분변에서 탈출한다.
ㄴ. 자연조건에서 2일이면 감염형이 된다.
ㄷ. 소장에서 정착하여 75일이면 성충이 된다.
ㄹ. 주증상은 피부소양증이다.

① ㄱ, ㄴ, ㄷ ② ㄴ, ㄹ
③ ㄱ, ㄷ ④ ㄱ, ㄴ, ㄷ, ㄹ

39 1차 위반 시 행정처분기준이 가장 과중한 경우는?

① 신고를 하지 아니하고 영업소의 소재지를 변경한 경우
② 면허증을 다른 사람에게 대여한 경우
③ 변경신고를 하지 아니하고 바닥면적을 3분의 1 이상 변경한 경우
④ 영업정지처분을 받고 그 영업정지기간 중 영업한 경우

40 자신이 제작한 현미경을 사용하여 미생물의 존재를 처음 발견한 미생물학자는?

① 히포크라테스
② 제너
③ 래벤후크
④ 파스퇴르

41 다음 소독법에 대한 설명 중 틀린 것은?

① 고압증기 멸균법 - 아포 형성균을 사멸할 수 있다.
② 자비 소독법 - 유리 제품, 주사기, 식기류 소독에 적합하다.
③ 간헐 멸균법 - 고압증기 멸균법에 의한 가열 온도에서 파괴될 위험이 있는 물품을 멸균하는 방법이다.
④ 건열 멸균법 - 고무 제품에 사용하기 적당하다.

42 롱(long) 커트 시 우측 귀 뒷부분을 2~3mm 두께로 조발한 후 귀 윗부분을 커트하는 요령으로 가장 적합한 것은?

① 빗을 피부에 대고 원형으로 커트한다.
② 왼손 엄지와 중지로 귀를 잡고 원형으로 커트한다.
③ 왼손 엄지와 검지로 귀를 잡고 가위 끝을 중지에 대고 원형으로 커트한다.
④ 면도기를 이용하여 원형으로 커트한다.

해설

37 샤기(shaggy)는 '깃털처럼 가볍다'라는 의미로, 머리끝을 쳐서 모발을 얇게 만들기 때문에 전체적으로 머리카락이 가벼운 인상을 준다.

38 ㄴ. 회충은 감염형으로 발육하는 데 1~2개월이 소요된다.
ㄹ. 주 증상은 발열, 구토, 복통, 권태감, 미열 등이 있다.

39 ① 영업정지 1개월
② 면허정지 3개월
③ 경고 또는 개선명령
④ 영업장 폐쇄명령

40 래벤후크는 지금의 현미경의 모태인 후크 망원경을 발견하여 미생물을 최초로 발견했다.

41 건열 멸균법은 160℃의 고열을 사용하므로 고무 제품에 사용하기 적당하지 않다. (도자기나 유리기구에 주로 사용)

42 귀 뒷부분의 머리가 짧으므로 귀 보호를 위해 왼손 엄지와 중지(또는 검지)로 귀를 잡고 가위로만 커트한다.
※ 저자의 변) 만약 귀 위가 측두부일 경우 ①이 정답이 될 수 있다. (돌려깎기에 해당)

정답 37 ① 38 ③ 39 ④ 40 ③ 41 ④ 42 ②

43 근육과 신경에도 영향을 미치며 혈액응고를 돕는 것은?

① 칼슘
② 철분
③ 인
④ 요오드

44 다음 중 인구 동태와 가장 관련이 깊은 사항은?

① 인구 구조
② 출생과 사망
③ 인구 밀도
④ 가족계획

45 B 세포가 관여하는 면역은?

① 선천적 면역
② 체액성 면역
③ 세포 매개성 면역
④ 자연면역

46 면도 후 화장술 시술순서로 가장 적합한 것은?

① 영양크림 - 스킨로션 - 밀크로션
② 스킨로션 - 콜드로션 - 밀크로션
③ 콜드크림 - 스킨로션 - 밀크로션
④ 콜드크림 - 영양크림 - 밀크로션

47 스캘프 트리트먼트의 사용 목적으로 거리가 먼 것은?

① 두발의 성장을 촉진시킨다.
③ 두피나 두발을 윤택하게 한다.
② 먼지나 비듬을 제거한다.
④ 두피 및 두발의 청결을 유지한다.

48 알코올 소독의 대상물로서 적합하지 않은 것은?

① 레이저
② 핀셋
③ 고무튜브
④ 가위

49 다음 중 표피의 영양을 관장하는 층은?

① 기저층
② 투명층
③ 과립층
④ 유극층

50 기능성 화장품의 표시 및 기재사항으로 옳은 것은?

① 제품의 명칭
② 제조자의 이름
③ 제조 날짜
④ 내용물의 주요 성분과 기능

43 **칼슘** : 뼈와 치아를 구성하는 물질로 신경의 흥분과 전달, 심장 근육의 움직임, 혈액 응고에 관여하는 전해질

44 인구 동태는 1년간 인구의 출생·사망·결혼·이혼·사산 등 자연적 변동 상황을 통계한 것을 말한다.

45 B 세포는 B 림프구를 말하는 것으로, B림프구가 만드는 항체에 의한 체액성 면역반응을 한다.

46 **면도 후 화장술**
- 콜드 크림(cold cream) : 피부에 발랐을 때 수분이 증발하면서 차가운 느낌이 있으며, 면도 후 매니플레이션을 할 때 사용한다.
- 스킨 로션 : 면도 후 피부 정돈용으로, 알코올 성분으로 인해 소독 작용 및 청량감 부여
- 밀크 로션 : 면도로 인한 손상된 피부 재생 및 영양 공급

47 스캘프 트리트먼트의 사용 목적은 두피의 생리 기능을 정상적으로 유지하기 위한 것이며, 두발의 성장 촉진과는 거리가 멀다.

48 알코올은 고무성분을 손상시킨다.

49 유극층은 표피층 중에서도 가장 두꺼운 층으로 림프관이 분포하며 표피의 영양을 관장한다.

50 **기능성 화장품의 표시 및 기재사항**
- 화장품의 명칭
- 영업자의 상호
- 제조번호
- 사용기한 또는 개봉 후 사용기간

정답 43 ① 44 ② 45 ② 46 ③ 47 ① 48 ③ 49 ④ 50 ①

51 체계적인 드라이어 정발 순서로서 가장 먼저 시술해야 할 두부 부위는?

① 가르마 부분
② 뒷머리 부분
③ 두정부
④ 측두부

52 다음 모발에 관한 설명으로 틀린 것은?

① 모근부와 모간부로 구성되어 있다.
② 하루 약 0.2~0.5mm 정도 자란다.
③ 모발은 퇴행기 → 성장기 → 탈락기 → 휴지기의 성장단계를 가진다.
④ 모발의 수명은 보통 3~6년이다.

53 인체의 멜라닌 색소에 대한 설명 중 옳은 것은?

① 멜라닌의 본래 역할은 자외선에 대한 피부보호이다.
② 멜라닌은 각질층으로는 배출되지 않는다.
③ 몽고반점은 멜라닌과 상관없다.
④ 황색인종에게 가장 많이 나타난다.

54 모발 화장품 중 양이온성 계면활성제를 주로 사용하는 것은?

① 헤어 샴푸
② 헤어 린스
③ 반영구 염모제
④ 퍼머넌트 웨이브제

55 감염병의 예방 및 관리에 관한 법률상 제2급 감염병으로 짝지어지지 않은 것은?

① 파라티푸스, 홍역
② 콜레라, 장티푸스
③ 세균성이질, 폴리오
④ A형간염, 파상풍

해설

51 일반적인 드라이어 정발순서
가르마 부분 → 측두부 → 후두부

52 모발의 성장주기
성장 → 퇴행 → 휴지 → 발생기

53 ① 멜라닌 색소는 피부색을 결정함과 동시에 피부를 자외선(UV)에서 보호하는 역할을 한다.
② 멜라닌은 각질층으로 배출되며, 배출되지 못하면 색소침착이 나타난다.
③ 몽고반점은 배아 발생 초기에 표피로 이동하던 멜라닌색소 세포가 진피에 머무르면서 생기는 푸른색 반점이다.
④ 멜라닌 색소량 : 흑인 > 황인종 > 백인

54 • 양이온성 계면활성제 : 헤어트리트먼트제, 헤어린스
• 음이온성 계면활성제 : 비누, 샴푸, 클렌징폼
• 비이온성 계면활성제 : 크림, 화장수 등

55 파상풍은 제3급 감염병에 해당된다.

정답 51 ① 52 ③ 53 ① 54 ② 55 ④

56 군집독의 가장 큰 원인은?

① 대기오염
② 저기압
③ 공기의 이화학적 조성 변화
④ 질소화합물의 증가

57 고객의 헤어스타일 연출을 아름답게 구상하기 위해서 얼굴형과의 조화를 고려하고자 할 때 기본적인 요소로 틀린 것은?

① 헤어라인
② 목선의 형태
③ 얼굴형(정면)
④ 얼굴 피부의 색

58 조발 또는 정발 시 크기는 알맞으나 입체적, 조형적 입장에서 너무 무겁게 또는 너무 가볍게 보일 때 가장 영향이 큰 것으로 적합한 것은?

① 양감(volume)
② 헤어 파트의 균형
③ 방향과 흐름
④ 부자연스러운 스타일링

59 음용수 수질오염의 가장 대표적인 생물학적 지표가 되는 것은?

① 증발 잔유물
② 탁도
③ 경도
④ 대장균

60 공중위생감시원의 자격으로 틀린 것은?

① 1년 이상 공중위생 행정에 종사한 경력이 있는 사람
② 위생사 또는 환경기사 2급 이상의 자격증이 있는 사람
③ 외국에서 위생사 또는 환경기사의 면허를 받은 사람
④ 고등교육법에 의한 대학에서 사회복지분야를 전공하고 졸업한 사람

chapter 05

56 군집독
출퇴근 시 지하철이나 버스와 같이 밀폐된 공간에서 오염된 실내공기로 인해 불쾌감, 두통, 현기증, 울렁임 등의 증세를 나타내는 것을 말하며, 그 원인으로는 온도 상승, 습도 상승, 이산화탄소 농도 증가, 먼지 증가 등이 있으며 이를 공기의 이화학적 조성이라고 한다.

57 고객의 헤어스타일을 연출할 때 고려해야 할 요소는 얼굴형(정면), 측면의 윤곽(옆모습), 뒷모습(후면), 헤어라인, 목선의 형태, 신장, 두발의 질 등이 있다.

58 무겁거나 가벼움은 양감(volume)에 관한 것이다.

59 음용수 수질오염의 가장 대표적인 생물학적 지표는 대장균이다.

60 공중위생감시원의 자격
1. 위생사 또는 환경기사 2급 이상의 자격증이 있는 사람
2. 「고등교육법」에 따른 대학에서 화학·화공학·환경공학 또는 위생학 분야를 전공하고 졸업한 사람 또는 법령에 따라 이와 같은 수준 이상의 학력이 있다고 인정되는 사람
3. 외국에서 위생사 또는 환경기사 면허를 받은 사람
4. 1년 이상 공중위생 행정에 종사한 경력이 있는 사람

정답 56 ③ 57 ④ 58 ① 59 ④ 60 ④

최종점검 – 최근 출제경향을 반영한 기출문제와 예상문제를 엄선하다!

실전모의고사 제6회

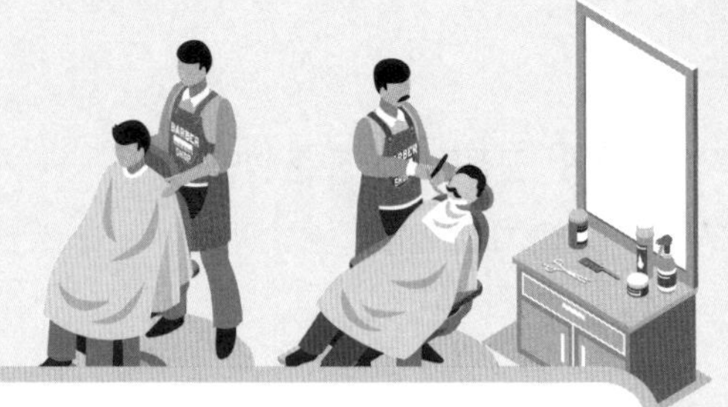

▶ 실력테스트를 위해 문제 아래 해설란을 가리고 문제를 풀어보세요.

□□□

01 시트러스 계열 정유가 아닌 것은?

① 레몬
② 그레이프프루트
③ 라벤더
④ 오렌지

□□□

02 탈모를 방지하기 위해 올바른 세발 방법은?

① 손톱 끝을 이용하여 두피에 자극을 주며 샴푸를 헹군다.
② 먼지 제거 정도로만 머리를 헹군다.
③ 손 끝을 사용하여 두피를 부드럽게 문지르며 헹군다.
④ 샴푸를 할 때 브러시로 빗질을 하며 헹군다.

□□□

03 탈모증 종류에서 유전성 탈모증인 것은?

① 남성형 탈모
② 원형 탈모
③ 반흔성 탈모
④ 휴지기성 탈모

□□□

04 매뉴얼테크닉 기법 중 피부를 강하게 문지르면서 가볍게 원운동을 하는 동작은?

① 에플라지(Effleurage)
② 타포트먼트(Tapotement)
③ 페트리사지(Petrissage)
④ 프릭션(Friction)

□□□

05 화장품의 제형에 따른 특징의 설명으로 틀린 것은?

① 유화 제품 – 물에 오일 성분이 계면활성제에 의해 우윳빛으로 백탁화된 상태의 제품
② 가용화 제품 – 물에 소량의 오일 성분이 계면활성제에 의해 투명하게 용해되어 있는 상태의 제품
③ 분산 제품 – 물 또는 오일 성분에 미세한 고체입자가 계면활성제에 의해 균일하게 혼합된 상태의 제품
④ 유용화 제품 – 물에 다량의 오일 성분이 계면활성제에 의해 현탁하게 혼합된 상태의 제품

해설

01 시트러스(Citruss)는 감귤류(레몬, 오렌지, 그레이프프루트, 베르가못, 라임, 만다린) 식물 열매의 정유를 말한다.

02 탈모 방지를 위해서는 샴푸를 할 때 손 끝을 사용하여 두피를 부드럽게 문지르며 헹구는 것이 좋다.

03 **탈모증 종류**

반흔성 탈모	• 상처(외상, 화상), 방사선, 화학약품, 세균감염 등으로 모발 재생이 불가
비반흔성 탈모	• 치료하면 털이 날 수 있는 경우 • 휴지기성 탈모, 원형 탈모, 유전성(남성형 탈모), 여성형 탈모

04 피부를 강하게 문지르면서 가볍게 원운동을 하는 동작은 경찰법(마찰법)이다. Friction의 사전적 의미는 '마찰'이다.

05 제형의 3가지 : 유화, 분산, 가용화
• 유화 : 다량의 오일성분을 물에 균일하게 혼합하는 것
• 가용화 : 소량의 오일성분을 물에 녹이는 것
• 분산 : 안료 등 고체입자를 액체 속에 균일하게 혼합하는 것

정답 01 ③ 02 ③ 03 ① 04 ④ 05 ④

□□□

06 공중위생영업자는 위생교육을 매년 몇 시간 받아야 하는가?

① 3시간
② 6시간
③ 8시간
④ 10시간

□□□

07 공중위생관리법상 이·미용업소에서 유지하여야 하는 조명의 기준은?

① 50 룩스 이상
② 75 룩스 이상
③ 100 룩스 이상
④ 125 룩스 이상

□□□

08 블로 드라이 스타일링으로 정발 시술을 할 때 도구의 사용에 대한 설명 중 적합하지 않은 것은?

① 블로 드라이어와 빗이 항상 같이 움직여야 한다.
② 블로 드라이어는 열이 필요한 곳에 댄다.
③ 블로 드라이어는 작품을 만든 다음 보정작업으로도 널리 사용된다.
④ 블로 드라이어는 빗으로 세울 만큼 세워서 그 부위에 드라이어를 댄다.

□□□

09 이·미용사의 건강진단 결과 마약 중독자라고 판정될 때 취할 수 있는 조치 사항은?

① 자격 정지
② 업소 폐쇄
③ 면허 취소
④ 1년 이상 업무 정지

□□□

10 다음 샴푸법 중 거동이 불편한 환자나 임산부에 가장 적당한 것은?

① 플레인 샴푸(Plain shampoo)
② 핫 오일 샴푸(Hot oil shampoo)
③ 에그 샴푸(Egg shampoo)
④ 드라이 샴푸(Dry shampoo)

□□□

11 커트용 가위의 선정 방법에 대한 설명 중 틀린 것은?

① 날의 두께가 얇고 회전축이 강한 것이 좋다.
② 도금된 것이 좋다.
③ 날의 견고함이 양쪽 골고루 똑같아야 한다.
④ 손가락 넣는 구멍이 적합해야 한다.

06 공중위생영업자는 매년 3시간 위생교육을 받아야 한다.

07 이·미용업소에서의 조명 기준 : 75룩스(Lux) 이상

08 블로우 드라이는 드라이어와 빗이나 롤 브러시를 사용하여 젖은 모발을 건조하며 형태를 잡아가는 스타일링이다. 이때 드라이어의 열에 의해 모발이 연화될 때는 불필요한 빗이나 브러시 사용은 삼가하는 것이 좋다.

09 **면허취소 사항**
- 금치산자
- 마약, 기타 대통령령으로 정하는 약물중독자
- 정신질환자

10 드라이 샴푸는 머리를 물에 적실 필요 없이 스프레이로 뿌려주기만 하면 머릿기름과 냄새가 제거되며 감고 말리는데 시간이 줄고 간편하여 거동이 불편한 환자나 임산부 등에 적합하다.

11
- 날의 두께가 얇고 회전축이 강한 것이 좋다.
- 양날의 견고함은 동일하고 강도와 경도가 좋아야 한다.
- 협신에서 날끝으로 갈수록 내곡선인 것이 좋다.
- 도금이 되지 않아야 하며, 손가락 넣는 구멍이 시술자에게 적합해야 한다.

정답 06 ① 07 ② 08 ① 09 ③ 10 ④ 11 ②

12 가위 소독의 방법으로 가장 적합한 것은?

① 소독포에 싸서 자외선 소독기에 넣는다.
② 차아염소산 소다액에 30분 정도 담근다.
③ 가위 날을 벌려 고압증기멸균기에 넣는다.
④ 70% 알코올에 20분 이상 담근다.

13 이용 가위에 대한 설명으로 가장 거리가 먼 것은?

① 날의 견고함이 양쪽 골고루 똑같아야 한다.
② 날의 두께가 얇고 허리가 강한 것이 좋다.
③ 가위는 기본적으로 엄지만의 움직임에 따라 개폐 조작을 한다.
④ 가위의 날 몸 부분 전체가 동일한 재질로 만들어져 있는 가위를 '착강가위'라고 한다.

14 다음 중 이·미용 업소의 실내 바닥을 닦을 때 가장 적합한 소독제는?

① 크레졸수
② 과산화수소
③ 알코올
④ 염소

15 레이저의 선택에 대한 설명 중 틀린 것은?

① 날 어깨의 두께가 일정한 것을 선택한다.
② 날끝과 날등이 평형한 것을 선택한다.
③ 양면이 외곡선상의 날을 선택한다.
④ 날 끝이 얼굴형에 맞게 오목한 것을 선택한다.

16 정발 시술 시 포마드를 바르는 방법으로 가장 적합한 것은?

① 두발 표면에만 포마드를 바른다.
② 두발의 속부터 표면까지 포마드를 고루 바른다.
③ 손님의 두부를 반드시 동요시키면서 포마드를 바른다.
④ 포마드를 바를 때 특별히 지켜야 할 순서는 없으므로 자유롭게 바르면 된다.

17 피지선에 대한 내용으로 틀린 것은?

① 손바닥과 발바닥, 얼굴, 이마 등에 많다.
② 진피층에 놓여 있다.
③ 사춘기 남성에게 집중적으로 분비된다.
④ 입술, 성기, 유두, 귀두 등에 독립피지선이 있다.

해설

12 가위는 자외선, 석탄산수, 크레졸수, 알코올, 포르말린수 등을 이용하여 소독을 한다.

13 전강가위의 날 몸 부분 전체가 동일한 재질이다.

14 크레졸은 물과 섞어 일부 헤어도구 및 실내 바닥에 사용한다.

15 칼날선에 따라 외곡선상(볼록한) 레이저가 가장 좋다.

16 양손가락 끝으로 포마드를 비벼 앞머리 뿌리 부분부터 바른 후 남은 포마드는 손바닥 전체를 사용해 나머지 머리에 고루 바른다.

17 피지선은 손바닥, 발바닥을 제외한 전신에 분포되어 있으며, 특히 얼굴의 코, 입술 주변, 두피, 가슴 등에 발달되어 있다.

정답 12 ④ 13 ④ 14 ① 15 ④ 16 ② 17 ①

18 면체 시술 시 마스크를 사용하는 주 목적은?

① 호흡질병 및 감염병 예방을 위하여 사용한다.
② 불필요한 대화의 방지를 위하여 사용한다.
③ 손님의 입김을 방지하기 위하여 사용한다.
④ 상대방의 악취를 예방하기 위하여 사용한다.

19 각종 감염병에 감염된 후 형성되는 면역을 뜻하는 것은?

① 자연수동면역
② 인공능동면역
③ 인공수동면역
④ 자연능동면역

20 원발진에 의하여 생기는 피부 변화에 해당되는 것은?

① 팽진
② 가피
③ 미란
④ 비듬

21 직업병과 직업종사자와의 연결이 옳은 것은?

① 잠함병 – 수영선수
② 열사병 – 비만자
③ 고산병 – 항공기조종사
④ 백내장 – 인쇄공

22 우리나라에 단발령이 내려진 시기는?

① 조선 중엽부터
② 해방 후부터
③ 1895년부터
④ 1990년부터

23 영업자의 지위를 승계한 자로서 신고를 하지 아니하였을 경우 해당하는 처벌 기준은?

① 1년 이하의 징역 또는 1,000만원 이하의 벌금
② 6월 이하의 징역 또는 500만원 이하의 벌금
③ 200만원 이하의 벌금
④ 100만원 이하의 벌금

24 이용 기술의 두부를 구분한 명칭 중 옳은 것은?

① 크라운 – 측두부
② 톱 – 전두부
③ 네이프 – 두정부
④ 사이드 – 후두부

18 마스크 사용의 주 목적은 호흡질병 및 감염병 예방이다.

19 감염병에 감염된 후 형성되는 면역은 자연능동면역이다.

20 반점, 홍반, 구진, 팽진, 농포, 소수포, 대수포, 면포, 결절, 종양, 낭종 (원발진 암기: 반포진결종)

21 ① 잠함병 – 잠수부
② 열사병 – 건설노동자·농부 등
④ 백내장 – 용접공

22 단발령 시행(1895년, 고종 32년)

23 영업자의 지위를 승계한 자로서 신고를 하지 아니하였을 경우 해당하는 처벌 기준 : 6월 이하의 징역 또는 500만원 이하의 벌금

24 • 톱 – 전두부
• 크라운 – 두정부
• 네이프 – 후두부
• 사이드 – 측두부

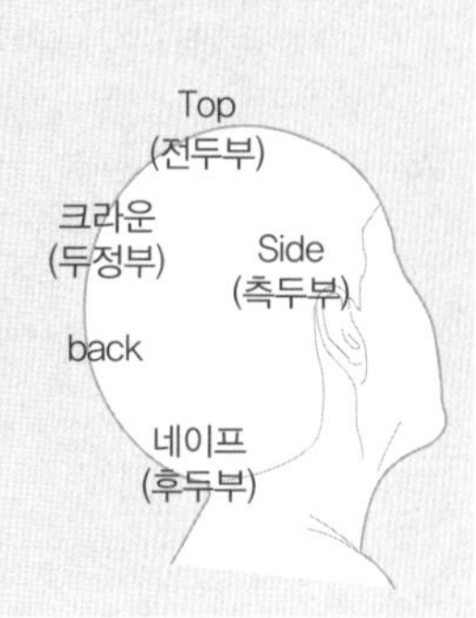

정답 18 ① 19 ④ 20 ① 21 ③ 22 ③ 23 ② 24 ②

□□□

25 화장품법상 기능성 화장품에 대한 설명으로 옳은 것은?

① 자외선에 의해 피부가 심하게 그을리거나 일광화상이 생기는 것을 지연해 준다.
② 피부 표면에 더러움이나 노폐물을 제거하여 피부를 청결하게 해 준다.
③ 피부 표면의 건조를 방지해 주고 피부를 매끄럽게 한다.
④ 비누 세안에 의해 손상된 피부의 pH를 정상적인 상태로 빨리 돌아오게 한다.

□□□

26 모발에 대한 설명 중 옳은 것은?

① 밤보다 낮에 잘 자란다.
② 봄과 여름보다 가을과 겨울에 더 잘 자란다.
③ 모발의 주기(모주기)는 성장기, 퇴행기, 휴지기, 발생기로 나누어진다.
④ 개인차가 있을 수 있지만 평균 1달에 5cm 정도 자란다.

□□□

27 표피에 습윤 효과를 목적으로 널리 사용되는 화장품 원료는?

① 라놀린
② 글리세린
③ 과붕산나트륨
④ 과산화수소

□□□

28 바이러스에 의해 발병되는 질병은?

① 장티푸스
② 콜레라
③ 결핵
④ 인플루엔자

□□□

29 쥐로 인하여 발생할 수 있는 감염병은?

① 유행성 출혈열, 페스트, 살모넬라증
② 발진티푸스, 재귀열, 유행성 간염
③ 일본뇌염, 말라리아, 사상충염
④ 장티푸스, 콜레라, 폴리오

□□□

30 자외선 차단지수를 나타내는 약어는?

① FDA
② UV-C
③ SPF
④ WHO

□□□

31 다음 커트 중 젖은 두발 상태 즉, 웨트 커트(Wet cut)가 아닌 것은?

① 레이저 이용 커트
② 수정 커트
③ 스포츠형 커트
④ 퍼머넌트 모발 커트

해설

25 **기능성 화장품의 종류**
- 피부의 미백 및 피부의 주름개선에 도움
- 피부를 곱게 태워주거나 자외선으로부터 피부를 보호
- 영양 공급

26
- 낮보다 밤에 잘 자란다.
- 가을·겨울보다 봄·여름에 더 잘 자란다.
- 한달에 약 1.2~1.5cm 정도 자란다. (하루 0.2~0.5mm)

27 글리세린은 모든 동·식물성 유지의 천연 성분으로 보습, 윤활 작용을 한다.

28 ①~③은 세균에 의한 질병이다. 그 외 결핵, 매독, 폐렴, 성홍열 등도 이에 해당한다.
※ 대표적인 바이러스 질병 : 홍역, 유행성 간염, 일본뇌염, AIDS 등

29 쥐로 인한 감염병 : 유행성 출혈열, 페스트, 살모넬라증

30 자외선 차단지수 : SPF(Sun Protection Factor)

31 커트 수정 시 모발이 드라이 상태이어야 한다.
※ 물에 적시는 이유는 모발 손상을 줄이고, 두피에 당김을 덜 주며, 엉키거나 떠있는 모발을 안정시켜 일정한 길이로 커트할 수 있다.

정답 25 ① 26 ③ 27 ② 28 ④ 29 ① 30 ③ 31 ②

32 다음의 헤어커트 모형 중 후두부에 무게감을 가장 많이 주는 것은?

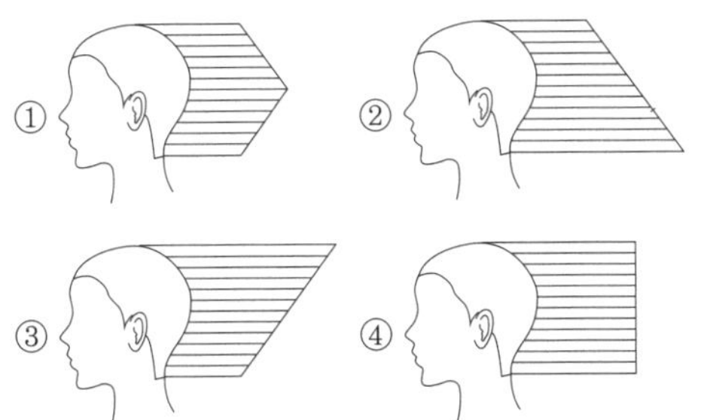

33 항산화 비타민으로 아스코르브산(Ascorbic acid)으로 불리는 것은?

① 비타민 A
② 비타민 B
③ 비타민 C
④ 비타민 D

34 세균성 식중독의 특성이 아닌 것은?

① 다량의 균에 의해 발생한다.
② 수인성 전파는 드물다.
③ 감염병보다 잠복기가 길다.
④ 2차 감염률이 낮다.

35 이·미용사의 면허증을 다른 사람에게 대여한 1차 위반 시의 행정처분기준은?

① 면허정지 2월
② 면허정지 3월
③ 면허취소
④ 면허정지 1월

36 프랑스 이용고등기술연맹에서 1966년도에 발표한 작품명은?

① 엠파이어 라인(Empire line)
② 댄디 라인(Dandy line)
③ 장티욤 라인(Gentihome line)
④ 안티브 라인(Antibes line)

37 웨트 커트(Wet cut)를 하는 이유로 가장 적합한 것은?

① 시간을 단축하기 위해서이다.
② 깎기 편하기 때문이다.
③ 모발의 절삭력이 좋기 때문이다.
④ 두피에 당김을 덜 주며, 정확한 길이로 자를 수 있기 때문이다.

chapter 05

32 ③은 그래쥬에이터 커트를 나타낸 것으로, 상부의 머리가 길고 하부로 갈수록 짧아지므로 후두부에 무게감 및 볼륨감을 준다.

33 아스코르빈산(아스코르브산)은 비타민 C를 말하며, 강력한 항산화기능을 가져 '항산화 비타민'이라고 불린다.

34 세균성 식중독은 잠복기가 아주 짧다.

35 이·미용 면허증을 타인에게 대여한 때의 행정처분
- 1차 위반 : 면허정지 3월
- 2차 위반 : 면허정지 6월
- 3차 위반 : 면허취소

36 65년 : 댄디 라인
66년 : 엠파이어 라인
55년 : 장티욤 라인
54년 : 안티브 라인

37 웨트 커트는 레이저 커트 등에서 모발의 손상을 최소화하고, 정확한 길이로 자를 때 필요하다.

정답 32 ③ 33 ③ 34 ③ 35 ② 36 ① 37 ④

38 아이론 퍼머넌트 웨이브(Permanent wave)에 관한 설명으로 틀린 것은?

① 콜드 웨이브(Cold wave)는 열을 가하여 컬을 만드는 것이다.
② 두발에 인위적으로 변화를 주어 임의의 형태를 만들 수 있다.
③ 모발의 양이 많아 보이게 할 수 있다.
④ 두발에 물리적·화학적 방법으로 파도(물결)상의 웨이브를 지니도록 한다.

39 콜드 퍼머넌트를 하고 난 다음, 최소 얼마 후에 염색을 하면 가장 적합한가?

① 퍼머넌트 시술 후 즉시
② 약 6시간 후
③ 약 12시간 후
④ 약 1주일 후

40 아이론 시술 시 주의사항으로 가장 적합한 것은?

① 아이론의 핸들이 무겁고 녹슨 것을 사용한다.
② 아이론의 온도는 120~140℃를 일정하게 유지하도록 한다.
③ 모발에 수분이 충분히 젖은 상태에서 시술해야 손상이 적다.
④ 1905년 영국 찰스 네슬러가 창안하여 발표하였다.

41 안면의 면체술 시술 시 각 부위별 레이저(Face razor) 사용방법으로 틀린 것은?

① 우측의 볼, 위턱, 구각, 아래턱 부위 – 백핸드(Back hand)
② 좌측 볼의 인중, 위턱, 구각, 아래턱 부위 – 펜슬핸드(Pencil hand)
③ 우측의 귀밑 턱 부분에서 볼 아래턱의 각 부위 – 프리핸드(Free hand)
④ 좌측의 볼부터 귀부분의 늘어진 선 부위 – 푸시핸드(Push hand)

42 면도기를 잡는 방법 중 칼 몸체와 핸들이 일직선이 되게 똑바로 펴서 마치 막대기를 쥐는 듯한 방법은?

① 프리핸드(Free hand)
② 백핸드(Back hand)
③ 스틱 핸드(Stick hand)
④ 펜슬핸드(Pencil hand)

43 한국 현대사에서 두발 자유화가 시행된 연도는?

① 1981년
② 1982년
③ 1983년
④ 1984년

해설

38 콜드 웨이브는 퍼머제를 도포한 후 모발을 말아 컬을 만드는 것으로 열펌과 달리 열을 가하지 않는다. 남성용 퍼머에 주로 사용된다.

39 퍼머넌트(퍼머)는 약 1주일 이후 염색하는 것을 권장한다. 이는 염색을 먼저 한 후 퍼머를 하게 되면 염색 컬러가 퇴색되기 때문이다.
또한, 퍼머를 한 후 바로 염색을 하게 되면 머릿결 손상뿐만 아니라, 퍼머가 늘어날 수 있다. 그러므로 퍼머한 후 염색을 하려면 최소 1주일 정도 모발이 진정되도록 하며, 같은 날 퍼머와 염색은 피하는게 좋다.

40 ③ 젖은 상태에서 시술하면 수증기로 인한 두피 및 머리결 손상의 원인이 되므로 시술 전에 모발을 충분히 말려준다.
④ 1875년 프랑스 마셀에 의해 고안

41 좌측 볼의 위턱, 구각, 아래턱 부위는 프리핸드로 시술한다.

42 스틱 핸드에 대한 설명이다.

43 교복·두발 자율화 조치는 1982년부터 시행한 중·고등학생의 교복과 머리모양에 대한 자율화 정책이다.

정답 38 ① 39 ④ 40 ② 41 ② 42 ③ 43 ②

□□□

44 이·미용 영업을 하고자 하는 자가 소정의 법정시설 및 설비를 갖춘 후 영업신고를 하지 아니하고 영업을 한 때의 벌칙은?

① 300만원 이하의 과태료
② 300만원 이하의 벌금
③ 6월 이하의 징역 또는 500만원 이하의 벌금
④ 1년 이하의 징역 또는 1천만원 이하의 벌금

□□□

45 레이저를 이용하여 천정부 커팅 시 두발 길이를 일정하게 만들기 위한 날(Blade)의 사용기법으로 가장 적합한 것은?

① 모발 끝을 하나씩 잡고 절단하듯 커트한다.
② 빗날 위로 나온 부분을 면체하듯 커트한다.
③ 모발 끝을 정렬시키고 날은 오른손 엄지 면에 대고 절단하듯 커트한다.
④ 빗날 위에 나온 부분을 날과 몸체를 이용하여 커트한다.

□□□

46 사망률과 관련하여 보건 수준이 가장 높을 때의 α-index 값은?

① 2.0에 가까울 때
② 1.0에 가장 가까울 때
③ 2.0 이상~3.0 이하일 때
④ 1.0 이상~2.0 이하일 때

□□□

47 광물성 포마드에 대한 내용으로 가장 거리가 먼 것은?

① 두발의 때를 잘 제거하며, 두발에 영양을 준다.
② 고형 파라핀이 함유되어 있다.
③ 바셀린이 함유되어 있다.
④ 오래 사용하면 두발이 붉게 탈색된다.

□□□

48 헤어커트 작업과 관련된 내용으로 가장 거리가 먼 것은?

① 빗질은 모발의 흐름과 반대 방향으로 한다.
② 바른 자세로 커트한다.
③ 올바른 가위 조작 방법을 행한다.
④ 매 슬라이스마다 균일한 텐션으로 커트한다.

□□□

49 다음 [보기]가 설명하는 가르마 형은?

| 보기 |

얼굴이 긴 형으로 타원형에 가깝게 짧아 보이게 해야 하며 앞머리를 올리는 것보다는 앞머리를 내려 긴 얼굴을 짧아 보이게 할 필요가 있을 때 적당하다.

① 5 : 5
② 4 : 6
③ 7 : 3
④ 8 : 2

44 미용업을 하는 사람이 영업신고를 하지 않은 경우 1년 이하의 징역 또는 1천만원 이하의 벌금을 부과해야 한다.

45 레이저 커트는 가위나 클리퍼와 달리 빗날 위에서 커팅이 불가능하며, 빗질 후 한 손으로 검지와 중지로 모발을 잡고, 다른 손의 엄지로 모발을 지지한 후 커트한다.

46 α-index의 값이 1.0일 때 그 지역의 건강상태가 높다는 의미이다.

※ α-index 산출식 $= \dfrac{\text{영아 사망수}}{\text{신생아 사망수}}$

'1'이 되려면 신생아 사망수와 영아 사망수가 같아야 한다. 이는 태어날 때 죽지 않은 신생아가 영아 때도 죽지 않는다는 의미이다. (후진국에서는 영아 사망률이 많다)

47 포마드(정발제)의 종류

구분	내용
광물성	• 바셀린을 주 원료로 유동 파라핀을 첨가 • 끈적임이 적은 대신 식물성에 비해 세발 시 쉽게 빠지지 않는다.
식물성	• 올리브유를 주 원료로 고형 파라핀을 첨가 • 끈적임이 강한 편이라 거센 머리를 정돈할 때 쓰면 효과적이다.

48 헤어커트 작업 시 모발의 흐름(모류)에 따라 빗질을 한다.

49 가르마의 기준에서 4:6은 각진 얼굴형, 7:3은 둥근 얼굴형, 8:2는 긴 얼굴형에 적당한다.

정답 44 ④ 45 ③ 46 ② 47 ② 48 ① 49 ④

chapter 05

50 두피 매뉴얼테크닉(마사지)의 방법이 아닌 것은?

① 경찰법(쓰다듬기)
② 유연법(주무르기)
③ 진동법(떨기)
④ 회전법(돌리기)

51 정발을 위한 블로 드라이 스타일링(Blow Dry Styling)에 대한 내용 중 틀린 것은?

① 가르마 부분에서 시작하여 측두부, 천정부 순으로 시술한다.
② 이용의 마무리 작업으로써 정발이라 하며 스타일링 기술에 속한다.
③ 빗과 블로 드라이어 열의 조작기술에 의해 모근의 높낮이를 조절할 수 있다.
④ 블로 드라이어를 이용한 정발술은 모발 내 주쇄결합을 일시적으로 절단시키는 기술이다.

52 표피에 존재하며, 면역과 가장 관계가 깊은 세포는?

① 멜라닌 세포
② 랑게르한스 세포
③ 메르켈 세포
④ 섬유아 세포

53 영업신고증을 재교부하는 경우에 해당하지 않는 것은?

① 영업신고증이 헐어 못쓰게 되었을 때
② 대표자의 성명 또는 생년월일이 변경된 때
③ 영업장의 면적이 신고한 면적에 비해 4분의 1이 증가하였을 때
④ 영업신고증을 분실하였을 때

54 피부의 생물학적 노화현상과 거리가 먼 것은?

① 표피 두께가 줄어든다.
② 엘라스틴의 양이 늘어난다.
③ 피부의 색소침착이 증가된다.
④ 피부의 저항력이 떨어진다.

55 자외선 차단제에 대한 설명으로 가장 적합한 것은?

① 일광에 노출된 후에 바르는 것이 효과적이다.
② 피부 병변이 있는 부위에 사용해 자외선을 막아준다.
③ 사용 후 시간이 경과하여 다시 덧바르면 효과가 떨어진다.
④ 민감한 피부는 SPF가 낮은 제품을 사용하는 것이 좋다.

해설

50 매뉴얼 테크닉의 방법
- 경찰법 (쓰다듬기)
- 강찰법 (문지르기)
- 유연법 (주무르기)
- 고타법 (두드리기)
- 진동법 (떨기)

51 퍼머넌트의 원리
모발의 케라틴(단백질)은 각종 아미노산들이 펩타이드 결합(주쇄결합, 쇠사슬 구조)을 하고 있다. 퍼머넌트는 펩타이드 결합을 일시적으로 절단 후 다시 산화·중화반응을 이용해 재결합시킨다.

52 랑게르한스 세포는 외부로부터 병원균이나 다른 물질이 체내에 침입했다는 것을 면역체계에 알리는 역할을 한다.

53 면허증의 기재사항 변경 시, 면허증을 분실 또는 훼손하여 못 쓰게 된 때 재교부 가능하다.

54 엘라스틴은 콜라겐과 더불어 결합조직 내에 탄성력이 높은 단백질로, 피부가 노화되면서 양이 감소한다.

55 ① 일광에 노출되기 전에 바르는 것이 좋다.
② 피부 병변이 있는 부위에 사용하면 안된다.
③ 사용 후 시간이 경과하여 다시 덧바르면 차단 효과가 좋아진다.
④ SPF가 50이상이면 화학적 차단성분이 많아 피부에 자극을 줄 수 있으므로 민감한 피부에는 SPF가 낮은 제품을 사용하는 것이 좋다.

정답 50 ④ 51 ④ 52 ② 53 ③ 54 ② 55 ④

56 사람의 피부색과 관련이 없는 것은?

① 카로틴 색소
② 헤모글로빈 색소
③ 클로로필 색소
④ 멜라닌 색소

57 공중위생관리법상 이·미용업자가 반드시 지켜야 할 준수사항으로 옳은 것은?

① 이·미용사는 깨끗한 위생복을 착용하여야 한다.
② 업소 내에는 반드시 위생 음료수를 비치하여야 한다.
③ 청소를 자주 실시하여 머리카락이 날리는 일이 없도록 하여야 한다.
④ 영업장 안의 조명도는 75룩스 이상이 되도록 유지해야 한다.

58 이·미용업소에서 소독하지 않은 면체용 면도기로 주로 전염될 수 있는 질병에 해당되는 것은?

① 파상풍
② B형 간염
③ 트라코마
④ 결핵

59 이·미용업소에서 공중 비말전염으로 가장 쉽게 옮겨질 수 있는 감염병은?

① 장티푸스
② 인플루엔자
③ 뇌염
④ 대장균

60 고객의 머리숱이 유난히 많은 두발을 커트할 때 가장 적합하지 않은 커트 방법은?

① 레이저 커트
② 스컬프처 커트
③ 딥 테이퍼
④ 블런트 커트

chapter 05

56 ① 카로틴 색소 : 피부의 황색을 띤다.
② 헤모글로빈 색소 : 혈액의 적혈구 내에 존재하며, 산소를 만나면 붉은색을 띤다.
③ 클로로필 색소 : 식물에 함유된 녹색 색소이다.
④ 멜라닌 색소 : 어두운 색소로 갈색 피부를 띤다.

57 ①~③은 권장사항이며, 법적인 준수사항은 아니다.

58 B형 간염은 바이러스에 감염된 혈액 등의 체액, 성적 접촉, 수혈, 오염된 주사기 등의 재사용 등을 통해 감염된다.

59 인플루엔자는 바이러스로 인한 호흡기계 감염병으로 공중 비말전염으로 쉽게 감염될 수 있다.

60 ①~③ 모두 레이저를 이용한 기법으로, 머리숱이 많은 두발에 적합하다.
※ 블런트 커트(원 랭스, 스퀘어, 그라데이션, 레이어 커트 등)는 모발 끝을 층이 없이 뭉툭하게 직선으로 커트하는 기법으로, 머리숱을 감소시키는 방법이 아니다.

정답 56 ③ 57 ④ 58 ② 59 ② 60 ④

에듀웨이 카페(자료실)에서

최신경향을 반영한
추가 모의고사(상세한 해설 포함)를
확인하세요!

스마트폰을 이용하여 아래 QR코드를 확인하거나, 카페에 방문하여 '카페 메뉴 > 자료실 > 이용사'에서 다운로드할 수 있습니다.

Barber

Men Hairdresser Certification

CHAPTER

06

최신경향 핵심 120제

– 시험 전 반드시 체크해야 할 최신 빈출문제 –

001 상투를 틀던 풍습을 없애기 위해 고종 32년 시행된 단발령에 대한 설명으로 옳은 것은?

① 처음으로 시행된 시기는 1910년이다.
② 대한제국 때 시행되었다.
③ 성년 뿐만 아니라 미성년자들에게 시행되었다.
④ 유길준의 주도로 김홍집 내각이 공포했다.

002 사인보드의 유래와 관계가 가장 먼 것은?

① 해부가위 ② 정맥
③ 붕대 ④ 동맥

003 조발용 빗의 구비조건에 대한 설명으로 옳은 것을 모두 고른 것은?

보기
ㄱ. 빗살의 끝이 너무 뾰족하지 않아야 한다.
ㄴ. 빗살 끝이 너무 무디지 않아야 한다.
ㄷ. 숱이 많고, 컬(웨이브)이 심한 모발일수록 얼레살 빗을 사용한다.
ㄹ. 숱이 적고, 직모일수록 고운살 빗을 사용한다.
ㅁ. 위생 측면을 고려하여, 때가 잘 안 보이는 색깔의 빗을 선택한다.

① ㄱ, ㄴ, ㄹ ② ㄱ, ㄴ, ㄷ
③ ㄱ, ㄴ, ㄷ, ㄹ ④ ㄱ, ㄴ, ㄷ, ㄹ, ㅁ

004 브러시의 손질법으로 틀린 것은?

① 보통 비눗물이나 탄산소다수에 담그고 부드러운 털은 손으로 가볍게 비벼 세척한다.
② 소독 방법으로 석탄산수를 사용해도 된다.
③ 털이 빳빳한 것은 세정 브러시로 닦아낸다.
④ 털이 위로 가도록 하여 햇볕에 말린다.

005 린스에 관한 설명으로 틀린 것은?

① 샴푸-린스-트리트먼트 순으로 사용한다.
② 일반적으로 린스제는 컨디셔너로 통용된다.
③ 린스는 '흐르는 물에 헹군다'는 뜻이다.
④ 모발용 린스는 약산성을 띠고 있다.

006 미디움 스트로크 커트 시 두발에 대한 가위의 각도는?

① 95~130° 정도
② 0~5° 정도
③ 10~45° 정도
④ 50~90° 정도

007 이용용 가위에 대한 설명으로 가장 거리가 먼 것은?

① 날의 견고함이 양쪽 골고루 똑같아야 한다.
② 날의 두께가 얇고 허리가 강한 것이 좋다.
③ 가위는 기본적으로 엄지만의 움직임에 따라 개폐 조작을 한다.
④ 가위의 날 몸 부분 전체가 동일한 재질로 만들어져 있는 가위를 '착강가위'라고 한다.

008 조발 또는 정발 시 크기는 알맞으나 입체적, 조형적 입장에서 너무 무겁게 또는 너무 가볍게 보일 때 가장 영향이 큰 것으로 적합한 것은?

① 양감(volume)
② 헤어 파트의 균형
③ 방향과 흐름
④ 부자연스러운 스타일링

009 일반적으로 얼굴형이 둥근 경우 가장 잘 어울리는 가르마의 비율은?

① 7 : 3
② 5 : 5
③ 4 : 6
④ 8 : 2

010 수정 커트 때 긴머리의 끝을 일정하게 일렬로 커팅할 때 가장 적당하지 않은 기구는?

① 단발 가위
② 미니 가위
③ 클리퍼(바리캉)
④ 레이저(면도기)

011 면도 후 화장술 시술순서로 가장 적합한 것은?

① 영양크림 – 스킨로션 – 밀크로션
② 스킨로션 – 콜드로션 – 밀크로션
③ 콜드크림 – 스킨로션 – 밀크로션
④ 콜드크림 – 영양크림 – 밀크로션

012 면도기를 잡는 기본적인 방법에 대한 설명으로 거리가 가장 먼 것은?

① 푸시핸드(Push hand) – 면도기를 내 몸에서 바깥쪽으로 밀면서 작업하는 것으로, 프리핸드(Free hand)와 반대 개념이다.
② 백핸드(back hand) – 손바닥을 윗 방향으로 유지한 채 작업하므로, 프리핸드(free hand)와 반대 개념이다.
③ 프리핸드(Free hand) – 가장 일반적으로 잡는 방법으로 면도기를 내 몸 쪽으로 끌어당기며 작업하는 것이며, 풀 핸드(Pull hand)라고 한다.
④ 펜슬핸드(pencil hand) – 연필을 쥐듯 면도기를 잡고, 양손을 'X'자 모양으로 엇갈려 시술하므로 프리핸드(Free hand)와 반대 개념이다.

013 가발 착용 방법과 관련한 내용으로 틀린 것은?

① 가발의 스타일을 정리·정돈한다.
② 착탈식 가발은 탈모가 심한 사람들이 주로 착용한다.
③ 가발을 착용할 위치와 가발의 용도에 따라 착용한다.
④ 가발과 기존 모발의 스타일을 연결한다.

014 두발의 아이론 정발 시 일반적으로 가장 적합한 아이론의 온도는?

① 70~90℃
② 110~130℃
③ 140~160℃
④ 160~180℃

015 모발의 탈색 시 주의사항이 아닌 것은?

① 탈색제를 사용하기 전 패치 테스트를 한다.
② 시술 전 두피에 상처나 질환이 있으면 탈색을 하지 말아야 한다.
③ 쓰고 남은 탈색제는 변질되기 쉬우므로 밀봉하여 그늘진 곳에 보관한다.
④ 원하는 색이 나왔는지 자주 확인한다.

016 두부의 라인과 명칭의 설명으로 옳은 것은?

① E.P에서 T.P를 수평으로 돌아가는 선을 수평선이라 한다.
② 코의 중심을 통한 두부 전체를 수직으로 나누는 선을 정중선이라 한다.
③ E.P에서 B.P를 수직으로 돌아가는 선을 측중선이라 한다.
④ B.P에서 측중선까지 연결한 선을 측두선이라 한다.

□□□

017 샤기(Shaggy) 커트에 대한 설명으로 옳은 것은?

① 모발의 끝을 새의 깃털처럼 가볍게 커트하는 것이다.
② 블런트 커트와 샤기는 같다.
③ 미니가위를 이용한 포인트 커트이다.
④ 모발의 숱을 대량으로 감소시키는 커트이다.

□□□

018 롱(long) 커트 시 우측 귀 뒷부분을 2~3mm 두께로 조발한 후 귀 윗부분을 커트하는 요령으로 가장 적합한 것은?

① 빗을 피부에 대고 원형으로 커트한다.
② 왼손 엄지와 중지로 귀를 잡고 원형으로 커트한다.
③ 왼손 엄지와 검지로 귀를 잡고 가위 끝을 중지에 대고 원형으로 커트한다.
④ 면도기를 이용하여 원형으로 커트한다.

□□□

019 고객의 헤어스타일 연출을 아름답게 구상하기 위해서 얼굴형과의 조화를 고려하고자 할 때 기본적인 요소로 틀린 것은?

① 헤어라인
② 목선의 형태
③ 얼굴형(정면)
④ 얼굴 피부의 색

□□□

020 콧수염과 턱수염이 이어지지 않고 분리하여 관리하는 스타일로, 특히 동양인이 수염을 기를 때 많이 하는 수염 스타일은?

① 친 커튼(chin curtain)
② 고티(goatee)
③ 노리스 스키퍼(norris skipper)
④ 힙스터(hipster)

□□□

021 모발색채이론 중 보색의 내용 중 틀린 것은?

① 보색이란 색상환에서 서로의 반대색이다.
② 빨강색과 청록색은 보색관계이다.
③ 보색은 1차색과 2차색의 관계이다.
④ 보색을 혼합하면 명도가 높아진다.

□□□

022 조발술의 순서로 가장 적합한 것은?

① 연속 깎기 → 밀어 깎기 → 지간 깎기 → 수정 깎기
② 거칠게 깎기→ 수정 깎기→ 떠내 깎기 → 지간 깎기
③ 지간 깎기→ 솎음 깎기→ 연속 깎기 → 수정 깎기
④ 수정 깎기→ 지간 깎기→ 거칠게 깎기 → 연속 깎기

□□□

023 염·탈색의 유형별 특징이 틀린 것은?

① 준영구적 칼라 – 염모제 1제만 사용한다.
② 일시적 칼라 – 산화제가 필요없다.
③ 반영구적 칼라 – 산성칼라가 반영구적 칼라에 속한다.
④ 영구적 칼라 – 백모염색 시 새치 커버가 가능하다.

□□□

024 영구적인 염모제의 설명으로 틀린 것은?

① 백모커버율은 100% 정도 된다.
② 로우라이트(Low light)만 가능하다.
③ 염모 제1제와 산화 제2제를 혼합하여 사용한다.
④ 지속력은 다른 종류의 염모제보다 영구적이다.

□□□

025 모발 염색제 중 일시적 염모제가 아닌 것은?

① 산성 컬러 염모제
② 컬러 파우더
③ 컬러 스프레이
④ 컬러 젤

026 면도 시 래더링(lathering)의 목적이 아닌 것은?

① 모공을 축소시키고 유분감을 주기 위해서 사용한다.
② 깎인 털과 수염이 날리는 것을 예방한다.
③ 면도날의 움직임이 원활하기 위해 사용한다.
④ 피부 및 털과 수염을 유연하게 하고, 면도의 운행을 쉽게 한다.

027 두부(頭部) 부위 중 천정부의 가장 높은 곳은?

① 사이드 포인트(S.P)
② 탑 포인트(T.P)
③ 골든 포인트(G.P)
④ 백 포인트(B.P)

028 이용에서 사용하는 화장술의 순서가 가장 적합한 것은?

① 클렌징 크림 → 스킨로션 → 세안 → 밀크로션
② 클렌징 크림 → 세안 → 스킨로션 → 밀크로션
③ 밀크로션 → 세안 → 클렌징 크림 → 스킨로션
④ 스킨로션 → 클렌징 크림 → 밀크로션 → 세안

029 라리느 크래시칼 커트(Laligne classical cut)란?

① 롱 커트(long cut)하여 빗으로 정발한 작품
② 미니가위를 이용하여 조발한 후 올백스타일로 정발한 작품
③ 틴닝 가위를 이용하여 조발한 뒤 브러시로 정발한 작품
④ 레이저를 이용하여 조발한 뒤 올백스타일로 브러시 정발한 작품

030 고객의 후두부 하단에 지름 5cm 원형의 흉터가 있을 때 가장 바람직한 조발의 시작 부위는?

① 고객의 우측두부
② 고객의 전두부
③ 고객의 좌측두부
④ 고객의 후두부

031 전기면도기의 손질법에 관한 설명 중 틀린 것은?

① 날이 쉽게 분해되지 않으므로 바리캉기 자체를 소독한다.
② 윗날과 밑날을 분해한 후 이물질을 제거한다.
③ 소독 후 오일을 도포하여 보관한다.
④ 사용 후 소독하여 보관한다.

032 얼굴 면도 작업과정에서 레이저(razor)를 쥐는 방법이 틀린 것은?

① 아래 턱 부위 – 백핸드(back hand)
② 좌측 볼 부위 – 푸시핸드(push hand)
③ 우측 귀밑 부위 – 프리핸드(free hand)
④ 우측 볼 부위 – 프리핸드(free hand)

033 가모 패턴제작에서 "고객에게 적합하도록 고객의 모발과 매치, 인모색상, 재질, 컬 등을 고려"하는 과정은?

① 패턴 린싱
② 가모 피팅
③ 테이핑
④ 가모 커트

034 테이퍼링 커트(tapering cut)에 대한 설명으로 틀린 것은?

① 레이저를 사용하여 커트하는 방법
② 붓끝처럼 가늘게 커트하는 방법
③ 깃털처럼 가볍게 커트하는 방법
④ 모발 끝부분을 뭉툭하게 틴닝으로 처리하는 방법

035 빗의 관리에 대한 내용으로 거리가 가장 먼 것은?

① 브러시로 털거나 비눗물로 씻는다.
② 소독은 1일 1회씩 정기적으로 하여야 한다.
③ 뼈, 뿔, 나일론 등으로 만들어진 제품은 자비소독을 하지 않는다.
④ 금속성 빗은 승홍수에 소독하지 않는다.

036 헤어컬러링 중 탈색의 내용으로 틀린 것은?

① 모발 손상이 적다.
② 명도가 높아진다.
③ 다공성 모가 되기 쉽다.
④ 탈색은 멜라닌 색소를 파괴시킨다.

037 아이론 사용법이 처음으로 발표되었던 나라와 시기로 옳은 것은?

① 미국, 1900년
② 영국, 1800년
③ 독일, 1880년
④ 프랑스, 1875년

038 다음 중 모발 디자인용 화장품이 아닌 것은?

① 세트 로션　　② 포마드
③ 헤어 린스　　④ 헤어 스프레이

039 다음 중 3:7 가르마는?

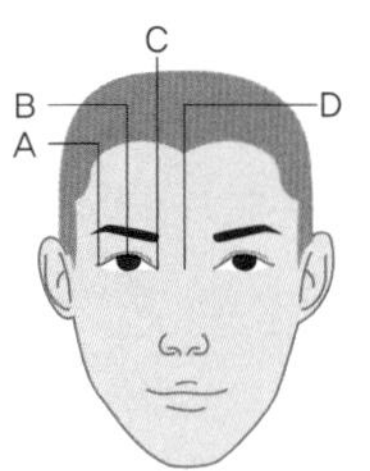

① A
② B
③ C
④ D

040 염모제 도포 및 그 후 세발을 위한 과정으로 가장 적절한 것은?

① 물과 비누를 동시에 사용하여 염모제를 제거한다.
② 차가운 물로 염모제를 제거한다.
③ 샴푸제를 염모제 위에 먼저 도포한다.
④ 유화(emulsion) 후 미지근한 물로 염모제를 먼저 제거한다.

041 커트 시술 시 작업 순서를 바르게 나열한 것은?

① 구상 → 제작 → 소재 → 보정
② 구상 → 소재 → 제작 → 보정
③ 소재 → 구상 → 보정 → 제작
④ 소재 → 구상 → 제작 → 보정

042 모발의 기능이 아닌 것은?

① 보호 기능　　② 장식 기능
③ 호흡 기능　　④ 배출 기능

043 피지선과 한선에서 나온 분비물이 피부에 윤기를 주어 건강과 아름다움을 지니게 해주는 피부의 생리작용은?

① 흡수작용
② 침투작용
③ 조절작용
④ 분비작용

044 여드름 발생의 주요 원인과 가장 거리가 먼 것은?

① 아포크린한선의 분비 증가
② 염증 반응
③ 여드름 균의 군락 형성
④ 모낭 내 이상 각화

045 제모 후에 사용하는 제품으로 가장 적합한 것은?

① 우유
② 진정 젤
③ 파우더
④ 알코올

046 근육과 신경에도 영향을 미치며 혈액응고를 돕는 것은?

① 칼슘
② 철분
③ 인
④ 요오드

047 조절소에 해당하는 것은?

① 지방질
② 무기질
③ 탄수화물
④ 단백질

048 콜라겐(collagen)에 대한 설명으로 틀린 것은?

① 콜라겐은 섬유아세포에서 생성된다.
② 콜라겐은 피부의 표피에 주로 존재한다.
③ 노화된 피부에는 콜라겐 함량이 낮다.
④ 콜라겐이 부족하면 주름이 발생하기 쉽다.

049 B 세포가 관여하는 면역은?

① 선천적 면역
② 체액성 면역
③ 세포 매개성 면역
④ 자연 면역

050 스캘프 트리트먼트의 사용 목적으로 거리가 먼 것은?

① 두발의 성장을 촉진시킨다.
③ 두피나 두발을 윤택하게 한다.
② 먼지나 비듬을 제거한다.
④ 두피 및 두발의 청결을 유지한다.

051 다음 중 표피의 영양을 관장하는 층은?

① 기저층
② 투명층
③ 과립층
④ 유극층

052 건성 비듬에 대한 설명으로 틀린 것은?

① 무색의 평평하고 작은 입자의 비듬이 형성된다.
② 손가락으로 만지면 미끈하며 번들거리며 윤기가 난다.
③ 외적요인이 많아 주로 건조한 피부에 생긴다.
④ 피부는 수분부족으로 조기 노화현상이 나타난다.

053 다음 모발에 관한 설명으로 틀린 것은?

① 모근부와 모간부로 구성되어 있다.
② 하루 약 0.2~0.5mm 정도 자란다.
③ 모발은 퇴행기 → 성장기 → 탈락기 → 휴지기의 성장단계를 가진다.
④ 모발의 수명은 보통 3~6년이다.

054 인체의 멜라닌 색소에 대한 설명 중 옳은 것은?

① 멜라닌의 본래 역할은 자외선에 대한 피부보호이다.
② 멜라닌은 각질층으로는 배출되지 않는다.
③ 몽고반점은 멜라닌과 상관없다.
④ 황색인종에게 가장 많이 나타난다.

055 원발진에 속하는 피부의 병변이 아닌 것은?

① 결절
② 반점
③ 홍반
④ 가피

056 단순 지성피부와 관련한 내용으로 틀린 것은?

① 지성 피부에서는 여드름이 쉽게 발생할 수 있다.
② 세안 후에는 충분하게 헹구어 주는 것이 좋다.
③ 일반적으로 외부의 자극에 영향이 많아 관리가 어려운 편이다.
④ 다른 지방 성분에는 영향을 주지 않으면서 과도한 피지를 제거하는 것이 원칙이다.

057 표피의 설명으로 틀린 것은?

① 입모근(털세움근)이 없다.
② 혈관과 신경분포 모두 있다.
③ 신경의 분포가 없다.
④ 림프관이 없다.

058 혈액응고에 관여하고 비타민 P와 함께 모세혈관 벽을 튼튼하게 하는 것은?

① 비타민 C
② 비타민 K
③ 비타민 B
④ 비타민 E

059 표피의 구성세포가 아닌 것은?

① 각질형성세포
② 섬유아 세포
③ 랑게르한스세포
④ 머켈세포

060 탈모된 부위의 경계가 정확하고 동전 크기 정도의 둥근 모양으로 털이 빠지는 질환은?

① 결벽성 탈모증
② 지루성 탈모증
③ 원형 탈모증
④ 건성 탈모증

061 두발의 성장에 대한 설명 중 틀린 것은?

① 필요한 영양은 모유두에서 공급된다.
② 두발은 어느정도 자라면 그 이상 잘 자라지 않는다.
③ 영양이 부족하면 두발이 길이로 갈라지는 증세를 나타낸다.
④ 일반적으로 두발의 성장은 가을에 빠르다.

062 기능성 화장품의 표시 및 기재사항으로 옳은 것은?

① 제품의 명칭
② 제조자의 이름
③ 제조 날짜
④ 내용물의 주요 성분과 기능

063 화장품에서 보습제로 사용되지 않는 것은?

① 아미노산
② 가수분해 콜라겐
③ 파라옥시안식향산메틸
④ 글리세린

064 화장품의 정의에 대한 설명으로 틀린 것은?

① 인체에 작용이 확실하여야 한다.
② 국내에서는 2000년 7월 1일부터 약사법에서 화장품법이 분리되어 제정·시행되고 있다.
③ 인체를 청결, 미화하여 매력을 더하고 용모를 변화시키는 것을 말한다.
④ 피부, 모발의 건강을 유지 또는 증진하기 위하여 인체에 사용되는 물품이다.

065 화장품의 4대 요건이 아닌 것은?

① 사용성 ② 안전성
③ 안정성 ④ 지속성

066 향장품에서 방부제로 사용하는 것은?

① 실리콘 오일
② 과산화수소
③ 메틸 파라벤
④ 글리세린

067 향료의 부향률이 가장 낮은 것은?

① 샤워코롱
② 오데퍼퓸
③ 오데코롱
④ 퍼퓸

068 메이크업 화장품 중 파운데이션의 기능으로 가장 거리가 먼 것은?

① 땀이나 피지를 억제한다.
② 부분 화장을 돋보이게 하고 강조해 준다.
③ 피부의 결점을 커버한다.
④ 피부색을 기호에 맞게 바꾸어 준다.

069 화장품과 의약품에 해당되는 용어를 합성한 화장품의 명칭을 뜻하는 것은?

① 코스메틱
② 코스메슈티컬
③ 에스테틱
④ 파마슈티컬

070 크림의 유화형태 설명으로 틀린 것은?

① W/O형: 기름 중에 물이 분산된 형태이다.
② W/O형: 수분 손실이 많아 지속성이 낮다.
③ O/W형: 물 중에 기름이 분산된 형태이다.
④ O/W형: 사용감이 산뜻하고 퍼짐성이 좋다.

071 물 또는 오일 성분에 미세한 고체입자가 계면활성제에 의해 균일하게 혼합된 상태는?

① 가용화 ② 에멀젼
③ 유화 ④ 분산

072 면체 후 또는 세발 후 사용되는 화장수(skin lotion)는 안면에 어떤 작용을 하는가?

① 탈수작용 ② 세정작용
③ 침윤작용 ④ 수렴(수축)작용

073 손을 대상으로 하는 제품 중 세정 목적이 아닌 것은?

① 새니타이저(sanitizer)
② 핸드워시
③ 비누
④ 핸드로션

074 다음 설명에 해당되는 계면활성제의 종류는?

> 보기
> 역성비누(invert soap)라고도 하며 헤어린스, 헤어트리트먼트 등에 배합되어, 정전기 발생을 방지하고 빗질을 용이하게 해준다.

① 음이온성 계면활성제
② 비이온성 계면활성제
③ 양이온성 계면활성제
④ 양쪽성 계면활성제

075 무균실에서 사용되는 기구의 소독에 가장 적합한 소독법은?

① 자비 소독법 ② 고압증기 멸균법
③ 자외선 소독법 ④ 소각 소독법

076 다음 소독법에 대한 설명 중 틀린 것은?

① 고압증기 멸균법 – 아포 형성균을 사멸할 수 있다.
② 자비 소독법 – 유리 제품, 주사기, 식기류 소독에 적합하다.
③ 간헐 멸균법 – 고압증기 멸균법에 의한 가열 온도에서 파괴될 위험이 있는 물품을 멸균하는 방법이다.
④ 건열 멸균법 – 고무 제품에 사용하기 적당하다.

077 소독제의 사용과 보존상의 일반적인 주의사항으로 틀린 것은?

① 제재를 냉암소에 보관한다.
② 한 번에 많은 양을 제조하여 필요할 때마다 조금씩 덜어 사용한다.
③ 소독 대상물품에 적당한 소독제와 소독방법을 선정한다.
④ 병원체의 종류나 저항성에 따라 방법과 시간을 고려한다.

078 살균력은 강하지만 자극성과 부식성이 강해 상수 또는 하수의 소독에 주로 이용되는 것은?

① 질산은
② 알코올
③ 염소
④ 승홍

079 자신이 제작한 현미경을 사용하여 미생물의 존재를 처음 발견한 미생물학자는?

① 히포크라테스
② 제너
③ 래벤후크
④ 파스퇴르

080 세균의 구조를 현미경으로 볼 때 관찰할 수 있는 특징이 아닌 것은?

① 세균의 배열 상태
② 세균의 크기
③ 세균의 색깔
④ 세균의 증식 온도

081 이·미용실의 실내 소독에 가장 적합한 것은?

① 크레졸 비누액
② 포비돈요오드액
③ 과산화수소
④ 메탄올

082 감염병 유행조건에 해당하지 않는 것은?

① 감염원 ② 감수성 숙주
③ 감염 경로 ④ 예방인자

083 다음 질병의 잠복기에 대한 설명으로 옳은 것은?

보기
콜레라, 장티푸스, 천연두, 나병, 이질, 디프테리아

① 잠복기가 가장 짧은 것은 세균성 이질-콜레라 순이다.
② 잠복기가 가장 긴 것은 콜레라-천연두 순이다.
③ 잠복기가 가장 긴 것은 나병-장티푸스 순이다.
④ 잠복기가 가장 짧은 것은 장티푸스-나병-디프테리아 순이다.

084 감염에 의한 임상증상이 전혀 없으나, 관리가 가장 어려운 병원소 대상은?

① 건강 보균자 ② 잠복 보균자
③ 만성 감염병 환자 ④ 병후 보균자

085 다음 커트 중 젖은 두발 상태 즉, 웨트 커트(Wet cut)가 아닌 것은?

① 레이저 이용 커트 ② 수정 커트
③ 스포츠형 커트 ④ 퍼머넌트 모발 커트

086 UVA와 관련한 내용으로 가장 거리가 먼 것은?

① 320~400nm의 장파장
② 생활 자외선
③ 즉시 색소 침착
④ 지연 색소 침착

087 건열멸균법의 적용에 가장 적합한 소독대상은?

① 타월류 ② 헤어클리퍼
③ 면도기 ④ 도자기류

088 혐기성 세균에 해당하는 것은?

① 파상풍균
② 백일해균
③ 결핵균
④ 디프테리아균

089 금속기구 소독 시 부식작용이 있는 소독제는?

① 포름알데히드(formaldehyde)
② 역성비누
③ 소디움 하이포클로리트(sodium hypochlorite)
④ 크레졸(cresol)

090 우리나라의 식중독 발생에 대한 설명으로 거리가 먼 것은?

① 세균성 식중독은 대개 5~9월에 가장 많이 발생한다.
② 식중독을 예방하기 위해 위생관리행정을 철저히 한다.
③ 식중독은 집단적으로 발생하는 경향이 있다.
④ 과거와는 달리 세균성 식중독은 근절되었고, 희귀사건의 식중독 발생 사례만 나타나고 있다.

091 자외선차단제와 관련한 설명으로 틀린 것은?

① 자외선의 강약에 따라 차단제의 효과시간이 변한다.
② 기초제품 마무리 단계 시 차단제를 사용하는 것이 좋다.
③ SPF 1이란 대략 1시간을 의미한다.
④ SPF라 한다.

092 간염을 일으키는 감염원은 어디에 속하는가?

① 진균 ② 바이러스
③ 리케차 ④ 세균

093 실내의 보건학적 조건으로 가장 거리가 먼 것은?

① 중성대는 천정 가까이에 형성한다.
② 기류는 5m/sec 정도이다.
③ 기습은 40~70% 정도이다.
④ 기온은 18±2℃ 정도이다.

094 실내에 다수인이 밀집한 상태에서 실내공기의 변화는?

① 기온 상승 – 습도 감소 – 이산화탄소 증가
② 기온 상승 – 습도 증가 – 이산화탄소 감소
③ 기온 하강 – 습도 증가 – 이산화탄소 감소
④ 기온 상승 – 습도 증가 – 이산화탄소 증가

095 영업소의 냉·난방에 대한 설명으로 적합하지 않은 것은?

① 냉·난방기에 의한 실내·외의 온도차는 3~4℃ 범위가 가장 적당하다.
② 26℃ 이상에서는 냉방을 하는 것이 좋다.
③ 국소 난방 시에는 특별히 유해가스 발생에 대한 환기 대책이 필요하다.
④ 10℃ 이하에서는 난방을 하는 것이 좋다.

096 대기 중의 고도가 상승함에 따라 기온도 상승하여 상부의 기온이 하부보다 높게 되는 현상을 무엇이라 하는가?

① 열섬 현상
② 기온 역전
③ 지구 온난화
④ 오존층 파괴

097 음용수 수질오염의 가장 대표적인 생물학적 지표가 되는 것은?

① 증발 잔유물
② 탁도
③ 경도
④ 대장균

098 1차 위반 시 행정처분기준이 가장 과중한 경우는?

① 신고를 하지 아니하고 영업소의 소재지를 변경한 경우
② 면허증을 다른 사람에게 대여한 경우
③ 변경신고를 하지 아니하고 바닥면적을 3분의 1 이상 변경한 경우
④ 영업정지처분을 받고 그 영업정지기간 중 영업한 경우

099 공중위생감시원의 자격으로 틀린 것은?

① 1년 이상 공중위생 행정에 종사한 경력이 있는 사람
② 위생사 또는 환경기사 2급 이상의 자격증이 있는 사람
③ 외국에서 위생사 또는 환경기사의 면허를 받은 사람
④ 고등교육법에 의한 대학에서 사회복지분야를 전공하고 졸업한 사람

100 행정의 관리과정 중 한 단계로서 「조직이나 기관의 공동목표 달성을 위한 조직원 또는 부서 간 협의, 회의, 토의 등을 통해 행동통일을 가져오도록 집단적인 노력을 하게 하는 행정활동」을 뜻하는 것은?

① 조정(coordination)
② 기획(planning)
③ 조직(organization)
④ 지휘(directing)

101 공중보건사업의 대상자로 가장 적합하게 분류된 것은?

① 개인, 사회, 국가 혹은 인간집단
② 저소득층 가족으로 분류된 인구집단
③ 감염성 질환에 노출된 인구집단
④ 공중보건사업의 혜택이 필요한 주민단체

102 이·미용의 업무를 영업장소 외에서 행하였을 때 이에 대한 처벌기준은?

① 3년 이하의 징역 또는 1천만원 이하의 벌금
② 200만원 이하의 과태료
③ 100만원 이하의 벌금
④ 500만원 이하의 과태료

103 이·미용업 공중위생영업의 신고 시 첨부하는 서류에 해당하는 것은?

① 이·미용사의 건강진단수첩
② 이·미용사의 국가기술자격증
③ 영업시설 및 설비개요서
④ 보조원의 건강진단수첩

104 영업소 외에서의 장소에서 이·미용 업무를 행할 수 있는 경우를 모두 고른 것은?

보기
ㄱ. 행사(의식) 참여자에 대한 직전 이·미용 업무
ㄴ. 질병으로 영업소에 나올 수 없는 자에 대한 이·미용 업무
ㄷ. 사회복지시설에서 봉사활동을 하는 이·미용 업무
ㄹ. 소비자 요청에 의한 이·미용 업무

① ㄱ, ㄴ, ㄷ, ㄹ
② ㄴ, ㄹ
③ ㄱ, ㄷ
④ ㄱ, ㄴ, ㄷ

105 공중위생관리법규상 위생교육에 관한 설명으로 틀린 것은?

① 위생교육을 실시하는 단체를 보건복지부장관이 고시한다.
② 위생교육 실시단체는 교육교재를 편찬하여 교육대상자에게 제공하여야 한다.
③ 위생교육을 받는 자가 위생교육을 받는 날로부터 2년 이내에 위생교육을 받은 업종과 같은 업종의 영업을 하려는 경우에는 해당 영업에 대한 위생교육을 받은 것으로 본다.
④ 위생교육 실시단체의 장은 수료증 교부대장 등 교육에 관한 기록을 1년 이상 보관·관리하여야 한다.

106 보건행정의 특성과 거리가 먼 것은?

① 공공성과 사회성
② 과학성과 기술성
③ 독립성과 독창성
④ 조장성과 교육성

107 이·미용업자가 준수하여야 하는 위생관리 기준에 해당하지 않는 것은?

① 영업소 내에 화장실을 갖추어야 한다.
② 1회용 면도날은 손님 1인에 한하여 사용하여야 한다.
③ 영업소 내에 최종지급요금표를 게시 또는 부착하여야 한다.
④ 소독을 한 기구와 소독을 하지 아니한 기구를 각각 다른 용기에 보관한다.

108 이용사 면허정지에 해당하는 사유가 아닌 것은?

① 공중위생관리법에 의한 명령에 위반한 때
② 공중위생관리법의 규정에 의한 명령에 위반한 때
③ 피성년후견인에 해당한 때
④ 면허증을 다른 사람에게 대여한 때

109 공중보건학의 목적으로 틀린 것은?

① 수명연장
② 육체적, 정신적 건강 및 효율의 증진
③ 질병예방
④ 질병치료

110 공중위생관리법상의 규정에 위반하여 위생교육을 받지 아니한 때 부과되는 과태료의 기준은?

① 300만원 이하
② 400만원 이하
③ 500만원 이하
④ 200만원 이하

111 이용사의 업무에 관한 사항으로 맞는 것은?

① 일정기간의 수련과정을 거친 자는 면허가 없어도 이용업무에 종사할 수 있다.
② 이용사의 면허를 가진 자가 아니어도 이용업을 개설할 수 있다.
③ 이용사의 업무범위에 관하여 필요한 사항은 보건복지부령으로 정한다.
④ 이용사의 업무범위는 이발, 파마, 아이론, 면도, 머리피부 손질, 피부미용 등이 포함된다.

112 이·미용업 영업소에서 손님에게 성매매알선 등 행위 또는 음란행위를 하게 하거나 이를 알선 또는 제공한 때의 영업소에 대한 행정처분 중 1차 위반 시 처분기준은?

① 영업장 폐쇄명령
② 면허취소
③ 영업정지 3월
④ 영업정지 2월

113 이용영업자가 준수하여야 하는 위생관리기준에 해당하지 않은 것은?

① 외부에 최종지급요금표를 게시 또는 부착하는 경우에는 일부 항목(최소 5개 이상)만을 표시할 수 있다.
② 영업소 내부에 부가가치세, 재료비 및 봉사료 등이 포함된 요금표를 게시 또는 부착하여야 한다.
③ 3가지 이상의 이용서비스를 제공하는 경우에는 개별서비스의 최종 지급가격 및 전체 서비스의 총액에 관한 내역서를 이용자에게 미리 제공하여야 한다.
④ 신고한 영업장 면적이 66제곱미터 이상인 영업소의 경우 영업소 외부에도 손님이 보기 쉬운 곳에 관련법에 적합하게 최종지급요금표를 게시 또는 부착하여야 한다.

114 다음 (　) 안에 들어갈 말을 순서대로 옳게 나열한 것은?

> 보기
> 일반적으로 노인인구가 (　)% 이상일 경우 고령화사회, (　)% 이상일 경우 고령사회, (　)% 이상일 경우 초고령사회라 한다.

① 10, 20, 30
② 6, 12, 18
③ 5, 10, 14
④ 7, 14, 20

115 감염병의 예방 및 관리에 관한 법률상 보건소를 통해 필수예방접종을 실시하여야 하는 자는?

① 의료원장
② 시장, 군수, 구청장
③ 시·도지사
④ 보건복지부 장관

116 공중위생관리법규상 위생관리등급의 구분이 올바르게 짝지어진 것은?

① 우수업소 – 백색등급
② 관리미흡대상 업소 – 적색등급
③ 일반관리대상 업소 – 황색등급
④ 최우수업소 – 녹색등급

117 공중위생관리법령상 명예공중위생감시원의 업무 범위에 해당하지 않는 것은?

① 공중위생영업 관련 시설의 위생상태 확인·검사
② 법령 위반행위에 대한 자료 제공
③ 공중위생감시원이 행하는 검사대상물의 수거 지원
④ 법령 위반행위에 대한 신고

118 다음 중 이·미용업 영업자가 변경신고를 해야 하는 것을 모두 고른 것은?

보기
㉠ 영업소의 주소
㉡ 신고한 영업소 면적의 3분의 1 이상의 증감
㉢ 종사자의 변동사항
㉣ 영업자의 재산변동사항

① ㉠
② ㉠, ㉡, ㉢
③ ㉠, ㉡, ㉢, ㉣
④ ㉠, ㉡

119 공중위생영업자는 공중위생영업을 폐업한 날로부터 며칠 이내에 신고해야 하는가?

① 20일 ② 15일
③ 30일 ④ 7일

120 위생교육에 관한 설명으로 틀린 것은?

① 위생교육 실시단체의 장은 위생교육을 수료한 자에게 수료증을 교부하고, 교육실시 결과를 교육 후 즉시 시장·군수·구청장에게 통보하여야 하며, 수료증 교부대장 등 교육에 관한 기록을 1년 이상 보관·관리하여야 한다.
② 위생교육의 내용은 「공중위생관리법」 및 관련 법규, 소양교육(친절 및 청결에 관한 사항을 포함한다.), 기술교육, 그 밖에 공중위생에 관하여 필요한 내용으로 한다.
③ 위생교육을 받아야 하는 자 중 영업에 직접 종사하지 아니하거나 2 이상의 장소에서 영업을 하는 자는 종업원 중 영업장별로 공중위생에 관한 책임자를 지정하고 그 책임자로 하여금 위생교육을 받게 하여야 한다.
④ 위생교육 대상자 중 보건복지부장관이 고시하는 섬·벽지 지역에서 영업을 하고 있거나 하려는 자에 대하여는 위생교육 실시단체가 편찬한 교육교재를 배부하여 이를 익히고 활용하도록 함으로써 교육에 갈음할 수 있다.

최신경향 핵심 120제 정답 및 해설

001 정답 ④

단발령이 처음으로 시행된 시기는 1895년이다. (대한제국 : 1897년)

002 정답 ①

적색 – 동맥혈, **청색** – 정맥혈, **흰색** – 붕대

003 정답 ③

ㄱ : ○ ㄴ : ○ ㄷ : ○ ㄹ : ○ ㅁ : X

얼렛살	• 빗살 간격이 넓어 긴 모발이나 모량이 많고 엉킴이 심할 때 사용 • 블로킹이나 섹션라인을 만들 때 사용
고운살	• 빗살 간격이 촘촘하여 모량이 적고 짧은 모발을 정교하게 다듬을 때 사용

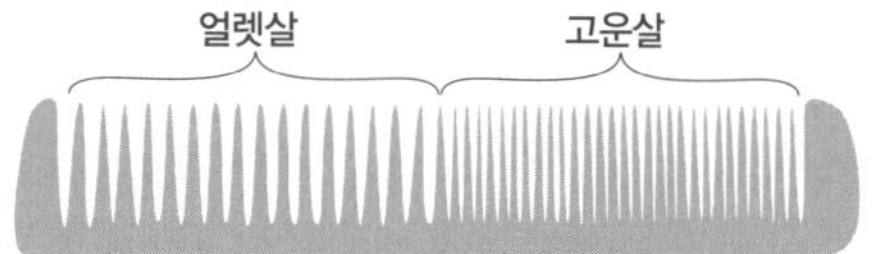

004 정답 ④

브러시는 세정 후 물로 잘 헹구어 털이 아래쪽으로 향하도록 하여 그늘에서 말린다.

005 정답 ①

'샴푸–트리트먼트(영양 공급)–린스(코팅)' 순으로 사용

트리트먼트보다 린스를 먼저 하면 모발이 코팅되므로 트리트먼트제의 모발 흡수를 방해한다.

006 정답 ③

스트로크 커트 시 두발에 대한 가위의 각도

- 숏 스트로크 : 0~10°
- 미디움 스트로크 : 10~45°
- 롱 스트로크 : 45~90°

007 정답 ④

④는 전강가위에 대한 설명이다. 착강 가위는 날은 특수강, 협신부는 연철로 만들어진 가위를 말한다.

008 정답 ①

무겁거나 가벼움은 양감(volume)에 관한 것이다.

009 정답 ①

- 모난 얼굴 – 6:4 가르마
- 둥근 얼굴 – 7:3 가르마
- 긴 얼굴 – 8:2 가르마

010 정답 ④

레이저를 이용한 시술은 모발 끝을 일렬로 커팅하기 어렵다.

011 정답 ③

면도 후 화장술

- 콜드 크림 : 피부에 발랐을 때 수분이 증발하면서 차가운 느낌이 있으며, 면도 후 매니플레이션을 할 때 사용한다.
- 스킨 로션 : 면도 후 피부 정돈용으로, 알코올 성분으로 인해 소독작용 및 청량감 부여
- 밀크 로션 : 면도로 인한 손상된 피부 재생 및 영양 공급

012 정답 ④

프리핸드와 펜슬핸드는 시술자 몸쪽 방향으로 면도기를 이동하며, 푸시핸드와 백핸드는 몸 바깥쪽을 향해 이동시키므로 프리핸드와 반대 개념이다.

백핸드는 프리핸드에서 날을 바깥쪽으로 하고, 손바닥을 위로 향한다.

013 정답 ②

착탈식 가발은 클립을 이용하여 수시로 탈·부착하므로 클립이 물리는 부분에서 모발이 빠지기 쉽다.

014 정답 ②

아이론의 온도 : 110~130℃

015 정답 ③

탈색제는 혼합하여 바로 사용하며, 쓰고 남은 탈색제는 버린다. 탈색제를 도포하고 원하는 색상이 될 때까지 자주 체크한다.

016 정답 ②

- 수평선 : E.P에서 B.P를 수평으로 돌아가는 E.P으로 이어진 선
- 측중선 : E.P에서 T.P를 수직으로 돌아가는 E.P으로 이어진 선
- 측두선 : F.S.P에서 측중선까지 연결한 선

※ T.P : 탑 포인트(Top point)
※ E.P : 이어 포인트(Ear point)
※ B.P : 백 포인트(Back point)

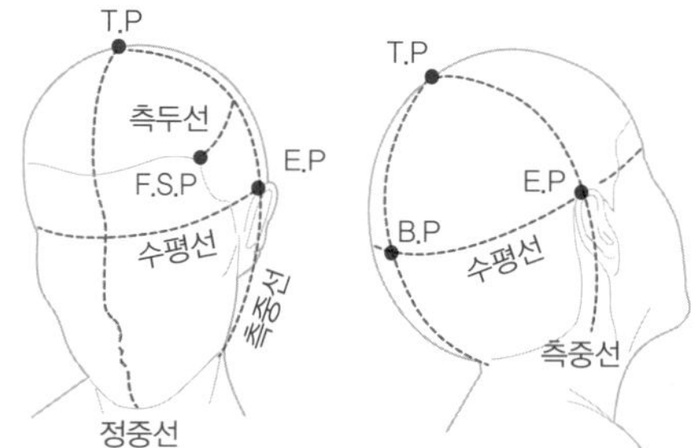

017 정답 ①

샤기(shaggy)는 '깃털처럼 가볍다'라는 의미로, 머리끝을 쳐서 모발을 얇게 만들기 때문에 전체적으로 머리카락이 가벼운 인상을 준다.

018 정답 ②

귀 뒷부분의 머리가 짧으므로 귀 보호를 위해 왼손 엄지와 중지(또는 검지)로 귀를 잡고 가위로만 커트한다.

019 정답 ④

고객의 헤어스타일을 연출할 때 고려해야 할 요소는 얼굴형(정면), 측면의 윤곽(옆모습), 뒷모습(후면), 헤어라인, 목선의 형태, 신장, 두발의 질 등이 있다.

020 정답 ④

힙스터 스타일 : 콧수염과 턱수염이 분리된 스타일이다. 입가 양쪽이나 입술 아래 부분에 수염이 많이 나지 않는 동양인에게 적합하다.

힙스터

고티

친커튼

노리스 스키퍼

021 정답 ④

보색을 혼합하면 명도가 낮아진다.

022 정답 ③

조발술의 순서

- 지간 깎기 : 주로 모발이 긴 경우 모발의 길이를 조정
- 솎음 깎기 : 틴닝가위를 이용하여 모발 숱을 감소
- 연속 깎기 : 네이프에서 빗을 떠올려 위로 올라가며 연속적으로 커팅
- 수정 깎기

023 정답 ①

염·탈색의 유형별 특징

- 일시적 컬러 : 암모니아나 산화제가 없음 / 일시적인 백모 커버
- 반영구적 컬러 : 1제만으로 구성 / 산성컬러 / 백모 10~30% 커버
- 준영구적 컬러 : 1제 +2제 / 백모 50% 커버
- 영구적 컬러 : 1제 + 2제 / 백모 100% 커버

024 정답 ②

로우라이트는 부분적으로 선택한 모발을 어둡게 염색해주는 것을 말한다. 백모염색이나 머리가 너무 밝을 때 또는 부분적으로 어두운 컬러를 입혀 음영을 줄 때 이용한다. 영구적 염모제에는 로우라이트, 하이라이트 모두 가능하다.

025 정답 ①

일시적 염모제는 모발의 표면에만 염모제가 입혀지는 것으로 한 번의 샴푸로 쉽게 제거된다. 종류에는 컬러 린스, 컬러 젤, 컬러 파우더, 컬러 크레용, 컬러 스프레이 등이 있다.

026 정답 ①

래서링(Lathering) : 비누와 물을 섞어 거품을 내어 얼굴에 바르는 과정이다.
면도 후 스킨로션과 밀크로션을 바른다. 스킨로션의 알코올 성분이 피부 진정 및 소독 효과가 있으며, 모공을 축소시킨다.

027 정답 ②

천정부의 가장 높은 곳 : T.P(Top point)

028 정답 ②

클렌징 크림(노폐물 및 기름성분 제거) → 세안 → 스킨로션(모공 축소·진정) → 밀크로션(영양 공급)

029 정답 ①

'La ligne'는 '선'을 의미하는 프랑스어로, 롱 커트(long cut)하여 빗으로 정발한 스타일이다.

030 정답 ④

흉터가 가려지도록 후두부부터 조발한 후, 나머지 부위도 후두부를 기준으로 조화를 이루도록 한다.

031 정답 ①

바리캉 본체 소독 시 내부 전기기기를 손상 줄 수 있으므로 분리한 후 밑날만 소독한다.

032 정답 ①

아래 턱 부위는 프리핸드, 펜슬핸드로 면도한다.(NCS 학습모듈 근거)

033 정답 ②

가모 패턴 제작에서는 먼저 가모 피팅을 통해 고객의 선호도, 고객의 얼굴형, 피부톤, 모발 길이, 모발 색상, 컬 등을 고려하여 고객에 적합한 가모를 디자인한다.
패턴 : 고객의 패턴 범위와 착용 방식이 정해지면 고객의 두상에 맞게 패턴 작업을 한다.

034 정답 ④

모발 끝부분을 뭉툭하게 처리하는 것은 블런트 커트에 해당한다.

035 정답 ②

빗은 1인 1회 사용을 원칙으로 하며, 사용 후 바로 소독용기에 넣어 소독한다.
뼈, 뿔, 나일론 제품은 자비소독(끓인 물에 소독)하면 변형 우려가 크다. 승홍수는 금속을 부식시키므로 금속성 빗의 소독에 사용하지 말 것

036 정답 ①

① 탈색은 모발 구조가 변하고 건조해지므로 손상이 많다.
② 탈색이란 모발을 밝게 하므로 명도가 높아진다.
③ 모발 내부의 구멍이 많아 수분 흡수가 빠르지만 반대로 건조도 빠른 특징이 있다.
④ 탈색은 암모니아로 멜라닌 색소를 파괴하는 것이다.

037 정답 ④

아이론은 1875년 프랑스의 '마셀 그라또'에 의해 고안되었다.

038 정답 ③

정발료 : 포마드, 헤어 스프레이, 헤어 크림(로션), 헤어 오일 등

039 정답 ②

가르마의 기준
- 1:9 – 이마와 관자놀이 사이의 움푹 들어간 곳
- 2:8 – 눈꼬리
- 3:7 – 안구 중심(눈 중앙)
- 4:6 – 눈 안쪽

040 정답 ④

유화는 헤어 컬러 발색과 유지력을 높이기 위해 염모제가 도포된 상태에서 손에 물을 묻혀 머리에 바른 컬러제와 잘 섞이도록 하는 과정이다. 손가락으로 빙글빙글 잘 섞이도록 작업하면 발라둔 염색약이 뭉친 것 없이 부드러워진다. 유화 후 미지근한 물로 염모제를 헹궈준다.

041 정답 ④

소재 → 구상 → 제작 → 보정

042 정답 ③

모발의 기능 : 보호기능, 배출기능, 감각기능, 장식기능
※ 호흡작용은 피부의 기능에 해당한다.

043 정답 ④

피지선의 분비작용을 통해 땀과 피지의 유화로 인해 피지막이 형성되어 피부를 촉촉하게 하고 윤기를 준다.

044 정답 ①

①은 액취증(취한증, 암내)에 대한 설명이다.

045 정답 ②

진정 젤은 제모로 인해 약해진 피부를 진정시키고 부드럽게 한다.

046 정답 ①

칼슘 : 뼈와 치아를 구성하는 물질로 신경의 흥분과 전달, 심장 근육의 움직임, 혈액 응고에 관여하는 전해질 역할

047 정답 ②

- 조절소 : 비타민, 무기질
- 열량소 : 단백질, 탄수화물, 지방

048 정답 ②

콜라겐은 주로 피부의 진피에 존재한다.
※ 섬유아 세포 : 진피의 윗부분에 많이 분포하며 콜라겐, 엘라스틴 등을 합성한다.

049 정답 ②

B 세포는 B 림프구를 말하는 것으로, B림프구가 만드는 항체에 의한 체액성 면역반응을 한다.

050 정답 ①

스캘프 트리트먼트의 사용 목적은 두피의 생리 기능을 정상적으로 유지하기 위한 것이며, 두발의 성장 촉진과는 거리가 멀다.

051 정답 ④

유극층은 표피층 중에서도 가장 두꺼운 층으로 림프관이 분포하며 표피의 영양을 관장한다.

052 정답 ②

- 건성 비듬 : 수분 부족으로 각질이 탈락하며 입자가 얇고, 납작하며, 하얀색을 띤다.
- 지성 비듬 : 크고, 끈적거리며 누렇다. 각질 세포와 피지가 엉겨 붙어 두피에 붙어있는 경우가 많다.

053 정답 ③

모발의 성장주기 : 성장기 → 퇴행기 → 휴지기 → 발생기

054 정답 ①

① 멜라닌 색소는 피부색을 결정함과 동시에 피부를 자외선(UV)에서 보호하는 역할을 한다.
② 멜라닌은 각질층으로 배출되며, 배출되지 못하면 색소침착이 나타난다.
③ 몽고반점은 배아 발생 초기에 표피로 이동하던 멜라닌 색소 세포가 진피에 머무르면서 생기는 푸른색 반점이다.
④ 멜라닌 색소량 : 흑인 > 황인종 > 백인

055 정답 ④

원발진의 종류 : 반점, 홍반, 구진, 농포, 팽진, 소수포, 대수포, 결절, 면포, 종양, 낭종 (암기법 : 반포진결종)

056 정답 ③

일반적으로 외부의 자극에 영향이 적으며, 비교적 피부관리가 용이한 편이므로 피부 위생에 중점을 두어서 관리를 한다. 단순 지성피부는 원칙상 피부의 표피 지질성분에는 영향 없이 과도한 피지를 제거한다.

057 정답 ②

표피에는 혈관이 없고, 신경이 거의 존재하지 않는다.

058 정답 ②

혈액응고에 관여하고 비타민 P와 함께 모세혈관 벽을 튼튼하게 하는 것은 비타민 K이다.

059 정답 ②

표피의 구성세포 : 각질형성세포, 색소형성세포, 랑게르한스 세포, 머켈세포
※ 섬유아 세포 : 피부 속 진피에 분포해 있으며, 동물의 결합조직에 주로 분포

060 정답 ③

원형 탈모증 : 동전 크기 정도의 둥근 모양으로 털이 빠지는 질환

061 정답 ④

일반적으로 두발의 성장은 봄·여름에 빠르다.

062 정답 ①

기능성 화장품의 표시 및 기재사항
- 화장품의 명칭
- 영업자의 상호
- 제조번호
- 사용기한 또는 개봉 후 사용기간

063 정답 ③

보습제의 종류

구분	구성 성분
천연보습인자	아미노산(40%), 젖산(12%), 요소(7%), 지방산 등
고분자 보습제	가수분해 콜라겐, 히아루론산염 등
폴리올	글리세린, 폴리에틸렌글리콜, 부틸렌글리콜, 프로필렌글리콜, 솔비톨

※ 파라옥시안식향산메틸 : 살균보존제의 성분

064 정답 ①

화장품은 인체에 대한 작용이 경미한 것으로서, 의약품에 해당하지 않는 물품이어야 한다.

065 정답 ④

화장품의 4대 요건

- 사용성 : 사용감이 우수하고 편리해야 하며 퍼짐성이 좋고 피부에 쉽게 흡수되어야 한다.
- 유효성 : 보습, 미백 및 사용 목적에 따른 기능이 우수해야 한다.
- 안전성 : 피부에 대한 자극, 알레르등 독성이 없어야 한다.
- 안정성 : 보관에 따른 변질, 변색, 미생물의 오염이 없어야 한다.

066 정답 ③

메틸파라벤은 화장품의 살균보존제, 방부제로 사용된다.

067 정답 ①

향수의 부향률

퍼퓸(15~30%) > 오데퍼퓸(9~12%) > 오데토일렛(6~8%) > 오데코롱(3~5%) > 샤워코롱(1~3%)

※ 부향률 : 향수에 향수 원액이 포함되어 있는 비율

068 정답 ①

①은 기능성 화장품에 해당한다.

069 정답 ②

코스메슈티컬(cosmeceutical)
= 화장품(cosmetics) + 의약품(pharmaceutical)

070 정답 ②

유화의 종류

O/W (Oil in Water)	• 물 중에 오일이 분산(수중유형) • 물이 베이스이므로 제형이 묽다. 즉 퍼짐성이 좋고 사용감이 산뜻하다. – ㉠ 로션, 크림, 에센스
W/O (Water in Oil)	• 오일 중에 물이 분산(유중수형) • 오일이 베이스이므로 퍼짐성이 낮으나 수분의 손실이 적어 지속성이 좋다. – ㉠ 영양크림, 선크림

071 정답 ④

- 분산 : 물 또는 오일에 미세한 고체입자가 계면활성제에 의해 균일하게 혼합된 상태
- 가용화 : 물에 소량의 오일 성분이 계면활성제에 의해 투명하게 용해된 상태
- 유화(에멀젼) : 물과 오일처럼 서로 녹지 않는 2개의 액체를 미세하게 분산시켜 놓는 상태

072 정답 ④

면체·세발 후 화장수(skin lotion)은 모공을 수축시키는 수렴(수축)작용을 한다.

073 정답 ④

핸드로션은 보습 및 영양공급 목적이다.

074 정답 ③

- 양이온성 계면활성제 : 세정작용은 없으나, 살균·소독·정전기 발생 억제 역할을 하며, 헤어 린스나 헤어 트리트먼트 등에 주로 사용된다.
- 음이온성 계면활성제 : 세정작용과 기포형성 작용이 우수하여 비누, 샴푸, 클렌징폼 등에 주로 사용된다.

075 정답 ②

고압증멸균기는 의료기구, 유리기구, 금속기구, 의류, 고무제품, 미용기구, 무균실 기구, 약액 등에 사용된다.

076 정답 ④

건열 멸균법은 160℃의 고열을 사용하므로 고무 제품에 사용하기 적당하지 않다.(도자기나 유리기구에 주로 사용)

077 정답 ②

소독제의 제조 시 필요한 만큼 제조하여 사용한다.

078 정답 ③

염소는 기체상태로서는 살균력이 크지만 자극성과 부식성이 강해서 상·하수도와 같은 대규모 소독에 주로 사용된다.

079 정답 ③

래벤후크는 지금의 현미경의 모태인 후크 망원경을 발견하여 미생물을 최초로 발견했다.

080 정답 ④

온도는 시각으로 확인할 수 없다.

081 정답 ①

- 과산화수소 : 표백제, 산화제
- 포비돈요오드액 : 외상용 소독약
- 메탄올 : 살균용으로 사용할 수 있지만, 인화성과 독성이 커 법적으로 사용을 금한다.

082 정답 ④

감염병 유행조건 : 감염원, 감염경로, 감수성 숙주

083 정답 ③

- 나병 : 5년~20년
- 장티푸스 : 3~60일
- 천연두 : 12일
- 세균성 이질 : 1~3일
- 디프테리아 : 12~24시간

084 정답 ①

- 현성 감염자 : 병원체에 감염되었으며, 임상증상이 있는 자
- 불현성 감염자 : 약하게 감염되어 임상증상이 거의 없음
- 건강 보균자 : 임상증상은 없으나 타인을 감염시킬 수 있음 – 관리가 가장 어렵다.
- 만성감염병 보균자 : 3개월 이상 보균 상태를 지속
- 병후 보균자 : 감염되어 증상발현 후 회복되었으나 균이 아직 남아있음
- 잠복 보균자 : 증상은 없지만 감염시킬 수 있음

085 정답 ②

수정 커트는 드라이 상태에서 한다.

086 정답 ④

- 즉시 색소침착 : UV A(90%)에 의해 발생되는 현상으로, 자외선에 노출된 후 즉시 나타나며, 6~8시간 후에 서서히 사라진다.
- 지연 색소침착 : UV B에 의해 발생되는 현상으로, 노출 48~72시간 내에 증상이 나타난다.

087 정답 ④

도구·기구의 소독법
- 타월류 : 일광소독, 자비소독, 증기소독
- 헤어클리퍼 : 크레졸
- 면도기 : 자외선, 알코올, 크레졸
- 금속기구, 유리기구, 도자기류 등 : 건열멸균법

088 정답 ①

혐기성 세균 : 산소가 없어야만 증식할 수 있는 균(파상풍균, 보툴리누스균 등)

089 정답 ③

소디움 하이포클로리트의 'sodium'은 소금을 말하므로, 소금의 나트륨 성분은 산소와 결합하여 부식을 촉진한다.
※ 금속제품 소독 : 알코올, 역성비누액, 크레졸수, 포름알데히드 (승홍수는 적합하지 않음)

090 정답 ④

세균성 식중독은 매해 여름철에 자주 발생된다.

091 정답 ③

SPF(Sun Protection Factor)는 자외선 중 UVB 광선을 막는 정도를 표시한 것으로, **SPF 1**은 15~20분 정도 차단 효과가 있다.

092 정답 ②

간염을 일으키는 감염원은 바이러스이다.
참고) 바이러스는 세균보다 매우 작으며, 반드시 숙주가 있어야 생존이 가능하며, 세균에 비해 치료가 어렵다.

093 정답 ②

실내의 적정 기류는 0.2~0.3m/sec 정도이다.
※ 실내의 자연환기가 가장 잘 일어나려면 중성대는 천정 가까이에 위치하는 것이 좋다.

094 정답 ④

밀폐된 공간에서 다수인이 밀집해 있으면 기온, 습도, 이산화탄소가 모두 증가한다.

095 정답 ①

냉·난방기에 의한 실내·외의 온도차는 5~7℃ 범위가 가장 적당하다.

096 정답 ②

기온 역전에 대한 설명이다.

097 정답 ④

음용수 수질오염의 가장 대표적인 생물학적 지표는 대장균이다.

098 정답 ④

① 영업정지 1개월
② 면허정지 3개월
③ 경고 또는 개선명령
④ 영업장 폐쇄명령

099 정답 ④

공중위생감시원의 자격
1. 위생사 또는 환경기사 2급 이상의 자격증이 있는 사람
2. 「고등교육법」에 따른 대학에서 화학·화공학·환경공학 또는 위생학 분야를 전공하고 졸업한 사람 또는 법령에 따라 이와 같은 수준 이상의 학력이 있다고 인정되는 사람
3. 외국에서 위생사 또는 환경기사의 면허를 받은 사람
4. 1년 이상 공중위생 행정에 종사한 경력이 있는 사람

100 정답 ①

보건행정의 관리 과정

기획	목표 설정 후 목표달성를 위한 필요한 단계를 구성·설정
조직	2명 이상이 공동의 목표를 달성하기 위한 협동체
인사	직원에 대한 근무평가 및 징계에 대한 공정한 관리
지휘	행정관리에서 명령체계의 일원성을 위해 필요
조정	목표 달성을 위한 협의, 회의, 토의 등을 통해 집단적인 노력을 하는 행정 활동
보고	사업활동의 효율적 관리를 위해 정확하고 성실한 보고가 필요
예산	예산 계획, 확보, 효율적 관리가 필요

101 정답 ①

공중보건사업의 대상자 : 개인, 지역사회, 집단, 국가

102 정답 ②

영업장소 외에서 행하였을 때 이·미용의 업무를 행할 경우 200만원 이하의 과태료가 부과된다.

103 정답 ③

- 영업시설 및 설비개요서
- 교육수료증

104 정답 ④

- 질병 등의 이유로 영업소에 방문할 수 없는 자에게 미용을 하는 경우
- 혼례나 그 밖의 행사(의식) 참여자에게 행사 직전 미용을 하는 경우
- 사회복지시설에서 봉사활동으로 미용을 하는 경우
- 방송 등의 촬영에 참여하는 사람에 대하여 그 촬영 직전에 이용 또는 미용을 하는 경우
- 기타 특별한 사정이 있다고 시장·군수·구청장이 인정하는 경우

105 정답 ④

위생교육 실시단체의 장은 위생교육을 수료한 자에게 수료증을 교부하고, 교육실시 결과를 교육 후 1개월 이내에 시장·군수·구청장에게 통보하여야 하며, 수료증 교부대장 등 교육에 관한 기록을 2년 이상 보관·관리하여야 한다.

106 정답 ③

보건행정의 특성 : 공공성, 사회성, 보건의료에 대한 가치의 상충, 행정대상의 양면성, 과학성 및 기술성, 봉사성, 조장성 및 교육성 등

107 정답 ①

위생관리 기준에 화장실에 대한 기준은 없다.

108 정답 ③

피성년후견인은 이·미용사 면허를 받을 수 없기 때문에 면허가 정지되지 않는다.

※ **면허 결격 사유(면허를 받을 수 없는 사유)**
- 피성년후견인
- 정신질환자(전문의가 적합하다고 인정한 경우는 예외)
- 공중의 위생에 영향을 미칠 수 있는 감염병환자로서 보건복지부령이 정하는 자
- 마약 기타 약물 중독자(대통령령에 의함)
- 공중위생관리법의 규정에 의한 명령 위반 또는 면허증 불법 대여의 사유로 면허가 취소된 후 1년이 경과되지 않은 자

109 정답 ④

공중보건학의 정의
- 질병 예방 (질병 치료×)
- 생명 연장
- 육체적·정신적 효율 증진

110 정답 ④

위생교육을 받지 않을 경우 200만원의 과태료가 부과된다.

111 정답 ③

이용업을 개설하거나 그 업무에 종사하려면 반드시 면허를 받아야 한다.
※ 이용사의 업무범위는 이발·아이론·면도·머리피부손질·머리카락염색 및 머리감기로 한다.

112 정답 ③

손님에게 성매매알선등행위(또는 음란행위)를 하게 하거나 이를 알선 또는 제공 시 1차 영업정지 3개월에 해당한다.

113 정답 ①

이용영업자는 외부에 최종지급요금표를 게시 또는 부착하는 경우에는 일부 항목 (최소 3개 이상)만을 표시할 수 있다.

114 정답 ④

65세 이상이 전체의 7% 이상이면 고령화사회, 14% 이상 고령사회, 20% 이상 초고령사회

115 정답 ②

특별자치시장·특별자치도지사 또는 시장·군수·구청장은 관할 보건소를 통하여 필수예방접종을 실시하여야 한다.

116 정답 ④

최우수업소(녹색등급), 우수업소(황색등급), 일반관리대상업소(백색등급)

117 정답 ①

명예공중위생감시원의 업무 범위
- 공중위생감시원이 행하는 검사대상물의 수거 지원
- 법령 위반행위에 대한 신고 및 자료 제공
- 그 밖에 공중위생에 관한 홍보·계몽 등 공중위생관리업무와 관련하여 시·도지사가 따로 정하여 부여하는 업무

※ ①은 공중위생감시원의 업무범위에 해당한다.

118 정답 ④

변경신고 사항
- 영업소의 명칭 또는 상호
- 영업소의 소재지
- 영업장 면적의 3분의 1 이상의 증감
- 대표자의 성명 또는 생년월일
- 미용업 업종 간 변경

119 정답 ①

공중위생영업자는 공중위생영업을 폐업한 날부터 20일 이내에 시장·군수·구청장에게 신고하여야 한다.

120 정답 ①

위생교육 실시단체의 장은 위생교육을 수료한 자에게 수료증을 교부하고, 교육실시 결과를 교육 후 1개월 이내에 시장·군수·구청장에게 통보하여야 하며, 수료증 교부대장 등 교육에 관한 기록을 2년 이상 보관·관리하여야 한다.

| 부록 | 핵심이론 써머리노트

언제 어디서나 짜투리 시간에 활용할 수 있는 핵심이론 정리

| 제1장 | 이용 이론 |

01 이용의 일반적 정의

이용자의 머리카락 또는 수염을 깎거나 다듬는 방법 등으로 이용자의 용모를 단정하게 하는 영업

02 이·미용의 특수성(제한성)

① 의사표현의 제한
② 소재선택의 제한
③ 시간적 제한
④ 부용예술로서의 제한
⑤ 미적효과의 고려

03 이용(조발) 시술 과정

소재의 확인 → 구상 → 제작 → 보정

소재	미용의 소재는 제한된 신체의 일부분
구상	소재의 특징을 살려 훌륭한 개성미를 나타낼 수 있도록 연구 및 구상하는 단계(손님의 희망사항을 우선적으로 고려하여 미용사의 독창력 있는 스타일을 창작)
제작	구상을 구체적으로 표현하는 단계
보정	• 제작이 끝난 후 전체적인 모양을 종합적으로 관찰하여 수정·보완하여 마무리하는 단계 • 고객이 추구하는 미용의 목적과 필요성을 시각적으로 느낄 수 있는 단계

04 이용사의 올바른 자세

① 다리는 어깨 폭 정도로 벌리고 한 발을 앞으로 내딛어 몸의 체중을 고루 분산시켜 안정적인 자세가 되도록 한다.
② 작업 대상은 시술자의 심장높이와 평행하도록 한다. (정발시 : 눈높이)
③ 적절하게 힘을 배분하여 균일한 동작을 하도록 한다.
④ 이용자와 이발의자와의 거리 : 주먹 한 개 정도
⑤ 명시 거리 : 25~30cm
⑥ 실내조도 : 75Lux 이상

05 우리나라의 이용

① 단발령 시행 : 1895년 11월(고종 32년), 김홍집 내각이 성년 남자의 상투를 자르고 서양식 머리를 하라는 내용의 고종의 칙령이다. (유길준 등에 의해 전격 단행)
② 1901년 : 고종의 어명을 받은 우리나라 최초의 이용사는 안종호이다. (우리나라 최초로 이용원을 개설)
③ 우리나라 최초 이·미용업의 자격시험 : 1948년 8월 16일
④ 포마드 : 1950년 ABC 포마드가 유행하기 시작하여 60년대 활성

06 서양의 미용

① 사인보드(sign board, sign pole) – 1616년
 • 이발사 겸 외과의사가 사용되던 간판 기둥
 • 적색 – 동맥혈, 청색 – 정맥혈, 흰색 – 붕대
 • 현대까지 전세계에서 통용
② 병원과 이용원의 분리 시기(19세기 초) : 이전에는 이용사와 의사를 겸직하던 것이 1804년 프랑스 나폴레옹시대에 인구증가, 사회구조의 다양화 등으로 외과 병원에서 전문적인 이용원으로 분리되었다.
③ 세계 최초의 이용사 : 프랑스의 장 바버(Jean Barber)

07 빗(Comb)

① 빗몸은 일직선이어야 하며, 빗살은 간격이 균등하게 똑바로 나열되어야 한다.
② 빗은 손님 1인에게 사용하였을 때 1회씩 소독하는 것이 바람직하다.
③ 빗살 끝은 너무 뾰족하거나 무디지 않아야 한다.
④ 정전기 발생이 적고, 내수성 및 내구성이 좋아야 한다.
⑤ 금속재질이 아닌 빗은 증기소독이나 자비소독에 적합하지 않다.
⑥ 뼈, 플라스틱, 나무, 뿔 등 : 자외선 소독
⑦ 소독용액에 오래 담그지 않아야 하며, 소독 후 물로 행구고 마른 수건으로 물기를 제거하여 소독장에 보관한다.
⑧ 빗의 소독 : 크레졸수, 역성비누액, 석탄산수, 포르말린수

08 브러시(Brush)

① 정발용 브러시 : 털의 밀도가 높고 적당한 강도와 탄력이 있을 것
② 두피를 자극하는 방법이므로 두피나 모발이 손상된 경우 등에는 브러싱을 피하는 것이 좋다.
③ 브러시의 소독 : 비눗물, 탄산소다수 또는 석탄산수
④ 세정 후 맑은 물로 잘 헹군 후 털을 아래쪽으로 하여 그늘에서 말린다.

09 가위의 선택

① 협신에서 날끝으로 갈수록 자연스럽게 구부러진(내곡선) 것이 좋다.
② 양날의 견고함이 동일한 것이 좋다.
③ 날이 얇고 양다리가 강한 것이 좋다.

10 재질에 따른 가위

① 착강가위 : 협신부는 연강, 날은 특수강으로 만든 가위
② 전강가위 : 전체를 특수강으로 만든 가위

11 사용 목적에 따른 가위

① 커팅가위 : 모발을 커팅하고 셰이핑하는 가위
② 틴닝가위 : 모발의 길이는 그대로 두고, 숱만 쳐내는 가위
③ 곡선날가위(R형가위) : 스트로크 커트

12 클리퍼(이발기)

① 1871년 프랑스의 '바리캉 에 마르(Bariquand et Marre)'에 의해서 발명

② 우리나라는 1910년경 일본에서 수입

③ 밑날 두께에 의한 분류

5리기	1분기	2분기	3분기
1mm	2mm	5mm	8mm

13 레이저(Razor)의 조건

① 날등과 날끝이 평행을 이루고 비틀리지 않아야 한다.

② 날등에서 날끝까지 양면의 콘케이브가 균일한 곡선으로 되어 있고, 두께가 일정해야 한다.

③ 외곡선상의 레이저가 좋다.

14 레이저의 종류

오디너리 레이저	• 일상용 레이저(숙련자용) • 능률적이고 세밀한 작업이 용이
셰이핑 레이저	• 날이 닿는 두발의 양이 제한되어 안전(초보자용) • 두발 외형선의 자연스러움을 만듦

15 아이론(iron)

① 프롱(로드), 그루브, 핸들 등에 녹이 슬거나 갈라짐이 없어야 한다.

② 프롱과 그루브 접촉면에 요철(凹凸)이 없고 부드러워야 한다.

③ 프롱과 그루브는 비틀리거나 구부러지지 않고 어긋나지 않아야 한다.

④ 아이론의 사용온도 : 120~140℃

⑤ 아이론을 쥐는 법 : 그루브를 아래, 프롱을 위쪽

16 가위 및 면도기의 연마

① 강질이 연한 가위의 정비 시 숫돌면과 가위날 면의 각도로 가장 이상적인 것 : 45°

② 가위 숫돌 : 무른 편이며 좋다.

③ 덧돌 : 천연석과 인조석으로 된 가장 작은 돌

17 헤어 드라이어(Hair dryer)

① 블로우 드라이의 가열온도 : 60~80℃

18 헤어 디자인의 3요소

형태(form), 질감(texture), 컬러(color)

19 헤어커트의 구분

① 물의 사용에 따라

웨트 커트 (Wet cut)	• 모발에 물을 적셔서 하는 커트로 두발의 손상이 거의 없다. • 레이저를 이용한 커트 시 모발의 보호를 위하여 웨트 커트한다.
드라이 커트 (Dry cut)	• 웨이브나 컬이 완성된 상태에서 지나친 길이 변화없이 수정을 하는 경우에 사용 • 정확한 커트선을 잡기 어렵다.

② 사용도구에 따라

레이저 커트 (Razor)	• 면도칼을 이용한 커트 • 웨트 커트로 사용하며, 두발 끝이 자연스러움
시저스 커트 (Scissors)	• 가위를 이용한 커트 • 웨트 커트 및 드라이 커트에 모두 사용

20 헤어커트의 3요소

조화(Maching), 유행(Mode), 기술(Technic)

21 두부의 구분

① 톱 - 전두부

② 크라운 - 두정부

③ 네이프 - 후두부

④ 사이드 - 측두부

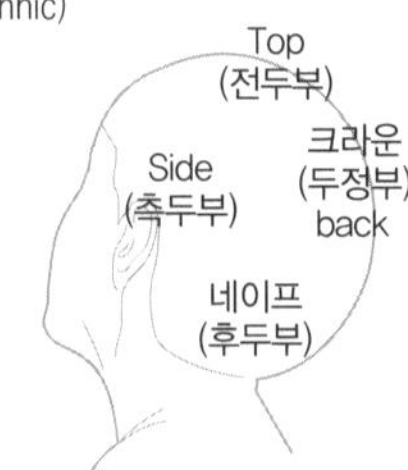

22 베이스

① 헤어 커트를 위해 잡은 모발 다발(패널)의 당김새를 말한다.

② 선택한 베이스의 종류에 따라 모발 길이와 형태 및 형태 선의 변화에 영향을 주며, 헤어 커트에서 가장 기본이면서 형태를 결정한다.

③ 베이스 섹션과 커트되는 위치에 따라 온 더 베이스, 사이드 베이스, 오프더 베이스, 프리 베이스 등이 있다.

23 커트 기초 순서

지간 깎기 → 솎음 깎기 → 연속 깎기 → 수정 깎기

지간 깎기	• 모다발을 빗어 검지와 중지 사이로 쥔 후에 가위로 커트 • 모발이 긴 경우 모발의 길이를 조정할 때 이용
솎음 깎기 (숱치기)	• 틴닝가위를 이용한 틴닝 커트에 해당 • 모발 길이를 짧게 하지 않으면서 전체적으로 모발 숱을 감소한다.
연속 깎기	• 헤어라인(발제선*) 또는 네이프에서 빗을 떠올려 올라가며 연속적으로 커팅하며, 빗과 가위가 동일한 동작으로 연속적으로 운행한다.
수정 깎기	• 형태가 이루어진 두발선에 클리퍼나 가위를 사용하여 튀어나오거나 삐져나온 모발, 손상모 등 불필요한 모발을 제거하거나 정리 · 정돈

24 기타 커트기법

거칠게 깎기	• 고객의 모발이 많이 길어 있거나 새로운 스타일로 이발을 원하고 모발을 많이 잘라야 할 경우 대략적인 길이로 1차적으로 깎아주는 기법 • 스포츠형의 기초 깎기에 해당
돌려깎기	• 빗의 각도를 곡선을 그리며 돌려서 깎는 기법 • 주로 E.P 뒤쪽의 발제선 라인과 상단부 영역의 모발과 연결할 때 많이 사용
밀어깎기	• 가위의 손잡이를 위로 향하도록 수직으로 세워 측면이나 후면을 깎을 때 시술자 앞에서 밀어깎는 기법
끌어깎기	• 밀어깎기의 반대 방향으로 시술자쪽으로 당기며 깎는 기법
찔러깎기	• 가위를 일직선으로 세워 가위 끝으로 모발이 뭉쳐있는 곳을 솎아주는 방법
떠올려 깎기	• 아래에서 상향으로 이동하며 빗을 두피면에 위로 떠올린 후 두발을 일직선상으로 깎는 방법 • 머리가 뭉친 부분을 떠올려 커트하는 방법(틴닝 가위를 이용한 숱 감소

25 테이퍼링(Tapering) = 페더링 = 레이저 커트

① 레이저를 사용하며, 물로 두발을 적신 다음 커트한다.
② 모발 숱을 쳐내어 두발 끝을 점차적으로 가늘게 커트하여 붓끝처럼 가늘게 된다.
③ 커트한 모발선이 가장 자연스럽다.(자연미)

엔드 테이퍼	• 두발 끝의 1/3 이내 • 두발량이 적을 때 행한다.
노멀 테이퍼	• 두발 끝의 1/2 지점
딥 테이퍼	• 두발 끝의 2/3 지점 • 두발을 많이 쳐내는 테이퍼링

26 블런트 커트(Blunt cut) = 클럽 커트

① 모발을 뭉툭하고 일직선상으로 커트
② 모발을 직선적으로 커트하여 스트랜드의 잘려진 단면이 직선으로 이루어진다.
③ 잘린 부분이 명확하다.
④ 종류 : 원랭스 커트, 스퀘어 커트, 그라데이션 커트, 레이어 커트

원랭스 커트	• 완성된 두발을 빗으로 빗어 내렸을 때 모든 두발이 하나의 선상으로 떨어지도록 커트 • 종류 : 스파니엘, 패러럴 보브, 이사도라, 머시룸
스퀘어 커트	• 미리 정해 놓은 정사각형으로 커트 • 자연스럽게 모발의 길이가 연결되도록 할 때에 이용
그라데이션 커트	• 두부 상부에 있는 두발은 길고 하부로 갈수록 짧게 커트해서 두발의 길이에 작은 단차가 생기게 한 커트 기법 • 사선 45°에서 슬라이스로 커트하여 후두부에 무게를 더해주며, 스타일을 입체적으로 만듦
레이어 커트	• 상부의 모발이 짧고 하부로 갈수록 길어져 모발에 단차를 표현하는 기법 • 두상에서 올려진 스트랜드의 각이 90° 이상 • 긴머리나 짧은머리에 폭넓게 사용, 퍼머넌트 와인딩이 용이

27 장발형 이발

① 이어 라인, 네이프 사이드라인, 네이프 라인을 덮는 긴 기장을 말하며, 전반적으로 귀의 2/3 이상 내려오는 특징
② 긴 얼굴형을 보완하며, 턱이 뾰족하고 갸름한 경우 부드러운 이미지를 줄 때 적합
③ 하단부와 상단부의 단차를 자유롭게 주어 커팅
④ 종류 : 솔리드형, 레이어드형, 그래쥬에이션형

28 단발형(상고머리) 이발

① 높게 치켜 깎는 방법으로 무게선의 위치에 따라 다름
② 조발 순서 : 후두부 → 좌측 → 우측

29 짧은 단발형 이발 (스포츠형, 브로스형)

① 천정부의 모발을 두피로부터 세워질 정도로 짧게 스타일
② 모발 길이가 짧아 모발의 길이 자체가 형태선을 이룬다.
③ 스포츠형 시술 시 1차적으로 거칠게 깎기를 하여 형태를 갖추기 위해 전체 모량을 대략 감소시킨다.
④ 조발 순서 : 거칠게 깎기 → 전두부 → 측두부 → 후두부 (클리퍼 사용 시 : 후두부부터)
⑤ 모발 길이에 따라 연속 깎기, 떠올려 깎기, 떠내려 깎기 기법을 사용
⑥ 첨가분 : 수정 깎기 시 머리 형태를 다듬을 때 요철 부분(튀어나온 부분)을 분별하기 위해 바르는 하얀 분
⑦ 종류(천정부의 형태에 따라) : 둥근형 이발, 삼각형 이발, 사각형 이발
⑧ 삼각형 이발(모히칸 커트) : 천정부의 모발을 세우고, 옆부분을 짧게 커트한다.
⑨ 사각형 이발(스퀘어 커트) : 사각형태를 위해 윗(톱)부분이 평편하게 깎는 것(플랫 톱)

30 기타 스타일

① 샤기 커트(shaggy) : 모발 끝을 불규칙하게 커트함으로써 보다 움직임이 살아나는 커트로 모발 끝을 가볍게 질감 처리해주는 커트
② 댄디 커트(dandy) : 앞머리는 눈썹 정도의 위치로 내리고 옆머리는 귀를 덮지 않으면서 뒷머리는 짧게 하는 스타일의 컷으로, 모발의 끝 부분을 위주로 질감 처리하여 가벼우면서 차분하고 깔끔한 스타일

31 샴푸의 목적

① 두피 및 모발의 청결로 상쾌함을 유지시킨다.
② 두발미용시술을 용이하게 한다.
③ 두발의 건강한 발육을 촉진시킨다.
④ 혈액순환 촉진으로 모근 강화 및 모발의 성장을 촉진시킨다.
⑤ 영양 공급이나 치료는 아님

32 샴푸 순서

샴푸 → 트리트먼트 → 린스

33 샴푸 시술 시 주의사항

① 샴푸에 적당한 물의 온도 : 36~38℃의 연수
② 손가락 끝으로 마사지하며, 손톱으로 두피를 긁지 않도록 할 것
③ 젖은 머리를 말릴 때 고열의 드라이어나 선풍기 바람은 피할 것 (심한 마찰을 피할 것)

34 웨트(Wet) 샴푸 – 물을 사용하는 샴푸

① 플레인 샴푸(일반 샴푸) : 합성세제나 비누를 주재료로 샴푸제와 물을 사용하여 세정
② 기능성 샴푸 : 핫오일샴푸, 에그샴푸, 토닉샴푸

에그 샴푸	• 지나치게 건조한 경우 사용(영양 부족) • 표백된 머리나 염색에 실패했을 때 • 건조한 모발, 탈색된 모발, 민감성피부나 염색에 실패했을 때 사용
핫오일 샴푸	• 건성 모발에 사용 • 염색, 탈색, 퍼머 등의 시술로 두피나 두발이 건조되었을 때 지방분을 공급, 두피건강과 손상모의 치유 등

35 드라이(Dry) 샴푸

① 물을 사용하지 않는 방법으로, 환자 · 임산부 등에 적합하다.
② 종류 : 파우더 드라이 샴푸, 에그 파우더 드라이 샴푸, 리퀴드 드라이 샴푸
③ 리퀴드 드라이 샴푸 : 벤젠이나 알코올 등의 휘발성 용제를 사용하는 방법으로, 주로 가발(위그) 세정에 많이 이용
④ 토닉 샴푸 : 비듬 예방 및 두피 및 두발의 생리기능을 높여주며, 살균작용도 있다.

36 정상 모발상태의 헤어샴푸제 종류

알칼리성	• 알칼리성 샴푸제의 pH는 약 7.5~8.5 • 두피나 모표피의 산성도를 일시적으로 알칼리로 변화시키므로 산성린스로 중화
산성	• 두피의 pH와 거의 같은 산성도 – pH 4.5 • 퍼머넌트 웨이브나 염색 후에 사용하여 알칼리성 약제를 중화

※ 건강한 두피의 pH : 약산성(pH 4.5~6.5)

37 두피상태에 따른 샴푸제

① 비듬성 : 댄드러프 샴푸제
② 지방성 : 중성세제 또는 합성세제 샴푸제
③ 염색한 모발 : 논스트리핑 샴푸제
④ 다공성모 : 프로테인 샴푸제

38 샴푸의 계면활성제

양이온성	• 피부자극이 강함, 살균, 소독, 정전기발생 억제 • 헤어트리트먼트제, 헤어린스
음이온성	• 세정력 좋음, 탈지력이 강해 피부가 거칠어짐 • 비누, 샴푸, 클렌징 폼
양쪽 이온성	• 피부자극과 독성이 적음 • 베이비 샴푸, 저자극 샴푸
비이온성	• 피부자극이 적어 기초화장품에 많이 사용

39 헤어 트리트먼트의 목적

① 모발의 손상 및 악화를 방지
② 손상된 모발을 정상으로 회복
③ 두발의 엉킴 방지 및 상한 모발의 표피층을 부드럽게 하여 빗질을 용이하게 한다.
④ 퍼머넌트 웨이브, 염색, 블리치 후 pH 농도를 중화시켜 모발이 적당한 산성을 유지
⑤ 유연, 윤기, 광택
⑥ 보습작용, 모발의 정전기 방지

40 헤어 린스의 목적

① 샴푸잉 후 모발에 남아 있는 금속성피막과 비누의 불용성 알칼리성분을 제거
② 건조된 모발에 지방을 공급하여 모발에 윤기 부여
③ 모발이 엉키는 것을 방지하고 빗질을 용이하게 한다.
④ 정전기 발생을 방지

41 린스의 종류

플레인 린스	• 38~40℃의 연수로 헹구어 내는 방법 • 퍼머넌트에서 중간린스로 사용 • 퍼머넌트 직후에 사용(샴푸를 하지 않음)
유성 린스	• 건성모발에 사용 • 모발에 유지분을 공급 • 종류 : 오일린스, 크림린스
산성 린스	• 남아 있는 비누의 불용성 알칼리 성분을 중화시키고 금속성 피막을 제거 • 퍼머넌트 웨이브와 염색 시술 후 모발에 남아있는 알칼리 성분을 중화시킴 • 표백작용이 있어 장시간의 사용은 피해야 함 • 퍼머넌트 시술 전의 샴푸 뒤에는 산성린스를 사용하지 않음 • 레몬린스, 구연산린스, 비니거린스 등

42 얼굴형에 따른 헤어스타일

얼굴형	헤어스타일
둥근형	톱(top) 부분에 볼륨감을 주고, 측면의 양감을 줄인다.
사각형 (모난 형)	비대칭 스타일이 어울린다. 옆 폭을 좁게 보이도록 한다.
직사각형	톱(top) 부분을 낮게하고, 측면에 양감을 준다.

43 가르마(헤어 파팅)

가르마		기준	적합한 얼굴형
A	1:9 (9:1)	이마와 관자놀이 사이의 움푹 들어간 곳	
B	2:8 (8:2)	눈꼬리	직사각형
C	3:7 (7:3)	안구 중심(눈 중앙)	둥근 얼굴형
D	4:6 (6:4)	눈 안쪽	사각형
E	5:5	코 중앙	

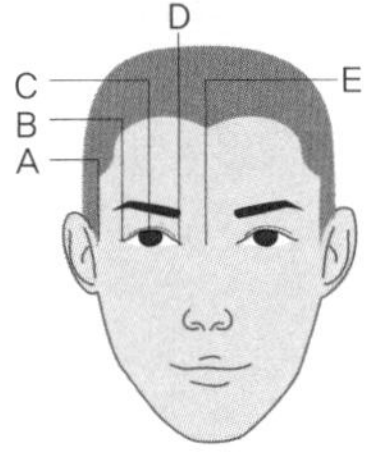

44 일반적인 정발 순서

좌측가르마선 → 좌측두부 → 후두부 → 우측두부 → 두정부 → 전두부

45 올백형의 정발

평면 강모 브러시로 전두부에서 후두부 상단

46 포마드(헤어 왁스)

① 한국에서는 1950~1960년대부터 주로 사용(ABC 포마드)

② 포마드를 바를 때는 손가락 끝을 이용하여 두발의 속부터 바르고 손바닥으로 점차 모발표면까지 골고루 바른다.

③ 포마드의 구분

광물성	• 주성분 : 바셀린에 유동 파라핀 등을 첨가 • 식물성보다 끈적임 적고 산뜻함. • 가는 모발에 주로 사용(서양인에 적합) • 오래 사용하면 두발이 붉게 탈색된다. • 식물성에 비해 접착성이 약하며 정발력이 떨어짐. • 식물성에 비해 머리를 감을 때 쉽게 빠지지 않음.
식물성	• 주성분 : 피마자유, 올리브유 등에 고형 파라핀(밀랍) 등을 첨가 • 반투명하고 광택, 접착성과 퍼짐성이 좋아 굵고 딱딱한 모발의 정발에 사용 • 냄새가 강하고, 끈적임이 강해 굵고 거센 머리에 적합

47 헤어 토닉

① 모발과 두피를 청결, 건강하게 하여 비듬과 가려움을 덜어주는 정발용 화장품이다.

② 세발 후 머리를 말리는 단계에 사용하며, 모근을 강하게 하고 두피의 혈액순환을 도와준다.

48 기타 정발료

① 헤어 크림(로션) : 두발에 윤기를 주고, 부드럽게하며 정발의 효과를 높이기 위해서 크림 모양으로 만들어진 정발료이다. 헤어 오일이나 포마드와 같이 기름기가 없으므로 경모에는 적당하지 않다.

② 헤어 오일 : 식물성유가 많고 포마드와 똑같은 작용을 하나 점성이 없어 부드럽다.

③ 헤어 스프레이 : 알코올 성분으로, 스타일을 고정시킴.

49 모발의 이해

① 모발은 케라틴(Keratin)이라는 탄력성이 있는 단백질로 구성

② 케라틴 : 18가지 아미노산으로 이루어져 있으며, 이 중에서 가장 함유량이 많은 시스틴은 황(S)을 함유

③ 케라틴의 결합 : 펩타이드(쇠사슬 구조), 폴리펩타이드

50 모발의 물리적 특성

① 탄력성, 흡수성, 다공성, 대전성, 열변성

② 모발의 흡수에 따른 구분

다공성모	두발 조직에 공동이 많고 보습작용이 적어 두발이 건조해지기 쉬운 손상모
발수성모 (저항성모)	공동(빈구멍)이 거의 없는 상태의 모발로, 물을 밀어내는 성질이 있어 물이 매끄럽게 떨어진다.

51 모발 형태에 따른 종류

① 직모(원형) : 모낭의 구조가 곧은 모양으로 모발이 피부 표면에서 직선으로 자라난 형태

② 파상모 : 직모와 축모의 중간 정도의 웨이브 형태

③ 축모(타원형) : 모낭이 굽어있어 강한 곱슬 형태

52 컬의 구성요소

컬의 3요소	베이스, 스템, 루프
기타	헤어 셰이핑, 스템의 방향과 각도, 모발의 텐션, 슬라이싱, 모발의 끝처리 등

※ R의 두발상태(57°) : 두발이 반달모양으로 구부러진 상태

53 아이론 정발 개요

① 아이론의 열을 이용하여 두발에 웨이브를 형성하는 방법으로, 1875년 마셀 그라또우가 최초로 발표

② 자연스러운 웨이브와 볼륨감을 만들어 스타일 연출

③ 축모(곱슬머리)를 교정할 수 있다.

④ 모발의 모류 방향 수정, 보완이 가능하다.

⑤ 영구적인 형태 변화가 아니므로 효과는 일시적이다.

⑥ 부드러운 S자 모양의 자연스러운 웨이브를 형성

⑦ 젖은 모발에는 사용하지 말 것

54 퍼머넌트 웨이브의 역사

고대 이집트	알칼리 토양의 흙을 바르고 나무막대로 말아 햇빛에 말려서 웨이브를 만들었다.
찰스 네슬러	1905년 영국 런던에서 긴머리에 적합한 스파이럴식 웨이브를 발표
죠셉 메이어	스파이럴식을 개량한 크로키놀식을 고안
J. B 스피크먼	상온에서 약품을 사용하여 웨이브를 만드는 콜드 웨이브를 고안(1936년경)

55 콜드 퍼머넌트(2욕법 기준)

제1액 (환원제)	• 두발의 시스틴 결합을 환원(절단)시키는 작용을 가진 환원제로서 알칼리성이다. • 환원작용을 하는 용액 • 프로세싱 솔루션이라고도 한다. • 환원제로는 독성이 적고 모발에 대한 환원작용이 좋은 티오글리콜산이 가장 많이 사용된다.
제2액 (산화제)	• 환원된 모발에 작용하여 시스틴을 변형된 상태대로 재결합시켜 자연모 상태로 웨이브를 고정시킨다. • 산화제, 정착제(고착제), 뉴트럴라이저(중화제)라고도 한다. • 취소산나트륨(브롬산나트륨), 취소산칼륨(브롬산칼륨) 등이 주로 사용된다.(적정농도 3~5%) • 과산화수소는 모발을 표백시키기 때문에 잘 사용하지 않는다.

56 콜드 퍼머넌트 웨이브 2욕법의 종류

산성 퍼머넌트	• 제1액은 티오글리콜산을 주제로 사용 • 암모니아수(알칼리제) 등을 사용하지 않고, 특수계면활성제를 첨가하여 pH 4~6 정도로 시술 • 모발손상의 염려가 없어 염색모, 탈색모, 다공성모에 적당
시스테인 퍼머넌트	• 제1액을 모발에서 채취한 시스테인이라는 아미노산을 사용(티오글리콜산을 사용하지 않음) • 모발의 아미노산 성분과 동일한 성분으로 모발에 손상을 주지 않고, 트리트먼트 효과도 있음 • 연모나 손상모에 적당

57 퍼머넌트 웨이브 프로세싱의 과정

블로킹 → 와인딩 → 프로세싱(1액, 환원작용) → 테스트 컬 → 중간린스 → 2액의 도포(산화작용) → 린싱

58 프로세싱 솔루션

① 퍼머넌트에 사용하는 제1액을 말한다.
② pH 9.0~9.6의 알칼리성 환원제이다.
③ 티오글리콜산이 가장 많이 사용된다.
④ 공기 중에서 산화되므로 밀폐된 냉암소에서 보관하고, 금속용기를 사용하지 않는다.
⑤ 사용하고 남은 혼합액은 재사용하지 않는다.

59 프로세싱 타임(Processing time)

① 적당한 프로세싱 타임 : 10~15분 정도
② 두발의 성질과 상태, 사용한 용액의 강도, 로드의 수, 온도 등에 따라 소요시간을 달리함.
③ 프로세싱 타임을 줄이기 위하여 히팅캡, 스팀타월, 스티머, 적외선 등을 사용함.

60 베이스

① 컬 스트랜드의 근원(뿌리)에 해당되는 부분
② 각도에 따라

온 베이스	모발의 각도가 90~120° 정도이며, 로드가 베이스에 정확히 들어가 논스템(non-stem)이 되는 섹션 베이스
오프 베이스	로드가 베이스를 벗어나 모간 끝에 컬의 중심을 둔 상태(20°이하 또는 120°이상)
하프 오프 베이스	로드가 베이스에 반이 들어오는 45°정도로 베이스에서 1/2 떨어진 컬
트위스트 베이스	베이스의 모양이 틀어져 있는 모든 베이스

61 스템

① 베이스에서 피벗 포인트까지 컬의 줄기 부분
② 스템은 컬의 방향이나 웨이브의 흐름을 좌우
③ 스템의 종류

논 스템 (Non stem)	• 루프가 베이스에 들어가 있음 • 움직임이 가장 적고, 컬이 오래 지속됨
하프 스템 (Half stem)	• 루프가 베이스에 중간정도 들어가 있는 것 • 서클이 베이스로부터 어느 정도 움직임을 느낌
풀 스템 (Full stem)	• 루프가 베이스에서 벗어나 있음 • 컬의 형태와 방향만을 부여하며, 컬의 움직임이 가장 큼

62 웨이브의 3대요소

크레스트 (Crest, 정상)	웨이브에서 가장 높은 곳
리지 (Ridge, 융기점)	정상과 골이 교차하면서 꺾어지는 점
트로프 (Trough, 골)	웨이브가 가장 낮은 곳

63 염색의 역사

① 기원전 1,500년경에 이집트에서 헤나(Henna)를 이용하여 최초로 염색을 하였다.
② 1883년 프랑스에서 파라페니랭자밍이 유기합성염모제를 최초로 사용하여 두발염색의 신기원을 이루었다.

64 염색의 구분

헤어 다이	머리에 착색을 하는 것
헤어 틴트	머리에 색조를 만드는 것
다이 터치 업	염색을 한 후 새로 자라난 두발에만 염색하는 것

65 패치 테스트(염색의 사전 테스트)

① 시술 시 알레르기 및 피부특이반응을 확인하는 방법
② 사용할 염모제와 동일한 염모제로 시술 24~48시간 전에 실시
③ 팔꿈치 안쪽이나 귀 뒤에 실시
④ 테스트 양성반응(바른 부위에 발진, 발적, 가려움, 수포, 자극 등이 나타남)이면 염모하지 말 것

66 유기합성 염모제를 이용한 염색

① 알칼리제(암모니아)의 제1액과 산화제(과산화수소)의 제2액으로 구분한다.
☞ 알칼리 산화 염모제의 pH : 9~10 정도
② 제1액 : 알칼리제(암모니아수)
- 산화염료가 암모니아수에 녹아있음
- 1액이 모표피를 팽윤시켜 모피질 내 인공색소와 과산화수소를 침투시킴
- 모피질 내의 인공색소는 큰 입자의 유색 염료를 형성하여 영구적으로 착색

③ 제2액 : 산화제(과산화수소)
- 과산화수소는 두발에 침투하여 모발의 멜라닌 색소를 분해하여 탈색시키고, 산화염료를 산화해서 발색시킴

④ 염색직전에 제1액과 제2액을 혼합하여 사용(산화작용이 일어남)

67 염색의 종류 및 특징

종류	특징
일시적 염모제	• 지속시간 짧음 – 한 번의 샴푸로 모발에 염색된 색이 쉽게 제거됨.(색의 지속력이 짧음) • 염색제 입자가 표피의 비늘층(큐티클) 표면에만 착색되므로 모발의 손상이 없고, 도포가 쉽다. 결과를 즉각적으로 볼 수 있다. • 일시적 백모(새치) 커버 • 색상 교정(색상 변화가 다양) 및 반사빛을 부여 • 퇴색으로 인한 모발을 일시적으로 커버하고자 할 때 사용함. • 종류 : 컬러 스프레이, 컬러 무스, 컬러 왁스, 컬러 린스, 컬러 젤 등
반영구적 염모제	• 지속시간이 4~6주 • 색소제(1제)만으로 구성 (약산성) • 산성염료가 모발의 큐티클층과 피질부 일부까지 침투하여 착색한다. • 여러 번의 샴푸 시 착색력이 떨어진다. • 색조를 더해 줄 뿐 명도 변화를 주지 못한다. • 탈색된 모발에 다양한 색상을 표현할 수 있다. • 영구적 염모제에 비해 모발 손상도가 비교적 적다. • 피부에 묻으면 잘 지워지지 않음 • 모발의 반사색이나 윤기를 부여하고자 할 때 • 모발색을 어둡게 바꾸고자 할 때와 30% 이하의 백모 커버를 하고자 할 때 • 블리치 작용이 없는 검은 모발에는 확실한 효과가 없으나 백모나 블리치된 모발에는 효과가 뛰어나다.
영구적 염모제	• 다른 유형보다 컬러의 지속시간이 매우 길다. • 과산화수소가 주로 사용됨 • 멜라닌 색소를 분해하여 모발 색을 보다 밝게 함 • 산화제모 · 암모니아에 의해 모발 손상을 줄 수 있음.

68 헤어 블리치(탈색)의 원리

① 모발색은 멜라노사이트(색소세포)에서 생산되는 멜라닌의 농도에 의해 결정
② 모피질 내에 있는 멜라닌은 과산화수소에서 분해된 산소와 산화반응하여 무색의 옥시멜라닌으로 변화
③ 제1제인 알칼리제(주로 암모니아)와 제2제인 산화제(과산화수소)를 혼합하여 사용

69 탈색제의 성분 및 작용

종류	작용
1제 (알칼리제)	• 암모니아가 주로 사용됨 • 모표피를 연화·팽창시켜 모피질에 산화제가 침투하는 것을 도움 • 산화제의 분해를 촉진하여 산소의 발생을 도움 • pH를 조절한다.
2제 (산화제)	• 과산화수소가 주로 사용됨 • 멜라닌 색소를 분해하여 모발 색을 보다 밝게 함 • 모발케라틴을 약화시킴

70 과산화수소 농도와 산소형성량

두발의 염색과 탈색에 가장 적당한 농도는 6%의 과산화수소와 28%의 암모니아이다.

과산화수소수 농도 (산소 형성량)	용도
3%(10 Vol)	착색만을 원할 때 사용
6%(20 Vol)	탈색과 착색이 동시에 이루어짐
9%(30 Vol)	탈색이 더 많이 일어나도록 함

☞ 과산화수소의 역할 : 살균 · 탈취, 표백 효과, 두발 탈색제

71 염색(탈색) 시 주의사항

① 염모제와 발색제로 구분된 염발제(샴푸식) : 혼합 후 30분 이내에 모발에 도포할 것
② 염모제(탈색제)는 배합 후 재사용할 수 없으며, 남는 염모제는 냉암소에 보관하여야 한다.
③ 퍼머와 염색을 모두 하고 싶을 때 퍼머를 하고, 약 7일 후 염색을 한다. 또한 드라잉은 염색을 하고 2시간 이후 하는 것이 좋다. (콜드퍼머는 3일)
④ 시술 순서 : 염발한 모발의 새로 자라난 밑부분에 얼룩이 지지 않게 염모하려면 밑부분부터 도포 후 일정시간이 지난 후에 전체적으로 도포를 실시

72 색의 3원색 : 빨강, 파랑, 노랑

73 보색

① 색상환에서 서로 반대쪽에 마주보고 있는 색
② 보색관계에 있는 두 가지 색을 섞으면 무채색(회색 또는 검정)이 된다.
③ 보색관계를 헤어컬러링에 적용하여 원하는 색상으로 보정할 수 있다.

74 스캘프 트리트먼트(두피 관리)

① 두피를 건강하고 청결하게 유지
② 두피 및 두발에 수분과 유분 등의 영양분을 공급하여 두발을 윤기있게 도와준다.
③ 두피 마사지(스캘프 머니퓰레이션)를 통하여 혈액순환을 도와 두피의 생리기능을 높여준다.
④ 두피에서 분비되는 피지, 땀, 먼지 등을 제거하여 두피를 청결하게 하고 비듬을 제거해 준다.
⑤ 모근을 자극하여 탈모방지와 두발의 성장을 촉진시킨다.

75 스캘프 매니플레이션의 기본동작

① 경찰법(Stroking) : 쓰다듬기(마사지의 시작과 끝)
② 압박법(Compression) : 누르기
③ 마찰법(Friction) : 문지르기, 마찰하기(강하게 압착하여 문지름)
④ 유연법(Kneading) : 주무르기(반죽하듯)
⑤ 진동법 : 떨기
⑥ 고타법 : 두드리기
- 태핑 : 손가락의 바닥면을 이용하여 두드림.
- 슬래핑 : 손바닥을 이용하여 두드림.
- 커핑 : 손을 오목하게 한 상태에서 두드림.
- 해킹 : 손의 측면을 이용하여 두드림.
- 비팅 : 주먹을 가볍게 쥐고 두드림.

76 두피의 분류

정상 두피	• 두피 톤 : 청백색, 투명 • 모공 : 열려 있으며, 모공라인이 선명
건성 두피	• 두피 톤 : 청백색, 불투명 • 모공 : 막혀 있으며, 모공선 불분명
지성 두피	• 황백색, 피지 과다로 얼룩 현상 보임 • 모공 : 막힌 모공이 많은 편
민감성 두피	• 두피 톤 : 얼룩진 붉은 톤 • 모공 : 피지 분비량이 다양함(건조증, 지루성 유발)

77 두피상태에 따른 스캘프 트리트먼트의 종류

정상두피	플레인(Plain) 스캘프 트리트먼트
건성두피	드라이(Dry) 스캘프 트리트먼트
지성두피	오일리(Oily) 스캘프 트리트먼
비듬성두피	댄드러프(Dandruff) 스캘프 트리트먼트

78 면도 일반

① 면도 순서 : 1차 비누거품 도포 → 온습포 → 2차 비누거품 도포 → 면도
② 비누액 제조 : 5%의 비누액(1L)을 만들려면 비누액 5mL, 물(연수) 995mL을 혼합한다.
③ 적합한 면도날 : 원선도(칼날이 약간 둥근형)
④ 면도 각도 : 30~45°
⑤ 수염이 많이 나는 부위 : 하악골 > 상악골 > 측두골
⑥ 면도 후 화장 : 콜드크림(마사지용) → 스킨로션(소독) → 밀크로션(영양공급)

79 스팀타월의 목적

① 손님의 긴장감을 풀어줌
② 피부 및 털의 유연성을 주어 면도날에 의한 자극 감소
③ 피부의 노폐물, 먼지 등의 제거
④ 상처 예방
⑤ 스팀타월의 효과를 높이기 위해 피부와 밀착

80 면도기 잡는 법(면도법)

프리핸드	일반적으로 잡는 방법으로, 면도기를 시술자 몸쪽으로 당기며 면도한다.
백핸드	프리핸드와 잡는 법은 동일하지만, 손등방향이 아래로, 손바닥이 위로 향하게 하며 주로 몸 바깥으로 밀어내듯 면도한다.
푸시핸드	면도날을 바깥방향으로 돌려 엄지손으로 밀어주는 면도한다.
펜슬핸드	연필 잡듯이 칼머리 부분을 밑으로 잡는 방법
스틱핸드	프리핸드 잡는 방법과 비슷한데 면도기 날과 손잡이를 일직선으로 잡는 방법

⑥ 면도법 (기출 및 NCS 학습모듈에 따름)

오른쪽	• 백핸드(우측 볼, 위턱, 구각, 아래턱 부위) • 프리핸드(구레나룻, 턱에서 볼쪽)
왼쪽	• 펜슬핸드(좌측 볼, 위턱, 구각, 아래턱 부위) • 프리핸드(턱에서 볼쪽) • 백핸드(구레나룻)
인중과 턱수염	• 프리핸드, 펜슬핸드
턱밑	• 프리핸드
귀 주변	• 백핸드, 프리핸드

81 수염의 종류

힙스터 고티 친커튼 노리스 스키퍼

① 힙스터 : 콧수염 + 턱수염
② 고티 : 콧수염 + 턱수염(이어짐)
③ 친커튼 : 턱수염
④ 노리스 스키퍼 : 턱수염(입술 아래부터)

82 가발 종류

① 위그(Wigs) : 두부전체(두부의 95~100%)를 덮을 수 있는 모자형 가발
② 헤어 피스(Hair pieces) : 부분적인 가발
③ 투페 : 위로 넓게 퍼지게 앞에서 뒤로 넘김으로써 정수리나 목쪽으로 덮는 형태

83 가발 제작 과정

상담 및 분석·진단 → 패턴 제작 → 가발 제작 → 피팅(착용 및 스타일링)

84 가발의 분류 및 관리

인모	• 실제 사람의 모발을 이용하여 제작 • 자연적인 모발의 질감과 고급스러운 느낌을 가짐 • 퍼머넌트 웨이브나 염색이 가능 • 인조모에 비하여 가격이 비쌈 • 플레인 샴푸의 경우에는 저알칼리의 샴푸제를 미지근한 물(38℃)에 브러싱하면서 세정하면 엉키지 않는다. • 벤젠, 알콜 등의 휘발성 용제를 사용하여 세발 • 리퀴드 드라이 샴푸 사용
합성섬유(인조모)	• 나일론, 아크릴 섬유 등의 합성섬유로 하여 제작 • 색의 종류가 많고 모발이 엉키거나 빠지지 않으며, 샴푸 후에도 원래 스타일을 유지 • 인모에 비해 변색(퇴색)이 적고, 관리가 용이 • 저렴하나, 약액처리가 되지 않으며 자연스럽지 못함 • 섬세한 스타일을 만들거나 헤어스타일을 바꾸기가 어려움 • 플레인 샴푸잉도 가능하지만 제조업체에서 지정하는 세정제를 사용

※ 세정 후 가볍게 빗질을 한 후 가발걸이에 모양을 잡아 걸고 바람이 잘 통하는 그늘에서 자연건조한다.

제2장 피부학

85 피부의 기능

① 보호기능
② 체온조절기능
③ 비타민 D 합성 기능
④ 분비·배설 기능 : 땀 및 피지의 분비
⑤ 호흡작용 : 산소 흡수 및 이산화탄소 방출
⑥ 감각 및 지각 기능

86 피부의 구조

피부	표피, 진피, 피하조직
피부부속기관	한선, 피지선, 모발, 손톱

87 표피의 구조 및 기능

각질층	• 표피를 구성하는 세포층 중 가장 바깥층 • 각화가 완전히 된 세포들로 구성 • 비듬이나 때처럼 박리현상을 일으키는 층 • 외부자극으로부터 피부보호, 이물질 침투방어 • 세라마이드 : 각질층에 존재하는 세포간지질 중 가장 많이 차지(40% 이상) • 천연보습인자(NMF) : 아미노산(40%), 젖산, 요소, 암모니아 등으로 구성
투명층	• 손바닥과 발바닥 등 비교적 피부층이 두터운 부위에 주로 분포 • 생명력이 없는 상태의 무색, 무핵층 • 엘라이딘이 피부를 윤기있게 해줌
과립층	• 각화유리질(Keratohyalin)과립이 존재하는 층 • 투명층과 과립층 사이에 레인방어막이 존재 • 피부의 수분 증발을 방지하는 층 • 지방세포 생성
유극층	• 표피 중 가장 두꺼운 층 • 세포 표면에 가시 모양의 돌기가 세포 사이를 연결 • 케라틴의 성장과 분열에 관여
기저층	• 표피의 가장 아래층으로 진피의 유두층으로부터 영양분을 공급받는 층 • 각질형성세포와 색소형성세포가 가장 많이 존재(10 : 1 비율) • 피부의 새로운 세포를 형성하는 층 • 털의 기질부(모기질)는 기저층에 해당

88 표피의 구성세포 (혈관과 신경이 없음)

각질형성 세포(기저층)	• 표피의 각질(케라틴)을 만들어 내는 세포 • 표피의 주요 구성성분(표피세포의 80% 정도) • 각화과정의 주기 : 약 4주(28일)
색소형성 세포(기저층)	• 피부의 색을 결정하는 멜라닌 색소 생성 (멜라닌 세포의 수는 피부색에 상관없이 일정) • 표피세포의 5~10%를 차지 • 자외선을 흡수(또는 산란)시켜 피부의 손상을 방지
랑게르한스 세포	• 피부의 면역기능 담당 • 외부로부터 침입한 이물질을 림프구로 전달 • 내인성 노화가 진행되면 세포수 감소
머켈 세포(촉각세포)	• 기저층에 위치 • 신경세포와 연결되어 촉각 감지

89 피하조직의 기능

영양분 저장, 지방 합성, 열의 차단, 충격 흡수

90 피부pH

① 피부 표면의 pH : 4.5~6.5의 약산성
② 건강한 모발의 pH : 4.5~5.5

91 진피

① 피부의 주체를 이루는 층으로 피부의 90%를 차지
② 유두층과 망상층으로 이루어져 있음

유두층	• 표피의 경계 부위에 유두 모양의 돌기를 형성하고 있는 진피의 상단 부분 • 다량의 수분을 함유하고 있으며, 혈관을 통해 기저층에 영양분 공급
망상층	• 진피의 4/5를 차지하며 유두층의 아래에 위치 • 피하조직과 연결되는 층

92 진피의 구성물질

콜라겐(교원섬유)	• 진피의 70~80%를 차지하는 단백질 • 3중 나선형구조로 보습력이 뛰어남 • 엘라스틴과 그물모양으로 서로 짜여 있어 피부에 탄력성과 신축성을 주며, 상처를 치유함 • 콜라겐의 양이 감소하면 피부탄력감소 및 주름형성의 원인이 됨
엘라스틴(탄력섬유)	• 교원섬유보다 짧고 가는 단백질 • 신축성과 탄력성이 좋음 • 피부이완과 주름에 관여
뮤코다당체(기질)	• 진피의 결합섬유(콜라겐, 엘라스틴)와 세포 사이를 채우고 있는 젤 상태의 친수성 다당체

93 한선(땀샘)

에크린선(소한선)	• 분포 : 손바닥, 발바닥, 겨드랑이 등 입술과 생식기를 제외한 전신 • 기능 : 체온 유지 및 노폐물 배출
아포크린선(대한선)	• 모공을 통해 분비되며, 에크린선보다 크다. • 땀이 무색, 무취, 무균성이나 '체취선(암내)' 발생 • 분포 : 겨드랑이, 눈꺼풀, 유두, 배꼽 주변 등 • 기능 : 모낭에 연결되어 피지선에 땀을 분비, 산성막의 생성에 관여

94 피지선

① 진피의 망상층에 위치
② 손바닥과 발바닥을 제외한 전신에 분포
③ 안드로겐이 피지의 생성 촉진, 에스트로겐이 피지의 분비 억제
④ 피지의 1일 분비량 : 약 1~2g
⑤ 피지의 기능 : 피부의 항상성 유지, 피부보호 기능, 유독물질 배출작용, 살균작용 등

95 케라틴(단백질)

시스틴(주성분), 글루탐산, 알기닌 등의 18가지 종류의 아미노산으로 구성

96 모발의 성장

① 성장 속도 : 하루에 0.2~0.5mm 성장(한 달에 1.2~1.5cm)
② 남성 모발의 수명 : 2~5년
③ 건강한 모발 : 단백질 70~80%, 수분 10~15%, pH 4.5~5.5
④ 가을·겨울보다 봄·여름(5~6월경)에 잘 자란다.
⑤ 낮보다 밤에 더 잘 자란다.
⑥ 10대까지 성장속도가 빠르다.
⑦ 여성이 더 빨리 자란다.
⑧ 두발은 어느 정도 자라면 그 이상 잘 자라지 않는다.
⑨ 영양상태가 좋을수록 모발이 굵을수록 잘 자란다.

97 모발의 결합구조

① 주쇄결합(폴리펩티드 결합) : 세로 방향의 결합
② 측쇄결합 : 가로 방향의 결합(시스틴결합, 수소결합, 염결합)

98 모발의 구조

모간부	• 피부 밖으로 나온 부분(모표피) • 모표피, 모피질, 모수질 • 모피질 : 모발의 80~90%를 차지, 멜라닌 색소가 있으며 퍼머넌트웨이브나 염모제 등의 화학약품의 작용하는 부분
모근부(두피 아래)	• 모근, 모낭, 모구, 모유두, 모모세포 • 모유두 : 모발에 영양을 공급
입모근	• 모근에 붙어있는 근육

99 모발의 생장주기 : 성장기 → 퇴행기 → 휴지기 → 발생기

100 멜라닌 : 피부와 모발의 색을 결정하는 색소

유멜라닌	• 갈색-검정색 중합체 • 동양인, 입자형 색소(입자가 크다) • 모발색 : 흑색에서 적갈색까지의 어두운 색
페오멜라닌	• 적색-갈색 중합체 • 서양인, 분사형 색소(입자가 작다) • 모발색 : 적색에서 밝은 노란색까지의 밝은 색

101 탈모

① 정상 탈모 : 두발의 수명(3~6년 정도)이 다해 빠짐
② 반흔성 탈모 : 상처(외상, 화상), 방사선, 화학약품, 세균감염 등으로 인해 모낭세포가 파괴되어 모발 재생이 불가
③ 비반흔성 탈모 : 치료하면 털이 날 수 있는 탈모
④ 남성형 탈모 원인 : 유전(가장 큰 요인), 남성호르몬(안드로겐)
⑤ 여성형 탈모 원인 : 스트레스, 유전, 남성호르몬
⑥ 원형 탈모 : 자각증상 없이 동전만한 크기로 원형(또는 타원형)으로 털이 빠지는 증상으로 완치가 가능함
⑦ 휴지기 탈모 : 모발 사이클에 맞춰 빠지는 현상이 아니라 호르몬 변화에 의해 일시적으로 한꺼번에 많은 양이 빠지는 현상

102 건성피부 및 지성피부

비교	건성피부	지성피부
모공	• 모공이 작음	• 모공이 큼
피부 상태	• 피지와 땀의 분비 저하로 유·수분이 불균형 • 피부가 얇음 • 피부결이 섬세해 보임 • 탄력이 좋지 못함 • 피부가 손상되기 쉬우며 주름 발생이 쉬움	• 피지분비가 왕성하여 피부 번들거림이 심함 • 정상피부보다 두꺼움 • 여드름, 뾰루지가 잘 남 • 피부결이 곱지 못함
관리	• 적절한 유·수분 공급 • 지나친 사우나를 피하고, 알코올 성분이 많은 화장품은 피함 • 과도한 세정 및 약알칼리성 비누의 사용을 피하고, 약산성 또는 중성 비누 사용 • 적절한 보습제 사용	• 일반적으로 외부 자극에 영향이 적으며, 비교적 피부 관리가 용이 • 표피 지질성분에는 영향 없이 과도한 피지를 제거 • 세정력이 우수한 클렌징 제품이나 스팀타월을 사용 • 오일이 없는 제품을 사용

103 민감성 피부

① 피부 특정부위가 붉어지거나 민감한 반응을 보임
② 조절기능과 면역기능이 저하
③ 피부유형과 상관없이 체질, 환경, 내·외적 요인에 의해 발생
④ 외부의 자극에 영향이 많아 관리가 어려운 편이다.
⑤ 피부의 각질층이 얇아 피부 결이 섬세하다.
⑥ 건조, 가려움, 홍반, 모세혈관 확장, 알레르기, 색소침착 등이 발생한다.

104 팩 마사지의 효과

① 피부에 피막을 형성하여 수분 증발 억제
② 피부 온도 상승에 따른 혈액순환 촉진
③ 유효성분의 침투를 용이하게 함
④ 노폐물 제거 및 청결 작용
⑤ 미안술의 순서 : 세안 – 맛사지 – 팩 – 피부정돈의 순
⑥ 적정 시간 : 15~20분

105 천연팩의 종류 및 효과

종류	효과
에그팩	• 흰자 : 세정작용, 잔주름 예방 • 노른자 : 건성피부나 노화피부(잔주름 제거)에 효과, 영양공급, 보습작용(콜레스테롤, 레시딘 함유)
벌꿀팩	• 수렴과 표백작용(당분과 단백질, 유기산 등)
우유팩	• 보습작용과 표백작용(레시틴, 콜레스테롤, 비타민 등)
수렴성 팩	• 머드팩 : 지나친 지방성 피부에 좋음 • 사과팩 : 모공 수축 작용
오일팩	• 과도한 건조성피부에 효과
왁스 마스크법	• 잔주름을 없애는 효과

106 미용기기의 피부 관리

기기	내용
갈바닉 기기	• 갈바닉 전류(양극에서 음극으로 흐르는 직류 전류)를 이용하여 화장품을 이온화시켜 피부에 침투 • 양극 : 산성으로 살균 효과가 있으며 신경을 완화시키고 혈액의 공급을 감소시키며 피부조직을 단단하게 한다. • 음극 : 알칼리성으로 신경을 자극하고 혈액 공급 증가시키며 피부조직을 부드럽게 한다.
적외선등	• 빛의 파장 중 열선을 이용하여 주로 안면피부의 온열 자극용으로 사용 • 온열 자극 • 혈액순환 촉진 • 팩재료의 건조를 촉진
자외선등	• 살균작용 • 비타민 D 형성 • 혈액 순환과 림프의 흐름을 촉진
패러딕 전류	• 피부의 노폐물을 제거하고 혈액 순환과 물질대사를 촉진 • 잔주름 감소 효과 • 피지선과 한선의 활동 증가, 두발성장도 촉진 • 얼굴이 붉거나, 고혈압에 사용 금지

107 영양소의 역할에 따른 분류

분류	내용
열량 영양소	열량 공급(탄수화물, 지방, 단백질)
구성 영양소	몸의 조직을 구성하는 성분을 공급(단백질, 칼슘)
조절 영양소	생리작용을 조절(무기질, 비타민 등)

108 탄수화물 : 신체의 중요한 에너지원

109 단백질이 피부에 미치는 영향

① 진피의 망상층에 있는 결합조직(콜라겐)과 탄력섬유(엘라스틴) 등은 단백질이므로, 단백질 섭취는 피부미용에 필수적
② 표피의 각질세포, 털, 손톱, 발톱의 주성분(케라틴)
③ 피부조직의 재생 작용에 관여

110 비타민의 주요 기능

① 생리대사의 보조역할
② 세포의 성장촉진
③ 면역기능 강화
④ 신경 안정

111 비타민 A(레티놀)

① 각화의 정상화·연화(피지 분비 억제)
② 상피조직의 신진대사 관여, 노화방지, 면역기능강화, 주름·각질 예방, 피부재생을 도움
③ 눈의 망막세포구성인자로 시력에 중요
④ 카로틴은 비타민 A의 전구물질이다.
⑤ 결핍증 : 야맹증, 안구건조, 각막연화증 등
⑥ 과잉증 : 탈모

112 비타민 C(아스코르브산)

① 피부손상 억제, 멜라닌 색소 생성 억제(백발 촉진)
② 기미, 주근깨의 완화 및 미백효과
③ 혈색을 좋게 하여 피부에 광택 부여
④ 피부 과민증 억제 및 해독작용
⑤ 스트레스 및 쇼크 예방에 효과
⑥ 결핍 시 : 기미, 괴혈병 유발, 잇몸 출혈, 빈혈

113 비타민 D

① 자외선에 의해 피부에서 만들어져 흡수
② 칼슘 및 인의 흡수 촉진
③ 혈중 칼슘 농도 및 세포의 증식과 분화 조절
④ 골다공증 예방

114 비타민 K

① 혈액의 응고에 관여(지혈작용)
② 비타민 P와 함께 모세혈관 벽을 강화
③ 출혈, 혈액응고 지연

115 비타민 P

모세혈관을 강화해 혈관의 투과성을 적당하게 유지

116 요오드(칼슘) : 모발 발육을 촉진

117 원발진 및 속발진

원발진	• 피부장애의 1차적 증상의 피부질환 • 종류 : 반점, 홍반, 구진, 농포, 팽진, 소수포, 대수포, 결절, 면포, 종양, 낭종
속발진	• 원발진에 2차적 증상이 더해진 병변 • 종류 : 인설, 찰상, 가피, 미란, 균열, 궤양, 반흔, 위축, 태선화

118 여드름

① 피지 분비 과다, 여드름균 증식, 모공 폐쇄에 의해 형성되는 모공 내의 염증 상태

② 사춘기의 지성피부는 피지가 많이 분비되어 모낭구가 막혀 여드름이 많이 나타남

③ 여드름 치료에 가장 많이 사용되는 광선은 자외선이다.

④ 여드름의 발생과정 : 면포 → 구진 → 농포 → 결절 → 낭종

119 화상의 단계

제1도	피부가 붉게 변하면서 국소 열감과 동통 수반
제2도	진피층까지 손상되어 수포가 발생하며, 증상으로는 홍반, 부종, 통증을 동반
제3도	피부 전층 및 신경이 손상된 상태로 피부색이 흰색 또는 검은색으로 변함
제4도	피부 전층, 근육, 신경 및 뼈 조직이 손상

120 감염성 피부질환

① 세균성 피부질환 : 농가진, 절종, 봉소염

② 바이러스성 피부질환 : 헤르페스(단순포진, 대상포진), 사마귀, 수두, 홍역, 풍진

제3장 화장품학

121 화장품의 정의

① 인체를 청결·미화하여 매력을 더하고 용모를 밝게 변화 시키기 위해 사용하는 물품

② 피부 혹은 모발을 건강하게 유지 또는 증진하기 위한 물품

③ 인체에 바르고 문지르거나 뿌리는 등의 방법으로 사용되는 물품

④ 인체에 사용되는 물품으로 인체에 대한 작용이 경미한 것

⑤ 의약품이 아닐 것

122 화장품에서 요구되는 4대 품질 특성

안전성	피부에 대한 자극, 알레르기, 독성이 없을 것
안정성	변색, 변취, 미생물의 오염이 없을 것
사용성	피부에 사용감이 좋고 잘 스며들 것
유효성	미백, 주름개선, 자외선 차단 등의 효과가 있을 것

123 화장품의 분류

피부용

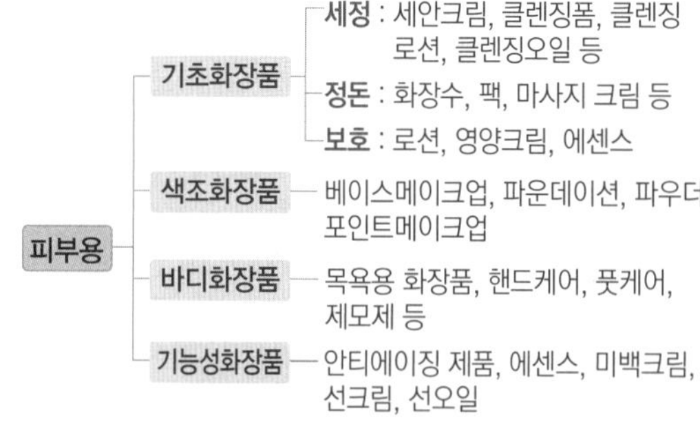

에센셜(아로마) 오일 및 캐리어 오일 — 호호바 오일, 아보카도 오일 등

방향용 — 퍼퓸, 오데퍼퓸, 오데토일렛, 오데코롱, 샤워코롱

124 기능성 화장품

① 피부의 미백 및 주름개선에 도움을 주는 제품

② 피부를 곱게 태워주거나 자외선으로부터 피부를 보호하는 데에 도움을 주는 제품

③ 모발의 색상 변화·제거 또는 영양공급에 도움을 주는 제품

④ 피부나 모발의 기능 약화로 인한 건조함, 갈라짐, 빠짐, 각질화 등을 방지하거나 개선하는 데에 도움을 주는 제품

125 계면활성제

한 분자 내에 친수성기(둥근 머리 모양)와 친유성기(막대 모양)를 함께 가지고 있는 물질로, 물과 기름의 경계면인 계면의 성질을 변화시킬 수 있다.

126 계면활성제의 분류

양이온성	• 살균 및 소독작용이 우수 • 용도 : 헤어린스, 헤어트리트먼트 등
음이온성	• 세정 작용 및 기포 형성 작용이 우수 • 용도 : 비누, 샴푸, 클렌징 폼 등
비이온성	• 피부에 대한 자극이 적음 • 용도 : 화장수의 가용화제, 크림의 유화제, 클렌징 크림의 세정제 등
양쪽성	• 친수기에 양이온과 음이온을 동시에 가짐 • 세정 작용이 우수하고 피부 자극이 적음 • 용도 : 베이비 샴푸 등

※자극의 세기 : 양이온성>음이온성>양쪽성>비이온성

127 계면활성제의 작용원리

유화	• 제품의 오일 성분이 계면활성제에 의해 물에 우윳빛으로 불투명하게 섞인 상태 • 유화제품 : 크림, 로션
가용화	• 소량의 오일 성분이 계면활성제에 의해 물에 투명하게 용해되어 있는 상태 • 가용화 제품 : 화장수, 에센스, 향수, 헤어토닉, 헤어리퀴드 등
분산	• 미세한 고체입자가 계면활성제에 의해 물이나 오일 성분에 균일하게 혼합된 상태 • 분산된 제품: 립스틱, 아이섀도, 마스카라, 아이라이너, 파운데이션 등

128 보습제의 종류

구분	구성 성분
천연보습인자(NMF)	아미노산(40%), 젖산(12%), 요소(7%), 지방산 등
고분자 보습제	가수분해 콜라겐, 히아루론산염 등
폴리올	글리세린, 폴리에틸렌글리콜, 부틸렌글리콜 프로필렌글리콜, 솔비톨

129 보습제 및 방부제가 갖추어야 할 조건

보습제	• 적절한 보습능력이 있을 것 • 보습력이 환경의 변화(온도, 습도 등)에 쉽게 영향을 받지 않을 것 • 피부 친화성이 좋을 것 • 다른 성분과의 혼용성이 좋을 것 • 응고점이 낮을 것 • 휘발성이 없을 것
방부제	• pH의 변화에 대해 항균력의 변화가 없을 것 • 다른 성분과 작용하여 변화되지 않을 것 • 무색·무취이며, 피부에 안정적일 것

130 색소

염료	물, 오일, 알코올 등의 용제에 녹는 색소로 화장품의 색상을 나타낸다.
안료	• 물과 오일에 모두 녹지 않는 색소 • 주로 메이크업 화장품에 사용 • 무기안료 : 천연광물을 파쇄하여 사용(마스카라) • 유기안료 : 물·오일에 용해되지 않는 유색분말(립스틱)

131 무기안료 종류

체질안료	은폐력, 착색력은 없음, 제품의 제형을 목적
착색안료	메이크업 화장품에 많이 사용
백색안료	커버력(피복력) 조절
펄안료	금속성의 광택 부여

132 화장품 제조기술의 종류 : 가용성, 유화, 분산

133 유화형태에 따른 크림의 특성

O/W형 에멀전 (수중유형)	• 물>오일 • 흡수가 빠름 • 시원하고 가벼움 • 지속성이 낮음	로션류 : 보습로션, 선텐로션
W/O형 에멀전 (유중수형)	• 오일>물 • 흡수가 느림 • 사용감이 무거움 • 지속성이 높음	크림류 : 영양크림, 헤어크림, 클렌징크림, 선크림
W/O/W, O/W/O 형 에멀전	• 물/오일/물 또는 오일/물/오일의 3층 구조 • 영양물질과 활성물질의 안정한 상태의 보존이 가능	각종 영양크림과 보습크림의 제조에 이용

134 노화의 구분

내인성 노화 (자연노화)	• 나이에 따라 피부 구조와 생리기능 감퇴 • 피부가 얇고 건조해지며, 피부의 긴장·탄력 등의 감퇴로 주름이 생김
외인성 노화 (광노화)	• 자외선(햇빛)에 의한 피부 노화 • 각질층의 피부가 두꺼워지고, 피부는 탄력성이 소실되어 늘어짐

135 슈퍼옥사이드 : 대표적인 활성산소

136 화장수의 주요 기능

① 피부의 각질층에 수분 공급
② 피부에 청량감 부여 (알코올 성분에 의해)
③ 피부에 남은 클렌징 잔여물 제거
④ 피부의 pH 밸런스 조절
⑤ 피부 진정 또는 쿨링

137 유연 화장수와 수렴 화장수

유연 화장수	• 수분 공급 및 피부 유연
수렴 화장수	• 수분 공급, 모공 수축 및 피지 과잉 분비 억제 • 지방성 피부에 적합

138 농도에 따른 향수의 분류

구분(부향률)	지속시간	특징
퍼퓸(15~30%)	6~7시간	향이 오래 지속되며, 가격이 비쌈
오데퍼퓸(9~12%)	5~6시간	퍼퓸보다는 지속성이나 부향률이 떨어지지만 경제적
오데토일렛(6~8%)	3~5시간	일반적으로 가장 많이 사용하는 향수
오데코롱(3~5%)	1~2시간	향수를 처음 사용하는 사람에게 적합
샤워코롱(1~3%)	약 1시간	샤워 후 가볍게 뿌려주는 향수

※부향률 : 향수에 향수의 원액이 포함되어 있는 비율 (순서 암기)

139 자외선 차단제

자외선 산란제	• 성분 : 티타늄디옥사이드, 징크옥사이드 • 무기 물질을 이용한 물리적 산란작용으로 자외선의 침투를 막음 • 피부에 자극을 주지 않고 비교적 안전하나 백탁현상이나 메이크업이 밀릴 수 있음
자외선 흡수제	• 성분 : 벤조페논, 에칠헥실디메칠파바, 에칠헥실메톡시신나메이트, 옥시벤존 등 • 유기물질을 이용한 화학적 방법으로 자외선을 흡수와 소멸 • 사용감이 우수하나 피부에 자극을 줄 수 있다.

140 자외선차단지수(SPF, Sun Protection Factor)

① $SPF = \dfrac{\text{자외선 차단제를 사용했을 때의 최소 MED}}{\text{자외선 차단제를 사용하지 않았을 때의 최소 MED}}$

(SPF는 숫자가 높을수록 차단기능이 높다)

② MED : 홍반을 일으키는 최소한의 자외선량

제4장 공중위생관리학

141 공중보건학의 정의(윈슬로우)

공중보건학이란 조직화된 지역사회의 노력으로 질병을 예방 하고 수명을 연장하며 신체적·정신적 효율을 증진시키는 기술이며, 과학이다.

142 공중보건의 3대 요소

수명연장, 감염병 예방, 건강과 능률의 향상

143 질병 발생의 3가지 요인

① 숙주적 요인

생물학적 요인	선천적	성별, 연령, 유전 등
	후천적	영양상태
사회적 요인	경제적	직업, 거주환경, 작업환경
	생활양식	흡연, 음주, 운동

② 병인적 요인

생물학적 요인	세균, 곰팡이, 기생충, 바이러스 등
물리적 병인	열, 햇빛, 온도 등
화학적 병인	농약, 화학약품 등
정신적 병인	스트레스, 노이로제 등

③ 환경적 요인

기상, 계절, 매개물, 사회환경, 경제적 수준 등

144 인구의 구성 형태

구분	특징
피라미드형	• 출생률은 높고, 사망률은 낮음 • 후진국형(인구증가형)
종형	• 출생률과 사망률이 낮음 (14세 이하가 65세 이상 인구의 2배 정도) • 이상형(인구정지형)
항아리형	• 평균수명이 높고 인구가 감퇴 (14세 이하 인구가 65세 이상 인구의 2배 이하) • 선진국형(인구감소형)
별형	• 생산층 인구가 증가 (15~49세 인구가 전체 인구의 50% 초과) • 도시형(인구유입형)
기타형	• 생산층 인구가 감소 (15~49세 인구가 전체 인구의 50% 미만) • 농촌형(인구유출형)

145 보건지표

① 인구통계

조출생률	• 1년간의 총 출생아수를 당해연도의 총인구로 나눈 수치를 1000분비로 나타낸 것 • 한 국가의 출생수준을 표시하는 지표
일반출생률	• 15~49세의 가임여성 1000명당 출생률

② 사망통계

조사망률	• 인구 1000명당 1년 동안의 사망자 수
영아사망률	• 한 국가의 보건수준을 나타내는 지표 • 생후 1년 안에 사망한 영아의 사망률
신생아사망률	• 생후 28일 미만의 유아의 사망률
비례사망지수	• 한 국가의 건강수준을 나타내는 지표 • 총 사망자 수에 대한 50세 이상의 사망자 수를 백분율로 표시한 지수

146 비교지표

① 한 국가나 지역사회 간의 보건수준을 비교하는 데 사용되는 3대 지표 : 영아사망률, 비례사망지수, 평균수명

② 한 나라의 건강수준을 다른 국가들과 비교할 수 있는 지표로 세계보건기구가 제시한 지표 : 비례사망지수, 조사망률, 평균수명

147 α-index

이 값이 1에 가까울수록 그 지역의 건강수준이 높다는 것을 의미

※ $\alpha\text{-index} = \dfrac{\text{영아 사망률}}{\text{신생아 사망률}}$

148 역학의 역할

① 질병의 원인 규명
② 질병의 발생과 유행 감시
③ 지역사회의 질병 규모 파악
④ 질병의 예후 파악
⑤ 질병관리방법의 효과에 대한 평가
⑥ 보건정책 수립의 기초 마련

149 병원체의 종류

① 세균 및 바이러스

구분	세균	바이러스
호흡기계	결핵, 디프테리아, 백일해, 나병, 폐렴, 성홍열, 수막구균성수막염	홍역, 유행성 이하선염, 인플루엔자, 두창
소화기계	콜레라, 장티푸스, 파상열, 파라티푸스, 세균성 이질,	폴리오, 유행성 간염, 소아마비, 브루셀라증
피부점막계	파상풍, 페스트, 매독, 임질	AIDS, 일본뇌염, 공수병, 트라코마, 황열

② 리케차 : 발진티푸스, 발진열, 쯔쯔가무시병, 록키산 홍반열
③ 수인성(물) 감염병 : 콜레라, 장티푸스, 파라티푸스, 이질, 소아마비, A형간염 등
④ 기생충 : 말라리아, 사상충, 아메바성 이질, 회충증, 간흡충증, 폐흡충증, 유구조충증, 무구조충증 등
⑤ 진균 : 백선, 칸디다증 등
⑥ 클라미디아 : 앵무새병, 트라코마 등
⑦ 곰팡이 : 캔디디아시스, 스포로티코시스 등

150 병원소

① 인간 병원소 : 환자, 보균자 등
② 동물 병원소 : 개, 소, 말, 돼지 등
③ 토양 병원소 : 파상풍, 오염된 토양 등

151 후천적 면역

구분		의미
능동면역	자연능동면역	감염병에 감염된 후 형성되는 면역
	인공능동면역	예방접종을 통해 형성되는 면역
수동면역	자연수동면역	모체로부터 태반이나 수유를 통해 형성되는 면역
	인공수동면역	항독소 등 인공제제를 접종하여 형성되는 면역

152 인공능동면역

① 생균백신 : 결핵, 홍역, 폴리오(경구)
② 사균백신 : 장티푸스, 콜레라, 백일해, 폴리오(경피)
③ 순화독소 : 파상풍, 디프테리아

153 검역 감염병 및 감시기간

감염병 종류	감시기간
콜레라	120시간(5일)
페스트	144시간(6일)
황열	144시간(6일)
중증급성호흡기증후군(SARS)	240시간(10일)
조류인플루엔자인체감염증	240시간(10일)
신종인플루엔자	최대 잠복기

154 법정감염병의 분류

분류	종류
제1급 감염병	에볼라바이러스병, 마버그열, 라싸열, 크리미안콩고출혈열, 남아메리카출혈열, 리프트밸리열, 두창, 페스트, 탄저, 보툴리눔독소증, 야토병, 신종감염병증후군, 중증급성호흡기증후군(SARS), 중동호흡기증후군(MERS), 동물인플루엔자인체감염증, 신종인플루엔자, 디프테리아
제2급 감염병	결핵, 수두, 홍역, 콜레라, 장티푸스, 파라티푸스, 세균성이질, 장출혈성대장균감염증, A형간염, 백일해, 유행성이하선염, 풍진, 폴리오, 수막구균 감염증, b형헤모필루스인플루엔자, 폐렴구균 감염증, 한센병, 성홍열, 반코마이신내성황색포도알균(VRSA)감염증, 카바페넴내성장내세균속균종(CRE)감염증, E형간염, 코로나바이러스감염증-19, 엠폭스(MPOX)
제3급 감염병	파상풍, B형간염, 일본뇌염, C형간염, 말라리아, 레지오넬라증, 비브리오패혈증, 발진티푸스, 발진열, 쯔쯔가무시증, 렙토스피라증, 브루셀라증, 공수병, 신증후군출혈열, 후천성면역결핍증(AIDS), 크로이츠펠트-야콥병(CJD) 및 변종크로이츠펠트-야콥병(vCJD), 황열, 뎅기열, 큐열, 웨스트나일열, 라임병, 진드기매개뇌염, 유비저, 치쿤쿠니야열, 중증열성혈소판감소증후군(SFTS), 지카바이러스감염증

155 감염병 신고

① 제 1급 감염병 : 즉시
② 제 2·3급 감염병 : 24시간 이내
③ 제 4급 감염병 : 7일 이내

156 매개체별 감염병의 종류

구분	매개체	종류
곤충	모기	말라리아, 뇌염, 사상충, 황열, 뎅기열
	파리	콜레라, 장티푸스, 이질, 파라티푸스
	바퀴벌레	콜레라, 장티푸스, 이질
	진드기	신증후군출혈열, 쯔쯔가무시병
	벼룩	페스트, 발진열, 재귀열
	이	발진티푸스, 재귀열, 참호열
동물	쥐	페스트, 살모넬라증, 발진열, 신증후군출혈열, 쯔쯔가무시병, 발진열, 재귀열, 렙토스피라증
	소	결핵, 탄저, 파상열, 살모넬라증
	돼지	일본뇌염, 탄저, 렙토스피라증, 살모넬라증
	양	큐열, 탄저
	말	탄저, 살모넬라증
	개	공수병, 톡소프라스마증
	고양이	살모넬라증, 톡소프라스마증
	토끼	야토병

157 기후

① 기후의 3대 요소 : 기온, 기습, 기류
② 적정 온도 : 16~20℃
③ 적정 습도 : 40~70%
④ 쾌적한 실내 기류 : 0.2~0.3m/sec
※ 불쾌지수 : 80 이상인 경우 대부분의 사람이 불쾌감을 느낌

158 일산화탄소

① 불완전 연소 시 많이 발생하며 혈중 헤모글로빈의 친화성이 산소에 비해 약 300배 정도로 높아 중독 시 신경이상증세를 나타냄
② 신경기능 장애
③ 세포 내에서 산소와 헤모글로빈의 결합을 방해
④ 중독 증상 : 정신·신경장애, 의식소실

159 대기오염현상

기온역전	• 고도가 높은 곳의 기온이 하층부보다 높은 경우 바람이 없는 맑은 날에 주로 발생 • 태양이 없는 밤에 지표면의 열이 대기 중으로 복사되면서 발생
열섬현상	• 도심 속의 온도가 대기오염 또는 인공열 등으로 인해 주변지역보다 높게 나타나는 현상
온실효과	• 복사열이 지구로부터 빠져나가지 못하게 막아 지구가 더워지는 현상
산성비	• 원인 물질 : 아황산가스, 질소산화물, 염화수소 등 • pH 5.6 이하의 비

160 수질오염지표

용존산소	물 속에 녹아있는 유리산소량
생물화학적 산소요구량	하수 중의 유기물이 호기성 세균에 의해 산화·분해될 때 소비되는 산소량
화학적 산소요구량	물속의 유기물을 화학적으로 산화시킬 때 화학적으로 소모되는 산소량을 측정하는 방법

161 음용수의 일반적인 오염지표 : 대장균 수

162 직업병의 종류

발생 요인	종류
고열 · 고온	열경련증, 열허탈증, 열사병, 열쇠약증, 열중증 등
이상저온	전신 저체온, 동상, 참호족, 침수족 등
이상기압	감압병(잠함병) 등
방사선	조혈지능장애, 백혈병, 생식기능장애, 정신장애, 탈모, 피부건조, 수명단축, 백내장 등
진동	레이노병
분진	허파먼지증(진폐증), 규폐증, 석면폐증
불량조명	안정피로, 근시, 안구진탕증

163 식중독의 분류

세균성	감염형	살모넬라균, 장염비브리오균, 병원성대장균
	독소형	포도상구균, 보툴리누스균, 웰치균 등
	기타	장구균, 알레르기성 식중독, 노로 바이러스 등
자연독	식물성	버섯독, 감자 중독, 맥각균 중독, 곰팡이류 중독 등
	동물성	복어 식중독, 조개류 식중독 등
곰팡이독		황변미독, 아플라톡신, 루브라톡신 등
화학물질		불량 첨가물, 유독물질, 유해금속물질

164 자연독

구분	종류	독성물질
식물성	독버섯	무스카린, 팔린, 아마니타톡신
	감자	솔라닌, 셉신
	매실	아미그달린
	목화씨	고시풀
	독미나리	시큐톡신
	맥각	에르고톡신
동물성	복어	테트로도톡신
	섭조개, 대합	색시톡신
	모시조개, 굴, 바지락	베네루핀

165 보건행정

① 보건행정의 특성 : 공공성, 사회성, 교육성, 과학성, 기술성, 봉사성, 조장성 등
② 보건소 : 우리나라 지방보건행정의 최일선 조직으로 보건행정의 말단 행정기관

166 사회보장의 종류

구분	종류
사회보험	• 소득보장 : 국민연금, 고용보험, 산재보험 • 의료보장 : 건강보험, 산재보험
공적부조	최저생활보장, 의료급여
사회복지 서비스	노인복지서비스, 아동복지서비스, 장애인복지서비스, 가정복지서비스
관련복지제도	보건, 주거, 교육, 고용

167 보건행정의 관리 과정

과정	의미
기획	조직의 목표를 설정하고 그 목포에 도달하기 위해 필요한 단계를 구성하고 설정하는 단계
조직	2명 이상이 공동의 목표를 달성하기 위해 노력하는 협동체
인사	직원에 대한 근무평가 및 징계에 대한 공정한 관리
지휘	행정관리에서 명령체계의 일원성을 위해 필요

조정	조직이나 기관의 공동목표 달성을 위한 조직원 또는 부서간 협의, 회의, 토의 등을 통하여 행동통일을 가져오도록 집단적인 노력을 하게 하는 행정 활동
보고	조직의 사업활동을 효율적으로 관리하기 위해 정확하고 성실한 보고가 필요
예산	예산에 대한 계획, 확보 및 효율적 관리가 필요

168 소독 관련 용어

① 소독 : 병원성 미생물의 생활력을 파괴하여 죽이거나 또는 제거하여 감염력을 없애는 것
② 멸균 : 병원성 또는 비병원성 미생물 및 포자를 가진 것을 전부 사멸 또는 제거하는 것(무균 상태)
③ 살균 : 생활력을 가지고 있는 미생물을 여러가지 물리·화학적 작용에 의해 급속히 죽이는 것
④ 방부 : 병원성 미생물의 발육과 그 작용을 제거하거나 정지시켜서 음식물의 부패나 발효를 방지하는 것

169 소독력 비교 : 멸균 > 살균 > 소독 > 방부

170 소독제의 구비조건

① 생물학적 작용을 충분히 발휘할 수 있을 것
② 빨리 효과를 내고 살균 소요시간이 짧을 것
③ 독성이 적으면서 사용자에게도 자극성이 없을 것
④ 원액 혹은 희석된 상태에서 화학적으로 안정할 것
⑤ 살균력이 강할 것
⑥ 용해성이 높을 것
⑦ 경제적이고 사용방법이 간편할 것
⑧ 부식성 및 표백성이 없을 것

171 소독작용에 영향을 미치는 요인

① 온도가 높을수록 소독 효과가 크다.
② 접속시간이 길수록 소독 효과가 크다.
③ 농도가 높을수록 소독 효과가 크다.
④ 유기물질이 많을수록 소독 효과가 작다.

172 소독에 영향을 미치는 인자 : 온도, 수분, 시간

173 살균작용의 기전

① 산화작용
② 균체의 단백질 응고작용
③ 균체의 효소 불활성화 작용
④ 균체의 가수분해작용
⑤ 탈수작용
⑥ 중금속염의 형성
⑦ 핵산에 작용
⑧ 균체의 삼투성 변화작용

174 소독법의 분류

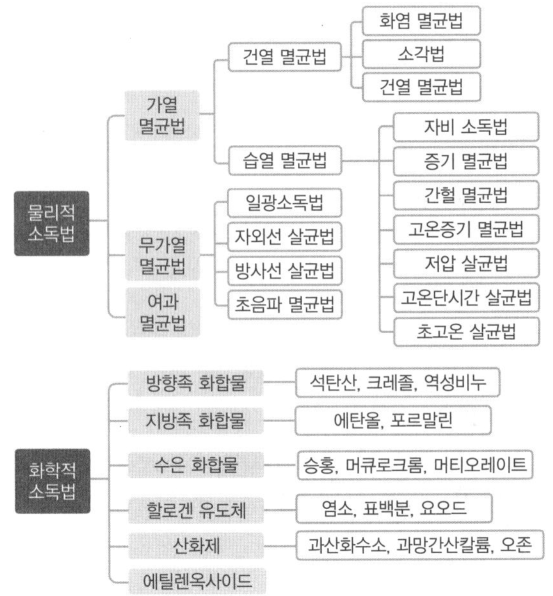

175 주요 소독법의 특징

발생 요인	종류
자비(열탕) 소독법	• 100℃의 끓는 물속에서 20~30분간 가열 • 아포형성균, B형 간염 바이러스에는 부적합
고압증기 멸균법	• 고압증기 멸균기를 이용하여 소독 • 소독 방법 중 완전 멸균으로 가장 빠르고 효과적인 방법 • 포자를 형성하는 세균을 멸균
석탄산 (페놀)	• 승홍수 1,000배의 살균력 • 조직에 독성이 있어서 인체에는 잘 사용되지 않고 소독제의 평가기준으로 사용
승홍 (염화제2수은)	• 1,000배(0.1%)의 수용액 사용 • 조제법 : 승홍(1) : 식염(1) : 물(998) • 용도 : 손 및 피부 소독

176 대상물에 따른 소독 방법

① 배설물, 토사물 : 소각법, 석탄산, 크레졸, 생석회 분말
② 침구류, 의류 : 석탄산, 크레졸, 일광소독, 증기소독, 자비소독
③ 초자기구, 목죽제품, 자기류 : 석탄산, 크레졸, 포르말린, 승홍, 증기소독, 자비소독
④ 모피, 칠기, 고무·피혁제품 : 석탄산, 크레졸, 포르말린
⑤ 병실 : 석탄산, 크레졸, 포르말린
⑥ 환자 : 석탄산, 크레졸, 승홍, 역성비누

177 이 · 미용기구의 소독 방법

① 타월 : 1회용 사용, 소독
② 가운 : 세탁 및 일광 소독
③ 가위 : 70% 에탄올 사용, 고압증기 멸균기 사용 시에는 소독 전에 수건으로 이물질을 제거한 후 거즈에 싸서 소독
④ 브러시 : 미온수 세척 후 자외선 소독기로 소독
⑤ 스펀지, 퍼프 : 중성세제로 세척한 뒤 건조, 자외선 소독기
⑥ 유리제품 : 건열멸균기

178 **소독액의 농도 표시**

용액 100g(ml) 속에 포함된 용질의 양을 표시(%)

$$\frac{용질량}{용액량} = \frac{원액}{물+원액} \times 100(\%)$$

179 **세균 증식이 가장 잘되는 pH 범위** : 6.5~7.5(중성)

180 **병원성 미생물의 종류**

① 세균 : 포도상구균, 연쇄상구균, 임균, 수막염균, 탄저균, 파상풍균, 결핵균, 나균, 디프테리아균, 매독균, 렙토스피라균, 콜레라균 등

② 바이러스 : 홍역, 뇌염, 폴리오, 인플루엔자, 간염 등

181 **산소에 따른 세균 구분**

호기성 세균	미생물의 생장을 위해 반드시 산소가 필요한 균 (결핵균, 백일해, 디프테리아 등)
혐기성 세균	산소가 없어야만 증식할 수 있는 균 (파상풍균, 보툴리누스균 등)
통성혐기성 세균	산소가 있으면 증식이 더 잘 되는 균 (대장균, 포도상구균, 살모넬라균 등)

182 **미생물 증식의 3대 조건** : 영양소, 수분, 온도

183 **공중위생관리법의 목적**

공중이 이용하는 영업의 위생관리 등에 관한 사항을 규정함 으로써 위생수준을 향상시켜 국민의 건강증진에 기여

184 **공중위생관리법 용어 정의**

① 공중위생영업 : 다수인을 대상으로 위생관리서비스를 제공 하는 영업으로서 숙박업·목욕장업·이용업·미용업·세탁업·건물위생관리업을 말한다.

② 공중이용시설 : 다수인이 이용함으로써 이용자의 건강 및 공중위생에 영향을 미칠 수 있는 건축물 또는 시설로서 대통령령이 정하는 것

③ 이용업 : 손님의 머리카락 또는 수염을 깎거나 다듬는 등의 방법으로 손님의 용모를 단정하게 하는 영업

④ 미용업 : 손님의 얼굴·머리·피부 및 손톱·발톱 등을 손질하여 손님의 외모를 아름답게 꾸미는 영업

185 **영업신고**

① 공중위생영업의 종류별로 보건복지부령이 정하는 시설 및 설비를 갖추고 시장·군수·구청장에게 신고

② 제출서류 : 영업시설 및 설비개요서, 교육수료증

186 **변경신고 사항**

① 영업소의 명칭 또는 상호

② 영업소의 소재지

③ 신고한 영업장 면적의 3분의 1 이상의 증감

④ 대표자의 성명 및 생년월일

⑤ 미용업 업종 간 변경

187 **변경신고 시 시장·군수·구청장이 확인해야 할 서류**

① 건축물대장

② 토지이용계획확인서

③ 전기안전점검확인서(신고인이 동의하지 않는 경우 서류를 첨부)

④ 면허증

188 **폐업 신고** : 폐업한 날부터 20일 이내에 시장·군수·구청장에게 신고

189 **영업의 승계가 가능한 사람**

① 양수인 : 미용업을 양도한 때

② 상속인 : 미용업 영업자가 사망한 때

③ 법인 : 합병 후 존속하는 법인 또는 합병에 의해 설립되는 법인

④ 경매·환가·압류재산의 매각 그 밖에 이에 준하는 절차에 따라 미용업 영업 관련시설 및 설비의 전부를 인수한 자

190 **면허 발급 대상자**

① 전문대학 또는 이와 동등 이상의 학력이 있다고 교육부장관이 인정하는 학교에서 미용에 관한 학과를 졸업한 자

② 대학 또는 전문대학을 졸업한 자와 동등 이상의 학력이 있는 것으로 인정되어 미용에 관한 학위를 취득한 자

③ 고등학교 또는 이와 동등의 학력이 있다고 교육부장관이 인정하는 학교에서 미용에 관한 학과를 졸업한 자

④ 특성화고등학교, 고등기술학교나 고등학교 또는 고등기술학교에 준하는 각종학교에서 1년 이상 미용에 관한 소정의 과정을 이수한 자

⑤ 국가기술자격법에 의해 미용사의 자격을 취득한 자

191 **면허 결격 사유자**

① 피성년후견인

② 정신질환자(전문의가 미용사로서 적합하다고 인정하는 사람은 예외)

③ 공중의 위생에 영향을 미칠 수 있는 감염병환자로서 결핵 환자(비감염성 제외)

④ 약물 중독자

⑤ 공중위생관리법의 규정에 의한 명령 위반 또는 면허증 불법 대여의 사유로 면허가 취소된 후 1년이 경과되지 않은 자

192 **면허증 재교부 신청 요건**

① 면허증의 기재사항에 변경이 있는 때

② 면허증을 잃어버린 때

③ 면허증이 헐어 못쓰게 된 때

193 **면허증의 반납**

면허 취소 또는 정지명령을 받을 시 : 관할 시장, 군수, 구청장에게 면허증 반납

194 **이용업 영업자의 준수사항**(보건복지부령)

① 이용기구 중 소독을 한 기구와 소독을 하지 아니한 기구는 각각 다른 용기에 넣어 보관할 것

② 1회용 면도날 : 손님 1인에 한하여 사용

③ 영업장 안의 조명 : 75룩스 이상 유지

195 이업소 내에 게시해야 할 사항

이용업 신고증, 개설자의 면허증 원본, 최종지불요금표(부가가치세, 재료비 및 봉사료 등이 포함된 요금표)

196 영업소 외부에 게시해야 하는 것

신고한 영업장 면적이 66 m^2 이상일 경우 영업소 외부에도 손님이 보기 쉬운 곳에 최종지불요금표를 게시 또는 부착하여야 한다. 이 경우 최종지불요금표에는 일부 항목(3개 이상)만을 표시할 수 있다.

197 이·미용기구의 소독기준 및 방법

① 자외선소독 : 1cm²당 85㎼ 이상의 자외선을 20분 이상 쬐어준다.
② 건열멸균소독 : 100℃ 이상의 건조한 열에 20분 이상 쐬어준다.
③ 증기소독 : 100℃ 이상의 습한 열에 20분 이상 쐬어준다
④ 열탕소독 : 100℃ 이상의 물속에 10분 이상 끓여준다.
⑤ 석탄산수소독 : 석탄산수(석탄산 3%, 물 97%의 수용액)에 10분 이상 담가둔다.
⑥ 크레졸소독 : 크레졸수(크레졸 3%, 물 97%의 수용액)에 10분 이상 담가둔다.
⑦ 에탄올소독 : 에탄올수용액(에탄올이 70%인 수용액)에 10분 이상 담가두거나 에탄올수용액을 머금은 면 또는 거즈로 기구의 표면을 닦아준다.

198 오염물질의 종류와 오염허용기준(보건복지부령)

종류	오염허용기준
미세먼지(PM-10)	24시간 평균치 150㎍/m³ 이하
일산화탄소(CO)	1시간 평균치 25ppm 이하
이산화탄소(CO_2)	1시간 평균치 1,000ppm 이하
포름알데이드(HCHO)	1시간 평균치 120㎍/m³ 이하

199 영업소 외의 장소에서 미용업무를 할 수 있는 경우

① 질병이나 그 밖의 사유로 영업소에 나올 수 없는 자에 대하여 미용을 하는 경우
② 혼례나 그 밖의 의식에 참여하는 자에 대하여 그 의식 직전에 미용을 하는 경우
③ 사회복지시설에서 봉사활동으로 미용을 하는 경우
④ 방송 등의 촬영에 참여하는 사람에 대하여 그 촬영 직전에 이용 또는 미용을 하는 경우
⑤ 기타 특별한 사정이 있다고 시장·군수·구청장이 인정하는 경우

200 개선명령 대상

① 공중위생영업의 종류별 시설 및 설비기준을 위반한 공중위생 영업자
② 위생관리의무 등을 위반한 공중위생영업자
③ 위생관리의무를 위반한 공중위생시설의 소유자 등

201 개선명령 시의 명시사항

시·도지사 또는 시장·군수·구청장은 개선명령 시 다음 사항을 명시해야 한다.
① 위생관리기준
② 발생된 오염물질의 종류
③ 오염허용기준을 초과한 정도
④ 개선기간

202 공중위생감시원의 자격

① 위생사 또는 환경기사 2급 이상의 자격증이 있는 자
② 대학에서 화학·화공학·환경공학 또는 위생학 분야를 전공하고 졸업한 자 또는 이와 동등 이상의 자격이 있는 자
③ 외국에서 위생사 또는 환경기사의 면허를 받은 자
④ 1년 이상 공중위생 행정에 종사한 경력이 있는 자

203 공중위생감시원의 업무범위

① 관련 시설 및 설비의 확인
② 관련 시설 및 설비의 위생상태 확인·검사, 공중위생영업자의 위생관리의무 및 영업자준수사항 이행 여부의 확인
③ 공중이용시설의 위생관리상태의 확인·검사
④ 위생지도 및 개선명령 이행 여부의 확인
⑤ 공중위생영업소의 영업의 정지, 일부 시설의 사용중지 또는 영업소 폐쇄명령 이행 여부의 확인
⑥ 위생교육 이행 여부의 확인

204 명예공중감시원의 업무

① 공중위생감시원이 행하는 검사대상물의 수거 지원
② 법령 위반행위에 대한 신고 및 자료 제공
③ 그 밖에 공중위생에 관한 홍보·계몽 등 공중위생관리업무와 관련하여 시·도지사가 따로 정하여 부여하는 업무

205 위생서비스수준의 평가 주기 : 2년마다 실시

206 위생관리등급의 구분(보건복지부령)

① 최우수 업소 : 녹색등급
② 우수 업소 : 황색등급
③ 일반관리대상 업소 : 백색등급

207 위생교육

① 위생교육 횟수 및 시간 : 매년 3시간
② 위생교육의 내용
- 공중위생관리법 및 관련 법규
- 소양교육(친절 및 청결에 관한 사항 포함)
- 기술교육
- 기타 공중위생에 관하여 필요한 내용

208 과징금 납부기간 : 통지를 받은 날부터 20일 이내

209 청문을 실시해야 하는 처분

① 면허취소·면허정지
② 공중위생영업의 정지
③ 일부 시설의 사용중지
④ 영업소 폐쇄명령
⑤ 공중위생영업 신고사항의 직권 말소

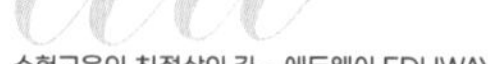

(주)에듀웨이는 자격시험 전문출판사입니다.
에듀웨이는 독자 여러분의 자격시험 취득을 위한 교재 발간을 위해 노력하고 있습니다.

2026 기분파 이용사 필기

2026년 01월 20일 2판 1쇄 인쇄
2026년 01월 31일 2판 1쇄 발행

지은이 | 에듀웨이 R&D 연구소(미용부문)
펴낸이 | 송우혁

펴낸곳 | (주)에듀웨이
주 소 | 경기도 부천시 소향로13번길 28-14, 8층 808호(상동, 맘모스타워)
대표전화 | 032) 329-8703
팩 스 | 032) 329-8704
등 록 | 제387-2013-000026호
홈페이지 | www.eduway.net

기획,진행 | 김미순
북디자인 | 디자인동감
교정교열 | 정상일, 최은정
인 쇄 | 미래피앤피

책값은 뒤표지에 있습니다.

ISBN 979-11-94328-16-2 (13590)

이 도서의 국립중앙도서관 출판시도서목록(CIP)은 서지정보유통지원시스템 홈페이지(http://seoji.nl.go.kr)와 국가자료공동목록시스템(http://www.nl.go.kr/kolisnet)에서 이용하실 수 있습니다.

BARBER
Certification